卓越工程师教育——焊接工程师系列教程

焊接工艺理论与技术

第2版

韩国明　主编

机 械 工 业 出 版 社

本书是为满足普通高等教育“材料成型及控制工程”专业学生进行卓越工程师教育及毕业后从事焊接技术工作的学生、焊接方向的研究生了解和掌握焊接专业基础知识，以及企业开展焊接工程师培训和焊接工程技术人员自学焊接专业基础知识的需要而编写的。全书共分10章，主要内容为：前3章系统地叙述了作为熔焊热源的焊接电弧的物理本质、热源和力源的特征、焊丝熔化和熔滴过渡、母材熔化和焊缝成形等基本内容。后7章则分别讲述了在材料加工中广泛应用的埋弧焊、钨极氩弧焊、熔化极活性气体保护焊、熔化极氩弧焊、CO_2气体保护焊、药芯焊丝电弧焊以及等离子弧焊与切割等焊接方法的基本原理、工艺特点、相关设备以及应用等基本知识和内容。最后列举了较多的结构焊接实例，这些实例具有符合国情、时效性强、分布面广的特点，以供读者借鉴。每章末附有复习思考题。

本书可供大学相关专业、函授班和培训班作为教材，还可供具有大专以上文化水平的技术人员、技师作为焊接工程师岗前教育和岗位培训之用，也可供焊接方向的研究生和从事焊接工作的工程师和技术人员参考。

图书在版编目（CIP）数据

焊接工艺理论与技术/韩国明主编．—2版．—北京：机械工业出版社，2017.9（2025.2重印）
卓越工程师教育．焊接工程师系列教程
ISBN 978-7-111-57916-8

Ⅰ.①焊…　Ⅱ.①韩…　Ⅲ.①焊接工艺-高等学校-教材
Ⅳ.①TG44

中国版本图书馆CIP数据核字（2017）第217917号

机械工业出版社（北京市百万庄大街22号　邮政编码100037）
策划编辑：何月秋　责任编辑：何月秋　王彦青
责任校对：刘　岚　封面设计：马精明
责任印制：邓　博
北京盛通数码印刷有限公司印刷
2025年2月第2版第5次印刷
184mm×260mm·25.5印张·619千字
标准书号：ISBN 978-7-111-57916-8
定价：65.00元

凡购本书，如有缺页、倒页、脱页，由本社发行部调换

电话服务	网络服务
服务咨询热线：010-88379833	机 工 官 网：www.cmpbook.com
读者购书热线：010-88379649	机 工 官 博：weibo.com/cmp1952
	教育服务网：www.cmpedu.com
封面无防伪标均为盗版	金 书 网：www.golden-book.com

编 委 会

序

教育部“卓越工程师教育培养计划”是贯彻落实《国家中长期教育改革和发展规划纲要（2010—2020年）》和《国家中长期人才发展规划纲要（2010—2020年）》的重大改革项目，也是促进我国高等工程教育改革和创新，努力建设具有世界先进水平和中国特色的现代高等工程教育体系，走向工程教育强国的重大举措。该计划旨在培养和造就创新能力强、适应经济社会发展需要的高质量各类型工程技术人才，为实现中国梦服务。

焊接作为制造领域的重要技术在现代工程中的应用越来越广，质量要求越来越高。为适应时代的发展与工程建设的需要，焊接科学与工程技术人才的培养进入了“卓越工程师教育培养计划”，本套《卓越工程师教育——焊接工程师系列教程》的出版可谓是恰逢其时，一定会赢得众多的读者关注，使社会和企业受益。

“卓越工程师教育——焊接工程师系列教程”内容丰富、知识系统，凝结了作者们多年的焊接教学、科研及工程实践经验，必将在我国焊接卓越工程师人才培养、“焊接工程师”职业资格认证等方面发挥重要作用，进而为我国现代焊接技术的发展做出重大贡献。

单　平

编写说明

随着高等教育改革的发展，2010 年教育部开始实施“卓越工程师教育培养计划”，其目的就是要“面向工业界、面向世界、面向未来”，培养造就创新能力强、适应现代经济社会发展需要的高质量各类型工程技术人才，为建设创新型国家、实现工业化和现代化奠定坚实的人力资源优势，增强我国的核心竞争力和综合国力。

我国高等院校本科“材料成型及控制工程”专业担负着为国家培养焊接、铸造、压力加工和热处理等领域工程技术人才的重任。结合国家经济建设和工程实际的需求，加强基础理论教学和注重培养解决工程实际问题的能力成了“卓越工程师教育计划”的重点。

在普通高等院校本科“材料成型及控制工程”专业现行的教学计划中，专业课学时占总学时数的比例在 10% 左右，教学内容则要涵盖铸造、焊接、压力加工和热处理等专业知识领域。受专业课教学学时所限，学生在校期间只能是初知焊接基本理论，毕业后为了适应现代企业对焊接工程师的岗位需求，还必须对焊接知识体系进行较系统的岗前自学或岗位培训，再经过焊接工程实践的锻炼与经验积累，才能成为“焊接卓越工程师”。显然，无论是焊接卓越工程师的人才培养，还是焊接工程师的自学与培训都需要有一套实用的焊接专业系列教材。“卓越工程师教育——焊接工程师系列教程”正是为适应高质量焊接工程技术人才的培养和需求而精心策划和编写的。

本系列教程是在机械工业出版社 1993 年出版的“继续工程教育焊接教材”系列与 2007 年出版的“焊接工程师系列教程”的基础上修订、完善与扩充的。新版“卓越工程师教育——焊接工程师系列教程”共 11 册，包括《焊接技术导论》《熔焊原理》《金属材料焊接》《焊接工艺理论与技术》《现代高效焊接技术》《焊接结构理论与制造》《焊接生产实践》《现代弧焊电源及其控制》《弧焊设备及选用》《焊接自动化技术及其应用》《无损检测与焊接质量保证》。

本系列教程的编写基于天津大学焊接专业多年的教学、科研与工程科技实践的积淀。教程取材力求少而精，突出实用性，内容紧密结合焊接工程实践，注重从理论与实践结合的角度阐明焊接基础理论与技术，并列举了较多的焊接工程实例。

本系列教程可作为普通高等院校“材料成型及控制工程”专业（焊接方向）本科生和研究生的参考教材；适用于企业焊接工程师的岗前自学与岗位培训；可作为注册焊接工程师认证考试的培训教材或参考书；还可供从事焊接技术工作的工程技术人员参考。

衷心希望本系列教程能使业内读者受益，成为高等院校相关专业师生和广大焊接工程技术人员的良师益友。若见本套教程中存在瑕疵和谬误，恳请各界读者不吝赐教，予以斧正。

编委会

前　言

我国高等院校在专业设置方面，已将焊接并入“材料成型及控制工程”专业，为了满足“材料成型及控制工程”专业中焊接方向的本科生教学需要，以及该专业毕业生从事焊接技术工作和已从事焊接工作的工程技术人员学习的需求，编写了本书。

本书共10章，前3章阐述了作为熔焊热源的焊接电弧的物理本质，热源和力源的特征，焊丝熔化和熔滴过渡，母材熔化和焊缝成形等基本内容。后7章分别讲述了在材料加工中广泛应用的埋弧焊、钨极氩弧焊、熔化极活性气体保护焊、熔化极氩弧焊、CO_2气体保护焊、药芯电弧焊、等离子弧焊与切割等焊接方法的基本原理、工艺特点、相关设备以及应用等基本知识和内容。

本书取材少而精，具有针对性，讲求实用性，并列举了较多结构的焊接实例。本套教材也适于具有大专以上文化水平的技术人员作为焊接继续工程教育之用。

本书由天津大学韩国明主编。其中绪论、第4～6章、第9章由天津大学韩国明编写；第1～3章由天津大学奚道岩编写；第7～8章由天津大学李桓编写；第10章由天津理工大学韦福水编写。

本书在编写过程中，参考了全国高校焊接专业的有关教材及其他文献资料，在此对原作者表示谢忱。

由于编撰者水平有限，缺点、错误在所难免，敬请专家及各界读者予以批评、指教。

编　者

目　录

绪　论

21 世纪以来，信息技术、生物技术、新材料技术、能源与环境技术、航空航天技术和海洋开发技术六大科学技术的迅猛发展与广泛应用，引领了整个世界范围内传统材料加工、制造业的大发展，传统材料加工工程的学科领域和发展模式都发生了深刻变革。以信息技术、生物技术、材料科学技术与材料加工技术相结合的先进材料加工技术应运而生。新材料与新工艺创新日新月异，使得材料加工的服务领域不断拓展，先进材料加工科学与技术得到了空前的发展。材料加工范围不再局限于传统的金属材料，新型材料使产品的力学性能、功能得到优化，产品的机械寿命大幅度提高；各种高性能材料，例如高强度钢材的应用，铝、镁、钛及其合金材料的轻量化发展。新型材料的应用改变了传统的产品结构设计和加工方法。在产品设计中大量地采用新材料，产品的加工向着高精度、高质量的方向发展。在制造业中，焊接是一种十分重要的加工方法。据统计，每年仅需要进行焊接加工之后使用的钢材就占钢总产量的 45% 左右。新的焊接方法不断涌现，对传统的电弧焊接方法提出了挑战。随着现代工业生产的需要和科学技术的蓬勃发展，焊接技术将向高效化、智能化方向发展，能够完成高温、低温、水下、核辐射、空间等严酷条件下的焊接。

1. 焊接过程的实质

焊接是通过加热或加压，或两者并用，并且用或不用填充材料，使焊件达到原子结合的一种加工方法。

金属等固体材料之所以能保持固定形状的整体，是因为其内部原子之间的距离（晶格）十分小，原子间形成了牢固的结合力。若要把两个分离的金属构件靠原子结合力的作用连接成一个整体，则需要克服两个困难：

1）连接表面不平。即使进行最精密的机械加工，其表面平面度也只能达到微米级，仍远远大于原子间结合所要求的数量级 $10^{-4}\mu m$。

2）表面存在的氧化膜和其他污染物阻碍金属表面原子之间接近到晶格距离并形成结合力。焊接过程就是克服这两个困难的过程。而熔焊（包括电弧焊）过程，从物理实质上来看就是在不加压的情况下，将焊件待连接处的金属加热熔化，靠液态金属的流动使原子互相靠近、熔合、冷却结晶而连接成牢固的整体。

2. 焊接的发展概况

电弧作为一种气体导电的物理现象，早在 19 世纪初已被发现，并预料到可以利用它熔化金属，但当时的工业水平还不能提供足够功率的电源来产生大能量的电弧，因此，利用电弧作为金属熔焊的热源，只不过是个理想。直到 19 世纪末期电力生产得到发展以后人们才有条件研究电弧的实际应用。据报道，1885 年才发明了碳极电弧，起初主要用作强光源，可以把它看作是电弧实际应用的创始。

19 世纪末期至 20 世纪初期，随着化学工业和电力工业的发展，氧气和电石生产得到一定的发展，氧乙炔火焰焊接的应用在工业生产中开创了新的局面。在这期间，虽然研究出铝热剂铸焊、电阻焊、碳极电弧焊和金属极电弧焊等，使焊接热源和焊接技术取得了重大的突破，但由于当时的电弧焊设备比较简陋，电力工业还不很发达，因此电弧焊在金属结构生产中的应用还很少，而氧乙炔焊却由于设备简单、价格低而迅速发展，广泛应用于工业生产中。

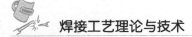

电弧焊是指利用电弧作为热源的焊接方法，简称弧焊。它是熔焊中最重要、应用最广泛的焊接方法。20 世纪 20 年代研制出构造简单、使用方便、成本低廉的交流电弧焊机；20 世纪 30 年代起，又相继推出了薄涂料焊条和厚涂料焊条，尤其是厚涂料优质焊条的出现，使焊条电弧焊技术进入成熟阶段，它的熔深大、效率高、质量好、操作方便等突出优点是气焊方法无法比拟的，于是焊条电弧焊在工业生产中被广泛应用，特别是在车辆、船舶、锅炉、起重设备和桥梁等金属结构的制造中很快成为主要的焊接方法，钨极氩弧焊和熔化极氩弧焊也是在 20 世纪 30 年代先后研究成功的，成为焊接有色金属和不锈钢等材料的有效方法。这一时期，工业产品和生产技术的发展速度很快，迫切要求焊接过程向机械化、自动化方向发展，而且当时的机械制造、电力拖动与自动控制技术也已为实现这一目标提供了技术和物质基础。于是便在 20 世纪 30 年代中期研究成功了变速送丝式埋弧焊机，以及与之相匹配的颗粒状焊剂和光焊丝，从而实现了焊接过程自动化，显著地提高了焊接效率和焊接质量。而等速送丝式埋弧焊机的出现大大简化了埋弧焊设备，为工业生产中大量应用埋弧焊创造了更为有利的条件。

20 世纪 40 年代起，焊接科学技术的发展又迈进一个新的历史阶段，特别是进入 50 年代之后，新的焊接方法以前所未有的发展速度相继研究成功，如用电弧作热源的 CO_2 气体保护焊（1953 年）和等离子弧焊（1957 年）；属于其他热源的电渣焊（1951 年）、超声波焊（1956 年）、电子束焊（1956 年）、摩擦焊（1957 年）、爆炸焊（1963 年）、脉冲激光焊（1965 年）和连续激光焊（1970 年）等。此外还有多种派生出来的焊接方法，例如活性气体保护焊、各种形式的脉冲电弧焊、窄间隙焊、搅拌摩擦焊、全位置焊等。

上述各种焊接方法针对不同的材料、不同的结构加以选用，在工业生产中发挥着各自的作用。这些焊接方法与金属切削加工、热切割加工、压力加工、铸造、热处理等其他加工方法一起构成的材料加工技术是现代材料加工工业，例如车辆、船舶、航空、航天、原子能、采矿、化工机械、桥梁、电子以及轻工等几乎所有工业部门的基本加工方法，而其中各种电弧焊方法在焊接生产中所占比例最大，应用最为广泛。据统计，一些工业发达国家，电弧焊在焊接生产总量中所占比例大都在 60% 以上。

3. 基本焊接方法及电弧焊方法的分类

按照焊缝金属结合的性质，基本的焊接方法通常分为三大类，即熔化焊接、固相焊接及钎焊。而每一大类又可按焊接热源及其他明显特点分为若干种，按类别列出的基本焊接方法近 30 种。

熔化焊是焊接过程中将焊件接头加热至熔化状态，不加压力完成焊接的方法。电弧焊是熔化焊的一种，按照采用的电极，电弧焊又分为熔化极电弧焊和非熔化极电弧焊两类，其中熔化极电弧焊是利用金属焊丝（或焊条）作电极同时熔化填充焊缝的电弧焊方法，它包括焊条电弧焊、埋弧焊、熔化极氩弧焊、CO_2 气体保护焊等方法；非熔化极电弧焊是利用不熔化电极（如钨棒、碳棒）进行焊接的电弧焊方法，它包括钨极氩弧焊、等离子弧焊等方法，基本焊接方法分类如图 0-1 所示。

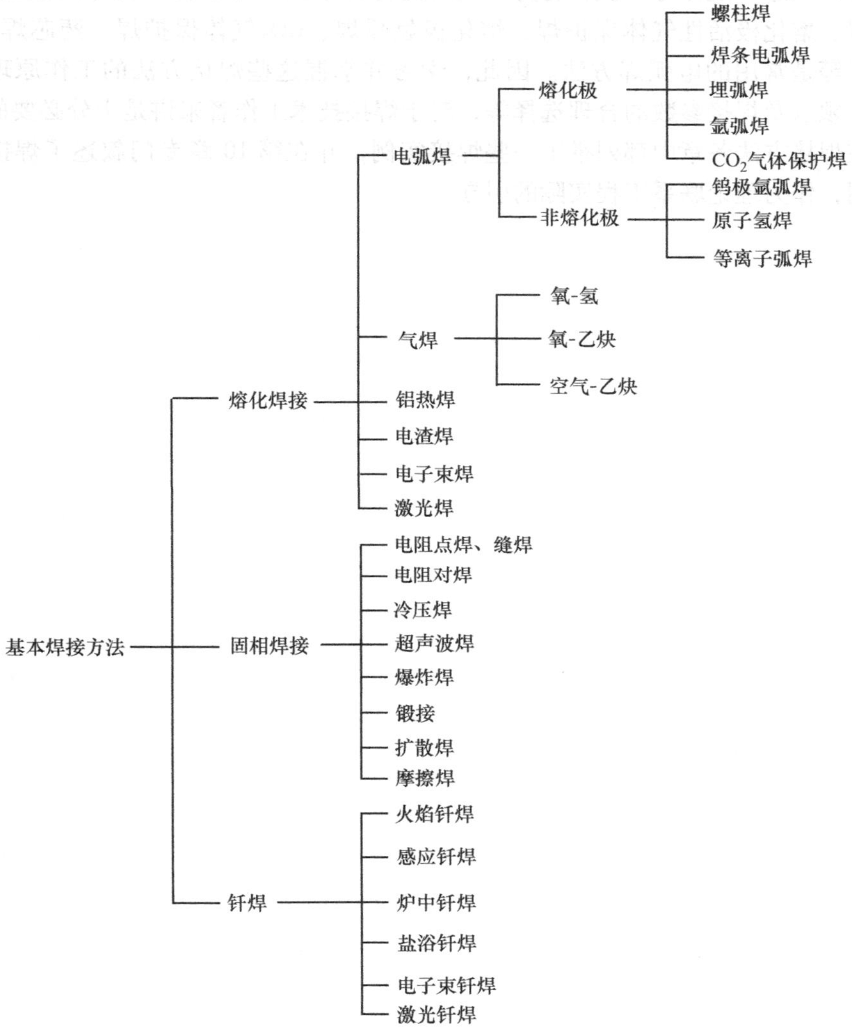
基本焊接方法
熔化焊接
电弧焊
熔化极
螺柱焊
焊条电弧焊
埋弧焊
氩弧焊
CO_2气体保护焊
非熔化极
钨极氩弧焊
原子氢焊
等离子弧焊
气焊
氧-氢
氧-乙炔
空气-乙炔
铝热焊
电渣焊
电子束焊
激光焊
固相焊接
电阻点焊、缝焊
电阻对焊
冷压焊
超声波焊
爆炸焊
锻接
扩散焊
摩擦焊
钎焊
火焰钎焊
感应钎焊
炉中钎焊
盐浴钎焊
电子束钎焊
激光钎焊

图 0-1 基本焊接方法分类

4. 课程内容及要求

学习本课程的原则是：按照学习的规律，在学习、掌握电弧焊基本理论的基础上，进一步学习各种基本的焊接方法，掌握它们各自的工作原理和焊接特点，要理论与实践相结合，通过试验与专题研究来深化所学的知识。期望通过本课程和相关课程的学习，能够较熟练地从事焊接技术工作。

本教材共分 10 章，前 3 章是电弧焊的基本理论和基本规律；第 4 章～第 9 章是基本的电弧焊方法以及在各自基础上产生的新的焊接方法；第 10 章是焊接方法在工程中的应用。

学习第 1 章焊接电弧，要求在了解电弧物理过程的基础上，掌握电弧各区域的导电机理、能量变换规律以及它们对焊接过程的影响。第 2 章焊丝的熔化和熔滴过渡及第 3 章焊接熔池及焊缝成形，是对焊缝形成全过程的论述和分析。电弧能量对于金属熔化及液态金属运动状态的影响贯穿始终。熟悉并掌握焊丝熔化、熔滴过渡、母材熔化和熔池形成等一系列过程中的条件、状态、规律等知识，将为深入研究各种电弧焊方法打下良好的基础。埋弧焊、钨极氩弧焊、熔化极活性气体保护焊、熔化极氩弧焊、CO_2气体保护焊、药芯焊丝电弧焊、等离子弧焊等是常用的电弧焊方法。因此，学习并掌握这些焊接方法的工作原理、焊接特点、工艺要领以及焊接参数的合理选择等，对于焊接技术工作者来讲是十分必要的。

本书在焊接方法各章中都列举了一些焊接实例，并在第10章专门叙述了焊接方法在工程中的应用，作为理论联系工程实际的引导。

第1章 焊接电弧

电弧既是各种电弧焊方法的能源，又是碳弧气刨、电弧喷涂、电弧冶炼以及等离子弧切割、等离子弧喷涂、等离子弧堆焊等金属加工方法的能源。为了科学地应用和发展电弧焊技术，首先应当了解焊接电弧中能量转换的物理过程和基本规律。本章作为电弧焊的基础理论，将结合电弧形成过程，讨论电弧带电粒子的产生和气体导电的机理、电弧的构造和性能、电弧热和电弧力两种能量的产生以及能量转换的规律等。其目的在于了解电弧过程实质，建立焊接电弧的物理概念，并以此作为施焊技术的指导思想以及新的焊接方法、新的焊接材料创新研究的理论基础，把握电弧焊进程以便获得优质焊缝。

1.1 电弧的物理基础

焊接电弧发出强烈的光和热，但却不是一般的物质燃烧现象。实质上，焊接电弧是在焊接电源供给一定电压的两个电极之间或者电极与焊件之间的一种气体放电现象，亦即电荷通过两电极间的气体空间的一种导电现象（见图1-1）。借助于这种气体放电，把电能转变为热能、机械能和光能。焊接时主要是利用电弧的热能和机械能。

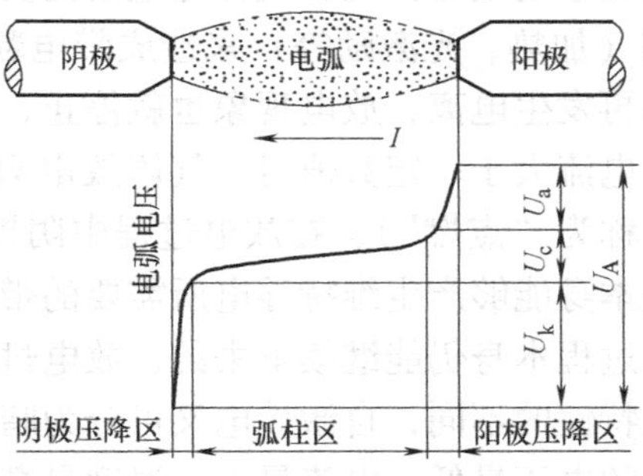

阴极
电弧
阳极
I
电弧电压
U_a
U_c
U_A
U_k
阴极压降区
弧柱区
阳极压降区

图1-1 电弧及各区域的电压分布

1.1.1 气体放电的基本概念

各种物质不论其形态为固态、液态或气态，是否呈导电性皆取决于它在电场作用下是否拥有可以定向移动的带电粒子。金属体内部拥有大量的自由电子时，只要在金属导体的两端加上电压，自由电子便在电场力的作用下定向移动而形成电流，这种导电现象叫做电子导电，显然，其带电粒子是自由电子。金属导电时，金属本身不发生化学变化，电源可以是直流或交流。通常所说的液体导电，是指电解质的水溶液或电解质本身熔融成液体时的导电，在此两种液态中电解质都要发生电离，其分子电离成正离子和负离子。在没有电场存在时，这些离子只做无规则的热运动，从宏观上看没有电荷（离子）的定向移动，不显示出电流；但当在电解质的液体里插入与直流电源相接的两个电极时，液体中就出现电场，电解质的正负离子除了做热运动外，还要在电场力的作用下做定向移动，正离子向阴极移动，负离子向阳极移动，形成电流，这种导电现象叫做离子导电。显然，这跟金属中的电子导电是不同的。另外一个重要的不同点是在电解质导电过程中，同时发生电解现象，即正负离子分别在阴极板上和阳极板上发生还原及氧化。这表明电解质液体的导电过程要发生化学变化。

在通常情况下气体是不导电的（或导电性很微弱），这是因为常态下的气体几乎完全由中性的分子或原子组成，不拥有带电的粒子（或拥有的带电粒子很少），因此它是不导电的。若要气体导电，则必须先有一个产生带电粒子的过程，然后才能呈现导电性。

图 1-2 所示为气体放电的全伏安特性曲线及放电类型。

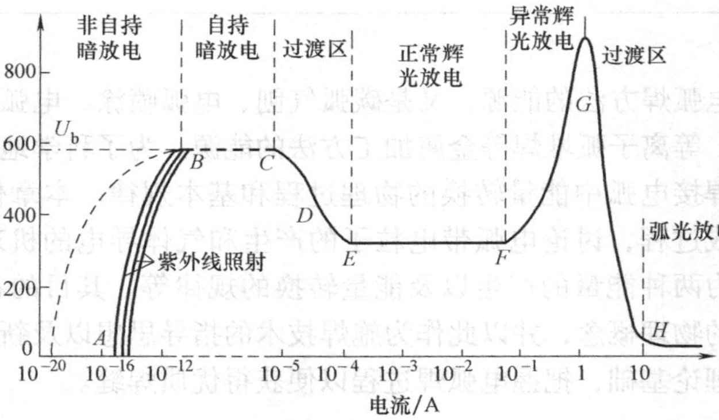

非自持暗放电
自持暗放电
过渡区
正常辉光放电
异常辉光放电
过渡区
弧光放电
紫外线照射
电压/V
电流/A
U_b
A
B
C
D
E
F
G
H

图 1-2　气体放电的全伏安特性曲线及放电类型

气体放电时，在不同的条件下和不同的电流区间，其导电机制和放电形态有显著不同。在较小的电流区间，气体导电所需要的带电粒子不能通过导电过程自行产生，而需要外加措施（加热、光激励等）来造成带电粒子，促使气体放电，一旦外加的激励源取消，则气体不再发生电离，放电现象也就停止，这种气体导电现象叫做被激放电，也叫做非自持放电。当电流大于一定数值时，气体放电只在开始时需要外加措施制造带电粒子，进行诱发（通常称为“点燃”），在放电过程中阴极不断地发射出足够的电子，气体电离度较大，放电过程本身能够产生维持导电所需要的带电粒子。因此，当放电开始后，取消外加诱发措施，放电过程本身仍能继续下去的，放电过程叫做自激放电，也叫做自持放电。按照电流数值和放电特性的不同，自激放电又可分为暗放电、辉光放电和电弧放电三种基本形式，其中电弧放电的电压最低、电流最大、温度最高、发光最强。因此，电弧在工业以及其他一些领域中作为热源或光源被广泛应用。

1.1.2　电弧中带电粒子的产生

电弧中的带电粒子主要是由气体介质中中性粒子的电离及从阴极发射电子这两个物理过程所产生，同时伴随着发生其他一些物理变化，如激发、电离、扩散、复合、负离子化等。

1. 激发和电离

在一定条件下气体的中性粒子（原子或分子）分离为正离子和电子的现象叫做电离。气体分子或原子在常态下是由数量相等的正电荷（原子核）和负电荷（电子）构成的一个稳定系统，对外呈中性。就原子而论，原子核带有电量为 Ze 的正电荷，核外的每个电子带有电量为 e 的负电荷。Z 个电子围绕着核转动。Z 是核内的质子数，也是核外的电子数。原子的结构模型示例如图 1-3 所示。电子一方面受核的正电荷的吸引，有靠近核的向心趋向，另一方面由于转动而有离开核的离心趋向，这两者对立统一，就使电子按一定规律分布在固定的椭圆轨道上绕核运动。电子绕核转动就有一定的动能，电子被核吸引有一定的位能，这两者之和就是原子的内能。光谱分析表明，原子的内能不能连续地变化，它只是一系列不连续的量，由此原子只能处于一系列不连续的能量状态中，这种不连续的能量状态用能级 E_1、E_2、E_3、…、E_n表示，其中 E_1的能量值最小，按顺序依次增大。各种原子具有各不相同的能级数和能量值。

原子的不同能量状态对应于核外电子的不同运行轨道。由于原子的能量状态是不连续的，因此电子的轨道可能也是不连续的，电子只能在与原子能级相对应的轨道上运行，而不能在任意半径的轨道上运行。电子运行轨道半径越大（即离核越远），则能级越高，而轨道半径越小则能级越低。

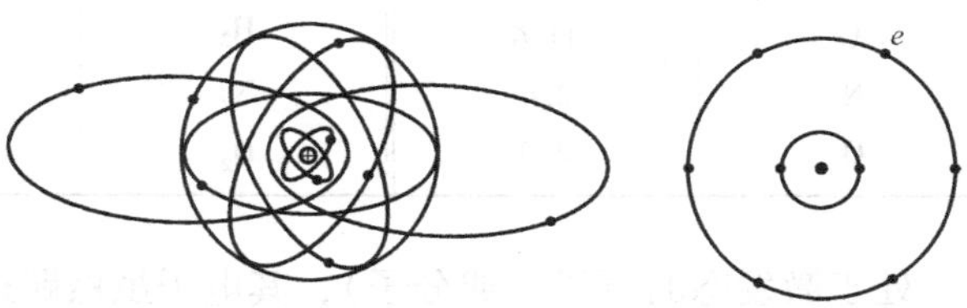
e
图 1-3 原子结构模型示例
（氧原子模型图）

在正常状态下，原子处于最低能级，这时电子在离核最近的轨道上运动，这种状态叫做基态。当原子吸收一定的外界能量（可以是热能、光能、电能、机械能、化学能等各种形式的能量）时，原子便可从基态跃迁到较高的能级，这时电子也跃迁到离核较远的轨道上运行，这一状况叫做激发。原子从基态向激发态跃迁时，其内能也在增大。

处于激发态的原子是不稳定的，只能停留很短的时间，根据激发能级的不同可为 10^{-2} ~ 10^{-9}s，通常约为 10^{-8}s。在这短暂的时间内，原子将自动地从能级较高的激发态向能级较低的激发态或基态跃迁，以达到新的稳定。这种在没有外界作用，而仅仅由于原子内部能量的自发调整所发生的由高能级向低能级的跃迁，称为自发跃迁。自发跃迁时向外界释放能量，其方式有两种：一种以热能形式放出，传递给其他原子或分子；另一种以光的形式辐射出来，形成原子的发光现象。辐射出的光子频率 γ 取决于两个相关能级的能量差，例如，原子从能级 E_2 向能级 E_1 跃迁所辐射出来的光子的频率为：$\gamma=(E_2-E_1)/h$，h—普朗克常数（6.62×10^{-34}J · s）。

自发跃迁完全是随机发生的，各个原子都是各自独立地进行自发辐射，因而辐射出来的光子的频率、波长、方向等也各不相同。可以认为，弧光的多色性大概与此有一定的关系。

原子无论受激发时吸收能量或自发跃迁时释放能量，其能量值都不是任意的，而是等于原子发生跃迁的两个能级间的能量差。

使原子产生激发所需要的最低外界能量称为最低激发能，简称激发能，常用 W_e作为代表符号，以电子伏特（eV）作为能量单位。一个电子伏特就是一个电子通过电位差为 1V 的电场时，电子所获得的能量，亦即电场所做的功，其数值等于 1.60×10^{-19}J，即：1eV = 1 基本电荷 ×1V = 1.60×10^{-19}C ×1V = 1.60×10^{-19}J。这个数值的数量级较小，为了便于表达和计算，往往将激发能 W_e的大小用数值相等的激发电压 U_e（单位为 V）来代表，二者仅数值相等而物理含义不同（U_e的物理含义可参照下文中的电离电压进行推理）。

不仅原子可以受激发进行能级跃迁，其他微观粒子（分子等）也具有这类性质。常用气体粒子的最低激发电压值见表 1-1。

表 1-1 常用气体粒子的最低激发电压

元 素	激发电压 /V	元 素	激发电压 /V	元 素	激发电压 /V
H	10.2	K	1.6	CO	6.2
He	19.8	Fe	1.43	CO_2	3.0
Ne	16.6	Cu	1.4	H_2O	7.6
Ar	11.6	H_2	7.0	Cs	1.4
N	2.4	N_2	6.3	Ca	1.9
O	2.0	O_2	7.9	—	—

处于激发态的原子（或分子），其电子虽然跃迁到高能级较外层的轨道运转而有离去的趋势，但它仍不能摆脱原子核的约束而分离出去。尽管如此，处于激发态的气体粒子还是要比处于基态的气体粒子的电离概率大。

当中性气体粒子从外界获得的能量达到某一数值而使其外层轨道上的电子分离出去，即中性粒子（原子或分子）分离成为电子和正电离子，这种现象称为电离。电离所需要的最低外加能量称为电离能，通常以符号 W_i 表示，单位是电子伏特（eV）。

中性气体粒子失去第一个电子时所需的电离能作为第一电离能；要使中性气体粒子失去第二个电子则需要更大的能量，称为第二电离能，生成的离子是二价正离子；以此类推，还会有第三电离能和三价正离子等。普通焊接电弧的焊接电流较小时只存在一次电离，而只有在大电流或压缩电弧中，且弧温高达几万度时才可能出现二次、三次电离，并且一次电离仍居主要地位。通常所称的电离能，若无特别注明，即是第一电离能。电离能也称电离功。

为了表达方便，原子的电离式可写成

$$A + W_i \rightleftharpoons A^+ + e \tag{1-1}$$

以双原子气体为例，分子的电离式可写成

$$A_2 + W_i \rightleftharpoons A_2^+ + e \tag{1-2}$$

式中 A——气体原子；

A_2——双原子气体分子；

A^+、A_2^+——正离子；

e——电子；

W_i——电离能（eV），$1eV = 1.6 \times 10^{-19}J$。

W_i 的数值大小还可理解为，电子从原子中分离出去所需的能量相当于电子通过电位差为 U_i 的电场时，从电场得到的能量。显然该能量是 U_i 倍的电子伏特，数学表达式应为

$$W_i = eU_i \tag{1-3}$$

式中 U_i——电离电压（V）。

式（1-3）表明了 W_i 与 U_i 在数值上相等，所以往往用 U_i 直接代表 W_i 值的大小来表明不同原子（或分子）电离的难易程度。

从获得数据方式看，U_i 是测量值，而 W_i 是计算值。显然直接用 U_i 表示更为方便。

常用气体粒子的电离电压值见表 1-2。

表1-2 常用气体粒子的电离电压

元　素	电离电压/V	元　素	电离电压/V
H	13.5	W	8.0
He	24.5 (54.2)	H_2	15.1
Li	5.4 (75.3, 122)	C_2	12
C	11.3 (24.4, 48, 65.4)	N_2	15.5
N	14.5 (29.5, 47, 73, 97)	O_2	12.2
O	13.5 (35, 55, 77)	Cl_2	13
F	17.4 (35, 63, 87, 114)	CO	14.1
Na	5.1 (47, 50, 72)	NO	9.5
Cl	13 (22.5, 40, 47, 63)	OH	13.8
Ar	15.7 (28, 41)	H_2O	12.6
K	4.3 (32, 47)	CO_2	13.7
Ca	6.1 (12, 51, 67)	NO_2	11
Ni	7.6 (18)	Al	5.96
Cr	7.7 (20, 30)	Mg	7.61
Mo	7.4	Ti	6.81
Cs	3.9 (33, 35, 51, 58)	Cu	7.68
Fe	7.9 (16, 30)	—	—

注：括号内的数字依次为二次，三次，…，电离电压。

气体粒子电离电压的大小标志着在电弧气氛中产生带电粒子的难易程度。在相同的外加能量条件下，电离电压低的气体介质提供带电粒子较容易，是引弧和稳弧的有利条件之一。当电弧空间同时存在几种不同的气态物质时，电离电压低的气体粒子将先被电离，如果这种低电离电压的气体供应充分，则电弧空间的带电粒子将主要依靠这种气体的电离来提供，所需要的外加能量也主要取决于这种气体的电离电压。

电弧介质往往不是单一的元素，而是由多种气态物质组成的，即使是气体纯度较高的氩弧焊，其电弧气氛中也含有一定量的由于蒸发而产生的金属原子，当焊接电流较大时，电弧空间将充满金属蒸气。某些电弧焊方法，其电弧空间的金属蒸气可能含有多种成分。由表1-2可知，金属元素的电离电压普遍低于气体元素的电离电压，其中以Cs、K、Na、Ca、Al、Ti等金属元素的这一特点最为明显。因此，在焊条药皮或焊剂中以化合物的形式加入某些这类元素，有利于电弧中导电粒子的产生，并起到稳弧作用。显然，焊接过程中产生的金属蒸气也起到类似的作用。

由表1-2还可以看出，气体分子和大多数化合物的电离电压比它们各自原子的电离电压高。这是因为电弧中的气体分子在电离时，大多需要消耗一定的外界能量而首先分解成原子，然后电离。另一种情况是气体分子的直接电离，当电子从分子中被分离出来时，也要克服两种约束，即分子、原子对电子的约束，一般地，气体分子或化合物需要的电离电压比原子态的电离电压高一些。但是也有少数情况与此相反，有些气体原子结合成化合物分子时会使电子所受的约束减弱，故分子的电离电压反而比原子的电离电压低，例如NO、NO_2等就属于这类情况。

2. 气体粒子传递能量的方式

气体系统内部交换能量或者与外部交换能量，都需要气体粒子作为实体去携带和传递能量。电弧条件下如果不考虑气体的化学反应，则气体粒子（分子、原子、电子、离子等）

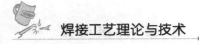

传递能量的方式主要是碰撞和光辐射。

（1）碰撞传递　气体粒子碰撞时可能出现两种情况：弹性碰撞和非弹性碰撞。弹性碰撞时粒子之间只能发生动能的传递和再分配，碰撞后两个粒子的动能之和仍保持不变。碰撞的结果只使粒子的运动速度或方向发生变化，而粒子的内能和结构不变，不产生电离或激发。弹性碰撞只是当气体粒子拥有的动能较小时产生。

当气体粒子拥有较大动能时，则会产生非弹性碰撞。碰撞时将部分或全部动能转变成粒子的内能，粒子的结构也将发生变化。如果粒子碰撞后内能达到激发能（W_e），则粒子被激发；如果内能达到电离能（W_i），则粒子被电离。被激发的粒子如果继续受到碰撞，内能累积达到电离能时，也将发生电离。

在标准状态下，$1cm^3$的空间拥有2.7×10^{19}个气体分子，分子之间的平均距离约为分子直径的10倍（分子直径举例，H_2：$2.3\times10^{-10}m$，O_2：$3.0\times10^{-10}m$，H_2O：$4.0\times10^{-10}m$）。分子做不规则的运动而互相频繁碰撞，其平均运动速度为$10^2\sim10^3m/s$，一个空气分子在1s内与其他空气分子的碰撞次数达65亿次。尽管标准状态下气体分子的运动速度和碰撞频率达到了如此高的程度，但绝大多数粒子的动能仍然处于弹性碰撞的数量级。即便有少数粒子发生非弹性碰撞，气体中也不能产生较明显的电离。

若以任意的方法把粒子加速到超过某一限度，并用它撞击中性气体粒子时，它把相当于W_i大小的能量传递给被撞击的中性粒子就会使其电离。虽然电子、离子、中性气体的分子或原子等均可作为碰撞粒子，但是这些粒子在非弹性碰撞时的能量传递效率是不同的。物理学中已经证实，碰撞粒子的质量越小，则能量传递效率越高，反之亦然。由于电子的质量远远小于其他元素的原子或分子，因此，电子在非弹性碰撞中几乎可以将它所具有的全部能量都给予被碰撞的粒子，所以，只要它具有大于W_i的动能，就可能发生碰撞电离。与此明显不同的是，当两相同质量的粒子互相碰撞时，则能量传递效率仅为50%，因此，只有在碰撞粒子具有大于$2W_i$的动能时，才可能发生碰撞电离。再者，两球体相碰撞的物理过程还表明，不仅如上所述质量大的粒子能量传递效率低，而且粒子的体积大小也影响能量的传递，体积大则能量传递效率低；体积小则能量传递效率高。电子的形体远远小于其他粒子的形体，它在运动过程中遇到的阻碍相对较少，因而行程较长，容易被加速，使动能增加。这些都是电子撞击气体粒子使之产生非弹性碰撞的独有优势。

事实上，大气中电弧放电时，所发生的碰撞电离主要是电子引起的。

（2）光辐射传递　气体粒子传递能量的另一种方式是光辐射传递。中性气体粒子可以直接接受外界以光量子（即光子）形式所施加的能量，提高其内能并改变其内部结构，导致被激发或被电离。中性气体粒子也可以由高能级跃迁到低能级时，以光子辐射的形式向外界释放能量。

根据爱因斯坦的光子学说，光子的能量为

$$h\gamma = h\frac{C}{\lambda} \tag{1-4}$$

式中　h——普朗克常数 $h=6.62\times10^{-34}$（Js）；

γ——光的频率（$\gamma=C/\lambda$）（Hz）；

C——光速，真空中：$C=3.0\times10^8$（m/s）；

λ——光的波长（nm），（$1nm=10^{-9}m$）。

气体粒子接受光子作用产生激发的条件是

$$h\gamma \geqslant W_e = eU_e \tag{1-5}$$

气体粒子接受光子作用产生电离的条件是

$$h\gamma \geqslant W_i = eU_i \tag{1-6}$$

当光子的能量超过气体粒子的电离能时，则其多余部分将转换为电离生成的电子的动能，即

$$h\gamma = eU_i + \frac{1}{2}mv^2 \tag{1-7}$$

式中　m——电子的质量（kg），$m = 0.91 \times 10^{-30}$kg；

v——被电离出来的电子的运动速度（m/s）；

其他参数同前。

3. 电离的种类

电弧中气体粒子的电离因外加能量的种类不同，通常分为热电离、场致电离和光电离三种类型。

（1）热电离　气体粒子因受到热的作用而发生的电离称为热电离。

气体温度是气体能量的宏观表征，温度值标志着气体粒子的平均动能的大小，亦即平均运动速度的快慢。气体粒子的平均运动速度与气体温度在数值上的关系为

$$v = 2.03 \times 10^{-8}\sqrt{\frac{T}{m}} \tag{1-8}$$

式中　v——气体粒子的平均运动速度（cm/s）；

T——气体的热力学温度即绝对温度（K）；

m——气体粒子的质量（g）。

由式（1-8）可知，气体的温度越高，则气体粒子的运动速度越大，动能也就越大。在电弧高温下，气体粒子的平均运动速度是常温时的百倍左右，甚至更高。由于粒子的动能 $F = \frac{1}{2}mv^2$，因此，运动速度的增快使其动能按指数关系增加得更为显著。从式（1-8）又可以看到，在相同温度下，气体粒子的质量越小，则它的运动速度越快。电子的质量是氢原子的1/1834，故其运动速度约是氢分子的60倍。另外，如前所述，碰撞时电子几乎可将全部动能传递给中性粒子。因此，在电弧中各种气态粒子（常态的中性气体粒子、激发态的中性气体粒子、电子、正离子等）相互碰撞时，发生电离可能性最大的是电子对激发态中性粒子或常态中性粒子的碰撞。

在由大量微观粒子组成的电弧系统中，由于粒子的种类、形体和质量不同，它们各自的运动速度不同。即便是同类粒子，各粒子在同一系统中的运动速度也是不一样的，有高于或低于平均运动速度的。不管个别粒子怎样运动，但就大量粒子的整体来说，当处于热力学平衡态时，气体粒子的热运动速度是按麦克斯韦曲线分布的（见图1-4）。图中的横坐标是速度 v，纵坐标是某速度 v 附近单位间隔内的相对粒子数 $dN/(Ndv)$，其中 N 是总粒子数，dN 是速度在 v 到 $v+dv$ 间隔内的粒子数。速度分布图表明，速度很大和很小的气体粒子所占比率都较小。麦克斯韦速度分布曲线的形状随温度而变，当温度增加时，速度大的粒子数相对增加。只有拥有大于电离能的那部分粒子才有可能引起中性粒子的电离。

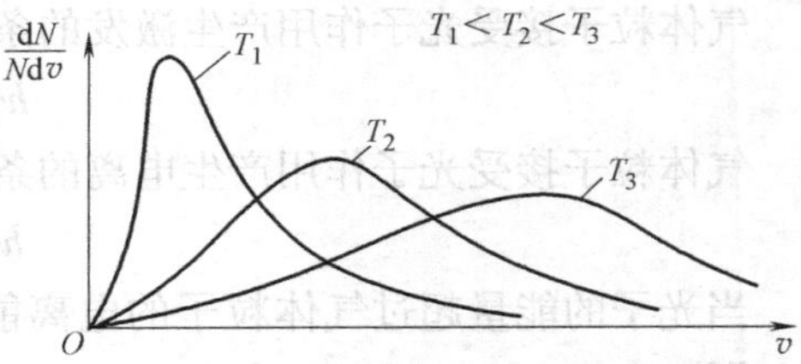
$\frac{dN}{Ndv}$
$T_1<T_2<T_3$
T_1
T_2
T_3
O
v
图 1-4　气体粒子的麦克斯韦分布曲线

通常，自由电弧的温度是 6000 ~ 8000K，拘束电弧的最高温度可达 50000K。在这样高的温度下，弧柱中气体粒子的热电离就非常显著。因此，在焊接电弧中，热电离是主要的电离方式。由于热电离时的能量传递是依靠粒子间的碰撞，因此热电离实质上是一种碰撞电离，但其直接原因是气体粒子从外界获得了热能。

气体的热电离同气体分子的热分解类似，是一个热力学过程，并且其变化过程也是可逆的，式（1-1）即代表了热电离过程。

在一般情况下，电弧系统中的中性气体粒子只是部分电离，只有在特别条件下才能达到全部或接近全部的电离。

单位体积内被电离的粒子数与电离前的中性粒子总数的比率称为电离度，一般用 x 表示，即：x = 电离后的正离子密度/电离前的中性粒子密度。

20 世纪 20 年代，印度天文学家萨哈（M. N. Saha）为了研究太阳等恒星的外围气氛发生热电离的情形，所推导出的萨哈公式，至今仍广泛应用于电弧弧柱的研究。按照萨哈的推导，假设气体中各粒子处于热平衡状态，则热电离度与气体的温度、压力、电离能等因素存在以下数值方程关系，即萨哈公式：

$$\frac{x^2}{1-x^2}p = 3.16\times10^{-7}T^{2.5}\exp\frac{-W_i}{kT} \tag{1-9}$$

式中　p——气体压力［MPa(×0.101325)］；

T——气体温度（K）；

exp——自然对数的底，exp = 2.718；

k——玻耳兹曼常数，$k = 1.38\times10^{-23}$（J/K）；

W_i——电离能（eV）。

由关系式（1-9）所决定的电离度 x 与温度 T 的曲线关系如图 1-5 所示。

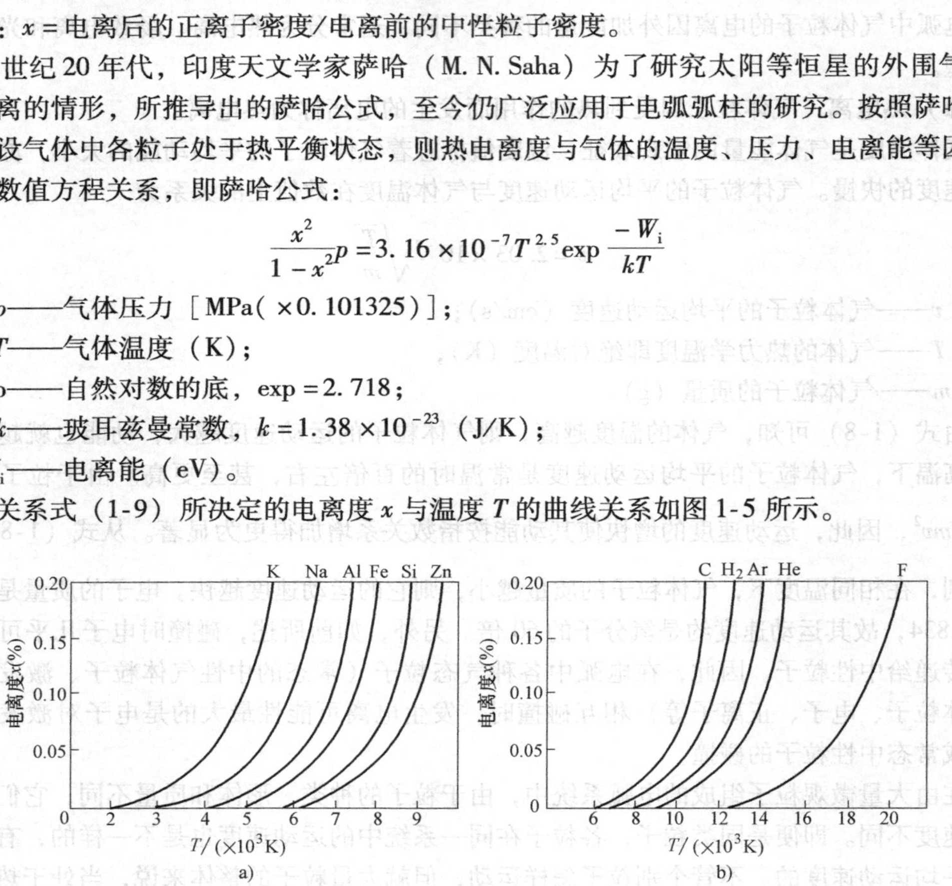
K Na Al Fe Si Zn
0.20
0.15
0.10
0.05
0
电离度x(%)
0 2 3 4 5 6 7 8 9
T/ (×10³K)
a)
C H₂ Ar He F
0.20
0.15
0.10
0.05
0
电离度x(%)
6 8 10 12 14 16 18 20
T/ (×10³K)
b)
图 1-5　热电离的电离度 x 与温度 T 的曲线关系

由萨哈公式可以看出，热电离时的电离度随温度的升高、压力的降低、电离能的减小而增加，反之亦然。

上述萨哈公式是单一气体热电离度的表达式，对于混合气体，由于各种气体的电离度不同，则系统中的电子密度与电离前中性粒子密度的比例称为实效电离度；混合气体的电离能称为实效电离能（相应有实效电离电压）。利用萨哈公式计算实效电离度时，需代入实效电离能。理论与实际都证明混合气体的实效电离能主要取决于电离电压较低的气体成分，即使这种气体占有较小的比例。这表明，混合气体的各组分在同一温度和气压下，因其电离能（或电离电压）的不同而导致它们的电离度有显著差别，低电离能气体组分的电离度大，在提供电弧需要的带电粒子方面起着关键作用。例如，当电弧气氛中含有 Ca、Fe、O_2、H_2（电离电压分别为6.1V、7.8V、12.2V、15.4V），温度为5000K，气压为一个大气压时，其电离度之比为：

$$x_{Ca}:x_{Fe}:x_{O_2}:x_{H_2}=1:1.74\times10^{-2}:3.24\times10^{-8}:6.63\times10^{-11}$$

上述情况表明，在混合气体的电弧气氛中，带电粒子主要是由电离电压低的元素电离所提供。

在大气中的电弧，电子密度一般为 10^{14} 个/cm^3 左右，电离度约为 10^{-4} 数量级。而在强迫压缩或大电流的电弧中，当电弧温度达到 1 万℃时，实效电离度的数量级才能达到10^{-1}～1 的程度。

在普通电弧中，通常只生成一价正离子，但当弧柱温度达到某一数量级时，便会生成二价或三价的正离子。例如一个大气压氩气中，弧柱中心区温度达到 30000K 时，中性的氩原子已全部电离为 Ar^+、Ar^{++}和 Ar^{+++}（见图 1-6a），此时的粒子密度和所占比例，见表 1-3。图 1-6b 是氮气电离与温度的关系。

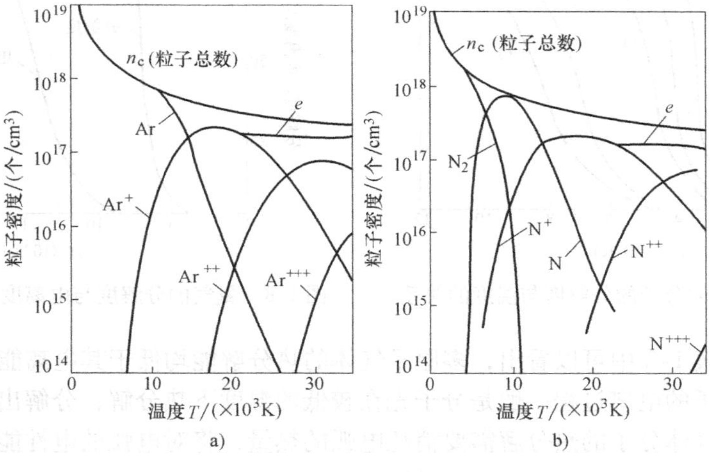

10^{19}
n_c（粒子总数）
10^{18}
e
Ar
10^{17}
Ar^+
10^{16}
Ar^{++}
Ar^{+++}
10^{15}
10^{14}
粒子密度/(个/cm^3)
0
10
20
30
温度 T/($\times10^3$K)
a)
10^{19}
n_c（粒子总数）
10^{18}
e
10^{17}
N_2
N^+
10^{16}
N
N^{++}
10^{15}
N^{+++}
10^{14}
粒子密度/(个/cm^3)
0
10
20
30
温度 T/($\times10^3$K)
b)

图 1-6 气体电离时粒子密度与温度的关系

a）氩气 b）氮气

表 1-3 1 大气压①，30000K 氩气中的电离及粒子分布

粒子种类	电子	Ar	Ar^+	Ar^{++}	Ar^{+++}
密度/(10^{15}/cm^3)	160	0.0	11	70	1
所占比例（%）	66	0	4.55	29	0.41

① 1 大气压≈0.1MPa。

电弧中，气体分子受热的作用而分解为原子，这种现象称为热分解或热解离。气体分子发生热分解所需要的最低能量叫做分解能，以电子伏特（eV）为其能量单位。不同气体分子的分解能也不相同。电弧气氛中常遇到的几种分子的分解能也不相同。电弧气氛中常遇到几种气体分子的分解能见表 1-4。

表 1-4　几种气体分子的分解能

分　解　式	分解能/eV
$H_2 \longrightarrow H + H$	4.4
$N_2 \longrightarrow N + N$	9.1
$O_2 \longrightarrow O + O$	5.1
$H_2O \longrightarrow OH + O$	4.7
$NO \longrightarrow N + O$	6.1
$CO \longrightarrow C + O$	10.0
$CO_2 \longrightarrow CO + O$	5.5

气体的分解度（分解的分子数/分子总数）与气体的种类及温度有关。图 1-7 是几种气体分子的分解度与温度的关系。图 1-8 是氮气的分解度与电离度以及温度的关系。

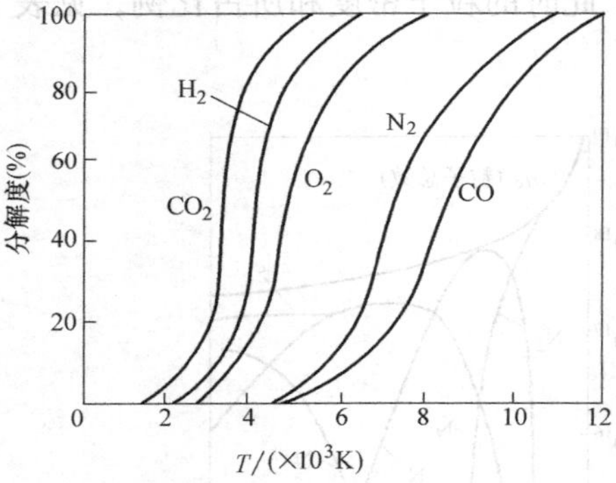
100
80
60
40
20
0
2
4
6
8
10
12
分解度(%)
$T/(\times10^3K)$
H_2
N_2
O_2
CO_2
CO

图 1-7　几种气体分子的分解度与温度的关系

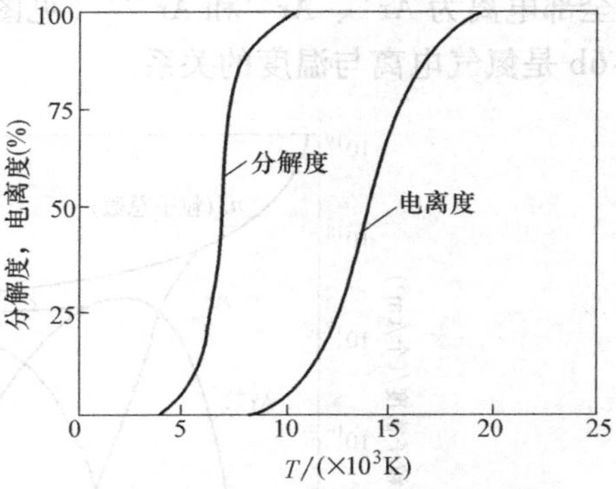
100
75
50
25
0
5
10
15
20
25
分解度，电离度(%)
$T/(\times10^3K)$
分解度
电离度

图 1-8　氮气的分解度与电离度以及温度的关系

从表 1-4 与表 1-2 中可以看出，多原子气体的热分解能均低于其电离能。因此，在电弧中多原子气体分子的电离过程一般是分子先在较低的温度下热分解，分解出的原子在较高的温度下再电离。气体分子的热分解需要消耗电弧的热量，将对电弧的电性能和热性能以及电弧形态产生影响。

（2）场致电离　当气体空间有电场作用时，则带电粒子除了做无规则的热运动外，还产生一个受电场影响的定向加速运动。正、负带电粒子定向运动的方向相反，它们因加速运动而将电场给予的电能转换为动能。当带电粒子的动能在电场的影响下增加到足够的数值时，则可能与中性粒子发生非弹性碰撞而使之电离，这种在电场作用下产生的电离叫做场致电离。由于带电粒子是在充满气体粒子的空间运动，它将一边与气体粒子发生碰撞，一边沿电场方向运动，总的运动趋势虽与电场方向一致，但每次碰撞后的运动方向却是变化的，并不一定与电场方向一致（见图 1-9）。

电场对带电粒子的加速作用只能在与其他粒子的每两次碰撞之间的路程中产生，两次碰撞之间的直线距离为粒子的自由行程；所有自由行程的平均值称为平均自由行程。平均自由行程的方向与电场方向是一致的。在平均自由行程内电场对带电粒子所能施加的最大动能是

$$W_k = \bar{\lambda} eE \tag{1-10}$$

式中 $\bar{\lambda}$——平均自由行程（cm）；

e——一个电子的电荷量（1.6×10^{-19}C）；

E——电场强度（V/cm）。

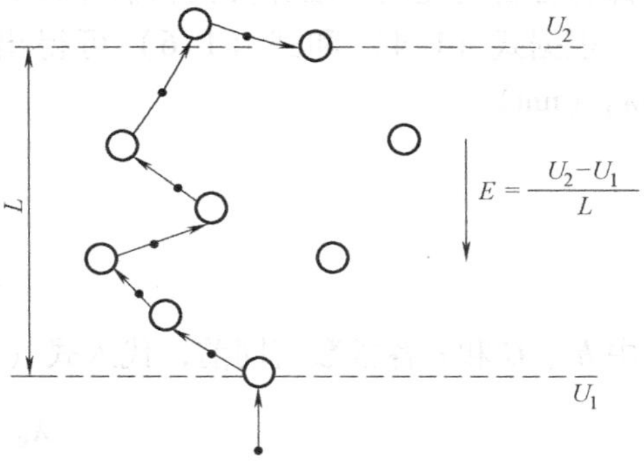

U_2
$E=\frac{U_2-U_1}{L}$
L
U_1

图1-9 电场作用下电子在气体中的运动
○—气体原子 •—电子 E—电场强度
U_1、U_2—1、2点的电压

根据气体分子运动理论，在某一气体粒子的系统中，如果同时存在中性粒子、正离子和电子，它们平均自由行程（设依次为 λ_g、λ_i、λ_e）的比例为：

$$\lambda_g、\lambda_i、\lambda_e = 1:\sqrt{2}:4\sqrt{2}$$

即在相同条件下，电子的平均自由行程是正离子的4倍，在电场作用下电子可获得4倍于正离子的动能，并且如前所述，电子质量比离子质量小得多，它与中性粒子发生非弹性碰撞时，可将全部动能转换为中性粒子的内能。因此，电场作用下的电离现象也主要是电子与中性粒子的非弹性碰撞引起的。

在强电场作用下，电子受到强烈地加速，与中性或激发态的粒子相撞而发生电离时，生成一个新的电子和正离子，然后这两个电子继续前进分别又与中性粒子相撞，又可以生成两个新电子和新离子，以此类推，使带电粒子迅速增多。这种在强电场作用下的电离具有连锁反应的性质，如图1-10所示。热电离也有类似的性质。但是带电粒子的增加是有一定限度的，这是因为在电弧过程中既有带电粒子的产生，同时又有带电粒子的消失，后者是所谓的复合反应，即电子与正离子结合成为中性气体粒子。从宏观上看，对于稳定状态下的电弧，电离与复合是互相平衡的。

普通电弧中，弧柱部分的电场强度较弱，其数量级为10V/cm左右，电子在平均自由行程中所获得的动能较小，一般比热作用给予它的动能要小得多，所以在弧柱中热电离是主要的，场致电离是次要的。而在阴极压降区和阳极压降区（分别是阴极和阳极前面的极小区间），电场强度可能达到很高数值（数量级达$10^5\sim10^7$V/cm），只有在这两个区域才能显著产生电场作用下的电离现象。

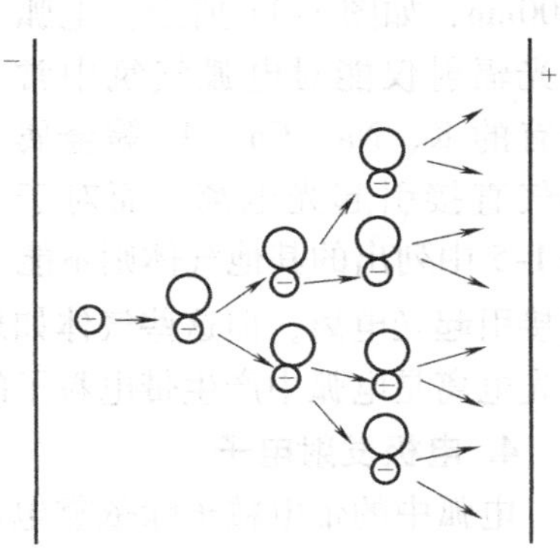

−
+

图1-10 连锁反应电离示意图

（3）光电离　中性气体粒子吸收了光子的能量而发生的电离叫做光电离。光电离的条件正如式（1-6）所表达，即 $h\gamma \geq W_i = eU_i$。同时，由光子的能量表达式 $h\gamma = hC/\lambda$ 可以看出，h 和 C 分别是普朗克常数和光速，因此光子的波长 λ 决定着光子的能量。λ 值越小，则能量 $h\gamma$ 越大。只有当中性气体粒子吸收的光子波长小于某一临界值时，才能发生光电离，等于这一临界值的波长称为光电离临界波长，简称临界波长，以 λ_0表示；此时的光辐射频率称为临界频率，以 γ_0表示。各种气体元

素都有各自的光电离临界波长和临界频率。

根据式（1-4）和式（1-6）可得出中性气体粒子光辐射电离时的参数关系，并求得λ_0（nm），

$$\frac{hC}{\lambda_0} = eU_1 \tag{1-11}$$

$$\lambda_0 = \frac{hC}{eU_1} \tag{1-12}$$

式中 h、C 和 e 各常数值同前，代入式（1-12）即得

$$\lambda_0 = 1236\frac{1}{U_1}\ ^{\ominus} \tag{1-13}$$

式（1-12）和式（1-13）仅适用于气态原子的光辐射电离，而对于由双原子或多原子构成的气体分子的光电离是不适用的，因分子的光电离情况复杂，在此不再深入讨论。

式（1-13）中代入不同气体的电离电压值，则可计算出各种气体原子的λ_0值。电弧中常遇到的气态原子的光电离临界波长见表1-5。

表1-5　常见气体的光电离临界波长

气　体	K	Na	Al	Ca	Mg	Cu	Fe	O	H	CO	N	Ar	He
电离能/eV	4.3	5.1	5.96	6.1	7.61	7.7	7.8	13.5	13.5	14.1	14.5	15.7	24.5
临界波长/nm	287.4	242.3	207.3	202.6	162.4	160.5	158.5	91.5	91.5	87.6	85.2	78.7	50.4

注：$1\text{nm} = 10^{-9}\text{m}$。

由表1-5可以看出，表中所列常见气体原子光电离所需要的临界波长是50.4～287.4nm，都在紫外线波长区间（6～400nm）内，这意味着可见光（400～770nm）几乎对所有的气体原子都不能引起直接光电离。

电弧光是多色光，不但有可见光，还包含有红外线和紫外线，其波长区间是170～5000nm，如图1-11所示。电弧的光辐射仅能对电弧气氛中常含有的K、Na、Ca、Al等金属蒸气直接引起光电离，而对于表1-5中列出的其他气体则不能直接引起光电离，但这些气体如果处于激发状态，则有可能受光辐射作用而引起电离。实际上光电离是电弧中产生带电粒子的一个次要途径。

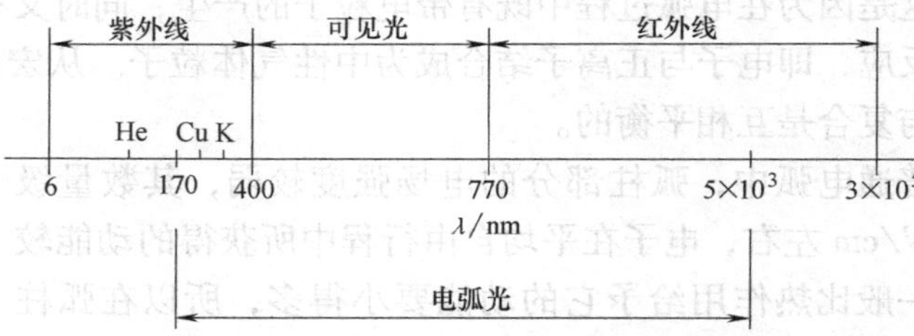
紫外线
可见光
红外线
He
Cu K
6
170
400
770
5×10^3
3×10^5
λ/nm
电弧光

图1-11　电弧光辐射的波长区间

4. 电极发射电子

电弧中的带电粒子除依靠电离过程产生外，另一个重要来源是从电极中发射出来的电子。电极中的自由电子，在外界能量的作用下，冲破电极表面的约束而逸出到电弧空间的现象，称为电极发射电子。阴极和阳极表面都可能发生这种电子逸出的现象，但是只有从阴极

⊖　另一计算结果 $\lambda_0 = 1241\frac{1}{U_1}$

发射出来的电子在电场作用下参加导电过程，而从阳极发射出来的电子因受电场的排斥，不可能参加导电过程。在焊接电弧条件下，阳极和阴极都不能发射离子，因此这里只讨论阴极发射电子的情况。

通常，电子可以在金属内部自由运动，但不能轻易地越过金属表面而逸出，只有当金属内的自由电子接受外界施加的能量足以使其冲破金属表面的阻碍时才能够逸出。使一个电子逸出金属表面所需要的最小外加能量称为逸出功，以 W_ω 表示，单位是电子伏特（eV）。因电子的电量 e 是一个恒定值，故逸出功也可用逸出电压 U_W 来表示（$U_\omega=W_\omega/e$）。逸出功的大小或逸出电压的高低标志着电子逸出的难易程度，各种金属中原子核对自由电子的约束力不同，因此它们的逸出功（或逸出电压）也各不相同。电弧焊时常作为金属电极以及有关物质的逸出电压见表 1-6 和表 1-7。

表 1-6 几种金属及其氧化物的逸出电压 U_ω

金属种类		Fe	Al	Cu	K	Ca	Mg
U_ω /V	纯金属	4.48	4.25	4.36	2.02	2.12	3.78
	金属氧化物	3.92	3.90	3.85	0.46	1.80	3.31

表 1-7 纯钨和某些复合钨阴极的逸出电压 U_ω

阴极材料	W	W-Cs	W-Ba	W-Th	W-Zr	W-Ce
U_ω/V	4.50	1.36	1.56	2.63	3.14	2.70

大多数纯金属的逸出电压在 3~4.5V 之间。同一金属的逸出功比其电离能要小（即 $W_\omega<W_i$）。试验研究表明，金属的逸出功大小不但与材料种类有关，而且还与金属表面状态有关，当金属表面存在着氧化物或渗入某些微量元素（如 Cs、Th、Ca、Ce 等），则逸出功的数值减小；金属氧化物的逸出功也比纯金属的逸出功要低。因此，在实际应用中往往选取含有某种微量元素或金属氧化物的钨棒作为电极，这可以提高钨电极发射电子的能力和改善电弧性能。

如上所述，金属内部的自由电子只有接受外加能量大于或等于 W_ω 时，才能逸出金属表面而实现发射。根据外加能量的形式和发射机制不同，阴极发射电子可分为以下几种：

（1）热发射　金属表面受到热作用温度升高，使金属内部的自由电子热运动速度增大而逸出金属表面的电子发射现象，称为热发射。

试验表明，热发射的电子流密度随着阴极加热温度的升高而明显地增大，它与阴极端部表面的温度成指数关系，称为道舒曼（Dushmann）公式：

$$J_R=AT^2\exp\left(-\frac{eU_\omega}{kT}\right) \tag{1-14}$$

式中　J_R——热发射电子流密度（A/cm^2）；

A——热电子发射常数，与材料表面状态有关，见表 1-8；

T——阴极表面温度（K）；

$$\exp\left(-\frac{eU_\omega}{kT}\right)=e^{-\frac{eU_\omega}{kT}},\ e=2.178$$

e——一个电子的电荷量（1.6×10^{-19}C）；

U_ω——电子的逸出电压（V）；

k——玻耳兹曼常数（$k=1.38\times10^{-23}$J/K）。

表 1-8　某些金属与氧化物的热电子发射常数及热发射电流密度

物　质	熔点/K	沸点/K	发射常数 A /（$A/cm^2\cdot K^2$）	热发射电流密度/（A/cm^2）	
				在熔点时	在沸点时
W	3650	5950	60	456	4.67×10^9
Al	930	2770	60	10^{-15}	0.5
Fe	1800	3008	26	10^{-6}	33
Cu	1360	2868	60	10^{-9}	1
Al_2O_3	2323	2970	60	1	4

表 1-8 列出的某些金属和氧化物的热物理参数表明，金属的熔点和沸点越高，则它热发射电子的能力越强，在其熔点和沸点时热发射电子流的密度就越高，因此在非熔化极惰性气体保护焊和非氧化性气体介质的等离子弧条件下，选用高熔点、高沸点的钨或钨基合金作阴极，在大电流时钨极末端可加热到很高的温度（一般达 3500K 左右，接近于熔点），可获得很大的热发射电子流密度。碳元素也具有与钨类似的性质，碳的熔点和沸点分别是 4000K 和 5103K；碳具有良好的导电性和发射电子的性能（$U_\omega=2.5\sim4.7$V），以碳棒作为电极而形成的电弧，工业用途很广，碳弧气刨就是焊接施工中必不可少的辅助加工方法。这种以高熔点的钨、碳作为阴极材料的电弧，称为热阴极型电弧，它的阴极区主要靠热发射来提供电子；当熔化极电弧焊采用铁、铝、铜等材料作阴极时，由于它们的熔点和沸点较低，阴极加热温度不可能达到很高，热发射的电子流密度小，不能依靠热发射向阴极区提供足够的电子，而必须借助于其他方式来补充发射电子才能满足电弧的导电需要，这类电弧称为冷阴极型电弧。

道舒曼公式还表明，在阴极表面温度较低的情况下仍会有一定的热发射电子流密度。事实也证明，即使在室温或 0℃ 的低温下也有电子热发射，只是数量较少。

热发射的电子流除向电弧提供带电粒子外，同时还起到冷却阴极和传递能量的作用，其过程是，被发射的电子从阴极表面带走的能量为 I_eU_ω（其中 I_e 为热发射的总电子流，U_ω 为逸出电压），阴极不断地发射电子而消耗能量，同时又不断地由电源补充能量，这样保持着能量的平衡，不致因能量过剩而严重烧损；电子流带走的能量将传递给弧柱中的物质或最终传递给阳极。

（2）场致发射　当阴极表面附近空间存在有较强的正电场时，金属内的自由电子会受到电场力（即静电力，也称库仑力）的作用，当此种力达到某一数值，便可使电子逸出电极表面，这种发射电子的现象称为场致发射，也叫做电场发射。电子所受的电场静电力 F 与电场强度 E 之间的关系为 $F=eE$，其中 e 是一个电子的电荷量。电场强度越强，则阴极的电子越容易逸出，而且发射的电子数量也越多。

场致发射电子的密度不仅与电场强度有关，而且还与电极温度及电极材料有关。由式（1-14）可知热发射的电子流密度与电极的温度成指数关系，事实上即使在较低的温度（室温或 0℃）也仍有一定量的电子热发射，只是数量较少。当电极表面存在正电场时，电场的静电力将吸引电子，增加了电子的能量，使得在原温度所具有的热发射条件下，有更多的电子发射出来。所以当阴极表面外存在电场时，则阴极发射的电子流密度可表达为：

$$J_D = AT^2 \exp\left[-\frac{\left(U_\omega - \sqrt{\frac{eE}{\pi\varepsilon_0}}\right)}{kT}\right] \tag{1-15}$$

式中 J_D——电场存在时阴极发射的电子流密度（A/cm^2）；

E——电场强度（V/cm）；

ε_0——真空介电系数。

其他符号的意义及单位与式（1-14）相同。

比较式（1-14）与式（1-15）可以看出，电场的存在相当于使电极材料的逸出功 U_ω 被降低为 $U'_\omega = U_\omega - \sqrt{\frac{eE}{\pi\varepsilon_0}}$。可以想见，当温度很低，甚至0℃（$T=273K$）时，如果存在足够强的电场，也可获得相当数量的电子流密度的发射。

对于冷阴极电弧（电极材料的熔点、沸点都较低），电极温度较低，热发射能力较弱，但这时阴极区的电场强度较强，可达 $10^5 \sim 10^7$V/cm，因此场致发射向阴极区提供电子流的作用是重要的。

上述分析及式（1-15）表明，纯粹的场致发射是不存在的，所谓场致发射，实际上也还包含着热发射的因素，只不过在不同温度或不同电场强度条件下两种发射因素在总的发射中所起作用存在差别而已。对于焊接电弧，无论是热阴极还是冷阴极电弧，其阴极表面温度和电场强度都有相当的数量级，因而对阴极发射电子都在起作用。

（3）撞击发射　电弧中高速运动的带电粒子（电子或正离子）从外部撞击电极表面，将能量传递给电极表层的自由电子而使其逸出的电子发射现象，称为撞击发射，或叫做粒子碰撞发射。

焊接电弧中，从弧柱向阴极区迁移的正离子，当通过阴极压降区时将受电场的作用而加速冲向阴极表面，将其动能传递给阴极。它首先从阴极获取一个电子与自己复合成中性粒子，如果这种撞击还能使另一个电子逸出且参加电弧导电才能算作撞击发射。因此，撞击发射的能量条件必须满足下列关系：

$$W_h + W_i = 2W_\omega \tag{1-16}$$

式中 W_h——正离子的动能；

W_i——正离子与电子复合时放出的电离能；

W_ω——电子的逸出功。

由式（1-16）可见，当正离子撞击阴极时，要使阴极发射一个电子参与电弧导电，则必须对阴极表面施加2倍逸出功的能量。

当阴极区存在强电场的条件下，这种撞击发射可能成为重要的发射形式。

（4）光发射　当金属表面受到光辐射时，也可使金属内的自由电子吸收光子能量而增大动能，克服金属表面的束缚而逸出，这种现象称为光发射。显然，光发射的条件是

$$h\gamma > eU_\omega \tag{1-17}$$

各种阴极材料的逸出功 U_ω 是不同的，因而产生光发射时所要求的临界波长也不一样，已知Fe、Cu、W的光发射临界波长在紫外线区间。尽管弧光表现强烈，但能用于光发射的部分却不多，它仅有的一部分紫外线波段的波长为170～400nm（见图1-11），这部分紫外线，当以Fe、Cu、W作为电极材料时可能引起光发射。实际上，在焊接电弧中光发射所起

的作用是微弱的。

5. 带电粒子消减过程

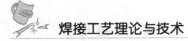

前面所谈到的都是有关电子和正离子两种带电粒子的产生过程，而电弧中同时还发生着另外一些使导电粒子减少或消失的过程，这一类的反应或过程主要有：负离子的产生、带电粒子的扩散与复合。

（1）负离子的产生　在一定条件下，有些气态的中性原子或分子能够吸附一个电子而形成负离子。凡是能够与电子结合形成负离子的元素，便称它为负电元素。负电元素吸附电子形成负离子的倾向性大小取决于它的电子亲和能。元素的电子亲和能大小是由它的原子结构决定的，表 1-9 列出了几种原子的电子亲和能。卤族元素（F、Cl、Br、I 等）的电子亲和力大，最容易形成负离子；其他一些电子亲和力较小的元素也都具有形成负离子的可能性。惰性气体 Ar、He 等不能形成负离子。

表 1-9　几种原子的电子亲和能

原子种类	F	Cl	O	H	Li	Na	N
电子亲和能/eV	3.94	3.70	3.8	0.76	0.34	0.08	0.04

中性原子与电子结合形成负离子时，其内能减少，要释放出与电子亲和能相等的能量，并以热或光辐射的形式释出。由于形成负离子是放热过程，所以负离子在高温下不易稳定存在，大多分布在温度较低的电弧周边上；又由于高速运动的电子不易被吸附，所以往往在能够提供这种条件的阴极区外围形成并聚存着较多的负离子。负离子虽然带有与电子相同的电荷量，但因它不能稳定地存在于电弧中心，并且它的体积和质量都远远超过电子上千倍，迁移速度缓慢，因此不能有效地担负电弧导电的任务。

焊接电弧中如果形成较多的负离子，则会造成一些不良后果，一是由于大量负离子的形成必然夺去大量的电子，导电粒子减少，因此电弧导电困难、电弧功率降低、电弧稳定性下降；二是由于负离子形成时释放出能量，而且负离子又大多靠近在阴极（电子发射源）附近形成，因此使得阴极区能量增多、温度升高，将导致电弧各区域能量分布的反常现象。

（2）带电粒子的扩散　在电弧空间如果带电粒子的分布密度不同，则带电粒子将从密度高的地方向密度低的地方移动而趋向密度均匀，这种现象称为带电粒子的扩散。带电粒子的扩散也是由热运动引起的，但是它受到的力场作用和扩散状态都比中性气体粒子的扩散情况复杂。中性气体粒子的扩散是由单纯的热运动引起的，而带电粒子的扩散不仅受热的作用，同时还受到电弧空间电力场的作用以及正负带电粒子之间的作用等多种制约。但在电弧高温下，热运动依然是引起带电粒子扩散的主要原因。为了便于讨论，在此仍以中性粒子的扩散规律为主导，借以分析带电粒子的扩散过程。

根据气体粒子运动理论，中性气体粒子的热扩散规律有以下表达式：

$$q = -D\frac{\mathrm{d}n}{\mathrm{d}x} \tag{1-18}$$

$$D = \frac{1}{3}\bar{\lambda}\,\bar{C} \tag{1-19}$$

式中　q——单位时间通过单位面积的粒子数；

D——扩散系数（cm^2/s）；

$\frac{dn}{dx}$——粒子在 x 方向的密度变化率；

$\overline{\lambda}$——粒子的平均自由行程（cm）；

$\overline{C}$——粒子的平均运动速度（cm/s）。

从式（1-18）和式（1-19）可以看出，粒子的扩散量 q（实际代表着扩散速度）与粒子的平均自由行程 $\overline{\lambda}$ 以及粒子的平均运动速度 $\overline{C}$ 成正比，而电子的这两个参量都远远比正离子数大，故电子的扩散系数大，比正离子容易扩散。电弧弧柱中心部位比其周围的温度高、带电粒子的密度大，而且正负电荷相等；而电弧周边地区的温度低，带电粒子的密度小。因此带电粒子必然要从弧柱中心部位向周边地区扩散，而且是三维空间各方向的扩散。现以沿电弧弧柱径向的扩散过程进行分析，也可类推其他方向的扩散情况。

带电粒子的扩散可能同时以两种方式进行：

1）电子与正离子单独扩散。由于电子容易扩散，可很快由弧柱中心扩散到电弧周边，便造成弧柱中心部位的正离子过剩，此时，率先到达并存在电弧周边的电子又会吸引弧柱中过剩的正离子向外扩散。

2）电子与正离子整体扩散。由于电弧中心部位的带电粒子密度大，在适宜的力学条件下，电子与正离子相互吸引着以整体的方式向外扩散。

不论以何种方式进行扩散，扩散结果给电弧造成的影响是一样的：弧柱中心区的带电粒子减少了，导电能力受到削弱，电弧的稳定性降低；弧柱中心区的相当一部分热量被扩散的带电粒子带走，增加了热能损失。电弧的功率密度也被相应降低。

（3）带电粒子的复合　电弧空间的正负带电粒子（电子、正离子、负离子），在一定条件下互相结合成中性粒子的过程称为复合。复合大多在电子和正离子之间发生，也可以在正离子和负离子之间发生。复合时要释放出能量，它既是粒子间结合又是能量转换的物理过程，这一过程也可称之为复合反应。

按照复合反应发生时的环境条件，可分为空间复合和表面复合两种形式。

1）空间复合，是指正、负带电粒子在电弧弧柱空间进行的复合，这种复合是否产生，在很大程度上取决于参与复合的带电粒子的动能或相对运动速度。一般速度大的电子与正离子相遇时，很可能是高速电子从正离子旁一掠而过，来不及进行能量转移与产生复合，而只有运动速度较小的电子才可能与正离子产生复合。

焊接电弧中心部分温度较高，所有粒子的运动速度大；产生空间复合的可能性很小；而电弧周围空间温度较低，从弧柱中心扩散过来的电子和正离子的速度都已减慢，很可能进行空间复合。负离子与正离子的复合要比电子与正离子的复合容易得多，这显然是由于正、负离子的相对运动速度比较小，相遇时进行复合的概率也就高。负离子与正离子进行复合将成为两个原子。空间复合还往往发生在电弧熄灭的瞬间，交流弧焊电源的电流过零的瞬间将引起熄弧，电弧空间温度骤然降低，这时带电粒子会发生大量复合，虽然是放热反应，但却因带电粒子的大量消失而给电弧重新引燃造成一定的困难。

2）表面复合，在电弧导电情况下，阴极和阳极在电场作用下都会吸引异种电荷的带电粒子在其表面进行复合。实际上这种形式的复合在阳极表面发生的可能性不大，只在阴极表面有可能发生。这是因为阳极不能发射正离子，其表面没有正离子存在，至于阴极，则是在电场作用下有正离子冲击阴极表面将能量释放出来，同时有可能从阴极吸收一个电子而实现表面复合。

不论是空间复合还是表面复合，在复合过程中都要释放出能量，电子与正离子复合时放出的能量有电离能及电子的动能，这些能量转化为热能和光辐射能。

1.2 焊接电弧的引燃过程

焊接电弧从无到有的引燃过程在时间上是短暂的，显示其进程特征所占用的空间也是很有限的。但就其内在物理过程而论却是异常激烈和复杂的，其间经历着导电粒子的产生、扩散、复合、负离子形成等一系列物质形态与性能的变化，以及作为变化之本的能量传递与转化主宰着全过程。从外部形态及表征进行观察，随着电极端部与焊件（为另一极）之间距离的微小变化，相应发生着温度的骤然升高、强光的突然辐射、电参数的跳跃式变化以及声和力的强弱变化等。诸多现象表明，在短暂的引弧过程中，系统内部发生着阶段性的突变。以熔化极电弧焊的接触式引弧为例，按照过程特征，焊接电弧的引燃可划分为接触、拉开和燃弧三个阶段，如图 1-12 所示。

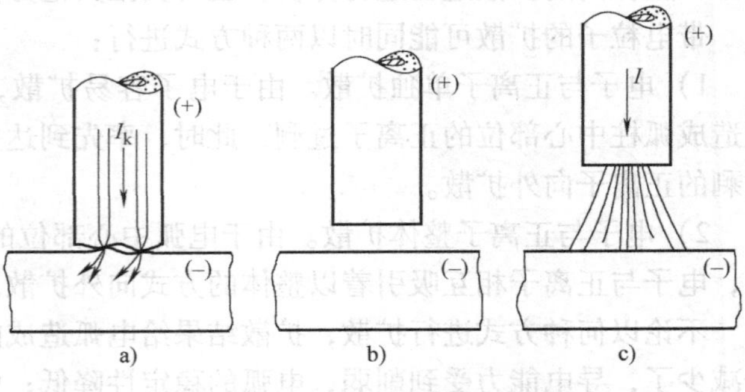

(+)
I_k
(−)
a)
(+)
(−)
b)
(+)
I
(−)
c)

图 1-12　电弧引燃过程示意图

a）接触　b）拉开　c）燃弧

1.2.1 接触

当焊条芯（或焊丝）端部与焊件表面相碰，即正、负两极发生了接触（亦即短路）。由于焊丝端面和焊件表面都不可能是绝对平整光洁的，再加上操作时也不可能使焊条与焊件表面完全垂直，所以它们之间只能是个别地方的点接触，电流也就从接触点流过（见图 1-12a）。

在接触的一瞬间，由于接触点的面积很小，电流密度很大（短路电流约是正常焊接电流的 2～2.5 倍，而接触小点上的电流密度要比焊芯截面上平均的电流密度大得多），同时又具有一定的接触电阻，所以此处产生大量的电阻热。此电阻热按焦耳定律计算：

$$Q = I_k^2 Rt \tag{1-20}$$

式中 Q——接触点的电阻热（J）；

I_k——接触电流，即短路电流（A）；

R——接触点的电阻（Ω）；

t——接触时间（s）。

接触电阻热使接触点处的温度骤然升高，使部分金属熔化和蒸发，焊条药皮中的易分解或沸点较低的物质（钾、钠等元素）变成蒸气，接触点附近小空间开始具有了高温气体介质，粒子的热运动加剧，少量电离也开始发生；同时由于阴极的小面积受电阻热的作用，自由电子获得能量，阴极表面有少量电子发射。这很小范围内的热电离和电子发射已为即将发生的整个电弧空间的燃弧提供了一定的物质和能量条件，并起到诱发作用。

1.2.2 拉开

焊条与焊件接触后迅速拉开，在刚刚拉开而电弧尚未形成的一瞬间，两极之间的导电粒子还很少，导电性微弱，可认为电流接近于零，这短暂的一瞬间可看作是引弧的拉开阶段。

焊接电源的空载电压通常为60～80V，当焊条端部刚离开焊件表面10^{-5}～10^{-6}mm时，在这一极短的区间由空载电压建立的电场具有足够大的电场强度（数量级达10^9～10^{10}V/m），在如此强的电场作用下，电极开始强烈地发射电子，电子受到电场作用而被加速，快速运动的电子与中性粒子碰撞又将发生电离，如此连锁式反应使产生的带电粒子数目急剧增加。

拉开阶段产生带电粒子的环境条件和机制与接触阶段相比有明显的区别，接触时的接触点上是金属实体相连，排除了建立空间电场的可能性，此处电压降为零（或近于零），只能靠接触点的短路电流流过时生成的电阻热在小范围内起诱发作用。而拉开阶段首先提供了空间环境，得以发挥空载电压的作用，是以强电场作用下的发射和电离为主导，将前阶段提供的局部诱发作用扩展到整个空间，带电粒子的密度不断提高。

1.2.3 燃弧

经过接触和拉开两个阶段的物理过程，两电极之间带电粒子的数量、密度和整个系统的能量已达到相当高的水平，处于发生突变前的临界状态。随着发射和电离过程的剧烈进行，当焊条或焊丝被提升到一定高度时，则两极间的空间顷刻发生突变，发出强烈的光和热，同时还能体现出声和力的存在，这表明电弧已经引燃，即完成了焊接电弧引燃的全过程，同时也标志着焊接电弧已开始具有了它的正常物理状态。

1.3 电弧各区域及其导电机构

当两电极之间产生电弧时，通过试验测定沿电弧长度方向上的电压分布，可以看出在弧长方向的电场强度是不均匀的，靠阴极和靠阳极附近的电场强度大，而中间部分的电场强度小。这种情况表明，电弧各个区域的阻抗是不同的，这是由于各区域的导电机构不同而决定的。按照弧长方向上电压分布的情况，可将电弧划分为三个区域，即阴极区、弧柱区和阳极区。

1.3.1 阴极区及其导电机构

阴极区是阴极端部附近区域，该区沿弧长方向的尺寸很小，约为10^{-5}～10^{-6}cm，是电子自由行程的数量级。阴极压降大小决定于阴极材料、阴极区可能存在的金属蒸气或其他气体介质以及焊接电流等多种因素，其数值范围是3～20V。有的测试结果表明，阴极电压降U_k与气体介质的电离电压大体相等，即$U_k=U_i$，一般为10～15V。由于阴极压降区的区间很窄，因此它的电场强度数量级可以高达10^6～10^7V/cm。

阴极区的作用是向弧柱区提供电子流，接受从弧柱过来的正离子流，以组成总电流满足弧柱需要，从而维持电弧稳定放电。阴极区完成这样任务的导电机构与阴极材料种类、电流大小等因素有关。由于具体条件不同，阴极区的导电机构可分为如下三种类型。

1. 热发射型阴极区导电机构

当阴极采用W、C等高熔点材料并且电流较大时，由于阴极可达到很高的温度，热发射能力强，弧柱所需要的电子流主要靠阴极的热发射来供应，这样的阴极区称为热发射型阴极区。如果阴极的热发射能够提供弧柱所需要的全部电子，则在弧柱区和阴极之间不再存在阴极压降区，阴极前面的电场强度与弧柱的电场强度是一致的，也不存在阴极压降。在这种情况下，阴极除了直接发射总电流的99.9%的电子流以外，还接受0.1%的正离子流，阴极表面以外的电弧空间与弧柱的特性完全一样，其空间电荷的总和是零，对外界呈中性。由弧柱到阴极，电弧直径无很大变化，所以电流密度也相近，其数量级为$10^3A/cm^2$。同时，阴极上也不存在阴极斑点（阴极斑点是指阴极上电流集中流过、电流密度很高、发出烁亮光辉的点）。阴极的温度较高，持续进行热电子发射。具有上述性能和导电机构的阴极称为热阴极，大电流钨极氩弧焊时，这种阴极导电机构占主要地位。

2. 电场发射型阴极区导电机构

当阴极材料为W、C，而电流较小时，或者阴极材料为熔点较低的Fe、Al、Cu时，阴极表面温度受自身沸点的限制不能升得很高，但在阴极达到沸点的局部地方具有导通电流的有利条件，因此在这些局部地方形成电流密度很高的阴极斑点，其电流密度的数量级可达$0.5\times(10^6\sim10^7)A/cm^2$。除这些局部地方外，冷阴极表面温度较低，所以不可能产生较强的热发射来满足弧柱所要求的电子流。事实上，当阴极表面温度较低时，也不可能单独依靠热发射所产生的电子来供应弧柱对电子流的需要（弧柱要求电子流占总电流的99.9%，离子流占0.1%），因此在邻近阴极的弧柱部分，正负电荷的平衡关系首先被破坏，此处产生过剩的正离子堆积而显示出正电性。这样一来，便在阴极前面形成区间很窄的局部正电场（图1-13）。这个区域即所谓的阴极压降区，亦即阴极区。

阴极压降区的区间很窄，相当于电子的平均自由行程（$10^{-5}\sim10^{-6}$cm），它的电场强度很大（可达$10^6\sim10^7$V/cm），这种较强的正电场必然起到以下作用：

1）使阴极产生场致发射，从而增大阴极的电子发射量。

2）从阴极发射出来的电子将被加速，在阴极区与弧柱区交界的地方，一旦碰到中性粒子则可能产生碰撞电离，由此而产生的电子与从阴极直接发射出的电子汇集成供给弧柱区的电子流；碰撞电离产生的正离子，在电场作用下也将加入从弧柱来的正离子的行列一起冲向阴极，从而使得阴极获得的正离子流的比率比弧柱的要大。设I为电弧总电流，I_e为电子流，I_i为正离子流，则电子流的比率$f_e=I_e/I$，正离子流的比率$f_i=I_i/I$。根据理论推算，弧柱区需要$f_e=0.999$，只需$f_i=0.001$。但当存在场致发射时则阴极区f_e小于0.999，而f_i大于0.001，因此阴极区产生正离子过剩，这就必然出现正电性并得以保持。阴极区与弧柱区电子流和正离子流的比率示意图，如图1-14所示。

3）由于阴极区的正离子数量增加，同时正离子也被电场加速，其动能增加，当正离子到达阴极时将动能转换成热能，进一步增强阴极的热发射而向弧柱区提供足够的电子。

上述三方面的作用实质上是阴极区电场对导电粒子进行调节的表征，调节一直到阴极区所提供的电子流与弧柱区所需要的电子流一致，即达到平衡。

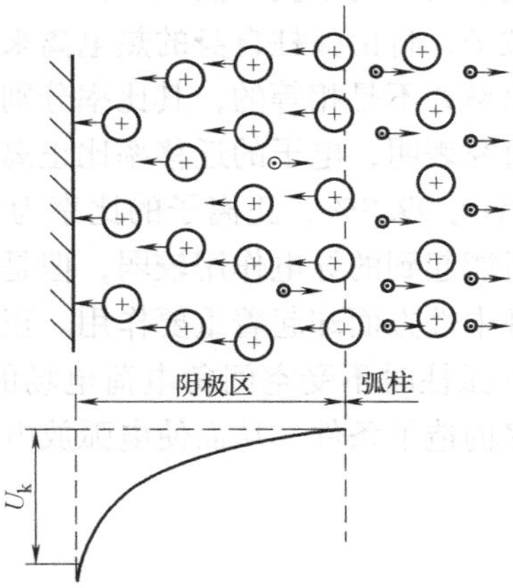
阴极区
弧柱
U_k

图1-13 阴极区电场形成示意图

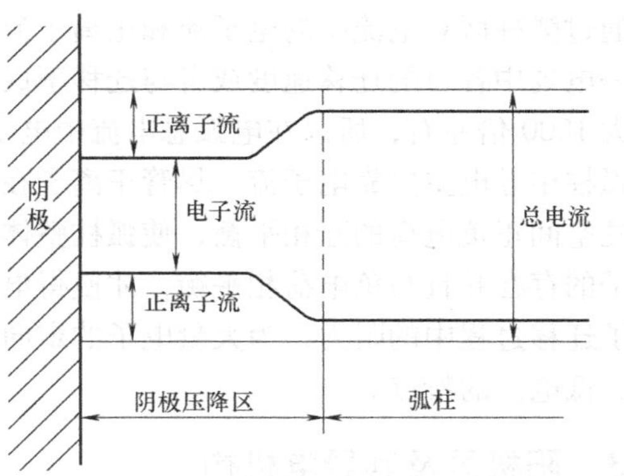
阴极
正离子流
电子流
正离子流
总电流
阴极压降区
弧柱

图1-14 阴极区电子流和正离子流的比率示意图

3. 等离子型阴极区导电机构

热阴极发射型和场致发射型导电机构是阴极区导电机构的两种基本类型。此外，还有一种等离子型阴极区导电机构，主要产生于小电流或冷阴极电极材料，尤其在低气压环境中更容易出现。由于阴极的温度低，热发射能力弱，当电弧空间气压低时，阴极压降区大，使电场强度下降，场致发射的能力也不强，但仍具有一定的能量和电场强度，在阴极区前面形成一个辉光明亮的高温区，区内的中性粒子产生热电离，生成的电子在电场作用下向弧柱运动，而正离子跑向阴极，即称为等离子型阴极区导电机构。低气压钨极氩弧焊时，阴极前面出现球形辉光区即属于这类导电机构。

上述条件下出现的等离子型阴极区导电机构与高能量密度的拘束型等离子弧存在着重要差别，二者不能相提并论。

1.3.2 弧柱区及其导电机构

弧柱区是介于阴极区和阳极区之间的区域，占据了电弧长度上的绝大部分，但它的电压降（即弧柱压降U_c）并不高，仅为10V左右。弧柱区由带电粒子和中性气体粒子组成，因是气体介质，其加热不像金属电极那样受到熔点的限制，因而温度较高。根据气体种类、电流大小和弧柱所受到的压缩程度不同，弧柱温度一般为5000～30000K。当为等离子弧时，最高温度可达3×10^4～5×10^4K。弧柱中的热物理作用激烈，中性粒子的热电离是电离的主要方式。

弧柱区的重要任务是促成中性气体粒子电离而进行导电，并且通过这一过程进行能量的转化和能量传递。在忽略负离子的情况下，气体介质的导电主要由电子和正离子来完成。在电场作用下，正离子向阴极方向运动，电子向阳极方向运动，从而形成电子流和正离子流（见图1-15），二者组成通过弧柱的总电流，弧柱便成为导通电流的导体。在弧柱区的电子流和离子流分别向各

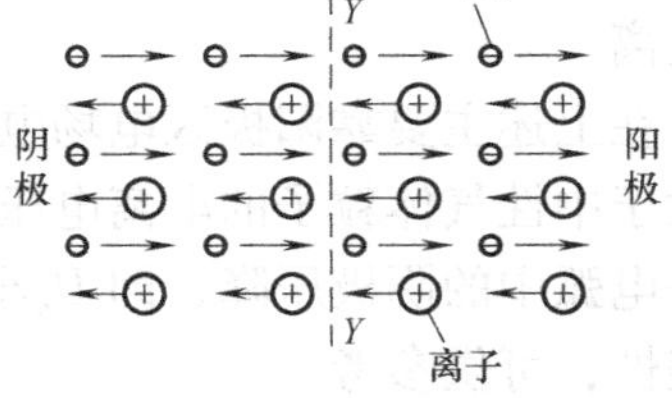
电子
Y
阴极
阳极
Y
离子

图1-15 弧柱中的电子流和正离子流

自的方向迁移的同时，阴极区和阳极区则产生相应的电子流和离子流以接续，保证弧柱带电粒子的动平衡；而弧柱中因扩散和复合而消失的带电粒子，将由弧柱自身的热电离来补偿。

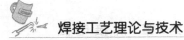

通过弧柱区总电流中的电子流和正离子流所占的比率并不是相等的，其比率分别与它们在同一电场中各自的迁移速度或者与迁移率成正比。研究表明，电子的迁移率比正离子的迁移率大1000倍左右，所以在电弧总电流中电子流的比率为99.9%，正离子的比率为0.1%，即在弧柱中导电主要靠电子流。尽管正离子在弧柱中所能起到的导电作用较弱，但是它在保持弧柱空间正负电荷的互相平衡，使弧柱整体电性呈现中性方面却起着重要作用。正是由于正离子的存在并且与负电荷相平衡，才使得电子流通过弧柱时不受空间负电荷电场的排斥，减少了迁移过程中的阻力，为大量电子的定向快速迁移创造了条件，从而使电弧放电具有大电流、低电压的特点。

1.3.3 阳极区及其导电机构

阳极表面附近的区域是阳极区，该区沿弧长方向的尺寸为$10^{-3} \sim 10^{-2}$cm，虽然也很小，但比阴极区要大得多（阴极区为$10^{-6} \sim 10^{-5}$cm）。

阳极区的导电机构不像阴极区那样复杂，阳极区的任务是接受由弧柱流过来的$0.999I$的电子流（I为电弧的总电流）和向弧柱提供$0.001I$的正离子流。阳极接受电子流的过程比较简单也容易理解，每一个电子到达阳极时将向阳极释放出相当于逸出功U_ω的能量。但阳极区向弧柱区提供$0.001I$的正离子流的情况，却不像接受电子那样简单，因为阳极不能直接发射正离子，正离子是由阳极区中性粒子的电离来提供的，而阳极区提供正离子的可能途径有两种。

1. 阳极区电场作用下的电离

当阳极区温度较低而不能以热电离的方式向弧柱提供它所需数量为$0.001I$的正离子流时，便会因阳极前面的电子相对过剩而聚集形成负的空间电场（见图1-16），使阳极与弧柱之间形成一个负电性区，即所谓的阳极区。阳极区两端的电压降称为阳极压降（U_a）。从弧柱来的电子流在通过阳极区时得到电场的加速，能量增大，其中一部分电子可使阳极区内的中性气体粒子电离，电离产生的正离子流向弧柱，使阳极区成为向弧柱提供正离子的供给源，而电离产生的电子则流向阳极。通常在电弧电流较小时，阳极区的导电机构即属于这一种，称为阳极区电场作用下的电离。

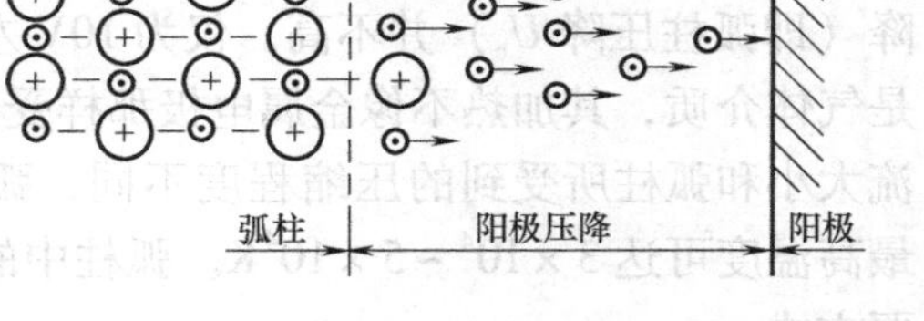
U_a
弧柱
阳极压降
阳极

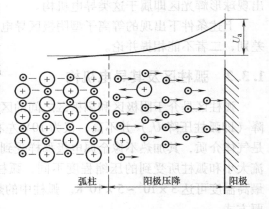

图1-16 阳极区电场形成示意图

U_a——阳极压降

在上述主要靠阳极区电场电离而向弧柱提供正离子流的情况下，阳极区电压降应当等于或大于中性气体粒子的电离电压，即$U_a > U_i$，这比一般情况下的U_a值要高，但仍然会低于同一电弧中的阴极压降，即U_a小于U_k。表1-10是试验测得的U_k与U_a的数据，具有一定的代表性，可供参考。

表 1-10 焊接电弧的 U_k 和 U_a

电 极	U_k/V	U_a/V
Fe	16～17	6～9
Cu	12～13	10～11
Al	13～14	10～11

注：$I=50\sim250A$，$L=6\sim24mm$，$U_a=32\sim45V$。

2. 阳极区的热电离

在大电流情况下，大量电子进入阳极并释放出能量，阳极温度很高，阳极材料的蒸发加剧，靠近阳极表面附近的空间也被加热到很高温度，聚集在这里的金属蒸气将产生热电离，电离产生的正离子和电子将分别流向弧柱和阳极。当电弧功率大到一定程度时，则热电离产生的正离子已能满足弧柱区的需要，因此阳极附近的电子过剩和聚集消失，阳极压降很低。甚至可以降到零。试验结果表明，大电流的钨极或熔化极氩弧焊时阳极区电压降都很小，属于阳极区热电离产生导电机构。

观察发现，在某些场合下阳极表面也会出现与阴极斑点类似的微小而明亮的辉光斑点，是阳极集中接受电子的区域，称为阳极斑点，也可叫做阳极辉点。阳极斑点的形成与阳极材料及阳极区的导电机构有关。当采用较低熔点的材料（Fe、Cu、Al 等）作阳极时，在一定电流条件下，可能在阳极表面某一局部地方产生金属熔化与蒸发，由于金属蒸气的电离能大大低于一般气体的电离能，所以在金属蒸气大量存在的地方更容易产生热电离，其形成的正离子供给弧柱区，而电子则易从蒸发处进入阳极，这就造成在阳极上导电集中点，即阳极斑点。但当采用高熔点的材料（W、C 等）作阳极并且电弧电流较大时，阳极温度虽较高，却不易产生熔化及蒸发，因此，阳极前面空间中主要靠中性气体粒子的热电离向弧柱提供正离子，而阳极上不形成阳极斑点。

1.3.4 电极斑点的跳动现象

当阴极斑点和阳极斑点出现时，如果留意观察，便会看到一种发人深思的有趣现象，那就是斑点的频繁跳动。焊接过程中电弧沿焊件相对移动，亦即是阴极与阳极之间的相对移动。处于焊件上的电极斑点（阳极斑点或是阴极斑点）不是随电弧匀速移动，而是在一定范围内不规则地跳动着前移。不但焊件上的斑点有此现象，而与焊件相对应的另一电极（焊丝、钨棒等）也会出现电极斑点沿电极端面或在端部沿电极轴线方向上下跳动。通常认为产生这种现象的原因主要是以下两点。

1. 电极斑点寻找对自身导电有利的物质条件

阳极斑点有自动寻找纯金属而避开金属氧化物的倾向——有许多金属氧化物的熔点和沸点高于纯金属，不容易产生易于电离的金属蒸气，并且金属氧化物的导电性也较差；而纯金属不但熔点和沸点较低，比较容易产生金属蒸气，而且它的导电性较好。所以纯金属是阳极斑点寻找的对象，而要避开金属氧化物的地方。

阴极斑点有自动寻找金属氧化物而避开纯金属的倾向——金属氧化物的逸出功低，带有金属氧化物的地方容易发射电子，因此，阴极斑点要寻找含有金属氧化物的部位而成为导电（发射电子）集中的地方。

由此可见，阴极斑点与阳极斑点的建立对所在部位物质属性的要求大不相同。随着电弧移动，它们将各自寻找自身所需要的物质对象以便在电弧移动过程中不断建立新的斑点位置，这些具有不同物质（纯金属与金属氧化物）的微小区域的分布不可能是均匀的，也是不连续的，因此寻找过程中必然引起跳跃式选择，这便是造成电极斑点跳动的原因之一。

2. 服从最小电压原理

最小电压原理：对一个和轴线对称的电弧，在给定的电流和边界条件下，当电弧处于稳定状态时，其弧柱半径或温度应使弧柱的电场强度具有最小值。

鉴于弧柱的电场强度可用单位长度弧柱上的能量消耗或电弧电压的大小来表示，故最小电压原理的概念可简化为：电弧具有保持最小能量消耗的特性，而当电弧电流一定时，电弧要保持最小的电压降。

电弧过程中的许多现象都可利用最小电压原理得到解释。例如当电弧被周围介质强迫冷却时，电弧将自动收缩其断面并使电流密度升高、电场强度 E 提高、温度 T 也升高，从而使电弧的能量消耗在新的条件下达到新的平衡，仍保持最小能量消耗的特性。

电极斑点的跳动也表明，电弧是在不断更新位置的条件下，按照最小电压原理的准则在新的几何位置上建立新的平衡。电弧每移到一个新的部位时，焊件上都会有一些供选择的点来建立新的电极斑点，但必然选择弧长最短、电压最小、能量消耗最少的点来确定新的斑点位置。刚刚确定的点，又要随着电弧的移动而重新选择。如此不断更新、不断选择，便造成了阴极斑点或阳极斑点的频繁跳动。还可以观察到，焊件上不断更换着的电极斑点位置大多滞后于焊丝（或钨极）中心线所指位置的后面，这种现象往往被看作是电极斑点的粘着作用。不难理解，这种粘着作用主要是由于焊接电弧的热惯性所造成的。

1.4 焊接电弧的热和力

焊接电弧实质上是一个进行能量转换的实体，它通过气体空间与电力有关的物理过程将焊接电源提供的电能转化成热能和机械能。焊接过程中存在的一些现象，如电弧的熔透能力及其对全位置焊接的适应性、熔池形状及熔池液体金属的运动行为、熔化极电弧焊的熔滴过渡状态和飞溅等，都是由电弧热和电弧力共同作用的结果。

1.4.1 电弧的热功率和温度分布

1. 电弧的热功率

分析电弧的热功率时是将电弧当作电阻负载来考虑。电弧的热功率是指单位时间（s）内电弧产生的热量，其表达式为 $P = IU$，单位是 J/s。由于电弧中各区域的电压降不同、产热机构不同、散热条件也不同，因此，对于电弧的热功率需要按区域进行讨论。

（1）弧柱区的热功率　保持弧柱动态热平衡的是正、负电荷相等的带电粒子，而进行导电的主要是电子，占总电流的99.9%，正离子仅占0.1%。在弧柱压降作用下电子和正离子分别向阳极和阴极迁移，迁移过程中它们与其他粒子以及它们相互间发生碰撞，进行能量传递和转换，是将弧柱的电场能转换成热能和光能（在此光能不计）。前已明确，U_C是弧柱压降（V）、I是电弧电流（亦即弧柱电流，A），设 P_C（J/s）为弧柱热功率，则

$$P_C = IU_C \tag{1-21}$$

由式（1-21）所决定的弧柱热能主要用来补偿弧柱热损失，以保持弧柱空间的动态热

平衡和导电机制的稳定。研究结果表明，弧柱的热能只有很少一部分通过辐射传递给焊丝（电极）与焊件，而对于焊丝或焊件的加热及熔化起决定作用的是阴极热与阳极热。

（2）阴极和阴极区的热功率　讨论阴极热功率时，不仅要考虑阴极上的热功率，并且要全面考虑阴极区的热功率，这是因为阴极区的区间长度很小，其热功率直接影响阴极加热的缘故。在没有或很少有负离子存在的情况下，阴极区的带电粒子是电子和正离子。在此区域，这两种带电粒子不断地产生、消失和运动，同时伴随着能量的转换与传递。虽然弧柱中有 0.001I 的正离子进入阴极区，但因其数量相对于整个电流是很小的，可以认为这些正离子所持的能量对阴极区的能量影响极小，可以忽略不计。因此可以认为影响阴极区能量状态的带电粒子全部是在阴极区产生的，只有这些带电粒子的能量状态决定着阴极区的能量平衡。

设：阴极区的总电流为 I，电子流为 I_e，离子流为 I_i，则 $I = I_e + I_i$；阴极区的电子流与总电流之比为 $I_e/I = f$，则离子流与总电流之比为 $I_i/I = (1-f)$。U_k是阴极电压降（V）。U_ω 是电子逸出电压（V）；U_i是电离电压（V）。图1-17是阴极区产热机构示意图，图中 KK 面代表阴极表面，CC 面代表阴极区的边界面，即是与弧柱区相邻的交界面。由于阴极区的区间长度极小，仅相当于电子的平均自由行程，因此可以认为在 K-C区间内不发生粒子间的碰撞，从而可以不考虑这一区间内的能量转换与传递，只考虑 KK 面上和 CC 面上的能量转换。

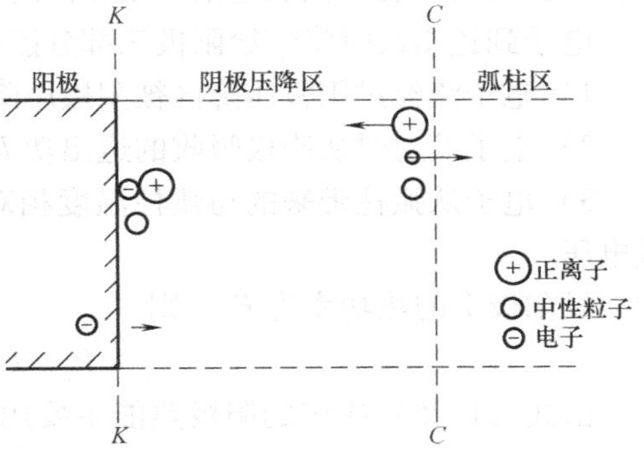
K
C
阳极
阴极压降区
弧柱区
正离子
中性粒子
电子
K
C
图1-17　阴极区产热机构示意图

向 KK 面传递的能量有：

1）由 CC 界面向阴极运动的正离子流受 U_k加速，撞击阴极而释放的动能（以电功率计）为 $(1-f)IU_k$。

2）撞击到阴极表面的上述正离子流与电子复合成中性粒子而放出能量为 $(1-f)IU_i$。

由 KK 面付出的能量有：

1）撞击到阴极表面的上述正离子流与阴极上逸出的电子复合，阴极消耗能量为 $(1-f)IU_\omega$。

2）阴极表面除了与 A^+复合付出上述电子外，尚发射大量电子供给弧柱，消耗能量为 fIU_ω。所以 KK 面（即阴极表面）的热功率为

$$P_{KK} = (1-f)I(U_k + U_i - U_\omega) - fIU_\omega \tag{1-22}$$

向 CC 面传递的能量有：

由阴极发射的电子经 U_k加速而到达 CC 面时，将动能交给 CC 面，能量为 fIU_k。

由 CC 面付出的能量有：

1）由阴极发射的电子流经 CC 面进入弧柱区时，带走的热能为 fIU_T，U_T为所设与带走热能相应的等效电压。

2）CC 面上的中性粒子发生热电离将从 CC 面吸取 $(1-f)IU_i$的热能，电离产生的正离子构成阴极区的正离子流，而产生的电子便进入弧柱，其数量为 $(1-f)I$。

3）上述 $(1-f)I$ 的电离产生的电子流进入弧柱区也将带走与2）同样性质的热能，功率为 $(1-f)IU_T$。所以 CC 面的热功率为

$$P_{CC}=fI(U_k-U_T)-(1-f)I(U_i+U_T) \quad (1\text{-}23)$$

阴极区热功率 P_K 是 KK 面与 CC 面功率的收支总和，为

$$P_K=P_{KK}+P_{CC}=I(U_k-U_\omega-U_T) \quad (1\text{-}24)$$

式（1-24）是阴极的产热表达式，由该式决定的热能主要用于阴极的加热和阴极区的散热损失。焊接过程中直接加热焊丝或焊件的热量由这部分能量提供。

（3）阳极的热功率　阳极主要接受电子流传递的能量，产热情况比较单纯。由于阳极区向弧柱提供的正离子流只占总电流的0.001，因此正离子流对阳极区能量变化的影响可以忽略不计，可以认为阳极区的电子流等于电流，只考虑接受电子流所产生的能量转换。这样，阳极上的热能即代表包括阳极在内的阳极区的热能。

电子到达阳极时将带给阳极三部分能量：

1）电子流经过阳极压降区被阳极压降 U_a 加速而获得的动能 IU_a。

2）电子发射时从阴极吸收的逸出功 IU_ω 又传给阳极。

3）电子从弧柱带来的与弧柱温度相对应的热能 IU_T。U_T 为所设与带来热能相对应的等效电压。

设阳极上的热功率为 P_a，则

$$P_a=I(U_a+U_\omega+U_T) \quad (1\text{-}25)$$

由式（1-25）决定的阳极热能主要用于阳极材料的加热、熔化（也可不熔化）和热传导。这是焊接过程中可以直接利用的能量。

综上所述并由电弧各区热功率表达式可知，焊接电弧中三个区域的热功率各不相同，阴极区和阳极区的热功率都不能简单地用它们各自的电压降与电流的乘积来表达，这是由较复杂的导电机制所决定的。借助于各区域的功率表达式可以解释一些电弧现象，并指导焊接实践。

电弧的总热功率 P_A 应等于它三个区域的热功率之和，即

$$\begin{aligned}P_A&=P_a+P_C+P_K=I(U_a+U_C+U_k)\\&=IU_A\end{aligned} \quad (1\text{-}26)$$

式中　U_A——电弧电压（V）；

其他各参数同前。

2. 焊接电弧的热效率

焊接电弧的热效率是指用来熔化焊丝和母材金属形成焊缝的有效热能在电弧总热能中所占的比例，常用电弧热效率系数 η 表示。事实表明，焊接电弧的热能不可能全部有效地用于焊接，而其真正有效被利用的部分是：对于熔化极电弧焊，用来熔化焊丝和母材金属的热；对于非熔化极电弧焊，是用来熔化填充金属和母材金属的热。

焊接电弧的热功率按式（1-26）表示，则焊接电弧的有效热功率 P_A'(J/s) 为

$$P_A'=\eta P_A \quad (1\text{-}27)$$

显然，电弧的热效率系数 $\eta=P_A'/P_A$，它的数值与焊接方法、焊接参数、环境条件有关。$(1-\eta)P_A$ 这部分电弧热功率将消耗在对流、辐射和传导等损失上。

几种常用电弧焊方法的热效率系数 η 值列于表1-11。由表中可见不同焊接方法的电弧

热效率是不同的。实际情况还表明，即便是同一种焊接方法，在其他条件不变的情况下，若弧长增加便会引起弧柱热损失增大，则 η 值减小。

表 1-11 各种电弧焊方法的热效率系数 η 值

电弧焊方法	η
药皮焊条电弧焊	0.65～0.85
埋弧焊	0.80～0.90
钨极氩弧焊	0.65～0.70
熔化极氩弧焊	0.70～0.80
CO_2气体保护焊	0.75～0.80

3. 电弧的温度分布

电弧的温度是以电弧热为基础的能量状态的表现形式，实质上标志着电弧中各种粒子进行热运动所拥有的平均动能。电弧温度是影响焊接热过程和冶金过程的主要因素之一。但在焊接电弧中，由于阳极、阴极和弧柱三部分的受热材质及物理性能等存在差异，因而各部分的温度也不一样。

（1）阳极与阴极的温度　电弧的电极加热温度通常要受电极材料熔点与沸点的限制。表 1-12 列出的某研究报道，是用同种材料作电极，测定在空气中的小电流电弧的阳极与阴极温度。从表中数据可见，对于 C、W、Fe、Ni、Cu 几种材料，其阳极与阴极的加热温度都不超过其沸点温度；并且阳极温度高于阴极温度，这是因为大多数情况下，阳极产热比阴极产热多的缘故。至于 Al 的阳极与阴极温度高于 Al 的沸点温度，是由于 Al 在空气中表面生成的氧化膜（Al_2O_3）沸点高的原因。

表 1-12 阳极与阴极的温度（I=5A）

电极金属	C	W	Fe	Ni	Cu	Al
阴极	3500	3000	2400	2400	2200	3400
阳极	4200	4200	2600	2400	2400	3400
熔点	4000	3683	1812	1728	1356	933
沸点	5103	6203	3013	3003	2868	2723

（2）弧柱的温度　焊接电弧中气体介质的分解与电离、电离气体的导电与导热、气体在金属中的溶解度以及气体与金属间的相互作用等过程均与弧柱的温度有关，因而讨论弧柱中温度分布规律是十分有意义的。

弧柱的介质通常是气体或含有金属蒸气，因而其加热温度不受沸点的限制。对于焊接电弧，随着采用的焊接方法与焊接参数值的不同，在常压下当电流在 1～1000A 变化时，弧柱温度可在 5000～30000K 之间变化。图 1-18 是在氩气中 W-Cu（水冷铜电极）电极之间电弧的弧柱温度分布，由图可见弧柱沿轴向与径向的温度分布差别。从轴向来看，靠近钨极一端，弧柱直径小，电流与能量密度高，所以弧柱温度也高，而靠近水冷铜极（相当于焊件）一端，则弧柱的温度低些。另外，从弧柱径向温度来看，在弧柱中轴线上温度高，沿径向则温度逐渐降低。

图 1-19 表示在氮气中形成的电弧弧柱径向温度分布情况。由于氮是双原子气体，约在

7000K 左右剧烈吸热分解，并且在6000～7000K 时氮的热导率最高，而温度高于或低于该范围的热导率均随温度的变化而急剧降低。正因为这个原因，使氮气电弧弧柱在温度高于7000K 的中心部分形成了具有清晰边界的弧心，其热导率低，但温度很高，辉度很强。一般在多原子气体介质的电弧中，其径向温度分布具有此特点。

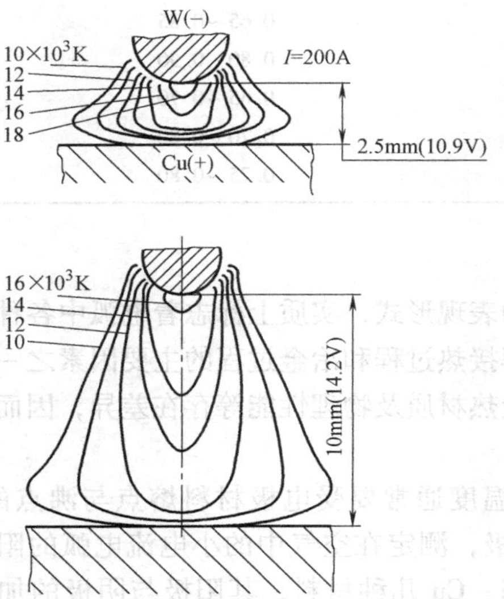
W(−)
10×10^3K
12
14
16
18
I=200A
2.5mm(10.9V)
Cu(+)
16×10^3K
14
12
10
10mm(14.2V)

图 1-18　在氩气中 W-Cu 电极间电弧温度分布

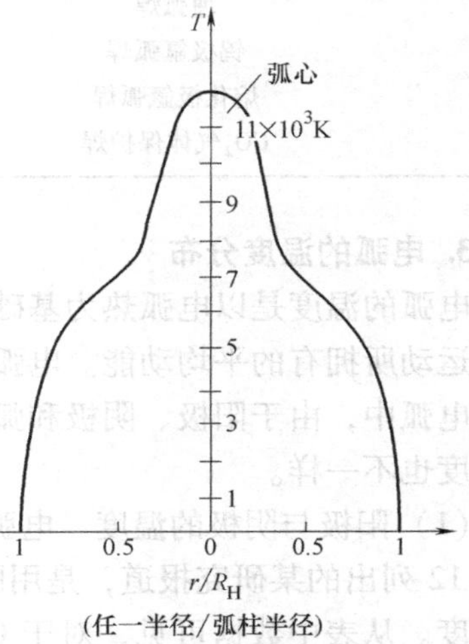
T
弧心
11×10^3K
9
7
5
3
1
1
0.5
0
0.5
1
r/R_H
(任一半径/弧柱半径)

图 1-19　在氮气中电弧弧柱的温度分布

在常压下焊接电弧的弧柱温度要受气体介质成分、焊接参数以及弧柱的拘束状态等因素影响，下面予以简介：

1）气体介质成分。图 1-20 表示在氩气中加入 H_2、N_2、O_2和 CO_2时，弧柱温度平均值的变化情况。由图可知，以氢气对弧柱平均温度的影响最强，这是由于其热导率最高，对电弧的冷却作用最强，故迫使弧柱提高电场强度，增加弧柱能量，因此温度得以提高，否则电弧不能维持。

电弧弧柱的温度还受金属蒸气成分的影响，因为不同金属元素的电离能不一样，当电弧介质中含有低电离能的金属蒸气成分时，弧柱温度将降低。

2）焊接参数。如图 1-18 所示，在一定的电流值下弧长由 2.5mm 增大到 10mm 时，钨极氩弧随着弧长增长，即电弧电压增加，弧柱在中轴线上的最高温度有所降低，而具有相同温度的等温线则沿半径方向扩展，热损失也增大。

焊接电流的变化将直接影响弧柱的能量密度，而引起弧柱温度改变，一般随着焊接电流的增大，弧柱能量密度提高，弧柱温度也增加。

3）弧柱的拘束状态。电弧的拘束状态是指电弧弧柱的外缘边界受到外加的强制性约束（如增强气流的冷却作用等），使电弧弧柱的导电截面缩小，因而提高弧柱电场强度，弧柱的温度就提高。

1.4.2　电弧力及影响因素

电弧力是指焊接电弧中存在的机械作用力。它是在电弧物理过程中由于电场和热场对气体粒子（带电的和中性的）作用，而由这些粒子的运动状态宏观地表现出来的力。焊接过程中，电弧力直接影响到熔滴的形成和过渡、熔池的搅拌与焊缝成形，还影响到液态金属的飞溅和某些焊接缺陷（如烧穿、咬边等）的产生。因此了解电弧力的性质、作用规律和影响因素，进行合理的利用与控制，是十分必要的。

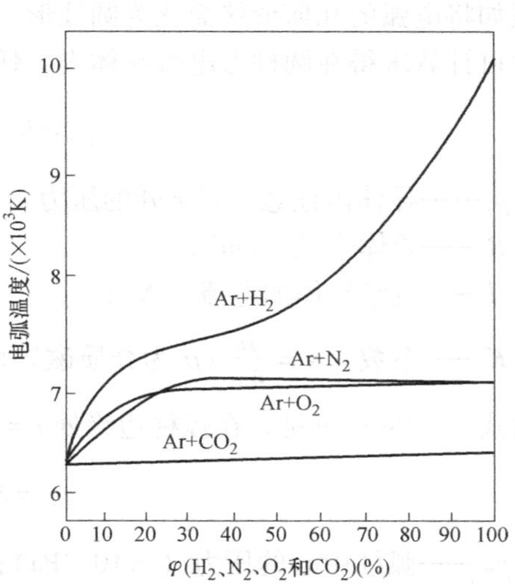

电弧温度/(×10³K)
10
9
8
7
6
Ar+H₂
Ar+N₂
Ar+O₂
Ar+CO₂
0 10 20 30 40 50 60 70 80 90 100
φ(H₂、N₂、O₂和CO₂)(%)

图1-20 几种混合气体的弧柱温度（平均值）的比较
试验条件：直流反极性熔化极电弧，焊丝 Fe，母材 Fe，$U=25\text{V}$，$I=250\text{A}$。

1. 电弧力

根据产生力的直接原因和表现形式，通常将电弧力分为电磁力、等离子流力、电极斑点力等多种力，它们共同组成电弧力。

（1）电磁力 电磁力是电弧力组成中最重要的一种力。电磁现象表明，在两根相距不远的平行导线中通以同方向的电流时，则产生相互吸引力；若方向相反，则产生排斥力。这种力的形成是由于在通电导体周围空间形成磁场，而两个通电导体处于磁场中受到磁场力的作用，于是发生上述现象。上述的磁场力是由于电流流过导体时产生的，因此称为电磁力。

当电流流过一个导体时，可将电流看成是由许多平行的电流线组成，其电流元线之间因自身磁场的相互作用而产生吸引力（图1-21），导体受到从四周向中心方向的压缩。这种压缩力对于固态导体一般难于显示出其影响；但对于可以产生自由变形的流体（如气体、液体）导体，则可引起导体截面产生收缩（图1-22），这种现象称为电磁压缩效应，这种电磁力叫做电磁压缩力。

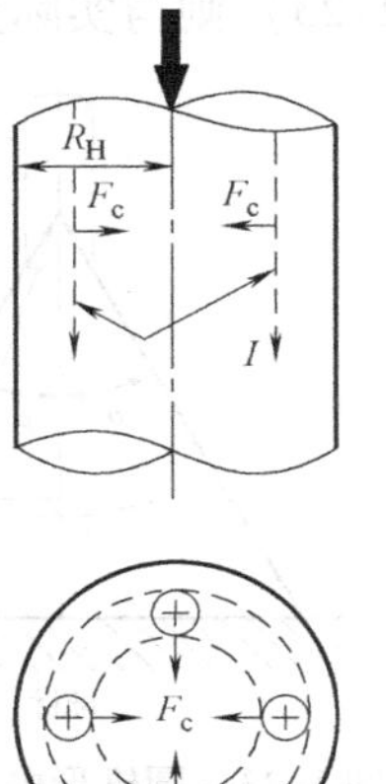

R_H
F_c
F_c
I
F_c

图1-21 电磁力与电磁压缩作用示意图

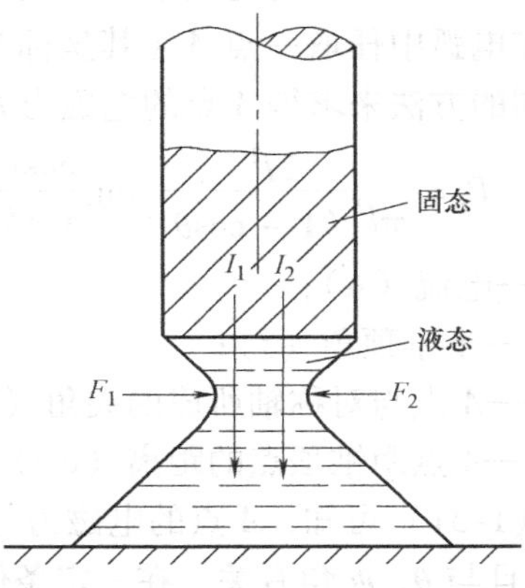

固态
I_1
I_2
液态
F_1
F_2

图1-22 流体导体中电磁力引起的压缩效应

假如将电弧的几何形状简化为圆柱形，且电流线在电弧横截面内是均匀分布的，则根据电磁学可计算求得在圆柱形电弧导体内，任意半径 r 处由电磁力引起的径向压力 p_r 为

$$p_r = K\frac{I^2}{\pi R^4}(R^2 - r^2) \tag{1-28}$$

式中 p_r——导体内任意半径 r 处的压力（10^{-3}Pa）；

R——导体半径（cm）；

I——流经导体的电流（A）；

K——系数，$K=\frac{\mu}{4\pi}$（μ 为介质磁导率）。

由式（1-28）可见，在弧柱边缘处 $r=R$，则 $p_r=0$；而在弧柱的轴心，$r=0$，则

$$p_0 = K\frac{I^2}{\pi R^2} = KJI \tag{1-29}$$

式中 p_0——弧柱中心的压力（$\times10^{-3}$Pa）；

J——电弧的电流密度（A/cm^2）。

故弧柱中心所受的径向压力最大。由于在一定电流下电弧轴心处的 p_0 与 J 成正比，所以弧柱的横截面越小，J 值就越大，使所受的径向压力也就越大。

因为在流体内各方向的压力相同，故在圆柱形电弧轴心处由电磁力引起的轴向压力应等于径向压力。从上面讨论可知，电磁力引起的径向压力沿电弧横截面分布不是均匀的，在中心轴处大，而在弧柱外缘处小。为了简化问题，假设在一个截面上具有均匀的平均径向压力 $p_z=\frac{1}{2}p_0=\frac{1}{2}\frac{KI^2}{\pi R^2}$，则可求得由电磁力引起的轴向压力的总合力 F_Z（$\times10^{-3}$Pa）

$$F_Z = \frac{1}{2}KI^2 \tag{1-30}$$

在焊接电弧中，F_Z 同时作用于焊丝和焊件上。因为假定电弧呈圆柱形，故在电弧体内不存在轴向的静压力梯度，不会造成电弧内的物体沿轴向对流或移动。

实际上焊接电弧不是圆柱体，在自由电弧情况下，焊接电弧的横截面由焊丝向焊件方向逐渐扩大，所以把焊接电弧的几何形状假定为圆锥形（见图 1-23）则与实际更接近一些。

假定在圆锥形电弧内电流沿圆锥内立体角的分布是均匀的，则在电弧中任取一点 A（其坐标为 l，ψ），可采用和前面相同的方法来求得 A 点的电磁力 P'_τ（$\times10^{-3}$Pa）为

$$P'_\tau = \frac{2I^2}{\pi l^2(1-\cos\theta)^2}\log\frac{\cos(\psi/2)}{\cos(\theta/2)} \tag{1-31}$$

式中 I——电流（A）；

θ——半锥顶角（°）；

ψ——A 点与对称轴所成的夹角（°）；

l——A 点距锥顶点的距离（cm）。

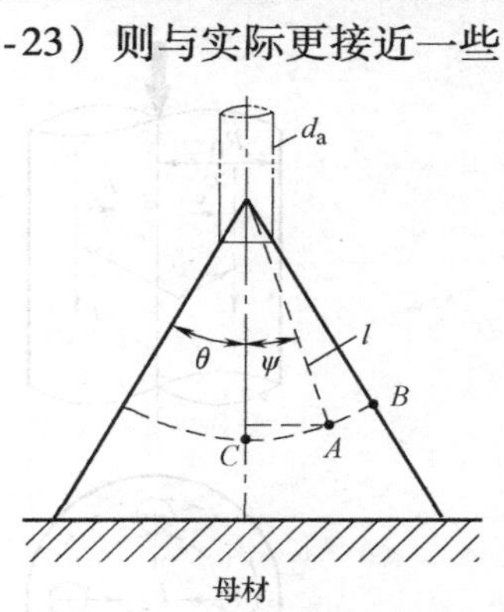

d_a
θ
ψ
l
B
C
A
母材

图 1-23 圆锥形电弧模型与参量

从式（1-31）可知，A 点的电磁力与 I^2 成正比，而与 l^2 成反比，且与 θ、ψ 角有关。在一定条件下可根据关系式（1-31）绘出焊接电弧中电磁力的等压力曲线。图 1-24 是铝在熔化极氩弧焊时弧柱中的电磁压力分布，而曲线 JKL 表示在焊

件表面的压力分布。假定在电弧下方受电磁力作用的区域完全处于熔化状态，且不考虑熔池金属表面张力和其他电弧力的影响，则熔池在电磁力的压力作用下将发生下凹形成弧坑，而 JKL 曲线可近似地看成作用在熔池表面上电磁力所产生的弧坑深度的变化曲线。

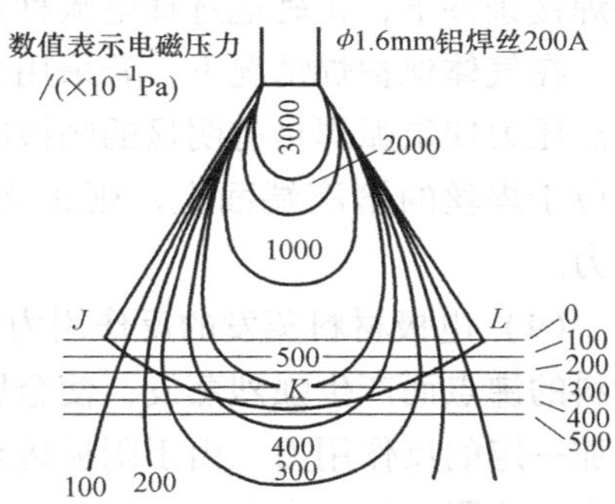
数值表示电磁压力
/(×10^{-1}Pa)
ϕ1.6mm铝焊丝200A
3000
2000
1000
J
L
500
K
400
300
100
200
0
100
200
300
400
500

图1-24 弧柱中电磁力分布和焊件表面上的电磁压力等压曲线示例（弧长10mm，圆锥顶角60°）

实际上，电弧中电流密度的分布是不均匀的，特别是在大电流气体保护焊情况下，弧柱中心区域温度很高，电导率很大，使弧柱中心区域的电流密度高于外缘区域，在这种条件下电磁力的等压力分布曲线和焊接表面的压力分布也相应地发生了变化，往往造成电弧正下方中心区域的弧坑深度显著增大。

（2）等离子流力　对于圆锥形电弧来说，沿电弧轴线方向的弧柱横截面是变化的，靠近电极处的电磁力大，而靠近焊接表面处的电磁力小，因而沿电弧轴向存在着一个电磁力梯度，而轴向的电磁力梯度必然造成在电弧中心部位等离子体产生轴向静压力梯度，这样就使得电弧等离子体将从靠近电极处的高压区 A 向靠近焊件处的低压区 B 流动（见图1-25），便在电弧中形成了一股高速等离子流。这时为了保持流动的连续性，将从 C 区把新的气体介质吸入弧柱，而新加入的气体被加热和部分电离后又继续流向 B 区，这样就构成了连续的等离子流。

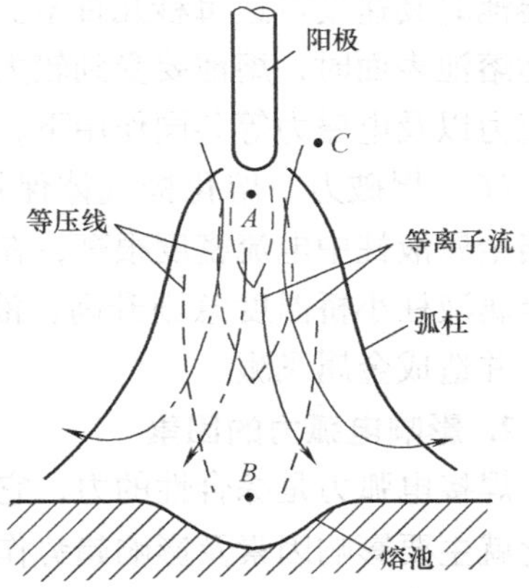
阳极
C
等压线
A
等离子流
弧柱
B
熔池

图1-25 电弧中等离子流流动示意图

应当指出，上述等离子流仅是因电极与焊件的几何尺寸差异形成锥形电弧而引起的，因而无论用直流正极性或反极性都会产生，且等离子流的运动方向总是由电极指向焊件。

电弧中等离子流具有很高的速度，且随着电弧电流的增大而增加，可以达到每秒数百米。当等离子流冲击熔池表面时，会产生很大的动压力，即等离子流力（亦称为电弧的电磁动压力）。等离子流产生的动压力分布是与等离子流的速度分布相对应的，这种动压力在电弧中心轴线上最强，沿径向的距离增加而减小。

在大电流熔化极气体保护焊工艺中，等离子流力起重要作用，电弧的挺直性强，会促使熔滴过渡、增大熔池下凹从而增加熔深、增强熔池的搅拌等；但在保护气体流量不足的情况下，由于等离子流的高速流动，有可能使空气自电极附近大量卷入电弧中，从而导致气体保护效果变差，因此应注意使保护气体有充足的流量。

（3）斑点压力　斑点压力是指带电粒子作用在电极（阴极、阳极）斑点上的撞击力，分别有阴极斑点压力与阳极斑点压力。正离子和电子在电极附近区的电场力加速作用下，分别撞击阴极斑点与阳极斑点而产生的力称为斑点压力。由于正离子的质量远远大于电子的质量（如 H^+ 的质量是电子质量的1837倍，Ar^+ 质量是电子质量72806倍），且在一般情况下阴极压降 U_k 大于阳极压降 U_a，所以阴极斑点受到正离子的撞击力远大于阳极斑点受到电子的撞击力，即：阴极斑点力远远大于阳极斑点力。这种两电极上斑点压力的差异，使得在某些焊接条件下，正确地选择电流种类或极性显得十分重要。

在气体保护焊情况下，若采用直流负极性，阴极斑点位于焊件表面上，正离子所造成的斑点压力使氩弧焊具有明显的阴极净化作用；但是在直流正极性的熔化极电弧焊中，阴极斑点位于焊丝的熔滴端面上，则正离子造成的斑点压力将是一种影响较大的阻止熔滴过渡的力。

（4）电极材料蒸发的反作用力　由于电极斑点的电流密度很大，局部温度可达到电极材料的沸点而产生强烈蒸发，使金属蒸气形成具有一定速度的喷流由斑点发射出去，对斑点施加一定的反作用力。由于阴极斑点的电流密度比阳极斑点的高，发射更强烈，因此阴极斑点力也比阳极斑点力大。

研究表明，电极斑点的电流密度增加和斑点面积扩大，蒸气喷流的反作用力也将随之增大。

（5）熔滴的冲击力　熔滴过渡时具有一定的冲击力，尤其在大电流熔化极氩弧焊时，焊丝熔化金属形成细小熔滴呈射流过渡，当通过电弧空间时，会被等离子流加速，以很高的加速度射向熔池，根据高速摄影测定，熔滴获得的加速度可达重力加速度的40～50倍，到达熔池时其速度可达每秒几百米。尽管每个熔滴的重量只有几十毫克，但当以如此高的速度到达熔池表面时，熔池要受到较大的冲击力。因此，射流过渡焊接时，在熔滴冲击力、等离子流力以及电磁力等共同作用下，熔池容易形成指状熔深。

（6）爆破力　熔化极气体保护焊采用短路过渡时，电弧瞬时熄灭，因短路电流很大，短路金属液柱中电流密度很高，在金属液柱上产生很大的电磁压缩力，使缩颈变细，电阻热使金属液柱小桥温度急剧升高，液柱迅速爆断，爆破力使焊丝端部液体金属和熔池受到冲击，并造成金属飞溅。

2. 影响电弧力的因素

焊接电弧力是综合性的力，它由多种力联合构成。产生与影响电弧力的因素多而复杂，在此就主要影响因素及影响趋势作简要介绍。

（1）气体介质　由于电弧介质的气体种类不同，物理性能也有差异。导热性强或多原子气体皆能引起弧柱收缩，从而导致电弧力增加，气体流量或气体压力增加，也会引起电弧收缩并使电弧压力增加，同时引起斑点收缩，进一步加大斑点压力。这将阻止熔滴过渡，使熔滴过渡困难。CO_2气体保护焊时这种现象特别明显。

（2）电流和电弧电压　由式（1-30）和式（1-31）以及有关分析可知，当电弧电流增大时，电磁压缩力和等离子流力都按指数关系增加。故电弧力明显增大，通过试验也证实了这一点。图1-26是熔化极氩弧焊时，测出的电弧力与电流的关系。而电弧电压升高亦即电弧长度增加时，使电弧力降低（见图1-27）。

（3）电弧极性　焊件为正极时称为正极性，焊件为负极时称为负极性。此处讨论的电弧力是指对焊件形成的电弧压力。电弧的极性对电弧力有很大影响。钨极氩弧焊，当为正极性，即钨极为阴极时，允许流过的电流大，电弧功率也大，而阴极导电区横断面小，电磁力大而电弧集中，所以此时的电弧压力大。而当为负极性，即钨极为正极时，允许流过的电流小，此时焊件为阴极，发射电子分散，电弧的功率密度也低，因此，电弧力较小。上述两种

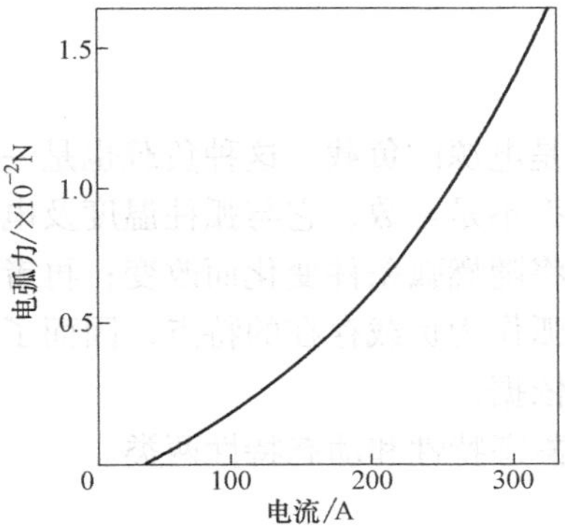
1.5
1.0
0.5
电弧力/×10^-2N
0
100
200
300
电流/A

图 1-26 电弧力与电流的关系

（铝焊丝，$\phi1.2$mm，MIG 焊，直流反接）

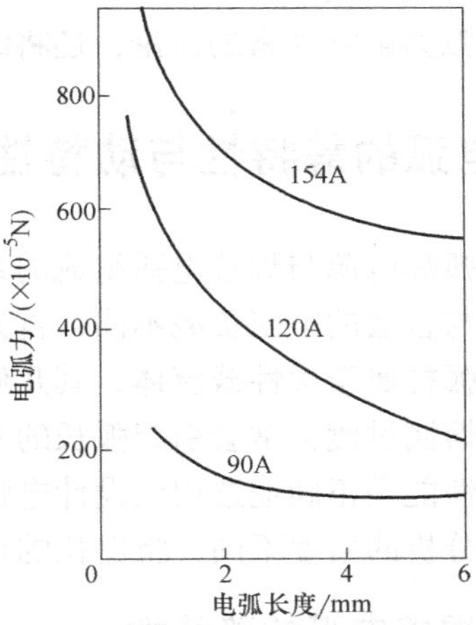
800
600
400
200
154A
120A
90A
电弧力/(×10^-5N)
0
2
4
6
电弧长度/mm

图 1-27 电弧力与电弧电压的关系

（钢焊丝，$\phi3.2$mm）

极性的电弧即使在同样电流条件下，仍然是直流正接，比反接时的电弧压力大（图 1-28）。对于熔化极氩弧焊，电弧极性对电弧力的影响规律则与上述钨极氩弧焊时相反。熔化极氩弧焊当直流正接时，焊丝为阴极，受到较大的斑点力，阴极斑点力的方向背向焊件，指向焊丝，使熔滴长大而不能顺利过渡，不能对焊件形成很强的电磁力和等离子流力，因此作用于焊件的电弧力小；而直流反接时，焊丝端部熔滴受到的斑点压力小，形成细小熔滴，有较大的电磁力与等离子流力，电弧压力较大，如图 1-29 所示。

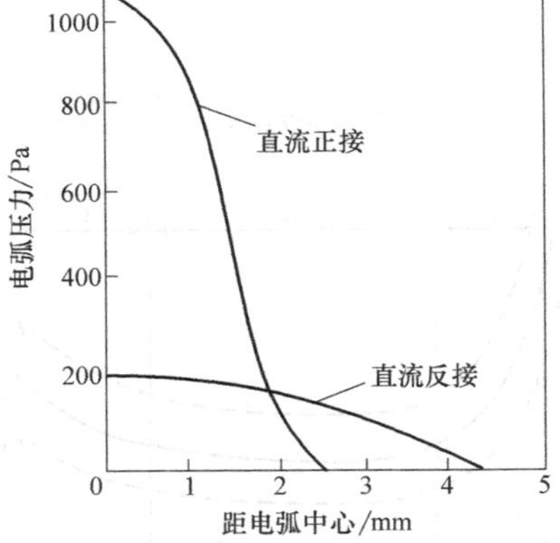
1000
800
600
400
200
电弧压力/Pa
直流正接
直流反接
0
1
2
3
4
5
距电弧中心/mm

图 1-28 TIG 焊时电弧压力与极性的关系

（$I=100$A，钨极 $\phi4$mm）

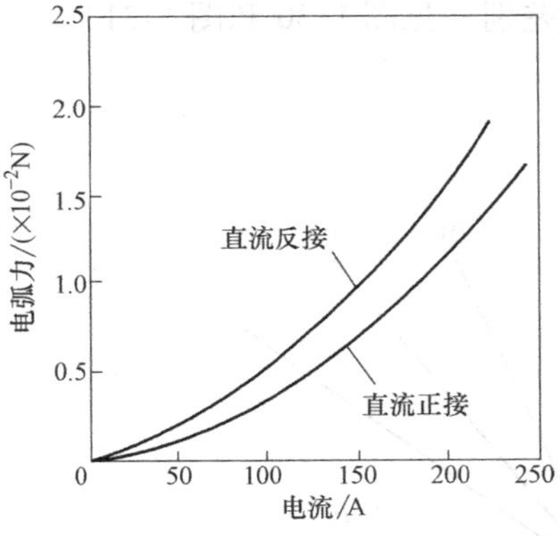
2.5
2.0
1.5
1.0
0.5
电弧力/(×10^-2N)
直流反接
直流正接
0
50
100
150
200
250
电流/A

图 1-29 MIG 焊时电弧压力与极性的关系

（铝焊丝，$\phi1.6$mm）

（4）其他因素 焊丝（焊条）直径：直径越小，则电流密度越大，从而导致电磁力大、电弧锥形角小、等离子流力大，使电弧的总压力增大。

钨极端部尖角：尖角越小，则电极上的导电区集中，电磁力的压缩作用强，同时可减少补充气流的阻力，有利于提高等离子流的流速，所以电弧压力大。

电流的脉动：当电流脉动时，电弧压力也变化。TIG 焊时，交流电弧压力低于直流正接，高于直流反接。

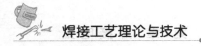

对电弧力影响因素的讨论，还将结合电弧焊具体工艺在有关章节中进一步分析。

1.5 电弧的静特性与动特性

在由弧焊电源与焊接电弧组成的系统中，电弧是电源的负载。这种负载也是一种电阻性负载，但与普通的电阻负载不同，首先电弧的电阻率不是常数，它与弧柱温度及电弧电流有关；其次弧柱属于柔性载流体，其几何形态与尺寸将随燃弧条件变化而改变；再者，在熔化极电弧中熔滴过渡常常会引起弧长的变化。由于电弧作为负载存在的特点，因而了解焊接电弧的负载性能是正确地选用或设计电弧电源的重要依据。

根据分析的角度不同，将电弧的负载特性分为静态特性和动态特性两类。

1.5.1 焊接电弧的静特性

1. 电弧的静特性及静特性曲线

在一定的弧长下，当焊接电弧处于稳定状态时，电弧电流与电弧电压之间的关系称为电弧的静特性，即电弧的静态伏安特性。

应当说明的是，当为直流电源时，电弧电流与电弧电压是近乎恒定的真值；当为交流电源时，电流与电压是有效值；而对于脉冲电弧或短路过渡电弧，其电流与电压则为平均值。显然，非直流电弧情况下的电弧静特性都只能是宏观的表示。

电弧静特性的焊接电流与电弧电压之间的对应关系在直角坐标系中形成的曲线叫做电弧的静特性曲线。利用静特性曲线可以很方便地分析有关规律。

尽管电弧属于电阻性负载，但测试得到的焊接电弧静特性曲线却与金属电阻的负载特性曲线有很大差别（见图 1-30 和图 1-31）。

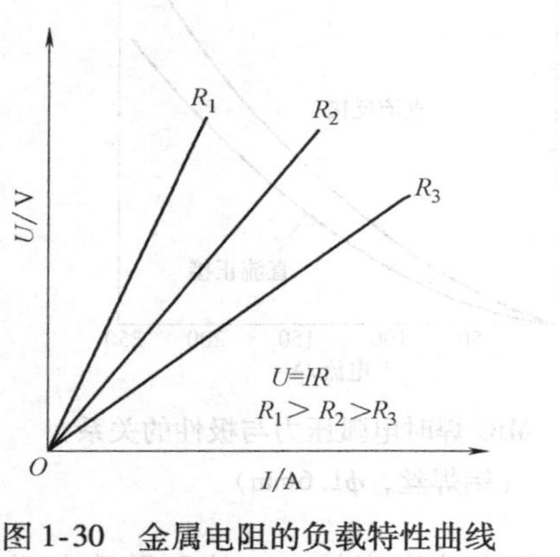
U/V
R1
R2
R3
U=IR
R1＞R2＞R3
O
I/A

图 1-30 金属电阻的负载特性曲线

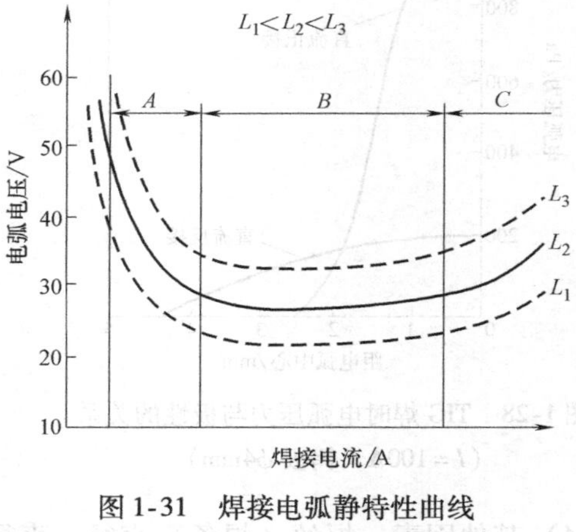
L1＜L2＜L3
60
50
40
30
20
10
A
B
C
电弧电压/V
L3
L2
L1
焊接电流/A

图 1-31 焊接电弧静特性曲线

对于金属电阻负载，由电工学已知，当电流流过金属电阻时，电阻两端的电压降与负载电流的关系服从欧姆定律，即 $U=IR$。在常温下或金属电阻上的温升不很高时，电阻 R 基本上是不变的（或变化不明显），此时电流 I 与电压 U 的关系在坐标系中是一直线，是线性关系。对于以气态粒子为实体负载的焊接电弧，正如前面所述，它是在高温状态下由带电的气体粒子导电的，物理过程复杂多变，其电导率和电阻值都不是常数，而是随外部、内部的条件变化而变化的，因此焊接电弧的电流与电压之间的关系是非线性的。在焊接电流变化范围较大时，由实测得到焊接电弧的静特性曲线是类似于“U”形的，因此形象地称之为“U形曲线”。

按照曲线各部分的变化趋势并对应于电流的大小，可将U形曲线分为A、B、C三个不同的区域，如图1-31所示，当电流较小时（A区），电弧是负阻特性，随着电流的增加，电压减小；当电流增大时（B区）电压几乎不变，电弧呈平特性，当电流更大时（C区），电压随电流的增加而升高，电弧呈上升特性。各种工艺因素使电弧静特性曲线有不同数值，但都有如图1-31那样的趋势。电弧电压是由阴极压降、弧柱压降和阳极压降三部分组成，即$U_A = U_K + U_C + U_a$，电弧静特性就是这三部分电压降的总和与电流的关系。

在小电流区间，弧柱的电流密度基本不变，弧柱断面将随电流的增加而按比例增加。若电流增加4倍，弧柱断面也增加4倍，而弧柱周长却只增加2倍，使电弧向周围空间散失热量也只增加2倍。减少了散热，提高了电弧温度及电离程度，因电流密度不变，必然使电弧电场强度下降，U_A有下降趋势，因此在小电流区间，电弧静特性呈负阻特性，即随着电弧电流的增加，电弧电压减小。小电流的钨极氩弧焊即表现出这一特点。

当电流稍大时，焊丝金属将产生金属蒸气的发射和等离子流，金属蒸气以一定的速度发射要消耗电弧的能量，等离子流也将对电弧产生附加的冷却作用，此时电弧的能量不仅有周边上的散热损失，而且还与金属蒸气与等离子流消耗的能量相平衡。这些能量消耗将随电流的增加而增加，因此在这一电流区间，可以基本上保持电弧总体电压U_A不变来保证产热与散热的平衡，使电弧电压不变而呈平特性。对于埋弧焊、焊条电弧焊和大电流钨极氩弧焊，因电流密度不太大，电弧的静特性大体上都呈平特性。

当电流进一步增大时，特别是用细丝MIG焊时，金属蒸气的发射和等离子流冷却作用进一步加强，同时因电磁力的作用，电弧断面不能随电流的增加成比例地增加，电弧的电导率将减小，要保证一定的电流则要求较大的电场强度E，所以在大电流区间，随着电流的增加，电弧电压U_A升高，而呈上升特性。

2. 影响电弧静特性的因素

（1）电弧长度的影响　电弧长度改变时，主要是弧柱长度发生变化，整个弧柱的压降U_C也随之改变。当弧长增加时，电弧电压增加，电弧静特性曲线的位置将提高（见图1-31和图1-32），这表明电弧电流一定时，电弧电压随弧长的增加而增加。熔化极电弧和钨极电弧都有类似的情况。

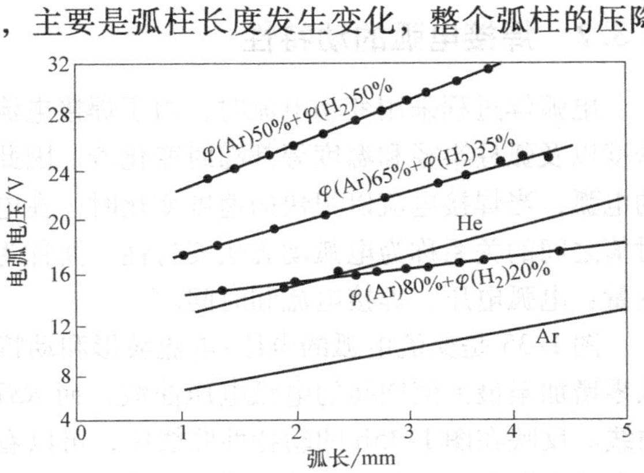

32
28
24
20
16
12
8
4
0
1
2
3
4
5
电弧电压/V
弧长/mm
φ(Ar)50%+φ(H2)50%
φ(Ar)65%+φ(H2)35%
He
φ(Ar)80%+φ(H2)20%
Ar

图1-32　电弧长度及电弧介质对电弧电压的影响（$I = 100A$）

（2）气体介质种类的影响　气体介质对电弧静特性有显著的影响，这种影响也是通过对弧柱电场强度的影响表现出来的。主要有两方面原因：一是气体电离能不同；二是气体物理性能不同。第二个原因往往是主要的。气体的热导率、热分解程度及解离能等对电弧电压都有决定性的影响。

双原子气体的分解吸热以及热导率大的气体对电弧冷却作用强，即热损失增加，使电弧单位长度上要求有较大的 *IE* 与之平衡。当 *I* 为定值时，*E* 必然要增加，从而使电弧电压升高。图 1-32 给出了不同保护气体电弧电压的比较，Ar + H_2 50% 的混合气体电弧电压比纯 Ar 气的电弧电压高得多。这一现象无法用气体的电离能来解释，因为 H_2的电离能（H－13.5eV、H_2－15.5eV）比 Ar 的电离能（Ar－15.7eV）低得多，但 Ar + H_2的电弧电压却较高，这只能解释为 H_2的高温分解吸热及热导率比 Ar 大得多（见图 1-33），从而对电弧的冷却作用增强，致使电弧电压显著升高。

（3）气体介质压力的影响　其他参数不变，气体介质压力的变化将引起电弧电压的变化，即引起电弧静特性变化。气体压力增加，意味着气体粒子密度的增加，气体粒子通过散乱运动从电弧带走的总热量增加，因此，气体压力越大，冷却作用就越强，电弧电压就越升高。拘束电弧比自由电弧的电弧电压明显地高。拘束电弧的喷嘴孔径对弧柱电场强度的影响（见图 1-34）即可表明气体介质压力与电弧电压的关系，进而影响电弧静特性。

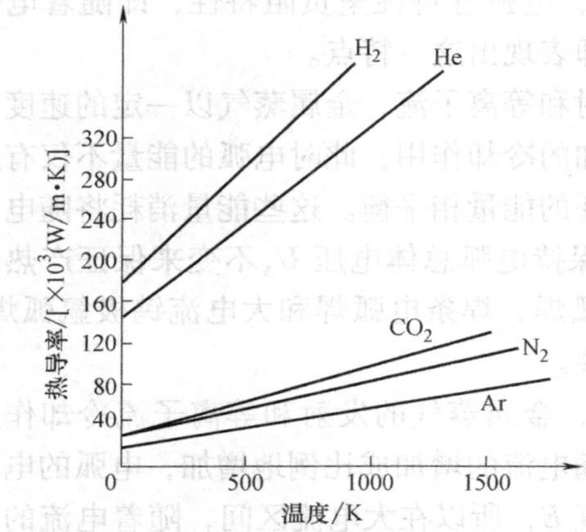

H2
He
CO2
N2
Ar
320
280
240
200
160
120
80
40
0
500
1000
1500
热导率/[×10³(W/m·K)]
温度/K

图 1-33　气体的热导率与电弧温度的关系

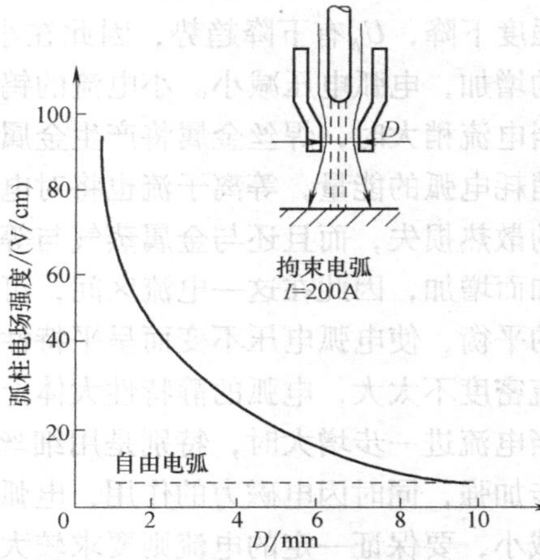

100
80
60
40
20
0
2
4
6
8
10
弧柱电场强度/(V/cm)
D/mm
D
拘束电弧
I=200A
自由电弧

图 1-34　喷嘴孔径对弧柱电场强度的影响

1.5.2　焊接电弧的动特性

电弧焊过程采用变动电流时，由于焊接电流是时间的函数，致使电弧弧柱中带电粒子的密度以及弧柱半径和温度等都随时变化着，因此电弧电压也是时间的函数。对于某一定弧长的电弧，当焊接电流以很快的速度变化时，在电流连续变化过程中电弧电压瞬时值与电流瞬时值之间的关系称为电弧动态伏安特性，简称为电弧动特性。因此，电弧动特性包含有三个变量：电弧电压、焊接电流和时间。

图 1-35 是交流电弧的电压-电流波形和动特性曲线。从图 1-35a 中可见，*PQR* 段是电流从零增加至最大值期间的电弧电压曲线，而 *RST* 是电流从最大值降低至零期间的电弧电压曲线。反映在图 1-35b 的动特性曲线中，可以看出 *PQR* 曲线段的电弧电压要比 *RST* 曲线段的电弧电压高，产生这种差异的根本原因在于弧柱具有一定的热容，由于存在热惯性，其温度变化需要一定的时间，致使弧柱温度及电导率的变化，不能随电弧电流的变化同步进行，而总是滞后于电流变化。例如，当焊接电流快速增加时，电弧空间的温度由于热惯性，不能

随之迅速升高到对应于电流变化所应达到的稳定状态下温度，致使弧柱的电导率低，要通过电流只有提高电弧电压才行。相反地，当焊接电流快速降低时，也由于热惯性，使弧柱温度不能随电流变化而迅速下降，弧柱电导率仍很高，致使对应于每一瞬时电流值的电弧电压可略低于相应的静特性曲线的电弧电压值。

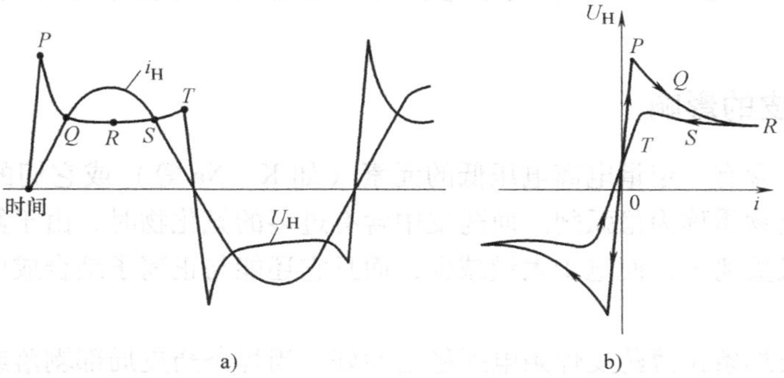
P
i_H
T
Q
R
S
时间
U_H
a)
U_H
P
Q
T
S
R
0
i
b)

图 1-35 交流电弧的电压-电流波形和动特性曲线

a）电压-电流波形 b）动特性曲线

气体保护焊时，当采用的脉动电流按不同规律变化时，电弧动特性曲线的形状也不相同。图 1-36 是熔化极脉冲电弧的动特性曲线。从图中可见在相同弧长下，脉冲峰值电流越大，其回线越长；脉冲电流的变化速率越快，电弧热惯性就越大，故回线包围的面积也越大。

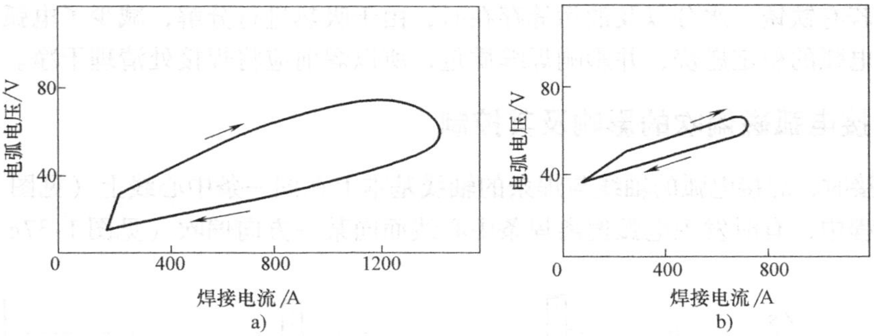
电弧电压/V
80
40
0
400
800
1200
焊接电流/A
a)
电弧电压/V
80
40
0
400
800
焊接电流/A
b)

图 1-36 熔化极脉冲电弧的动特性曲线

a）电流较大时，$di/dt = 3600kA/s$ b）电流较小时，$di/dt = 2600kA/s$

（弧长 6.5mm，电极直径 2mm）

1.6 焊接电弧的稳定性

焊接电弧的稳定性是指在电弧燃烧过程中，电弧能维持一定的长度、不偏吹、不摇摆、不熄灭，电弧电压和电流保持一定。电弧的稳定性，对焊接的质量影响很大。不稳定的电弧造成焊缝质量低劣。

影响电弧稳定性的因素很多，主要有以下几方面。

1.6.1 焊接电源的影响

焊接电流种类和极性都会影响电弧的稳定性。使用直流电要比交流电焊接时电弧稳定；对于碱性低氢型焊条厂反接比正接稳定；具有较高空载电压的焊接电源。电弧燃烧比较稳定。不管采用直流还是交流电源，为了电弧能稳定燃烧，都要求电焊机具有良好的工作特性。

1.6.2 焊条药皮的影响

当焊条药皮中含有一定量电离电压低的元素（如 K、Na 等）或它们的化合物时，电弧稳定性较好。这类物质称为稳弧剂。而药皮中含有过多的氟化物时，由于氟在电弧过程中容易捕获电子而形成负离子，使电子大量减少，而且它还能与正离子结合成中性微粒，因此降低电弧的稳定性。

厚药皮的优质焊条比薄药皮焊条电弧稳定性好。当焊条药皮局部剥落或用潮湿、变质的焊条焊接时，电弧是很难稳定燃烧的，并且会导致严重的焊接缺陷。

1.6.3 气流的影响

在露天、特别是在野外大风中进行电弧焊时，由于空气的流速快，对电弧稳定性的影响是明显的，会造成严重的电弧偏吹而无法进行焊接，为此，应采取必要的防风措施。

1.6.4 焊接处清洁程度的影响

焊接处若有铁锈、水分以及油污等存在时，由于吸热进行分解，减少了电弧的热能，便会严重影响电弧的稳定燃烧，并影响焊缝质量，所以焊前应将焊接处清理干净。

1.6.5 焊接电弧磁偏吹的影响及其控制

正常焊接时，焊接电弧的轴线与焊条的轴线基本上在同一条中心线上（见图 1-37a、b）。但在焊接过程中，有时发现电弧偏离焊条中心线而向某一方向偏吹（见图 1-37c、d）。

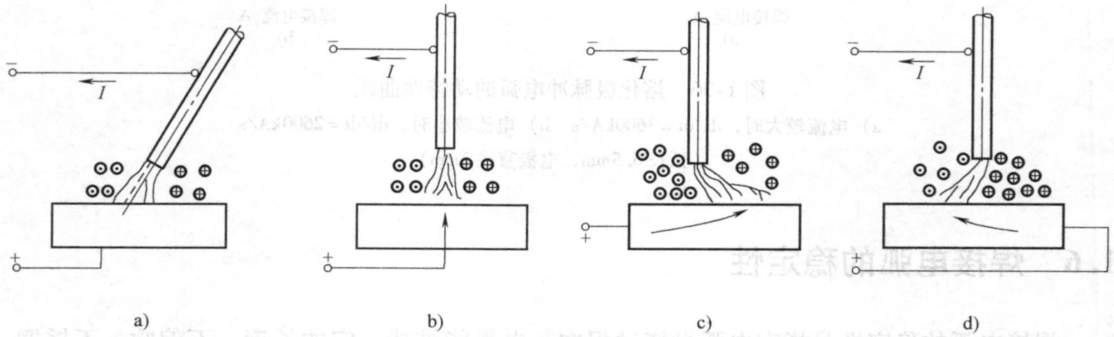

I
I
I
I
a)
b)
c)
d)

图 1-37 正常焊接电弧与电弧的磁偏吹现象

a)、b) 正常电弧 c)、d) 磁偏吹现象

电弧偏吹会影响电弧的稳定性，焊工难以控制电弧对熔池的集中加热，并会影响电弧对

熔池金属的保护作用，侵入有害气体，结果使焊缝产生气孔、未焊透、焊偏和成形不良等缺陷，降低焊接质量。严重的电弧偏吹还会使电弧熄灭，无法进行焊接。因此，在焊接过程中，必须注意防止产生电弧偏吹。

1. 造成电弧磁偏吹的原因

采用直流电焊接时，焊接电流通过焊件与电弧，在其周围自身感应产生磁场（磁场方向用右手螺旋定则判断），如图1-37所示。电流线可视作载流导线，因此，当电流通过时自感磁场又对电流线产生作用力（左手定则），若电弧周围磁力线分布不均匀，则此作用力不平衡，便导致电弧偏移（即磁偏吹）；其偏吹方向是从磁通密度大处向磁通密度小处偏移，如图1-37c和图1-37d所示。

磁场对载流导体的作用力 F 跟电流与磁场磁通 Φ 的乘积成正比，即 $F\propto I\Phi$，而磁通又与电流成正比（$\Phi\propto I$），所以 $F\propto I^2$。因此，电弧所受的磁偏吹力与焊接电流的平方值成正比，使得电弧磁偏吹的程度随着焊接电流的增加而急剧增加。在直流电弧焊中，当焊接电流为300～400A时，磁偏吹现象已极为显著，以至于使焊接难以进行。

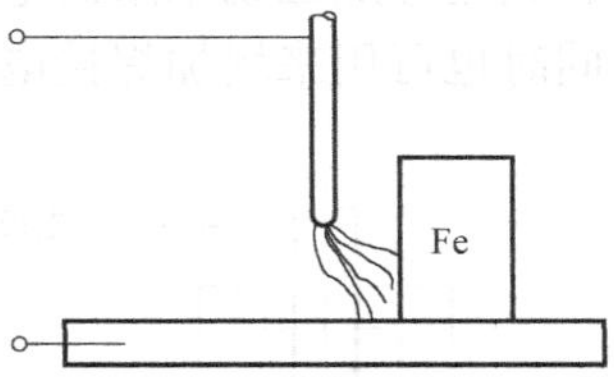
Fe
图1-38　靠近铁磁性物质引起的电弧偏吹

当靠近电弧的地方有较大块铁磁性物质存在时，电弧四周的磁力线分布变得不均匀（在铁块一侧的磁力线集中通过铁块，而空间的磁力线变疏），也能引起电弧的磁偏吹，电弧将偏向铁磁性物质的一方（见图1-38）。在焊接角焊缝时就常有这种现象发生，给焊接工作造成一定的困难。

2. 电弧磁偏吹的控制方法

为了防止或减少焊接电弧磁偏吹现象，可以采取以下控制方法：

（1）应变的操作方法　在条件允许的情况下，尽可能将地线（即电焊机输出端与焊件相接的电缆线）接在焊缝中心线部位（见图1-37b），使坡口两侧的磁力线分布趋于对称。这一方法虽然道理简单，但却往往因施焊条件所限而难以实施。

焊接过程中一旦出现电弧偏吹现象，则可采用应变的操作方法，适当调整焊条（或焊丝）倾角，指向与电弧偏吹相反的方向（见图1-39），同时尽可能压低电弧并减小焊接电流。这是一项技巧性较强的控制措施，如果操作技术娴熟，便可取得较好效果。

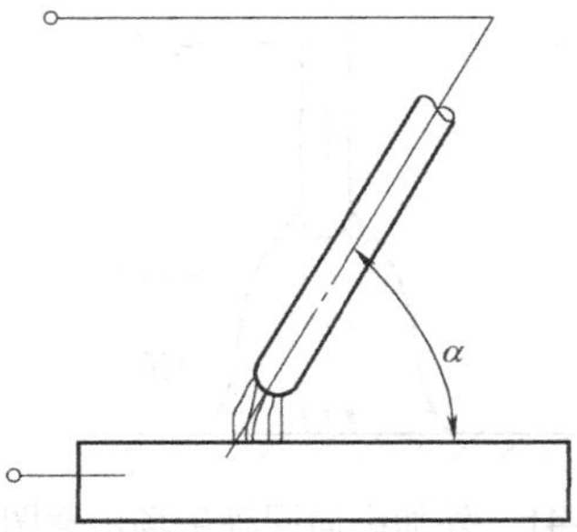
α
图1-39　倾斜焊条抵消电弧偏吹的方法

（2）外加磁场控制法　利用外加磁场控制焊接电弧已有多种技术，可以根据需要选用相应的控制方法，比如，将管端接缝置于电磁线圈内，则外加磁场可使电弧沿管端快速旋转而实现旋转电弧焊；外加交流横向磁场可使电弧按给定频率进行横向摆动（见图1-40a和图1-40c）而扩大加热面积，并且使熔深变浅，这种方法适用于薄板焊接或电弧堆焊；图1-40b是外加直流磁场，电弧不能横向摆动，而偏向一侧亦可抵销定向的磁偏吹；再如，外加尖角形磁场可使电弧受到压缩并成为椭圆形，电弧的功率密度和弧柱电场强度以及电弧挺直度都得以提高。

利用外加磁场来控制焊接电弧的磁偏吹，可以是横向磁场，也可以是纵向磁场。外加横向磁场是指磁力线垂直通过电弧轴线（见图1-40）。直流横向磁场的磁力线方向是固定的，按照左手定则使电弧偏向一侧，如果令其与电弧磁偏吹的方向相反，则可达到控制或消除电弧磁偏吹的目的。外加纵向磁场，是指外加磁场磁力线的方向与电弧的轴线平行（见图1-41）。如果电弧中带电质点运动方向也与电弧轴线方向保持严格平行，此时外加磁场对电弧不产生任何作用；但是如果电弧中带电质点运动方向不与外加磁场的磁力线平行，则电弧中的带电质点（主要是电子）将受磁场的作用而进行以 r 为半径的螺旋运动（见图1-42）。磁场强度越大，螺旋的半径越小。这一原理在电磁学中已经详细论述。根据这一原理，利用外加磁场来限制电弧的扩散（实质上是限制电子向外扩散），使电弧能量更加集中，同时也可用来增加焊接电弧的刚直性，抵抗磁偏吹及其他干扰。

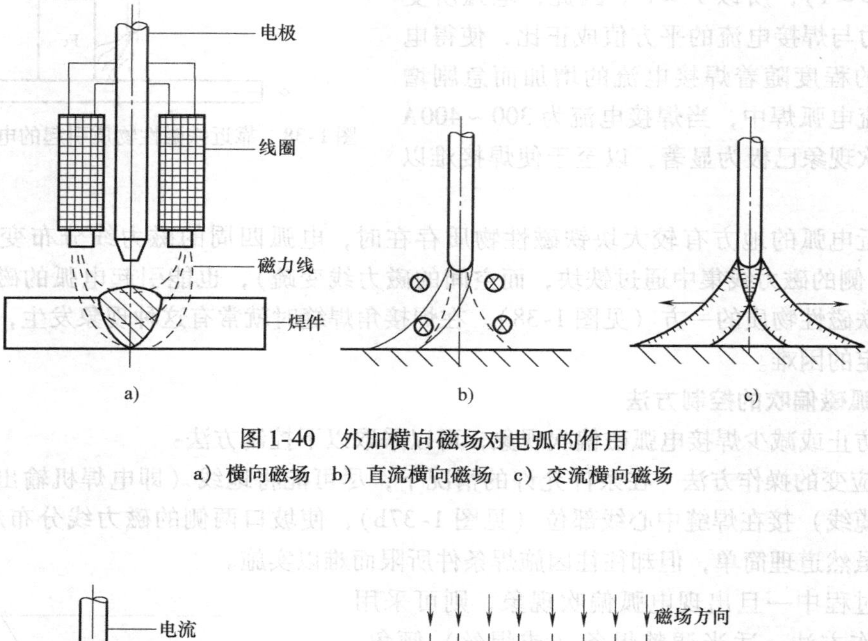
电极
线圈
磁力线
焊件
a)
b)
c)

图1-40 外加横向磁场对电弧的作用

a）横向磁场 b）直流横向磁场 c）交流横向磁场

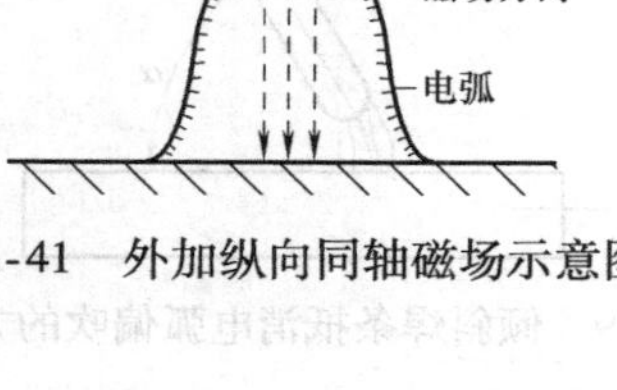
电流
磁场方向
电弧

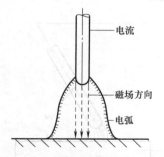

图1-41 外加纵向同轴磁场示意图

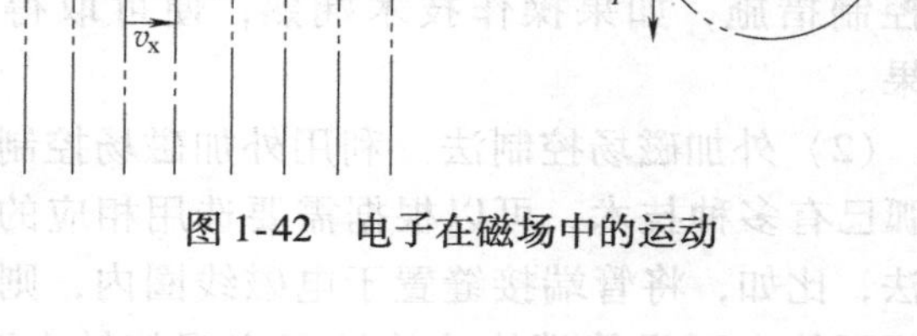
磁场方向
v
v_y
v_x
r
F

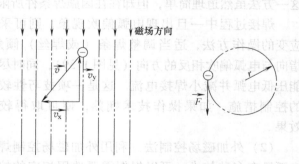

图1-42 电子在磁场中的运动

复习思考题

1. 气体导电时需具备哪些基本条件？
2. 气体导电与液态电解质中正、负离子的导电有何区别？

3. 热电离、场致电离和碰撞电离，三者在电离机理上有何共同点和不同点？
4. 在电弧焊情况下，热电离与场致电离相比，哪种电离的作用是主要的？为什么？
5. 在电离过程中，正离子与电子所起的作用是否相同？分析其原因。
6. 为什么可以用电离电压（U_1）代表电离能（W_1）？试以数学关系加以论证。
7. 什么是冷阴极和热阴极？它们对发射电子有何影响？
8. 阴极发射电子可有几种形式？各有何特点？
9. 试述负离子产生时的条件，它的形成对电弧能量以及两极的能量有何影响？
10. 结合电弧引燃的三个阶段，分析产生电弧的物理过程。
11. 试述形成电弧三个区域的原因和它们各自的特点。
12. 分析阴极上及阴极区的产热机构和它们的热功率。
13. 分析阳极的产热机构及热功率。
14. 为什么弧柱区的温度可以达到很高？
15. 弧柱区的温度高，但其热能大多散失而不能直接传输给两个电极区，那么弧柱的产热是否还有意义？
16. 阴极斑点和阳极斑点各是如何形成的？各有何特性？
17. 决定阴极、阳极温度的因素是什么？
18. 电弧力包含哪些力？它们各自形成的条件和原因是什么？
19. 在什么条件下等离子流力起重要作用？
20. 电弧极性对于电弧压力（电弧对熔池的压力）有何影响？
21. 什么是焊接电弧的静特性？什么是电弧的动特性？
22. 分析形成电弧“U”形静特性曲线的原因和条件。
23. 试述电弧介质成分对弧柱能量的影响规律。
24. 什么是焊接电弧的稳定性？试述影响电弧稳定性的因素。
25. 焊接过程中最常出现电弧与磁性有关的偏吹，是在什么情况下产生的？应采取哪些改善措施？

第2章 焊丝的熔化和熔滴过渡

熔化极电弧焊的焊丝（条）具有两个作用：一是作为电极，与焊件之间产生电弧；二是本身被加热熔化而作为填充金属过渡到熔池中去。焊丝（条）熔化和熔滴过渡是熔化极电弧焊过程中的重要物理现象，其过渡方式及特性将直接影响焊接质量和生产效率。

2.1 焊丝的加热及熔化

分析焊丝（近似代表焊条）的加热与熔化时，首先应分析焊丝的实际受热段，即从焊丝与焊接电源的接通点 A 到焊丝的端点 B（见图2-1a）这一段长度上的受热情况。实际上连续送进的焊丝与导电嘴内壁的接触，不是固定的点接触，而往往是位置不定的多点接触或小面积接触，要精确地测定导电接触点的位置是困难的。为了便于观察、测量和分析，通常将焊丝从导电嘴端部伸出的那一段长度称作焊丝伸出长度，并作为焊丝受热和熔化状态的分析对象。

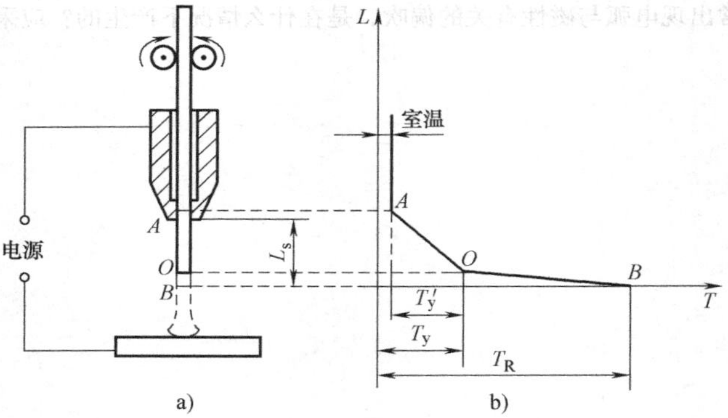

电源
A
O
B
L_s
L
室温
A
O
B
T
T_y'
T_y
T_R
a)
b)

图2-1 焊丝金属的加热及熔化

a）焊丝伸出长度及导电点示意图 b）焊丝伸出长度上的温度分布

2.1.1 热能来源

焊接过程中，对焊丝伸出部分的加热和熔化的热能来源，主要是电阻热和电弧热。

1. 电阻热

对于焊条电弧焊，焊条从夹持点到端部的全长范围内，温度是相同的。由于电阻热的作用，温度随时间的延续而增高。单位长度焊芯所产生的电阻热为：

$$q_t = I^2 R_0 t = I^2 \frac{\rho_m}{S_s} t \tag{2-1}$$

式中 q_t——单位长度焊芯产生的电阻热（J）；

R_0——单位长度焊芯的电阻（Ω）；

I——焊接电流（A）；

t——受热段通电时间（s）；

ρ_m——焊丝（芯）金属的电阻率（$10^{-6}\Omega \cdot cm$）；

S_s——焊丝截面积（cm^2）。

电阻热对焊条起到预热作用，但这并不是焊条电弧焊所需要的，尤其是不锈钢芯焊条，由于不锈钢的电阻率大，过量的电阻热往往将焊条烧坏而影响正常焊接。

对于埋弧焊、熔化极气体保护焊，由于连续送丝，焊丝伸出长度上每一处的通电时间都不同，因此电阻热不同，温升也不同。导电嘴端部 A 点的焊丝，可认为通电时间为零，尚未产生电阻热，其温度仍是室温；沿焊丝伸出长度从 A 到 B，通电时间的累积依次增长，电阻热和温升按照线性规律逐点增加，焊丝被预热。当焊丝从 A 点到达 B 点时，B 点处单位长度上所产生的电阻热 q_z 可近似计算为：

$$q_z = I^2 \frac{\rho_m}{S_s} t = I^2 \frac{\rho_m}{S_s} \cdot \frac{L_s}{v_s} = \frac{I^2 \rho_m L_s}{S_s v_s} \tag{2-2}$$

式中 q_z—— 单位长度焊丝到达 B 点所具有的电阻热(J/cm)；

L_s—— 焊丝伸出长度(cm)；

v_s—— 送丝速度(cm/s)；

其余参量同式(2-1)。

B 点处(包括0点)单位长度上因电阻热而产生的温升值 T'_y/℃ 可近似计算为

$$T'_y = \frac{q_z}{c_m \gamma S_s} = \frac{1}{c_m \gamma S_s} \cdot \frac{I^2 \rho_m L_s}{S_s v_s} = \frac{\rho_m}{c_m \gamma} \left(\frac{I}{S_s}\right)^2 \frac{L_s}{v_s} \tag{2-3}$$

式中 c_m——焊丝金属的比热容［J/(g·℃)］；

γ——焊丝金属的密度（g/cm^3）。

由式（2-3）可以看出，焊丝送进到 B 点时所能达到的预热温度是和通过焊丝的电流密度的平方及焊丝伸出长度成正比，而与焊丝速度成反比。因此，焊接时选用的电流密度越大或焊丝伸出长度越长，则达到的预热温度越高，对焊丝熔化速度的影响也越明显。特别是当焊丝金属的电阻率比较大时（如不锈钢焊丝），电阻热对焊丝熔化速度的影响就更为明显。

通常电阻热所提供的热能约占焊丝熔化所需总热能的5%左右，起辅助作用。

2. 电弧热

电弧热是加热、熔化焊丝金属的主要热源，可谓是真正热源。焊丝的熔化主要靠阴极端面及阴极区（正接）或阳极（反接）所产生的热能，使焊丝端部温度骤然升高到其熔点 T_R 以上（见图2-1b）。弧柱区的热能对焊丝熔化所起的作用是有限的。

根据式（1-22）、式（1-24）和式（1-25）可知，不论焊丝作为阴极或是阳极，它的受热和熔化都与焊接电流 I 成正比。而其他各参数（U_k、U_ω、U_a等）的影响则要看焊丝（或焊条）所属极性等具体条件来确定，影响因素往往是多方面的。为了便于讨论焊丝受热和熔化状态，首先需要明确焊丝或焊条有关的熔化参数及其含义。

2.1.2 焊丝与焊条的熔化参数

熔化参数是表明焊丝与焊条金属熔化和过渡情况的参数，常用的有：

（1）熔化速度　熔化电极在单位时间内熔化的长度或重量。常用单位是 m/h 或 mm/min，及 kg/h。熔化速度常用 v_m 表示。

（2）熔化系数　单位电流、单位时间内焊丝（或焊芯）的熔化量 [g/(A·h)]。常用 α_m 作为代表符号。

（3）熔敷系数　单位电流、单位时间内，焊丝（或焊芯）熔敷在焊件上的金属量 [g/(A·h)]，它标志着焊接过程的生产率。常用 α_y 作为代表符号。

（4）熔敷速度　单位时间内熔敷在焊件上的金属量（kg/h）。

（5）熔敷效率　熔敷金属量与熔化的填充金属（通常指焊丝、焊芯）量的百分比。

（6）飞溅率　焊丝（或焊芯）熔敷过程中，因飞溅损失的金属重量与熔化的焊丝（或焊芯）金属重量的百分比，常用符号 φ_s 表示。

（7）损失系数　焊丝（或焊芯）在熔敷过程中的损失量与焊丝（或焊芯）熔化重量的百分比。

2.1.3 影响焊丝熔化速度的因素

焊丝的熔化速度与焊接条件有密切关系。如电极极性、电极材料和表面物质、焊接电流、电压、气体介质、电阻热等诸多因素都影响焊丝的熔化速度。现仅就主要影响因素简述如下：

1. 电极极性的影响

如前所述，熔化极电弧焊的焊丝多属冷阴极型材料，所以焊丝为阴极时熔化速度快，而为阳极时熔化速度慢。

2. 焊丝表面物质的影响

研究结果表明，当焊丝表面存在氧化物或涂以少量含有铯、钙等元素的物质时，如果焊丝作为阳极（直流反接），则焊丝的熔化速度不受影响；但当焊丝作为阴极，则其熔化速度受涂敷物的影响而有很大变化。图 2-2 所示是用低碳钢焊丝进行熔化极氩弧焊时，焊丝表面含钙量对焊丝熔化速度的影响。由图可见，在直流正极性条件下，随着焊丝表面含钙量的增加，焊丝的熔化速度明显地降低。这是由于钙的逸出功仅是 Fe 的逸出功的 1/2，使得阴极容易发射电子，阴极区的电子流分量增大，同时阴极压降也降低，导致阴极析热减少，结果使得作为阴极的焊丝熔化速度降低。焊丝表面的含钙量越多，影响结果越明显。而在直流反接条件下，焊丝是阳极，阳极不发射电子，因此含钙量

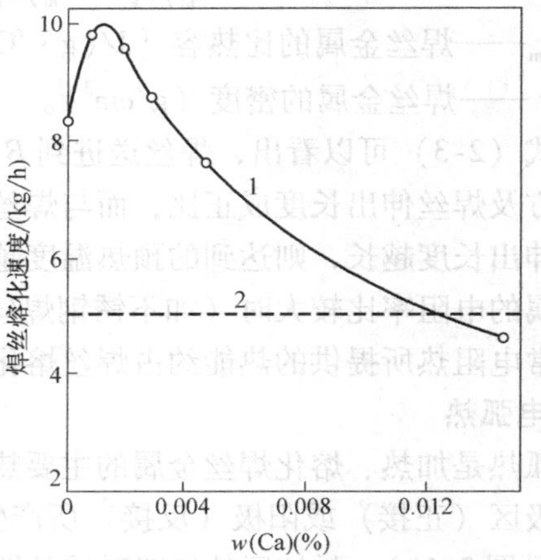

10
8
6
4
2
焊丝熔化速度/(kg/h)
1
2
0
0.004
0.008
0.012
w(Ca)(%)

图 2-2　低碳钢焊丝表面含钙量对焊丝熔化速度的影响
1—直流正极性　2—直流负极性

变化对于阳极压降及热功率的影响很小，焊丝的熔化速度显示不出什么变化。其他氧化物和铯等对于焊丝的熔化速度都有同钙相类似的影响规律。

3. 气体介质的影响

试验表明，不同的气体介质只在直流正极性时，对焊丝的熔化速度及熔化系数有影响；而在直流负极性时基本上没有影响。这仍然是阴极压降变化的缘故，不同的气体介质影响到阴极压降值，进而影响到作为阴极焊丝的熔化速度。而阳极产热与 U_ω 有关，但与气体介质没有直接关系。表2-1是采用直径4mm的低碳钢丝，在不同的保护气体介质中焊接时测得的焊丝熔化系数（α_m）。可以看出，焊丝为阴极时，不论焊丝表面有没有氧化物，都因气体介质的不同熔化系数不同。表中试验数据再次表明，直流负极性时焊丝（阳极）的熔化速度和熔化系数都较低，而且基本不变（见表2-1）。

表2-1　保护气体、焊丝表面状态、电源极性对焊丝熔化系数的影响

焊丝表面状态 / 保护气体 / 电源极性	熔化系数 α_m/[g/(A·h)]					
	焊丝表面经过清理			焊丝表面存在氧化物		
	Ar	空气	CO_2	Ar	空气	CO_2
直流正极性	14.4	15.3	17.2	6.3	7.2	9.4
直流负极性	12.6	12.6	12.6	12.6	12.6	12.6

4. 焊接电流和电弧电压的影响

图2-3所示为熔化极氩弧焊焊接不锈钢时，焊接电流与焊丝熔化速度的关系。可知，当焊接电流增大时，焊丝熔化加快。图2-4所示为 CO_2 气体保护焊时焊丝的熔化系数 α_m 及熔敷系数 α_y 与焊接电流之间的关系，当电流增大时，焊丝的 α_m 值和 α_y 值都明显地增加。这是由于电弧热和电阻热皆与焊接电流的平方成正比的缘故。

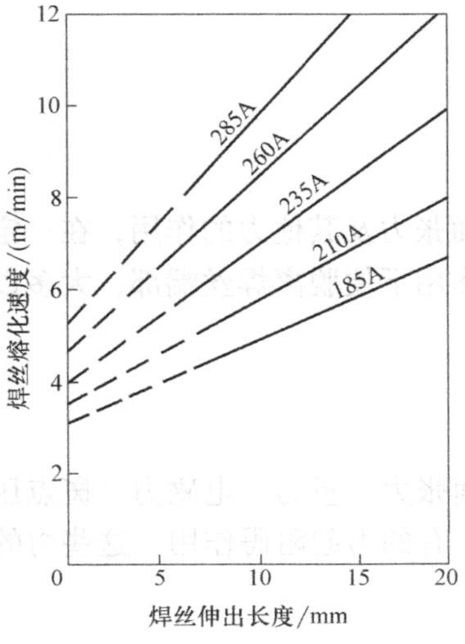

焊丝熔化速度/(m/min)
焊丝伸出长度/mm
285A
260A
235A
210A
185A
0
2
4
6
8
10
12
5
10
15
20

图2-3　焊接电流和焊丝伸出长度对焊丝熔化速度的影响

（不锈钢焊丝，φ1.2mm，直流负极性）

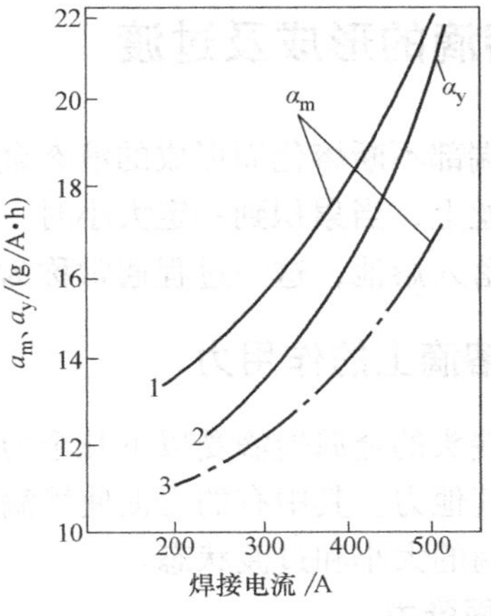

α_m、α_y/(g/A·h)
焊接电流/A
α_m
α_y
1
2
3
10
12
14
16
18
20
22
200
300
400
500

图2-4　CO_2气体保护焊时焊接电流对焊丝 α_m、α_y 值的影响

1、2—CO_2气体保护焊　3—埋弧焊

图 2-5 所示为 CO_2 气体保护焊时，电弧电压对焊丝熔化系数 α_m 及熔敷系数 α_y 的影响。由图可见影响也较显著，随着电弧电压的增加，α_m 和 α_y 值都减小，而 α_y 减小得更快些。也就是说，焊丝熔化金属的损失率 φ_s 随着电弧电压的增大也在增大。

电弧电压的变化对焊丝 α_m、α_y 值的影响较为显著的原因是：

1）电弧电压增加，即电弧长度增长，在导电嘴到焊件表面距离不变的条件下，表明焊丝伸出长度缩短了，使焊丝的预热程度减弱，焊丝的熔化速度则随之降低。

2）弧长增长时，电弧在辐射、对流等方面的热能损失也增大，从而减小了用于熔化焊丝与母材的热量，使焊丝的 α_m 减小。

3）弧长的增长，会增大焊丝金属熔滴的氧化和飞溅等损失，自然也使得它的 α_y 值减小。

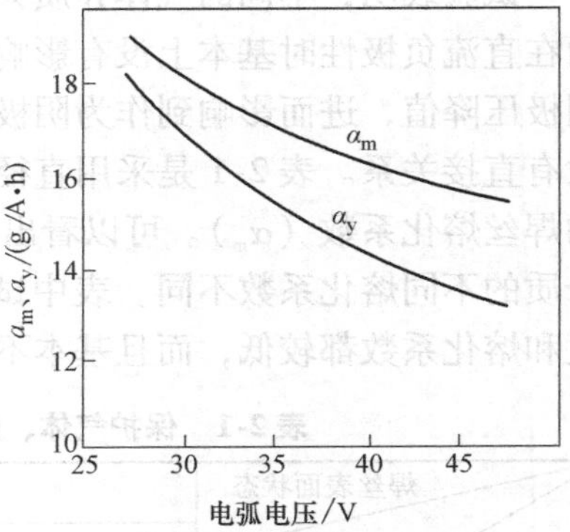
18
16
14
12
10
25
30
35
40
45
α_m
α_y
α_m、α_y/(g/A·h)
电弧电压/V

图 2-5　CO_2 气体保护焊时 α_m、α_y 值和电弧电压的关系（$I=400$A）

5. 其他因素的影响

影响焊丝熔化的因素还有很多，有的甚至是重要的影响因素，在此不逐一详加分析。研究表明其他因素有以下一些影响规律：

（1）焊丝直径　在相同的工艺条件下，焊丝直径越小，则熔化速度和 α_m 值越大。

（2）焊丝伸出长度　焊丝熔化速度随着伸出长度的增加而增加。图 2-4 已表明了这一规律。

（3）焊丝成分　熔化极氩弧焊表明，焊丝的熔化系数按照 Al、Cu、不锈钢、碳钢这样的排列顺序依次减小。

（4）焊接速度　随着焊接速度的增大，焊丝的 α_m 值和 α_y 值都有所降低，这主要是由于电弧的散热条件改变而引起的。

2.2　熔滴的形成及过渡

焊丝端部不断熔化而形成的液态金属，由于表面张力及其他力的作用，在一定的时间内保持在焊丝上，当累积到一定大小时，在有关力的作用下便脱离焊丝端部，大多以滴状通过电弧空间落入熔池，这一过程通常称为熔滴过渡。

2.2.1　熔滴上的作用力

焊丝端头的金属熔滴受以下几个力的作用：表面张力、重力、电磁力、斑点压力、等离子流力和其他力。其中有的力促使熔滴形成和过渡，有的力起阻碍作用，这些力的共同作用决定了熔滴的大小和过渡状态。

1. 表面张力

表面张力是在焊丝端头上保持熔滴的主要作用力，如图 2-6 所示。若焊丝半径为 R，这时焊丝和熔滴间的表面张力为：

$$F_\sigma = 2\pi R\sigma \tag{2-4}$$

式中　σ——表面张力系数，其数值与材料的成分、温度、气体介质等因素有关。

表 2-2 中列出了一些纯金属的表面张力系数。

表 2-2　纯金属的表面张力系数

金属	Mg	Zn	Al	Cu	Fe	Ti	Mo	W
$\sigma/(\times10^{-3}N/m)$	650	770	900	1150	1220	1510	2250	2630

在熔滴上具有少量的表面活化物质时，可以大大地降低表面张力系数。在液体钢中最大的表面活化物质是氧和硫。如纯铁被氧饱和后其表面张力系数降低到 $1030\times10^{-3}N/m$。因此，影响这些杂质含量的各种因素（金属的脱氧程度，渣的成分等）将会影响熔滴过渡的特性。

增加熔滴的温度，会降低金属的表面张力系数，从而减少熔滴的尺寸。

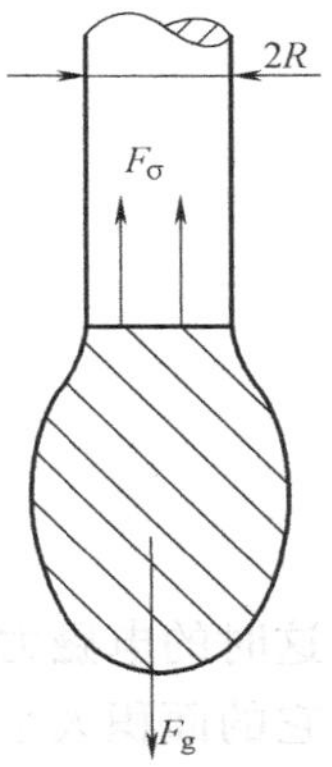

2R
F_σ
F_g

图 2-6　熔滴承受的重力和表面张力示意图

2. 重力

焊丝末端的金属加热熔化后形成的熔滴，要受到自身重力（$F_g=mg$）的作用，如图 2-6所示。

重力对熔滴的作用取决于焊缝在空间的位置。平焊时，重力是促使熔滴和焊丝末端相脱离的力；仰焊时，重力则成为阻碍熔滴和焊丝末端相脱离的力。熔化极气体保护焊时生成的熔滴尺寸很小，故熔滴的重力也很小。只有在熔滴尺寸相当大，才不可忽视重力对熔滴过渡的影响。

当焊丝直径较大而焊接电流较小时，在平焊位置的情况下，使熔滴脱离焊丝的力主要是重力（F_g），其大小为：

$$F_g=mg=\frac{4}{3}\pi r^3\rho g \tag{2-5}$$

式中　r——熔滴半径；

ρ——熔滴的密度；

g——重力加速度。

如果熔滴的重力大于表面张力时，熔滴就要脱离焊丝。

3. 电磁力

电流通过熔滴时，导电的截面是变化的，电磁力产生轴向分力，其方向总是从小截面指向大截面，如图 2-7 所示。这时，电磁力可分解为径向和轴向两个分力。

电流在熔滴中的流动路线可以看作圆弧形，这时电磁力对熔滴过渡的影响，可以按不同部位加以分析。在焊丝与熔滴连接的缩颈处，形成的电磁力可由下列数值方程决定：

$$F_{cz}=I^2\log\frac{d_D}{d_s} \tag{2-6}$$

式中　F_{cz}——电磁力（N）；

I——电流（A）；

d_s——焊丝直径（mm）；

d_D——熔滴直径（mm）。

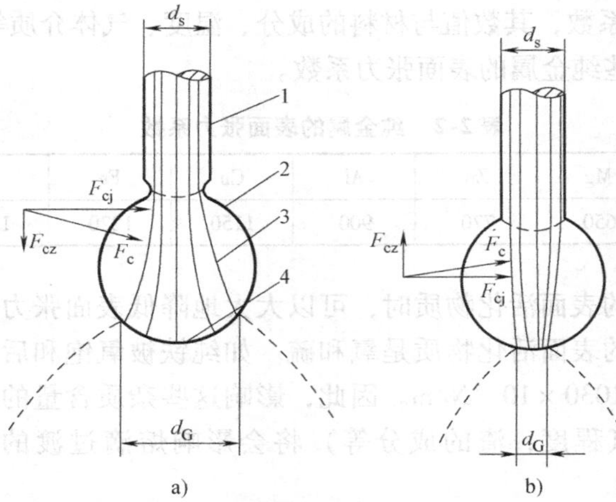

d_s
1
2
3
4
F_{cj}
F_{cz}
F_c
d_G
a)
b)

图2-7 电磁力的分布与熔滴上弧根面积大小的关系

a）弧根面积大时（$d_G>d_s$） b）弧根面积小时（$d_G<d_s$）

1—焊丝 2—液体金属 3—电弧线 4—电弧弧根

这时的电磁力是由小断面指向大断面，它是促进熔滴过渡的。在熔滴与弧柱间形成斑点，它的面积大小决定于电流线在熔滴中的流动形式。若斑点直径小于熔滴直径，此时形成的电磁力为

$$F_{cz}=I^2\log\frac{d_G}{d_D} \tag{2-7}$$

式中 d_G——弧根直径（mm）。

若 $d_G<d_D$ 时，形成的合力向上，构成斑点压力的一部分，会阻碍熔滴过渡。若 $d_G>d_D$ 时，形成的合力向下，会促进熔滴过渡。由此可见，电磁力对熔滴过渡的影响决定于电弧形态。若弧根面积笼罩整个熔滴，此处的电磁力促进熔滴过渡；若弧根面积小于熔滴直径，此处的电磁力形成斑点压力的一部分会阻碍熔滴过渡。CO_2气体保护焊时大滴状排斥过渡就属于这种情况。

4. 等离子流力

自由电弧的外形通常呈圆锥形，不等断面电弧内部的电磁力是不一样的，上边的压力大，下边的压力小，形成压力差，使电弧产生轴向推力。由于该力的作用，造成从焊丝端部向焊件的气体流动，形成等离子流力。

电流较大时，高速等离子流将对熔滴产生很大的推力。使之沿焊丝轴线方向运动。这种推力的大小与焊丝直径和电流大小有密切的关系。

5. 斑点压力

电极上形成斑点时，由于斑点是导电的主要通道，所以此处既是产热集中的地方，同时又是承受电子（反接时）或正离子（正接时）撞击力的地方，此撞击力即为斑点压力。斑点压力是阻碍熔滴过渡的力。不同极性时，电极上所受的斑点压力不同（见图2-8）。

6. 金属蒸气的反作用力

电极斑点处温度高，使金属强烈蒸发，金属蒸气的反作用力阻碍熔滴过渡。

7. 气体的吹送力

焊条药皮中的造气物质（如本粉、纤维素以及大理石等）在电弧热的作用下，高温时反

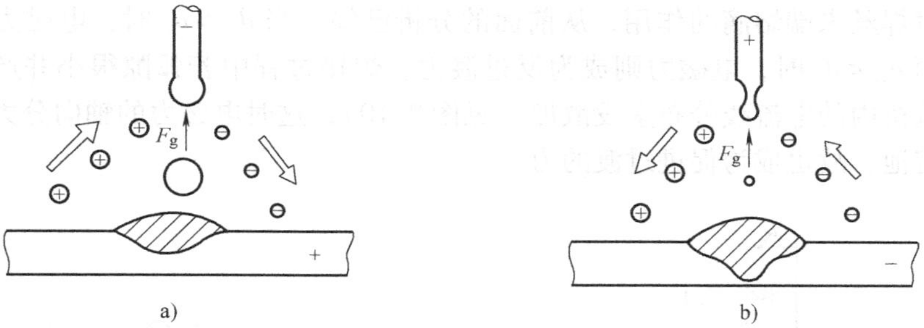

−
F_g
+
a)
+
F_g
−
b)

图2-8 不同电源极性时，斑点压力对熔滴过渡的影响
a）直流正极性 b）直流负极性

应生成气体，主要有CO、CO_2和水蒸气等，此外还有少量的金属蒸气。这些气体因受热而急剧膨胀，沿焊条末端套筒的方向形成强烈的气流喷向焊件，即气体吹送力将熔滴迅速送入熔池。

电流密度越大，电弧空间温度越高，气体膨胀越强烈，因此气体吹力也就越大。但这时伴随着产生飞溅损失也可能更为严重，因此，焊接电流应选取适当。

焊条电弧焊时，气体吹送力是保证熔滴过渡的重要力量之一，不论在哪一种空间位置进行焊接，它都促使熔滴过渡到熔池中去。

熔化极气体保护焊时，由气罩喷出的保护气流也同样具有吹送熔滴的作用，当采用大电流时则形成等离子流力。

8. 爆破力

当熔滴内部含有易挥发金属或由于冶金反应而生成气体时，都会使熔滴内部在电弧高温作用下，气体积聚和膨胀而造成较大的内力，从而使熔滴爆炸而过渡。当短路过渡焊接时，在电磁力及表面张力的作用下形成缩颈，在其中流过较大电流，使小桥爆破形成熔滴过渡，同时会造成飞溅。

综上所述，熔化极电弧焊时，影响熔滴过渡的力有8种之多，但从作用上看大体可归纳为三类：

第一类是纯粹的过渡力，即无论在什么情况下，这类力总是促使熔滴和焊丝末端相脱离，形成过渡熔滴。属于这一类的有等离子流力、气体吹送力。

第二类是纯粹的反过渡力。即无论在什么情况下，这类力总是阻碍熔滴同焊丝末端相脱离，阻滞熔滴过渡。当反过渡力很大时，易使焊丝末端形成粗大的熔滴并产生偏摆，使电弧和焊接过程不稳定。属于这一类的力有斑点压力和熔滴表面金属蒸发及析出气体的反作用力。

第三类力依赖焊接条件而变化，可能是过渡力，也可能成为反过渡力。属于这一类的有重力、表面张力和电磁力。爆破力在短路过渡时起过渡力的作用，但却造成飞溅。

例如，平焊与仰焊时，重力对熔滴的作用方向是相反的，而在横焊与立焊时，重力则使过渡的金属熔滴偏离电弧的轴线方向。

在长弧焊时，表面张力总是阻碍熔滴同焊丝末端相脱离，因而它总是成为反过渡力。但是当焊接过程中弧长较短时，在熔滴尚未长得很大或脱落前，熔滴表面就已和熔池相接触，并形成液体金属过桥（见图2-9）。在这种情况下，由于液桥在熔池上接触周界的长度远比焊丝那一边大，故界面张力也大，这样使表面张力有助于把液桥拉进熔池，让液桥在焊丝末端附近断裂，因此，这时的表面张力有利于金属过渡。

电磁力对焊丝末端熔滴的作用，从前面的分析已知，当 $d_G > d_s$ 时，电磁力是促进熔滴过渡的力；而 $d_G < d_s$ 时，电磁力则成为反过渡力。焊接过程中若弧隙很小并产生短路液桥时，由于在液桥内的电流线分布呈发散形（见图2-10），这时电磁力的轴向分力有助于把液桥金属拉进熔池，故也成为促进过渡的力。

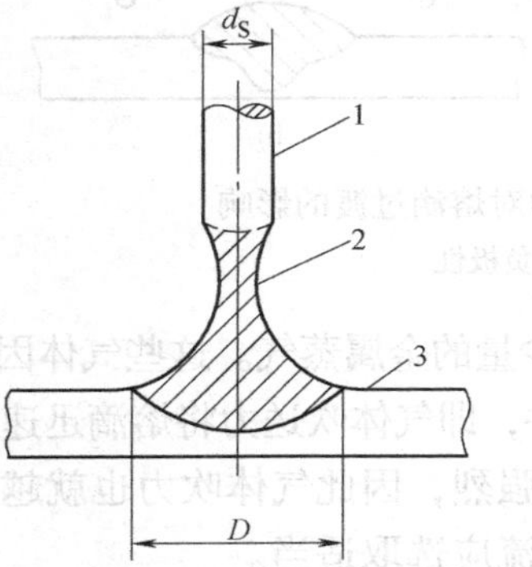
d_S
1
2
3
D

图2-9　熔滴和熔池之间形成液桥时表面张力的作用

1—焊丝　2—液桥　3—焊件

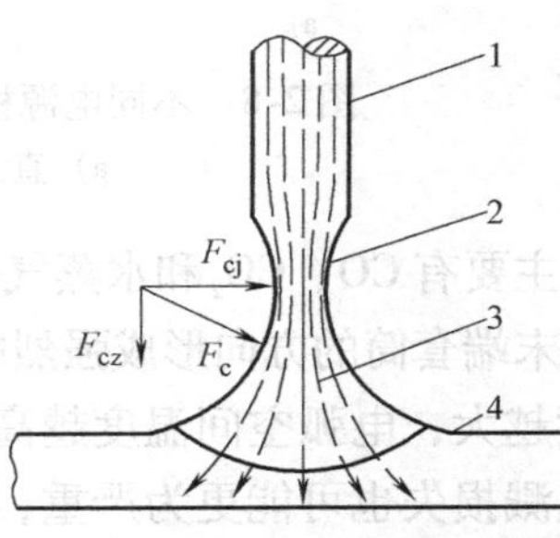
1
2
3
4
F_{cj}
F_{cz}
F_c

图2-10　焊丝和熔池之间形成液桥时电磁力的作用

1—焊丝　2—液桥　3—电流线分布　4—焊件

总之，熔化极电弧焊时作用于熔滴的力及对熔滴过渡的影响，应从焊缝在空间的位置、熔滴过渡形式，以及采用的焊接条件与焊接参数等方面进行具体分析，其中要特别重视焊接条件及焊接参数对熔滴过渡的影响，例如：

（1）焊丝和保护气体化学成分的影响　焊丝或保护气体的化学成分不同时，一方面会影响到焊丝末端熔滴的表面张力，另一方面可能影响到斑点压力和熔滴表面金属蒸发及析出气体的反作用力。如果化学成分改变以后，有助于减小表面张力或斑点压力等，就会使过渡熔滴的尺寸变细，从而加强电弧及焊接过程的稳定性。

（2）焊丝直径的影响　焊丝直径大，则表面张力大，将使金属熔滴不易和焊丝末端相脱离，这样会形成粗大熔滴，并使过渡频率降低。

（3）电源极性的影响　尤其是对熔化极气体保护焊，当正极性时，虽然焊丝熔化速度快，但作用于焊丝末端熔滴上的斑点压力比负极性时大，故采用正极性的过渡熔滴尺寸较大，过波频率也低，对焊接过程是不利的；而采用直流负极性时，则可获得良好的焊接效果。

（4）焊接电流的影响　在长弧焊时，作用于熔滴上的电磁力和等离子流力都是焊接电流的函数，故焊接电流的增大，会引起电磁力和等离子流力增大，使过渡熔滴的尺寸变细和过渡频率增加。

因此，在焊接生产中，为了获得并控制所要求的熔滴过渡形式，有可能通过改变并控制焊接条件及焊接参数予以实现，了解这些情况对指导生产有重要的意义。

2.2.2　熔滴过渡的主要形式及其特点

电弧焊方法种类繁多，焊接条件和焊接参数灵活多变，因此熔滴过渡现象十分复杂，当条件变化时，各种过渡形态可以相互转化，所以必须按熔滴过渡的形式及电弧形态，对熔滴过渡加以分类并分别讨论各种熔滴过渡形式的特点。

熔滴过渡形式大体上可分为三种类型，即自由过渡、接触过渡和渣壁过渡。

自由过渡是指熔滴经电弧空间自由飞行，焊丝端头和熔池之间不发生直接接触。

接触过渡是焊丝端部的熔滴与熔池表面通过接触而过渡。在熔化极气体保护焊时，焊丝短路并重复地引燃电弧，这种接触过渡亦称为短路过渡。TIG焊时，焊丝作为填充金属，它与焊件间不引燃电弧，也称为搭桥过渡。

渣壁过渡与渣保护有关，常发生在埋弧焊时，熔滴是从熔渣的空腔壁上流下的。

几种典型的熔滴过渡形式，其分类及形态特征大体上见表2-3。

表2-3 熔滴过渡分类及其形态特征

熔滴过渡类型		形态	焊接条件
自由过渡	1. 滴状过渡		
	1.1 大滴过渡		
	1.1.1 大滴滴落过渡		高电压小电流MIG焊
	1.1.2 大滴排斥过渡		高电压小电流CO_2焊接及正极性
	1.2 细滴过渡		焊接时大电流CO_2气体保护焊
	2. 喷射过渡		
	2.1 射滴过渡		铝MIG焊及脉冲焊
	2.2 射流过渡		钢MIG焊
	2.3 旋转射流		特大电流MIG焊
	3. 爆炸过渡		熔滴内产生气体的CO_2气体保护焊
接触过渡	4. 短路过渡		CO_2气体保护短路过渡焊
	5. 搭桥过渡		非熔化极填丝焊
渣壁过渡	6. 沿熔渣壳过渡		埋弧焊
	7. 沿套筒过渡		焊条电弧焊

1. 滴状过渡

通常出现在弧长较长（即长弧焊）时，熔滴不易与熔池接触，当熔滴长大到一定程度，便脱离焊丝末端通过电弧空间落入熔池（见图2-11）。根据焊接条件的不同，熔滴的大小、形态和过渡程度有很大差别。熔滴的大小没有严格的区分标准，有的文献按照熔滴直径与焊丝直径之比例以及每一个熔滴所消耗的焊丝当量长度（l_S）进行了原则性划分（见图2-12）。

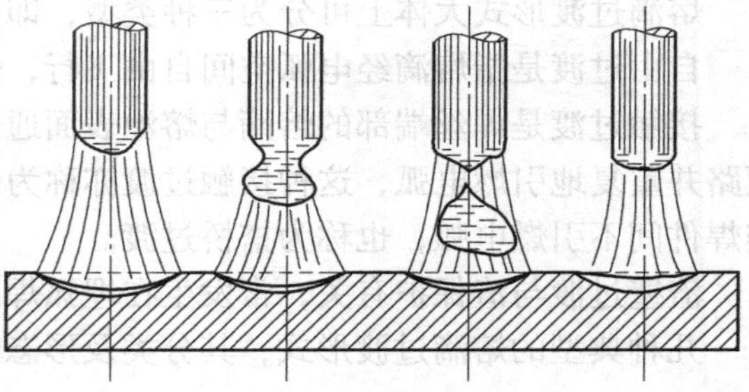

图2-11　滴状过渡示意图

电流密度较小和电弧电压较高时，弧长较长，使熔滴不易与熔池短路。因电流较小，弧根直径小于熔滴直径，熔滴与焊丝之间的电磁力不易使熔滴形成缩颈，斑点压力又阻碍熔滴过渡，随着焊丝的熔化，熔滴长大，最后重力克服表面张力的作用，而造成大滴状熔滴过渡。在氩气介质中，由于电弧电场强度低，弧根比较扩展，并且在熔滴下部弧根的分布是对称于熔滴的，因而形成大滴滴落过渡。焊条电弧焊时也有类似情况。

CO_2气体保护焊时，因CO_2气体高温分解吸热对电弧有冷却作用，使电弧电场强度提高，电弧收缩，弧根面积减小，增加了斑点压力而阻碍熔滴过渡并顶偏熔滴，因而形成大滴状排斥过渡，见表2-3中1.1.2示意图。熔化极气体保护焊直流正接时，由于斑点压力较大，无论用Ar还是CO_2气体保护，焊丝都有明显的大滴状排斥过渡现象。

应当指出的是，中等焊接电流CO_2气体保护焊时，因弧长较短，同时熔滴和熔池都在不停地运动，熔滴与熔池极易发生短路过程，所以CO_2气体保护焊除大滴状排斥过渡外，还有一部分熔滴是短路过渡。正因为这种过渡形式有一定量的短路过渡易形成飞溅，所以在焊接回路中应串联大一些的电感，使短路电流上升速度慢一些，这样可以适当地减少飞溅。

CO_2气体保护焊时，随着焊接电流的增加，斑点面积也增加，电磁力增加，熔滴过渡频率也增加，如图2-13所示。由于电流增加使熔滴细化，熔滴尺寸一般也大于焊丝直径。当电流再增加时，它的电弧形态与熔滴过渡形式没有突然变化，这种过渡形式称为细颗粒过渡。因飞溅较少，电弧稳定，焊缝成形较好，在生产中广泛应用。采用ϕ1.6mm焊丝，电流400A焊接时，即为这种过渡形式，它的典型电流、电压波形如图2-14所示。

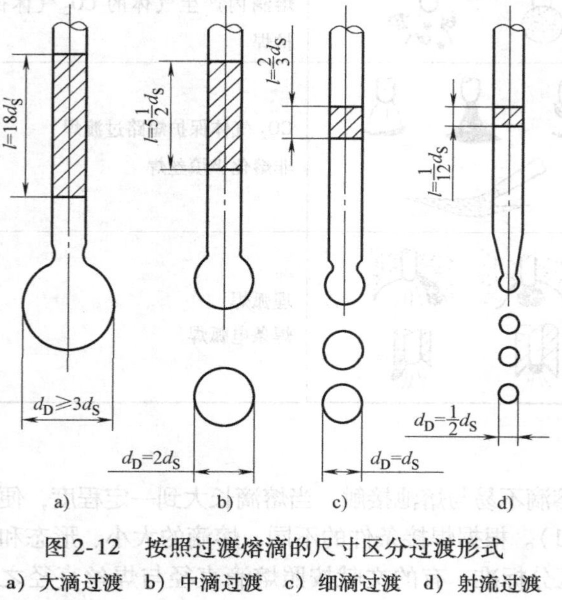
$l=18d_S$
$l=5\frac{1}{2}d_S$
$l=\frac{2}{3}d_S$
$l=\frac{1}{12}d_S$
$d_D \geq 3d_S$
$d_D=2d_S$
$d_D=d_S$
$d_D=\frac{1}{2}d_S$
a)
b)
c)
d)

图2-12　按照过渡熔滴的尺寸区分过渡形式

a）大滴过渡　b）中滴过渡　c）细滴过渡　d）射流过渡

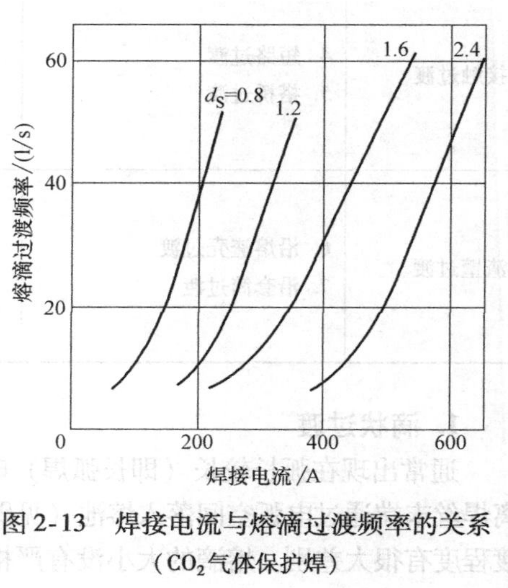
熔滴过渡频率/(1/s)
焊接电流/A
d_S=0.8
1.2
1.6
2.4
0
20
40
60
200
400
600

图2-13　焊接电流与熔滴过渡频率的关系（CO_2气体保护焊）

2. 喷射过渡

在纯氩或富氩保护气体中进行直流负极性熔化极电弧焊时，若采用的电弧电压较高（即弧长较长），一般不出现焊丝末端的熔滴与熔池短路现象，会出现喷射过渡形式。根据不同的焊接条件，这类过渡形式可分为射滴、射流、亚射流、旋转射流等过渡形式。

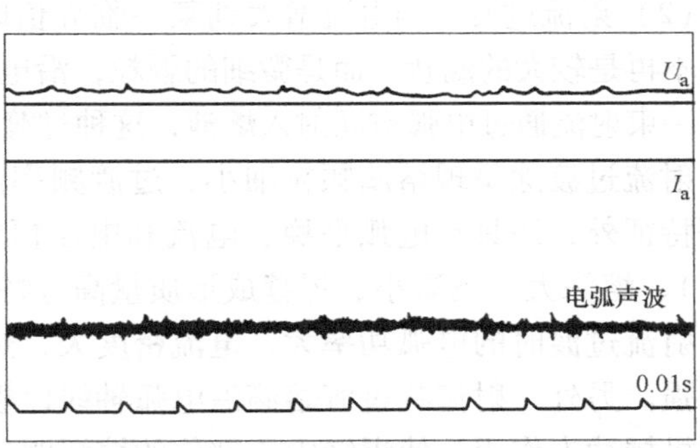

U_a
I_a
电弧声波
0.01s

图 2-14　CO_2气体保护焊细滴过渡的电流、电压波形

（1）射滴过渡　过渡时熔滴直径接近于焊丝直径，脱离焊丝沿焊丝轴向过渡，加速度大于重力加速度。此时焊丝端部的熔滴大部分或全部被弧根所笼罩。钢焊丝脉冲焊及铝合金熔化极氩弧焊经常是这种过渡形式。

还有一个特点，就是焊钢时总是一滴一滴的过渡，而焊铝及其合金时常常是每次过渡1~2滴，这是一种稳定过渡形式。

射滴过渡时电弧呈钟罩形，如图 2-15 所示。由于弧根面积大并包围熔滴，使流过熔滴的电流线发散，产生的电磁收缩力 F_c形成较强的推力。斑点压力 F_b作用在熔滴的不同部位，不只是在下部阻碍熔滴过渡，而且在熔滴的上部和侧面压缩和推动熔滴而促进其过渡。这时阻碍熔滴过渡的力主要是表面张力。由于铝合金的导热性好，熔点低，不会在焊丝端部形成很长的液态金属柱，所以常常表现为这种过渡形式。气体保护焊时，均有射滴过渡形式。对钢焊丝 MIG 焊时，射滴过渡是介于小电流滴状过渡和大电流射流过渡之间的一种熔滴过渡形式。它的电流区间非常窄，甚至可以认为钢焊丝 MIG 焊时基本上不出现射滴过渡。

从大滴状过渡转变为射滴过渡的电流值为射滴过渡临界电流。该电流大小与焊丝直径、焊丝材料、伸出长度和保护气体成分有关。对低熔点和熔滴含热量小的焊丝，临界电流都比较小，如铝焊丝的临界电流就比较低。焊丝直径与临界电流的关系，如图 2-16所示。随焊丝直径的增加，临界电流也增加。保护气体成分对射滴过渡临界电流值也有很大的影响，下面结合射流过渡形式详细讨论。

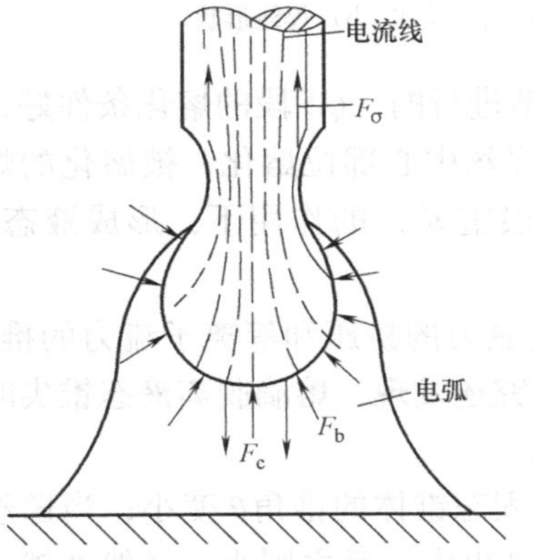

电流线
F_σ
电弧
F_b
F_c

图 2-15　射滴过渡时熔滴上的作用力

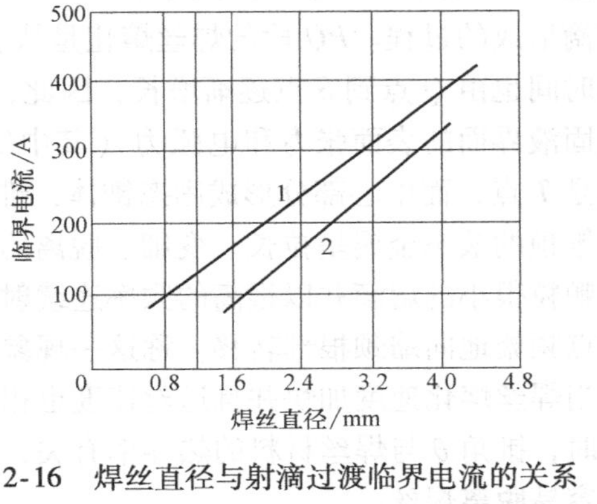

临界电流/A
500
400
300
200
100
0
0.8
1.6
2.4
3.2
4.0
4.8
1
2
焊丝直径/mm

图 2-16　焊丝直径与射滴过渡临界电流的关系

1—铝焊丝　2—纯铝

(2) 射流过渡　当电流增大到某一临界值时，熔滴的形成过程和过渡形式发生了突变，熔滴不再是较大的滴状，而是微细的颗粒，沿电弧轴向以很高的速度和过渡频率向熔池喷射，如同一束射流通过电弧空间射入熔池，这种过渡状态通常称为射流过渡（见图2-17）。

射流过渡除呈现熔滴颗粒细小、过渡频率高（每秒钟几十到200滴以上）和喷射速度高等特征外，还具有电弧平稳、电流和电压恒定、弧形轮廓清晰（肉眼可见一条窄细的白亮区）、熔深大、飞溅小、焊缝成形质量高等特征。

射流过渡时的电弧功率大，电流密度大，热流集中，等离子流力作用明显，焊件的熔透能力强。另外，射流状过渡熔滴沿电弧轴线以极高的速度喷向熔池，对熔池中液体金属有较强的机械冲击作用，使焊缝中心部位的熔深明显增大呈蘑菇形，如图2-17b所示。因而射流过渡主要用于在平焊位置焊接厚度大于3mm的构件，对薄壁零件则不适用。

发生射流过渡时的临界电流区间很窄，是一种突变，例如用ϕ1.6mm低碳钢焊丝，在Ar 99% + O_2 1%（体积分数）的保护气氛中，直流反接，当电流较小时为大滴状过渡，随电流的增加，熔滴的体积略有减小。当电流由255A增到265A时，熔滴数由15滴/s变到240滴/s，熔滴过渡频率发生了突然变化，熔滴体积也突然变小，如图2-18所示。当电流超过265A后进一步增加电流时，熔滴过渡频率增加得不多，所以称265A为射流过渡临界电流值。焊接条件变化时，临界电流值也随之改变。

射流过渡的重要条件是：氩气或富氩气体保护的熔化极电弧焊，直流负极性，电流大而且超过一定的临界值，电弧电压较高，阳极弧根大。

射流过渡的发生过程是：当电流达到或超过临界电流时，阳极弧根由焊丝端部扩展到侧面，此时，自阳极传给焊丝的热流可近似地分成两部分，一部分通过Q点以下的熔化金属传给焊丝，另一部分则通过焊丝的固态侧表面（PQ段）传给焊丝，因而大大加速了焊丝熔化和熔滴形成的过程。PQ段的焊丝熔化是从表面向内逐渐进行的；QS段的熔化条件好，累积受热时间也由Q点到S点逐渐增长，因此，由Q点向焊丝中心部位熔化，被熔化的焊丝金属在固液界面的表面张力和电弧力（其中等离子流力很重要）的作用下，形成液态尖锥，锥顶是T点，而中心部分形成固态锥体，锥顶是S点。

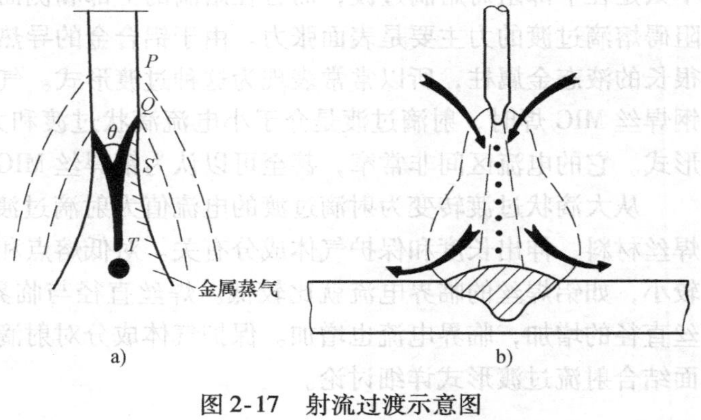
P
Q
θ
S
T
金属蒸气
a)
b)

图2-17　射流过渡示意图

a）过渡模式　b）焊缝形状

锥顶的液态金属呈拉长、变细、脱离的势态，在电磁力的挤压和等离子流力的推动下，形成颗粒很小的熔滴并以很高的频率连续射向熔池。研究还发现，熔滴脱离液态锥尖时，阳极斑点频繁地向缩颈根部转移，称这一现象为跳弧现象。

当焊丝熔化速度加快并且送丝速度也相应加快时，固态锥体的锥角θ变小；当送丝速度一定时，锥角θ与焊丝材料的热导率有关，热导率大，θ也大，反之则小。显然θ越小，熔滴越容易脱离焊丝。

射流过渡的临界电流值（见图2-18）主要取决于焊丝金属的化学成分与直径、保护气体成分、电流极性和焊丝伸出长度等。在焊丝化学成分确定时，随着焊丝直径的增大或液体金属表面张力系数的提高，临界电流值就增大。图2-19所示为不同化学成分和直径的焊丝在氩气中焊接时的临界电流值。而表2-4是不同成分和直径的焊丝进行熔化极氩弧焊时，要获得射流过渡可选用的焊接电流范围。

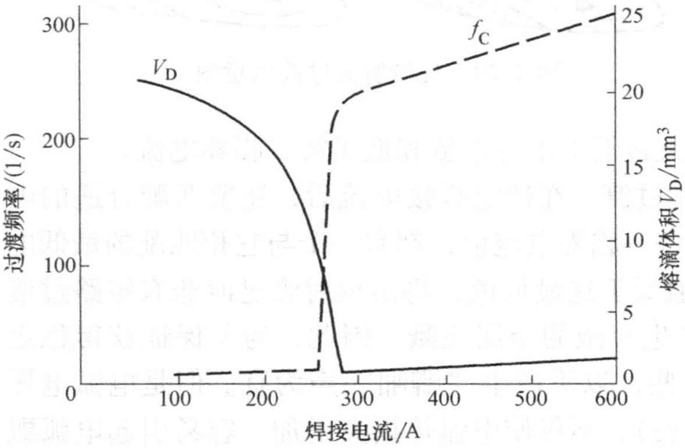

V_D
f_C
过渡频率/(1/s)
熔滴体积V_D/mm^3
焊接电流/A

图2-18 MIG焊时熔滴过渡与电流的关系

V_D—熔滴平均体积 f_C—过渡频率

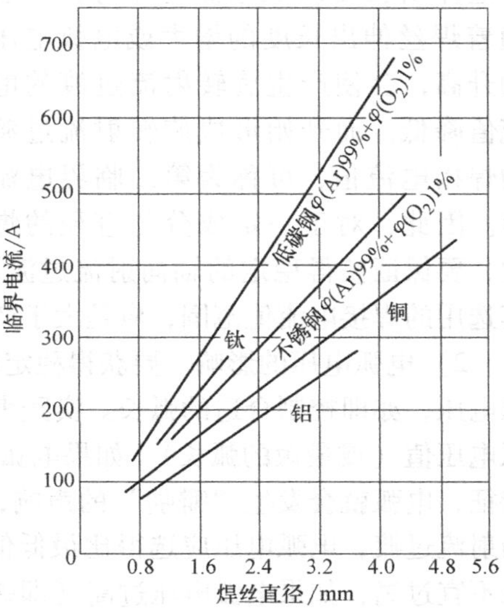

临界电流/A
焊丝直径/mm
低碳钢φ(Ar)99%+φ(O2)1%
不锈钢φ(Ar)99%+φ(O2)1%
钛
铜
铝

图2-19 各种焊丝的临界电流

表2-4 不同成分和直径的焊丝在氩弧焊时获得射流过渡的焊接电流范围

（直流负极性）

焊丝材料	在下列直径（/mm）时选用的焊接电流（/A）						
	0.8	1.0	1.2	1.6	2.0	2.5	3.0
SAL1450	80~140	—	100~225	130~330	145~350	210~400	235~420
SALS556A	—	—	105~203	140~350	160~370	220~420	245~420
铜合金①	—	150~260	170~340	220~330	250~420	—	300~500
H08Cr19Ni10Ti	150~200	180~250	190~310	240~450	280~500	320~550	—
钛	—	—	210~330	250~450	290~550	360~600	380~650
碳钢	160~280	—	210~330	260~500	320~550	—	—

① 为各种铜合金的平均值。

影响射流过渡稳定性的因素主要是：

1）焊接电流的影响。在射流过渡条件下选用的焊接电流不是越大越好。如果采用的焊接电流过大，并超过另一范围值，这时焊接电弧在强的自身电磁场作用下产生旋转。同时在焊丝末端由于受强大电流所产生的电弧热与电阻热作用，其熔化长度也增长，随着电弧旋转也跟着一起旋转，并使液态金属的尖端产生弯曲，如图2-20所示。若继续增大焊接电流，焊丝尖端旋转弯曲的角度就继续增加，可达到几乎和焊丝中轴线呈直角状态。当电弧和焊丝尖端产生旋转时，熔化的焊丝金属将从焊丝尖端摔出，过渡到熔池比较宽的面积范围，且电弧力的作用范围也分散，因而改变了原有的射流过渡电弧和熔滴过渡的形态，以及焊缝的熔透形状（从蘑菇形变为宽扁形，且减小了熔深），在这种情况下的熔滴过渡形式就变为旋转射流过渡。

产生旋转射流过渡的焊接电流值也取决于焊丝材料的化学成分与直径、焊丝伸出长度以及电弧电压等，一般随着焊丝伸出长度的增大或电弧电压的升高，会使产生旋转射流过渡的电流值降低。而开始形成旋转射流过渡的焊接电流值，可称为第二临界电流值。因此，对于一定成分与直径的焊丝，要保证获得稳定的轴向射流过渡，其选用的焊接电流值范围，应是大于产生射流过渡的临界电流和低于第二临界电流。

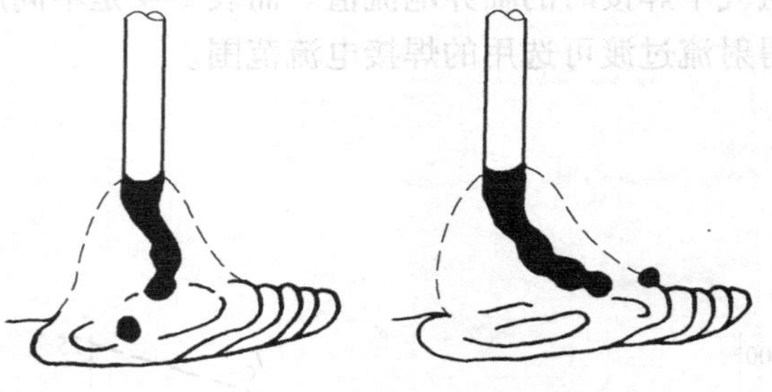

图 2-20　旋转射流过渡示意图

2）电弧电压的影响。要获得稳定的射流过渡，在选定焊接电流后，还要匹配合适的电弧电压，亦即控制合适的弧长。实践表明，每一临界电流值，都有一个与它相匹配的最低电弧电压值（或最短的弧长）。如果电弧电压值低于这最低值，将出现射流过渡兼有短路过渡特征，电弧就会发生“噼啪”的声响，并产生轻微的金属飞溅。因此，为了保证获得稳定的射流过渡，电弧电压应选得比最低值高一些，以不产生“噼啪”声为宜。但是电弧电压也不宜过高，如果电弧电压过高（即弧长过长），不仅使电弧热损失增加，容易引起电弧飘动，且可能降低保护气的保护效果。

由试验测出的两种直径的不锈钢焊丝可获得稳定射流过渡的范围，如图 2-21 中阴影线区所示（$d_S=1.2$mm 焊丝为虚线部分，$d_S=1$mm 焊丝为实线部分）。由图可见，在焊接时若要增加电流，则电弧电压也要随之增大，这是因为熔化极电弧具有上升的电弧静特性，为保持弧长恒定，焊接电流增大后就要相应地提高电弧电压。从图中可以明显看出，若焊丝直径（d_S）变大，获得射流过渡时则要求采用较大的电流和较高的电压。

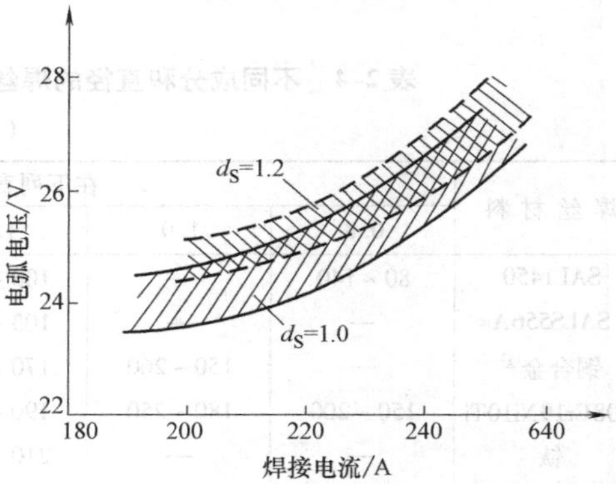
28
26
24
22
电弧电压/V
d_S=1.2
d_S=1.0
180
200
220
240
640
焊接电流/A

图 2-21　不同直径的不锈钢焊丝获得稳定射流过渡的电弧电压与焊接电流匹配

3）电源极性的影响。在直流负极性时，焊丝为阳极，熔滴受到的斑点压力较小，要获得射流过渡的临界电流值较低。反之，若采用直流正极性，因焊丝是阴极，熔滴受到的斑点压力较大，易阻碍熔滴和焊丝末端相脱离，使产生射流过渡的临界电流值增大。另外，焊接电流增大，对熔池的热输入也增加，同时作用于熔池的电弧力也增强，从而易把液体金属从熔池中吹出，将降低焊缝成形质量，因而通常不采用直流正极性。

为了改善直流正极性的熔滴过渡特性，试验研究表明，可采用活化焊丝的方法，如在钢焊丝表面涂敷一层逸出功低的活化剂（含有铯、锶或钙等元素的物质）。这样在直流正极性焊接时，活化焊丝能发射较多数量的电子，以减少阴极区中的正离子流分量，致使熔滴受到的斑点压力减弱，有利于形成射流过渡。图 2-22 是经过活化处理的低碳钢焊丝在 $\varphi Ar\ 99\% + \varphi O_2\ 1\%$

的保护气中焊接时，焊丝表面铯的含量对临界电流的影响。由图可见，活化焊丝对负极性的临界电流几乎无影响。而对于正极性，则随着含铯量的增加，临界电流值就降低，当含铯量超过0.008%时，正极性的临界电流值就比负极性的临界电流值低。

4）保护气成分的影响。焊接实践表明，用直流反接熔化极气体保护焊时，保护气成分对熔滴过渡特性有明显的影响，例如用钢焊丝进行熔化极氩弧焊时，在Ar气中加入CO_2或O_2，当其加入量少时，由于氧是一种表面活性元素，可降低熔滴的表面张力，减少了阻碍熔滴过渡的力，使过渡的熔滴尺寸细化，临界电流也略为降低。另外，因保护气体具有轻微的氧化性，能使熔池表面产生连续的弱氧化作用，有利于稳定阴极斑点，可消除因阴极斑点游动所引起的电弧飘动，提高了电弧稳定性。图2-23所示为钢焊丝焊接时氩气中含CO_2量对临界电流的影响。

但是应当指出，在Ar气中加入CO_2或O_2量不能过多，因含量过多时，其分解吸热等对电弧产生较强的冷却作用，使熔滴上的弧根和弧柱收缩，弧柱电场强度增加，促使电弧收缩，难以实现弧根的扩展，跳弧困难，阻碍熔滴过渡的力增大，所以临界电流反而提高。当Ar气中加入的CO_2气体体积分数超过30%时，便不能形成射流过渡，而仅具有CO_2气体保护焊时细颗粒过渡的特点。

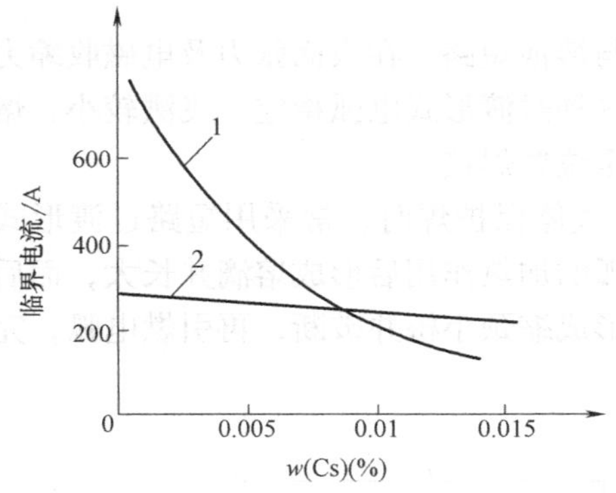
临界电流/A
600
400
200
0
1
2
0.005
0.01
0.015
w(Cs)(%)

图2-22　低碳钢焊丝表面含铯量对临界电流的影响

1—正极性焊接　2—负极性焊接

（$d_s=1.6$mm，$l_s=19$mm，φ(Ar)99% +$\varphi(O_2)$1%）

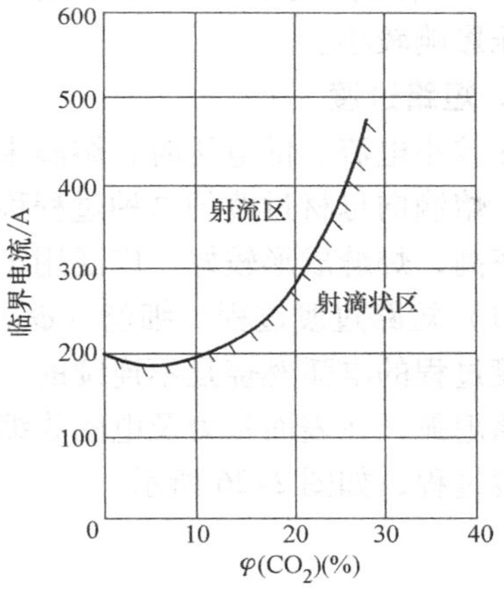
临界电流/A
600
500
400
300
200
100
0
10
20
30
40
射流区
射滴状区
φ(CO2)(%)

图2-23　氩气中加入CO_2对临界电流的影响

（低碳钢焊丝ϕ1.2mm，焊丝伸出长度15mm）

5）焊丝伸出长度的影响。焊丝伸出长度增加，电阻热的预热作用就随之增强，会引起焊丝的熔化速度加快，故可降低射流过渡临界电流值。

图2-24所示为采用低碳钢焊丝进行直流反接MIG焊时，焊丝伸出长度对临界电流的影响。但在实际焊接生产中，选用的焊丝伸出长度不宜过大，否则有可能引起旋转射流过渡，反而达不到稳定射流过渡的目的。

（3）亚射流过渡　通常铝合金MIG焊时，熔滴过渡可分为大滴状过渡、射滴过渡、短路过渡及介于短路过渡与射滴过渡之间的亚射流过渡，如图2-25所示。因其弧长较短，在电弧热作用下焊丝熔化金属累积、拉长并形成缩颈，在即将脱离焊丝而以射滴形式过渡之际即与熔池接触造成短路，在短路电流和电磁收缩力的作用下细颈破断，并重燃电弧完成过渡，它与正常短路过渡的差别是：正常短路过渡时在熔滴与熔池接触前并未形成已达临界状态的缩颈，因此熔滴与熔池的短路时间较长，短路电流很大。而亚射流过渡时短路时间极短，电流上升得不太大就使熔滴缩颈破断，因已形成缩颈，短路峰值电流很小，所以破断时冲击力小而发出轻微的“啪啪”声。这种熔滴过渡形成的焊缝成形美观，焊接过程稳定，在铝合金 MIG 焊时广泛应用。

亚射流过渡时熔滴过渡频率与电弧电压有关。当电弧电压较低时，熔滴尺寸较大，过渡频率较低，焊丝的熔化速度（即送丝速度）较快。而当电弧电压增高时，弧长增大，熔滴尺寸减小，过渡频率增高，焊丝熔化速度减慢。当电弧长度在 2～8mm 之间变化时，属于亚射流过渡，当弧长大于 8mm 时，熔化速度受电弧电压影响较小。

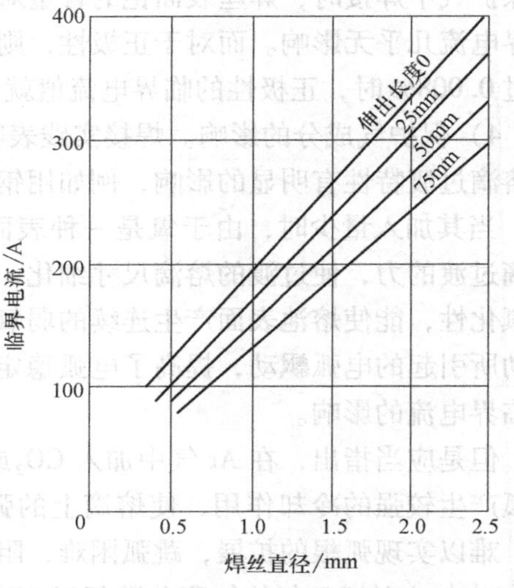

临界电流/A
400
300
200
100
0
0.5
1.0
1.5
2.0
2.5
焊丝直径/mm
伸出长度0
25mm
50mm
75mm

图 2-24　焊丝直径、伸出长度与临界电流的关系（低碳钢，$\varphi(Ar)99\% + \varphi(O_2)1\%$，直流反接，弧长 6mm）

3. 短路过渡

在较小电流、低电压时，熔滴未长成大滴就与熔池短路，在表面张力及电磁收缩力的作用下，熔滴向母材过渡的这种过程称短路过渡。这种过渡形式电弧稳定，飞溅较小，熔滴过渡频率高，焊缝成形较好，广泛用于薄板焊接和全位置焊接。

（1）短路过渡过程　细丝（ϕ0.8～1.6mm）气体保护焊时，常采用短路过渡形式。这种过渡过程的电弧燃烧是不连续的，焊丝受到电弧的加热作用后形成熔滴并长大，而后与熔池短路熄弧，在表面张力及电磁收缩力的作用下形成缩颈小桥并破断，再引燃电弧，完成短路过渡过程，如图 2-26 所示。

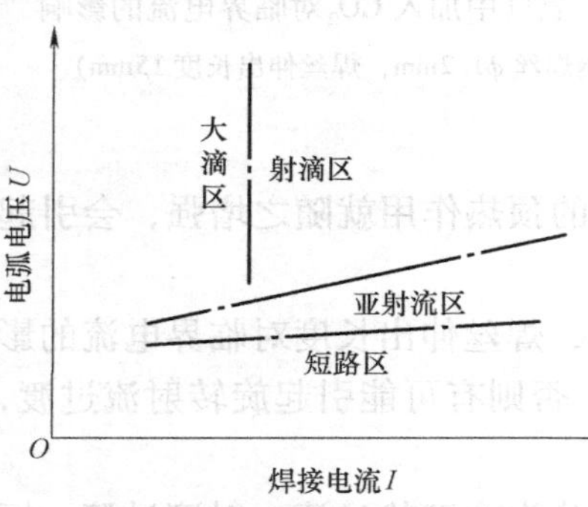

电弧电压 U
大滴区
射滴区
亚射流区
短路区
O
焊接电流 I

图 2-25　铝合金熔滴过渡形式与电参数的关系

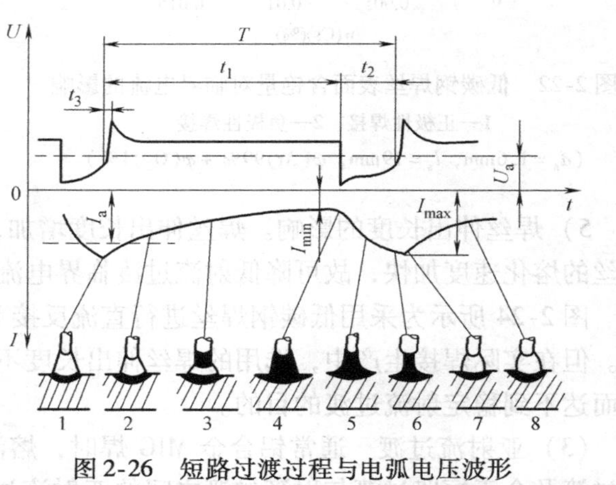

U
T
t_1
t_2
t_3
U_a
0
t
I_a
I_{min}
I_{max}
I
1
2
3
4
5
6
7
8

图 2-26　短路过渡过程与电弧电压波形

t_1—燃弧时间　t_2—短路时间　t_3—电弧再引燃时间　t—短路周期　$T = t_1 + t_2 + t_3$　I_{max}—最大电流（短路峰值电流）　I_{min}—最小电流　I_a—平均焊接电流　U_a—平均电弧电压

图2-26中：1为电弧引燃的瞬间，然后电弧燃烧析出热量熔化焊丝，并在焊丝端部形成熔滴（图中2），随着焊丝的熔化和熔滴长大（图中3），电弧向未熔化的焊丝传递热量减少，使焊丝熔化速度下降，而焊丝以一定速度送进，使熔滴接近熔池并造成短路（图中4）。这时电弧熄灭，电弧电压急骤下降，短路电流逐渐增大，形成短路液柱（图中5）。随着短路电流的增加，液柱部分的电磁收缩作用，使熔滴与焊丝之间形成缩颈（称短路小桥，图中6）。当短路电流增加到一定数值时，小桥迅速断开，电弧电压很快恢复到空载电压，电弧又重新引燃（图中7），电流下降，然后又开始重复上述过程。

（2）短路过渡的稳定性 为保持短路过渡焊接过程稳定进行，不但要求焊接电源有合适的静特性，同时要求电源有合适的动特性，它主要包括以下三个方面。

1）对不同直径的焊丝和焊接参数，要保持合适的短路电流上升速度，保证短路“小桥”柔顺的断开，达到减少飞溅的目的。

2）要有适当的短路电流峰值I_m，短路焊接时I_m一般为I_a的2~3倍。I_m值过大会引起缩颈小桥激烈的爆断造成飞溅，过小则对引弧不利，甚至影响焊接过程的稳定性。

3）短路之后空载电压恢复速度要快，以便及时引燃电弧，避免熄弧现象。一般硅整流焊接电源电压恢复速度很快，能满足短路过渡焊接对电压恢复速度的要求。

短路电流上升速度及短路电流峰值，主要通过焊接回路的感抗来调节。一般焊机都在直流回路中串联电感来调节电源的动特性，电感大时短路电流上升速度慢，电感小时短路电流上升速度快。

短路过渡时，过渡熔滴越小、短路频率越高，焊缝波纹就越细密，焊接过程也越稳定。因此在稳定的短路过渡的情况下，要求尽量高的短路频率。它的大小常常作为短路过渡过程稳定性的重要标志。

（3）影响短路过渡频率的主要因素

1）电弧电压。短路过渡时，电弧长度或电弧电压的大小对焊接过程有明显的影响，如图2-27所示，为获得最高短路频率，有一个最佳的电弧电压数值。例如，对于ϕ0.8mm、1.0mm、1.2mm、1.6mm直径焊丝，该值大约为20V左右。这时短路周期比较均匀，焊接时发出轻轻的“啪啪”声。

如果电弧电压高于最佳值较多时（如30V以上），这时熔滴过渡频率降低，无短路过程。例如ϕ1.2mm焊丝，其过渡频率由20V的100次/s减少到30V的5次/s时，已无短路过程。当电弧电压在22~28V时，因电弧电压数值仍比正常短路电压值高，熔滴体积比较大，属于大滴状排斥过渡，其中一部分熔滴可能通过短路过渡到熔池中去。

若电弧电压稍低于最佳值时，弧长较短，熔滴很快与熔池接触，燃弧时间t_1短，短路频率较高。如果电弧电压过低，可能熔滴尚未脱离焊丝时，焊丝未熔化部分就插入熔池，造成焊丝固体短路（见图2-28）。这时短路电流很大，焊丝很快熔断。熔断后的电弧空间比原来的电弧长度更大，使短路频率下降，甚至造成熄弧。由于焊丝突然爆断以及电弧再引燃，使周围气体膨胀，从而冲击熔池，产生严重的飞溅，使焊接过程无法进行。

2）电源动特性。电源动特性对熔滴过渡有重要影响。而动特性主要是由回路电感所决定的。回路电感增大，最高短路频率下降（见图2-29），整个曲线向左移，因为回路电感大，短路电流上升速度di/dt下降，短路峰值电流I_{max}减小所致。回路电感过小时，由于短路电流上升速度过快和短路峰值电流过大，会造成短路过程不稳定，引起大量飞溅。相反，若回路电感过大，短路小桥的缩颈难以形成，同时由于短路峰值电流过小，小桥不易断开，甚至造成焊丝固体短路，使焊接过程不能进行。电感值大小不仅对短路频率及焊接过程有影响，同时影响焊接热输入及焊缝成形。电感大些，燃弧时间长可以改善焊缝熔合情况。

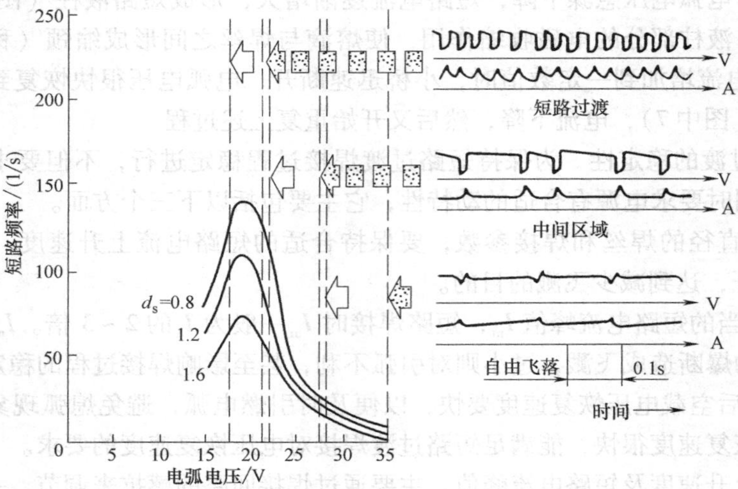

短路频率/(1/s)
电弧电压/V
d_s=0.8
1.2
1.6
短路过渡
中间区域
自由飞落
0.1s
时间
V
A

图 2-27　短路频率与电弧电压的关系

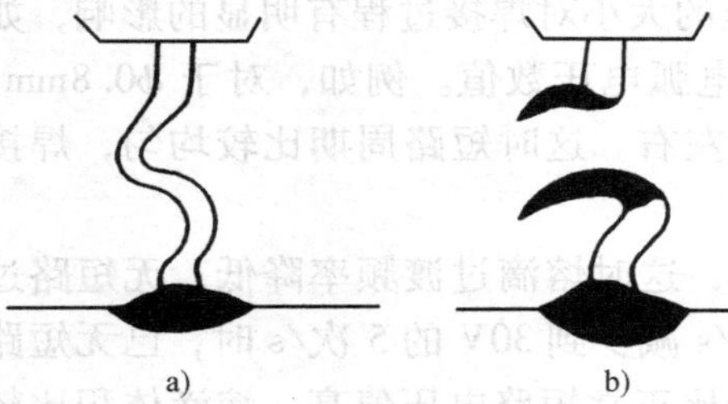

a)
b)

图 2-28　电弧电压过低时造成的固体短路

a）焊丝插入熔池　b）焊丝熔断

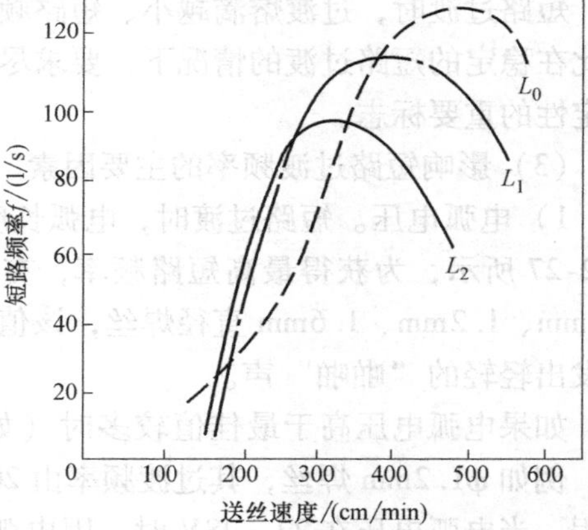

短路频率f/(1/s)
送丝速度/(cm/min)
L_0
L_1
L_2

图 2-29　回路电感对短路频率的影响

电感 L_0 = 500 μH　L_1 = 180 μH　L_2 = 400 μH（空载电压 22V，焊丝 ϕ1.0mm，焊丝伸出长度 10mm，CO_2 焊）

3）电源外特性。电源外特性通过短路电流增长速度 di/dt 值的大小对短路过渡的稳定性产生影响。平特性的焊接电源，回路感抗较小，因此具有较大的 di/dt 值和短路电流峰值。而缓降外特性的焊接电源，其 di/dt 值较小些。因此，从满足 di/dt 的要求来看，用细焊丝（直径 <1.2mm）时宜选用平特性的焊接电源；而用较粗焊丝时，宜选用缓降外特性焊接电源。

（4）短路过渡的主要焊接特点

1）由于采用较低的电压和较小的电流，所以电弧功率小，对焊件的热输入低、熔池冷凝速度快。这种熔滴过渡方式适合于焊接薄板，并易于实现全位置焊接。

2）由于采用细焊丝，电流密度大。例如：直径为1.2mm的钢焊丝，当焊接电流为160A时，电流密度可达141A/mm²，是通常埋弧焊电流密度的2倍多，是焊条电弧焊的8～10倍，因此，对焊件加热集中，焊接速度快，可减小焊接接头的热影响区和焊接变形，短路过渡是CO_2焊的一种典型过渡方式，焊条电弧焊也常常采用。

4. 渣壁过渡

渣壁过渡是指在药皮焊条电弧焊和埋弧焊时的熔滴过渡形式。使用药皮焊条焊接时，可以出现四种过渡形式：渣壁过渡、大颗粒过渡、细颗粒过渡和短路过渡。过渡形式决定于药皮成分和厚度、焊接参数、电流种类和极性等。

用厚药皮焊条焊接时，焊条端头形成带一定角度的药皮套筒，它可以控制气流的方向和熔滴过渡的方向。套筒的长短与药皮厚度有关，通常药皮越厚，套筒越长，吹送力也越强。但药皮厚度应适当，过厚和过薄时，均产生较大的熔滴。当药皮厚度为1.2mm时，熔滴的颗粒最小。用薄药皮焊条焊接时，不生成套筒，熔渣很少，不能包围熔化金属，而成为大滴或短路过渡。通常使用的焊条都是厚药皮焊条。

对于碱性焊条，在很大电流范围内均为大滴状或短路过渡。这种过渡特点首先是因为液体金属与熔渣的界面有很大的表面张力，不易产生渣壁过渡，同时在电弧气氛中含有30%以上的CO_2气体，与CO_2气体保护焊相似，在低电压时弧长较短，熔滴还没有长大就发生短路而出现短路过渡。当弧长增加时，熔滴自由长大，将呈大滴过渡，如图2-30a所示。

使用酸性焊条焊接时为细颗粒过渡，这是因为熔渣和液态金属都含有大量的氧，所以在金属与渣的界面上表面张力较小。焊条熔化时，熔滴尺寸受电流影响较大。部分熔化金属沿套筒内壁过渡，部分直接过渡，如图2-30b、c所示。若进一步增加电流，将提高熔滴温度，同时降低表面张力。在高电流密度时，将出现更细的熔滴过渡，如图2-30d所示。这时电弧电压在一定范围内变化，对熔滴过渡影响不大。当渣与金属生成的气体较多时（CO_2、H_2等），由于气体的膨胀，造成渣和液体金属爆炸，如图2-30e所示，飞溅增大。

埋弧焊时，电弧在熔渣形成的空腔（气泡）内燃烧。这时熔滴通过渣壁流入熔池（图2-31），只有少数熔滴通过气泡内的电弧空间过渡。

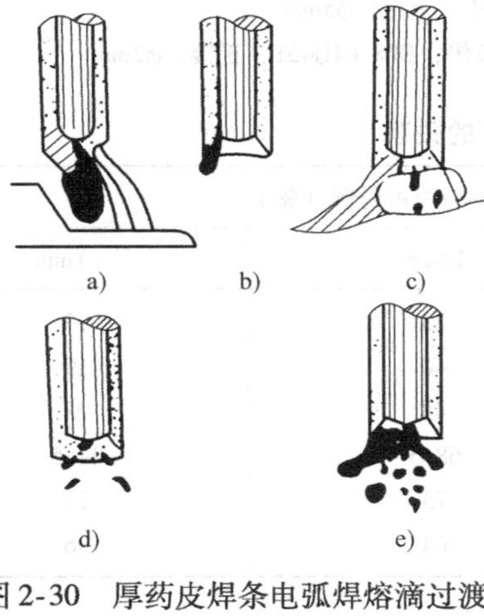
a)
b)
c)
d)
e)

图2-30　厚药皮焊条电弧焊熔滴过渡形式

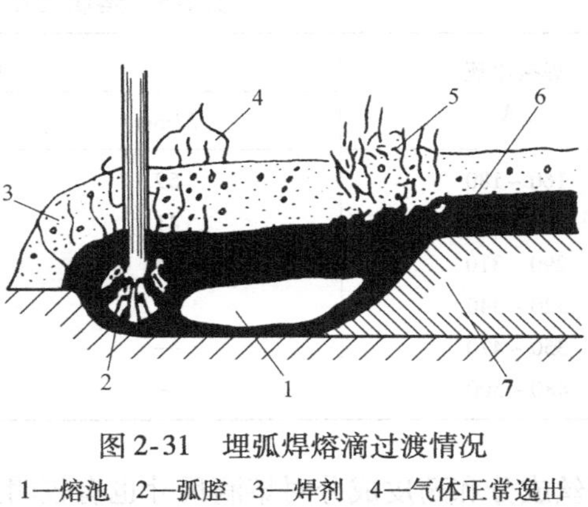
1
2
3
4
5
6
7

图2-31　埋弧焊熔滴过渡情况

1—熔池　2—弧腔　3—焊剂　4—气体正常逸出　5—气体爆发式逸出　6—熔渣　7—焊缝

埋弧焊熔滴过渡与焊接速度、极性、电弧电压和焊接电流有关。在直流负极性时，若电弧电压较低，焊丝端头呈尖锥状，其液体锥面大致与熔池的前方壁面相平行。这时气泡较小，焊丝端头的金属熔滴较细，熔滴将沿渣壁以小滴状过渡。相反，在直流正接的情况下，焊丝端头的熔滴较大，在斑点压力的作用下，熔滴不停地摆动，这时熔滴呈大滴状过渡，每秒钟 10 滴左右，而直流反接时每秒钟可达几十滴。焊接电流对熔滴过渡频率有很大的影响，随着电流的增加，熔滴过渡频率增加，其中以直流反接时更为明显。

2.2.3 熔滴的几何尺寸

熔滴尺寸大小主要与焊接电流、弧长、极性和焊条直径、焊接材料（焊丝和药皮成分）等因素有关。

在同一焊接过程中，熔滴的大小不完全均匀相同。熔滴尺寸（直径）以 mm 计。在大多数情况下，熔滴内部因气体膨胀而呈空心状。

由图 2-32 和表 2-5 可以看出，焊接电流增大时，熔滴尺寸变小，而数目增多。MIG 焊当射流过渡时，熔滴细小，单位时间内过渡到熔池的熔滴数目较多。

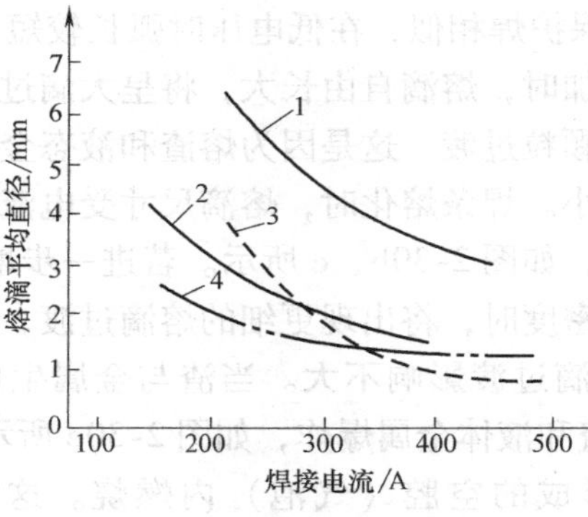
熔滴平均直径/mm
焊接电流/A
0
1
2
3
4
5
6
7
100
200
300
400
500
1
2
3
4

图 2-32　熔滴尺寸与焊接电流的关系

1—薄皮焊条，反接，ϕ5mm　2—厚皮焊条，正接，ϕ5mm

3—H08Cr19Ni10Ti 焊丝，MIG 焊，ϕ2mm，反接　4—埋弧焊，H08 + HJ431，正接，ϕ2mm

表 2-5　熔滴尺寸与焊接电流的关系

焊接电流 /A	各类尺寸的熔滴所占份额（%）		
	23mm	12mm	<1mm
160 ~ 180	59	28	13
200 ~ 220	41	40	19
290 ~ 310	24	48	28
320 ~ 340	7	68.5	24.5
350 ~ 470	—	73	27
480 ~ 500	—	64	36

焊丝成分和药皮成分对熔滴尺寸也有较明显的影响。随着焊条金属中含碳量的增加，熔滴变细，小尺寸的熔滴份额增大，这主要是由于金属中强烈产生 CO 或 CO_2 而把熔滴打碎了

的缘故。焊条表面涂有降低表面张力的物质（如含氧的铁矿粉、钛铁矿粉等）都能使熔滴变细；凡增大表面张力的物质（如铝粉等），则促使熔滴变粗。

此外，电流种类（交流或直流）和极性对熔滴尺寸也有一定的影响。

从试验和研究中发现，熔滴越细小，则它的密度越小，这是由于熔滴中含有熔渣及气体的夹杂而造成的。较大的熔滴含有熔渣杂质及气体，其密度为 2.3 ~ 5.9g/cm^{3}之间；而细小熔滴含有气体的孔隙，其密度为 1.11 ~ 2.0g/cm^3。

由表 2-6 可以看出，每秒生成的熔滴数目越多，熔滴在焊丝末端存在或停留的时间越短（由 1s 到 0.02s）；同时熔滴数目越多，随着单个熔滴体积的减少，则熔滴的比表面积（单位重量的表面积）就越大，也就是它与熔渣或周围气氛接触的表面积就越大，可达 1000 ~ 10000cm^2/kg。熔滴的比表面积往往比炼钢时的液体金属比表面积要大数百倍甚至数千倍，用不着与大型炼钢炉相比，只拿小型高频炼钢炉来说，若浇铸 7kg 的锭子，其钢液的比表面积只有 10cm^2/kg。

表 2-6 熔滴数目对熔滴存在时间及熔滴比表面积的影响

每秒熔滴数	熔滴存在的时间/s	熔滴质量/g	熔滴直径/mm	熔滴体积/mm^3	熔滴表面积/mm^2	熔滴比表面积/(mm^2/kg)
1	1	0.7	5.6	100	98.2	1400
5	0.2	0.14	3.35	20	35.2	2520
10	0.1	0.07	2.66	10	22.3	3200
20	0.05	0.035	2.12	5	14.2	4050
40	0.025	0.0175	1.66	2.5	8.7	4980
50	0.020	0.0140	1.56	2.0	7.6	5430

注：低碳钢焊丝，直径 ϕ5mm。

熔滴的存在时间和比表面积对于焊接冶金有重大的影响。虽然熔滴存在时间短不利于冶金反应充分进行，但其比表面积很大，又会大大加速冶金反应，将促使熔化金属与周围介质（气体或熔渣）激烈反应。同时熔滴存在时间短也有它有利的一面，即金属和有益元素的烧损可相应减少。

2.2.4 熔滴温度

熔滴的温度因电极材料、电源极性、焊接方法和焊接参数的不同而不同。

表 2-7 中试验数据表明，在小电流（5A）和空气中引燃电弧，W、C、Fe、Cu 的阳极温度高于阴极温度，其中尤以 W 和 C 表现突出。W 的这一性质对于钨极氩弧焊时合理地选择电源极性具有指导意义。

表 2-7 不同材料的阴极和阳极的温度（电流 5A，大气中）

电极材料	C	W	Fe	Ni	Cu	Al	Zn
阴极/K	3500	3000	2400	2400	2200	3400	3000
阳极/K	4200	4200	2600	2400	2400	3400	3000
熔点/℃	3727	3410	1537	1453	1083	660	420
沸点/℃	4830	5930	2848	2730	2595	450	906

在熔化极气体保护焊的条件下，如 CO_2 焊、熔化极氩弧焊等，所用电极材料分别为 Fe 和 Ni、Cu、Al 等以及它们的合金，都属于冷阴极材料，因此大多数情况下都是阴极温度和阴极析热高于阳极温度和阳极析热。

焊条电弧焊和埋弧焊表现出两种情况。一种情况是在采用无负电元素或很少含负电元素的焊条或焊剂进行焊接，焊接电流在正常范围内，反接时熔滴温度平均值为2200℃左右，正接时则不超过1900℃，即表明阳极温度高于阴极温度。另一种情况是当采用含负电元素（F，以 CaF_2 形式加入焊条药皮或焊剂中）较多时，由于在阴极附近形成较多的负离子（F^-）时放出热量，因此阴极温度高于阳极温度。图 2-33 是采用含 F 的焊剂进行埋弧焊，碳钢焊丝作为阴极（正接）比它作为阳极（反接）时析热多；作为焊件也是阴极析热高于阳极，因此当焊件作为阴极时，它的熔深也大。含 CaF_2 较多的低氢型焊条在焊接时也明显表现出这一特点。

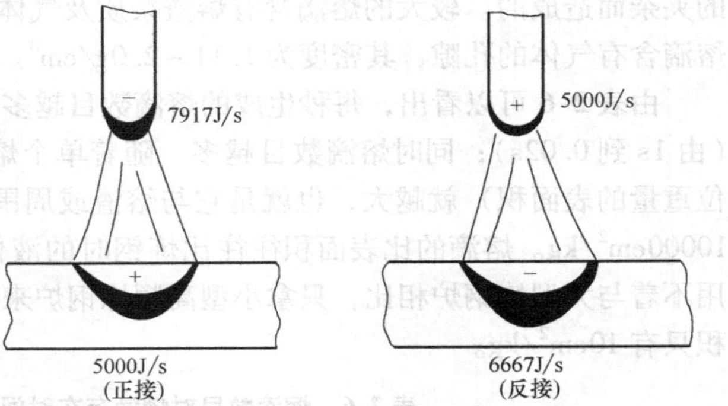
7917J/s
5000J/s
(正接)
+
5000J/s
6667J/s
(反接)
−
图 2-33　含负电元素时电极的析热状态
（埋弧焊：焊丝 H08A，HJ431）

上述情况表明，不同的焊接条件下两电极的热量分配不同，温度也不同。但从总的情况看，熔滴温度都有一定的过热，例如碳钢用焊条，熔滴的平均温度大都在 1800～2400℃范围内。熔滴过热所消耗的热量约占电极所获总热量的 20%～30%，焊条端部的热分配见表 2-8。

表 2-8　焊条端部的热分配（电弧热）

电弧焊条的热量	焊芯熔化	金属蒸发	熔滴金属过热
100%	50%～60%	20%	20%～30%

2.2.5　飞溅损失及影响因素

电弧焊过程中，熔化的焊丝金属不能全部过渡到焊缝中去，其中一部分以蒸发、氧化、飞溅等形式损失掉。损失的方式和损失量直接影响焊接效率和焊缝质量，特别是飞溅造成的不良后果更显突出。

各种焊接条件下的熔敷效率是不同的，概括统计表明，电弧焊的熔敷效率总体上可达 90% 左右，其中熔化极氩弧焊和埋弧焊的熔敷效率明显地高于 90%，而 CO_2 焊和焊条电弧焊通常低于 90%，有时仅达到 80% 左右。焊丝熔化金属的损失，大部分是由于飞溅造成的。飞溅程度与电流大小、熔滴过渡形式、电弧极性、电弧长度等多种因素有关，其中电弧长度和熔滴过渡形式尤为重要。实际上，熔滴过渡形式也是由多种焊接因素所决定的，集中反映出各种焊接因素对飞溅的影响。

1. 滴状过渡飞溅的特点

当用CO_2或含CO_2体积分数大于30%的混合气体进行保护焊时，熔滴在斑点压力的作用下而上挠，易形成大滴状飞溅，如图2-34a所示。这种情况经常出现在用较大电流焊接时，如用ϕ1.6mm焊丝，电流为300~350A，当电弧电压较高时就会产生，飞溅率φ_s约为12%。

如果增加电流将成为细滴过渡，这时飞溅减少，主要产生在熔滴与焊丝之间的缩颈处，该处通过的电流密度较大，使金属过热而爆断，形成颗粒细小的飞溅，如图2-34b所示。电流为400A时，就属于这种情况，φ_s约为8%~10%。

图2-34c表示在细滴过渡焊接过程中，可能由熔滴或熔池内抛出小滴飞溅。这是由于焊丝或焊件清理不良或焊丝含碳量较高，在熔化金属内部大量生成CO等气体，这些气体聚积到一定体积，压力增加而从液体金属中析出造成小滴飞溅。

大滴状过渡时，如果熔滴在焊丝端头停留时间较长，加热温度很高，熔滴内部发生强烈的冶金反应或蒸发，同时猛烈地析出气体，使熔滴爆破而造成的飞溅，如图2-34d所示。

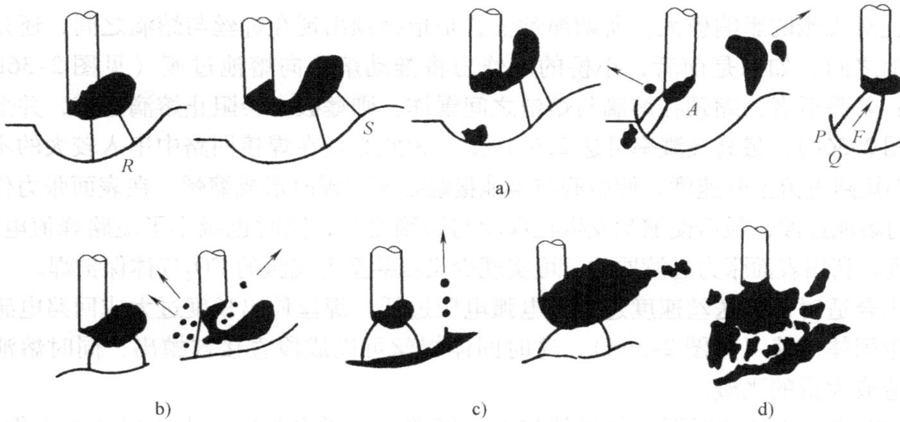
R
S
A
P
F
Q
a)
b)
c)
d)

图2-34　滴状过渡时飞溅的主要形式

a）斑点压力使熔滴上挠造成的飞溅　b）大电流时爆断形成细颗粒飞溅
c）气体析出引起的小滴飞溅　d）熔滴爆破时的飞溅

2. 射流过渡飞溅的特点

富氩气体保护焊形成射流过渡时，熔滴沿焊丝轴线方向以细滴状过渡。钢焊丝射流过渡时，焊丝端头呈“铅笔尖”状，并被圆锥形电弧所笼罩，如图2-35a所示。在细颈断面I-I处，焊接电流不但通过细颈流过，同时通过电弧流过。由于电弧的分流作用，减弱了细颈处的电磁收缩力与爆破力，这时促使细颈破断和熔滴过渡的原因主要是等离子流力机械拉断的结果，而不存在小桥过热问题，所以飞溅极少。在正常射流过渡情况下，飞溅率仅在1%以下。

在焊接参数不合理的情况下，如电流过大，同时电弧电压较高和焊丝伸出长度过长时，焊丝端头熔化部分变长，而它又被电弧包围着，焊丝端部液体金属表面产生强烈的金属蒸气，当受到某一扰动后，该液柱就发生弯曲，在金属蒸气的反作用力推动下，将发生旋转，形成旋转射流过渡。此时熔滴往往是横向抛出，成为飞溅，如图2-35b所示。

3. 短路过渡飞溅的特点

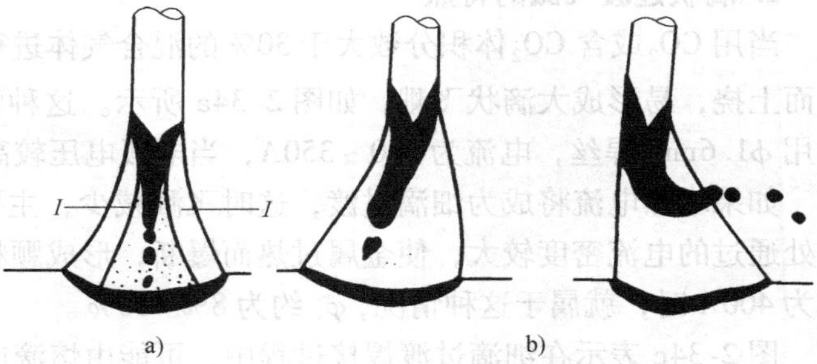
I
I
a)
b)
图 2-35 射流过渡时的飞溅
a）射流过渡形态 b）旋转射流过渡时的飞溅

当熔滴与熔池接触时，由熔滴把焊丝与熔池连接起来，形成液体小桥，随着短路电流的增加，使缩颈小桥金属迅速地被加热，最后导致小桥金属发生气化爆炸，引起金属的飞溅。飞溅的多少与爆炸能量有关，此能量是在小桥破断之前的 100 ~ 150μs 短时间内聚集起来的，主要由这个时期内短路电流大小所决定。所以减少飞溅的主要途径是改善电源的动特性，限制短路峰值电流。在细丝小电流 CO_2气体保护焊时，飞溅率较小，通常在 5% 以下。如果短路峰值电流较小，飞溅率可降低到2%左右（见图 2-36a）。当提高电弧电压增大电流，以中等参数焊接时，短路小桥缩颈位置对飞溅的影响极大。所谓缩颈位置是指缩颈出现在焊丝与熔滴之间，还是出现在熔滴与熔池之间。如果是前者，小桥的爆炸力将推动熔滴向熔池过渡（见图 2-36b），此时飞溅较小；若是后者，缩颈在熔滴与熔池之间爆炸，则爆破力会阻止熔滴过渡，并形成大量飞溅（见图 2-36c），最高飞溅率可达 25% 以上。为此必须在焊接回路中串入较大的不饱和电感，以减小短路电流上升速度，使熔滴与熔池接触处不能瞬时形成缩颈，在表面张力作用下，熔化金属向熔池过渡，最后使缩颈发生在焊丝与熔滴之间，同时也减小了短路峰值电流，将显著减小飞溅。利用表面张力过渡原理，可实现少飞溅甚至无飞溅的 CO_2气体保护焊。

焊接参数不合适时，如送丝速度过快而电弧电压过低，焊丝伸出长度过大或回路电感过大时，都会发生固体短路（见图 2-36d）。这时固体焊丝可以成段直接被抛出，同时熔池金属也被抛出而造成大量的飞溅。

在大电流 CO_2潜弧焊接情况下，如果偶尔发生短路再引燃电弧时，由于气动冲击作用，几乎可以将全部熔池金属冲出而成为飞溅，如图 2-36e 所示。

在大电流细颗粒过渡时，如果再发生短路就立刻产生强烈的飞溅。这是因为此时的短路电流很大，这种飞溅如图 2-36f 所示。

2.2.6 熔滴过渡的控制

当焊接材料和焊接方法确定后，对熔滴过渡形式和过渡过程进行控制，是保证获得良好焊接结果的关键环节。最常用的方法是控制焊接参数，例如焊条电弧焊的短路过渡是靠压低电弧和采用较小的电流，同时还要靠人工智能和操作技巧来实现；埋弧焊是靠控制焊接电流、电弧电压、电流种类或极性等焊接参数来控制渣壁过渡状态的；熔化极气体保护焊，除调整气体成分和焊接参数外，尚可采用脉冲电流和脉冲送丝等方法进行控制。

1. 脉冲电流控制法

脉冲电流控制法是熔化极气体保护焊常用的一种控制熔滴过渡的方法，使焊接电流以一定的频率变化来控制焊丝的熔化及熔滴过渡。对于纯氩或富氩保护下的脉冲电弧焊（即脉冲式 MIG 或 MAG），可在小电流的条件下实现稳定的射滴过渡或射流过渡。采用不同的脉冲电流频率和不同的脉冲电流幅值，可实现一个电流脉冲过渡一滴或多滴，或多个脉冲过渡

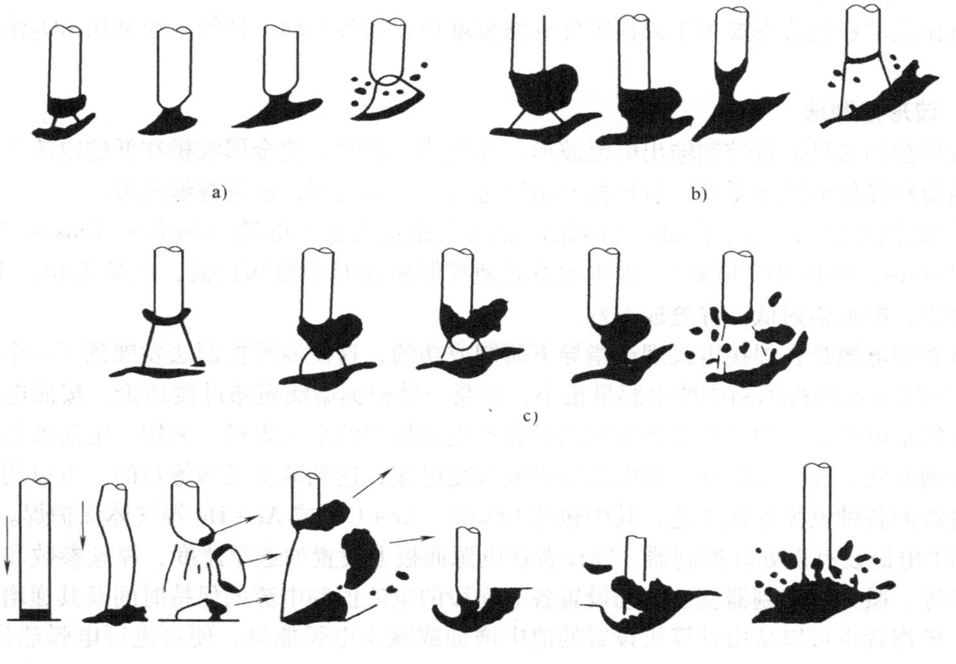

a)　b)　c)　d)　e)　f)

图 2-36　短路过渡时的主要飞溅形式

a）细丝小电流时　b）中等电流大电感时　c）中等电流小电感时
d）固体短路时　e）潜弧焊短路时　f）大电流焊接短路时

一滴的方式进行焊接。

脉冲电流焊可控制对母材的热输入和焊缝成形，以满足高质量焊接的要求。

2. 脉动送丝控制法

脉动送丝控制法是通过特殊的送丝机构，使送丝速度周期性变化以实现对熔滴过渡的控制。脉动送丝速度以正弦规律变化，以此决定了熔滴的形状和过渡的速度。最初熔滴的运动速度缓慢，其上作用着指向焊丝的惯性力，该力使熔滴变扁；当送丝速度达最大值后，送丝速度逐渐降低，而熔滴因受惯性力作用仍继续向前做加速运动，于是熔滴因拉长而形成缩颈，继而从焊丝上拉断，向熔池过渡。由于脉动送丝的惯性力促进熔滴过渡，因此脉动送丝焊接的最小电流将比电控脉冲焊的平均电流小10%~20%左右。

脉动送丝焊接在电弧电压较高时可实现无短路焊接；在电压较低时也可实现短路过渡，若焊接参数合适，则短路过程十分规则，飞溅小，焊接过程稳定。

这种焊接方法可用氩气或CO_2或混合气体进行保护，适用于薄板及全位置焊接。

3. 机械振动控制法

焊接参数和送丝速度都保持不变，只是机头（包括送丝机构）以一定的频率振动，使电弧长度按振动频率由零（短路）变化到某一长度，然后再变到零。通过焊丝端头与熔池的接触和拉开（即电弧的熄灭和点燃），将焊丝的熔化金属过渡到熔池，这实质上与短路过程相同，只是外加的机械振动使短路过渡过程更加稳定，而且可控。机械振动的频率大都采用100Hz，振幅可在0.5～3mm之间调节。

机械振动控制法主要用于磨损零件的修复堆焊，如各种轴、杆等。通常用CO_2作为保护气体。

4. 波形控制法

波形控制法是通过控制输出电流波形，在短路过渡时，使金属液桥在低的电流上升速度和低的短路峰值电流下爆断，以便控制熔滴过渡，减少飞溅，改善焊缝成形。

波形控制法已成功用于CO_2气体保护焊的表面张力过渡电源（Surface-Tension-Transfer Power Source，简称STT电源），此电源有效地控制短路时的熔滴过渡，电弧柔和，飞溅小，烟尘量少，电弧辐射低，焊缝成形好。

该新型电源是在焊接电弧理论指导下研制成功的，这使波形控制法发展到了一个崭新的阶段。STT电源焊接回路中的电感量很小，它是一种根据熔滴短路过渡理论，按照电弧瞬时需求来供给电弧能量的具有宽脉宽的高频脉冲电流控制的电弧焊机。采用了电流波形闭环自适应控制方法，能在数微秒内向电弧提供或改变电流，达到减少飞溅等目的。可以用于采用短路过渡的各种电弧焊接工艺，其中包括CO_2焊、Ar＋CO_2或Ar＋He等气体保护焊。

STT电源设有微处理控制器，操作者在电源面板上设置如送丝速度、焊丝参数和保护气体类型等，微处理控制器就会自动设置各时间段的电流值和电流的保持时间及其递增或衰减速度。操作者也可以从由计算机设置的值中增加或减少电弧能量，便可进行电弧热量控制。其焊接熔滴过渡和电弧电压、焊接电流的变化过程如图2-37所示。

1）基值电流阶段（T_0～T_1）：此时的电流是焊丝和熔池短路前的电流，其值为50～100A。它的重要功能：一是供给电弧足够的能量，保持焊丝端部熔球的流动性，并依靠表面张力，使熔滴的尺寸保持在1.2倍的焊丝直径；二是对焊件加热。基值电流不能超过120A，否则飞溅大大增加。

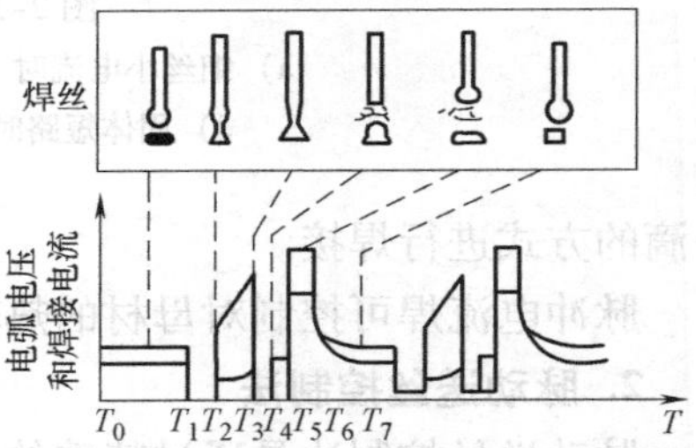
焊丝
电弧电压和焊接电流
T_0
$T_1 T_2 T_3 T_4 T_5 T_6 T_7$
T
图2-37　STT电源的焊接电流、电弧电压的变化过程

2）焊丝端部熔滴形成阶段（T_1～T_2）：焊丝端部的熔滴开始和熔池短路时，电弧电压探测器会提供一个电弧短路信号，此时基值电流就会在大约0.75ms时间内减小到10A，促进熔滴与熔池接触和浸润，形成熔化金属液桥，避免因电流过大产生爆断所导致的飞溅。

3）电磁收缩熔滴过渡阶段（T_2～T_3）：金属液桥形成之后，STT电源使电流以双斜率上升到一个较大的值，产生电磁收缩。电磁收缩力与电流平方成正比，此力作用在金属液桥上，使之产生缩颈，加速焊丝端金属液柱向焊接熔池过渡。

4）dV/dt计算（T_3～T_4）：在电磁收缩效应时段内，进行dV/dt计算。当计算出来的值达到特定的dV/dt值时，即表示焊丝端部金属液柱将要断开向熔池过渡，此时焊接电流在数微秒内降至50A。T_4表示这种断开已经发生，它是在小电流下进行的。

5）电弧等离子体扩展阶段（T_5～T_6）：熔滴向熔池过渡完成后，焊接电流增大，在ϕ1.2mm焊丝，送丝速度为5m/min的条件下，CO_2气体保护焊时，其焊接电流为450A；Ar 75%＋CO_2 25%（体积分数）混合气体保护焊时，其焊接电流为350A，保持时间为1～2ms。在此电流作用下，电弧重新引燃，电弧等离子体扩展，加热焊丝，使其端部残留的熔化金属迅速回缩，焊丝熔化。与此同时，在焊接熔池表面产生斑点压力，使刚刚过渡过去的液态金属与原有的熔池液态金属完全润湿，从而避免了飞溅。

6）电弧等离子体稳定阶段（$T_6 \sim T_7$）：当电弧等离子体扩展阶段结束时，稳定的电弧等离子体已经形成。在这段时间内，电弧电流从电弧等离子体扩展阶段的大电流，以等比级数降至基值电流，以抑制熔池搅拌，减少飞溅。

而且 STT 电源的微处理器能对焊丝伸出长度的变化进行判断和计算，消除由于伸出长度变化引起的 I^2R 电阻热变化对焊丝熔化及熔滴过渡产生不良影响。例如，在伸出长度变短、I^2R 电阻热变小时，STT 电源能使电弧等离子体扩展阶段时间增长，电弧能量增加，这样就保证了熔滴尺寸的均匀性，从而使得焊接电弧稳定，减少了飞溅。

焊接过程中不断地按上述过程循环，每一周期熔化等量的焊丝，熔滴过渡非常平稳，飞溅量小，烟尘量少，电弧辐射低，焊缝成形美观。

复习思考题

1. 气体保护焊焊丝伸出部分距导电处不同距离各点的电阻热受到哪些物理量及焊接因素的影响？其影响规律如何？
2. 熔化极电弧焊，焊丝（或焊芯）的电阻热对焊接起什么作用？在什么情况下是不利的？
3. 非熔化极电弧焊的电极（如钨电极）产生电阻热的规律是否与熔化极相同？其电阻热在焊接过程中起何作用？
4. 熔化极电弧焊焊丝作为阴极或阳极时，其熔化速度是否相同？为什么？
5. 什么是焊条（或焊丝）的熔化系数和熔敷系数？
6. 焊丝的熔化速度与熔敷速度有何差别？什么是熔敷效率？
7. 作用在熔滴上的有哪些力？根据它们各自的作用如何归纳分类？
8. 射滴过渡与射流过渡各有什么特点？在什么条件下才能形成射流过渡？
9. 分析电源极性对射流过渡的影响。
10. 亚射流过渡有什么特点？其过渡频率和熔滴尺寸与什么因素有关？
11. 分析形成短路过渡的条件与过渡过程。
12. 从短路过渡的稳定性考虑，对电源的动特性有哪些要求？
13. 影响短路过渡频率的因素有哪些？着重分析电弧电压的影响。
14. 控制熔滴过渡的方法有哪些？指出各种控制方法的基本原理、特点及应用条件。

第3章 焊接熔池及焊缝成形

3.1 焊接熔池

电弧焊过程中，在电弧热的作用下，被焊金属材料——母材接缝处发生局部熔化，这部分熔化的液体金属不断地同从焊丝过渡来的熔滴金属相混合，组成具有一定几何形状的液态金属，称为熔池。对于非熔化极电弧焊无填充金属时，熔池仅由局部熔化的母材金属组成。焊接电弧沿着焊件的接缝（习惯称为坡口）移动时，熔池也随之移动，同时熔池液态金属还在电弧力的作用下向电弧移动的后方排开。熔池在电弧力、液体金属自身重力和表面张力等共同作用下保持一定的液面形状（见图3-1）。

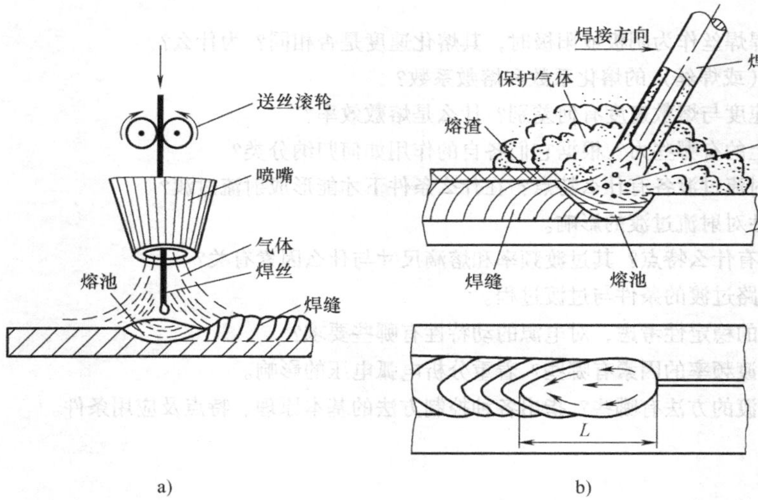

送丝滚轮
喷嘴
气体
焊丝
熔池
焊缝
焊接方向
焊条
保护气体
熔渣
熔滴
母材
焊缝
熔池
L
a)
b)

图3-1 电弧焊过程示意图

a）熔化极气体保护焊 b）焊条电弧焊

3.1.1 电弧对焊件的热输入和热效率

电弧对焊件的热输入仅占电弧总功率的一部分。热输入可用输入的电弧功率表示为

$$q_m = \eta_m q = \eta_m IU \tag{3-1}$$

式中 q_m——电弧对焊件的热输入，包括熔滴带到熔池中的热能（W）；

η_m——电弧加热焊件的热效率（%）；

q——电弧功率（W）；

I——焊接电流（A）；

U——电弧电压（V）。

由式（3-1）可得出电弧热效率的表达式

$$\eta_m = \frac{q_m}{q} = \frac{q - q_s}{q} \tag{3-2}$$

式中 q_s——电弧的热功率损失（W）。

电弧的（热）功率损失包括：

1）用于加热电极（钨极或碳极）、焊条头、焊钳或导电嘴等的损失。

2）用于加热或熔化焊条药皮或焊剂的损失（不包括熔渣传导给熔池的那部分功率）。

3）电弧向周围以辐射、对流、传导方式散失的（热）功率。

4）飞溅造成的（热）功率损失。

埋弧焊时电弧空间（弧腔）被液态渣膜所包围，电弧的辐射、气体的对流和金属的飞溅损失很少，因而埋弧焊的焊件输入电弧（热）效率最高。各种电弧焊方法的电弧热效率见表3-1。

表3-1 不同焊接方法的电弧热效率 η_m

焊接方法	厚药皮焊条电焊弧	埋弧焊	钨极氩弧焊		熔化极氩弧焊	
			直流	交流	钢	铝
η_m	0.77～0.87	0.77～0.99	0.78～0.85	0.68～0.85	0.66～0.69	0.76～0.85

不同焊接条件下的热损失是不同的，因而 η_m 值也不同。如深坡口窄间隙焊热效率比在平板上堆焊时高；电弧拉长时，辐射和对流的热损失增大，因而 η_m 减小。表3-2是钨极氩弧焊的 η_m 值与弧长的关系。表中的数据是在用水冷铜阳极的情况下测得的，η_m 值比焊接时的高。

表3-2 钨极氩弧焊的 η_m 值与弧长的关系（水冷铜阳极）

钨极氩弧焊（I=185A）	弧长/mm					
	1	2	3	4	5	6
电弧电压/V	9.3	10.8	12	13.2	14.1	15
电弧功率/W	1726	2006	2227	2449	2617	2784
热输入/W	1609	1797	1914	2090	2215	2320
热效率 η_m	0.93	0.9	0.87	0.85	0.85	0.83

电弧焊的 η_m、q_m 值是在实测的基础上计算求得，其数值的大小决定着熔池的几何尺寸和温度。

3.1.2 焊接熔池的温度分布

在电弧作用下，熔池中各部位的温度是不相同的，其温度分布情况如图3-2所示。在电弧作用中心的温度最高，远离电弧作用中心的温度逐渐变低。显然，熔池边缘处的温度等于母材的熔点。

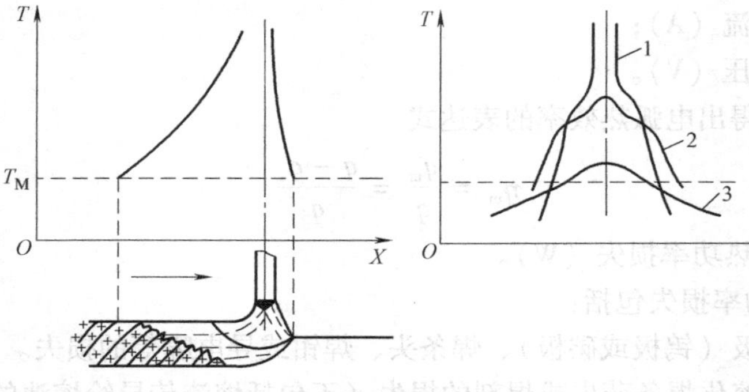
T
T_M
O
X
T
1
2
3
O
Y

图 3-2　熔池的温度分布

1—熔池中部　2—熔池前部　3—熔池尾部

沿熔池的纵向来看（见图 3-2），电弧作用中心的前方（熔池头部）的金属处于急剧升温并迅速熔化的阶段；电弧作用中心的后方（熔池尾部）金属已经开始降温，并进入结晶凝固阶段，热量向周围传导；正处在电弧作用中心下的金属则处于过热状态。也就是说，随着电弧的移动，熔池中同时存在着熔化过程（熔池头部）和结晶过程（熔池尾部）。不难看出，处在电弧移动轴线上的任何一点金属都经历着完全相同的温度循环，即经历着同样的加热、熔化、过热、冷却、结晶的循环过程。随着电弧的移动，液态金属不断更新，并进行热能交换和冶金反应。

为了便于表示焊接熔池的温度概况，忽略其分布不均匀性，而且用熔池平均温度表示。实测结果表明低碳钢的熔池平均温度在 1600 ~ 1900℃ 范围内。见表 3-3，熔池的平均温度与焊接参数之间看不出有多大联系，大约为 (1770 ± 100)℃。

表 3-3　焊接熔池的平均温度和质量

编号	焊接参数			熔池金属质量 /g	熔池平均温度 /℃
	焊接电流/A	电弧电压/V	焊接速度/(m/h)		
1	300	24	20	5.77	1710
2	300	29	20	6.58	1860
3	300	36	20	8.70	1840
4	500	26	24	21.60	1810
5	500	36	24	26.52	1770
6	500	49	24	31.00	1730
7	830	25	24	43.30	1730
8	820	29	24	68.80	1790
9	860	36	24	105.60	1705
10	830	42	24	86.85	1735

注：低碳钢，埋弧焊。

对于不同的金属材料，其熔池的平均温度是不相同的。曾测定高铬钢（Cr12WV）埋弧堆焊时熔池的平均温度为 (1560 ± 60)℃（焊接电流为 280 ~ 500A，电弧电压为 25 ~ 38V）。Cr12WV 钢的熔点比低碳钢的熔点大约低 220℃，与表 3-3 比较，其熔池平均温度大约是 (1550 ± 100)℃。因此，可以认为熔池的平均温度与母材的熔点有关，它随母材熔点的变化而相应变化。

至于熔池金属的过热程度，对于钢来说，要比它的熔点平均过热250℃左右。熔池的这种过热程度远不如熔滴的过热严重。

试验还确定，焊接各种钢材时，与熔池接触的焊接熔渣也被加热到很高的温度，平均可达1500～1600℃，而且焊接熔渣的熔点多为1000～1200℃，所以焊接熔渣也处于过热状态。

综上所述，可以得出这样的结论：焊接熔池、金属熔滴以及焊接熔渣的温度主要取决于它们自身材料的热物理性质，而与焊接参数关系不大，甚至可以认为无关。在用与母材相同成分的焊丝焊接低碳钢时，它们的平均温度大体是：

熔池为（1770±100）℃；

熔滴为（2300±200）℃；

熔渣为（1500±100）℃。

3.1.3　熔池的质量和存在时间

焊接熔池的质量和它在液体状态存在的时间，对于熔池中进行的冶金反应、结晶过程都有很大的影响，直接关系着焊接质量。

从表3-3看到，即便在大电流埋弧焊情况下，焊接熔池的金属质量也是较小的，大多在100g以下。焊条电弧焊时，熔池金属质量更小，通常在0.6～16g范围内，多数为5g以下。由此可知，焊接熔池的体积是不大的。试验证明，熔池金属的质量与焊接参数有关，焊接电流越大，熔池质量越大；电弧电压越高，熔池质量也越大；这种变化规律，如图3-3所示。

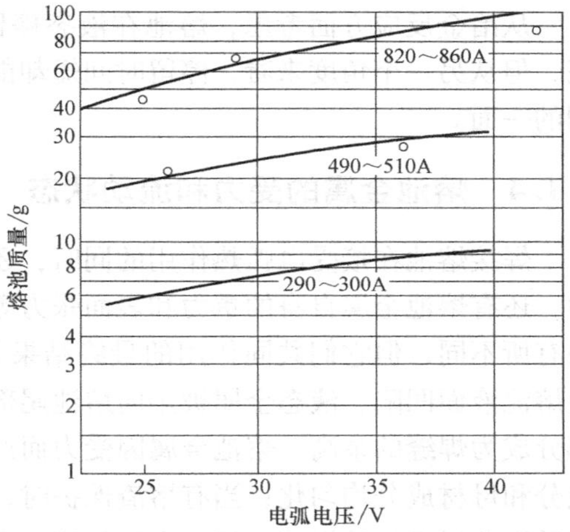

100
80
60
40
30
20
10
8
6
4
3
2
1
820～860A
490～510A
290～300A
熔池质量/g
25
30
35
40
电弧电压/V

图3-3　在低碳钢厚大焊件上堆焊时熔池的质量

熔池存在的时间与熔池金属的质量是相互关联的，熔池金属越多，即质量越大，则熔池存在时间越长，反之亦然。总的看来，焊接熔池的体积较小，所以它在液态下存在的时间是有限的。试验确定，各种钢在焊条电弧焊时，熔池存在时间多半小于10s，埋弧焊时，一般也不超过30s，（见表3-4）。

表3-4　焊条电弧焊和自动埋弧焊时熔池存在的时间

焊件厚度/mm	焊接方法	焊接参数			熔池存在时间/s
		电流/A	电弧电压/V	焊接速度/(m/h)	
5	埋弧焊	575	36	50	4.43
10		840	37	41	8.20
16				20	16.50
23		1100	38	18	25.10
—	焊条电弧焊	150～200	—	3	24.0
—			—	7	10.0
—			—	11	6.5

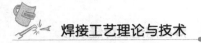

由表 3-4 还可以看出，熔池存在时间与焊接参数有关，它与焊接电流和电弧电压的大小成正比，而与焊接速度成反比，这种关系可用公式表示如下：

$$t = K\frac{UI}{v} \tag{3-3}$$

式中 t——熔池在液态存在的时间（s）；

I——焊接电流（A）；

U——电弧电压（V）；

v——焊接速度（cm/s）；

K——系数，主要与焊接材料的热物理性质有关。K 值可由试验确定，埋弧焊低碳钢时，$K = 2.8 \sim 3.6\text{mm/kVA}$，厚皮焊条电弧焊时，$K = 1.7 \sim 2.3\text{mm/kVA}$。

令 $q_i = \frac{UI}{v}$，表示焊接热源输入给单位长度焊缝上的能量（J/cm）叫做焊接热输入。可见，焊接电流越大，焊接热输入就越大，熔池存在时间就越长；焊接速度增大时，焊接热输入减小，熔池存在时间也就减少。由于电弧电压在数值上变化不会太大，所以它对于熔池存在时间的影响实际上不如焊接电流的影响显著。

从冶金反应方面考虑，熔池在液态停留时间短是一个不利因素，常使反应不能进行到底，但从另一个角度来看，停留时间短却能使焊缝的热影响区变窄，减少过热程度，这是有利的一面。

3.1.4 熔池金属的受力和流动状态

焊接熔池在接受电弧热作用的同时，还受到各种机械力的作用，其中有各种形式的电弧力，还有熔池金属自身的重力和表面张力等。尽管在不同焊接条件下各种力的作用方向及效果有所不同，但它们共同作用的最终结果是使熔池中液体金属处于运动状态（见图 3-4），使熔池液面凹陷、液态金属被排向熔池尾部，并且尾部的液面高出焊件表面。凝固后，高出部分成为焊缝的余高。熔池金属因受力而产生的流动起到搅拌作用，使过渡到熔池中的焊丝成分和母材成分均匀化；当有熔渣保护时，搅拌作用有利于熔池的冶金反应和渣的浮出，这有助于获得良好的焊缝。液态金属的流动还使得熔池内部进行热对流交换，可减少各部分金属之间的温差，这对于焊缝成形和焊接质量是有益的。

对熔池金属起明显作用的力主要是：

1. 电弧力

（1）电磁静压力　如前章所述，由于焊接电弧呈圆锥状而形成的电磁静压力始终指向熔池，使电弧正下方的液体金属发生流动，并向周围排开。

（2）电磁收缩力　当电流从电弧的阴极（或阳极）斑点通过熔池时，由于斑点面积较小，而熔池的导电面积大，这就造成了熔池中电流场的发散，熔池中斑点附近的电流密度大，离开斑点后电流密度减小（见图 3-5）。金属流体中这种电流密度的变化就造成了电磁收缩力和流体中压力差，使电弧斑点区熔池金属压力大于其他部分，结果引起熔池中液体金属沿着电流方向向下运动。这不仅加剧了熔池中凹坑的形成，而且还会形成熔池金属旋涡状运动。其状态如同水池底部放水孔放水时从表面看到的现象。在水银池中插入一根电极并通以电流，模拟试验证实了这种电磁力的存在及其对熔池的影响。

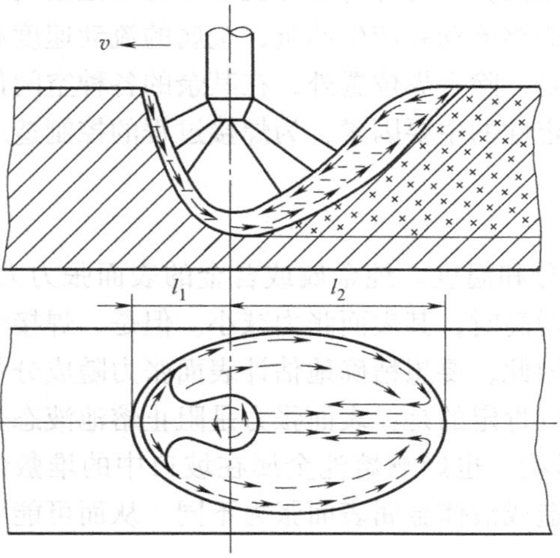
v
l_1
l_2

图3-4　熔池形状和熔池金属流动情况的示意图

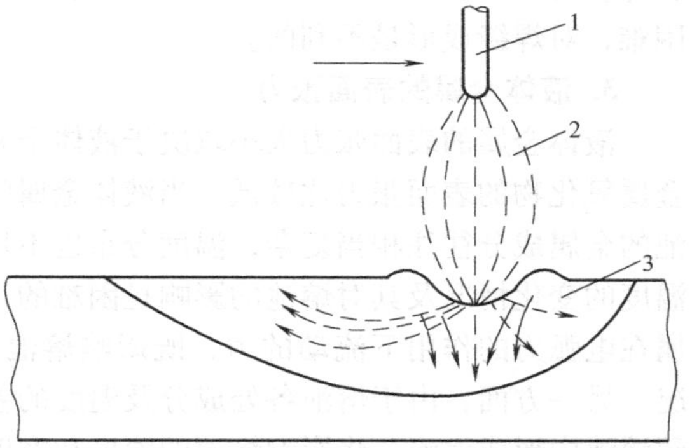
1
2
3

图3-5　熔池中的电磁收缩作用

1—电极　2—电弧　3—熔池

--→ 电流　—→ 金属流动

(3) 等离子流力　由高温等离子体高速流动而形成的动态电磁压力也使熔池金属流动，并且在电弧中心的正下方加剧凹坑的形成和深度的增大。

(4) 熔滴的冲击力　熔滴往往能够以较快的速度过渡到熔池中，其冲击力对熔池的作用是不可忽视的，特别是在熔化极氩弧焊射流过渡条件下，以高频率、高速度过渡的细小熔滴，沿电弧轴线集中而准确地冲击熔池，具有较大的动力，使得熔池金属凹陷、流动并形成指状熔深。熔滴冲击形成的凹穴深度见表3-5。

表3-5　熔滴冲击形成的凹穴深度（熔化极氩弧焊，钢焊丝1.2mm）

焊接电流/A	熔滴				凹穴深度①	
	质量/$\times10^{-6}$kg	半径/$\times10^{-3}$m	末速度/(m/s)	频率/(1/s)	最大值/$\times10^{-3}$m	有效值/$\times10^{-3}$m
100	82	1.48	0.43	11	0.6	0
150	43	1.19	0.76	74	2.5	0
200	6	0.62	1.58	320	3.1	2.6

① 表中最大值指熔滴冲击熔池时的深度；有效值指下一个熔滴到达前尚存在的凹穴深度。

上述各种电弧力的大小及其对熔池金属的作用程度，都与电流密度有关，电流密度越大则力的数值也越大，对熔池的作用也就越强烈。电弧焊时的气体吹力和带电粒子的撞击力对于熔池金属也具有一定的作用。

还应该指出，熔池金属的流动不仅仅是因为受到力的作用，由于熔池的温度分布不均匀而造成的液态金属的密度差，也会引起液态金属的自由对流运动。温度高的地方金属密度小，温度低的地方金属密度大，这种密度差促使液态金属从低温区向高温区流动。

2. 液体金属的重力

液体金属的重力大小正比于熔池体积，亦即与焊接热输入成正比。其作用力方向和作用性质与焊接位置有关，平焊位置时与电弧力的方向相同，此时可将重力视作保持熔池金属平稳的惯性力，只有当电弧力克服其惯性时，金属才能够流动并产生凹坑，金属的流动速度和凹坑的几何尺寸取决于电弧力的强弱。值得注意的是，除平焊位置外，在其余的各种空间位置焊接时，金属重力的作用方向往往是破坏熔池稳定性的主要因素，为焊接过程的控制造成困难，对焊缝成形是不利的。

3. 液体金属的表面张力

液体金属的表面张力大小取决于液体金属的成分和温度。纯金属或合金的表面张力大，金属氧化物的表面张力比较低。当液体金属的温度增高时，其表面张力减小。但是，焊接熔池的金属成分往往相当复杂，温度分布也不均匀，因此，要想精确地估计表面张力随成分及温度的变化情况及其对熔池的影响是困难的。但可以肯定的是：表面张力是阻止熔池液态金属在电弧力的作用下流动的力，既影响熔池表面形状，也影响熔池金属在坡口中的堆敷情况。另一方面，由于熔池各处成分及温度的差别而造成液体金属表面张力不同，从而可能导致熔池内形成涡流，将影响熔池的深度和宽度。

3.2 熔池金属的结晶和焊缝成形

3.2.1 熔池金属的结晶过程及特点

随着电弧的移动，在焊接熔池不断形成又不断结晶的过程中，就形成了连续的焊缝。

图3-6a所示为沿焊缝纵向剖面示意图，母材金属的熔化从熔池头部的 b 点开始，大致在 a 结束，则金属的凝固将从 a 开始，在熔池尾部 c 结束。熔化金属在熔池内是以同焊接方向相反的方向移动，在运动状态中进行结晶的。这是熔池金属结晶的第一个特点。

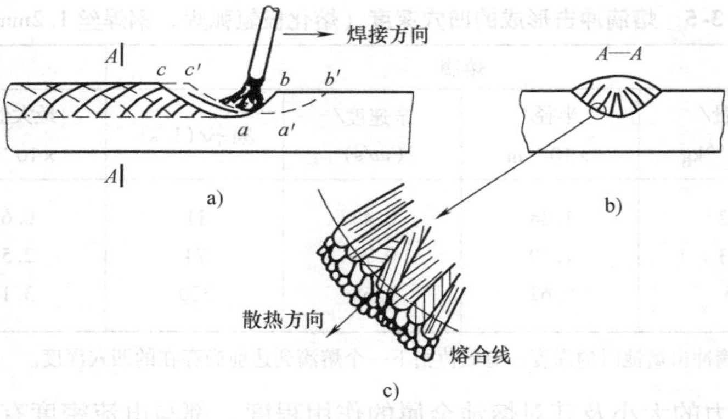
焊接方向
A
c
c′
b
b′
a
a′
A
a)
A—A
b)
散热方向
熔合线
c)

图3-6　熔池金属的结晶过程示意图

a）焊缝及熔池的纵剖面　b）焊缝横断面　c）熔合线附近的结晶

熔池金属结晶的第二个特点是，焊接熔池存在着现成的结晶核心，这就是熔合区附近母材的晶粒表面，以此为基础成长为粒状晶体。因为焊缝金属同母材金属是以晶体长合在一起的，所以把这种结晶叫做联生结晶，如图3-6c所示。由于散热随熔合线的方向不断改变，所以成长的柱状晶体都是从熔合线向熔池中上部发展（见图3-6b）。

纯金属的熔点高，伴随着温度的降低，总是先结晶出来，而杂质的熔点较低，总是在最后结晶，所以在焊缝金属中常常发现“枝晶偏析”的现象，特别是焊缝中上部的枝晶晶界容易出现杂质的偏析。因为是联生结晶，焊缝金属在结晶过程中，正在结晶成长的任一晶体都受到母材和相邻晶体的牵制，在冷却结晶过程中不能自由收缩。也就是说，焊缝金属在结晶过程中总是或大或小要受到拉应力的作用。这样一来，沿杂质偏析较严重的晶界部位就可能因为抵抗不了拉应力的作用而在结晶过程后期发生开裂，就是焊接热裂纹。

晶体的粗细，对金属的性能影响很大。焊缝金属因处于过热状态下，常易成为粗大的树枝状晶体，有损于力学性能，特别不利于低温性能，同时也易促使产生焊接裂纹。所以，如何使焊缝金属的晶粒细化，常常成为提高焊缝性能的重要课题之一。

在一定的化学成分条件下，冷却速度对焊缝金属的结晶组织影响很大，从而对其力学性能也产生很大的影响。通过焊接条件来改变金属结晶的冷却条件，既可改变晶粒的尺寸，又可改变晶粒的形态。这不但可能控制焊缝的热裂倾向，同时对焊缝的力学性能也有相当大的影响。即使在低碳钢焊接时，冷却速度越大，焊缝金属组织中的珠光体也越细小（就是铁素体和渗碳体的尺寸细小），并且珠光体数量也越多，这时的珠光体已不是标准的层片状，而是点状或细条状。表现在性能上是硬度、强度增高而塑性、韧性下降，见图3-7和表3-6。

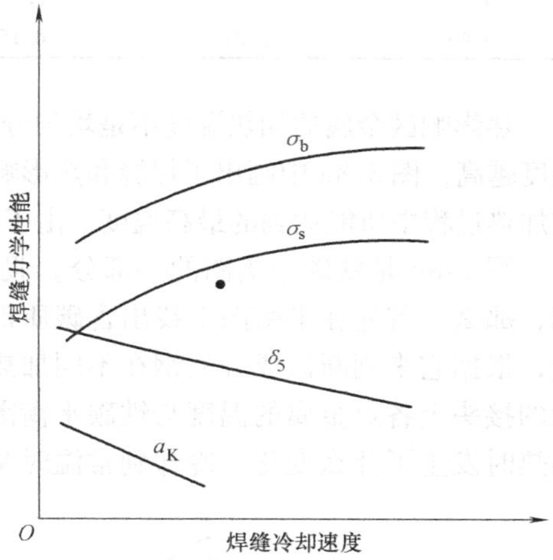

σ_b
σ_s
δ_5
a_K
焊缝力学性能
O
焊缝冷却速度

图3-7 冷却速度对焊缝力学性能的影响

表3-6 冷却速度对焊缝金属组织的组成及硬度的影响

冷却速度/(℃/s)	焊接组织的组成（%）		焊缝及珠光体的含碳量（%）		焊缝硬度HRB
	铁素体	珠光体	焊缝总碳量（化学分析）	珠光体中碳量（计算）	
1	82	18	0.15	0.82	83
5	79	21	0.13	0.47	83
10	65	35	0.14	0.33	88
35	61	39	0.13	0.27	90
50	40	60	0.14	0.21	91
60	49	51	0.13	0.22	93
110	38	62	0.13	0.18	96

注：低碳钢埋弧焊，板厚为10～30mm。

低碳钢或低合金钢焊接时，通过金相分析在晶粒粗大的焊缝金属中有时可以看到魏氏体组织，其特征是：铁素体成网状析出的同时，并以长短不一的片状或针状穿入珠光体晶粒中。魏氏体组织的产生，主要是由于焊缝金属严重过热所致。一旦出现魏氏体组织，对冲击韧度影响很大，见表3-7。由表3-7可以看出，对于魏氏体组织，只有再进行奥氏体化的热处理（退火或正火）后，才可改善其性能。为了保证焊缝金属性能，除了控制焊缝的化学成分外，必须严格控制焊接条件，对于冷却速度的影响要给予充分的注意，特别要防止产生过热的魏氏体组织。

表 3-7 魏氏体组织对焊缝冲击韧度的影响

化学成分（质量分数,%）			冲击韧度/(J/cm²)		
C	Mn	Si	焊态（魏氏组织）	回火后	85℃退火
0.10	0.32	—	32	64	178
0.37	0.74	0.36	23.5	60	152
0.46	0.87	0.15	28	52	146

热影响区金属的加热温度不是均匀分布的，在整个热影响区宽度中，越是靠近焊缝，加热温度越高，图 3-8a 中画出了焊缝和热影响区金属的温度分布曲线，它表示接头上各点的金属在加热过程中所能达到的最高温度。由于各处温度分布不同，造成各处金属冷却后组织不同。

图 3-8b 是铁碳平衡图的一部分。假定这里研究的焊件是含碳质量分数为 0.2% 的低碳钢，那么，首先在平衡图上找出含碳质量分数为 0.2% 的钢的位置，然后在上面画一条垂直线，根据它来判断该成分的钢在不同加热温度时所具有的组织状态。我们再把图 3-9a 中所示的接头上各点金属的温度与铁碳平衡图对照起来，就可知道接头上每一位置的金属在焊接加热时发生了什么变化，冷却到常温时又该得到什么组织。

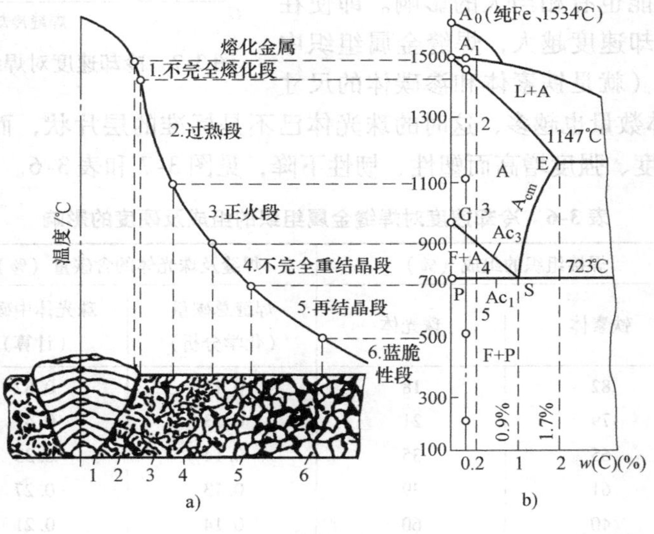
熔化金属
1.不完全熔化段
2.过热段
3.正火段
4.不完全重结晶段
5.再结晶段
6.蓝脆性段
温度/℃
1 2 3 4 5 6
a)
A₀(纯Fe、1534℃)
A₁
1500
1300
1100
900
700
500
300
100
L+A
1147℃
A
E
Acm
G
Ac₃
F+A
723℃
P
S
Ac₁
F+P
0.9%
1.7%
0.2 1 2 w(C)(%)
b)

图 3-8 低碳钢热影响区的分段

a）温度分布曲线 b）铁碳平衡图

L—液相 A—奥氏体 F—铁素体 P—珠光体

根据上述方法，可以把热影响区分成下列几段：不完全熔化段、过热段、正火段、不完全重结晶段、再结晶段、蓝脆性段。

1. 不完全熔化段

这是很窄的一段，是最靠近焊缝的基本金属，加热温度处于液相线和固相线之间的温度范围，通常说的熔合线基本上就是指这里。在焊接过程中，这里只有部分金属被熔化，所以称为不完全熔化段。这一段正处在熔池的液体金属和未熔化的基本金属之间，在焊接过程中，液体金属与基本金属之间的化学成分互相扩散，所以这一段金属的成分既不同于基本金属，也不同于焊缝金属，因此又叫“过渡段”。当焊缝金属成分有明显的差别时（例如用低碳钢焊条焊接铸铁），则过渡段上的化学成分和焊缝、基本金属都有显著的差异，而且往往是产生焊接裂缝的危险区。

2. 过热段

焊接时被加热到1100℃至固相线的温度区间内的金属称为过热段。这部分金属由于加热温度高，大大超过了相变温度。所以当铁素体和珠光体转变为奥氏体后，晶粒剧烈长大，冷却后成为晶粒粗大的过热组织。在1100℃以上停留的时间越长，则晶粒越粗大。过热段金属的冲击韧性比基本金属低，因此为了保证焊接接头的质量，焊接时宜采用合理的焊接参数，适当地提高冷却速度，减少在高温停留的时间，从而减少过热段的宽度。

3. 正火段

金属被加热到稍高于A_3的温度，然后在空气中自然冷却，就会使金属的晶粒细化，这就是正火处理。焊接时，热影响区的正火段是被加热到1100℃以下，A_3以上的区间，冷却后得到的铁素体和珠光体组织比母材细，其力学性能略高于母材。

金属由高温冷却下来，奥氏体晶粒分解为铁素体加珠光体晶粒，这个过程叫做重结晶。过热段和正火段冷却后都发生重结晶，两段的区别只是晶粒粗细不同。

4. 不完全重结晶段（又称部分重结晶段）

这段金属被加热到A_1和A_3之间的温度范围。该段金属的珠光体在加热时全部变成了奥氏体，而铁素体只有一部分变成了奥氏体。温度越高，转变成奥氏体的量就越多。在冷却过程中，那些奥氏体晶粒又发生了重结晶过程，所得到的铁素体和珠光体晶粒都是细小晶粒，它们与原有的粗大晶粒混杂在一起，这就是这一段在显微组织上的特点。本段金属性能与母材没有显著的差别。

5. 再结晶段

这段金属被加热到450℃至A_1的温度区间，未发生向奥氏体的转变。对于经过冷塑性变形（例如冷轧、冷冲压、冷成形）的基本金属，由于冷塑性变形而破碎了的晶粒发生了再结晶，晶粒又重新长大，使金属的塑性稍有改善。如果基本金属未经过冷塑性变形，则焊后这段金属不发生任何变化。

6. 蓝脆性段

焊接时，本段金属加热到200～500℃之间，显微组织看不出什么变化，但对某些低碳钢（$O_2>0.005\%$，质量分数；$N_2>0.005\%$，质量分数；$H_2>0.0005\%$，质量分数）来说，这一段金属的强度略高，塑性急剧下降，这可能是因为从固熔体中析出了超显微的氧化物、氮化物颗粒，分布在晶间所带来的影响。

以上这六段中，对于低碳钢来说，在显微镜下实际观察时，一般只能看到过热段、正火段、不完全重结晶段。其中对接头性能影响最大的是过热段。

由此可见，对低碳钢焊接接头而言，整个热影响区中除正火段外，其余各段，特别是过热段，对焊接接头的性能都有不良影响。因此在确定焊接参数时，就不能只局限于焊缝，而是要从全局出发，注意热影响区各段金属可能产生的组织变化和由它所引起的性能改变。

上述主要是以低碳钢的焊接接头为例，根据合金状态图和焊件上最高温度分布曲线来分析热影响区的组织变化。这种分析方法有很大的实用意义。在焊接其他金属材料时，热影响区虽然不一定也分成以上六个部分，金属组织变化也可能有所不同，但是，这种分析方法，原则上是可行的。

热影响区宽度的大小，对于间接判断焊接接头的质量有很大的意义。除了由于组织变化而引起的性能差别外，还在焊接接头中产生应力与变形。一般来说，热影响区越窄，则焊接接头中内应力越大，越容易出现裂缝；热影响区越宽，则变形较大。因此在工艺上，应在焊接接头中内应力尚不足以促使产生裂缝的条件下，尽量减少热影响区的宽度，这对整个焊接接头的性能是有利的。

由于热影响区宽度的大小取决于焊件的最高温度分布情况。因此，焊接参数、焊件大小和厚薄、金属材料热物理性质和接头形式对热影响区的宽度都有不同程度的影响。焊接方法对热影响区宽度的影响也很大，不同焊接方法的热影响区宽度一般见表 3-8。

表 3-8　各种焊接方法的热影响区尺寸

焊接方法	各段平均尺寸/mm			总宽度/mm
	过热段	正火段	不完全重结晶段	
焊条电弧焊	2.2	1.6	2.2	6.0
埋弧焊	0.8 ~ 1.2	0.8 ~ 1.7	0.7	2.5
电渣焊	18.0	5.0	2.0	25.0
气　焊	21.0	4.0	2.0	27.0

3.2.2　焊缝的几何参数

焊缝的几何尺寸主要是熔深、焊缝宽度和余高，它们直接影响到焊缝质量。焊接接头的形式很多，这里仅以单道焊的对接接头和角接接头为例，来表明焊缝的主要几何参数及其意义，图 3-9 所示为对接接头和角接接头的尺寸。

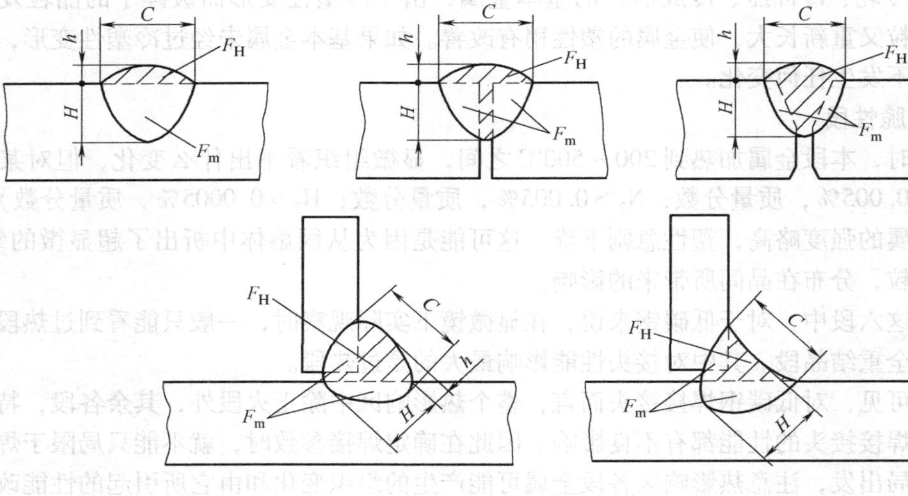
C
h
H
F_H
F_m

图 3-9　对接接头和角接接头的尺寸

焊缝的熔深 H，也是母材熔化的深度，它不但标志电弧穿透能力的大小，而且影响到焊缝的承载能力。焊缝宽度 C 是焊缝表面两焊趾之间的距离。通常将焊缝宽度 C 与熔深 H 之比叫做焊缝的成形系数 φ，即 $\varphi = C/H$。φ 的大小会影响到熔池中气体逸出的难易、熔池的结晶方向、焊缝中成分偏析的程度等，从而影响到焊缝产生气孔和裂纹的敏感性。因此，φ 值应受熔池合理冶金条件的制约，如埋弧焊焊缝的 φ 值一般要求大于1.25，堆焊时要求熔深浅、焊缝宽度大，从而保证堆焊层的成分和较高的堆焊生产率，为此，堆焊时 φ 值可高达10左右。

焊缝的另一个尺寸是余高。余高（h）可避免熔池金属凝固收缩时形成缺陷，也可增大焊缝截面提高承受静载荷能力。但余高过大将引起应力集中或疲劳寿命的下降，因此要限制余高的尺寸。通常，对接接头的 $h = 0 \sim 3$mm 或者余高系数大于4~8。当焊件的疲劳寿命是主要问题时，焊后应将余高去除。理想的角焊缝表面最好是凹形的（见图3-10），可在焊后除去余高，磨成凹形。

焊缝的另一个重要参数是焊缝的熔合比 γ，γ 是熔化的母材部分在焊缝金属中所占的比例，用焊缝中截面积的比例表示

$$\gamma = \frac{F_m}{F_m + F_H} \tag{3-4}$$

式中　F_m——母材金属在焊缝横截面中所占的面积（mm^2）；

F_H——填充金属在焊缝横截面中所占的面积（mm^2）。

熔合比的大小受焊接方法、接头形式和焊接参数等条件的影响（见表3-9）。

表3-9　焊接工艺条件对熔合比的影响

焊接方法	焊条电弧焊								埋弧焊
接头形式	I形坡口对接		Y形坡口对接			角接或搭接		堆焊	对接
板厚/mm	2~4	10	4	6	10~20	2~4	5~20	—	10~30
熔合比 γ	0.4~0.5	0.5~0.6	0.25~0.5	0.2~0.4	0.2~0.3	0.3~0.4	0.2~0.3	0.1~0.4	0.45~0.75
γ 平均值范围	0.3~0.5								0.6~0.7

暂且不考虑焊接冶金反应的影响，则焊缝成分取决于焊条（或焊丝）和母材金属在焊缝中所占的份额，即取决于焊缝的熔合比。因此，在焊接材料已确定的情况下，可以通过改变熔合比来调整焊缝成分，从而改善焊缝的组织和性能。这对于高合金层堆焊和异种钢的焊接具有明显的效果和意义。

表3-10是采用H10MnSi焊丝对低碳钢进行 CO_2 气体保护焊，γ 值不同时，焊缝中C、Mn、Si三种元素的含量。由计算浓度可以看出，增大 γ 值，则焊缝中Mn、Si含量减少，而含C量增加，这是由于母材金属在焊缝中所占比例增加的缘故。表中的“计算浓度”[Me]，是指在不考虑焊接过程中冶金反应时的各元素理论计算浓度，也称为原始浓度。焊缝中各元素的实际浓度是指实际测得的浓度。不难看出，实际浓度明显低于计算浓度，这是由于焊接过程中冶金反应是不可能避开的缘故。

表3-10　熔合比对焊缝成分的影响（CO_2 气体保护焊，焊丝：H10MnSi）

主要成分（%）	C	Mn	Si
焊丝	0.15	0.82	0.62
母材	0.19	0.53	0.24

（续）

主要成分（%）		C	Mn	Si
焊缝“计算浓度”［Me］	$\gamma=0.5$	0.17	0.67	0.43
	$\gamma=0.25$	0.16	0.75	0.53
焊缝实际浓度［Me］	$\gamma=0.5$	0.12	0.37	0.16
	$\gamma=0.25$	0.09	0.31	0.15

3.2.3　焊接参数和工艺因素对焊缝尺寸的影响

影响焊缝尺寸的因素很多，关系也较复杂，现以埋弧焊为例，通过试验找出各种因素对焊缝尺寸影响的规律。

1. 能量参数的影响

焊接电流、电弧电压和焊接速度是决定焊缝尺寸的主要能量参数。

（1）焊接电流　其他条件不变，当焊接电流增大时，焊缝的熔深 H 明显增大，余高 h 也增大，而熔宽 c 基本不变（或略为增大），熔合比 γ 略有增大（见图3-10）。这是因为：

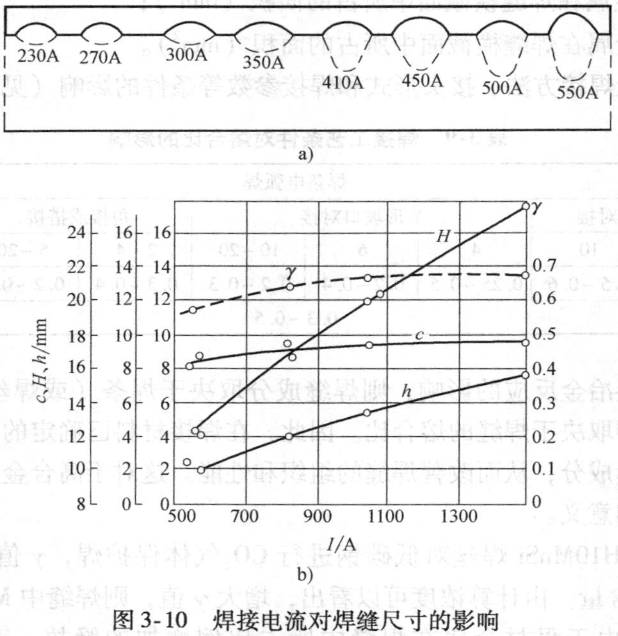
230A
270A
300A
350A
410A
450A
500A
550A
a)
c,H,h/mm
I/A
500
700
900
1100
1300
H
γ
c
h
b)

图3-10　焊接电流对焊缝尺寸的影响

a）焊缝断面形状　b）影响规律

1）焊接电流增大，则焊件上的电弧热输入和电弧力均增大，热源作用位置下移，熔深增大。

熔深 H 与焊接电流 I 近于成正比关系，即

$$H=K_{m}I \tag{3-5}$$

熔深系数 K_m 与电弧焊的方法、焊丝直径、焊接速度、电流种类等有关（见表3-11）。

2）焊接电流增大，则焊丝熔化量增多，但由于熔宽近于不变，所以焊缝余高增大。

3）焊接电流增大，则弧柱直径也增大，但由于电弧力增强而使得电弧潜入熔池的深度增加，电弧斑点移动范围受到限制，因而熔宽近于不变。焊缝成形系数（$\varphi = c/H$）由于H增大而减小，熔合比有所增大。

表3-11 不同电弧焊方法及不同焊接参数焊接时的熔深系数K_m值

电弧焊方法	电极直径/mm	焊接电流/A	电弧电压/V	焊接速度/(m/h)	熔深系数 K_m/(mm/100A)
埋弧焊	2	200~700	32~40	15~100	1.0~1.7
	5	450~1200	34~44	30~60	0.7~1.3
钨极氩弧焊	8.2	100~350	10~16	6~18	0.8~1.8
熔化极氩弧焊	1.2~2.4	210~550	24~42	40~120	1.5~1.8
CO_2 电弧焊	2~4	500~900	35~45	40~80	1.1~1.6
	0.8~1.6	70~300	16~23	30~150	0.8~1.2
等离子弧焊	1.6（喷嘴孔径）	50~100	20~26	10~60	1.2~2.0
	3.4（喷嘴孔径）	220~300	28~36	18~30	1.5~2.4

(2) 电弧电压　电弧电压增大，则电弧功率增加，焊件热输入有所增大；但同时弧长拉长，电弧在焊件上的笼罩半径增大，从而熔宽增加而熔深略有减小，φ值增加，余高减小。总的看来，母材的熔化量有所增加，因此熔合比γ也有所增大（见图3-11）。

各种电弧焊方法，由于焊接材料及电弧介质不同，它们的电弧电压及电弧特性不同；焊接电源的外特性也不相同，因此电弧电压的选用范围也不一样。为了得到合适的焊缝成形，通常在增大电流时，也要适当地提高电弧电压，即电弧电压要根据焊接电流来确定。

(3) 焊接速度　提高焊接速度，则焊接热输入（q/v）减小，熔宽和熔深明显减小，余高也减小，熔合比近于不变（见图3-12）。

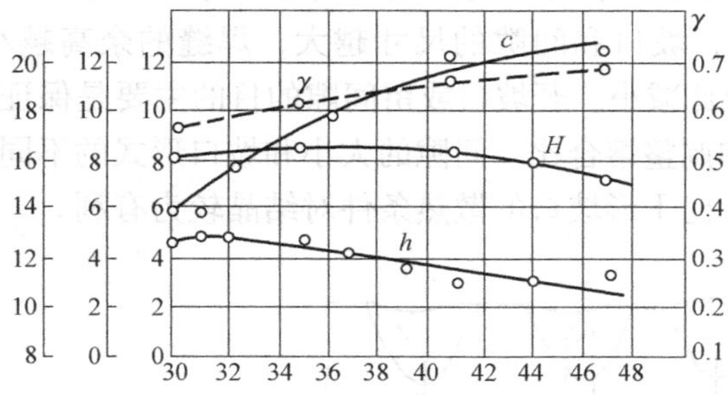
c
γ
H
h
c、H、h/mm
γ
U/V
30
32
34
36
38
40
42
44
46
48

图3-11　电弧电压对焊缝尺寸的影响

（交流埋弧焊，800A，焊丝直径5mm，焊接速度40m/h）

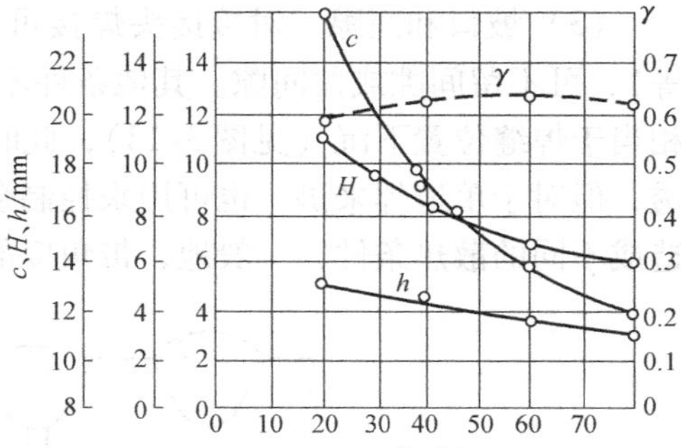
c
γ
H
h
c、H、h/mm
γ
v/(m/h)
0
10
20
30
40
50
60
70

图3-12　焊接速度对焊缝尺寸的影响

（交流埋弧焊，800A，36~38V，焊丝直径5mm）

焊接速度的大小是焊接生产率高低的重要标志之一。在保证焊接所必要的热输入和给定的焊缝尺寸的前提下要提高焊接速度，则要同时提高焊接电流和电弧电压，这三个参量是相互联系的，需进行优化匹配。

2. 电流种类以及极性的影响

电流种类（直流或交流）和直流时的极性（正接或反接）不同时，熔池处于电弧的阳极或阴极，或处于交变的极性，熔池温度及熔池受力都有明显差别，因此对焊缝成形也有明显的影响，而且这种影响还与电弧焊方法、电弧介质有密切关系。

1）钨极氩弧焊时，直流正极性的熔深最大，直流负极性时熔深最小，交流介于两者之间。

2）熔化极气体保护焊，目前主要采用直流负极性进行焊接，而直流正极性和交流电弧焊接时，效果都不理想。直流负极性时，熔深大，这与正离子冲击熔池有关。

3）焊条电弧焊和埋弧焊，这两种焊接方法中电流种类和极性对焊缝成形的影响，分别与焊条药皮、焊剂的酸碱性有关，下文将专题讨论。

3. 其他工艺因素的影响

其他工艺因素是指焊丝直径和伸出长度、钨极端部形状、坡口和间隙、电极倾角、焊件倾角等。

（1）焊丝直径和伸出长度　熔化极电弧焊时，如果电流不变，焊丝直径变细，则焊丝上的电流密度变大，焊件表面电弧斑点移动范围减小，加热集中，因此熔深增大，熔宽减小，余高也增大。

焊丝伸出长度加大时，电阻热增大，焊丝熔化量增多，则焊缝余高增大，熔深略有减小，熔合比也减小。焊丝材质的电阻率越高、焊丝越细、伸出长度越大时，影响也越大。所以，可利用加大焊丝伸出长度来提高焊丝金属的熔敷效率。但为了保证得到所需焊缝尺寸，在用细焊丝，尤其是不锈钢焊丝（电阻率高）焊接时，必须严格限制焊丝伸出长度的允许变化范围。

（2）钨极端部形状　钨极氩弧焊时，钨电极端部的尖角（θ）越小，则电弧越集中，电弧压力也越大，因此熔深也增大。但θ值过小会使电极端部很快烧损，影响焊接工作顺利进行。通常采用$\theta = 30° \sim 60°$。

（3）坡口和间隙　对接接头焊接可根据板厚开不同形式的坡口（如Ⅰ形、V形、Y形等），可不留间隙或留间隙。其他条件不变时，坡口和间隙的尺寸越大，焊缝的余高越小，相当于焊缝位置下沉（见图3-13），此时熔合比减小。开坡口或留间隙的目的主要是保证焊透，但对于单道焊来讲，也可用来控制余高和调整熔合比。间隙的大小和坡口形式的不同会造成不同的散热条件，一般地，带角度的坡口比Ⅰ形坡口的散热条件对结晶较为有利。

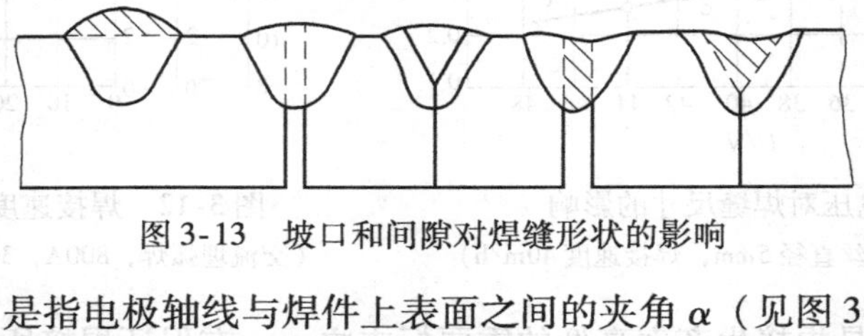

图3-13　坡口和间隙对焊缝形状的影响

（4）电极倾角　是指电极轴线与焊件上表面之间的夹角α（见图3-14）。电极倾斜（即$\alpha \neq 90°$）时，不论前倾或后倾，电弧力对熔池金属的作用方向也随之倾斜，熔池金属的流动状态以及母材的受热状态都将受到一定影响，熔池的几何尺寸也随之发生变化，但前倾和后倾的影响结果是不同的。图3-14b是前倾焊，电极指向未焊方向，电弧力使熔池金属向后排出的作用减弱，熔池底部的液体金属层变厚，阻碍着电弧对熔池底部母材的加热，因此熔深变小，但电弧却对熔池前方未熔化的母材预热作用加强，因此熔宽增加、余高减小，而且前倾角 α 越小，这一影响越明显（见图3-14c）。前倾焊适用于薄焊件的焊接。图3-14a是后倾焊，电极指向已焊方向，电弧力使熔池金属向后排开而底层液体金属变少，焊接结果与前倾焊大不相同。后倾焊的结果是熔深较深、余高较大、熔宽减小。后倾焊是手工操作的电弧焊通常采用的焊接方式，倾角 α 以自然保持60°~75°为宜。

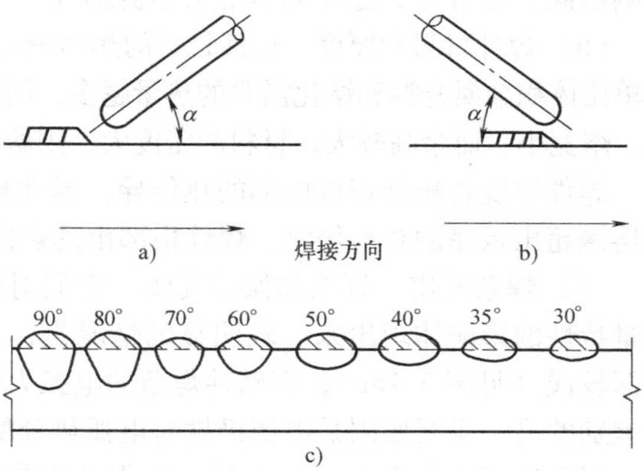
α
α
a)
焊接方向
b)
90°
80°
70°
60°
50°
40°
35°
30°
c)

图3-14　电极倾角对焊缝尺寸的影响
a）后倾焊　b）前倾焊　c）前倾角的影响

（5）焊件倾角和焊缝的空间位置　焊接倾斜的焊件时，熔池金属在重力作用下有沿斜坡下移的倾向，焊缝成形会因焊接方向不同而有明显不同。上坡焊时（见图3-15a），重力有助于熔池金属排向熔池尾部，电弧能够深入加热熔池底部的金属，因而熔深大、余高也大；同时，熔池前部加热作用减弱，电弧斑点飘动范围减小，所以熔宽减小。上坡角度 α 越大，影响也就越明显。当 $\alpha=6°\sim12°$ 时，焊缝就会因余高过大而出现咬边（见图3-15b），因此埋弧焊与熔化极氩弧焊时，尽量避免采用上坡焊方法。

下坡焊的情况（见图3-15c）与上述相反，液体金属靠重力流动到熔池底部，电弧作用深度变浅，所以熔深和余高变小，而熔宽有所增大。实践表明，下坡焊时焊件倾角 α 一般小于6°，最大不超过8°，可使焊缝表面成形得到改善，但如果倾角太大，则会导致未焊透和焊缝流溢等缺陷（见图3-15d）。

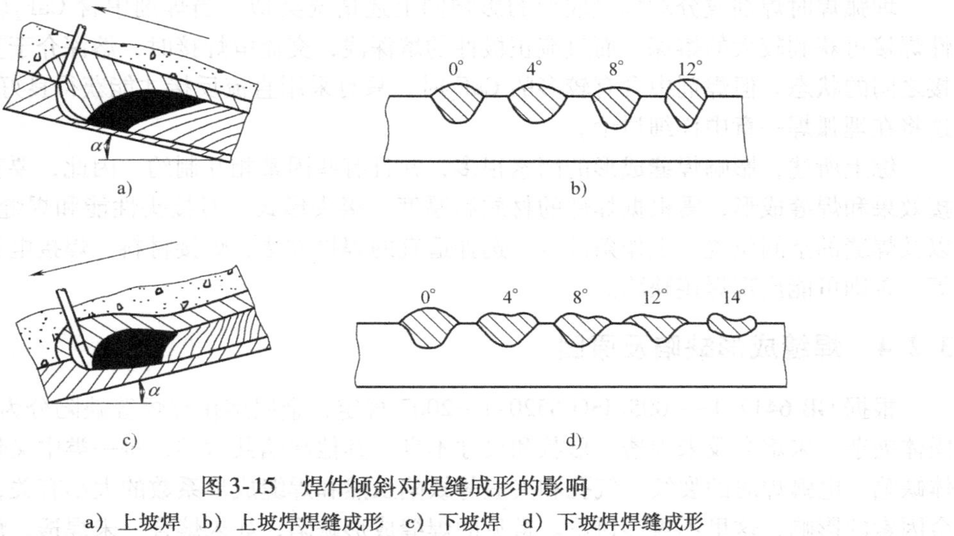
α
a)
0°
4°
8°
12°
b)
α
c)
0°
4°
8°
12°
14°
d)

图3-15　焊件倾斜对焊缝成形的影响
a）上坡焊　b）上坡焊焊缝成形　c）下坡焊　d）下坡焊焊缝成形

金属结构上的焊缝往往分布在不同的空间位置。在不同位置施焊时，重力对熔池金属的影响不同，常常对焊缝的成形带来不良影响，需要采取措施来削弱。

(6) 焊件材料和厚度　焊件材料的热物理性能对焊缝成形的影响是，材料的比热容越大，则单位体积金属升温和熔化需要的热量越多，因此，熔深和熔宽都小；材料的热导率大，则熔深、熔宽小，而余高较大；材料的密度大，则熔池金属的排出、流动困难，熔深减小。

焊件厚度影响到焊件内部的热传导，焊件越厚，则散失的热量越多，熔深和熔宽都小。当熔深超出板厚的0.6倍时，焊缝根部出现热饱和现象而使熔深增大。

(7) 焊条药皮、焊剂和保护气体　它们对焊缝成形的影响主要是通过电弧介质对电弧能量特性的影响体现出来。较明显的情况是，含 TiO_2 较多的酸性焊条，电弧力较弱，所以熔深较浅（见图3-16a），而碱性焊条的电弧力较强，所以熔深较大（见图3-16b）。形成这种差别的另一重要原因是电源极性对电弧热分配的影响，从而影响到焊缝成形。突出的表现是，当采用药皮中含 CaF_2 较多的碱性焊条焊接时，直流反接比正接时熔深明显增大，其原因正如本章第一节所述，主要是电弧中较多的负离子（F^-）在阴极附近产生，导致了阴极析热多，再加上正离子的冲击力在反接时又恰恰击向熔池，有助于液体金属凹陷和向后流动，为电弧潜入熔池底部提供了方便，所以熔深大。

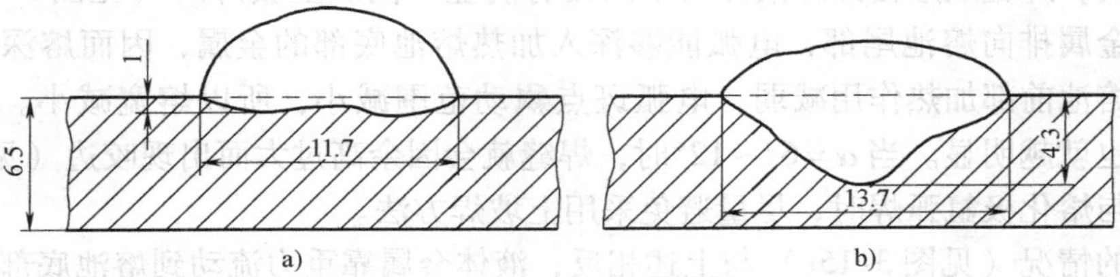
1
6.5
11.7
a)
4.3
13.7
b)

图3-16　焊条药皮性质对焊缝成形的影响

a) 酸性药皮（含 TiO_2）　b) 碱性药皮（含 CaF_2、$CaCO_3$）

（焊芯：0Cr18Ni9Ti，直流反接）

埋弧焊时焊剂成分对焊缝成形的影响同上述情况类似。当焊剂中含 CaF_2 较多时，负极性焊接可获利较大的熔深，而直流正极性的熔深浅；交流电焊接时，熔深介于直流反接与正接之间的状态。但焊剂中含有较多的 CaF_2 时，只有采用直流反接才能获得良好的焊接效果，这将在埋弧焊一章中详细讨论。

综上所述，影响焊缝成形的因素很多，并且有些因素相互制约，因此，要获得良好的焊接效果和焊缝成形，需根据焊件的材质和厚度、接头形式、对接头性能和焊缝尺寸的要求，以及焊缝的空间位置、工作条件等，选择适宜的焊接方法、焊接材料、焊接电源和焊接参数等，否则可能出现焊接缺陷。

3.2.4　焊缝成形缺陷及原因

根据 GB 6417.1—2005/ISO 6520-1—2007 规定，金属熔化焊焊缝缺陷分为裂纹、孔穴、固体夹杂、未熔合及未焊透、形状和尺寸不良、其他缺陷共六类，每一类中又包括若干种具体缺陷。电弧焊时的裂纹、气孔和夹渣等缺陷虽然和焊缝成形系数的大小有关，但主要是冶金因素的影响，这里不再多讨论。常见的焊缝成形缺陷，如未熔合、未焊透、形状和尺寸不良如咬边、下塌、焊瘤、烧穿、未焊满等十余种。形成这些缺陷的原因往往是坡口尺寸不合适、焊接参数选择不当或焊丝未对准焊缝中心等。现就最常见的几种焊缝成形缺陷（见

图 3-17）及其产生的原因介绍如下。

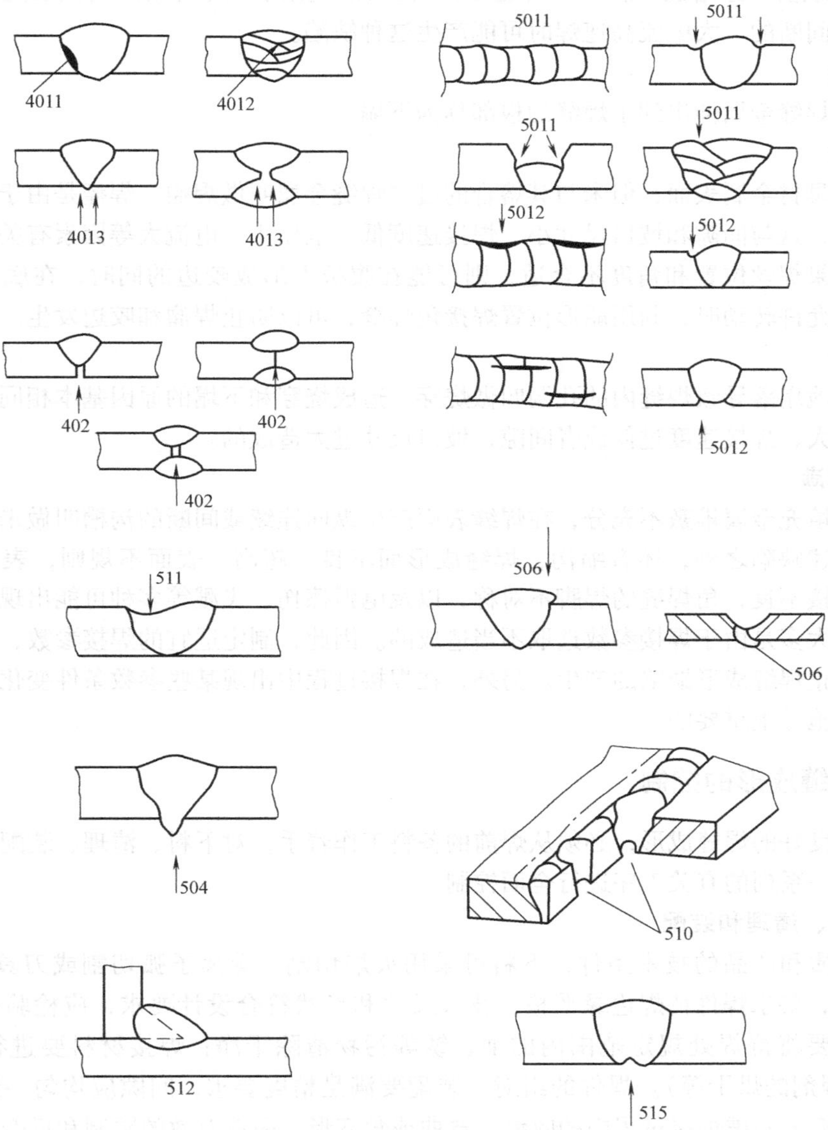
5011
5011
4011
4012
5011
5011
4013
4013
5012
5012
402
402
5012
402
511
506
506
504
510
512
515

图 3-17　常见的焊缝成形缺陷

1. 未熔合

焊缝金属和母材或焊缝金属各焊层之间未结合的部分叫做未熔合，可分为下述几种形式：侧壁未熔合、焊道间未熔合、根部未熔合。造成未熔合的主要原因是焊接热输入偏小，具体原因可能是焊接速度过大或焊接电流偏小，或焊丝未对准焊缝中心等。针对具体原因采取相应的改善措施，便能有效地消除这种缺陷。

2. 未焊透

未焊透是指焊缝实际熔深与公称熔深之间的差异。未焊透的原因与未熔合的原因基本相同，即焊接电流小，焊接速度过高，或坡口尺寸、间隙不合适以及焊丝对中性不好等。

3. 咬边

母材（或前一道熔敷金属）在焊趾处因焊接而产生的不规则缺口叫做咬边，咬边可能是连续的或间断的。大电流高速焊时可能产生这种缺陷。

4. 下塌

过多的焊缝金属伸出到了焊缝的根部称为下塌。

5. 焊瘤

覆盖在母材金属表面，但未与其熔合的过多焊缝金属叫做焊瘤。焊瘤是由于填充金属过多而引起的，这与间隙和坡口尺寸小、焊接速度低、电压小、电流大等因素有关。在焊接角焊缝时，如果焊丝位置和角度不合适，则可能在腹板上形成咬边的同时，在底板上形成焊瘤。当焊件允许转动时，利用船形位置焊接角焊缝，可以防止焊瘤和咬边发生。

6. 烧穿

焊接熔池塌落导致焊缝内的孔洞叫做烧穿。造成烧穿和下塌的原因基本相同，都是由于焊接电流过大、焊接速度过低或者间隙、坡口尺寸过大造成的。

7. 未焊满

因焊接填充金属堆敷不充分，在焊缝表面产生纵向连续或间断的沟槽叫做未焊满。

除了上述缺陷之外，还有缩沟，焊缝成形面不良，超高，表面不规则，表面气孔，缩孔，焊缝衔接不良，角焊缝的焊脚不对称，以及电弧擦伤、飞溅等多种可能出现的焊缝成形缺陷，它们大多是由于焊接参数选取不当造成的。因此，制定适宜的焊接参数，精心操作可从根本上防止焊缝成形缺陷的产生。另外，在焊接过程中出现某些参数条件变化时，及时地采取应变措施是很重要的。

3.2.5 焊缝成形的控制

欲得到良好的焊缝成形，必须从焊前的备料工作着手，对下料、清理、装配、焊接、引弧、收弧等一系列的有关工序进行全面控制。

1. 下料、清理和装配

按照材质和产品的技术条件，下料可采用火焰切割、等离子弧切割或刀具切削（铣、刨）等方法，要求焊件待焊边缘平整、坡口尺寸和形状符合设计要求，应检验合格。装配前和装配后要将待焊处规定范围内的油、锈等污物清除干净；焊接材料要进行常规处理(如焊条、焊剂的烘干等)。焊件的组对、装配要满足精度要求，间隙应均匀一致，防止上下错口；要充分考虑焊接过程中的收缩、弯曲或角变形，采取有效的限制和反变形措施；定位焊既要牢固又要控制焊点尺寸。

2. 焊接

各种位置的焊缝都要按预定的焊接参数和程序进行焊接，焊条电弧焊和半自动气体保护焊主要靠焊工的操作技能来保证焊缝成形质量，而埋弧焊与熔化极氩弧焊则主要靠控制系统的先进性和可靠性加以保证，例如，可采用功能完善的焊缝跟踪装置，以保持焊丝与坡口的对中性；还可采用焊接参数自动控制装置，对焊接参数的变化自动进行调整，以保持焊接过程的稳定性。

不同条件下的电弧焊，都有一些各不相同的情况、要求和措施。

(1) 平焊　平焊时成形条件最好。对于较厚的焊件可采用双面焊、单面多道焊或单面焊双面成形等工艺。单面焊双面成形可分为自由成形和衬垫承托的强制成形两种方式。自由成形时靠熔池金属的表面张力托住背面，液态金属自然成形，因此要求焊接参数配合得当并且稳定，熔池体积不宜太大。所以，这种单面焊双面成形的焊件厚度是有限的。

衬垫承托强制成形法是靠衬垫承托背面，液态金属流入衬垫圆弧形沟槽形成背面余高。这种成形方法可承受较大的熔池重量，因此可采取较大的电弧功率来焊接较厚的焊件。

（2）立焊和横焊　立焊、横焊或仰焊，都可以采用自由成形或者强制成形的方法。

自由成形时，熔池尺寸受到平焊位置更苛刻的限制，宜采用较小的焊接电流，电弧还要进行适当的摆动和停留，以便控制熔池形状。摆动的轨迹、频率和停留时间等参数，要根据焊缝的空间位置和坡口形状、尺寸等，通过工艺试验确定。摆动方法有机械、电控和磁控三种基本类型。

横焊也可采用窄间隙焊，焊缝由多层组成。

立焊的强制成形主要采用水冷式铜滑块贴紧焊件表面，自下而上进行焊接。这种方法适合于厚板焊接。

（3）曲面焊缝的焊接　曲面焊缝中最常见的是封闭式环形焊缝和螺旋式焊缝，它们的焊接方式有两种，一是焊件转动而焊头固定，二是焊件不能转动，只能采取焊机头绕焊件转动的全位置焊接。

焊机头固定的焊接方法比较容易控制，普遍应用于筒形结构的环缝焊接和螺旋缝钢管的焊接。为了削弱曲面对熔池金属流动的不利影响，无论焊接外环缝或是内环缝，焊丝都应逆焊件旋转方向偏移环缝纵轴一段距离，使熔池接近处于水平位置，以获得较好的成形。焊接螺旋缝或形状更为复杂的曲面焊缝时，在可能的情况下应该使熔池始终处于接近水平的位置。当曲面接缝产生几何偏差时，该部位的焊接参数也要根据需要进行自动（或手工）调整，以获得均匀一致的较好成形。

全位置焊接的技术难度较大，设备也比较复杂。一些现场安装的卧式筒体或管子在焊接环缝时不允许转动，此时只能采用焊枪绕焊件转动的全位置焊接方法。这时的熔池位置和熔池金属的受力状态在焊接过程中是不断变化的。为了控制熔池金属的流动而获得合格的焊缝，熔池的体积、电弧的功率应受到限制。为此，通常用细焊丝、小电流进行焊接，或采用脉冲电流等。在焊条电弧焊时，焊工可根据坡口尺寸和空间位置等，随时改变焊条或焊枪角度、运条方法及焊接热输入参数等来控制焊缝成形。在TIG、MIG/MAG焊时，通常是把圆周按挂钟时针刻度划分成几个区，在不同的区域采用不同的焊接热输入参数，当焊枪运动到不同的空间位置时，程序控制装置将焊接参数自动切换到相应的预定值。

3. 引弧和收弧

焊接起始的引弧和焊接终（中）止时的收弧，它们各自的工作条件和工作状态与正常焊接过程有明显的差别，这两处不容易获得良好的成形，往往成为整条焊缝中的薄弱部位甚至引起质量事故，因此，必须采取有效措施改善其焊接状态和成形。

（1）引弧　作为电弧焊过程的开始，首先要求可靠地引燃电弧，但因焊件尚处于冷态而且金属散热快，热量积累少，所以引弧处的熔池体积小、熔深浅，而引弧后焊丝已熔化填充，故余高大。又因散热冷却快，熔池中含有的气体来不及上浮外逸，往往在引弧处焊缝中出现气孔。

补偿和控制措施：

1）焊条电弧焊在引弧后可稍作停留或缓慢运条，使引弧处获得较多的热输入，然后进入正常焊接。

2）埋弧焊在焊接平板纵长焊缝时，可在焊件接缝两端放置引入板和引出板，焊后将它们切掉；对于熔化极气体保护焊，可通过附加电抗器适当选定焊接回路的电感值，来提高引弧时短路电流增长速度，以便改善电弧的启动特性；也可采用缓慢送丝引弧装置，使引弧时的送丝速度约为正常焊接时的30%~50%；若为熔化极脉冲氩弧焊，开始引弧时可采用大脉冲宽度，以便提高引弧时的热输入。

（2）收弧　为了得到优良的焊缝整体成形质量，要求焊缝在收弧处不存在明显的下凹弧坑，也不产生裂纹、气孔等缺陷。另外在熔化极电弧焊时，应避免收弧过程中出现焊丝与焊件粘住，以及因电弧回烧而使焊丝与导电嘴粘合等毛病。因此，收弧控制是焊接工艺中不可忽视的一个问题。

1）控制措施：

① 焊条电弧焊，焊工应灵活掌握，收弧时缓慢运条将弧坑填满。

② 埋弧焊最常用的是回烧焊丝收弧法，也可采用回抽焊丝等方法。

③ 自动的熔化极气体保护焊，焊机种类较多，根据焊机特性，除“回烧”“回抽”两种收弧方法可供选用外，尚需采取其他收弧措施。

2）收弧方法：

① 回烧焊丝收弧法。收弧时先停止送丝，经过一段时间后再切断焊接电源。因为停止送丝后，由于送丝电动机的惯性作用，焊丝还会在短时间内继续送进，不过其送丝速度在逐渐减慢并很快降到零。这时由于焊接电源尚未切断，电弧仍然存在，焊丝会继续熔化过渡，同时电弧逐渐拉长，形成所谓“回烧”过程。

从图3-18可见，随着弧长（L）的增大，电弧静特性曲线的位置上移，焊接电流逐渐减小，起到焊接电流自动衰减的作用。当弧长拉长到一定值后，电弧熄灭，收弧过程结束，然后切断焊接电源。

回烧焊丝收弧法主要应用于等速送丝的情况下。

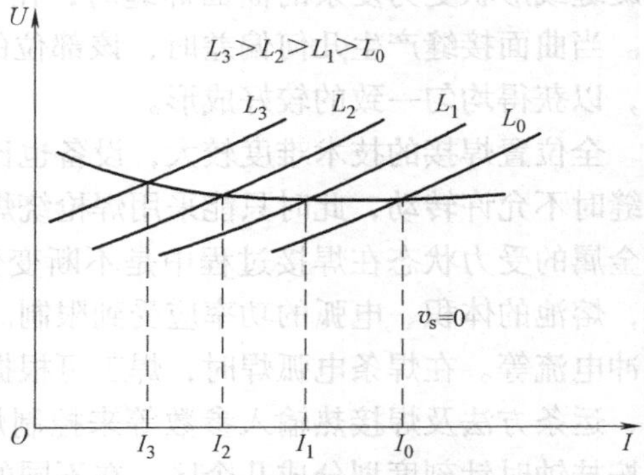
U
$L_3>L_2>L_1>L_0$
L_3
L_2
L_1
L_0
$v_s=0$
O
I_3
I_2
I_1
I_0
I

图3-18　回烧收弧过程的弧长和电流变化

② 回抽焊丝收弧法。收弧时，控制电路使送丝电动机反转以回抽焊丝，弧长逐渐拉长，电流也逐渐减小，这时焊丝仍熔化过渡以填满弧坑。当弧长拉长到一定长度时，产生断弧，收弧过程就此结束。

回抽焊丝收弧法一般在采用变速送丝方式的焊机中才能实现，而对于等速送丝方式的焊机则难以做到。

③ 电流突降收弧法。收弧时，控制电路使送丝速度和焊接电流同时突然降低（见图3-19），以减小收弧处的热输入和电弧力，为保证填满弧坑，然后熄弧。另外，在大电流焊接时，为了填满较大的弧坑，还可以采用在降低送丝速度和焊接电流的情况下，进行多次熄弧的收弧方案（见图3-20）。

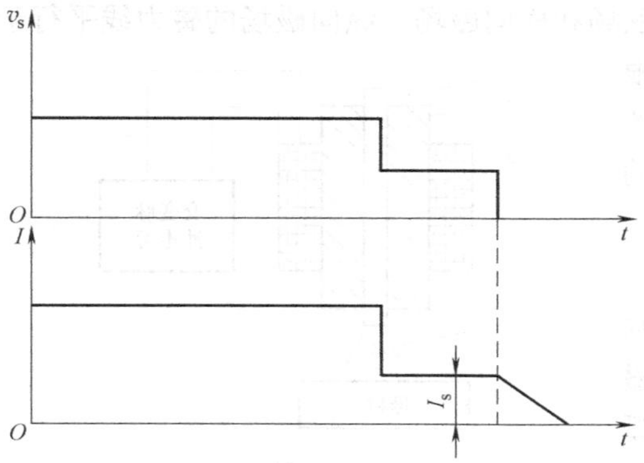

v_s
O
t
I
I_s
O
t

图3-19 电流突降收弧的v_s、I变化情况

v_s—送丝速度 I—焊接电流 I_s—收弧电流

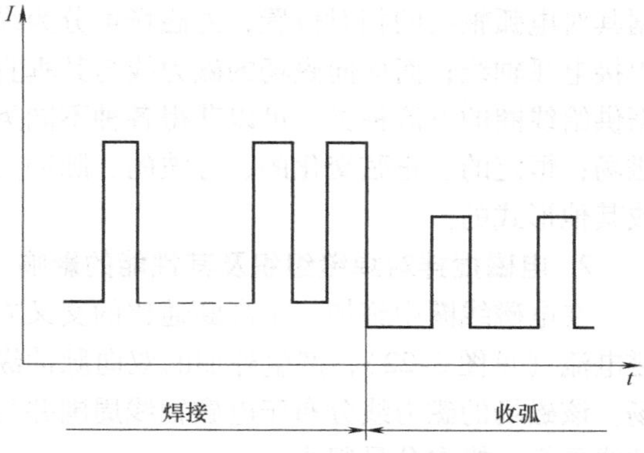

I
t
焊接
收弧

图3-20 熔化极脉冲氩弧焊的收弧控制方案

④ 降低脉冲电流收弧法。熔化极脉冲氩弧焊时，可采用脉冲电流突然降低，同时相应降低脉冲频率的收弧方法，能够很好地填满弧坑，收弧处获得良好的焊缝成形。

3.2.6 电磁搅拌对焊缝组织及成形的影响

电磁搅拌是采用外加磁场，促使焊接电弧和熔池液态金属有规律地周期运动，改变焊缝金属的结晶条件，细化焊缝组织，从而改善焊缝金属性能的一种方法。

1. 焊接采用的磁场类型

焊接用外磁场是由螺线管和电磁线圈形成的，其外磁场线圈的安装如图3-21所示。依

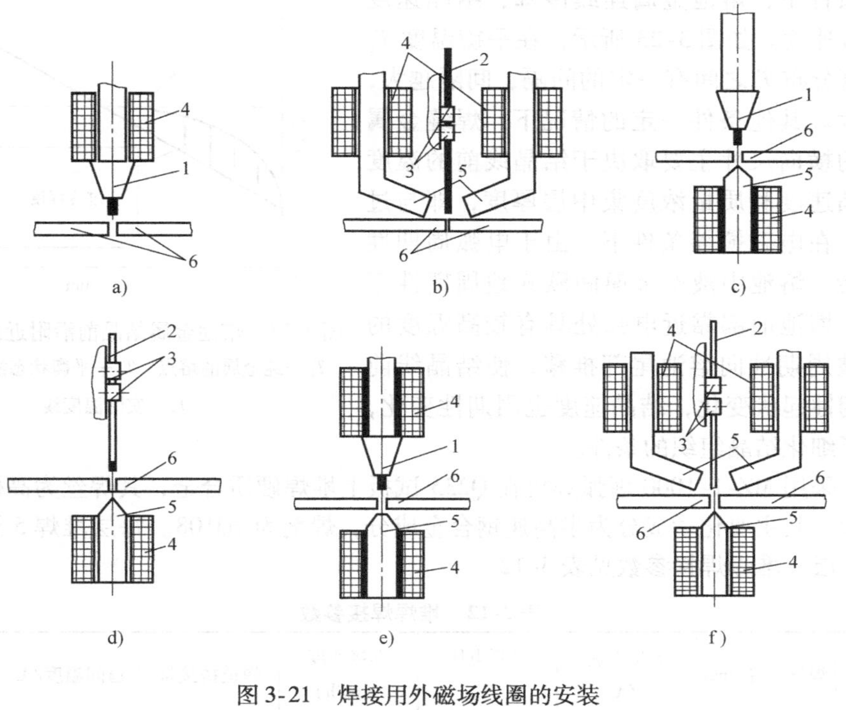

a)
b)
c)
d)
e)
f)

图3-21 焊接用外磁场线圈的安装

a)，b) 线圈安装在焊接接头的上方 c)，d) 线圈安装在焊接接头的下方 e)，f) 在焊接接头的上下方都安装线圈

1—焊枪喷嘴 2—焊丝 3—送丝导电轮 4—电磁线圈 5—线圈铁心 6—焊件焊接

据其对电弧轴线的相对位置，外磁场可分为纵向磁场和横向磁场。纵向磁场的磁力线平行于焊接电弧轴线；而横向磁场的磁力线与其垂直。根据供给线圈的电流种类，可以获得各种不同类型的磁场：恒定的、正弦交化的、方波的、脉冲交变的或其他形式的。

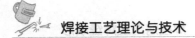

2. 电磁搅拌对焊缝组织及其性能的影响

在电磁线圈中施加一个高断通比的交叉方波励磁电流（见图3-22），产生外加的双向脉冲纵向磁场。该磁场的磁力线分布于电磁轴线周围并与电弧轴线平行，横向分量很小。

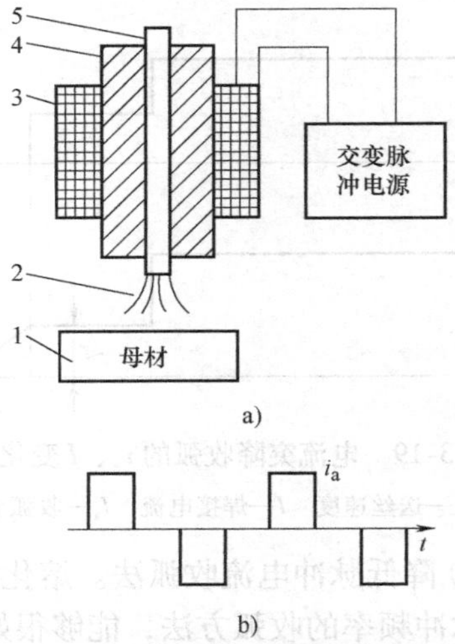

5
4
3
交变脉冲电源
2
1
母材
a)
i_a
t
b)

图3-22　电磁搅拌装置及励磁电流波形
a）电磁搅拌试验装置示意图　b）电磁线圈中施加的交叉方波励磁电流波形图
1—母材　2—电弧　3—线圈
4—导电嘴　5—焊丝

在外加磁场的作用下，熔池中带电粒子在磁场力的作用下发生漂移旋转，从而表现为焊接电弧的旋转，并且由原来的圆锥形变为钟罩形，其钟罩面是一个封闭的导电面；随着磁感应强度 B 的增大，回转速度加快。由于纵向磁场是一个具有一定断通比的脉冲磁场，在这种情况下，电弧的旋转运动是间歇的，就电弧的形态而言，其变化规律是钟罩形→自然状态两种状态有规律地交替变化。在双向脉冲同轴磁场的作用下，焊接电弧将做周期性正反相交替旋转，形成电磁搅拌运动。

通常条件下，熔池金属连续冷却，结晶速度取决于焊接速度。如图3-23所示，在平衡温度 T_L 和实际温度分布 T_a 之间有一定的间隔，间隔越大，过冷度越大。其他条件一定的情况下，焊缝金属结晶组织的横向尺寸主要取决于结晶线前的温度梯度、结晶速度和质量浓度集中层厚度，即与过冷度有关。在电磁搅拌条件下，由于电弧周期性正反向旋转，熔池中液态金属间歇式地周期性正反向运动，熔池前部靠近电弧处具有较高温度的液态金属被周期性向熔池尾部推移，使结晶线前的温度周期性起伏变化，结晶速度也周期性变化，从而创造了细化结晶组织的条件。

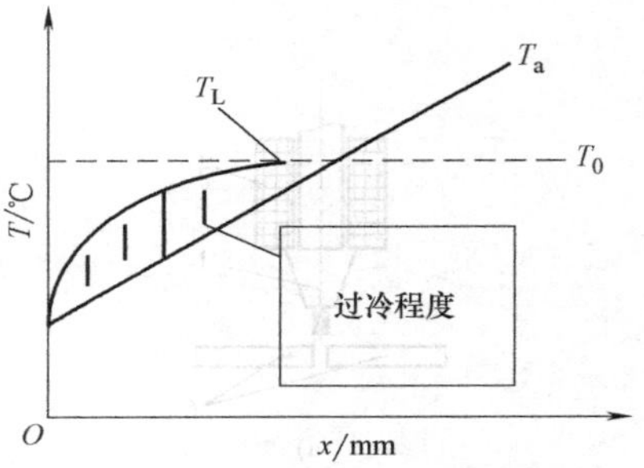

T_a
T_L
T_0
T/℃
过冷程度
O
x/mm

图3-23　熔池金属结晶前沿附近的温度分布
T_0—纯金属的熔点　T_L—平衡状态液相温度线
T_a—实际温度线

例如，采用MZ-1-1000埋弧焊机在Q235试板上堆焊硬质合金，其焊丝为高硬度埋弧堆焊药芯焊丝，其主要化学成分为半高速钢合金成分，焊剂为HJ108。每层堆焊5道，堆焊层数不少于4层，堆焊焊接参数见表3-12。

表3-12　堆焊焊接参数

焊接极性	焊丝直径/mm	焊接电流/A	电弧电压/V	焊接速度/(m/h)	焊道搭接量	道间温度/℃	焊后状态
直流反接	3.2	300～400	25～35	20～25	≥50%	250～300	缓冷

进行了正常堆焊a和电磁搅拌堆焊b，对a、b两组试样分别进行硬度测试、耐磨性试验及金相组织的分析。

（1）硬度　两组试件的洛氏硬度和维氏硬度值（平均值）为：

焊接状态：a组58.6HRC，b组59.5HRC。

在560℃×1.5h状态：

a组62.2HRC、748HV；

b组63.2HRC、804.6HV。

可以看出，采用电磁搅拌工艺堆焊金属硬度提高。

（2）耐磨性　采用ML-10磨粒磨损试验机进行试验，结果见表3-13。

表3-13　耐磨性试验结果

a	磨损前质量/g	磨损后质量/g	磨损量/g	b	磨损前质量/g	磨损后质量/g	磨损量/g
1	5.3034	5.2003	0.1031	1	4.5282	4.4626	0.0656
2	6.0565	5.9084	0.1481	2	6.0834	6.0159	0.0675
3	5.7316	5.6193	0.1123	3	5.1883	5.1102	0.0781

由表3-13可以看出，采用电磁搅拌工艺的试件比正常堆焊的试件耐磨性明显提高，采用电磁搅拌工艺的磨损量是正常堆焊磨损量的1/3～1/2。

（3）金相分析　图3-24所示为正常堆焊和用电磁搅拌工艺金相组织的对比。组织状态为560℃×1.5h后的回火组织。

图3-24a1为正常堆焊的底层焊缝区，组织为碳化物及马氏体。a2为次底层焊缝区，组织为碳化物以及回火马氏体，马氏体呈针状分布。a3为盖面焊缝区，组织为马氏体，马氏体基体上含有碳化物，并且有一部分残留奥氏体。

图3-24b1为采用电磁搅拌工艺的底层堆焊区，下部母材热影响区与底层焊缝相接处为回火马氏体居多，向上过渡为回火马氏体短针及碳化物组织，淡色区内有少量马氏体。b2为次底层焊缝，组织为回火马氏体以及碳化物，偶见回火马氏体针及少量的马氏体组织。与a2比较组织明显细化，并且本区受再热程度较均匀，所以回火马氏体针较少。b3为盖面焊缝区，该组织也为马氏体基体上含有碳化物，与a3比较，组织明显细化。

由图3-24明显看出：在电磁搅拌的作用下，底层焊缝、次底层焊缝以及表层焊缝组织，都比正常条件下晶粒明显细化。细化的原因是当焊缝一次结晶时晶粒比较粗大，为针状马氏体，又由于堆焊时前一道焊缝对后一道焊缝有热影响，会造成一次组织晶粒的长大；采用电磁搅拌工艺以后，在一次结晶的过程中利用电磁力的作用击碎了粗大的柱状晶晶粒造成一次组织的细化，从而提高了焊缝金属的硬度和耐磨性。

电磁搅拌不仅能细化焊缝组织，而且还能减少焊缝中的化学成分偏析。可以提高低合金高强度结构钢焊缝抗热裂纹的能力，增强不锈钢焊缝抗热裂纹和耐腐蚀性的能力，降低单相合金钢（如镍基合金）焊缝产生多边裂纹的可能性。

电磁搅拌还能加快焊接熔池中气体的逸出和夹杂物的上浮，因而有利于降低气孔和夹杂物的产生。

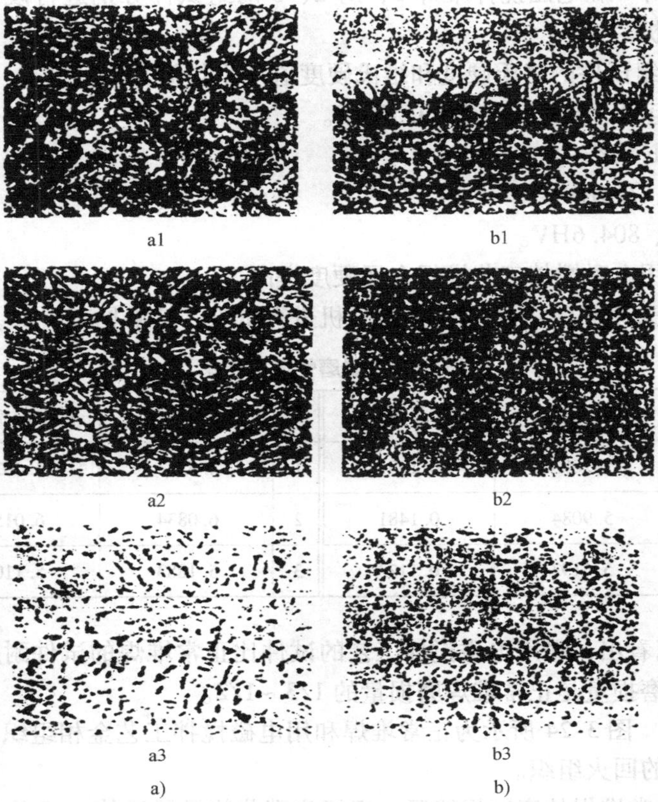
a1
b1
a2
b2
a3
b3
a)
b)

图 3-24　堆焊金属金相组织的对比 200×

a）a1～a3 正常堆焊　b）b1～b3 电磁搅拌堆焊

3. 电磁搅拌对焊缝成形的影响

在电磁作用下，对焊接熔池的熔融金属进行搅拌，导致焊缝的深度（*H*）和宽度（*C*）发生某种程度的变化。表 3-14 和表 3-15 分别给出了各种条件下埋弧焊和 CO_2 气体保护焊焊缝深度（*H*）和宽度（*C*）变化的试验结果。

表 3-14　电磁搅拌埋弧焊焊缝宽度（*C*）和深度（*H*）的影响

焊接电流种类	磁场形式	磁 场 种 类	熔宽 *C*	熔深 *H*
直流 $I_{CB}=400\sim600A$ $U_g=36\sim38V$	纵向	恒定朝里	增大	减小
		恒定朝外	增大	减小
		脉冲交变	增大	减小
	横向	恒定，平行于焊接方向	变化小	减小
		恒定，垂直于焊接方向，电弧偏在熔池前部	变化小	减小
		恒定，垂直于焊接方向，电弧偏在熔池尾部	变化小	减小
		脉冲交变，平行于焊接方向	增大	减小
		脉冲交变，垂直于焊接方向	增大	

（续）

焊接电流种类	磁场形式	磁 场 种 类	熔宽 C	熔深 H
交变 $I_{CB}=400\sim600A$ $U_g=38\sim42V$	纵向	恒定朝里	增大	减小
		恒定朝外	增大	减小
		脉冲交变	增大	减小
	横向	恒定，平行于焊接方向	增大	减小
		恒定，垂直于焊接方向	增大	变化小
		脉冲交变，平行于焊接方向	增大	减小
		脉冲交变，垂直于焊接方向	增大	变化小

注：电磁作用参数为，$B=2\sim40mT$，$Q=2\sim10$，$f=0.5\sim50Hz$。

表 3-15　电磁搅拌对 CO_2 气体保护焊焊缝宽度（C）和深度（H）的影响

焊接电流种类	磁场形式	磁 场 种 类	熔宽 C	熔深 H
$I_{CB}=400\sim600A$ $U_g=28\sim30V$	纵向	恒定朝里	减小	增大
		恒定朝外	减小	增大
		脉冲交变	减小	增大
	横向	恒定，平行于焊接方向	增大	减小
		恒定，垂直于焊接方向，电弧偏在熔池前部	增大	变化小
		恒定，垂直于焊接方向，电弧偏在熔池尾部	减小	增大
		脉冲交变，平行于焊接方向	增大	减小
		脉冲交变，垂直于焊接方向	减小	变化小

注：电磁作用参数为，$B=2\sim40mT$，$Q=2\sim10$，$f=0.5\sim50Hz$。

复习思考题

1. 熔池的平均温度与母材熔点之间大体上存在着什么样的数值关系？举例说明。

2. 已知低碳钢板厚度 $\delta=15mm$，进行自动埋弧焊的参数是：$I=750A$、$U=40V$、$v=24m/h$。计算熔池的存在时间和热输入。

3. 分析平焊和仰焊时熔池金属的受力状态。

4. 什么是焊缝的熔宽、熔深和成形系数？成形系数的大小对于焊缝质量有何影响？

5. 焊缝的余高起什么作用？通常对余高或余高系数有什么要求？

6. 什么是焊缝的熔合比？其大小对于焊缝质量有何影响？举例说明。

7. 若焊缝的熔合比等于 1，这意味着什么？试设计一种焊接接头来实现熔合比为 1 的焊接。

8. 熔深系数的含意是什么？影响其大小的主要因素是什么？表 2-18 中埋弧焊有两组数据，通过这两组数据可以看出什么问题？

9. 影响熔深的主要因素是什么？分析其影响规律及原因。

10. 影响熔宽的主要因素是什么？分析其影响规律及原因。

11. 焊接电流对于焊缝尺寸有何影响？分析其原因。

12. 焊接电压对于焊缝尺寸有何影响？分析其原因。

13. 焊接速度对于焊缝尺寸有何影响？分析其原因。

14. 电源极性对于焊缝尺寸有何影响？分析其原因。

15. 电极倾角对于焊缝尺寸有何影响？分析其原因。

16. 焊件倾角对于焊缝尺寸有何影响？分析其原因。

17. 焊条药皮或焊剂对于焊缝尺寸有何影响？分析其原因。

18. 常见的焊缝成形缺陷有哪些？用示意图表示出三种来，并分析其原因。

19. 平焊时如何控制焊缝的成形？

20. 立焊时如何控制焊缝的成形？

21. 全位置焊时如何控制焊缝的成形？

22. 引弧时可能出现缺陷的原因是什么？如何加以控制？

23. 收弧时可能出现缺陷的原因是什么？如何加以控制？

第4章

埋 弧 焊

埋弧焊（submerged arc welding-SAW）是电弧在焊剂层下燃烧以进行焊接的方法。而利用机械装置自动控制送丝和移动电弧的一种埋弧焊方法称为自动埋弧焊。它是生产效率较高的机械化、自动化焊接方法之一，通常把自动埋弧焊简称埋弧焊。本章主要介绍埋弧焊的特点和应用、埋弧焊的自动调节系统、埋弧焊设备以及埋弧焊的焊接工艺。

4.1 埋弧焊的特点和应用

4.1.1 埋弧焊过程

埋弧焊的焊接过程如图4-1所示。焊接电源的两输出端分别接在埋弧焊机机头的导电嘴8和母材2上以产生焊接电弧，焊接时，当焊丝端部与母材接触后，颗粒状焊剂1经焊剂漏斗5流出并均匀地堆敷在装配好的焊件上，堆敷高度一般是40mm左右，焊丝6由送丝电动机驱动送丝机构7，经导电嘴8以某一速度送入焊接电弧区。送丝机构、焊剂漏斗和操作控制盘等通常安装在一台焊接小车上。通过操作控制盘上的按钮，焊接过程按规定的焊接程序使电弧的引燃、焊丝的送进和焊接电弧的移动自动进行。焊接参数通过操作控制盘上的有关按钮或旋钮进行调整，焊接过程的稳定性由焊机的自动调节系统给予保证。

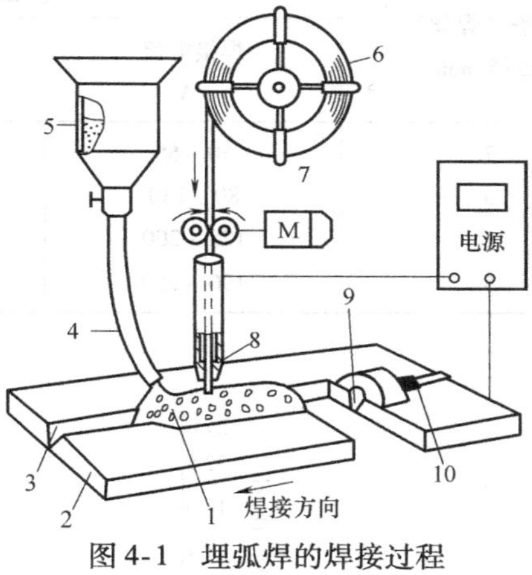

6
5
7
M
电源
9
4
8
3
10
2
1
焊接方向

图4-1 埋弧焊的焊接过程

1—焊剂 2—母材 3—坡口 4—软管 5—焊剂漏斗
6—焊丝 7—送丝机构 8—导电嘴
9—熔敷金属 10—渣壳

埋弧焊时，由于焊接电弧是掩埋在颗粒状的焊剂层下燃烧的，因此当焊丝和焊件之间一旦引燃电弧后，电弧热使焊件、焊丝和焊剂局部熔化以致部分蒸发，在靠近熔池前沿处电弧的周围形成了一个气泡，通常称为弧腔，如图4-2所示。从图中可见，电弧在弧腔内稳定燃烧，弧腔的下部是熔池液态金属，上部被一层熔融的焊剂即熔渣构成的渣膜所包围，这层渣膜不仅很好地隔绝了空气对电弧和熔池的侵扰，而且遮蔽了弧光使之不能对外辐射，同时使电弧的热效率得到提高。随着焊接过程的进行，焊接电弧向前移动，电弧力将熔化金属推向后方并逐渐冷却结晶而形成焊缝。

4.1.2 埋弧焊的特点

1. 埋弧焊的工艺特点

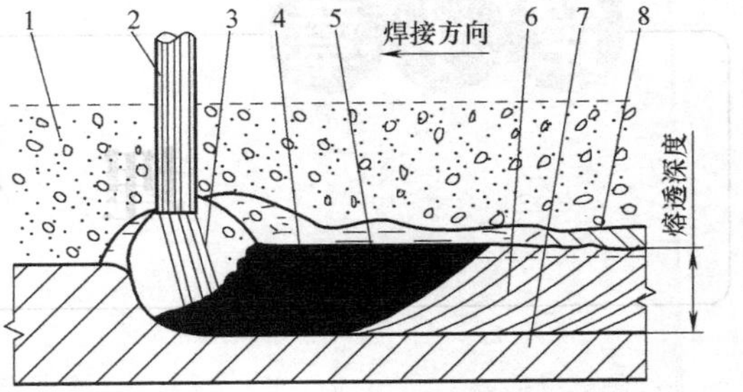
1
2
3
4
5
焊接方向
6
7
8
熔透深度

图 4-2 埋弧焊的熔池及焊缝纵断面示意图
1—焊剂 2—焊丝 3—电弧 4—熔池金属
5—熔渣 6—焊缝 7—焊件 8—渣壳

（1）焊接生产效率高 埋弧焊时，由于焊丝从导电嘴至焊件间的伸出长度较短，因而焊丝的导电长度缩短，电流和电流密度可以大大提高（见表4-1），从而电弧的熔透能力和焊丝的熔化速度都比焊条电弧焊有明显的提高。图4-3所示为不同焊接电流时几种焊接方法熔敷效率的比较。一般只开I形坡口单面焊时其熔深可达20mm。由于焊剂和熔渣的隔热作用，基本没有电弧热的辐射散失，飞溅也小。虽然用于熔化焊剂的热量损耗有所增大，但是总的热效率仍然较高。从而使埋弧焊的焊接速度可以大大提高，以厚度为8~10mm钢板的对接焊为例，单丝埋弧焊焊接速度可达30~50m/h，双丝或多丝时还可提高1倍以上，而焊条电弧焊因焊工施焊技术的差异，施焊速度一般为6m/h左右，最快可达8m/h。

表 4-1 埋弧焊与焊条电弧焊的焊接电流和电流密度比较

焊条（焊丝）直径/mm	焊条电弧焊		埋弧焊	
	焊接电流/A	电流密度/(A/mm^2)	焊接电流/A	电流密度/(A/mm^2)
2	50~65	16~25	200~400	63~125
3	80~130	11~18	350~600	50~85
4	125~200	10~16	500~800	40~63
5	190~250	10~18	700~1000	35~50

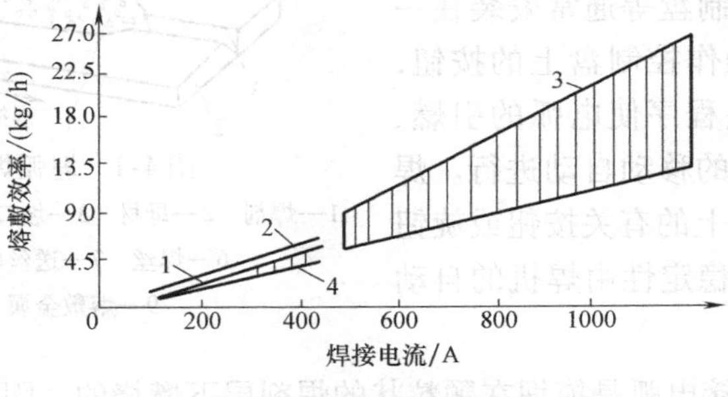
27.0
22.5
18.0
13.5
9.0
4.5
熔敷效率/(kg/h)
0
200
400
600
800
1000
焊接电流/A
1
2
3
4

图 4-3 焊接熔敷效率
1—熔化极气体保护焊 2—药芯焊丝电弧焊 3—埋弧焊 4—焊条电弧焊

（2）焊缝质量高 由于焊剂及渣膜隔绝空气的保护效果好，所以电弧区气氛的主要成分是一氧化碳，使得焊缝金属中的含氮量、含氧量极少（见表4-2）。而且熔池金属凝固较慢，液态金属和融化焊剂间的冶金反应充分，减少了焊缝中产生气孔、裂纹的可能性。焊接参数可以由焊机的自动调节系统保持稳定，使焊缝表面光滑平直、成形美观，焊缝的化学成分稳定，焊接接头力学性能比较好。

表 4-2 电弧区的气体成分

焊接方法	电弧中的气氛组成（质量分数,%）					焊缝中的含氮量（体积分数,%）
	CO	CO_2	H_2	N_2	H_2O	
焊条电弧焊（钛型）	46.7	5.3	34.5		13.5	0.02
埋弧焊（HJ431）	89~93	—	7~9	≤1.5	—	0.002

（3）节省焊接材料和电能 埋弧焊可获得较大的熔深，故埋弧焊的焊件可不开或开小坡口，减少了焊缝中焊丝的填充量，也节省了因加工坡口而消耗掉的焊件金属。另外，由于焊剂的保护，焊接时金属烧损和飞溅极少，又没有类似焊条电弧焊焊条头的损失，节约了焊接材料。埋弧焊的热量集中，热利用率高，故在单位长度焊缝上所消耗的电能也大为降低。

（4）劳动条件好 焊接过程实现了机械化、自动化，减轻了操作者的劳动强度。埋弧焊时所放出的有害气体较少，没有弧光辐射，因而劳动条件较好。

2. 埋弧焊的冶金特点

（1）冶金过程的一般特点

1）空气不易侵入焊接区。在埋弧焊时，焊剂在电弧热的作用下，形成一熔融的液态焊剂薄膜，将焊接区即焊接电弧和熔池完全包围起来，隔离外界空气。其保护效果由低碳钢埋弧焊焊缝金属中含氮的分析得知。埋弧焊焊缝金属中的含氮体积分数为0.002%，而采用药皮焊条焊接焊缝金属中的含氮体积分数为0.02%~0.03%。虽然埋弧焊焊缝中有较明显的铸造组织，但由于焊缝含氮量极少，焊缝仍具有较好的韧性。这说明埋弧焊时，焊剂及渣膜有着较好的隔绝空气的作用。

2）冶金反应充分。埋弧焊的熔池体积较大，冷却缓慢，处于液态时间较长，加强了液态金属与熔融焊剂之间的相互作用，冶金反应充分，气体与熔渣易析出，不易形成气孔、夹渣等缺陷。

3）焊缝金属的化学成分稳定。实践证明：焊缝金属的化学成分与熔池中的熔融焊剂和液态金属的数量比值有关。该比值越大，焊缝渗硅、锰的效果越好。此比值与焊接参数有关，例如在一般焊接参数下（焊接电流 $I=700\sim800$A、电弧电压 $U=30\sim40$V、焊丝直径 $\phi=5$mm、焊接速度 $v=20\sim40$m/h），熔融焊剂重量约为液态金属总量的30%~40%。由于埋弧焊焊接过程中焊接参数稳定，单位时间内熔化的金属和焊剂的数量较为固定，焊缝的熔合比基本不变，因而焊缝金属的化学成分稳定。

（2）低碳钢埋弧焊的主要冶金反应 埋弧焊时的化学冶金反应是在液态金属、液态熔渣和气相三者之间进行的。采用高锰高硅焊剂焊接碳素结构钢时，其主要冶金反应是焊剂中的硅、锰过渡到焊缝中去，以弥补焊接过程中碳烧损引起接头强度的降低，从而保证焊缝金属的力学性能，当采用高锰高硅焊剂进行埋弧焊时，去氢的重要途径是利用焊剂中的氟化物和氧化物与氢进行冶金反应。把氢结合成 HF 和 OH 两种不溶于熔池的气态化合物，从而可去除熔池中的氢，防止焊缝产生氢气孔。由于限制了焊丝和焊剂中的 S、P 含量，减少了 S、P 向焊缝金属中的过渡，能够防止产生热裂纹和冷裂纹。

3. 锰、硅的还原反应及过渡

（1）锰、硅的还原反应 锰和硅均是低碳钢埋弧焊焊缝中主要的合金元素，适量的锰可以提高焊缝金属的强度和韧性，降低焊缝产生热裂纹的可能性；硅能镇静熔池，有利于获得致密的焊缝。但是，过量的锰（质量分数大于1.5%）会增加焊缝的冷脆性，过量的硅（质量分数大于0.5%）会降低焊缝的室温冲击韧性。因此，在冶金反应中控制焊缝锰和硅的含量是非常必要的。

低碳钢埋弧焊时，通常采用锰、硅含量均比较低的焊丝（例如H08A）与高锰高硅焊剂（如HJ430）匹配，母材中锰、硅的含量不多。焊接时能够通过焊剂与金属发生还原反应向焊缝中渗锰、渗硅。焊接过程中发生的与此相关的反应如下：

$$[Fe]+(MnO)\rightleftharpoons[Mn]+(FeO)$$

$$2[Fe]+(SiO_2)\rightleftharpoons[Si]+2(FeO)$$

上述化学反应方程式是平衡方程式，在高温时趋向于向右进行，有利于向焊缝中过渡锰、硅。焊丝端部、熔池前部、电弧中过渡的熔滴都是温度较高的区域，有利于反应向右进行，这些区域的锰、硅含量增加，同时由于金属被氧化，也使焊缝中的氧含量增加。

在熔池的后部，因无电弧直接加热，这部分焊缝区温度急剧下降，使上述反应向左进行，熔池中的锰、硅含量有所减少，但焊缝含氧量也相应减少。熔池后部的温度较低，上述反应比较慢，因此最终的效果是锰、硅的含量虽然比熔池前部有所减少，但是与母材、焊丝的原始含量相比，焊缝中锰、硅的含量仍是增加的。

从表4-3的数据可以看出，施焊前后焊缝金属中锰、硅含量的变化。

表4-3　埋弧焊各部分金属的Si、Mn含量

材　料	化学成分（质量分数,%）	
	Si	Mn
母材（Q235-A）	0.01	0.45
焊丝（H08）	0.01	0.52
焊丝端的熔滴	0.15	0.63
在弧柱中过渡的熔滴	0.20	0.86
熔化的母材（用非熔化极）	0.04	0.56
正常焊接的焊缝（用HJ431）	0.1～0.15	0.60～0.65

(2) 影响锰、硅过渡的因素

1) 焊剂的成分。当焊剂中的MnO、SiO_2增多时，会使锰和硅的过渡量增加（见图4-4）。当焊剂中SiO_2的质量分数为42%~48%，MnO的质量分数小于10%时，锰会被烧损；当MnO的质量分数从10%增加到25%~30%时，锰的过渡量ΔMn显著增大；但当MnO的质量分数>30%后再增加MnO，对锰过渡量的影响较小。

从图4-4中还可以看出锰的过渡量与焊剂中的SiO_2含量也有关。当焊剂中MnO含量相同，SiO_2含量多时，Mn的过渡量少。

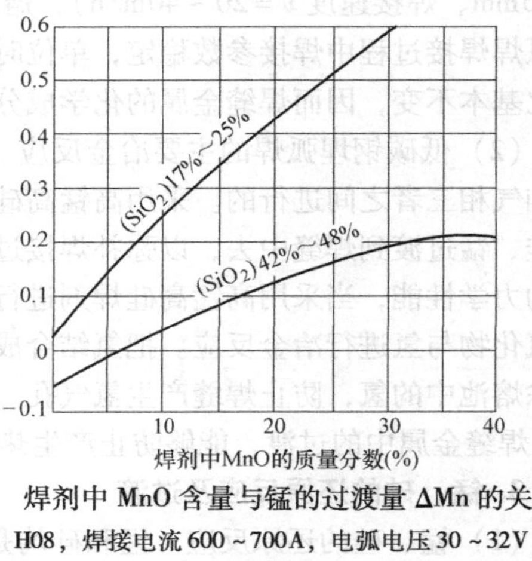

0.6
0.5
0.4
0.3
0.2
0.1
0
−0.1
ΔMn(%)
(SiO2)17%~25%
(SiO2)42%~48%
10
20
30
40
焊剂中MnO的质量分数(%)

图4-4　焊剂中MnO含量与锰的过渡量ΔMn的关系

焊丝：H08，焊接电流600～700A，电弧电压30～32V，母材：低碳钢

这是因为 SiO_2增加时，下列反应易向右进行。

$$SiO_2 + 2Mn \rightleftharpoons Si + 2MnO$$

焊剂中 SiO_2 含量与硅的过渡量 ΔSi 的关系如图 4-5 所示，当采用 SiO_2的质量分数为 15%~20% 的焊剂和不含硅的低碳钢焊丝时，焊缝中的 Si 含量不增加；当 SiO_2的质量分数增加到 40% 以上时，Si 的过渡量 ΔSi 增加很多。

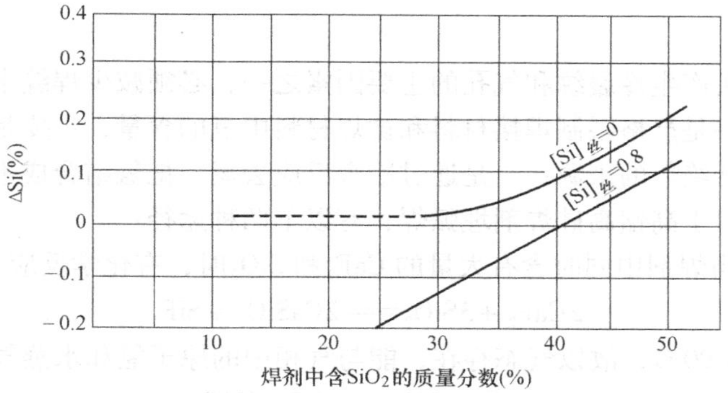
0.4
0.3
0.2
0.1
0
−0.1
−0.2
ΔSi(%)
[Si]丝=0
[Si]丝=0.8
10
20
30
40
50
焊剂中含SiO2的质量分数(%)

图 4-5　焊剂中 SiO_2含量与硅的过渡量 ΔSi 的关系

焊接电流 600～700A，电压 =32～36V，母材：低碳钢

2）锰、硅的原始含量。液态金属中 Mn、Si 的原始含量越低，Mn、Si 的过渡量越大；反之，则会阻碍 Si、Mn 的过渡，甚至造成 Si、Mn 的氧化烧损。

此外，因为金属中 Mn 和 Si 与熔渣中的 SiO_2和 MnO 存在下列反应。

$$SiO_2 + 2Mn \rightleftharpoons Si + 2MnO$$

因此，如果熔池中 Mn 的原始含量高，可使 Si 的过渡量增加；而 Si 的原始含量高，则可使 Mn 的过渡量增加。

3）焊剂碱度。焊剂碱度增加，Mn 的过渡量增加，而 Si 的过渡量减少。

焊剂碱度增加，意味着焊剂中强碱性氧化物 CaO、MgO 等含量增加，可以替换出熔渣中复合物 MnO · SiO_2中的弱碱性氧化物 MnO，使处于自由状态的 MnO 增加，促进 MnO 的还原反应进行。同时，焊剂碱度增加，会使熔渣中自由状态的弱酸性氧化物 SiO_2减少，使硅的还原反应不易向右进行，Si 的过渡量减少。

4）焊接参数。电弧电压增加，弧长增加，焊剂的熔化量增加，液态熔渣与液态金属的比值增大，使 Mn、Si 的过渡量增多；焊接电流增大时，焊丝熔化加快，熔滴形成的时间缩短，金属熔化量增多，液态熔渣与液态金属的比值减小，Mn、Si 的过渡量减少。

4. 碳的烧损

埋弧焊焊缝中的碳来自焊丝和母材，焊剂中一般不含有碳。碳与氧的亲和力大于硅、锰与氧的亲和力，因此在埋弧焊条件下碳很容易被氧化烧损，使焊缝中的含碳量降低，在熔滴和熔池中的碳均能与氧发生以下反应：

$$C + O \rightleftharpoons CO$$

提高熔化金属中的含硅量，可抑制碳的氧化；而锰含量增加，对碳的氧化无明显影响；当碳的含量增加时，碳的氧化烧损会增大。

5. 控制硫、磷含量

硫和磷都是焊缝中的有害杂质，硫、磷含量即使很小，也会使焊缝的热裂和冷脆倾向加剧，降低焊缝金属抗冲击能力，因而必须严格控制硫、磷在焊缝中的质量分数（0.1%以下）。

减少硫、磷在焊缝中含量的途径主要有两个：首先，要严格限制焊接材料和被焊材料中硫、磷的含量，这是最主要的途径；其次，通过冶金反应减少焊缝中硫、磷的含量。

增加含锰量及焊剂碱度都有助于利用冶金反应减少焊缝中硫、磷的含量。但是，焊剂碱度提高，会使焊接工艺性能下降，最好的方法仍是严格限制焊接材料和母材中硫、磷杂质的含量。

6. 去氢反应

氢是埋弧焊接头产生冷裂纹和气孔的主要因素之一，必须减少焊缝中的氢。减少氢的措施主要有两方面：一是严格限制焊接材料和被焊材料中氢的含量，主要是焊前清除铁锈、水分和有机物等，以杜绝氢的来源；二是通过冶金反应去氢，把氢结合成不溶于液态金属的化合物，排出熔池。对于高锰高硅焊剂埋弧焊，有以下两种途径：

1）形成 HF。当焊剂中同时含有大量的 CaF_2 和 SiO_2 时，有化学反应

$$2CaF_2 + 3SiO_2 \rightleftharpoons 2CaSiO_3 + SiF_4$$

SiF_4 的沸点只有 90℃，故以气态存在，能与气相中的原子氢和水蒸气发生下列反应

$$SiF_4 + 3H \rightleftharpoons SiF + 3HF$$

$$SiF_4 + 2H_2O \rightleftharpoons SiO_2 + 4HF$$

由于 HF 在高温下比较稳定，而且不溶于液态金属，因此能排出熔池。

2）形成 OH。在电弧高温的作用下，氢可与氧形成稳定的化合物 OH，OH 不溶于液态金属，也能排出熔池。

$$MnO + H \rightleftharpoons Mn + OH$$

$$SiO_2 + H \rightleftharpoons SiO + OH$$

$$CO_2 + H \rightleftharpoons CO + OH$$

4.1.3 埋弧焊的应用

由于埋弧焊具有上述许多特点，所以至今仍然是金属结构生产中最常用的焊接方法之一。它可以用来焊接的钢种主要有碳素结构钢、低合金结构钢、不锈钢、耐热钢、低温钢及复合钢材等。采用埋弧焊焊接镍基合金、铜合金也是较理想的。

埋弧焊是依靠颗粒状焊剂堆敷形成保护条件的，通常它只适用于水平位置焊接。20 世纪 80 年代研制出的横焊埋弧焊机是埋弧焊技术领域中的一项重大突破，这种焊机能在施工现场出色地完成大型贮油罐和贮气罐横向环缝的埋弧焊。

埋弧焊在造船、锅炉及压力容器、原子能设备、石油化工容器及贮罐、桥梁、起重机械、管道、冶金机械及海洋结构等金属结构的制造中得到广泛的应用。但是，埋弧焊也存在着一些问题，使其在某些方面的应用受到限制。例如，现有焊剂的成分主要是金属及非金属氧化物，如 MnO_2、SiO_2 等这类焊剂难以用来焊接铝、钛等氧化性强的金属及其合金；焊接的机动灵活性比焊条电弧焊差，焊接设备也比焊条电弧焊复杂，短焊缝显示不出它的生产效率高的特点；由于埋弧焊电弧的电场强度较大，在小电流时焊接电弧的稳定性变差，所以不适于焊接厚度小于 1mm 的薄板。此外，焊接时不能直接观察电弧与坡口的相对位置，需要焊前调整好焊丝的位置或采用焊缝自动跟踪装置以便对准焊缝。

埋弧焊技术还在不断发展中，新的埋弧工艺及设备不断出现，如窄间隙埋弧焊，有的国

家已在核反应堆壳体的焊接中，成功地焊接了厚度为670mm 的 20MnMoNi55 钢；在化学工业和石油化工容器的制造中，成功地焊接了厚度为225mm 的 $2\frac{1}{4}$ Cr- Mo 钢。金属粉末埋弧焊也已应用于板厚为 50 ~ 80mm 的海洋工程中。双丝或多丝埋弧焊已实现较厚板焊件的一次成形焊接。采用金属粉末埋弧焊与双丝埋弧焊联合焊接，可大大提高生产效率，并获得高韧性的焊缝。此外还有带极埋弧堆焊、热丝填充埋弧焊等也获得一些应用。

4.2 埋弧焊用焊丝和焊剂

4.2.1 焊丝

1. 焊丝的分类

埋弧焊常用的焊丝分为钢焊丝和不锈钢焊丝两大类，按国家标准 GB/T 14957—1994《熔化焊用钢丝》及 YB/T 5092—2005《焊接用不锈钢丝》规定，熔化焊用钢丝的种类及成分见表4-4。常用碳钢、低合金钢及不锈钢埋弧焊焊丝牌号或型号国内外对照见表4-5、表4-6。使用的焊丝有实心焊丝和药芯焊丝，生产中普遍使用的是实心焊丝，药芯焊丝只用于某些特殊场合，例如耐磨堆焊。

表4-4 熔化焊用钢丝化学成分

钢种	牌号	化学成分（质量分数,%）										用途
		C	Mn	Si	Cr	Ni	Mo	V	其他	S	P	
										≤		
碳素结构钢	H08	≤0.10	0.30 ~ 0.55	≤0.03	≤0.20	≤0.30				0.040	0.040	用于碳素钢的电弧焊、气焊、埋弧焊、电渣焊和气体保护焊等
	H08A	≤0.10	0.30 ~ 0.55	≤0.03	≤0.20	≤0.30				0.030	0.030	
	H08Mn	≤0.10	0.80 ~ 1.10	≤0.07	≤0.20	≤0.30				0.040	0.040	
	H08MnA	≤0.10	0.80 ~ 1.10	≤0.07	≤0.20	≤0.30				0.030	0.030	
	H15A	0.11 ~ 0.18	0.35 ~ 0.65	≤0.03	≤0.20	≤0.30				0.030	0.030	
	H15Mn	0.11 ~ 0.18	0.80 ~ 1.10	≤0.07	≤0.20	≤0.30				0.040	0.040	
合金结构钢	H10Mn2	≤0.12	1.50 ~ 1.90	≤0.07	≤0.20	≤0.30				0.040	0.040	用于合金结构钢的电弧焊、气焊、埋弧焊、电渣焊和气体保护焊等
	H08Mn2Si	≤0.11	1.70 ~ 2.10	0.65 ~ 0.95	≤0.20	≤0.30				0.040	0.040	
	H08Mn2SiA	≤0.11	1.80 ~ 2.10	0.65 ~ 0.95	≤0.20	≤0.30				0.030	0.030	
	H10MnSi	≤0.14	0.80 ~ 1.10	0.60 ~ 0.90	≤0.20	≤0.30				0.030	0.040	
	H10MnSiMo	≤0.14	0.90 ~ 1.20	0.70 ~ 1.10	≤0.20	≤0.30	0.15 ~ 0.25			0.030	0.040	

（续）

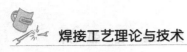

钢种	牌号	化学成分（质量分数,%） C	Mn	Si	Cr	Ni	Mo	V	其他	S ≤	P ≤	用途
合金结构钢	H10MnSiMoTiA	0.08~0.12	1.00~1.30	0.40~0.70	≤0.20	≤0.30	0.20~0.40		Ti0.05~0.15	0.025	0.030	用于合金结构钢的电弧焊、气焊、埋弧焊、电渣焊和气体保护焊等
	H08MnMoA	≤0.10	1.20~1.60	≤0.25	≤0.20	≤0.30	0.30~0.50		Ti0.15	0.030	0.030	
	H08Mn2MoA	0.06~0.11	1.60~1.90	≤0.25	≤0.20	≤0.30	0.50~0.70		Ti0.15	0.030	0.030	
	H10Mn2MoVA	0.08~0.13	1.70~2.00	≤0.40	≤0.20	≤0.30	0.60~0.80		Ti0.15	0.030	0.030	
	H08Mn2MoVA	0.06~0.11	1.60~1.90	≤0.25	≤0.20	≤0.30	0.50~0.70	0.06~0.12	Ti0.15	0.030	0.030	
	H08CrMoA	≤0.10	0.40~0.70	0.15~0.35	0.80~1.10	≤0.30	0.40~0.60			0.030	0.030	
	H13CrMoA	0.11~0.16	0.40~0.70	0.15~0.35	0.80~1.10	≤0.30	0.40~0.60			0.025	0.030	
	H18CrMoA	0.15~0.22	0.40~0.70	0.15~0.35	0.80~1.10	≤0.30	0.15~0.25			0.030	0.030	
	H08CrMoVA	≤0.10	0.40~0.70	0.15~0.35	1.00~1.33	≤0.30	0.50~0.70	0.15~0.35		0.030	0.030	
	H08CrNi2MoA	0.05~0.10	0.50~0.85	0.10~0.30	0.70~1.00	1.40~1.80	0.20~0.40			0.025	0.025	
	H30CrMoSiA	0.25~0.35	0.80~1.10	0.90~1.20	0.80~1.10	≤0.30				0.025	0.030	
	H10MoCrA	≤0.10	0.40~0.70	0.15~0.35	0.45~0.65	≤0.30	0.40~0.60			0.030	0.030	

表 4-5 常用碳钢及低合金钢埋弧焊焊丝牌号或型号对照

GB/T 14957—1994	AWS A5.17M—97(R2007) AWS A5.23M—2007	JIS Z3351—2012	DIN 8557	BS 4165	ESAB	NF A81—31—2004
H08A	EL12	YS-S1	S1	S1	OK Autrod12.10	SA1
H15Mn	EM12	YS-S3	S2	S2	OK Autrod12.20	SA2
H08MnA	EM12K	YS-S2	S2Si	S2Si	OK Autrod12.122	SA2

（续）

GB/T 14957—1994	AWS A5.17M—97(R2007) AWS A5.23M—2007	JIS Z3351—2012	DIN 8557	BS 4165	ESAB	NF A81—31—2004
H10Mn2	EM14	YS-S4	S4	S4	OK Autrod12.40	SA4
H08MnMoA	EA2	YS-M3	S2Mo	S2Mo	OK Autrod12.24	SA2Mo
H08Mn2MoA	EA3	YS-M4	S4Mo	S4Mo	OK Autrod12.34	SA4Mo
H10MoCrA	EB1	YS-CM1	—	—	—	—
H13CrMoA	EB2	YS-CM2	UPS2CrMo1	—	—	—
H08CrNi2MoA	—	—	—	S2-NiCrMo	—	—

注：表中列出的国外标准符号意义说明如下：

AWS——American Welding Society 美国焊接学会，下同。

JIS——Japan Industrial Standards，日本工业标准，下同。

DIN——Deutsches Institul fü，德国标准委员会，下同。

BS——British Standards，英国国家标准，下同。

NF——Norme Francaise，法国国家标准，下同。

ESAB——瑞典 ESAB 公司。

表 4-6 常用不锈钢埋弧焊焊丝牌号或型号对照

YB/T 5092—2005	AWS A5.9—2016	JIS Z3321—2003	DIN 8556—1—1986	BS 5465—1987	NF A1—318—1980
H09Cr21Ni9Mn4Mo	ER307	—	—	—	—
H08Cr21Ni10Si	ER308	SUSY308	SGX5 CrNi19 9	308 S 96	SA19 .9
H03Cr21Ni10Si	ER308L	SUSY308L	SGX2 CrNi19 9	308 S 92	SA19 .9L
H08Cr20Ni11Mo2	ER308Mo	—	—	—	—
H04Cr20Ni11Mo2	ER308LMo	—	—	—	—
H12Cr21Ni13Si	ER309	SUSY309	SGX12 CrNi22 12	309 S 94	SA23.12
H03Cr24Ni13Si	ER309L	SUSY309L	SGX2 CrNi24 12	309 S 92	SA23.12L
H12Cr24Ni13Mo2	ER309Mo	SUSY309Mo	—	—	—
H12Cr29Ni21Si	ER310	SUSY310	SGX12 CrNi25 20	310 S 94	SA25.20
H08Cr19Ni12Mo2Si	ER316	SUSY316	SGX5 CrNiMo19 11	316 S 96	SA19.12.2
H03Cr19Ni12Mo2Si	ER316L	SUSY316L	SGX5 CrNiMo19 12	316 S 92	SA19.12.2L
H08Cr19Ni14Mo3	ER317	SUSY317	—	—	—
H03Cr19Ni14Mo3	ER317L	SUSY317L	SGX2 CrNiMo 18 16	317 S 92	—
H08Cr19Ni12Mo2Nb	ER318	—	—	318 S 96	SA19.12.2Nb
H21Cr16Ni35	ER330	—	—	—	—

（续）

YB/T 5092—2005	AWS A5.9—2016	JIS Z3321—2003	DIN 8556—1—1986	BS 5465—1987	NF A1—318—1980
H08Cr20Ni10Nb	ER347	SUSY347	SGX5 CrNiMo19 9	347 S 96	SA19.9Nb
H12Cr13	ER410	SUSY410	SGX8 Cr14	410 S 94	SA13
H06Cr12Ni4Mo	ER410NiMo	—	—	—	—
H10Cr17	ER430	SUSY430	SGX8 CrTi18	430 S 94	—
H10Cr16Ni8Nb2	ER16—8—2	—	—	17.8.2	SA16.8.2

2. 焊丝的选用

焊丝是焊缝的填充金属材料，同时担负着电弧的导电作用。埋弧焊用焊丝依据所焊金属的不同，按国家标准 GB/T 14957—1994 及 YB/T 5092—2005 规定的钢种和牌号选用。实心焊丝的牌号表示方法为：字母“H”表示焊丝；“H”后的一位或两位数字表示含碳量；化学元素符号及其后的数字表示该元素的近似含量，当某合金元素的质量分数低于 1% 时，可省略数字，只记元素符号；尾部标有“A”或“E”时，分别表示“优质品”或“高级优质品”，表明 S、P 等杂质含量更低。

例如：

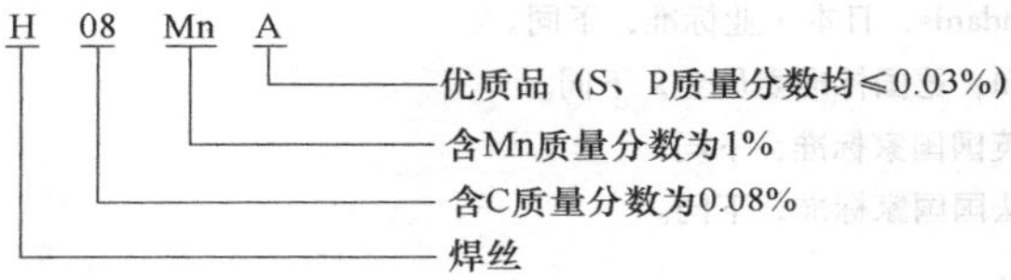
H 08 Mn A
优质品（S、P质量分数均≤0.03%）
含Mn质量分数为1%
含C质量分数为0.08%
焊丝

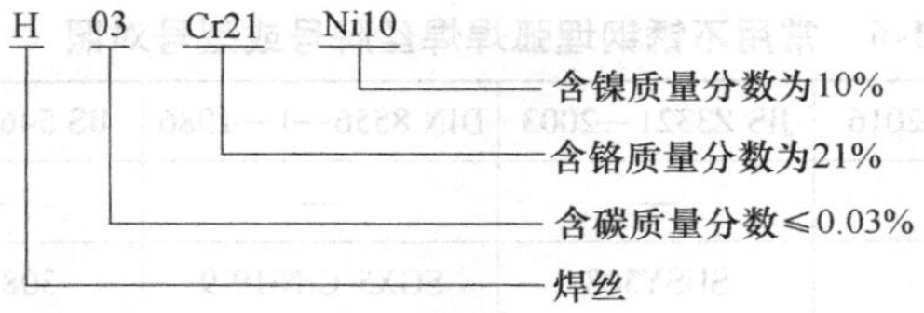
H 03 Cr21 Ni10
含镍质量分数为10%
含铬质量分数为21%
含碳质量分数≤0.03%
焊丝

焊丝直径为 1.6～6mm，各种直径的普通钢焊丝埋弧焊时，使用的电流范围见表 4-7。焊接碳素结构钢和某些低合金结构钢时，推荐用低碳钢焊丝 H08、H08A 和含锰焊丝 H08Mn、H08MnA 及 H10Mn2 等。在这些焊丝中含碳质量分数不超过 0.12%，否则会降低焊缝的塑性和韧性，并增加焊缝产生热裂纹的倾向。焊接合金钢或高合金钢时，应当采用与母材成分相同或相近的焊丝。

表 4-7　各种直径的普通钢焊丝埋弧焊使用的电流范围

焊丝直径/mm	1.6	2.0	2.5	3.0	4.0	5.0	6.0
电流范围/A	115～500	125～600	150～700	200～1000	340～1100	400～1300	600～1600

3. 焊丝的保管

不同牌号焊丝应分类妥善保管，不能混用。使用时应优先选用外表镀铜焊丝，否则使用前应对焊丝仔细清理，去除铁锈和油污等杂质，防止焊接时产生气孔等缺陷。

4.2.2 焊剂

焊剂是焊接时能够熔化形成熔渣，对熔化金属起保护和冶金作用的颗粒状物质。

1. 焊剂的作用

埋弧焊时焊剂有以下三方面作用：

（1）保护作用　埋弧焊时在电弧热的作用下，使部分焊剂熔化形成熔渣并产生某种气体，从而有效地隔绝空气，保护熔滴、熔池和焊接区，防止焊缝金属氧化和合金元素的烧损，并使焊接过程稳定。

（2）冶金作用　在焊接过程中起脱氧和渗合金的作用，与焊丝恰当配合，使焊缝金属获得所要求的化学成分和力学性能。

（3）改善焊接工艺性能　使电弧稳定地连续燃烧，焊缝成形美观。

2. 对焊剂的基本要求

为保证焊接质量，对焊剂的基本要求是：具有良好的稳弧作用，保证电弧的稳定燃烧；具有合适的熔点，其熔渣具有适中的黏度，保证焊缝成形良好，焊后有良好的脱渣性；S、P 的含量低，对油、锈等其他杂质的敏感性小，以保证焊缝中不产生裂纹和气孔等缺陷；具有适当的粒度，其颗粒具有足够的强度，吸湿性小，以便多次使用；在焊接过程中不应析出有害气体。

（1）焊剂应具有良好的冶金性能　焊剂配以适宜的焊丝，选用合理的焊接参数，使焊缝金属具有适宜的化学成分和良好的力学性能，以满足产品的设计要求，同时，焊剂还应有较强的抗气孔和抗裂纹能力。

（2）焊剂应具有良好的焊接工艺性能　在规定的参数下进行焊接，焊接过程中应保证电弧燃烧稳定，熔合良好，过渡平滑，焊缝成形好，脱渣容易。

（3）焊剂应具有较低的含水量和良好的抗潮性　出厂焊剂中水的质量分数不得大于0.20%。焊剂在温度25℃，相对湿度70%的环境条件下，放置24h，吸潮率不应大于0.15%。

（4）控制焊剂中的机械夹杂物　焊剂中碳粒、铁屑、原料颗粒及其他夹杂物的质量分数不应大于0.30%，其中碳粒与铁合金凝珠的质量分数不应大于0.20%。

（5）焊剂应有较低的硫、磷含量　焊剂中硫、磷的质量分数一般为：$S \leqslant 0.06\%$，$P \leqslant 0.08\%$。

（6）焊剂应有一定的颗粒度　焊剂的粒度一般分为两种，一种是普通粒度为2.5～0.45mm（8～40目）；另一种是细粒度为1.18～0.28mm（14～60目）。小于规定粒度的细粉一般不大于5%，大于规定粒度的粗粉一般不大于2%。

3. 焊剂的分类

焊剂可以按照它们的制造方法、用途、化学成分、化学性质和颗粒的结构进行分类（见图4-6）。

（1）按制造方法分

1）熔炼焊剂。熔炼焊剂是把各种原材料按照一定的配方经过熔炼及粒化而制成的颗粒状物质。国产熔炼焊剂的牌号及化学成分见表4-8，熔炼焊剂是由各种氧化物和氟化物组成的。

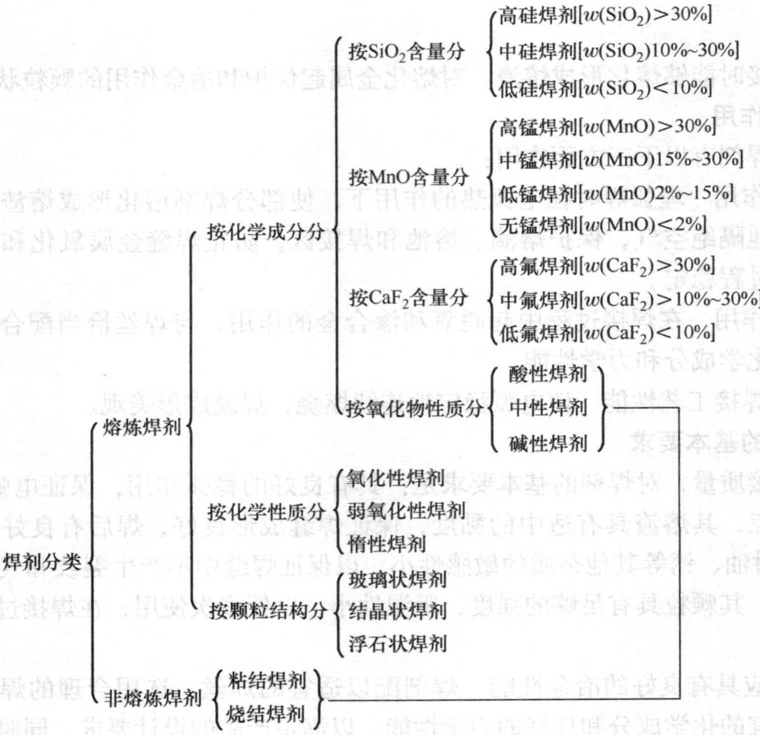
焊剂分类
熔炼焊剂
按化学成分分
按SiO_2含量分
高硅焊剂[$w(SiO_2)>30\%$]
中硅焊剂[$w(SiO_2)10\%\sim30\%$]
低硅焊剂[$w(SiO_2)<10\%$]
按MnO含量分
高锰焊剂[$w(MnO)>30\%$]
中锰焊剂[$w(MnO)15\%\sim30\%$]
低锰焊剂[$w(MnO)2\%\sim15\%$]
无锰焊剂[$w(MnO)<2\%$]
按CaF_2含量分
高氟焊剂[$w(CaF_2)>30\%$]
中氟焊剂[$w(CaF_2)>10\%\sim30\%$]
低氟焊剂[$w(CaF_2)<10\%$]
按氧化物性质分
酸性焊剂
中性焊剂
碱性焊剂
按化学性质分
氧化性焊剂
弱氧化性焊剂
惰性焊剂
按颗粒结构分
玻璃状焊剂
结晶状焊剂
浮石状焊剂
非熔炼焊剂
粘结焊剂
烧结焊剂

图 4-6　焊剂的分类

表 4-8　常用埋弧焊剂成分

牌号	成分类型	组成成分（质量分数，%）										
		SiO_2	CaF_2	CaO	MgO	Al_2O_3	MnO	FeO	KO + Na_2O	S	P	其他
HJ130	无锰高硅低氟	35 ~ 40	4 ~ 7	10 ~ 18	14 ~ 19	12 ~ 16	—	0 ~ 2	—	≤0.05	≤0.05	TiO_2 7 ~ 11
HJ131	无锰高硅低氟	34 ~ 38	2.5 ~ 4.5	48 ~ 55	—	6 ~ 9	—	≤1.0	1.5 ~ 3.0	≤0.08		—
HJ150	无锰中硅中氟	21 ~ 23	25 ~ 33	3 ~ 7	9 ~ 13	28 ~ 32	—	≤1.0	≤3	≤0.08		—
HJ172	无锰低硅高氟	3 ~ 6	45 ~ 55	2 ~ 5		28 ~ 35	1 ~ 2	≤0.8	≤3	≤0.05		ZrO_2 2 ~ 4 NaF 2 ~ 3
HJ173	无锰低硅高氟	≤4	45 ~ 58	13 ~ 20	—	22 ~ 33		≤1.0		≤0.04		ZrO_2 2 ~ 4
HJ230	低锰高硅低氟	40 ~ 46	7 ~ 11	8 ~ 14	10 ~ 14	10 ~ 17	5 ~ 10	≤1.5	—	≤0.05		—
HJ250	低锰中硅中氟	18 ~ 22	23 ~ 30	4 ~ 8	12 ~ 16	18 ~ 23	5 ~ 8	≤1.5	≤3	≤0.05		—

（续）

牌号	成分类型	组成成分（质量分数,%）										
		SiO_2	CaF_2	CaO	MgO	Al_2O_3	MnO	FeO	KO + Na_2O	S	P	其他
HJ251	低锰中硅中氟	18~22	23~30	3~6	14~17	18~23	7~10	≤1.0	—	≤0.05		—
HJ253	低锰中硅中氟	20~24	24~30	—	13~17	12~16	6~10	≤1.0	—	≤0.05		TiO_2 2~4
HJ260	低锰高硅中氟	29~34	20~25	4~7	15~18	19~24	2~4	≤1.0	—	≤0.07		—
HJ330	中锰高硅低氟	44~48	3~6	≤3	16~20	≤4	22~26	≤1.5	≤1	≤0.08		—
HJ350	中锰中硅中氟	30~35	14~20	10~18	—	≤1.8	14~19	≤1.0	—	≤0.07		—
HJ430	高锰高硅低氟	38~45	5~9	≤6	—	≤1.8	38~47	≤1.8	—	≤0.10		—
HJ431	高锰高硅低氟	40~44	3~6.5	≤5.5	5~7.5	≤4	34.5~38	≤1.8	—	≤0.10		—
HJ433	高锰高硅低氟	42~45	2~4	≤4	—	≤3	44~47	≤1.8	0.3~0.5	≤0.10		—

由于熔炼焊剂化学成分均匀，吸湿性小，颗粒的强度高，不易粉化，可多次重复使用，同时具有良好的焊接工艺性能和冶金性能，故在国内外得到广泛应用。

2）非熔炼焊剂。非熔炼焊剂按照烘焙温度不同又分为粘结焊剂和烧结焊剂。将一定比例的各种粉状配料加入适量粘结剂，混合搅拌后，并进行粒化（0.5~2.0mm），经400℃以下低温烘干而制成的焊剂为粘结焊剂；若经400~1000℃高温烧结成块，然后粉碎、筛选而制成的焊剂则为烧结焊剂。国产烧结焊剂成分见表4-9。

表4-9 埋弧焊用烧结焊剂成分

牌号	成分类型	碱度	组成成分（质量分数,%）					
			SiO_2+TiO_2	CaO + MgO	Al_2O_3 + MnO	CaF_2	S	P
SJ101	氟碱	1.8	15~25	25~35	20~30	15~25	≤0.06	≤0.08
SJ102	氟碱	3.5	10~15	35~45	15~25	20~30	≤0.06	≤0.08
SJ104	氟碱	2.7	30~35	20~25	20~25	20~25	≤0.06	≤0.08
SJ105	氟碱	2.0	16~22	30~34	18~20	18~25	≤0.06	≤0.08
SJ301	硅钙	1.0	25~35	20~30	25~40	5~15	≤0.06	≤0.08
SJ302	硅钙	1.1	20~25	20~25	30~40	8~20		
SJ401	硅锰	<1	45	10	40	—		
SJ402	硅锰	0.7	35~45	5~15	40~45	—	≤0.06	≤0.08
SJ403	硅锰	—	≥45	≥20	≥20		≤0.04	≤0.04

（续）

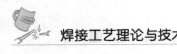

牌号	成分类型	碱度	组成成分（质量分数,%）					
			SiO_2+TiO_2	CaO + MgO	Al_2O_3 + MnO	CaF_2	S	P
SJ501	铝钛	0.5～0.8	10～25	—	45～60	≤10	≤0.06	≤0.08
SJ502		<1	45	30	10	5		
SJ503		0.7～0.9	25～35	45～60		≤17		
SJ601		1.8	5～10	6～10	30～40	45～50	≤0.06	≤0.08
SJ604		1.8	5～8	30～35	4～8	45～50	≤0.06	≤0.06
SJ641		2.0	20～25	20～22	15～20	20～25	≤0.06	≤0.06
SJ602		3.0～3.2	(SiO_2) 8～12	(MgO) 24～30	(Al_2O_3) 8～12	20～25	($BaCO_3$) 21～38	
SJ603		2.3～2.7	(SiO_2) 6～10	(MgO) 22～28	18～23	15～20	($CaCO_3$) 20～24	

粘结焊剂和烧结焊剂的优点是通过在焊剂中加入大量的合金成分或变质剂，以改善焊缝的组织和性能，克服熔炼焊剂脱氧不完全，不能大量加合金等缺点。其特点是：制造简单，成本低；能加入脱氧剂，脱氧较充分，同时可提高焊剂的碱度，减少焊缝的含氧量，可提高焊缝的韧性；可加入合金剂，用普通低碳钢焊丝配合适当的粘结焊剂几乎可以得到任意化学成分的焊缝金属，而熔炼焊剂只有配合合金钢焊丝才能实现；粘结焊剂抗气孔能力强。缺点是：容易吸潮，会增加焊缝含氧量；反复使用易粉化；焊剂成分均匀程度比熔炼焊剂差以及对焊接参数的波动比较敏感，因而易引起焊缝化学成分的不均匀。粘结和烧结焊剂在国外应用比较广泛，目前国内也以批量生产，并已用于焊接生产中。表 4-10 列出了两类焊剂的性能特点对比。

表 4-10　熔炼焊剂和烧结焊剂的性能特点比较

比较项目		熔炼焊剂	烧结焊剂
焊接工艺性能	高速焊接性能	焊道均匀，不易产生气孔和夹渣	焊道无光泽，易产生气孔和夹渣
	大电流焊接性能	焊道凸凹显著，易粘渣	焊道均匀，易脱渣
	吸潮性能	比较小，可不必再烘干	比较大，必须再烘干
	抗锈性能	比较敏感	不敏感
焊缝力学性能	韧性	受焊丝成分和焊剂碱度影响大	比较容易得到高韧性
	成分波动	焊接参数变化时成分波动小，均匀	成分波动大，不容易均匀
	多层焊性能	焊缝金属的成分变动小	焊缝成分波动比较大
	合金剂的添加	几乎不可能	容易

（2）按熔渣碱度分为酸、中、碱性焊剂　焊剂在使用中有时需考虑其碱度，国际焊接学会 IIW 推荐了埋弧焊焊剂碱度的计算公式：

$$B_{IIW} = [CaO + MgO + BaO + SrO + Na_2O + K_2O + CaF_2 + 0.5(MnO + FeO)] / [SiO_2 + 0.5(Al_2O_3 + TiO_2 + ZrO_2)]$$

式中各化合物均表示在焊剂中的质量分数。

一般熔炼焊剂在使用前必须在250℃下烘干，并保温1～2h。HJ172和HJ173易受潮，应注意保管。用于直流焊的焊剂使用前必须经300～400℃烘干，保温2h，烘干后立即使用。

4. 焊剂的型号和牌号

（1）焊剂型号　依据GB/T 5293—1999《埋弧焊用碳钢焊丝和焊剂》、GB/T 12470—2003《埋弧焊用低合金钢焊丝和焊剂》和GB/T 17854—1999《埋弧焊用不锈钢焊丝和焊剂》的规定进行划分。

1）碳钢埋弧焊用焊剂。碳钢焊剂型号分类根据焊丝—焊剂组合的熔敷金属力学性能、热处理状态进行划分。字母“F”表示焊剂；“F”后第一位数字表示焊丝—焊剂组合的熔敷金属抗拉强度的最小值见表4-11，“4”表示抗拉强度为415～550MPa，“5”表示抗拉强度为480～650MPa；第二位字母表示试件的热处理状态，“A”表示焊态，“P”表示焊后热处理状态；第三位数字表示熔敷金属吸收能量不小于27J时的最低试验温度见表4-12；短线“—”后面表示焊丝牌号，按GB/T 14957—1994《熔化焊用钢丝》确定。例如

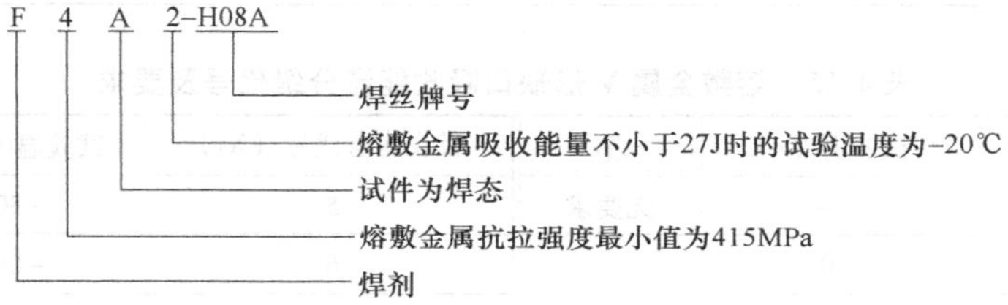
F 4 A 2-H08A
焊丝牌号
熔敷金属吸收能量不小于27J时的试验温度为-20℃
试件为焊态
熔敷金属抗拉强度最小值为415MPa
焊剂

表4-11　熔敷金属的拉伸性能

焊剂型号	抗拉强度 R_m/MPa	屈服强度 R_{eL}/MPa	断后伸长率 A（%）
F4××-H××	415～550	≥330	≥22
F5××-H×××	480～650	≥400	≥22

表4-12　熔敷金属V形缺口吸收能量

焊剂型号	吸收能量/J	试验温度/℃	焊剂型号	吸收能量/J	试验温度/℃
F××0-H×××	≥27	0	F××4-H×××	≥27	-40
F××2-H×××		-20	F××5-H×××		-50
F××3-H×××		-30	F××6-H×××		-60

2）低合金钢用埋弧焊焊剂。埋弧焊用低合金钢焊剂型号是根据埋弧焊焊缝金属的力学性能和焊剂渣系来划分的。焊剂型号表示方法如下：

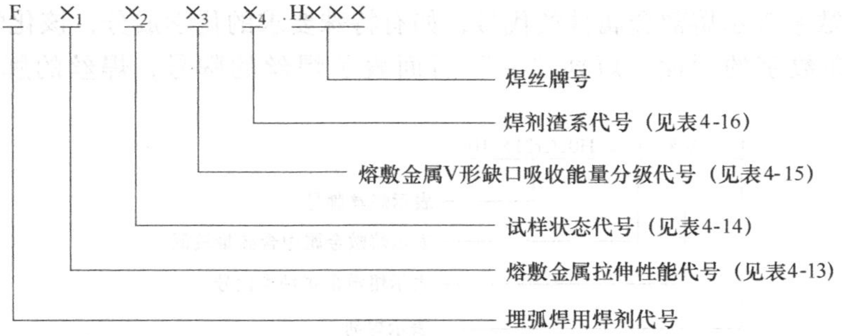
F ×1 ×2 ×3 ×4 H×××
焊丝牌号
焊剂渣系代号（见表4-16）
熔敷金属V形缺口吸收能量分级代号（见表4-15）
试样状态代号（见表4-14）
熔敷金属拉伸性能代号（见表4-13）
埋弧焊用焊剂代号

表 4-13 熔敷金属拉伸性能代号及要求

拉伸性能代号（X_1）	R_m/MPa	$\sigma_{0.2}$/MPa	A（%）
5	480 ~ 650	≥380	≥22
6	550 ~ 690	≥460	≥20
7	620 ~ 760	≥540	≥17
8	690 ~ 820	≥610	≥16
9	760 ~ 900	≥680	≥15
10	820 ~ 970	≥750	≥14

表 4-14 试样状态代号

试样状态代号（X_2）	试 样 状 态
0	焊态
1	焊后热处理状态

表 4-15 熔敷金属 V 形缺口吸收能量分级代号及要求

吸收能量代号（X_3）	试验温度/℃	A_{KV}/J	吸收能量代号（X_3）	试验温度/℃	A_{KV}/J
0	—	无要求	5	-50	≥27
1	0	≥27	6	-60	
2	-20		8	-80	
3	-30		10	-100	
4	-40		—	—	

表 4-16 焊剂渣系分类及组分

渣系代号（X_4）	渣系	主要组分（质量分数，%）
1	氟碱型	$CaO + MgO + MnO + CaF_2 > 50\%$　$SiO_2 \leqslant 20\%$　$CaF_2 \geqslant 15\%$
2	高铝型	$Al_2O_3 + CaO + MgO > 45\%$　$Al_2O_3 \geqslant 20\%$
3	硅钙型	$CaO + MgO + SiO_2 > 60\%$
4	硅锰型	$MnO + SiO_2 > 50\%$
5	铝钛型	$Al_2O_3 + TiO_2 > 45\%$
6	其他型	不作规定

3）不锈钢用埋弧焊焊剂。埋弧焊用不锈钢焊剂型号分类是根据焊丝和焊剂组合的熔敷金属化学成分、力学性能进行划分，焊丝-焊剂组合型号表示方法如下：字母“F”表示焊剂；“F”后面的数字表示熔敷金属种类代号，如有特殊要求的化学成分，该化学成分用元素符号表示，放在数字的后面；短划“-”后面表示焊丝的牌号，焊丝的牌号按 YB/T 5092—2005。

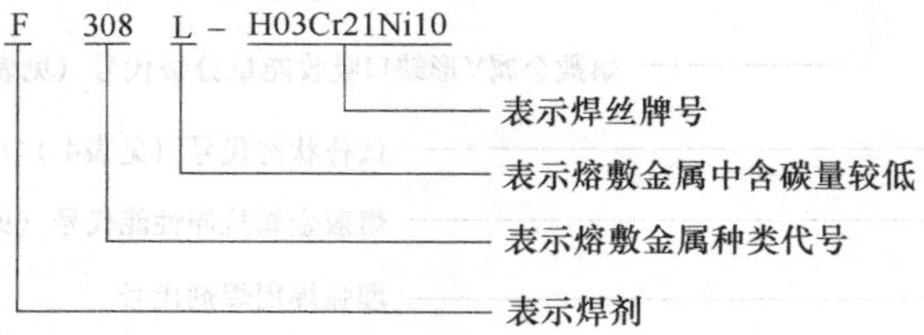
F 308 L - H03Cr21Ni10
表示焊丝牌号
表示熔敷金属中含碳量较低
表示熔敷金属种类代号
表示焊剂

（2）焊剂牌号

1）熔炼焊剂牌号表示法。焊剂牌号表示为“HJ×××”。HJ后面有三位数字，第一位数字表示焊剂中氧化锰的平均含量，如“4”表示高锰型，“2”表示低锰型；第二位数字表示焊剂中二氧化硅、氟化钙的平均含量，如“3”表示高硅低氟型，“6”表示高硅中氟型；第三位数字表示同一类型焊剂的不同牌号；对同一种牌号焊剂生产两种颗粒度，则在细颗粒产品后面加一“×”。

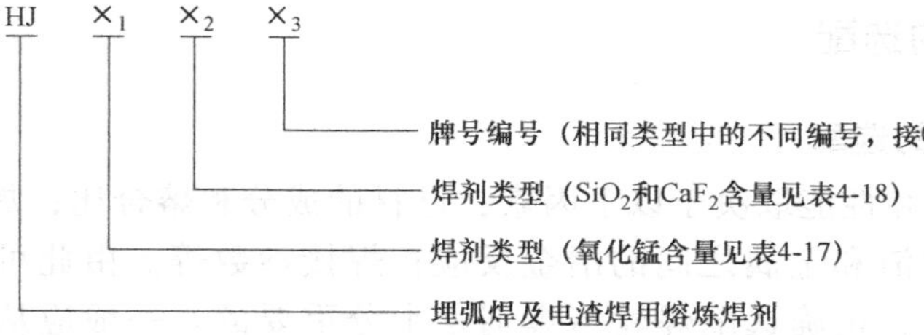
HJ ×1 ×2 ×3
牌号编号（相同类型中的不同编号，按0，1，…，9排列）
焊剂类型（SiO2和CaF2含量见表4-18）
焊剂类型（氧化锰含量见表4-17）
埋弧焊及电渣焊用熔炼焊剂

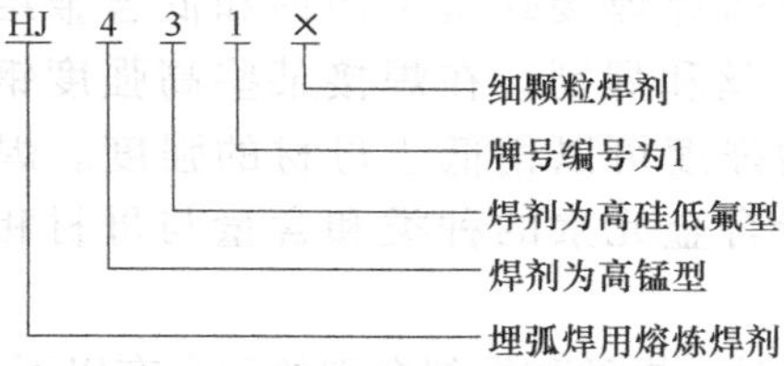
HJ 4 3 1 ×
细颗粒焊剂
牌号编号为1
焊剂为高硅低氟型
焊剂为高锰型
埋弧焊用熔炼焊剂

表4-17 焊剂类型（$\times_1$）

$\times_1$	焊剂类型	w（MnO）（%）	$\times_1$	焊剂类型	w（MnO）（%）
1	无锰	<2	3	中锰	15~30
2	低锰	2~15	4	高锰	>30

表4-18 焊剂类型（$\times_2$）

$\times_2$	焊剂类型	$w(SiO_2)$（%）	$w(CaF_2)$（%）	$\times_2$	焊剂类型	$w(SiO_2)$（%）	$w(CaF_2)$（%）
1	低硅低氟	<10	<10	6	高硅中氟	>30	10~30
2	中硅低氟	10~30		7	低硅高氟	<10	>30
3	高硅低氟	>30		8	中硅高氟	10~30	
4	低硅中氟	<10	10~30	9	其他	不规定	不规定
5	中硅中氟	10~30					

2）烧结焊剂牌号表示法。烧结焊剂牌号表示为“SJ×××”。SJ后面有三位数字，第一位数字表示焊剂熔渣的渣系类型，如“4”表示硅锰型，“5”表示铝钛型；第二、第三位数字表示同一渣系类型焊剂中的不同牌号，按01，02，…，09顺序排列。

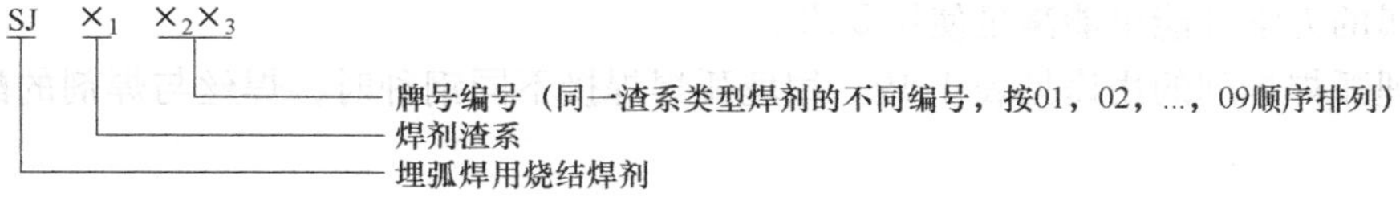
SJ ×1 ×2×3
牌号编号（同一渣系类型焊剂的不同编号，按01，02，…，09顺序排列）
焊剂渣系
埋弧焊用烧结焊剂

例如：

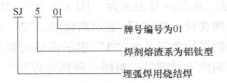

SJ 5 01
- 01：牌号编号为01
- 5：焊剂熔渣系为铝钛型
- SJ：埋弧焊用烧结焊

4.2.3 焊丝与焊剂的选配

1. 熔炼焊剂与焊丝的选配

埋弧焊焊缝的成分和性能取决于以下因素：母材的成分和熔合比；焊丝和焊剂的成分及其正确的配合；熔渣和金属之间的冶金反应；焊接参数等。由此可见，为获得高质量的埋弧焊焊接接头，正确选配焊丝与焊剂是十分重要的。一般应从母材的成分和性能以及焊接接头的使用要求出发。埋弧焊焊接碳素结构钢和低合金结构钢，应遵照焊缝金属与母材等强度的原则来选择焊丝和焊剂。在焊接某些高强度钢时，为了防止产生裂缝，可以采用低匹配，即焊缝的强度可以稍低于母材的强度。焊接耐热钢和不锈钢时，应当采用与母材成分相同或者合金元素的种类和含量与母材相近的焊丝，并与适当的焊剂配合使用。

焊接碳素结构钢和某些低合金结构钢时，焊丝和焊剂合理的配合有以下三种：高锰高硅焊剂如 HJ430、HJ431、HJ433 与低碳钢焊丝 H08A 或含锰焊丝 H08MnA 配合，在这种配合下，主要是依靠焊剂中的硅、锰还原反应向焊缝过渡硅、锰；高硅中锰焊剂如 HJ330 与含锰焊丝 H08MnA、H08MnSi 等配合；高硅低锰焊剂如 HJ230 或高硅无锰焊剂如 HJ130 与高锰焊丝 $H10Mn_2$配合，在这种情况下，依靠焊剂中硅还原反应向焊缝过渡硅，通过焊丝向焊缝过渡锰。

目前第一种配合方案在国内外得到最广泛的应用。其原因是焊剂 HJ431、HJ430 具有良好的焊接性能，而且它们的氧化性较强，对铁锈不敏感，抗气孔能力较强。

焊接强度较高的低合金结构钢时，为保证焊缝的韧性，可采用中锰中硅或低锰中硅焊剂配合适当的低合金结构钢焊丝。目前我国广泛采用 HJ350、HJ260、HJ250 配以与被焊金属相应的焊丝。

对于耐热钢、低温钢、耐蚀钢的焊接，可选用中硅或低硅型焊剂配合相应合金钢焊丝。大多数中硅焊剂属于弱氧化性焊剂，能获得韧性较高的焊缝金属。

对于铁素体、奥氏体等高合金钢，一般选用碱度较高的熔炼焊剂或烧结、粘结焊剂，以降低合金元素的烧损及渗入较多的合金元素。为保证焊缝的抗腐蚀性能和抗热裂性能宜采用低硅焊剂，这是因为低硅焊剂对金属基本上没有氧化作用。例如采用 HJ172，可以保证焊缝含氧最低，抗裂能力强，塑性和韧性高。由于这种焊剂工艺性不好，焊缝成形较差，抗气孔能力较弱，因此我国常用 HJ260 焊接 18-8 型不锈钢，这不仅使焊接工艺性能得到改善，而且焊缝金属的力学性能也能满足使用要求。

常用埋弧焊焊剂的用途见表 4-19。用埋弧焊焊接不同钢种时，焊丝与焊剂的配合应用，见表 4-20。

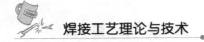

表 4-19 常用埋弧焊焊剂的用途

焊剂牌号	焊 剂 类 型	碱度 B	配 用 焊 丝	用 途	焊剂颗粒粒度/mm	适用电流种类
HJ130	无 Mn 高 Si 低 F	0.73	H10Mn2	碳素结构钢，低合金结构钢	0.4～3	交直流
HJ131	无 Mn 高 Si 低 F	1.47	Ni 基焊丝	Ni 基合金	0.25～1.6	交直流
HJ150	无 Mn 中 Si 中 F	0.83	2Cr13，3Cr2W8 Cu 焊丝	轧辊堆焊 焊铜	0.25～3	直流
HJ172	无 Mn 低 Si 高 F	1.52	相应钢种焊丝	高铬铁素体钢， 马氏体及奥氏体不锈钢	0.25～2	直流
HJ230	低 Mn 高 Si 低 F	0.62	H08MnA，H10Mn2	碳素结构钢，低合金结构钢	0.4～3	交直流
HJ250	低 Mn 中 Si 中 F	1.20	相应钢种焊丝	焊接低合金结构钢	0.4～3	直流
HJ251	低 Mn 中 Si 中 F	1.78	Cr-Mo 钢焊丝	珠光体耐热钢	0.4～3	直流
HJ260	低 Mn 高 Si 中 F	0.89	不锈钢焊丝或相应焊丝	不锈钢，轧辊堆焊	0.25～2	直流
HJ330	中 Mn 高 Si 低 F	0.66	H08MnA，H10Mn2， H08MnSi	重要碳素结构钢及 低合金结构钢	0.4～3	交直流
HJ350	中 Mn 中 Si 中 F	0.76	Mn-Mo，Mn-Si 及 含 Ni 高强度钢焊丝	重要低合金高强度结构钢	0.4～3 0.25～1.6	交直流
HJ430	高 Mn 高 Si 低 F	0.63	H08A，H08MnA	重要碳素结构钢及 低合金结构钢	0.14～3 0.25～1.6	交直流
HJ431	高 Mn 高 Si 低 F	0.68	H08A，H08MnA	重要碳素结构钢及 低合金结构钢	0.4～3	交直流
HJ433	高 Mn 高 Si 低 F	0.56	H08A	碳素结构钢	0.25～3	交直流

表 4-20 埋弧焊焊丝和焊剂选配推荐表

钢 种	焊 丝 牌 号	焊 剂 牌 号
Q235A、B、C、D 级	H08A，H08MnA	HJ431
15、20、25、20g	H08MnA，H10Mn2	HJ431，HJ330
09Mn2，09MnV，09MnNb	H08A，H08MnA	HJ431
16Mn，14MnNb	H08MnA，H10Mn2，H10MnSi 厚板深坡口 H10Mn2	HJ431 HJ350
15MnV 15MnTi，16MnNb	H08MnA，H10Mn2 H10Mn2Si 厚板深坡口 H08MnMoA	HJ431 HJ350，HJ250
15MnVN 14MnVTiRe	H08MnMoA H08MnVTiA	HJ431 HJ350
15MnVN 14MnMoNb	H08Mn2MoA H08Mn2MoVA	HJ250 HJ350
30CrMnSiA	H20CrMoA H18CrMoA	HJ431 HJ260
30CrMnSiNi2A	H18CrMoA	HJ260
35CrMoA	H20CrMoA	HJ260

（续）

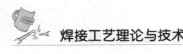

钢　种	焊丝牌号	焊剂牌号
12CrMo	H12CrMo	HJ260，HJ250
15CrMo	H15CrMo	
12Cr2Mo1	H08CrMoVA	
06Cr18Ni10Ti 07Cr19Ni11Ti	H03Cr21Ni10	HJ260
022Cr19Ni10	H06Cr21Ni10	HJ260
022Cr17Ni12Mo2	H06Cr19Ni12Mo2	HJ260
06Cr17Ni12Mo2Ti	H03Cr19Ni14Mo3	HJ260
06Cr13 12Cr13	H06Cr14	HJ260
20Cr13	H12Cr13	HJ260

2. 烧结焊剂与焊丝的选配

氟碱型烧结焊剂是一种碱性焊剂，可交、直流两用，直流焊接时采用直流反接。配合适当焊丝例如焊丝 H08MnA、H10Mn2、H08MnMoA、H08Mn2MoA 可焊接多种低合金结构钢，用于重要焊接结构的焊接，如锅炉压力容器、管道等。可用于多丝埋弧焊，特别适用于大直径容器的双面单道焊。

硅钙型烧结焊剂是一种中性焊剂，可交、直流两用，直流焊接时采用直流反接。配合焊丝 H08A、H08MnA、H08MnMoA 等可焊接普通结构钢、锅炉用钢、管线用钢等。适用于双面单道焊，可用于多丝高速焊，以及小直径管线的焊接。

硅锰型烧结焊剂是一种酸性焊剂，可交、直流两用，直流焊接时采用直流反接。配合焊丝 H08A、H08MnA、H08MnMoA 等可焊接低碳钢及某些低合金钢。它广泛应用于机车车辆、矿山机械等金属结构的焊接。

铝钛型烧结焊剂是一种酸性焊剂，可交、直流两用，直流焊接时采用直流反接。该焊剂有较强的抗气孔能力，对少量的铁锈及高温氧化膜不敏感。配合焊丝 H08A、H08MnA、H08MnMoA 等可焊接低碳钢及某些低合金结构钢。它在锅炉、船舶、压力容器等的制造中获得较多的应用。特别适于双面单道焊，也可用于多丝高速焊。

4.3　埋弧焊机

4.3.1　埋弧焊机的结构和分类

1. 埋弧焊机的结构

埋弧焊机由机械、电源和控制系统三个主要部分组成。

（1）机械结构　即通称的焊接小车部分，它是由送丝机头、行走小车、机头调节机构、导电嘴以及焊丝盘、焊剂漏斗等部件组成，通常还装有操作控制盘。

（2）电源　埋弧焊机的电源分为交流和直流两种类型，应根据所焊产品的材质及焊剂类型进行选用。一般碳素结构钢和低合金结构钢，选配 HJ430 或 HJ431 与焊丝 H08A 或 H08MnA 时均优先考虑采用交流电源。若用低锰、低硅焊剂，为保证埋弧焊过程电弧的稳定性，必须选用直流电源。采用直流电源时，其输出端一般为反接，以获得较大的熔深。

埋弧焊电源外特性依据送丝方式不同而异。等速送丝或焊接电流反馈变速送丝式选用缓降或平特性电源；电弧电压反馈变速送丝式，则选用陡降外特性电源，空载电压一般为70～80V。电源的额定电流一般为500A、1000A 和1500A。常用的埋弧焊交流电源有 BX2-500 型和 BX2-1000 型；直流电源为 ZXG-1000R 型、ZDG-1000R 型和 ZDG-1500 型。小电流弧焊时，其交流电源也可利用 AX1-500 等焊条电弧焊电源，但应注意所用的电流上限不应超过按 100% 负载持续率折算的焊接电流数值，即 387A。

（3）控制系统　包括电源外特性控制、送丝和小车拖动控制及程序自动控制。一般埋弧焊机，为了便于操作，把主要操作按钮装在操作控制盘上，使用时必须按照制造厂提供的外部接线安装图把控制系统连接好。

此外，根据焊接生产的需要，还可配置其他辅助装置，如焊接胎夹具、焊件变位机、焊缝成形装置、焊剂回收装置等。

2. 埋弧焊机分类

（1）按送丝方式分　主要分为等速送丝式埋弧焊机和电弧电压调节式埋弧焊机两类。前者适用于细焊丝或高电流密度的情况，后者适用于粗焊丝或低电流密度的情况。

（2）按用途分　埋弧焊机可分为通用焊机，即广泛用于各种结构的对接、角接、环缝和纵缝等焊接的焊机；专用焊机，即专为焊接某些特定的结构或焊缝，例如埋弧角焊机、T 形梁焊机、埋弧堆焊机、窄间隙埋弧焊机及埋弧横焊机等。

（3）按行走机构形式分　分为小车式、门架式、悬臂式。通用埋弧焊机大都采用小车式。门架式适用于某些大型结构的平板对接、角接焊缝。悬臂式适用于大型工字梁、化工容器、锅炉气包等圆筒、球形结构的纵、环缝焊接。

（4）按焊丝数量分　分为单丝，双丝和多丝焊机。目前生产中应用的大都是单丝式的。使用双丝或多丝焊机是进一步提高埋弧焊的生产率和焊缝质量的有效途径。焊丝截面一般为圆形，但还有采用矩形（带状电极）的埋弧焊机，称为带极埋弧焊机。

国产埋弧焊机的主要技术数据见表 4-21。

表 4-21　国产埋弧焊机的主要技术数据

技术规格 \ 型号	NZA-1000	MZ-1000	MZ1-1000	MZ2-1000	MZ3-1500	MZ6-2×500	MU-2×300	MU1-1000
送丝形式	弧压自动调节	弧压自动调节	等速送丝	等速送丝	等速送丝	等速送丝	等速送丝	弧压自动调节
焊机结构特点	埋弧、明弧两用焊车	焊　车	焊　车	悬挂式自动机头	电缆爬行小车	焊　车	堆焊专用焊机	堆焊专用焊机
焊接电流/A	200～1200	400～1200	200～1000	400～1500	180～600	200～600	160～300	400～1000

（续）

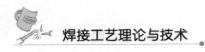

技术规格 \ 型号	NZA-1000	MZ-1000	MZ1-1000	MZ2-1000	MZ3-1500	MZ6-2×500	MU-2×300	MU1-1000
焊丝直径/mm	3~5	3~6	1.6~5	3~6	1.6~2	1.6~2	1.6~2	焊带宽30~80，焊带厚0.5~1
送丝速度/(m/h)	30~360（弧压反馈控制）	30~120（弧压35V）	52~403	28.5~225	108~420	150~600	96~324	15~60
焊接速度/(m/h)	2.1~78	15~70	16~126	13.5~112	10~65	8~60	19.5~35	7.5~35
焊接电流种类	直流	直流或交流	直流或交流	直流或交流	直流或交流	交流	直流	直流
送丝速度调整方法	用电位器无级调速（用改变晶闸管导通角来改变直流电动机转速）	用电位器自动调整直流电动机转速	调换齿轮	调换齿轮	用自耦变压器无级调整直流电动机转速	用自耦变压器无级调整直流电动机转速	调换齿轮	用电位器无级调整直流电动机转速

4.3.2 焊接过程中电弧的自动调节

1. 自动调节的必要性

为获得良好的焊接接头，要求焊接过程能稳定进行，即要求焊丝熔化、熔滴过渡、母材熔化和冷却结晶等过程都是稳定的。为此，首先必须依据焊件的实际情况（材质、板厚、接头形式及焊接位置等）和所选用的焊接材料（焊丝直径等）正确选择焊接参数，特别是决定焊缝输入能量的三个主要参数，即焊接电流 I、电弧电压 U、焊接速度 v。使选定的焊接参数在实际焊接过程中保持不变，是保证焊缝成形和内部质量的一个关键问题。这就要求埋弧焊机除了通过机械和电气装置完成自动连续送丝和电弧自动沿焊件接缝移动之外，还必须具有自动调节的功能。即保证当选定的焊接参数受到外界干扰发生变化时，能自动调节，使之迅速恢复到所选定的参数上来。

焊接过程中电弧的稳定状态，即电弧焊过程的两个最主要能量参数 I 和 U 的稳定值，是由电源的外特性和电弧的静特性曲线的交点决定的（见图4-7中的 O 点）。凡是可引起电源外特性和电弧静特性曲线位置发生变化的一切外界因素，都会对焊接参数造成干扰，破坏它的稳定性。

在电弧焊过程中，外界因素对电源外特性和电弧静特性曲线位置干扰的原因，从焊接生产实践情况分析，主要可归纳为以下几方面。

（1）外界对电弧静特性的干扰　电弧静特性的变化将使电弧的稳定工作点沿电源的外特性发生波动，由 O 点移到 O_1 点（见图4-7）。电弧静特性是由弧长、弧柱气体成分和电极条件等因素决定的，因此这方面的外界干扰主要是：①焊枪相对于焊缝表面距离的波动，这是由于焊件装配时的定位焊缝及装配质量不高局部产生错边，或者坡口加工不均匀，或环缝焊接时筒体的椭圆度偏差等因素使焊缝表面高度波动，从而造成焊枪相对于焊缝表面距离产生改变，也可能是焊接小车行走轨道表面不平等因素而引起的，这些因素都会引起电弧静特性发生变化；②送丝速度发生不正常的变动，例如焊丝盘绕时形成的折弯和扭曲都会造成送丝阻力的突变或送丝电动机转速波动；③由于焊剂、保护气体、母材和电极材料成分不均匀或有污物等，均会引起弧柱气体成分和有效电离电压以及弧柱的电场强度产生波动，而导致电弧静特性发生变化。

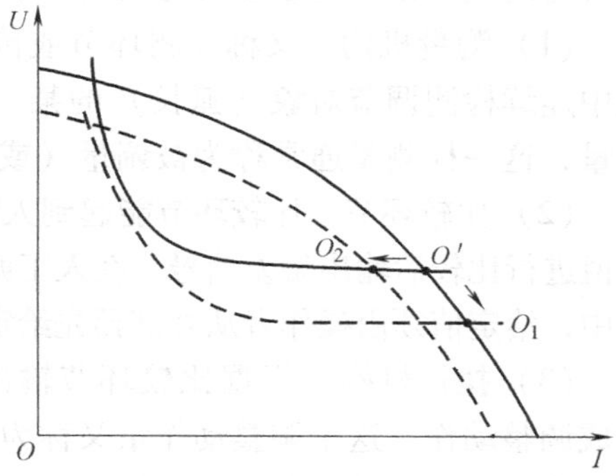
U
O_2
O'
O_1
O
I
图4-7　电弧静态工作点的波动

（2）外界对电源外特性的干扰　电源外特性发生变化将使电弧的稳定工作点沿电弧静特性曲线发生移动（见图4-7，由O点移到O_2点）。这主要是由于弧焊电源供电网路中的负载突变，使得网路电压波动，引起焊接电源外特性发生变化。例如其他电焊机等大容量用电设备突然启动或切断都会造成网压突变。此外，弧焊电源内部元器件，例如电阻元件阻值由于温升发生的变化也会造成电源外特性的波动。

实践证明，上述各种干扰中，弧长的干扰对焊接过程稳定性的影响最为严重。在焊接过程中，弧长的数值仅为几毫米到十几毫米，弧柱电场强度依电极材料和保护条件不同一般为10～40V/cm，所以只要弧长有1～2mm的变化，就可能导致焊接参数发生较大波动，其结果将对焊缝成形质量产生影响。因为埋弧焊一般均采用大功率焊接，当电弧长度发生变化时，焊接电流变化很大，使焊接热输入改变，并且弧长和焊接电流的波动，会引起焊件上加热斑点的能量密度也发生变化，例如弧长增大，焊接电流就减小，焊件上的加热斑点扩大，使能量密度减小；反之，弧长减小，焊接电流增大，使焊件上加热斑点的能量密度提高。在碳素结构钢的埋弧焊生产中，要求焊接电流和电弧电压的波动分别不超过±(25～50)A和±2V，否则就难以保证焊缝成形和内部质量。弧长发生1～2mm数量级的波动是经常的。为了避免焊接过程中因弧长波动而明显地影响焊接参数，因此要求在弧长变化时能及时给予调整，使弧长尽快地自动恢复到原来的长度，以保持焊接参数稳定，从而保证焊缝成形均匀稳定。

2. 自动调节系统的基本组成及调节方法

为了了解埋弧焊弧长自动调节系统的组成，首先分析焊条电弧焊的操作过程。焊条电弧焊时，焊工必须用眼睛观测电弧，当弧长变化时，随即调整焊条送进，以保持理想的电弧长度和熔池状态，这是一种人工调节作用（见图4-8）。它是依靠焊工的肉眼和其他感官对电弧和熔池的观测，通过大脑的分析比较，判断弧长和熔池状态是否合适，然后支配手臂调整送条动作来完成的。离开这种人工调节作用，焊条电弧焊的焊接质量就无法保证。而以机械方式送进焊丝和移动电弧的自动电弧焊，必须以相应的自动调节作用来取代上述人工调节作用，因此埋弧

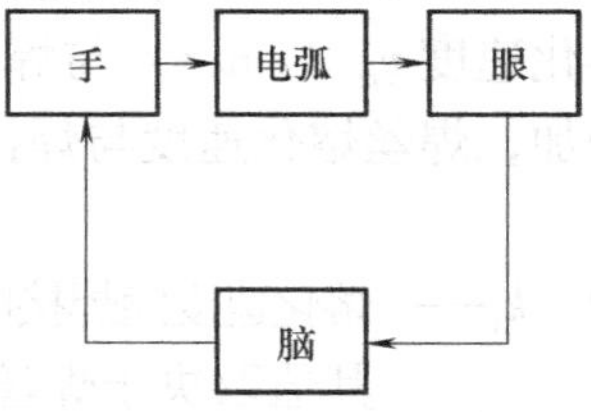
手
电弧
眼
脑
图4-8　焊条电弧焊人工调节系

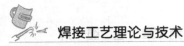

焊机自动调节系统就必须有与眼-脑-手相对应的三个基本机构，即：

(1) 测量机构　又称检测环节或传感器，其作用如同人的眼睛一样，能在整个焊接过程中连续检测调节对象（弧长）的某一物理量，必要时还要把它转换为便于进行比较的物理量，这一检测量通常称为被调量（或被控量）。

(2) 比较环节　比较环节能起到人脑的作用，它将测量环节测量出的被调量，通过与给定值进行比较后输出偏差信号。在人工调节系统中给定值是储存在焊工大脑中；在自动调节系统中，给定值须由操作者从外部预先给定。为此，比较环节都带有加入给定值的电器元件。

(3) 执行机构　根据比较环节输出的偏差信号数值，改变调整对象的某个输入条件，完成调整动作。这个调整动作量又称为操作量（或控制量）。

为了提高自动调节系统工作的灵敏度，在测量、比较、执行机构中经常包含有放大器。通常把调节对象以外的，为自动调节目的而加入的测量、给定、比较、放大和执行等环节总称为自动调节器。

另外一种弧长控制方法，是利用焊丝熔化速度与焊接电流和弧长之间的内在联系，实现弧长自动调节，称为电弧自身调节。

综上所述，通常的埋弧焊机本质上都是焊丝与焊件间相对位置的自动调节器，即弧长自动调节器。

目前埋弧焊机按电弧调节方法可分为电弧自身调节和电弧电压反馈自动调节两类。根据这两种不同的调节原理，设计制造了等速送丝式焊机和变速送丝式焊机。以下分别介绍这两类焊机的自动调节工作原理，应指出的是这些原理对熔化极气体保护焊即熔化极氩弧焊、CO_2气体保护焊等均是适用的。

4.3.3　等速送丝式埋弧焊机

等速送丝式埋弧焊机是利用等速送丝调节系统的电弧自身调节作用，使之在焊接过程中弧长发生变动时很快恢复正常，达到控制弧长的目的，以保持焊接过程的稳定。电弧的自身调节作用是指在焊接过程中，焊丝等速送进，利用焊接电源固有的电特性来调节焊丝的熔化速度，以控制电弧长度保持不变，从而达到焊接过程的稳定。下面主要讲述等速送丝式埋弧焊机在焊接过程中的工作特性及其合理的应用条件。

1. 电弧自身调节系统的静特性

从第二章得知，焊接电流和电弧电压的变化都将影响焊丝熔化速度。埋弧焊过程中焊丝的熔化速度 v_m（cm/s）与焊接电流 I 成正比，并随着弧长（电弧电压 U）的缩短（减少）而增加，焊丝熔化速度与焊接电流和电弧电压的关系可用数学公式表示

$$v_m = k_i I - k_u U \tag{4-1}$$

式中　k_i——熔化速度随焊接电流而变化的系数，即变化 1A 电流所引起的 v_m 变化值（cm/s · A），其值取决于焊丝的电阻率、直径、伸出长度以及电流数值；

k_u——熔化速度随电压而变化的系数，即变化 1V 电压所引起 v_m 变化值（cm/s · V），其值取决于弧柱的电场强度和弧长的数值。

如果焊接参数稳定，焊丝的熔化速度是不变的，则电弧长度亦是稳定的，当焊丝以恒定送丝速度 v_f 送进时，则弧长稳定时必有

$$v_f = v_m \tag{4-2}$$

式（4-2）是任何熔化极电弧系统的稳定条件方程。把式（4-1）代入式（4-2）整理后可得

$$I=\frac{v_f}{k_i}+\frac{k_u}{k_i}U \tag{4-3}$$

式（4-3）表示在给定的送丝速度条件下，弧长稳定时电流和电弧电压之间的关系，称之为电弧自身调节系统静特性。它是等速送丝电弧焊的稳定条件，又称为等熔化曲线方程。根据此方程或由试验方法测定并建立的曲线，称为电弧自身调节系统的静特性曲线。

试验测定方法：在给定的保护条件、焊丝直径、伸出长度情况下，选定一送丝速度和几种不同的电源外特性曲线位置进行焊接，测出每一次稳定焊接时的焊接电流和电弧电压值，然后在 U—I 直角坐标系中作出一条等熔化特性曲线，即为电弧自身调节系统静特性曲线，如图 4-9 所示。

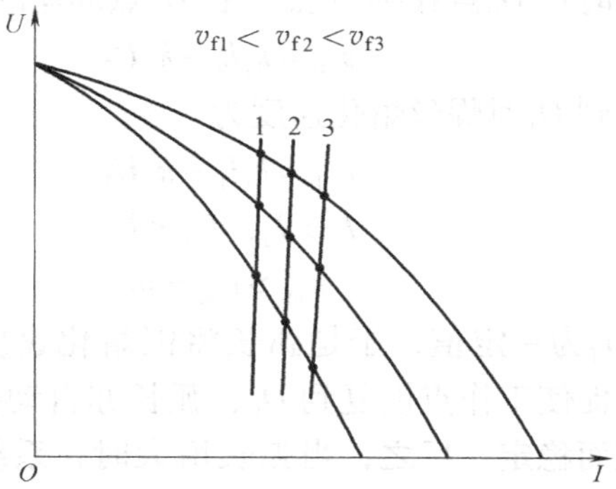
U
$v_{f1} < v_{f2} < v_{f3}$
1
2
3
O
I

图 4-9 电弧自身调节系统的静态工作点和特性曲线

该曲线的物理意义是：

1）电弧自身调节系统静特性曲线是在一定工艺条件和送丝速度下，焊接过程的稳定工作曲线，曲线上的每一点都是能保证电弧稳定燃烧的工作点。

2）在这条特性曲线的每一点对应的 I 和 U 条件下，焊丝的熔化速度等于给定的送丝速度，即 $v_m=v_f$，所以该曲线是焊丝的等熔化曲线。当电弧工作点不在该曲线上时，$v_m\neq v_f$，电弧将产生波动，焊接过程不稳定。

3）曲线上每点对应的 I、U 值应同时满足电源外特性曲线给定的关系。因此电弧的稳定工作点应是电弧自身调节系统静特性曲线、电源外特性曲线及电弧静特性曲线三者的交点。它反映了维持电弧稳定燃烧所要求的送丝速度、焊接电流、电弧电压与弧长相匹配的数值。

可以看出：

① 在埋弧焊（系长弧）条件下，电弧自身调节系统静特性曲线几乎垂直于水平坐标轴（I 轴）。这说明此时 k_u 的数值很小，电弧长度对熔化速度的影响可以略去不计，因此系统静特性可以写成：

$$I=\frac{v_f}{k_i} \tag{4-4}$$

② 每一条曲线均是在特定的焊接条件和送丝速度下得到的。若焊接条件或送丝速度改变时，则曲线的位置将相应地产生如下变化：

a. 其他条件不变，当送丝速度改变时，则电弧自身调节系统静特性曲线向左或向右平行移动。这表明随着送丝速度的改变（增大或减小），会引起焊接电流自动地相应改变，以保持 $v_f=v_m$ 的关系。当 v_f 增大，则曲线向右移，焊接电流增大；反之，当 v_f 减小，则曲线向左移，焊接电流减小。因此在采用等速送丝式焊机时，可以通过调节送丝速度来调节焊接电流的大小。

b. 其他条件不变，当焊丝的伸出长度增加（或减小）时，则 k_i 增加（或减小），电弧自身调节系统静特性曲线向左（或右）移动也十分显著。

电弧自身调节系统的上述特性决定了等速送丝式埋弧焊的一系列工艺特点。

2. 调节过程和调节原理

在等速送丝埋弧焊过程中，系统稳定工作时，电弧的稳定工作点 O_0。在此点 $v_{m0}=v_f$，焊接过程稳定（见图 4-10）。

当弧长受到外界干扰突然缩短时，电弧的工作点将暂时从 O_0 点移到 O_1 点。在 O_0 点焊丝的熔化速度为

$$v_{m0}=k_iI_0-k_uU_0$$

而移到 O_1 时焊丝熔化速度为

$$v_{m1}=k_iI_1-k_uU_1$$

$$I_1>I_0,\ U_1<U_0$$

$$v_{m1}>v_{m0}=v_f$$

v_f 为一定值，于是弧长将因熔化速度的增加而增大，促使工作点恢复到 O_0，弧长亦自动恢复到原来的长度而稳定。反之，当弧长增大时，系统亦将使工作点和弧长恢复到原定值。这就是等速送丝式埋弧焊机的调节过程和调节原理。

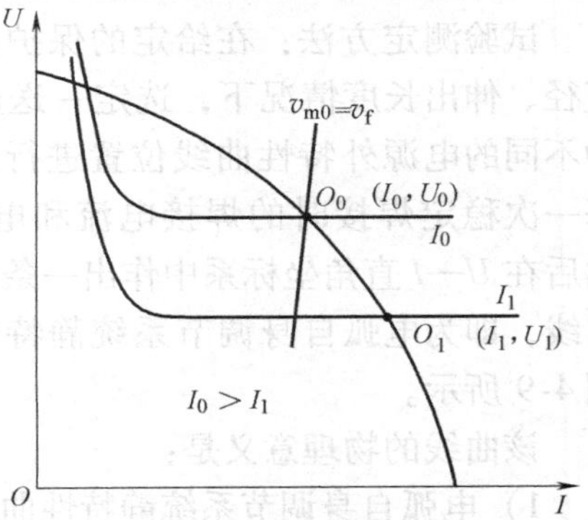
U
$v_{m0}=v_f$
O_0 (I_0, U_0)
l_0
l_1
O_1 (I_1, U_1)
$I_0>I_1$
O
I

图 4-10 弧长波动时电弧自身调节系统的调节过程

从以上分析可知，电弧的这种调节作用，并不是靠外界施加的任何强迫作用，而完全是由于弧长变化引起了焊接参数（主要是焊接电流）的变化，从而导致焊丝的熔化速度变化来进行调节的。等速送丝式埋弧焊机的这种调节作用称之为电弧的自身调节作用。

3. 调节精度和灵敏度

（1）调节精度 由图 4-10 可见，弧长的波动，如遇到定位焊缝时，经过电弧自身调节作用后，电弧的稳定工作点最后回到 O_0 点，使其焊接参数恢复到原稳定值，因而对这种波动，电弧自身调节作用的结果不会产生静态误差（指系统受干扰后回到新的稳定工作状态后、被调量稳定值与原始稳定值的差额。静态误差越小、精度越高）或误差很小。

若弧长的变化是由于焊枪高度变化而引起的，则情况有所不同，这时弧长的调节过程是在焊丝伸出长度发生变化的条件下实现的。例如焊丝伸出长度变长，则电弧自身调节系统静特性曲线由 5 变到 4，如图 4-11 所示。调节过程结束后的工作点，将由焊丝伸出长度变化以后的电弧自身调节系统静特性曲线 4 和电源外特性曲线 2 或 3 的交点 a 或 b 决定。调节过程完成以后系统将带有静态误差。误差大小除了与焊丝伸出长度变化量、直径和电阻率有关外，还与电源外特性曲线形状有关，当电弧静特性为平特性时，陡降特性电源将比缓降特性电源引起较大的电弧电压静态误差。为了减少电弧电压及弧长的静态误差，采用缓降外特性电源比较合理。但是在各种情况下，电流的静态误差都是相差不大的。

顺便说明，对于熔化极气体保护焊，电弧静特性曲线为上升特性时，平特性电源将比下降特性电源引起的电弧电压静态误差小。

当网路电压波动时，如图 4-12 所示，对于缓降外特性电源将使等速送丝电弧焊的工作点从 O_0 移到 O_1。此时，系统将产生明显的电弧电压静态误差，不难看出，在网路电压波动

值相同的情况下，具有缓降外特性曲线的电源所引起的电弧电压静态误差较小，而陡降的电源则较大（因 $O_1'O_0>O_1O_0$）。

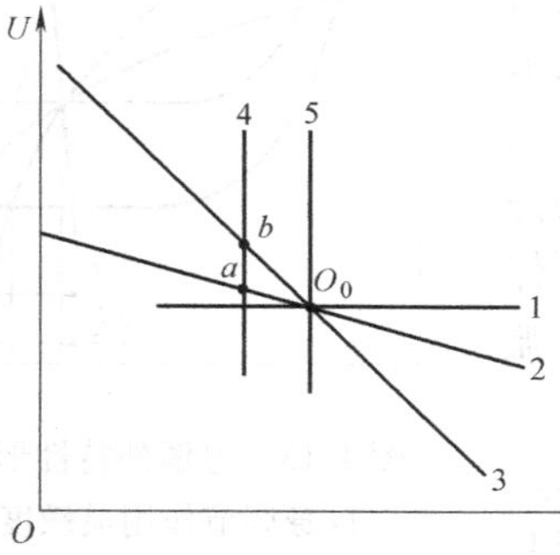
U
4
5
b
a
O0
1
2
3
O
I

图 4-11　焊枪高度波动时电弧自身调节系统静态误差
1—电弧静特性　2—缓降电源外特性
3—陡降电源外特性　4—焊丝伸出长度变长时系统静特性曲线
5—正常焊丝伸出长度时系统静特性曲线

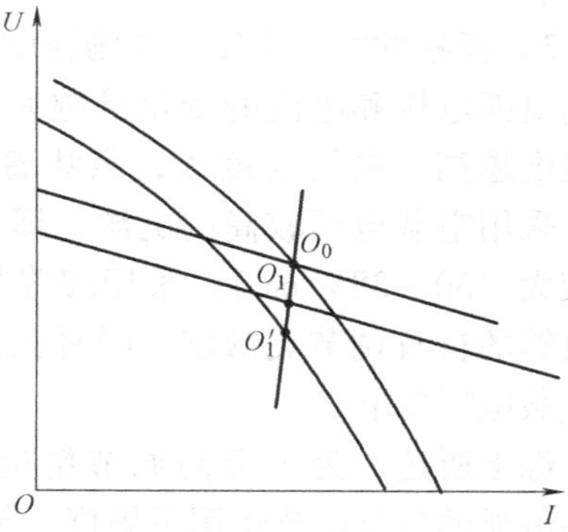
U
O0
O1
O1'
O
I

图 4-12　网路电压波动时电弧自身调节系统静态误差

（2）调节灵敏度　如上所述，在焊接过程中弧长的波动，通过电弧的自身调节作用可以使弧长恢复，以保持焊接参数的稳定。这一恢复过程往往需要经历一段时间，恢复的快慢可用恢复速度来表示。它的大小，即代表电弧自身调节作用的灵敏度。如果这个调节过程速度很慢，恢复所需要的时间很长，电弧自身调节作用的灵敏度低，则焊接参数的变化对焊缝成形会造成影响。为了避免弧长波动对焊缝质量的不利影响，希望其恢复速度快，恢复时间短，即电弧自身调节作用的灵敏度高，这样焊接过程的稳定性才能得到保证。

显然，电弧自身调节作用的灵敏度将取决于弧长波动时引起的焊丝熔化速度变化量的大小。如变化量越大，弧长恢复就越快，调节的时间越短，电弧自身调节作用的灵敏度就越高。反之，调节作用的灵敏度就低。调节恢复速度可用焊丝熔化速度的变化量来表示，由式（4-1）可知：

$$\Delta v_m=\begin{cases}k_i\Delta I-k_u\Delta U\ (\text{短弧焊})\\ k_i\Delta I\ (\text{长弧焊})\end{cases} \tag{4-5}$$

由此可见，电弧自身调节作用的灵敏度将取决于：

1）焊丝直径和电流密度。当采用细焊丝或电流密度足够大时，由于 k_i 很大，使 Δv_m 增大，弧长恢复速度快，电弧自身调节的灵敏度就高。因此对于一定直径的焊丝，若电流足够大时，就会有足够的调节灵敏度。每一种直径的焊丝都有一个能依靠自身调节作用保证电弧稳定燃烧的最小电流值，只有在这一电流以上应用时才是合理的。由表 4-1 可知，在一定的工艺条件下，细丝的电流密度大，而粗丝的电流密度较低，所以对于粗丝，虽有一定的电弧自身调节作用，但调节灵敏度不如细丝的高。由此可见，等速送丝电弧焊适合于采用较细的焊丝和较大的电流密度。

2）电源外特性。如图 4-13 所示，当电弧的静特性为平特性时，缓降外特性电源与陡降外特性电源相比，在弧长发生同样波动时，前者可获得较大的 ΔI，即 $\Delta I_2>\Delta I_1$，使 $\Delta v_{m2}>\Delta v_{m1}$，电弧的自身调节作用比较灵敏，因此一般等速送丝式埋弧焊机均采用缓降外特性电源。细丝熔化极气体保护焊的电弧静特性为上升特性，一般采用平特性电源，可以获得较大的ΔI和电弧自身调节灵敏度。

3）弧柱的电场强度。电场强度越大，弧长变化时引起电弧电压和电流的变化量越大，电弧的自身调节灵敏度越高。电场强度大，意味着电弧的稳定性低，应该采用空载电压较高的电源。埋弧焊的弧柱电场强度较大（30~38V/cm），采用缓降外特性电源可以保证足够的自身调节灵敏度，同时也保证了引弧和稳弧的空载电压要求。

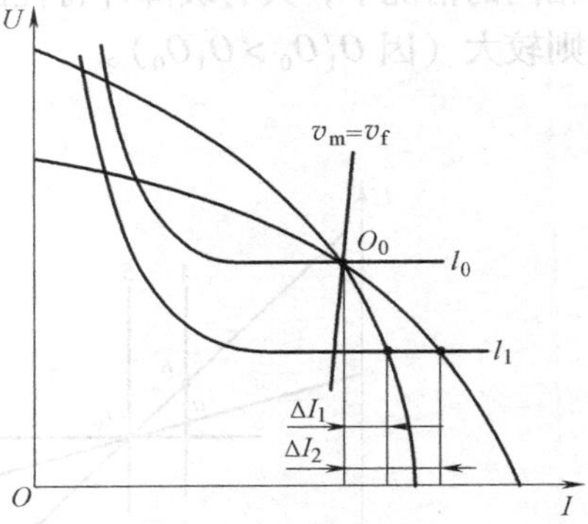
U
$v_m=v_f$
O_0
l_0
l_1
ΔI_1
ΔI_2
O
I

图 4-13　电源外特性形状对电弧自身调节作用灵敏度的影响

综上所述，为了提高调节精度，减小静态误差，提高电弧的自身调节作用灵敏度，等速送丝式埋弧焊，比较适用于较细的焊丝，其电源应采用缓降外特性电源。

4. 电流和电压的调节方法

在等速送丝电弧焊时，电弧的自身调节系统静特性曲线与电流坐标轴近似于垂直，而电源采用缓降的外特性。焊接电弧的稳定工作点是由以上两条曲线的交点所确定的。焊接时，要调节和建立合适的焊接参数，即焊接电流和电弧电压。等速送丝式埋弧焊机焊接电流的调节是通过改变送丝速度来实现；电弧电压的调节则是通过改变电源外特性曲线的位置实现的（见图 4-14）。电流的调节范围取决于送丝速度的调节范围；电弧电压的调节范围则由电源外特性曲线的调节范围来确定。

在实际焊接应用中，若把图 4-14 中在 *A* 点工作的电弧调整为 *B* 点，应同时提高送丝速度和调节电源外特性曲线的位置，要二者配合调节才能获得要求的电弧工作点。

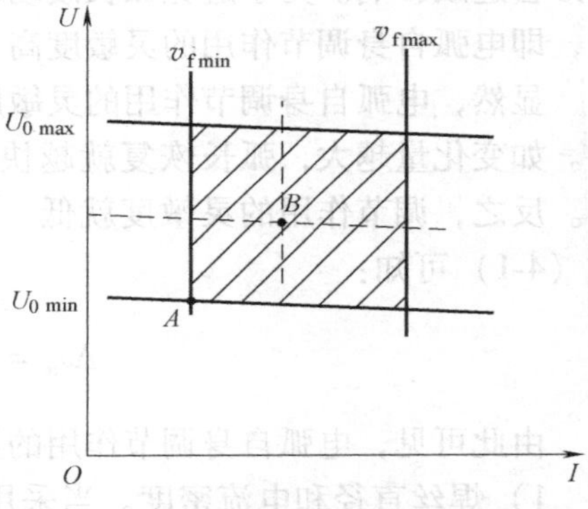
U
$v_{f\,min}$
$v_{f\,max}$
$U_{0\,max}$
B
$U_{0\,min}$
A
O
I

图 4-14　等速送丝式埋弧焊机电弧电压和焊接电流的调节方法

5. MZ1-1000 型埋弧焊机的结构

（1）焊机的特点和应用　MZ1-1000 型埋弧焊机是根据电弧的自身调节原理设计的等速送丝式埋弧焊机。它具有以下特点：焊丝的送给和焊接小车的驱动共用一台电动机，其结构紧凑、体积小，重量轻；送丝速度和小车行走速度（即焊接速度）的改变是通过更换齿轮副来实现的，可根据焊接参数的要求进行调换，因为是机械传动，所以在焊接过程中送丝速度和焊接速度均匀稳定；控制系统简单，操作方便；可以使用交流或直流电源，一般配用 BX2-1000 型交流弧焊变压器，或配用具有缓降外特性的直流弧焊机或弧焊整流器。

MZ1-1000 弧焊机适用于焊接有一定坡口的对接及搭接焊缝、船形位置的角焊缝，借助于辅助胎具焊接圆形筒体的内外环缝或纵缝等。

（2）焊机的工作原理　MZ1-1000 型埋弧焊机由焊接小车、控制箱和焊接电源三部分组成，其技术参数见表 4-19。

图 4-15 所示为使用交流焊接电源时的 MZ1-1000 型埋弧焊机电气线路。三相降压变压

器T对三相交流电动机M供电，通过按钮SB_1（向下—停止1）和SB_2（向上—停止2）使电动机M正转或反转，以便使焊丝下送或上抽。当按SB_1时，继电器KA_2回路接通，其触点A_{2-1}闭合，电动机正向转动，焊丝向下送进；触点KA_{2-2}断开，使按钮SB_2不起作用。当按下SB_2时，继电器接通，其常开触点KA_{1-1}闭合，电动机M反转，焊丝上抽；常闭触点KA_{1-2}断开，使按钮SB_1不起作用。当按下"起动"按钮SB时，首先SB的常闭触点断开继电器KA_2的回路，常开触点闭合使继电器KA_3立即接通动作，KA_{3-1}闭合，使KA_3自锁；KA_{3-2}闭合，准备接通KA_2的回路；KA_{3-3}闭合，则KM接通动作，其主触点KA_M闭合，接通焊接电源。辅触点KM_1闭合，KA_1回路接通，电动机M反转，焊丝上抽，电弧引燃。辅触点KM_2断开，按钮SB_1分路，为焊接过程停止准备。辅触点KM_3断开，为下面断开继电器KA_1做准备。当SB松开后，继电器KA_1断路，电动机M反转停止，此时继电器KA_2回路接通，使电动机M正转，焊丝下送。

停止时，首先按下"停止1"按钮SB_1，继电器KA_2断路，电动机M停止转动，再按下"停止2"按钮SB_2，继电器KA_3断路，接触器KM回路被断开，KM停止工作，其触点全部复位，焊接过程完全停止。

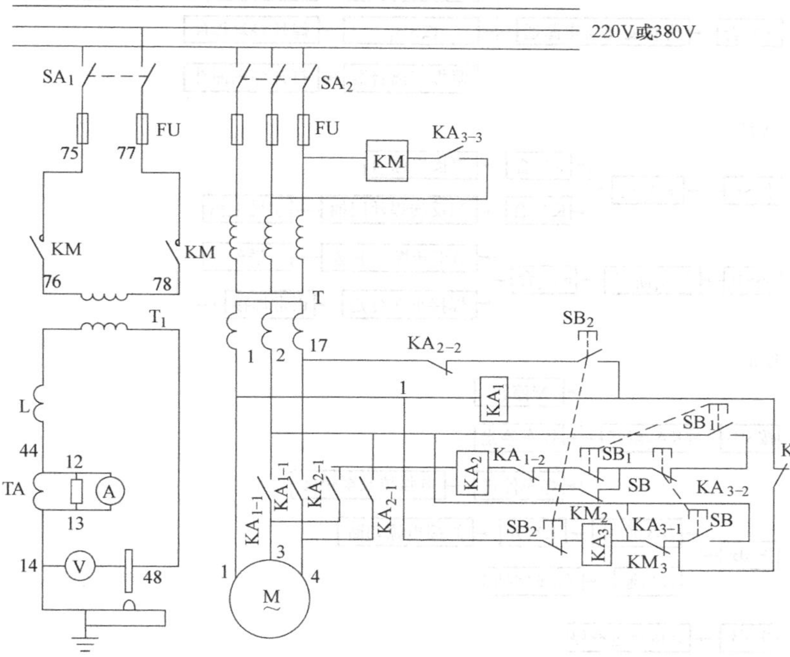
220V或380V
SA1
SA2
FU
FU
75
77
KA3-3
KM
KM
KM
76
78
T1
T
1
2
17
SB2
KA2-2
1
KA1
SB1
L
44
KM1
KA2
KA1-2
SB1
12
TA
A
SB
KA3-2
13
KA1-1
KA2-1
KA2-1
KA1-1
SB2
KM2
KA3-1
SB
KA3
KM3
14
V
48
3
1
4
M
图4-15 MZ1-1000型埋弧焊机电气原理图

(3) 焊机操作

1) 准备。通过三相转换开关SA_2接通控制线路电源，闭合开关SA_1接通焊接变压器T_1的电源。调整焊接参数，利用送丝机构的可调换齿轮调节焊接电流；调换焊车行走机构的齿轮，调节焊接速度；调整焊接变压器的铁心位置调节电弧电压；松开焊车的离合器，将焊车推至焊件起焊处，调节焊丝使之对准焊缝中心；按下SB_1使焊丝轻微地接触焊件表面，旋紧焊车离合器并打开焊剂漏斗阀门撒放焊剂。

2）焊接。按下“起动”按钮 SB，继电器 KA_3 动作，使 KM 和 KA_1 动作，接通焊接电源回路；电动机 M 反转，焊丝上抽引燃电弧；当电弧引燃后再松开 SB，KA_1 断开，而 KA_2 动作，M 变反转为正转，将焊丝送进电弧空间，焊车沿焊接方向行走，焊接过程正常进行。

3）停止。先按下 SB_1，KA_2 断路，M 停止转动，焊车停止行走，焊丝停止给送，电弧拉长，弧坑被逐渐填满；待电弧熄灭后，再按下 SB_2（此时 SA_1 已松开），KA_3 断路，KM 断路，切断焊接电源。此时 KA_1 回路被接通，焊丝回抽。放开 SB_2 后，焊接过程完全停止。

应指出的是，按停止按钮时，顺序切勿颠倒，也不要只按 SB_2，否则同样会发生焊丝末端与焊件“粘住”现象。

MZ1-1000 型埋弧焊机操作过程及其动作程序如图 4-16 所示。

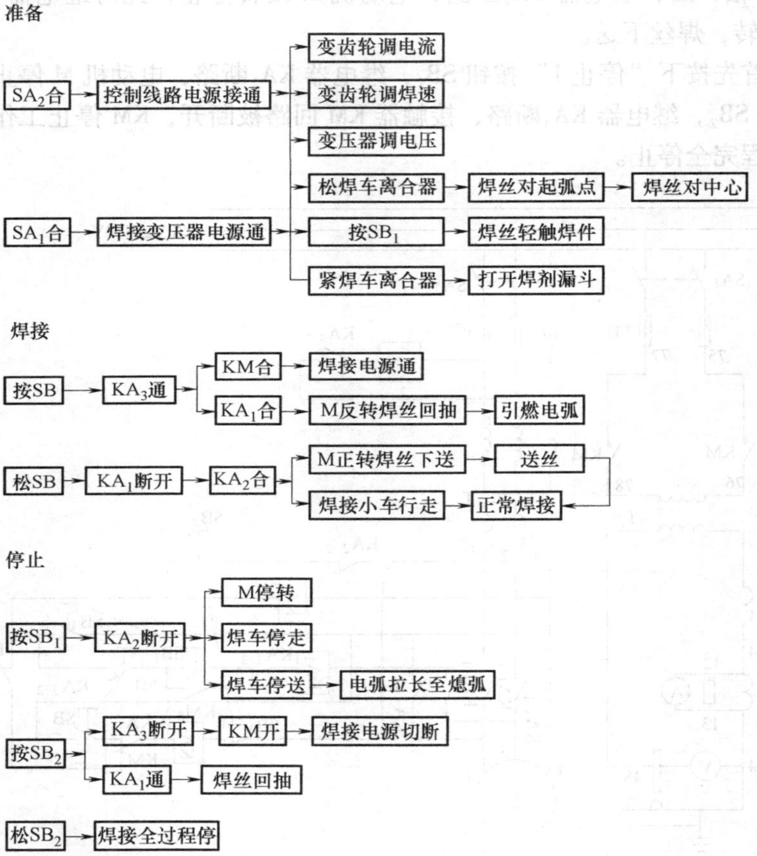
准备
变齿轮调电流
SA2合
控制线路电源接通
变齿轮调焊速
变压器调电压
松焊车离合器
焊丝对起弧点
焊丝对中心
SA1合
焊接变压器电源通
按SB1
焊丝轻触焊件
紧焊车离合器
打开焊剂漏斗
焊接
按SB
KA3通
KM合
焊接电源通
KA1合
M反转焊丝回抽
引燃电弧
松SB
KA1断开
KA2合
M正转焊丝下送
送丝
焊接小车行走
正常焊接
停止
M停转
按SB1
KA2断开
焊车停走
焊车停送
电弧拉长至熄弧
按SB2
KA3断开
KM开
焊接电源切断
KA1通
焊丝回抽
松SB2
焊接全过程停

图 4-16　MZ1-1000 型埋弧焊机操作过程及其动作程序框图

4.3.4　电弧电压反馈变速送丝式埋弧焊机

用粗焊丝进行埋弧焊时，如果仅依靠电弧自身调节作用，不可能有足够的调节灵敏度来保证焊接过程的稳定性，因此发展了带有电弧电压调节器的变速送丝式埋弧焊。它和电弧自身调节作用不同，即焊接过程中，当弧长波动而引起焊接参数偏离原来的稳定值时，利用电弧电压作为反馈量，通过一个专门的自动调节装置，强迫送丝速度发生改变。例如，当弧长增加时，电弧电压增加，反馈系统则迫使送丝速度相应地增加，从而使弧长恢复到原来的长度，以保持焊接参数稳定。这种以电弧电压为被调量，送丝速度为操作量，利用电弧电压反馈来改变送丝速度的调节方式，称为电弧电压反馈变速送丝调节，又称电弧电压自动调节。

1. 电弧电压自动调节器的工作原理

图4-17是电弧电压调节器的电路结构原理图。它是在发电机—电动机送丝拖动系统中，在发电机励磁绕组里增加了电弧电压反馈控制励磁绕组，构成电弧电压调节器。由图可知，供给送丝电动机MF转子电压的发电机GF具有二个他励励磁绕组L_1和L_2。L_1由独立的直流电源供电，由电位器RP_2供给一个给定控制电压U_g产生磁通Φ_1，电弧电压U_A反馈给L_2产生磁通Φ_2。Φ_1和Φ_2两个磁通方向相反。若Φ_1单独作用时，发电机GF输出的电动势极性使电动机MF向退丝方向转动，焊丝上抽；而Φ_2单独作用时，发电机GF输出的电动势极性使电动机MF向送丝方向转动，焊丝向下送进。焊接时，发电机GF的正常工作是在磁通Φ_1和Φ_2共同作用下进行的，即Φ_1和Φ_2的合成磁通$\Phi_合=\Phi_2-\Phi_1$决定了GF输出的电势大小和极性，从而影响了MF的转速和方向，也就决定了送丝速度的大小和方向。

开始引弧时，因为焊丝与焊件短路，$U_A=0$，所以$\Phi_2=0$，只有给定电压U_g产生的磁通Φ_1，则$\Phi_合=\Phi_1$，焊丝上抽电弧引燃。正常焊接时，由U_A产生的磁通$\Phi_2>\Phi_1$，$\Phi_合=\Phi_2-\Phi_1>0$，GF在$\Phi_合$的作用下，输出的电势使MF以稳定的速度向焊接区送丝，此时$v_f=v_m$，焊接过程稳定。当弧长波动时，例如弧长变长，U_A增大，使得Φ_2变大，而U_g不变，即Φ_1一定，所以两磁通比较结果，$\Phi_合$增大，GF输出电势使MF转子两端电压增加，则MF转速增加，送丝速度变大，迫使弧长恢复到原来的稳定值，反之亦然。

由以上分析可知，U_A决定Φ_2，U_g决定Φ_1，所以焊接过程中送丝速度v_f的大小和方向便由U_A和U_g之间的差值来决定，并与其差值成正比，可用下式表示：

$$v_f=K(U_A-U_g) \tag{4-6}$$

式中 v_f——送丝速度；

K——放大系数，亦称调节灵敏度。

式（4-6）如用坐标轴曲线表示，如图4-17b所示。

在图4-17所示电弧电压调节器中，送丝发电机GF的他励线圈L_2为量测机构，它适时地量测U_A的波动，并转化为Φ_2的变化；电位器RP_2为给定机构，当RP_2调定后，L_1两端电压U_g一定，磁通Φ_1一定；GF的两个他励线圈L_2和L_1组成比较机构，比较结果$\Phi_合=\Phi_2-\Phi_1$改变GF的输出电势的大小和极性；送丝电动机MF为执行机构，由GF的输出电势大小和极性决定MF的转速和送丝方向，从而达到自动调节的目的。

2. 电弧电压反馈变速送丝调节系统的静特性

用带有电弧电压调节器的变速送丝系统，配用陡降外特性电源，进行自动电弧焊时，在稳定工作状态下仍应有：

$$v_f=v_m$$

因为

$$v_f=K(U_A-U_g)；\ v_m=k_iI_a-k_uU_A$$

所以

$$U_A=\frac{K}{K+k_u}U_g+\frac{k_i}{K+k_u}I_a \tag{4-7}$$

式（4-7）称为电弧电压反馈变速送丝调节系统的静特性，它表示电弧电压反馈变速送丝式埋弧焊过程稳定时，电弧电压与焊接电流和给定控制量之间的关系。假定K、k_i和k_u为常数，则式（4-7）可看作一直线方程。并可求出：

$$\left.\begin{aligned}&\text{当 } I_a=0\text{ 时，}\quad U_0=\frac{K}{K+k_u}U_g=\text{常数}\\&\text{直线斜率为：}\quad \frac{dU_A}{dI_a}=\frac{k_i}{K+k_u}=\tan\beta\end{aligned}\right\}\tag{4-8}$$

可见电弧电压反馈变速送丝调节系统静特性为一在电压坐标轴上有一截距 U_0 的直线（见图4-18）。其斜率和截距大小取决于 K、k_i 和 k_u 以及 U_g 的数值。

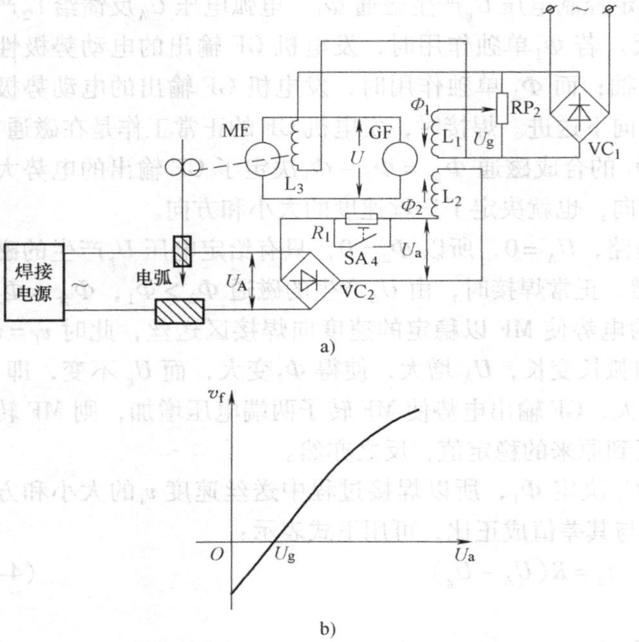
MF
GF
U
Φ_1
L_1
U_g
RP_2
VC_1
L_3
Φ_2
L_2
R_1
SA_4
U_a
U_A
VC_2
焊接电源
电弧
a)
v_f
O
U_g
U_a
b)

图4-17　自动熔化极电弧焊电压自动调节系统

a）发电机-电动机系统　b）调节器静特性

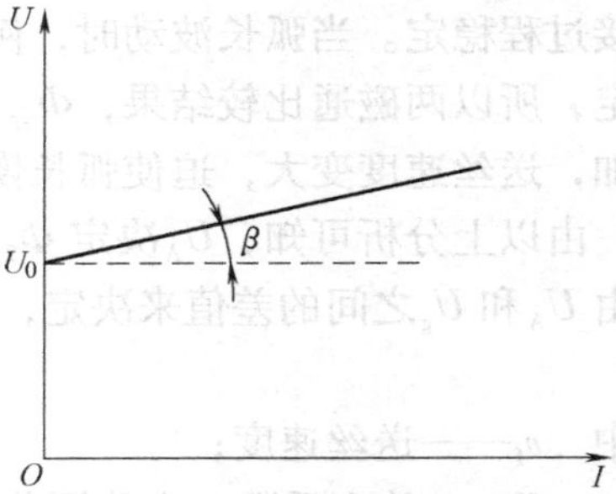
U
U_0
β
O
I

图4-18　电弧电压调节系统静特性

此曲线是采用变速送丝配合陡降外特性电源的焊机，在确定的焊接条件下，调定一给定电压 U_g，然后改变电源的外特性，以类似于测定电弧自身调节系统静特性曲线的方法测得。

电弧电压调节系统静特性曲线表示了在一定的焊接条件和给定电压 U_g 下，曲线上每一点都是电弧燃烧的稳定工作点，且 $v_f=v_m$，此曲线也称为焊丝的等熔化曲线。电弧偏离此曲线燃烧时，则 $v_m\neq v_f$，焊接过程不稳定，并力图自动恢复。曲线上每一点是电弧电压反馈变速送丝调节系统静特性、电源外特性和电弧静特性三条曲线的交点。它反映了维持电弧稳定时焊接参数的匹配关系。此曲线具有以下特点：

① 其他条件不变时增加 U_g，系统静特性曲线平行上移；减小 U_g，则平行下移。变速送丝式埋弧焊机利用这一特性，在焊接过程中通过调节电位器 RP2 的位置改变 U_g 来调节电弧电压。

② 改变 K 时，曲线的斜率将发生变化。当 K 足够大时，$\tan\beta\to0$，系统静特性曲线将成为近于平行电流坐标轴的直线。其 K 值只与焊机内部的电气参数及结构有关。焊机结构不同，则 K 值不同，其斜率随之而变；对某一台焊机而言，K 值不变，其斜率也不变。

③ 其他条件不变时，减小焊丝直径或增加焊丝伸出长度，k_i增加，使曲线向上倾斜，斜率增加。

④ 焊丝材料或保护条件不同时，静特性曲线斜率也发生变化。

3. 电弧电压反馈变速送丝调节过程

当电弧稳定燃烧时，其稳定工作点是在电弧静特性曲线l_0、焊接电源外特性曲线2和电弧电压反馈变速送丝调节系统静特性曲线A三条曲线的交点O_0（见图4-19）。电弧在O_0燃烧时，$v_m=v_f$，焊接过程稳定。当受到外界干扰，弧长突然缩短，电弧的静特性曲线由l_0变到l_1，电弧电压也由U_0降到U_1，则电弧的工作点由原来的O_0变到了O_1。此时由于电弧电压的突然下降，使得式（4-6）中的（U_A-U_g）值减小，则由电弧电压自动调节器的工作原理可知，送丝速度v_f便急剧减小，甚至会使焊丝上抽。同时由图4-19可以看到，电弧在其稳定工作点O_0燃烧时，其焊接电流为I_0，$v_m=v_f$。当弧长突然缩短，电弧的静特性曲线由l_0变为l_1，如果仍保持焊丝的熔化速度不变，则在这种情况下所需要的焊接电流变小，应为电弧静特性曲线l_1与电弧电压反馈变速送丝调节系统静特性曲线的交点O_2对应的电流I_2。而在此时电弧的实际燃烧点为O_1，其对应的电流为I_1，而$I_1>I_2$，使焊丝的熔化速度加快。在上述两种原因的共同作用下，弧长便迅速增长直到恢复原来的弧长。在恢复过程中，随着电弧电压的恢复，焊丝送给速度也向原值恢复，直到弧长恢复到预定值时，则$v_f=v_m$，电弧又在O_0点稳定燃烧。

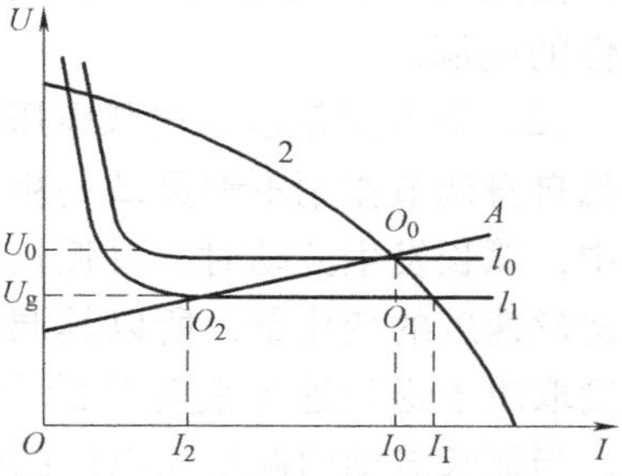
U
2
O_0
A
U_0
l_0
U_g
l_1
O_2
O_1
O
I_2
I_0
I_1
I
图4-19 弧长波动时电弧电压自动调节过程

由上述可知，在此调节过程中，既有电弧电压的反馈调节作用，也存在着电弧的自身调节作用。因为电弧电压自动调节系统的放大系数K都做得足够大，所以由电弧电压变化而使送丝速度变化的电弧电压自动调节作用，比电弧自身调节作用大很多。在此调节过程中，电弧自身调节作用对弧长恢复仅起辅助作用。

4. 调节精度和灵敏度

（1）调节精度

1）弧长波动时的调节精度。电弧电压反馈调节的精度，取决于弧长波动发生的条件。假设弧长的波动是在焊炬相对焊件之间的距离保持不变，即焊丝伸出长度不变的条件下发生的，则经过上述电弧电压自动调节过程调节后，电弧的工作点将回到原来的稳定工作点O_0，调节过程将不存在静态误差。在实际焊接过程中，弧长波动大多因焊炬高度产生变化，即在焊丝伸出长度和系统静特性有变化的条件下发生，则经调节后新的稳定工作点将带有静态误差。调节精度取决于焊丝伸出长度的变化量、焊丝直径、电流密度及焊丝的电阻率。变速送丝式自动电弧焊用于粗丝和电流密度较低的条件下，此时k_i数值较小，而K的数值很大，因此焊丝伸出长度对系统静特性影响不大，这种静态误差可以忽略不计。

2）电网电压波动时的系统误差。当网路电压发生波动（如降低）时，将造成焊接电源外特性曲线的移动（见图4-20），当电源的外特性为陡降时，电弧的稳定工作点从O_0移到O_1'，若为缓降时，则从O_0点移到O_1点。在这两种情况下，电弧电压静态误差很小，而焊接电流有较大的静态误差。其数值除取决于网络电压波动的大小之外，这与系统静特性和电源外特性的斜率有关。由式（4-8）可知，调节器的灵敏度 K 值越大，则 $\tan\beta$ 值越小，即系统静特性曲线与横坐标轴线的夹角 β 越小，电流误差也越显著。电源外特性曲线越陡降，电流误差也越小。由此可见，变速送丝式埋弧焊机宜采用陡降外特性的电源。

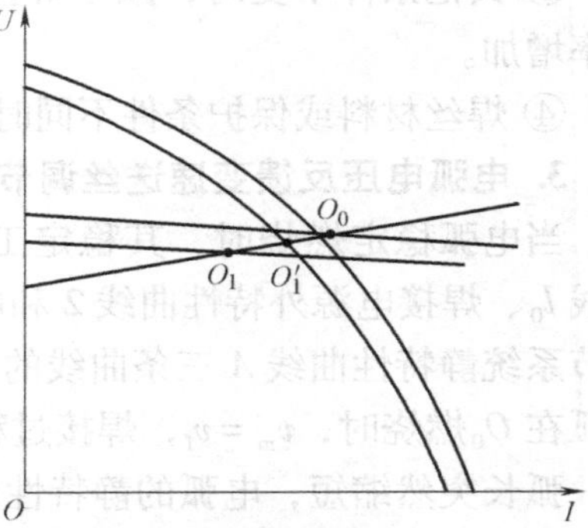
U
O_0
O_1
O_1'
O
I
图 4-20　网路电压波动时，电弧电压调节系统的静态误差

（2）调节灵敏度　电弧电压反馈调节系统是用于电弧自身调节作用不够灵敏的粗丝埋弧焊。在焊接过程中，弧长发生波动时，对弧长的恢复起主要作用的是送丝速度的变化量，所以其调节灵敏度即弧长恢复速度取决于送丝速度变化量的大小。由式（4-6）可知，当弧长波动引起电弧电压的变化量为 ΔU_A 时，其送丝速度的变化量为：

$$\Delta v_f = K\Delta U_A \tag{4-9}$$

因此调节灵敏度主要取决于电弧电压调节器的灵敏度 K 和 ΔU_A 的大小，而与选取的焊接参数无关。

由式（4-9）可知，K 值越大，其调节灵敏度就越大，但是由于系统中有惯性环节，K 值过大就容易发生振荡，因此 K 值受振荡限制而不能设计得过大。为了减小系统的惯性，提高调节灵敏度，要求选用的送丝电动机的惯性尽量小，特别是转动的机械惯性要小。

弧柱的电场强度越大，弧长变化时引起的 ΔU_a 越大，则调节灵敏度也越高。

5. 电弧电压反馈变速送丝式埋弧焊的电流和电压调节方法

电弧电压反馈变速送丝式埋弧焊的焊接电流和电弧电压的调节，是通过改变电源外特性曲线和调节 RP_2 改变给定电压 U_g（即改变电弧电压反馈调节系统的静特性曲线）来实现的。

在 U_g 固定不变时，调节电源外特性，主要是调节焊接电流；在电源外特性曲线调定时，调节送丝给定电压 U_g 主要是调节电弧电压。因此电源外特性曲线的调节范围确定了焊接电流的调节范围；而由给定电压所确定的系统静特性曲线的调节范围，确定电弧电压的调节范围（见图 4-21）。

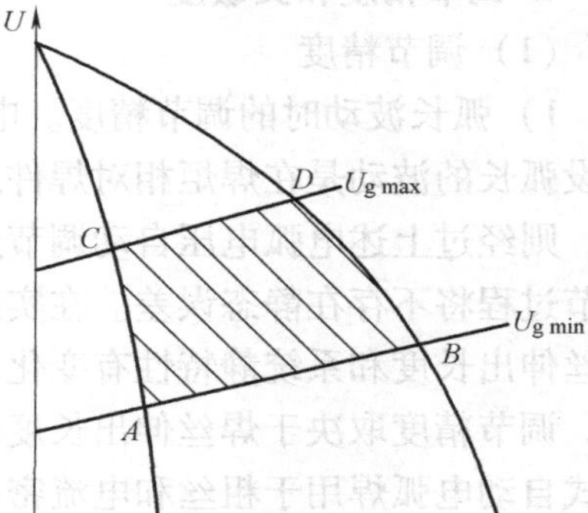
U
D
$U_{g\,max}$
C
$U_{g\,min}$
B
A
O
I
图 4-21　电弧电压自动调节式埋弧焊的电流、电压调节方法

6. MZ-1000 型自动埋弧焊机

MZ-1000 型埋弧焊机是根据电弧电压反馈变速送丝调节原理设计的，并且是在金属结构焊接生产中广泛使用的一种自动埋弧焊机。

（1）应用　可以焊接位于水平位置或与水平面倾斜不大于 15°的各种坡口的对接焊缝和角接焊缝等；可采用辅助胎具进行圆形焊件内、外环缝的焊接；适于中厚板大型焊件的焊接。

（2）技术参数

型号	MZ-1000
电源电压	380V
控制线路电压	AC 36V、DC 18V
焊接电流	400～1200A
电源输出电压	69V/78V
送丝速度（当弧压=35V时）	0.5～2m/min
焊丝直径	3～6mm
焊接速度	15～70m/h
焊丝盘容量	12kg
焊剂斗容量	12kg

（3）焊机主要组成 焊机主要由焊接小车、控制箱和焊接电源三部分组成。

1）焊接小车由机头、送丝电动机、小车拖动电动机、操作控制盘、焊丝盘及焊剂斗等组成。

2）控制箱：安装有电动机-发电机组、中间继电器、接触器、控制变压器、整流器、镇定电阻、电流互感器及开关等。

3）MZ-1000型埋弧焊机配用交流电源时，电源为BX2-1000交流弧焊变压器，外特性的调节是通过三相异步电动机M1的拖动机构使电抗器L铁心移动实现的；弧焊变压器的二次线圈有两个抽头，可得到69V和78V两种空载电压；变压器装有冷却用电风扇，降低变压器的温升。

在使用时必须按照制造厂提供的外部接线图将焊机各部分连接起来。

（4）电路工作原理 图4-22所示为MZ-1000型埋弧焊机配用交流电源时电路原理图。

1）送丝驱动电路。由送丝发电机GF—电动机MF系统驱动送丝机构。GF有二个他励线圈L_1、L_2和二个串励线圈L_3、L'_3。L_2由电弧电压或控制变压器TC_2经VC_2整流供电；L_1则由控制变压器TC_2经VC_1整流后，由RP_2调定一给定电压U_g供电。MF有一个他励线圈L_4。GF则由三相异步电动机MASY拖动。此电路的工作原理已在图4-15所示的电弧电压自动调节器的工作原理中叙述过了。

2）焊接小车驱动电路。焊接小车由行走发电机GT—电动机MT系统驱动。GT有一个他励线圈L_5和一个串励线圈L_6，MT有一个他励线圈，GT亦由MASY拖动。L_5由控制变压器TC_2经VC_1整流后，并通过调节焊接速度的电位器RP_1获得直流励磁电流。调节RP_1来改变L_5的励磁，便可改变GT输出电压的大小，使MT的转速相应变化，即调节了焊接小车的行走速度。调节SA_3的位置，可改变MT的电枢电流方向来改变小车的行走方向。

3）电抗器铁心的拖动电路。电抗器L铁心的移动是由电动机M_1通过减速机构来驱动的。在此拖动电路中设置了继电器KA_1、KA_2，它们分别由两对按钮开关SB_3、SB_5和SB_4、SB_6来控制。这两对按钮分别安装在电源外壳和焊接小车上的操作控制盘上。

当按下SB_3时，由控制变压器TC_1供电的继电器KA_2接通，KA_{2-2}常开触点闭合，则M_1拖动L的铁心向外移动，电抗器的间隙δ增大，焊接电流增大。按下SB_5时，KA_1通，KA_{1-2}闭合，铁心的移动方向与按SB_3相反，电抗器的间隙δ变小，焊接电流减小。

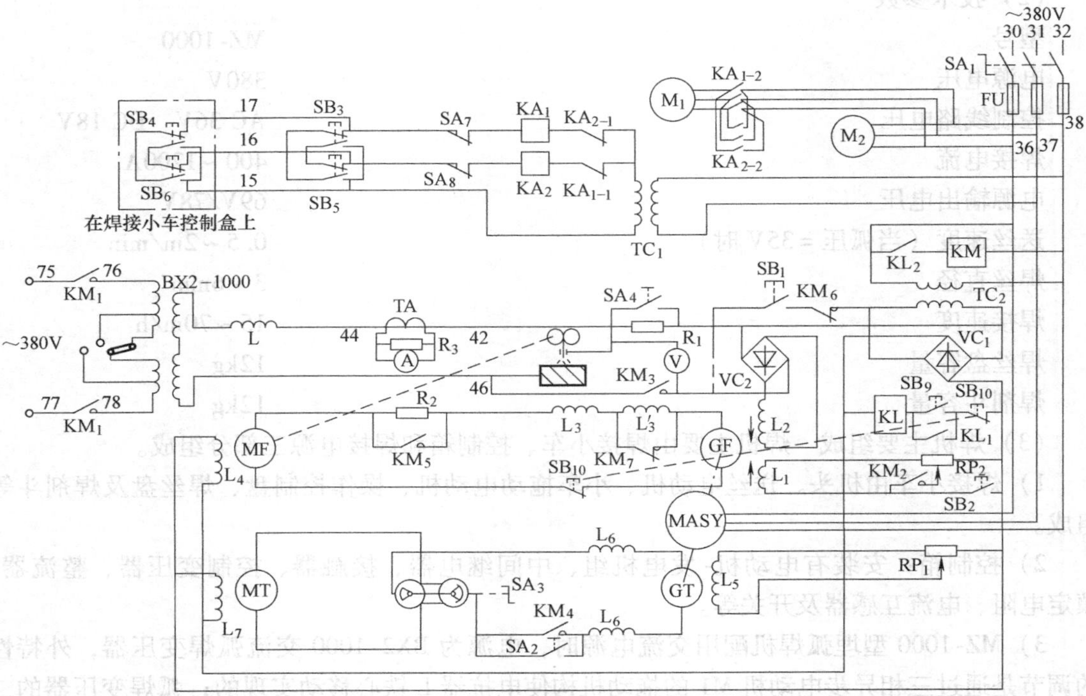
~380V
30 31 32
SA1
FU
38
36 37
M1
M2
KA1-2
KA2-2
SB4
SB6
SB3
SB5
17
16
15
SA7
SA8
KA1
KA2
KA2-1
KA1-1
TC1
在焊接小车控制盒上
75
76
77
78
KM1
BX2-1000
~380V
L
TA
44
42
46
R3
A
SA4
R1
V
KM3
SB1
KM6
VC2
VC1
KM
KL2
TC2
SB9
SB10
KL
KL1
KM2
RP2
SB2
R2
L3
L'3
L2
L1
GF
MF
L4
KM5
KM7
MASY
L6
L5
RP1
MT
GT
SA3
KM4
SA2
L7

图 4-22　MZ-1000 型埋弧焊机电路原理图

（5）焊机操作

1）焊前准备

① 接通电源。接通 SA_1，冷却风扇的电动机 M_2转动；MA 起动，带动 GF 和 GT 转子旋转；控制变压器 TC_1和 TC_2获得输入电压，整流器 VC_1有直流输出。闭合电源开关，为BX_2-1000 通电作准备。

② 选定焊接方向和焊接速度。SA_3旋在“向左”或“向右”的位置，选择焊接方向。将 SA_2闭合，即放在“空载”位置，然后合上焊接小车的离合器，小车行走，调节 RP_1，调定焊接速度。选定焊接方向和焊接速度后，将小车离合器松开并使小车回到起焊处。

③ 调节焊丝。若按下 SB_1，L_2从整流器 VC_2获得励磁电压，则 GF 输出电压使 MF 转子转动，焊丝下送。若按下 SB_2，L_1由 U_g获得励磁电压，使 GF 输出电压，其极性由 L_1励磁方向决定，则 MF 转动带动焊丝上抽，由此来调节焊丝端部与焊件接触的程度。焊前应将焊丝端部调节到与焊件轻微接触。需要注意的是 MF 的空载转速是不能调节的，为了使焊前焊丝下送或上抽的速度缓慢，以便于调整焊丝位置，在 GF- MF 驱动系统回路中串接了一个电阻 R_2；焊接时 R_2由并联在其两端的接触器常开触点 KM_5所短路。如果控制箱的三相进线相序不恰当，MASY 反转，即按下 SB_2时焊丝下送，按下 SB_1时焊丝上抽，此时应调换 MASY 接线相序，否则起动时焊机不能正常工作。

④ 调节焊接电流，按下 SB_3（SB_4）或 SB_5（SB_6），则 KA_2或 KA_1动作，M_1正转或反转带动 L 铁心移动，用以调节电源外特性，即调节焊接电流。

⑤ 调节电弧电压反馈深度。SA_4使 R_1短路时电弧电压反馈深度增加，其他条件不变时，焊丝送进速度增大，弧长缩短，电弧电压降低，以适用细直径焊丝的焊接。

⑥ 电弧电压的调节。调节 RP_2改变送丝给定电压 U_g，就可调节电弧电压。

2）焊接。当按焊前准备所提示的各项操作方法调定 I、U、焊接速度 v_w及焊接方向和焊丝已与焊件轻微接触后，将 SA_2放在焊接位置，合上焊接小车的离合器，然后打开焊剂漏斗的阀门，使焊剂堆敷在起焊点。

按下 SB_9，焊机的控制系统将实现如图 4-23 所示的动作程序，焊接正常进行。

图 4-23 表示出了埋弧焊的引弧过程程序动作。在焊机起动后的瞬间，焊接电源及主回路已被接通，因为焊丝与焊件接触短路，故电弧电压为零，GF 的励磁线圈 L_2的励磁电压为零，只有 L_1产生的磁通 Φ_1，焊丝上抽，电弧引燃。随着电弧电压的建立并反馈回到 L_2两端使 L_2产生磁通 Φ_2。当 $U_A > U_B$，$\Phi_2 > \Phi_1$，而使焊丝下送，送丝速度 $v_f = k(U_A - U_g)$，并等于 v_m，则电弧稳定燃烧，此引弧过程称为回抽引弧。

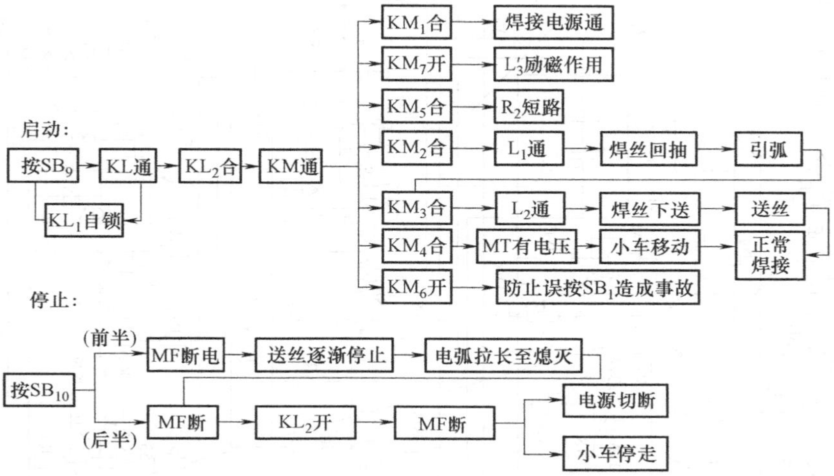
启动:
按SB9
KL通
KL2合
KM通
KL1自锁
KM1合
焊接电源通
KM7开
L'3励磁作用
KM5合
R2短路
KM2合
L1通
焊丝回抽
引弧
KM3合
L2通
焊丝下送
送丝
KM4合
MT有电压
小车移动
正常焊接
KM6开
防止误按SB1造成事故
停止:
(前半)
按SB10
MF断电
送丝逐渐停止
电弧拉长至熄灭
(后半)
MF断
KL2开
MF断
电源切断
小车停走

图 4-23 MZ-1000 型焊机动作程序框图

应注意的是：按 SB_9前，如果焊丝与焊件未接触，则按下 SB_9将先下送焊丝；若焊丝送进时焊丝端部与焊件间夹有焊剂而不能与焊件接触，则回抽过程不能发生，电弧就不能引燃。只有当焊丝下送至接触焊件时，才会发生上述回抽引弧。在按 SB_9时，若焊丝与焊件接触过紧，也可能使回抽引弧过程不能顺利进行，因为焊丝与焊件接触面积过大，短路电流不能形成迅速局部加热，致使电子发射等引弧条件不充分，电弧不能顺利引燃。

3）停止。要结束焊接过程需按下 SB_{10}。应特别注意，SB_{10}是二次按钮，分两次按动才可实现图 4-23 的动作程序，停止焊接过程。如果未注意到 SB_{10}是二次按钮，而将 SB_{10}一次按下，便会出现焊丝插入熔池的“粘丝”现象。

7. MZ-1-1000 型自动埋弧焊机

这是一种采用晶闸管整流电动机驱动电弧电压反馈变速送丝式直流自动埋弧焊机，图 4-24所示为 MZ-1-1000 型自动埋弧焊机电路原理图，图 4-25 所示为其动作程序框图，图 4-26所示为其外部接线框图。

（1）电路组成

1）焊接电源。电源采用了内桥内反馈磁饱和电抗器式 ZXG-1000R 型弧焊整流器，其外特性为下降特性。此外电源内还设置了供给焊机控制电源的控制变压器 T_1。

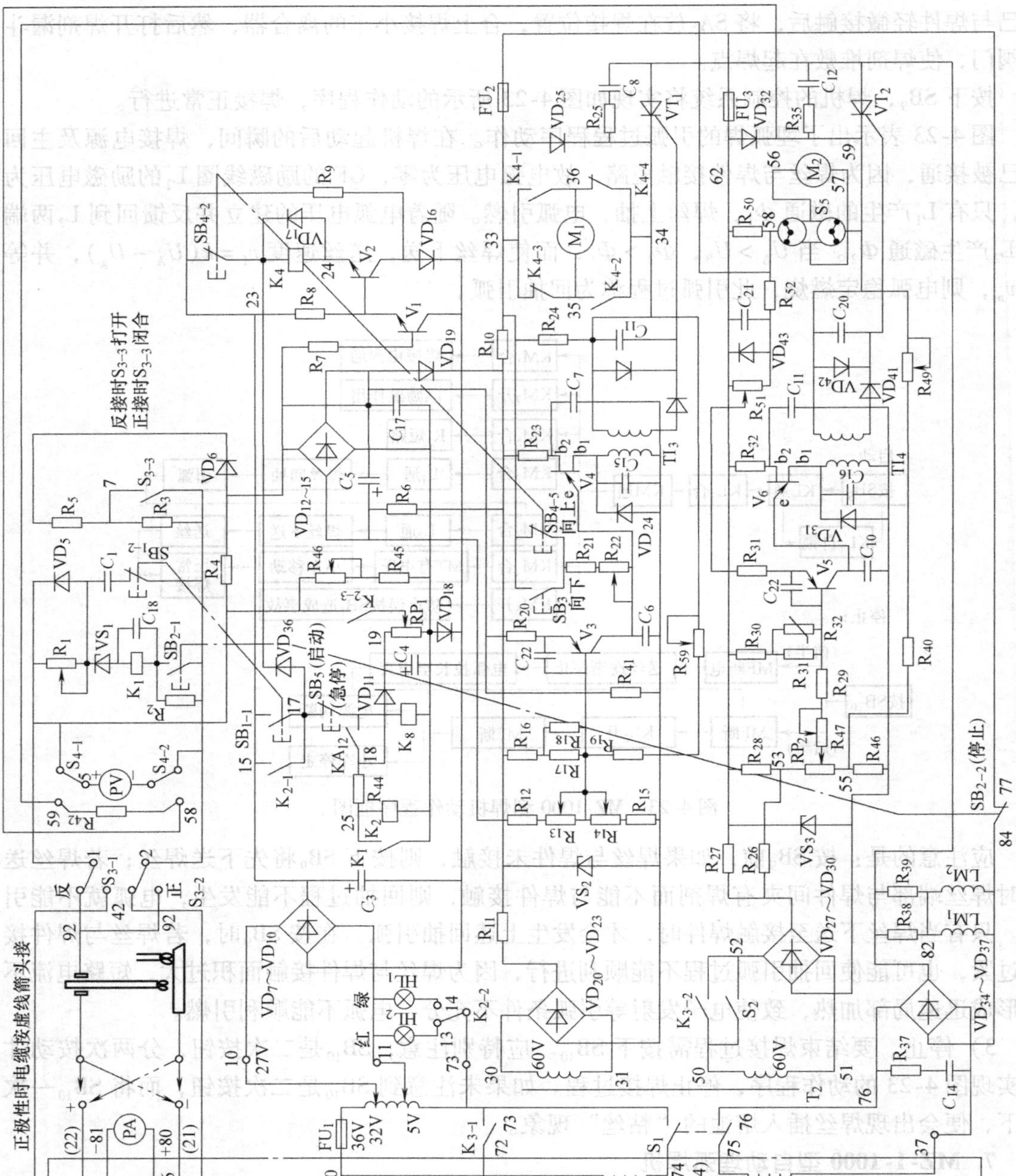
正极性时电缆按虚线箭头接
焊接整流器
ZXG-1000R
(虚线框内)
反接时S_{3-3}打开
正接时S_{3-3}闭合
在电源内
SB_5(启动)
(急停)
SB_{2-2}(停止)
向上
向下
红
绿

图 4-24　MZ-1-1000 型自动埋弧焊机电路原理图

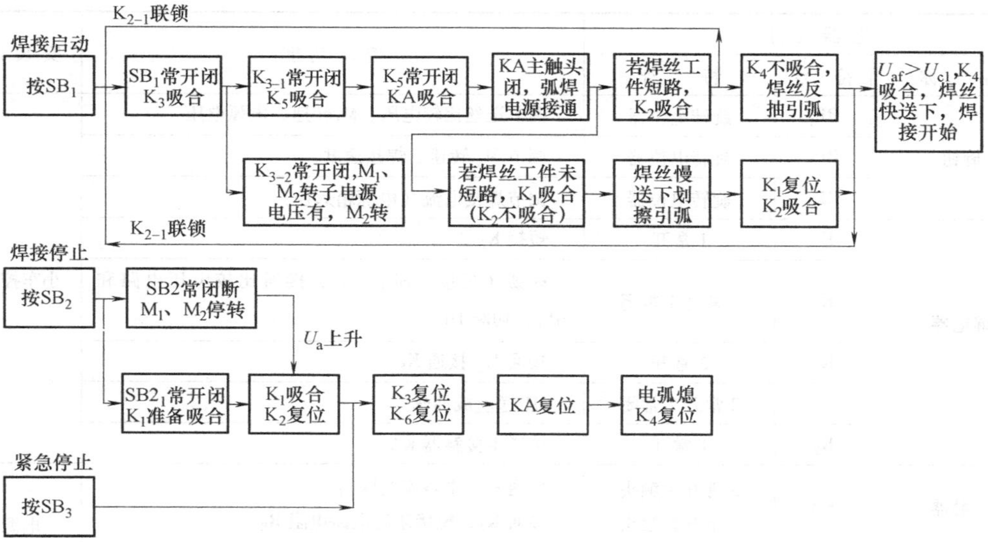

K_{2-1}联锁
焊接启动
按SB_1
SB_1常开闭 K_3吸合
K_{3-1}常开闭 K_5吸合
K_5常开闭 KA吸合
KA主触头闭，弧焊电源接通
若焊丝工件短路，K_2吸合
K_4不吸合，焊丝反抽引弧
$U_{af}>U_{c1}$,K_4吸合，焊丝快送下，焊接开始
K_{3-2}常开闭,M_1、M_2转子电源电压有，M_2转
若焊丝工件未短路，K_1吸合（K_2不吸合）
焊丝慢送下划擦引弧
K_1复位 K_2吸合
K_{2-1}联锁
焊接停止
按SB_2
SB2常闭断 M_1、M_2停转
U_a上升
$SB2_1$常开闭 K_1准备吸合
K_1吸合 K_2复位
K_3复位 K_6复位
KA复位
电弧熄 K_4复位
紧急停止
按SB_3

图4-25 MZ-1-1000型自动埋弧焊机动作程序框图

2）焊接小车驱动电路。它由晶闸管VT_2、电动机M_2及其触发控制电路组成。LM_2为M_2的并励线圈。由$VD_{27\sim30}$、R_{27}、VS_3构成触发同步电源。RP_2中点取出给定控制信号加入V_5基极，从R_{49}、R_{40}引出电枢电压负反馈，由电阻R_{50}、R_{51}、R_{52}取得电枢电流正反馈。

3）送丝驱动电路　它是由晶闸管VT_1、电动机M_1及其触发控制电路组成。LM_1为M_1的并励线圈。$VD_{20\sim23}$—R_{11}—VS_2构成触发同步电源。RP_1中点取出给定控制信号，R_4取出电弧电压反馈信号，两者在$K_{2\text{-}3}$常开触点闭合时串联叠加在R_{13}—R_{12}—$V_{12\sim15}$—R_{20}—V_3的基极回路中，同时经V_1—V_2控制送丝换向继电器K_4吸合。R_{59}—R_{19}—R_{17}（R_{18}）—R_{16}—R_{10}用来取出电枢电压负反馈。

4）程序控制电路。表4-22列出了图4-24电路中程控元件及其功能。

表4-22 MZ-1-1000型自动埋弧焊机控制电器及其功能

电器元件			控制功能	安装位置
名称	符号	特征		
钮子开关	S_1	双刀单掷	分别接通AC145V和36V控制电源	小车控制盒
	S_2	单刀单掷	空载接通行走电动机M_1	
	S_3	三刀双掷	焊接正或反接极性转换	
	S_4	双刀双掷	电弧电压或M_2转子电压测量转换	
旋钮开关	S_5	双刀四位	M_2换向（小车行走方向）转换	
按钮	SB_1	1常开1常闭	启动时接通K_3，切断C_1充电电路	
	SB_2	1常开1常闭	停止时切断M_1和M_2的供电回路，接通K_1	
	SB_3	1常开	空载焊丝向下调节（K_4吸合）	
	SB_4	1常开1常闭	空载焊丝向上调节（K_4断开）	
	SB_5	1常闭	紧急停止时切断K_3	

（续）

电器元件			控制功能	安装位置
名称	符号	特征		
旋钮	RP_1	旋转电位器	调节送丝比较电压、M_1转速、电弧电压	小车控制盒
	RP_2	旋转电位器	调节 M_2 转速、焊接速度	
	RP_3	旋转电位器	调节焊接电流（电源箱远控）	
继电器	K_1	1 常开	短接 K_2	
	K_2	3 常开 1 常闭	联锁（短接）SB_1 常开，接通比较电压电路和 HL_1，切断 HL_2	
	K_3	2 常开	接通 M_2，接通 K_5	
	K_4	2 常开 2 常闭	M1 送丝或抽丝	
	K_5	1 常开	接通主接触器 KA	
接触器	KA	3 常开主触头 2 常开副触头	接通三相主整流变压器 接通 K_2，短接激磁电路电阻 R_8	电源箱
指示信号灯	HL_1	绿色	正常焊接时亮	小车控制盒
	HL_2	红色	控制电源接通时亮，正常焊接时不亮	
电流、电压表	PV	0～100V 电压表	电弧电压指示	
	PA	0～1000A 电流表	焊接电流指示（带 75mV、1000A 分流器）	

（2）电路工作原理

1）焊前调整

① 接通 S_2时，M_2转子因 VT_2触发导通获得电压而转动，其转动方向即小车行走方向由 S_5选定，转速即焊接速度由 RP_2调定。调整好后 S_2应断开。

② 按 SB_3或 SB_4，电容 C_6可经 R_{21}—R_{22}直接获得充电，使 VT_1触发导通，M_1送丝或退丝。这里需要注意：a. 空载时，V_1基极无控制输入而截止，V_2导通，K_4在未按 SB_4时为吸合，按 SB_4时则释放，即实现焊丝送丝方向控制；b. 适当选取 R_{21}—R_{22}及 R_{10}阻值，通过调节 R_{22}，在空载下调节送、抽丝速度，满足焊丝位置的调整。

③ $S_{3\text{-}3}$开关用来调节电弧电压反馈深度，它使 R_3短路时电弧电压反馈加深，其他条件相同时将使焊接时送丝速度增加，电弧电压降低。一般在正接极性焊接时取这一工作状态。$S_{3\text{-}3}$断开 R_3接入电路，电弧电压反馈量减小。推荐在反接极性焊接时接入 R_3。

2）焊接

① 准备。此焊机可以反抽或慢送丝划擦两种方式引弧。焊前可让焊丝轻微接触焊件或略有间隙，其他准备工作与一般自动埋弧焊机相同。

② 焊接。按下 SB_1，控制电路将完成图 4-25 中的动作程序。

MZ-1-1000 型自动埋弧焊机外部接线如图 4-26 所示。

这里需要注意的是：

a. 调整 R_1、R_2、VS_1，当 SB_1未按时使 K_1能在空载电压下动作；而当 SB_1按下时，K_1则在 52V 时动作。

b. 若焊丝与焊件是接触的，按下 SB_1时 K_3吸合，由 RP_1中点取出的给定信号电压，经

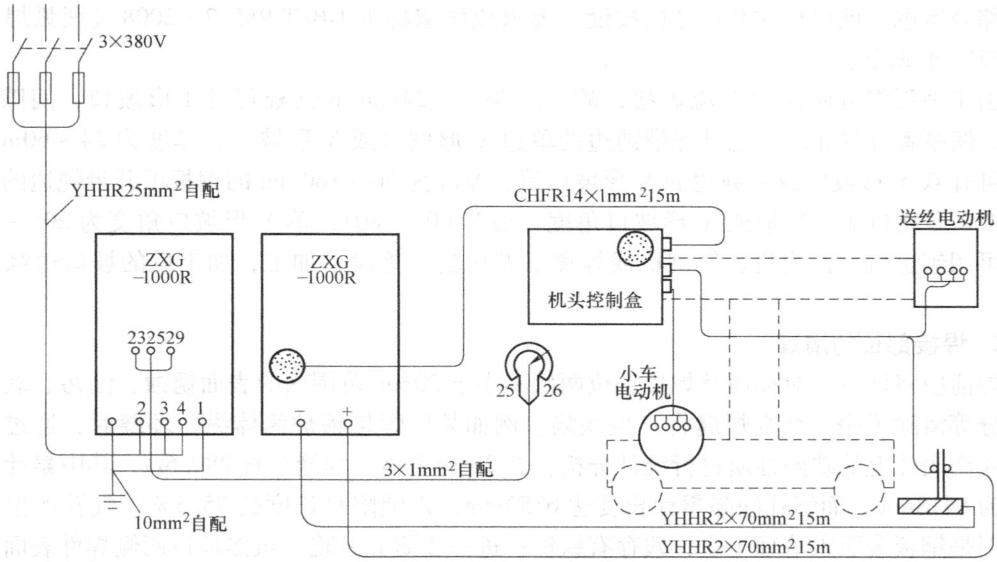
3×380V
YHHR25mm²自配
CHFR14×1mm²15m
送丝电动机
ZXG
-1000R
ZXG
-1000R
机头控制盒
232529
2 3 4 1
25 26
小车
电动机
3×1mm²自配
10mm²自配
YHHR2×70mm²15m
YHHR2×70mm²15m

图4-26 MZ-1-1000型自动埋弧焊机外部接线框图

R_4、R_7加至V_1基极使V_1导通，V_2截止，K_4释放。同时，RP_1中点的给定信号亦经R_4—$VD_{12\sim15}$等加至V_3基极，使C_6经V_3充电，VT_1触发导通，M_1使焊丝反抽引弧。

电弧一旦引燃，R_4两端即出现电弧电压反馈信号U_f并逐渐增大。由于U_f是与U_{C1}反向串联叠加在$VD_{12\sim15}$交流输入端的，它的出现和逐渐增大将使焊丝反抽速度逐渐减小，直至$U_a \approx U_{C1}$，焊丝反抽终止。此后因U_f继续增大时，当$U_f > U_{C1}$时V_1截止，V_2导通，K_4吸合，焊丝由反抽转变为下送，正常焊接过程开始。U_f越大，送丝速度也越大。

c. 由于R_6从偏置电路获得的偏置电压和VD_{19}的接入，实际上当$|U_{C1} - U_f| < 0.7V$时V_3基极通路已被切断，VT_1即不再导通，在电枢电路切断的条件下，K_4使M_1改变转向，以利提高引弧可靠性，并延长K_4、M_1的寿命。

d. 若焊丝与焊件未接触，则SB_1按下时K_3吸合，将首先使K_5、KA吸合，焊机空载电压使K_1吸合，此时K_2不能吸合。因此U_{C1}不起作用，R_4上的空载电压经R_{46}—R_{45}送到$VD_{12\sim15}$交流端，于是焊丝将先慢速送进实现划擦引弧。R_{46}用来矫正慢送丝速度。引弧后，K_1释放，K_2吸合，给定控制信号U_{C1}经$K_{2\text{-}3}$的触点加入，焊丝获得正常送丝速度。

3）停止。正常停止焊接时，按SB_2，先停止送丝及行走，然后再切断电源；急停时，按SB_3，但无上述焊丝返烧及填弧坑过程。

4.4 埋弧焊工艺

4.4.1 焊前准备

埋弧焊焊前的准备工作包括焊件的坡口加工、焊接部位的清理、焊件的装配以及焊剂烘干等。焊前准备工作将直接影响焊缝质量，是焊接工艺的重要环节。

1. 坡口形式及选择

坡口形式及选择应根据易于保证焊接质量、填充金属量少，便于操作及减小焊接变形等原则综合考虑。坡口形式和尺寸应按设计要求或国家标准 GB/T 985.2—2008《埋弧焊的推荐坡口》来确定。

由于埋弧焊可使用大电流焊接，故厚度为 3 ~ 24mm 的钢板可开 I 形坡口，间隙 0 ~ 4mm，偏厚者可双面焊，也可开带钝边的单边 V 形坡口或 Y 形坡口。厚度为 24 ~ 60mm 的钢板可开双 Y 形坡口或带钝边的 V 形坡口等；厚度为 50 ~ 160mm 的钢板可开带钝边的双 U 形或 UV 形坡口等。V 形或 Y 形坡口角度一般为 60° ~ 80°，单 V 形坡口角度为 20° ~ 40°。坡口可用刨边机、铣边机、气割机或等离子弧切割机等设备加工，加工后的坡口边缘要求平直。

2. 焊接部位的清理

焊前应将坡口、对接面及焊接部位两侧不小于 20mm 范围内的表面锈蚀、油污、氧化皮及水分等清除干净，否则焊缝将产生缺陷。例如某厂焊接锅炉筒体纵、环缝时，通过对 X 射线探伤底片上的缺陷性质进行统计分析，共 25 台筒体，焊缝总长 280.6m，其中累计缺陷长度为 8418mm，而气孔缺陷累计长度达 6353mm，占缺陷总长度的 75.5%。气孔产生的主要原因是钢板表面未清理干净，残存有铁锈；进一步研究发现，虽然坡口两侧焊件表面清理干净，但坡口内或对接面未清理，也会在焊缝表面及内部产生大量气孔。采取严格清理措施后，气孔发生率明显下降，产品焊接一次合格率显著提高。在清理时，可使用手工清除，例如钢丝刷、风动或电动手提式砂轮以及钢丝轮等，机械清除如喷砂和氧-乙炔火焰烘烤等方法进行。

3. 定位焊

焊件装配工作的好坏直接影响着焊缝质量。焊件装配必须保证间隙均匀、高低平整减少错边，在单面焊双面成形时更应严格控制。焊件装配时，定位焊大都采用焊条电弧焊，所使用的焊条及焊接参数应根据焊件的材料来确定。定位焊缝的长度一般为 30mm，间距为 100 ~ 300mm，应保证焊透、熔合良好，无任何焊接缺陷，发现有裂纹等缺陷时应及时铲除。

4. 引弧板及引出板

在焊接直缝时需加引弧板及引出板，其目的是去除引弧或引出时容易出现焊接缺陷的部分，保证焊缝的质量。

根据钢制压力容器的焊接质量检验要求，需要做焊接试板，而且产品焊接试板必须在焊缝的延长部位同时进行施焊。焊接时将试板点定在接头的两端，因而该板既是焊接试板，又起到引弧板或引出板的作用。

4.4.2 焊接技术及焊接参数

1. 平板对接焊

对于中厚板，平板对接焊缝大多采用双面焊。对接双面焊在进行第一面焊接时既要保证一定的熔深，又要防止熔化金属的流溢和烧穿。因此应采取有效的工艺方法予以保证。常用的方法是：小间隙无衬垫焊接法、焊剂垫法和临时工艺垫板等。

（1）小间隙无衬垫焊接法（悬空焊） 焊件背面无衬垫衬托，但组对间隙很小（一般不超过 1mm）或无间隙，主要应用于 I 形坡口的对接焊缝。此工艺对焊件装配要求较高，以防止液态金属从间隙中流失或引起烧穿。焊接第一面的焊接参数应使熔深小于焊件厚度的 40%~50%，翻转后再进行反面焊接，为保证焊透，反面焊缝的熔深应达到焊件厚度的

60%~70%。小间隙I形坡口的无衬垫双面焊焊接参数见表4-23。

表4-23 I形坡口无衬垫双面埋弧焊焊接参数

焊丝直径/mm	焊接厚度/mm	焊接顺序	焊接电流/A	电弧电压/V	焊接速度/(m/h)
4	6	正	380~420	30	34.6
		反	430~470	30	32.7
4	8	正	440~480	30	30
		反	480~530	31	30
4	10	正	530~570	31	27.7
		反	590~640	33	27.7
4	12	正	620~660	35	25
		反	680~720	35	24.8
4	14	正	680~720	37	24.6
		反	730~770	40	22.5
5	15	正	800~850	34~36	38
		反	850~900	36~38	26
5	17	正	850~900	35~37	36
		反	900~950	37~39	26
5	18	正	850~900	36~38	36
		反	900~950	38~40	24
5	20	正	850~900	36~38	35
		反	900~1000	38~40	24
5	22	正	900~950	37~39	32
		反	1000~1050	38~40	24

(2) 焊剂垫法 用焊剂垫施焊时，其结构原理如图4-27所示。该工艺的要点是：焊剂垫的焊剂与正式焊接用焊剂相同，要求焊剂在焊缝全长都与焊件贴合，并且压力均匀，防止出现漏渣和液态金属下淌，以致造成焊穿现象。焊前装配时，根据焊件的厚度预留一定的间隙。一般在定位焊的反面进行第一面焊接，采用的焊接参数应保证第一面焊缝的熔深超过焊件厚度的60%~70%。翻转后进行反面焊接，其焊接参数可与正面相同或适当减小，但必须保证完全熔透。对重要产品在第二面焊接前需对焊缝根部进行清根，清至无熔渣缺陷等为止。不同板厚的I形坡口预留间隙双面埋弧焊焊接参数见表4-24。

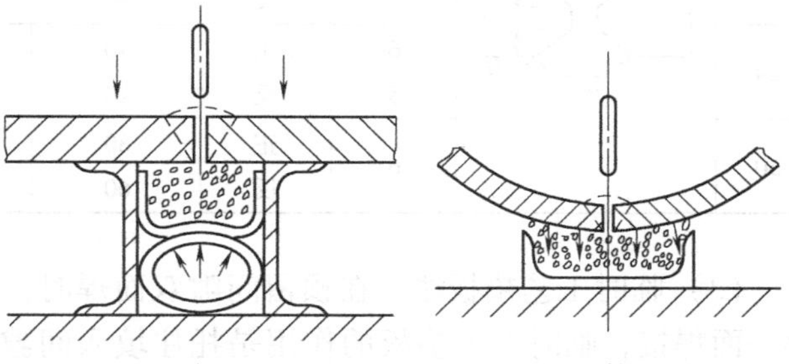
a) b)

图4-27 焊剂垫结构原理图

表 4-24 I 形坡口预留间隙双面埋弧焊焊接参数①

焊件厚度/mm	装配间隙/mm	焊丝直径/mm	焊接电流/A	电弧电压/V	焊接速度/(m/h)
14	3~4	5	700~750	34~36	30
16	3~4	5	700~750	34~36	27
18	4~5	5	750~800	36~40	27
20	4~5	5	850~900	36~40	27
24	4~5	5	900~950	38~42	25
28	5~6	5	900~950	38~42	20
30	6~7	5	950~1000	40~44	16
40	8~9	5	1100~1200	40~44	12
50	10~11	5	1200~1300	44~48	10

① 焊接用交流电，焊剂为 HJ431。

对于厚度较大的焊件，可采用各种坡口进行焊接，坡口的形式由焊件厚度决定。带坡口的双面埋弧焊焊接参数见表4-25。

表 4-25 带坡口的双面埋弧焊焊接参数

焊件厚度/mm	坡口形式	焊丝直径/mm	焊缝顺序	坡口尺寸 α(°)	坡口尺寸 H_1或H_2/mm	电弧电压/V	焊接电流/A	焊接速度/(m/h)
14		5	正	80	6	36~38	830~850	25
			反	—	—	36~38	600~620	45
16	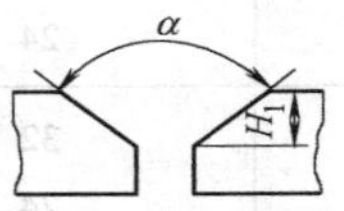 α H_1	5	正	70	7	36~38	830~850	20
			反	—	—	36~38	600~620	45
18		5	正	60	8	36~38	830~860	20
			反	—	—	36~38	600~620	45
22	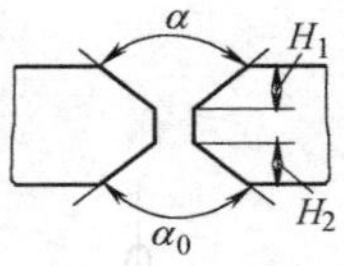 α H_1 H_2 $α_0$	6	正	55	13	38~40	1050~1150	18
		5	反	—	—	36~39	600~620	45
24		6	正	40	14	38~40	1100	24
		5	反	40	14	36~38	800	28
30		6	正	80	10	36~40	1000~1100	18
			反	60	10	36~38	900~1000	20

(3) 临时工艺垫板法 在预留间隙双面焊时，亦可采用临时工艺垫板法进行双面焊的第一面焊接，临时工艺垫板的作用是托住填入间隙的焊剂，以保证颗粒焊剂进入并填满间隙。临时工艺垫板常用厚度为3~4mm、宽为30~50mm的薄带钢，也可采用石棉绳、带及板作承托物，如图4-28所示。焊完第一面后，翻转焊件并除去临时工艺垫板、间隙内的焊剂和焊缝根部的渣壳，然后进行第二面的焊接。

对无法使用焊剂垫或临时工艺垫板进行埋弧焊的对接焊缝，也可采用其他工艺方法，如焊条电弧焊、TIG、MIG、MAG、CO_2电弧焊等进行封底后再焊。这类接头可根据板厚采用I形坡口、单面坡口或双面坡口。一般采用Y形坡口进行封底焊，保证封底焊缝的熔深大于8mm。

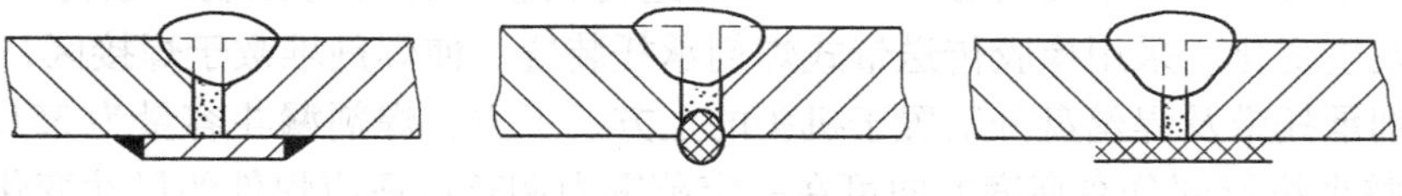

a) b) c)

图4-28 临时工艺垫板双面焊

a）薄钢带垫 b）石棉绳垫 c）石棉板垫

2. 环缝焊

圆形筒体的环缝焊接，通常是将筒节及筒节、筒节及封头间组对定住，置于转胎上，在焊件转动和焊机机头固定的条件下进行的。

圆形筒体的对接环缝进行双面埋弧焊时，其焊接顺序是先焊内环缝后焊外环缝。无论是焊接内环缝或外环缝，焊丝都应逆焊件旋转方向相对于筒体圆的中垂线偏移一段距离，如图4-29所示。其目的是，在焊接内环缝时成为上坡焊，以增大焊缝熔深；在焊接外环缝时，成为下坡焊，使焊缝熔宽增加、增高减少，焊缝表面平滑美观。焊接内环缝时，应在焊剂垫上进行（见图4-30）。焊剂垫由滚轮和承托焊剂的带组成，利用圆形焊件与焊剂之间的摩擦力带动焊剂承托带和滚轮一起转动，并要均匀不断地向焊剂垫上添加焊剂。

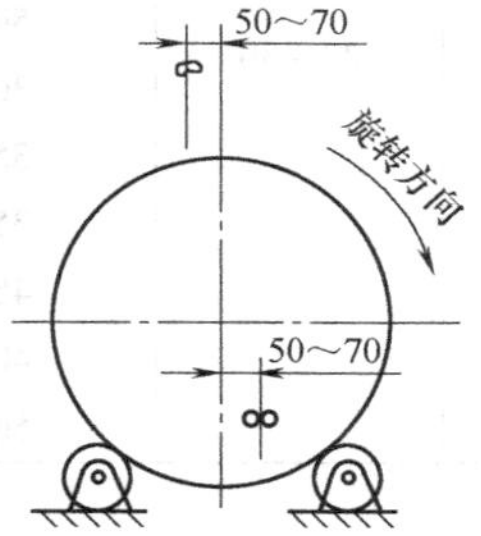
50～70
旋转方向
50～70

图4-29 环缝埋弧焊时焊丝的位置

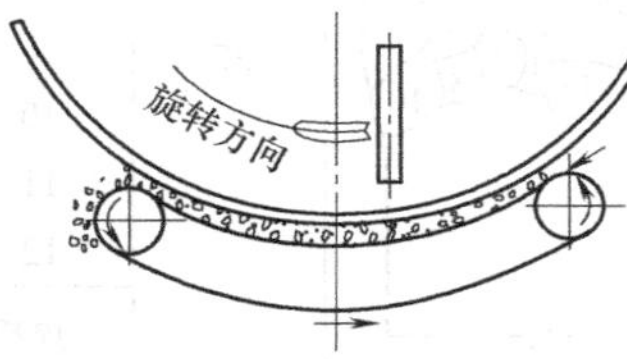
旋转方向

图4-30 内环缝焊接示意图

在环缝焊接时，焊机一般是固定的，焊接速度是通过调节转胎的变速电动机的转动速度来实现的。

环缝埋弧焊焊丝的偏移距离随着筒体直径及焊接速度等参数的不同而不同。筒体的直径越大则焊丝偏移距离也越大，通常，焊件直径为400～3500mm时，偏移距离可取为30～80mm。焊接速度越大，焊丝偏移距离也适当增大，合适的偏移距离可以使熔池处于适当的位置凝固，以免造成流失、下淌等现象，保证焊接质量。

3. 横焊

埋弧横焊是采用专用埋弧横焊机进行的，用于中厚板大型石油化工容器和贮罐的制造现场焊接，具有高效灵活、适应性强等优点。

埋弧横焊机由焊机装置、控制装置和焊接电源三部分组成。焊接电源采用额定焊接电流为800A的直流电源。焊机装置包括焊车、焊机机头、焊剂给送及回收器、焊剂承托装置和坡口除锈机构等。控制装置为控制箱及操作板等。焊机的各执行部分如机头、控制盘、焊剂循环系统、焊丝送进系统、走行电动机等，全部安装在一个长方形金属构架上，将其挂在贮罐钢板上，利用走行电动机带动金属构架沿容器（焊件）壁横向移动实现埋弧横焊，走行速度为 200 ~ 1200mm/min，焊机可左右两个方向进行焊接。焊机机头可上下、前后调整，以便对准坡口中心，机头角度可在 30° ± 10°内进行调整，并带有强制压紧仿形机构，保证机头位置不发生变化。采用橡胶传送带式焊剂承托装置，使焊剂堆敷于焊接区，并避免焊剂的撒漏。焊剂承托带及焊丝盘分别置于机头的上方、下方，焊剂漏斗容量为 35L，焊丝盘容量为 25kg。整个执行部分在高度方向可在一定范围内调整以适应焊件的尺寸变化。

埋弧横焊适用于最大板厚为 45mm，板宽为 2430mm 并根据需要可随意变更板宽，外径为 2500mm 以上的容器。一般均采用多层多道焊接，坡口形状不宜采用通常的对称 V 形，而应采用单边 V 形或 K 形，坡口的下侧板边呈水平。常使用的焊丝直径为 3. 2mm。表 4-26 以厚度为 32mm 钢板的横焊为例，列出了其坡口形状、焊道层次及相应的焊接参数供参考。

表 4-26　埋弧横焊焊接参数（Ⅰ）

坡口及层次简图	板厚/mm	焊道序号	焊接电流/A	电弧电压/V	焊接速度/(cm/min)	热输入/(kJ/cm)
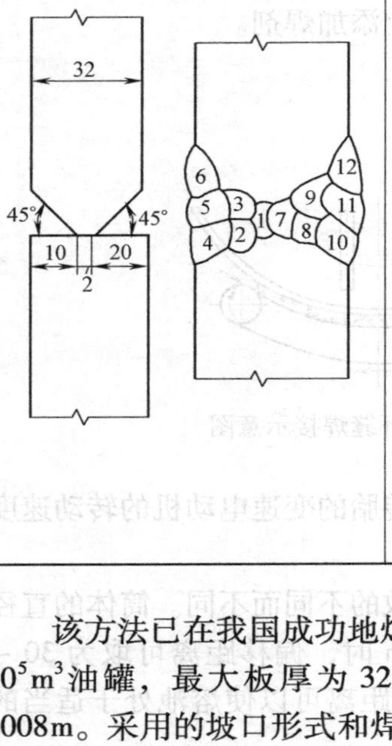32 45° 45° 10 20 2 1 2 3 4 5 6 7 8 9 10 11 12	32	1	470 ~ 490	27 ~ 30	30	27. 4
		2			35	23. 5
		3			35	23. 5
		4			45	18. 2
		5			40	20. 5
		6			50	16. 4
		7			30	27. 4
		8			35	23. 5
		9			35	23. 5
		10			45	18. 2
		11			40	20. 5
		12			50	16. 4
		焊接电源 DC-RP 预热温度 50 ~ 100℃ 层间温度 149 ~ 177℃ 焊炬角度从水平向上偏 23° 背面进行清根				

该方法已在我国成功地焊接了直径为 80m、高为 21. 8m、材料为 SPV50Q 和 SS41 的 $1 \times 10^5 m^3$ 油罐，最大板厚为 32. 5mm。采用埋弧横焊焊接罐壁横焊缝，共焊接焊缝长度为 2008m。采用的坡口形式和焊接参数见表 4-27。

表 4-27　埋弧横焊焊接参数（Ⅱ）

坡口及层次简图	层次	焊接电流/A	电弧电压/V	焊接速度/(cm/min)	热输入/(kJ/cm)
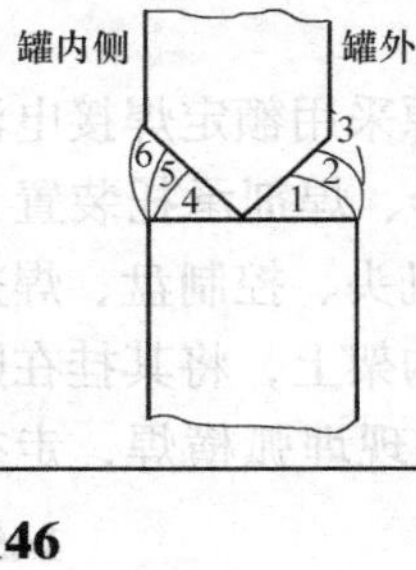罐内侧 罐外侧 1 2 3 4 5 6	1	480	30	25	34. 5
	2、5	480	30	40	21. 6
	4	540	32	35	29. 6
	3、6	460	26	60	11. 9

4. 单面焊双面一次成形

单面焊双面一次成形是仅在焊件的一面施焊，完成整条焊缝双面成形的一种焊接技术。这种焊接技术的特点是焊接时使用较大的焊接电流，将焊件一次熔透。为达到单面焊双面成形的目的，常常采用强制成形的衬垫，使熔池在衬垫上冷却凝固。与双面焊相比，它在焊接过程中无须翻转焊件，并减少了焊缝清根所造成的焊接材料的消耗。采用这种焊接技术可提高生产率，减轻劳动强度，改善劳动条件。此技术适用于压力容器、大型球罐、造船和大型金属结构等的制造。

目前生产中常采用的衬垫有铜衬垫、焊剂衬垫、热固化焊剂衬垫、陶瓷或陶质衬垫等几种。

（1）龙门压力架-焊剂铜垫　利用横跨焊件并带有若干气压缸的龙门架，通入压缩空气后，气缸带动压紧装置将焊件压紧在撒有焊剂的铜垫上进行焊接。焊接结束后，通过三通阀使气缸带动压紧装置升起，便可移走焊件。铜垫上开有一成形槽以保证背面成形，铜衬垫截面形状如图4-31所示。铜垫板截面尺寸见表4-28。铜衬垫两侧各有一块同样长度的水冷铜块，对铜衬垫进行间接冷却。铜衬垫和冷却铜块都装在下气缸上，可以上下升降。

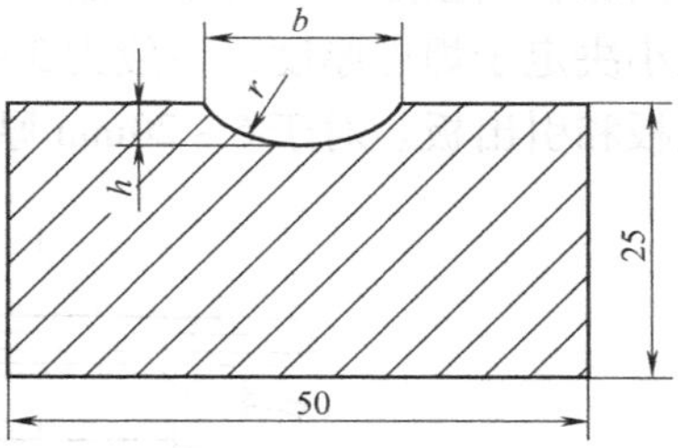
b
r
h
25
50
图4-31　铜衬垫截面形状

表4-28　铜垫板截面尺寸

焊件厚度/mm	槽宽 b/mm	槽深 h/mm	槽曲率半径/mm
4~6	10	2.5	7.0
6~8	12	3.0	7.5
8~10	14	3.5	9.5
12~14	18	4.0	12

压力架可分为固定式或移动式。在采用这种衬垫进行焊接时，首先要清除焊件边缘的锈污，然后借助焊接平台上的输送滚轮将焊件送入进行装配，使坡口间隙中心对准衬垫成形槽的中心线。焊件通常不开坡口，但必须预留一定的装配间隙，以便焊剂均匀填入铜垫成形槽内，将龙门架压紧焊件和铜衬垫。通常焊缝两端焊接引弧板和熄弧板，其焊接参数见表4-29。

表4-29　龙门压力架-焊剂铜衬垫埋弧焊焊接参数

焊件厚度/mm	装配间隙/mm	焊丝直径/mm	焊接电流/A	电弧电压/V	焊接速度/(m/h)
3	2	3	380~420	27~29	47
4	2~3	4	450~500	29~31	40.5
5	2~3	4	520~560	31~33	37.5
6	3	4	550~600	33~35	37.5
7	3	4	640~680	35~37	34.5
8	3~4	4	680~720	35~37	32
9	3~4	4	720~780	36~38	27.5
10	4	4	780~820	38~40	27.5
12	5	4	850~900	39~41	23
14	5	4	880~920	39~41	21.5

采用该衬垫焊接时，对焊接参数不太敏感，焊缝成形稳定，质量较好。有时也因各种因素的影响，例如铜垫与焊件未贴紧、成形槽内焊剂填充不均匀等，造成焊缝成形不良或产生气孔等缺陷。

(2) 水冷滑块式铜衬垫　在单面焊双面一次成形埋弧焊焊接时，将水冷滑块式衬垫(其长度以焊接熔池底部能凝固不出现焊漏为宜)装在焊件接缝的背面，处于电弧下方，焊接过程进行中随同电弧一起移动，强制焊缝背面成形。

这种单面焊双面成形工艺，适合于焊接6~20mm板厚的平对接接头。焊件的装配和焊接是在专用的支柱胎架上进行。水冷滑块式铜衬垫是由焊接小车上的拉紧弹簧通过焊件的装配间隙将其紧贴焊缝背面。图4-32所示为拉紧滚轮架与水冷滑块式铜衬垫结构。装配间隙大小决定于焊件厚度，一般为3~6mm。为保证焊缝两端都能焊接好，应在焊缝两端焊接引弧板和引出板。对于6~20mm厚的钢板对接接头的焊接参数见表4-30。

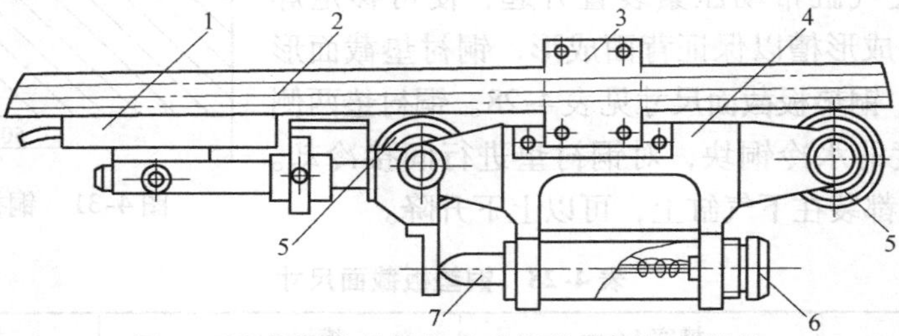
1
2
3
4
5
5
6
7

图4-32　拉紧滚轮架与水冷滑块式铜衬垫结构

1—铜滑块　2—钢板　3—拉片　4—拉紧滚轮架　5—滚轮　6—夹紧调节装置　7—顶杆

表4-30　水冷滑块式铜衬垫单面焊双面成形埋弧焊焊接参数

焊件厚度/mm	间隙/mm	焊丝直径/mm		焊接电流/A		电弧电压/V		焊接速度(/m/h)
		前	后	前	后	前	后	
6	3	4	3	500~550	250	30~31	33	37
8	3	4	3	600	250	31~32	33	37
10	4	4	3	700~750	250~350	31~32	35	33
12	4	4	3	800	300~350	32~33	35	31
14	5	5	3	850	350~400	33~35	35	28
16	5	5	3	850~900	350~400	33~35	37	25
18	6	5	3	900~950	400~450	36~37	40	21
20	6	5	3	950~1050	400~450	36~37	40	21

使用这种形式衬垫的主要优点是一次可焊接出双面成形焊缝，生产效率高。但它必须具备专用的焊接装置，而且在使用过程中铜衬垫磨损较大。

应指出的是以上两种衬垫只适用于固定位置的焊接和平对接接头的焊接，对焊件位置不固定的曲面焊缝不适用。

(3) 热固化焊剂衬垫　所谓热固化焊剂衬垫是在一般焊剂中加入一定比例的热固化物质，如加入酚醛4.5%（质量分数）或苯酚树脂，铁粉35%（质量分数），硅铁17.5%（质量分数）等。当衬垫被加热到80～100℃时树脂软化（或液化），将焊剂粘结在一起，当温度升高到100～150℃时，树脂固化，使焊剂垫变成具有一定刚性的板条。一种典型的热固化焊剂衬垫的结构，如图4-33所示。使用时，将此热固化焊剂衬垫紧贴在焊缝的背面，焊接时它对熔池起承托作用，并生成少量的渣帮助焊缝背面成形。

热固化焊剂衬垫长约600mm，可使用磁铁夹具固定在焊件上，如图4-34所示。

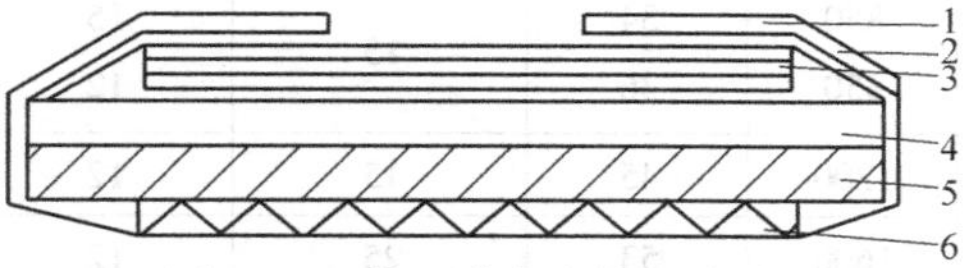
1
2
3
4
5
6

图4-33 热固化焊剂衬垫结构

1—双面粘接带 2—热收缩膜 3—玻璃纤维布
4—热固化焊剂 5—石棉布 6—弹性垫

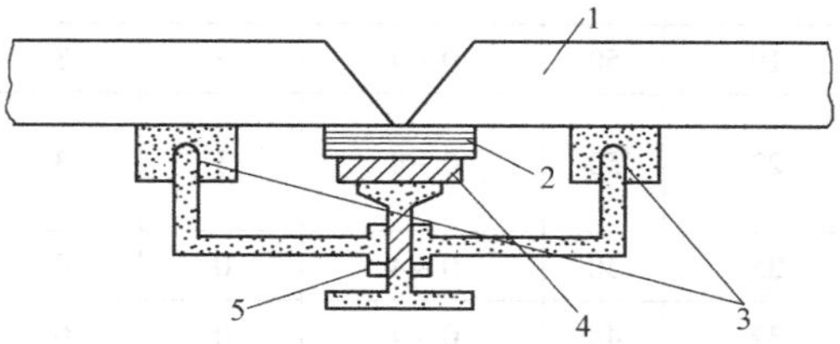
1
2
3
4
5
3

图4-34 热固化焊剂衬垫装配示意图

1—焊件 2—热固化焊剂衬垫
3—磁铁 4—托件 5—调节螺钉

这种衬垫的特点是使用方便，借助双面粘接带与焊件贴合良好，便于安装，可用来焊接任意长的焊缝。并且这种衬垫具有一定的柔性，适用于曲面焊缝的焊接。

热固化焊剂衬垫单面焊双面一次成形埋弧焊焊接参数见表4-31。为提高生产率，坡口内可堆敷一定高度的金属粉末。

（4）陶瓷衬垫 陶瓷衬垫的主要成分是氧化硅和氧化铝，属于中性。它既不熔入熔池，也不与焊缝金属发生反应。陶瓷衬垫具有合适的熔点，在电弧作用下部分发生熔化，对焊缝金属起着润湿作用，增加液态金属的漫流性，使背面焊缝成形平滑。陶瓷衬垫吸湿性小，使焊缝含氢量低，最大不超过5mL/100g，如果需要，可在200℃下烘干。图4-35所示为陶瓷衬垫的断面尺寸，它的长度可根据需要来确定，最长为1000mm。为了适用于曲面焊缝，可做成小的陶瓷块，并用铁丝串起来使用，使用时把陶瓷衬垫放在薄钢带上，并用永久磁铁固定在焊件背面。

表4-31 热固化焊剂衬垫埋弧焊焊接参数

焊件厚度/mm	V形坡口		焊件倾斜角度/(°)		焊道顺序	焊接电流/A	电弧电压/V	金属粉末高度/mm	焊接速度/(m/h)
	角度/(°)	间隙/mm	垂直	横向					
9	50	0～4	0	0	1	720	34	9	18
12	50	0～4	0	0	1	800	34	12	18
16	50	0～4	0	0	1	900	34	16	15
19	50	0～4	0	0	1 2	850 810	34 36	15 0	15
19	50	0～4	3	3	1 2	850 810	34 36	15 0	15
19	50	0～4	5	5	1 2	820 810	34 36	15 0	15

（续）

焊件厚度/mm	V形坡口		焊件倾斜角度/(°)		焊道顺序	焊接电流/A	电弧电压/V	金属粉末高度/mm	焊接速度/(m/h)
	角度/(°)	间隙/mm	垂直	横向					
19	50	0~4	7	7	1 2	800 810	34 34	15 0	15
19	50	0~4	3	3	1	960	40	15	15
22	50	0~4	3	3	1 2	850 850	34 36	15	15 12
25	50	0~4	0	0	1	1200	45	15	12
32	45	0~4	0	0	1	1600	53	25	12
22	40	2~4	0	0	前① 后	960 810	35 36	12	18
25	40	2~4	0	0	前① 后	990 840	35 38	15	15
28	40	2~4	0	0	前① 后	990 900	35 40	15	15

① 采用双焊丝，“前、后”为焊丝顺序。

（5）陶质衬垫　陶质衬垫的主要成分与陶瓷衬垫相似，只是烧制温度不同，其形状和结构，如图4-35b所示。将制成的衬垫块粘接在铝箔中心，两侧有50mm宽的粘结剂，以便将衬垫粘贴在焊件接头的背面。为了便于保存，粘结剂上覆盖一层防固化纸，使用时将防固化纸揭去便可将衬垫粘贴在接头的背面。陶质衬垫使用前应烘干。

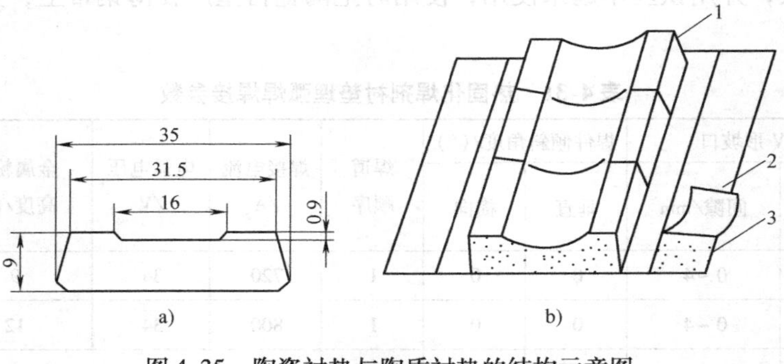
35
31.5
16
0.9
9
a)
1
2
3
b)

图4-35　陶瓷衬垫与陶质衬垫的结构示意图
a）陶瓷衬垫的断面尺寸　b）陶质衬垫
1—陶质衬垫　2—防固化纸　3—粘结剂涂层

为了解决单面焊双面成形埋弧焊时焊接热输入大造成接头韧性降低的问题，几种有效的高效率焊接方法是使用衬垫进行双丝或多丝埋弧焊、金属粉末埋弧焊以及填加金属粉末的双丝或多丝埋弧焊，这类方法既能实现单面焊一次双面成形，又可获得高韧性的焊接接头。

5. 带极埋弧焊

带极埋弧焊是利用带状电极代替焊丝不断熔化，形成熔深大、焊缝宽的焊接接头，其是为解决多丝埋弧焊焊丝承载电流能力低、多丝设备复杂、快速焊易产生缺陷等问题而出现的一种新方法。此方法改善了结晶条件，减少了焊缝中的气孔和结晶裂纹，焊缝质量好，力学性能高，热影响区不易出现过热组织，焊接电流较大，生产效率高，经济价值大，劳动条件好，而且容易实现自动化、机械化生产，是一种值得大力推广的新方法。带极埋弧焊可使用交流或直流具有下降外特性的焊接电源。焊接过程中，带极厚度、宽度、伸出长度、极性以及焊接速度、电流、电压等因素均对焊缝成形有不同程度的影响。在实际应用中，带极埋弧焊比普通埋弧焊在技术、冶金和经济效益方面均有优点。一般常用的带宽为60mm，目前带极埋弧焊主要应用于平板对接焊缝、容器的环/横缝以及角焊缝中。

带极埋弧焊是用长方形断面的带状电极进行堆焊的一种方法，如图4-36所示。带极埋弧堆焊的关键是要有合适成分的带材、焊剂和送进机构。此种方法具有最高的熔敷速度、最低的熔深和稀释度，尤其是双带极埋弧焊，因此是表面堆焊的理想方法。在堆焊过程中，电弧热分布在整个电极宽度上，带极熔化以熔滴形式过渡到熔池，堆敷金属冷凝后形成堆焊焊道，堆焊层要求熔深小，稀释率低。带极埋弧堆焊对母材稀释率低、易保证堆焊层的成分及性能，尤其适用于耐腐蚀层的堆焊，因此在化工容器生产中得到越来越广泛的应用。

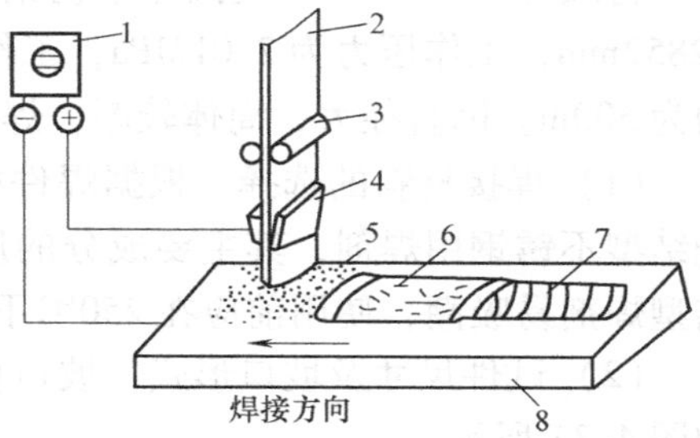
1
2
3
4
5
6
7
焊接方向
8

图4-36 带极埋弧堆焊示意图

1—电源 2—带状电极 3—带极送进装置 4—导电嘴 5—焊剂 6—熔渣 7—焊缝 8—母材

堆焊主要用于修复机械设备焊件表面的磨损部分和金属表面的残缺部分，以恢复原来的设计尺寸；也可以用作对某些特殊用途的零件表面进行耐磨合金或耐腐蚀合金的堆焊，目的是改善使用性能，提高使用寿命。例如原子能设备、压力容器和化工设备内表面要求抗腐蚀，常常在其内表面进行奥氏体不锈钢堆焊，以防止氢侵蚀和腐蚀。

（1）带极埋弧堆焊焊接参数的选择　因为直流反接可防止夹渣及咬边等缺陷，所以带极堆焊一般采用直流反接。焊接电流由带极的宽度来决定。如果焊接电流过大则熔深增加；反之则发生未熔合等缺陷。焊接速度随堆焊层厚度而变化。堆焊层厚度大，会在重叠部位产生未熔合，厚度小则会产生咬边，每一堆焊层的厚度可控制在3~5.5mm范围内，一般为3.5~4.5mm最适宜。焊接时宜采用微上坡焊，但焊件倾角不能太大，否则造成堆焊层凸起，在边缘易产生咬边。表4-32为不锈钢带极埋弧焊焊接参数。

表4-32 不锈钢带极埋弧焊焊接参数

带极尺寸/mm	焊接电流/A	电弧电压/V	焊接速度/(cm/min)	焊道重叠量/mm	带极伸出长度/mm
0.4×25	350~450	24~28	15~23	5~10	35~45
0.4×37.5	550~650				
0.4×50	750~850				
0.4×75	1200~1300				

（2）应用实例　采用带极埋弧堆焊焊接核电站反应堆压力容器筒体（ϕ5600mm）及封

头。筒体与封头材料含碳质量分数为 0.18%，带极用 H03Cr21Ni10 不锈钢，含 C 质量分数≤0.03%，带极尺寸为 0.4mm×75mm，采用直流电源。焊接电流为 1250A、电弧电压为 28V、焊接速度为 18～20cm/min，电极伸出长度为 40mm，采用粘结焊剂，堆焊层厚度为 5～5.5mm。堆焊焊缝的熔深在 0.4～0.6mm 之内，母材稀释率为 0.1～0.12，堆焊焊缝含碳质量分数为 0.04%；铁素体质量分数为 5%～15%。焊前预热 150℃并保温，焊后进行消除应力处理。堆焊层的成分和性能完全符合要求，成功的关键是：①必须严格控制母材的稀释率；②必须采用含有合金成分的粘结焊剂。

4.4.3 焊接实例分析

1. 奥氏体不锈钢压力容器的埋弧焊

材质为 06Cr19Ni10 奥氏体不锈钢的化肥厂用饱和热水塔，板厚为 25mm，筒体外径为 ϕ2852mm，工作压力为 2.01MPa，工作介质为水煤气变换气，工作温度为 180℃。焊缝长度约为 300m。因直径大，筒体较厚，焊接工作量大，所以采用效率较高的埋弧焊进行焊接。

（1）焊接材料的选择　根据焊件材质，选用 ϕ4.0mm、H06Cr21Ni10 焊丝。选用 HJ641 烧结型不锈钢用焊剂，其主要成分的质量分数为 SiO_2≤20%、CaO + MgO + CaF_2≥45%。烧结型焊剂易吸潮，使用前应在 250℃下烘干 30min 以上。

（2）试件尺寸及坡口形式　坡口形式及尺寸如图 4-37 所示。

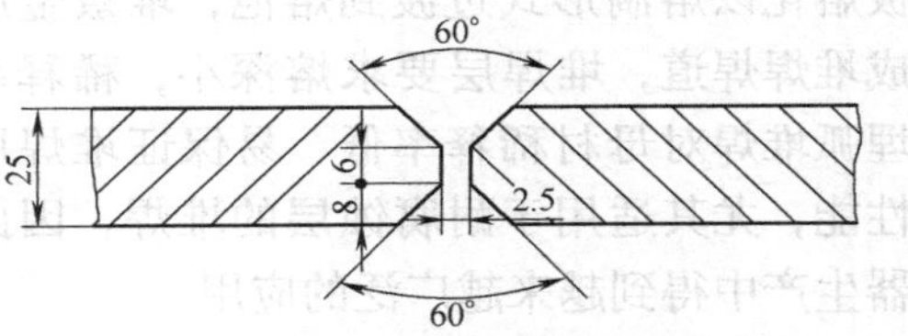

60°
25
8.6
8.6
2.5
60°

图 4-37　坡口形式及尺寸

（3）焊接参数　不锈钢焊接时如果使用过大的电流将造成热影响区耐腐蚀性降低和晶粒粗大，因此，必须根据焊丝直径选择适宜的电流（见表 4-33），同时确定相应的电压。

经过抗裂试验和耐腐蚀试验，最后确定焊接参数为 $I=510A$，$U=35V$，$v=28m/h$。采用 MZ-1-1000 型埋弧焊机，电流种类和极性为直流反接。

表 4-33　焊丝直径和使用电流的范围

焊丝直径/mm	2.4	3.2	4.0	4.8
电流范围/A	200～400	300～500	350～800	500～1000

（4）焊接质量　焊后焊缝化学成分及力学性能均符合技术要求，整台设备焊缝的 X 光探伤合格率在 99% 以上，在 2.75MPa 压力下进行水压试验，无任何泄漏现象。

2. 不锈钢制染丝罐的埋弧焊

染丝罐的结构简图如图 4-38 所示。它是化学纤维厂用于长纤维丝染色的压力容器，其罐体和封头全部由奥氏体不锈钢制造，材质为 12Cr19Ni10Ti，壁厚为 8mm。该罐为 I 类压力容器，设计压力为 0.3MPa，工作温度为 120℃。在制造中罐体和封头的拼板均采用埋弧焊。

（1）焊接材料的选择　根据焊件材料和厚度，选用不锈钢焊丝 H06Cr21Ni10，焊丝直径为 ϕ4mm，焊剂为低锰高硅中氟的熔炼焊剂 HJ260。

（2）接头形式　如图 4-39 所示，采用 V 形坡口。

（3）焊接工艺要点　①严格进行坡口制备；②焊前分别在坡口两侧各 100mm 范围内涂

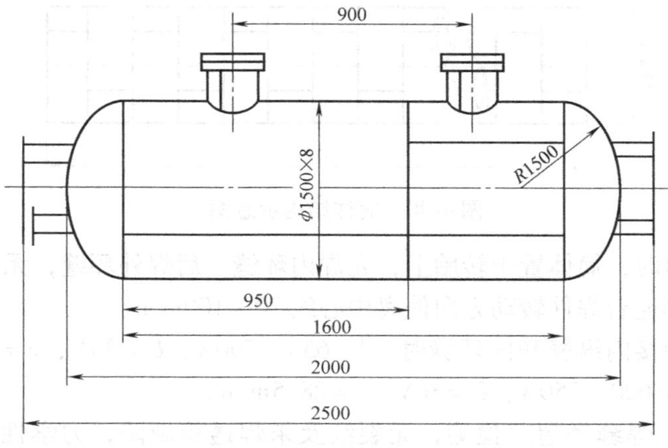
900
ϕ1500×8
R1500
950
1600
2000
2500

图 4-38 染丝罐结构示意图

上白垩粉，以防止飞溅对焊件抗腐蚀性的影响；③焊剂使用前应在 300～400℃下烘干，并保温 2h；④焊接时焊丝伸出长度不应太长，因不锈钢的电阻率大，热导率小，若伸出太长则易发生自熔而造成焊接过程不稳，一般为 30～40mm 为宜；⑤焊接时先焊与介质接触的内环缝、纵缝，清根后再焊外环缝、纵缝。

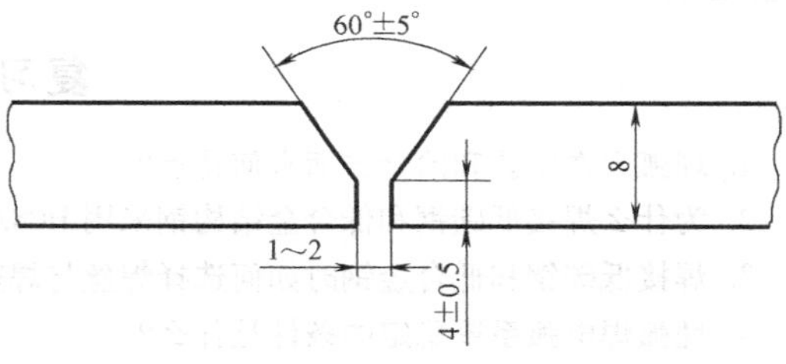
60°±5°
8
1～2
4±0.5

图 4-39 坡口形式

（4）设备及焊接参数 采用 MZ-1-1000 型埋弧焊机，直流反接。焊接参数是在工艺评定的基础上制定的，其焊接参数见表 4-34。

（5）焊接质量 焊后罐的环、纵缝经 X 射线检验，焊缝无缺陷，并进行了水压试验，焊接质量符合技术要求。

表 4-34 焊接参数

焊接位置	焊接电流 I/A	电弧电压 U/V	焊接速度/(mm/min)
内环缝、纵缝	430～450	34～36	1000～1100
外环缝、纵缝	450～460	34～36	950～1050

3. 低合金结构钢筒体埋弧焊

筒体长为 37m、外径为 2.4m、壁厚为 18mm，其结构如图 4-40 所示。材料为 16Mn 钢，要求焊缝熔透良好，无裂纹及密集点状缺陷，焊后椭圆度小于 ±6mm，力学性能为 $R_{eL}\geqslant$ 240MPa，$R_m\geqslant$420MPa，$A\geqslant$18%。

（1）焊接方法的确定 如果采用焊条电弧焊，由于壁厚大，需采用多层多道焊，约需焊 12 道，焊接速度慢，生产效率低，焊后变形大，不能满足技术要求，因此确定采用埋弧焊双面焊工艺。

（2）焊接材料及坡口形式 采用直径为 ϕ5.0mm 的 H08A 焊丝和焊剂 HJ431，I 形坡口。

（3）焊接参数 采用 MZ-1000 型埋弧焊机，交流电源。焊前焊丝和焊接部位两侧进行去油、锈等清理。焊接每一筒节纵缝时，在外侧焊定位焊缝，采用焊剂垫焊接内纵缝，然后

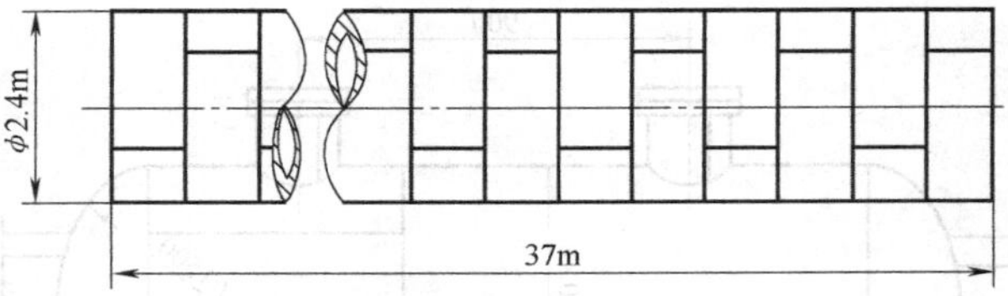
φ2.4m
37m

图 4-40　筒体结构示意图

焊外纵缝。焊接环缝时，筒体置于转胎上，先焊内环缝，后焊外环缝，无论是焊接内环缝或外环缝，焊机机头都逆着焊件转动方向偏离中心线 70 ~ 100mm。

焊接参数为：焊接内纵缝和内环缝时，$I=650\sim700A$、$U=35V$，$v=28.5m/h$；焊接外纵缝及外环缝时，$I=600\sim750A$、$U=36V$、$v=28.5m/h$。

（4）焊接质量　焊缝经超声检测，无裂纹及未焊透等缺陷，力学性能符合技术要求，焊接变形小，与焊条电弧焊相比，提高焊接生产效率 5 倍以上，节省焊接材料 50%，经济效益显著。

复习思考题

1. 埋弧焊在工艺和冶金方面有何特点？
2. 为什么焊接低碳钢和低合金结构钢采用 H08A 焊丝时常配用 HJ430 或 HJ431？
3. 焊接低碳钢和低合金钢时如何选择焊丝与焊剂？
4. 埋弧焊电弧系统稳定的条件是什么？
5. 埋弧焊焊接过程中常遇到哪些外界干扰？为什么在自动调节系统中以弧长为调节对象？
6. 埋弧焊自动调节系统的作用是什么？
7. 说明电弧电压调节器是由哪几个环节组成？各个组成环节有什么作用？
8. 电弧自身调节系统自动调节的基本原因是什么？焊接过程中弧长突然变长时，其自动调节过程怎样调节的？
9. 等速送丝电弧焊的焊接电流和电弧电压的调节是如何实现的？为什么？
10. 叙述电弧电压自动调节器的工作原理和焊接过程中当弧长突然变短时的自动调节过程。
11. 变速送丝电弧焊的焊接电流和电弧电压的调节是如何实现的？为什么？
12. 根据图 4-22 叙述 MZ-1000 型埋弧焊机的引弧和熄弧过程？当按动起动按钮 SB_9 发现焊丝一直回抽不能向下送丝，其原因是什么？当焊前焊丝未与焊件接触或接触过紧为何引弧过程不可靠？
13. 带极埋弧堆焊有什么优点？不锈钢带极埋弧堆焊焊接参数如何选择？

第5章 钨极氩弧焊

5.1 钨极氩弧焊概述

钨极氩弧焊（GTAW，Gas Tungsten Arc Welding）是以钨或钨合金（钍钨、铈钨等）为电极，用氩气作为保护气体的电弧焊方法，也简称TIG焊（Tungsten Inert Gas Arc Welding）。钨极氩弧焊示意图如图5-1所示。焊接时根据焊缝的坡口形式及焊缝金属性能的需要，可以添加或不添加填充金属。填充金属通常从电弧的前方加入，也可预置在接头的坡口或间隙之中。焊接过程可以手工操作和自动化。

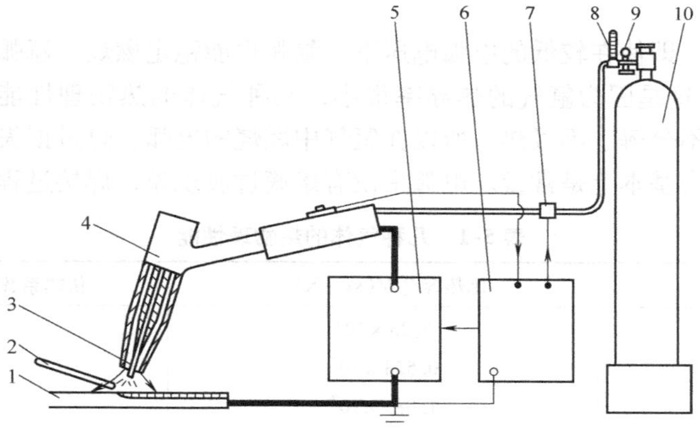

1
2
3
4
5
6
7
8
9
10

图5-1 钨极氩弧焊示意图

1—焊件 2—填充金属棒 3—钨极 4—焊枪 5—焊接电源 6—控制箱 7—电磁器阀 8—流量计 9—减压器 10—氩气瓶

5.1.1 钨极氩弧焊的特点

1. 优点

（1）保护作用好，焊缝金属纯净 焊接时整个焊接区包括钨极、电弧、熔池、填充金属丝端部及熔池附近的焊件表面均受到氩气的保护，隔离了周围空气对它们的侵害，避免了焊缝金属的氧化和氮化，同时也杜绝了氢的来源，因此焊缝金属纯净，含氢量小，为0.5mL/100g（见图5-2）。氩气既不与金属发生化学反应，也不溶解于液态金属中，使得焊接过程中熔池的冶金反应简单易控制，为获得高质量的焊缝提供了良好条件。

（2）焊接过程稳定 在氩气中，电弧引燃后燃烧非常稳定。在各种保护气体电弧中，

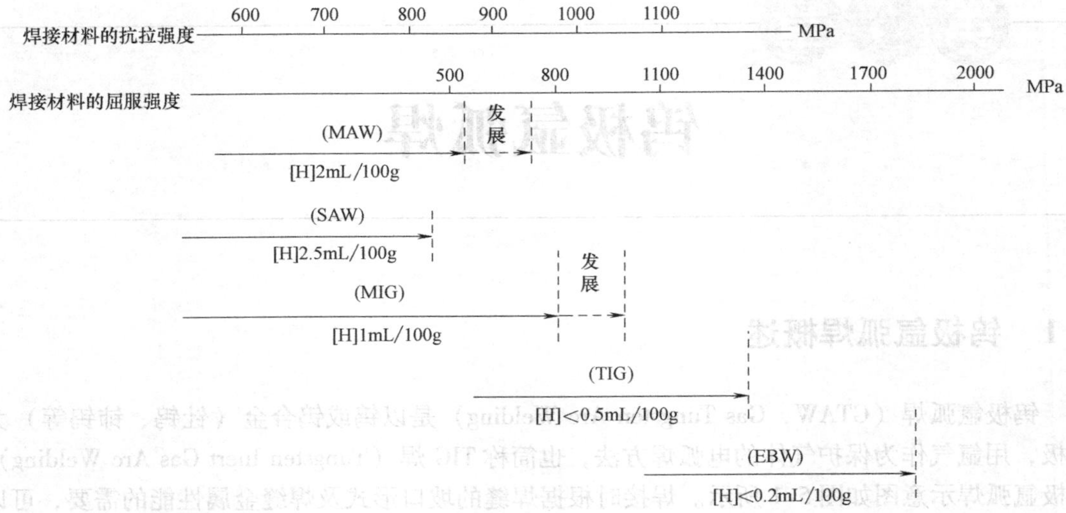
焊接材料的抗拉强度
600 700 800 900 1000 1100 MPa
焊接材料的屈服强度
500 800 1100 1400 1700 2000 MPa
(MAW)
[H]2mL/100g
发展
(SAW)
[H]2.5mL/100g
(MIG)
[H]1mL/100g
发展
(TIG)
[H]<0.5mL/100g
(EBW)
[H]<0.2mL/100g

图 5-2 不同焊接方法的焊缝金属含氢量

MAW—焊条电弧焊 SAW—埋弧焊 MIG—熔化极氩弧焊

TIG—钨极氩弧焊 EBW—真空电子束焊

氩弧的稳定性最好。即使在较低的电弧电压下，氩弧也能稳定燃烧。氩弧焊的电弧电压约在 8～15V 的范围内，这是因为氩气的热导率很小，几种气体的热物理性能见表 5-1。氩是单原子气体，高温时不分解、不吸热，所以在氩气中燃烧的电弧，热量损失少，电弧作用在电极及熔池上的热和力基本上是常量。电弧中没有熔滴过渡现象，焊接过程十分稳定。

表 5-1 几种气体的热物理性能

气 体	比热容/[J/(kg·K)]	传热系数/[W/(m²·K)]
氦	5.23×10^3	1.348
氩	0.523×10^3	1.528
氮	1.083×10^3	2.428
氢	14.235×10^3	19.761
CO_2	0.820×10^3	1.380

注：表中数据为 273K 时的测量值。

（3）焊缝成形好 由于焊接过程没有氧的侵入，在液体金属表面上不发生化学活性的反应，因此表面张力较大，熔池金属不易下淌和流失。在焊接过程中热输入容易调整，特别适宜于薄板的焊接以及全位置焊接，它也是实现单面焊双面成形的理想方法。焊接时不产生飞溅，焊缝成形美观。

（4）具有清除氧化膜的能力 交流钨极氩弧焊在负极性半周时，具有强烈的清除氧化膜的作用，为铝、镁及其合金的焊接提供了非常有利的条件。

（5）焊接过程便于自动化 由于 TIG 焊是明弧焊，无熔滴过渡，很容易实现机械化和自动化。现在已有环缝钨极氩弧焊、管子对接钨极氩弧焊及换热器管板接头钨极氩弧焊等。

2. 缺点

（1）需要特殊的引弧措施 气体电离的难易程度可以用电离电压来衡量。由于氩气的电离电压较高，所以 TIG 的引弧较困难，又不允许钨极与焊件接触，以免污染钨极与焊件，因此须采取特殊的引弧措施。

（2）对焊件清理要求严格 TIG 焊无冶金的脱氧或去氢措施，因此焊前对焊件的除油、去锈及清除尘垢等准备工作要求严格，否则就会影响焊接质量。

（3）生产效率较低 由于钨极载流能力较低，因而熔深浅、熔敷速度小、与熔化极的各种电弧焊方法相比，TIG 焊的焊接生产率较低。

5.1.2 钨极氩弧焊的应用

TIG 焊几乎可用于所有金属和合金的焊接，但由于其成本较高，主要用于不锈钢、高合金钢、高强度钢以及铝、镁、铜、钛等有色金属及其合金的焊接。TIG 焊生产率不如其他的电弧焊高，但易得到高质量的焊缝，特别适宜于薄件、精密零件的焊接。通常采用 I 形坡口，可不添加填充金属，在焊接较厚的焊件时，开 Y 形坡口或双 Y 形坡口并添加填充金属。TIG 焊已广泛应用于航空航天、原子能、化工、纺织、锅炉、压力容器、医疗器械及炊具等工业部门。

5.2 焊枪、电极及氩气

5.2.1 焊枪结构及气体保护效果

1. 焊枪的功能与要求

（1）夹持电极 要求夹持电极的接触电阻小，并且装卸方便。

（2）导电 传导焊接电流，使电流通过电极与焊件之间产生焊接电弧。

（3）输送保护气 焊接时由焊枪喷嘴连续地喷出保护气体将四周空气排开，使焊接区域得到可靠的保护。

（4）冷却焊枪 小型焊枪依靠保护气流带走焊枪中的热量，大型焊枪要采用循环水冷却的措施。焊枪的冷却是非常重要的问题，只有焊枪的冷却可靠不过热，才能保证进行正常的焊接。

（5）控制焊机 通常在焊枪手柄上装有焊机的控制按钮，以便焊接时进行“启动”和“停止”的操作。有的 TIG 焊焊枪还装有气体流量的调节阀门，便于操作者随时调节保护气体的流量。

此外，还要求焊枪重量轻、体积小、绝缘性能好和具有一定的机械强度等。

2. 焊枪结构

TIG 焊的焊枪一般由喷嘴、电极夹头、枪体、电极帽、手柄及控制开关等组成。新型的大电流水冷焊枪如图 5-3 所示。这种焊枪在电极夹头与喷嘴之间设有导气套筒，强制保护气流在导气套筒里通过，对电极及电极夹头有较好的冷却作用。此外，气体经过导气套筒后变得更柔和、均衡，有利于提高保护效果。小型焊枪只需气冷而无需水冷，故焊枪结构比较简单。

焊枪结构中，电极夹头及喷嘴为易损件。对不同直径的电极，要选配不同规格的电极夹头及喷嘴。电极夹头要有弹性，通常用青铜制成，喷嘴用耐热陶瓷制造，具有绝缘和耐高温性能。

3. 保护效果

气体保护的效果，对焊接质量及过程稳定性影响极大。如果希望从焊枪喷嘴中喷出的保护气流对整个焊接区（包括熔化金属及近缝区）都具有良好的保护作用。就要求喷出的保护气流稳定，呈层流流态，并能达到较远的距离。保护效果与气体的流量有关，也与焊枪结构有关。首先要使保护气体均压，常常在焊枪的上部设计一个气体的均压腔，或者采用多孔的隔板及铜丝网作为气筛来达到阻尼均压的目的；其次应使均压后的气体从喷嘴中平稳地输出，要求从喷嘴喷出的气体不产生紊流，而是前后有序的气流，这种气流在流体力学中被称为“层流”。具有“层流”态的保护气体，就能有效地将空气排开，对焊接区进行可靠地保护。

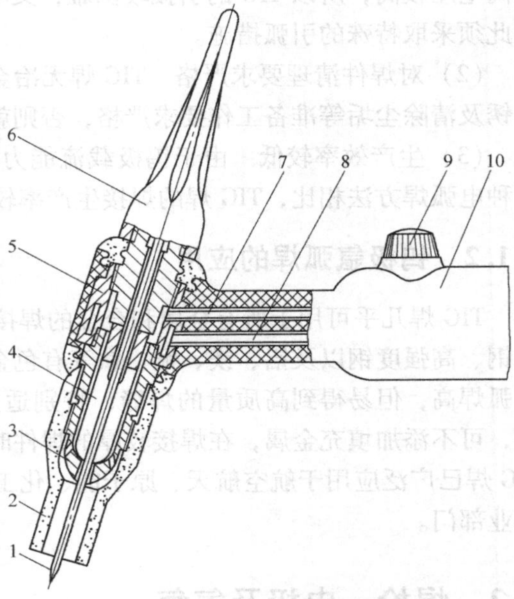
6
7
8
9
10
5
4
3
2
1

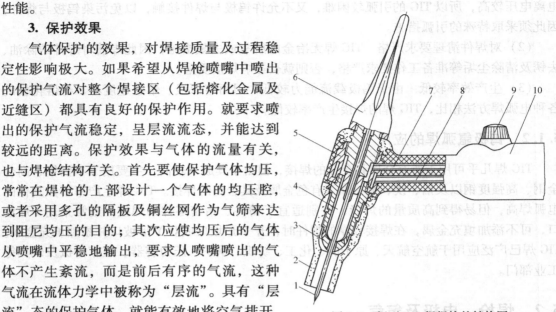

图 5-3　新型 TIG 焊焊枪的结构图

1—电极　2—陶瓷喷嘴　3—导气套筒　4—电极夹头　5—枪体（有冷却水腔）　6—电极帽　7—导气管　8—导水管　9—控制开关　10—焊枪手柄

从前面的分析可知，喷嘴的形状和尺寸对保护效果有很大的影响。常用的喷嘴形状如图 5-4所示。其中圆柱形的喷嘴有利于产生“层流”，用得较多。圆锥形的喷嘴保护性能差一些，但便于操作，熔池可见性好，故常用于小型焊枪焊接薄件。

钨极氩弧焊所采用的喷嘴类型有陶瓷喷嘴、金属喷嘴、熔凝石英喷嘴以及双层保护喷嘴等。陶瓷喷嘴价格最低，应用最广。水冷的金属喷嘴如果使用得当，使用的寿命较长。陶瓷喷嘴在连续长期使用后会变脆，如果喷嘴端部变粗糙或凹凸不平，则会干扰保护气流，造成焊接区域气体保护不均匀，必须予以更换。

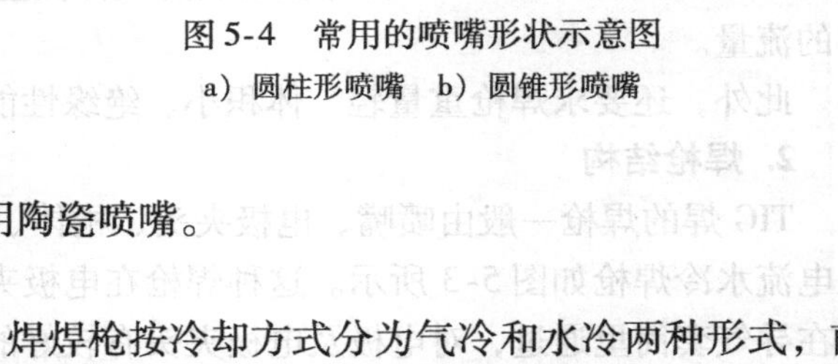
a)
b)

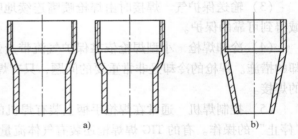

图 5-4　常用的喷嘴形状示意图

a）圆柱形喷嘴　b）圆锥形喷嘴

当使用高频电流焊接时，为避免喷嘴上产生电弧，不选用金属喷嘴，必须采用陶瓷喷嘴。

4. 焊枪标志

焊枪标志由形式及主要参数组成。TIG 焊焊枪按冷却方式分为气冷和水冷两种形式，前者标志为 QQ，后者标志为 QS。QQ 形式的焊枪适用焊接电流范围为 10 ~ 150A；QS 形式相应的范围为 150 ~ 500A。在形式和横杠后面的数字标志焊枪参数，第一个参数是喷嘴中心线与手柄轴线之间的夹角，第二个参数是额定焊接电流。在角度和电流值之间用斜杠分开。如果后面还有横杠和字母，则表示是用某种材料制成的焊枪。譬如标志 QQ-85°/100A-C，则表示气冷焊枪，喷嘴中心线与手柄夹角为85°、额定焊接电流为100A，焊枪的本体是由硅胶压膜成形的。手工钨极氩弧焊焊枪型号和技术数据见表5-2。

表5-2 手工钨极氩弧焊焊枪型号和技术数据

型 号	冷却方式	出气角度/(°)	额定焊接电流/A	适用钨极尺寸/mm		开关形式	质量/kg
				长度	直径		
QS-0/150	循环水冷却	0（笔式）	150	90	1.6，2.0，2.5	按钮	0.14
QS-65/200		65	200	90	1.6，2.0，2.5	按钮	0.11
QS-85/250		85（近直角）	250	160	2.0，3.0，4.0	船形开关	0.26
QS-65/300		65	300	160	3.0，4.0，5.0	按钮	0.26
QS-75/350		75	350	150	3.0，4.0，5.0	推键	0.30
QS-75/400		75	400	150	3.0，4.0，5.0	推键	0.40
QQ-65/75	气冷	65	75	40	1.0，1.6	微动开关	0.09
QQ-85/100		85（近直角）	100	160	1.6，2.0	船形开关	0.20
QQ-0-90/150		0~90	150	70	1.6，2.0，3.0	按钮	0.15
QQ-85/150		85	150	110	1.6，2.0，3.0	按钮	0.20
QQ-85/200		85（近直角）	200	150	1.6，2.0，3.0	船形开关	0.26

5.2.2 电极材料及形状尺寸

1. 对电极材料的要求

TIG焊用电极材料，对TIG焊电弧的稳定性、连续工作时间及焊接质量影响很大。对电极材料的要求是：

（1）耐高温　要求电极在焊接过程中不熔化烧损。否则不仅使电极本身消耗很快，而且还会使电弧发生飘移，造成电弧不稳定。此外，电极一旦熔化，电极材料进入熔池会污染焊缝，产生焊接缺陷，影响焊缝质量。

（2）发射电子能力强　要求电极材料的逸出功小。特别是在高温时应具有较强的热电子发射能力。

（3）载流能力大　要求电极具有良好的导电性能及导热性能，能承载较大电流而不过热。

（4）磨削加工性好　电极的表面需经过磨削，具有一定的尺寸精度和端部角度，从而保障电极的夹持精度及可靠的导电，保持电弧的稳定，提高电弧热量的集中性。

（5）放射性小　某些用于提高电极发射电子能力的物质具有放射性，因此应选用放射性小的电极材料。

2. 电极材料

目前所用的电极材料有纯钨、钍钨、铈钨、锆钨及镧钨等，其中最常用的是钍钨和铈钨。

（1）纯钨　钨的触点很高，约为3380℃，沸点约为5900℃，因此不易熔化和蒸发。用纯钨可以制成各种直径的电极，并具有较好的磨削加工性能。纯钨的逸出功较高，为4.31~5.16eV，因此冷态引弧困难较大。但钨的熔点高，在高温时，钨的热电子发射能力还是很强的，一旦电弧引燃，电弧还是很稳定的。纯钨极的焊接许用电流见表5-3。在直流正极性焊接时（钨极为负极），由于有较强的热电子发射能力，许用焊接电流较大。在直流负极性焊接时（钨极为正极），钨极不能发挥热电子发射的优势，许用电流很小。交流焊时，介于这两者之间，许用电流值也居中。

表 5-3　纯钨极的焊接许用电流

钨极直径/mm	直流/A		交流/A
	正极性	负极性	
1~2	65~150	10~20	20~100
3	140~180	20~40	100~160
4	250~340	30~50	140~220
5	300~400	40~80	200~280
6	350~500	60~100	250~300

（2）钍钨　在纯钨中加入质量分数为1%~2%的氧化钍（ThO_2），使电极的逸出功大大降低，电子发射能力显著增强，并改善电极的引弧性和稳弧性，而且还能提高电极的载流能力，延长电极的使用寿命。钍钨极与纯钨极的许用电流比较见表5-4。但是钍钨极中所含的少量ThO_2具有较强的放射性，因此目前用得不多。

表 5-4　钍钨极及纯钨极许用电流的比较

钨极直径/mm		1.0	1.6	2.4	3.2	4.0	5.0	6.4
最大许用电流/A	W	30	80	130	180	240	300	400
	W-Th	60	120	180	250	300	390	525

注：直流正极性。

（3）铈钨　为降低电极的放射性，改用放射性较低的铈（Ce）来代替钍。实践证明，在纯钨中加入质量分数为2%左右的氧化铈（CeO），同样能明显地降低电极的逸出功，提高电极的引弧性及稳弧性。特别在小电流焊接时，铈钨极的弧束比钍钨极还要细，电弧的热量也更集中。同时电极的烧损率下降，修磨次数可以减少。但在大电流焊接时，铈钨极的抗过热能力还不如钍钨极。铈钨极由于放射性弱，是很有发展前途的电极材料。

钨极氩弧焊常用电极的化学成分见表5-5。三种钨极的性能比较见表5-6。成分中含有的SiO_2、Fe_2O_3、Al_2O_3等为冶金杂质，应予以限制，否则将会降低电极熔点，影响使用性能。

表 5-5　钨极氩弧焊常用电极的化学成分

电极牌号	化学成分（质量分数,%）						
	W	ThO_2	CeO	SiO_2	$Fe_2O_3+Al_2O_3$	Mo	CaO
W_1	>99.92	—	—	0.03	0.03	0.01	0.01
W_2	>99.85	—	—	总的质量分数不大于0.15			
WTh_{-7}	余量	0.7~0.99	—	0.06	0.02	0.01	0.01
WTh_{-10}	余量	1.0~1.49	—	0.06	0.02	0.01	0.01
WTh_{-15}	余量	1.5~2.0	—	0.06	0.02	0.01	0.01
WCe_{-20}	余量	—	1.8~2.2	0.06	0.02	0.01	0.01

表5-6 三种钨极的性能比较

名称	空载电压	电子逸出功	小电流下断弧间隙	弧压	许用电流	放射性剂量	化学稳定性	大电流时烧损	寿命
纯钨	高	高	短	较高	小	无	好	大	短
钍钨	较低	较低	较长	较低	较大	小	好	较小	较长
铈钨	低	低	长	低	大	无	较好	小	长

为了使用方便，钨极一端常涂有颜色，以便识别，钍钨极为红色，铈钨极为灰色，纯钨极为绿色。常用钨极的直径有 0.5mm、1.0mm、1.6mm、2.0mm、2.4mm、3.2mm、4.0mm 等规格。

铈钨极牌号意义如下

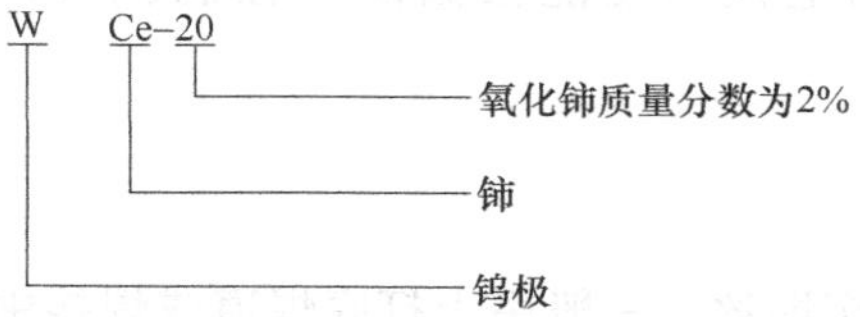
W Ce-20
氧化铈质量分数为2%
铈
钨极

3. 电极的形状与尺寸

TIG 焊用电极，其直径的选择与焊接电流的种类及电流大小有关。

电极端部的形状对焊接质量影响很大。直流 TIG 焊一般采取正极性（钨极接负极），电极端部应磨削成圆锥状。交流 TIG 焊，由于兼有正、负极性，为了增加电极端部的抗热能力，电极端部应磨削成半圆球形，这样可以有效地增加电弧的稳定性并提高电极的使用寿命。不同焊接电流的电极端部形状，如图 5-5 所示。

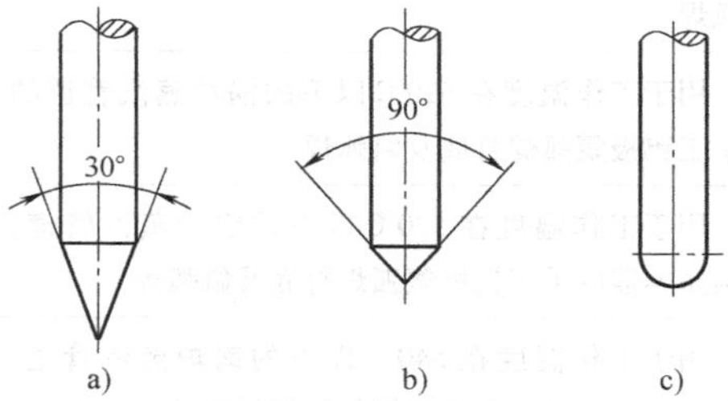
30°
90°
a)
b)
c)

图 5-5 常用的电极端部形状

a）直流小电流 b）直流大电流 c）交流

TIG 焊时电极端部的锥形夹角是一个不容忽视的焊接参数。一般在小电流焊接时，为了提高电弧热量的集中性，常采取较小的电极锥角，如 30°锥角。但焊接电流较大时，如果电极锥角过小，会增加电极上的电压降，增加电极的产热，对焊接过程的稳定性不利，焊接试验也证明了这一点。例如当焊接电流为 300A，电弧的长度为 2.0mm 时，钨极端部的锥角分别为 30°与 90°，试验结果的电压和功率分配情况见表 5-7。钨极的夹角较小时，钨极上的电弧电压增大，产热也相应增加。此时钨极产热占总热输入的比例增大，将降低钨极的使用寿命，同时也降低了电弧对焊件的熔透能力。

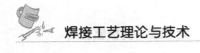

表 5-7 TIG 焊时电压和功率的分配

钨极角度	钨极电压 /V	电弧电压 /V	总热输入 /W	钨极产热 /W	电弧产热 /W
30°	4.85	17.2	6600	1456	5144
90°	1.72	16.3	5400	516	4880

注：焊接电流为300A。

4. 电极磨尖机

电极端部的形状和尺寸对电弧的稳定性很有影响。如果端部凹凸不平，产生的电弧既不集中又不稳定，因此钨极端部必须磨制。手工磨制需要一定的技巧，并且打磨的粉尘对工人健康是有害。采用电极磨尖机可以减少这些弊端。例如国产 TM-1 型钨极磨尖机，在金刚石砂轮前装有透明的防护罩。可防止钨极尘埃飞散，并可观察磨削情况。该机是手提式的，可以在工作现场使用。磨制的电极角度能根据需要任意调节，可磨制的电极直径范围为 $\phi1 \sim 4$mm。

5.2.3 焊丝

钨极氩弧焊用焊丝为填充焊丝，一般用于打底焊道或焊接中厚板的填充焊道，增加熔敷金属提高焊接效率。填充焊丝的选择应根据被焊金属的材质和对焊缝性能的要求选用相应的焊丝。表5-8～表5-10 列出了碳钢和低合金钢手工钨极氩弧焊焊丝、铝焊丝以及铜焊丝。常用碳钢和低合金钢钨极氩弧焊焊丝型号国内外对照见表 5-11。

表 5-8 碳钢和低合金钢手工钨极氩弧焊丝

序号	型　号	用　途	规　格
1	TIG-J50（ER50-4）	用于各种位置的管子手工钨极氩弧焊打底及氩弧焊	1、1.2、1.6、1.8、2、2.5、3.2、4、5
2	TIG-R10（ER55-D2-Ti）	用于工作温度在 510℃ 以下的锅炉蒸汽管道的手工钨极氩弧焊打底及氩弧焊	1、1.2、1.6、1.8、2、2.5、3.2、4、5
3	TIG-R30（ER55-B2）	用于工作温度在 520℃ 以下的锅炉蒸汽管道、高压容器的手工钨极氩弧焊打底及氩弧焊	1、1.2、1.6、1.8、2、2.5、3.2、4、5
4	TIG-R31（ER55-B2-MnV）	用于工作温度在 540℃ 以下的锅炉蒸汽管道、石油裂化设备的手工钨极氩弧焊打底及全氩焊	1、1.2、1.6、1.8、2、2.5、3.2、4、5
5	TIG-R34	用于工作温度在 620℃ 以下的 2Cr2MoWVB（钢102）耐热钢结构	1、1.2、1.6、1.8、2、2.5、3.2、4、5
6	TIG-R40（ER62-B3）	用于工作温度在 550℃ 以下的 Cr2.5Mo 类（如10CrMo910）耐热钢结构手工钨极氩弧焊打底及全氩焊	1、1.2、1.6、1.8、2、2.5、3.2、4、5
7	TIG-R71	用于焊接工作温度在 600～650℃ 的 Cr9MoNiV 类耐热钢（如 T91 或 F9），蒸汽管道和过热器管	1、1.2、1.6、1.8、2、2.5、3.2、4、5
8	ER50-6	用于碳钢及 500MPa 级高强度钢结构焊接	1、1.2、1.6、1.8、2、2.5、3.2、4、5

表 5-9 铝焊丝

序号	型号	规格	特性和用途
1	SAL1100（ER1100）	1.2、1.6、1.8、2.0、2.4	塑性好，耐蚀。纯铝气焊，氩弧焊用
2	SAL4043（ER4043）	1.2、1.6、1.8、2.0、2.4	抗裂性好，通用性大。铝合金气焊，氩弧焊用。不宜用于高镁合金
3	SAL3103	1.2、1.6、1.8、2.0、2.4	良好的耐蚀性，焊接性及塑性。铝合金气焊，氩弧焊用
4	SAL5183（ER5183）	1.2、1.6、1.8、2.0、2.4	耐蚀，强度高。铝合金氩弧焊用
5	SAL5356（ER5356）	1.2、1.6、1.8、2.0、2.4	耐蚀，强度高，通用性大。铝合金氩弧焊用

表 5-10 铜及铜合金焊丝

序号	型号	规格	特性和用途
1	SCu1898（ERCu）	1.2、1.6、1.8、2.0、2.4	力学性能好，抗裂性好。纯铜气焊及氩弧焊用
2	SCu6560（ERCuSi-A）	1.2、1.6、1.8、2.0、2.4	力学性能好。铜合金氩弧焊及铜的 MIG 钎焊用
3	SCu5180（ERCuSn-A）	1.2、1.6、1.8、2.0、2.4	耐磨性好，铜合金氩弧焊及钢的堆焊用
4	SCu5210（ERCuSn-C）	1.2、1.6、1.8、2.0、2.4	耐磨性好，铜合金氩弧焊及钢的堆焊用
5	SCu6100（ERCuAl-A1）	1.2、1.6、1.8、2.0、2.4	耐磨，耐蚀。铜合金氩弧焊及钢的堆焊用
6	SCu6180（ERCuAl-A2）	1.2、1.6、1.8、2.0、2.4	耐磨，耐蚀。铜合金氩弧焊及钢的堆焊用
7	SCu4700	1.2、1.6、1.8、2.0、2.4	熔点约为 890℃。黄铜气焊及碳弧焊用，也可钎焊铜、钢、铸铁
8	SCu6810（RECuZn-C）	1.2、1.6、1.8、2.0、2.4	熔点约为 890℃。黄铜气焊及碳弧焊用，也可钎焊铜、钢、铸铁
9	SCu4701（RBCuZn-A）	1.2、1.6、1.8、2.0、2.4	熔点约为 900℃。铜、钢、铸铁钎焊用
10	SCu6810A	1.2、1.6、1.8、2.0、2.4	熔点约为 905℃。黄铜气焊及碳弧焊用，也可钎焊铜、钢、铸铁

表 5-11 常用碳钢和低合金钢钨极氩弧焊焊丝型号国内外对照

GB/T 8110—2008	AWS A5.18/ A5.18M—2005 AWS A5.28/ A5.28M—2005	JIS Z3316—2001	ISO 14341-B—2002
ER50-2	ER48S-2	YGT50	G2
ER50-3	ER48S-3	YGT50	G3
ER50-4	ER48S-4	YGT50	G4
ER50-6	ER48S-6	—	G6
ER50-7	ER48S-7	—	G7
ER69-1	ER69S-1	YGT70	—
ER76-1	ER76S-1	YGT80	—

5.2.4 氩气

焊接用氩气应符合 GB/T 4842—2006《氩》规定的有关氩气的质量技术要求，其成分见

表5-12。一般含有的杂质是氮、氧、氢、CO_2及水蒸气。杂质含量过多会使钨极加速烧损，并使焊缝金属氧化和氮化，增加焊缝金属的含氢量，降低焊接接头的质量。特别在焊接有色金属时，尤其要注意使用高纯度的氩气。氩气作为焊接用保护气体，一般要求纯度（体积分数）为99.9%~99.999%，视被焊金属的性质和焊缝质量要求而定。一般来说，焊接活泼金属时，为防止金属在焊接过程中氧化、氮化，降低焊接接头质量，应选用高纯度氩气。

表5-12　氩气的技术指标

<table>
<tr><th colspan="2">纯氩的技术指标</th><th colspan="2">高纯氩的技术指标</th></tr>
<tr><th>项目</th><th>指标</th><th>项目</th><th>指标</th></tr>
<tr><td>氩气（Ar）纯度（体积分数）/10^{-2}≥</td><td>99.99</td><td>氩气（Ar）纯度（体积分数）/10^{-2}≥</td><td>99.999</td></tr>
<tr><td>氢（H_2）含量（体积分数）/10^{-6}≤</td><td>5</td><td>氢（H_2）含量（体积分数）/10^{-6}≤</td><td>0.5</td></tr>
<tr><td>氧（O_2）含量（体积分数）/10^{-6}≤</td><td>10</td><td>氧（O_2）含量（体积分数）/10^{-6}≤</td><td>1.5</td></tr>
<tr><td>氮（N_2）含量（体积分数）/10^{-6}≤</td><td>50</td><td>氮（N_2）含量（体积分数）/10^{-6}≤</td><td>4</td></tr>
<tr><td>甲烷（CH_4）含量（体积分数）/10^{-6}≤</td><td>5</td><td rowspan="3">甲烷（CH_4）含量+一氧化碳（CO）含量+二氧化碳（CO_2）含量（体积分数）/10^{-6}≤</td><td rowspan="3">1</td></tr>
<tr><td>一氧化碳（CO）含量（体积分数）/10^{-6}≤</td><td>5</td></tr>
<tr><td>二氧化碳（CO_2）含量（体积分数）/10^{-6}≤</td><td>10</td></tr>
<tr><td>水分（H_2O）含量（体积分数）/10^{-6}≤</td><td>15</td><td>水分（H_2O）含量（体积分数）/10^{-6}≤</td><td>3</td></tr>
</table>

注：高纯氩甲烷（CH_4）含量、一氧化碳（CO）含量、二氧化碳（CO_2）含量，可单独测量。

1. 氩气的性质

氩气是一种无色无味的惰性气体。它比空气重25%，而比热容和传热系数却比空气小。这些性质使氩气在焊接时不易漂浮失散，能够起到良好的保护作用和良好的稳定电弧的作用。它的沸点为-186℃，介于氧和氮的沸点之间（氧的沸点为-183℃，氮的沸点为-196℃），所以它是分馏液态空气制取氧气的副产品，由于氩在空气中的含量仅为0.935%，因此制取成本比氧高。氩气可以与其他气体作任意比例的混合，这对发展混合气体保护焊提供了有利条件。

氩气是一种惰性气体，它既不与金属起化学作用，也不溶解于液态金属中。因此，焊接时将氩气用作保护气体可避免焊缝中合金元素的烧损（合金元素的蒸发损失仍然存在）和由此带来的其他焊接缺陷，使焊接冶金反应变得简单和易于控制，为获得高质量的焊缝提供有利条件。

2. 氩弧特性

（1）静特性　由于氩气是单原子气体，高温时不分解、吸热，并且比热容和传热系数小，所以在氩气中燃烧的电弧热量损失较少。在各种保护气体电弧中，氩弧的稳定性最好，电弧一旦引燃，电弧就非常稳定，其电弧电压也较低。氩及氦的电弧静特性曲线如图5-6所示，氩弧静特性呈水平型。

对不同金属进行TIG焊时，电弧电压的数值是不同的。导热性好的铜、铝与导热性差的不锈钢相比，前者电弧电压数值较高。当焊接电流大时（如超过100A），这种差别将逐渐减小。

（2）阴极清理特性　氩气的原子量大，为39.948。因此，在氩弧焊的负极性条件下，质量很大的氩离子（带正电荷）就会对负极性的焊件表面，产生强烈的轰击作用。在焊接铝、镁及其合金时，就能利用这种轰击的作用来破碎和清除其氧化膜。氩弧的这一特性，比其他各种电弧强，这对于开发氩弧焊的应用有重要的作用。

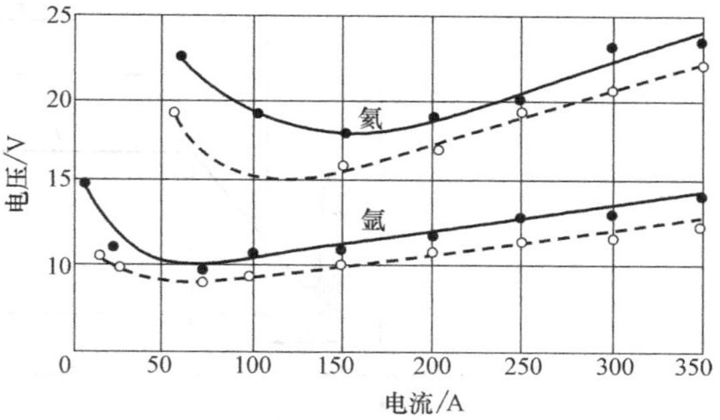
25
20
15
10
电压/V
氩
氦
0
50
100
150
200
250
300
350
电流/A

图 5-6 氩及氦的电弧静特性曲线
—表示电弧长度 4mm ┈表示电弧长度 2mm
（TIG 焊接铝合金）

5.3 钨极氩弧焊的种类

钨极氩弧焊可以根据它的工艺特点，进行不同方式的分类。但是最通常的分类方式，是根据使用的焊接电流种类和极性进行分类。分为直流钨极氩弧焊、交流钨极氩弧焊及脉冲钨极氩弧焊等。电流的种类和极性选取原则：除铝镁及其合金外，其他金属一般选用直流正极性为好，铝镁及其合金选用交流焊接为最好，若是铝镁及其合金薄件也可选用直流反极性，直流正极性不推荐。

5.3.1 直流钨极氩弧焊

直流钨极氩弧焊时焊接电流为直流，没有极性变化，电弧燃烧非常稳定，然而它有正、负极性之分。焊件接电源正极，钨极接电源负极，称为直流正极性，反之，称为直流反极性。

1. 直流正极性钨极氩弧焊

直流钨极氩弧焊多采用直流正极性的施焊方式，此时钨极为阴极，钨极的熔点高，阴极电子热发射能力强，一旦引燃电弧，就能稳定地进行焊接。由于电弧十分稳定，所以设备和工艺简单。

（1）引弧　通常采用非接触式引弧，即利用高频振荡或者高压脉冲的引弧器来击穿钨极与焊件之间的气隙。在接通焊接电源后，只要使电极端头接近焊件至 2～3mm 的距离，就能激发引弧。当电弧稳定燃烧后，控制系统便自动停止高频或者高压脉冲。

（2）焊接程序　为了使焊接区得到可靠的保护，引弧时需提前 2～5s 送气，然后再接通焊接电源，施加高频或者高压脉冲引弧。一旦电弧引燃，立即切除高频或高压脉冲。焊接结束时，当电弧熄灭后，还应延迟 8～15s 停止送气，以便使焊缝尾部和钨极端部在冷却过程中仍能得到充分的保护。提前送气及延迟停气皆由时间继电器和电磁气阀的控制来完成。有时为了使焊缝尾部不产生弧坑、裂纹等缺陷，在停止焊接时电流逐渐衰减，然后熄灭电弧。TIG 焊的工作程序如图 5-7 所示。

（3）施焊特点

1）焊缝成形好。直流正极性 TIG 焊，焊件接正极，焊接熔池接受电子放出的全部动能和位能（逸出功），产热大，使焊缝具有较大的熔深，焊缝成形好，焊件的收缩和变形小。

2）钨极寿命长。此时钨极接负极，它是很好的热阴极材料，在高温时具有很强的热电子发射能力，所以发射电子效率很高，相应的产热少，钨极不易过热，使用寿命长。钨极载流能力大，对于同一焊接电流可以采用直径较小的钨极。

3）电弧稳定。根据电弧理论，电弧中阴极发射电子的能力对电弧的稳定性影响最大。在直流正极性 TIG 焊时，钨极为阴极，能充分发挥钨极热发射电子的能力，有利于电弧稳

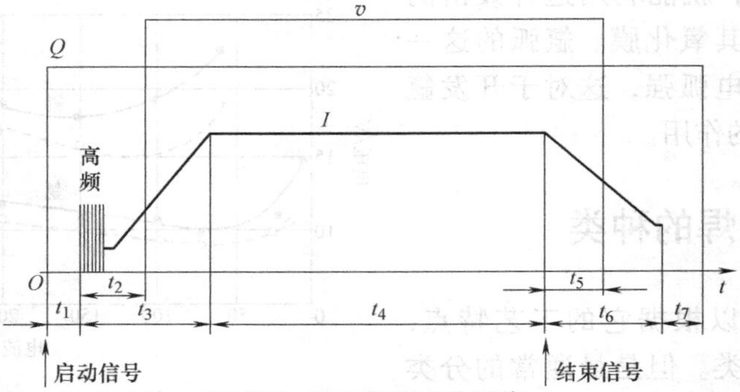
v
Q
I
高频
O
t
t1
t2
t3
t4
t5
t6
t7
启动信号
结束信号

图 5-7　TIG 焊的工作程序

Q—保护气体流量　v—焊接速度　I—焊接电流　t—焊接循环时间　t_1—提前送气时间

t_2—引弧时焊枪停留时间　t_3—电流递增时间　t_4—焊接时间

t_5—熄弧时焊枪运动时间　t_6—电流衰减时间　t_7—延迟停气时间

定，即便是在小电流的情况下电弧也非常稳定。这对于焊接薄板是十分有益的。

在直流正极性焊接时，焊件受到质量很小的电子流撞击，故不能清除焊件表面的氧化物，除铝、镁及其合金外，焊接其他金属及合金一般均采用直流正极性。

2. 直流负极性钨极氩弧焊

在实际生产中很少使用负极性 TIG 焊，原因是钨极易过热、烧损快、焊缝熔深浅、电弧不够稳定。但直流负极性时具有"阴极清理作用"，因此对它的讨论还是很有必要的。

（1）产热分配　在直流负极性 TIG 焊时，电弧的产热分配对焊接过程是非常不利的，钨极受到电子的轰击放出大量热量，使得阳极产热多于阴极，很容易使钨极过热熔化烧损。而作为主要加热对象的焊件，此时却得不到很多的热量，焊缝熔深浅而宽，生产率低。对于同一焊接电流值，负极性时所需要的电极直径要比正极性时粗得多才能维持电极不发生熔化。例如焊接电流在 125A 时，正极性可用 ϕ1.6mm 的钨极，而负极性时必须使用 ϕ6.4mm 的钨极。正、负极性电极的差异如图 5-8 所示。

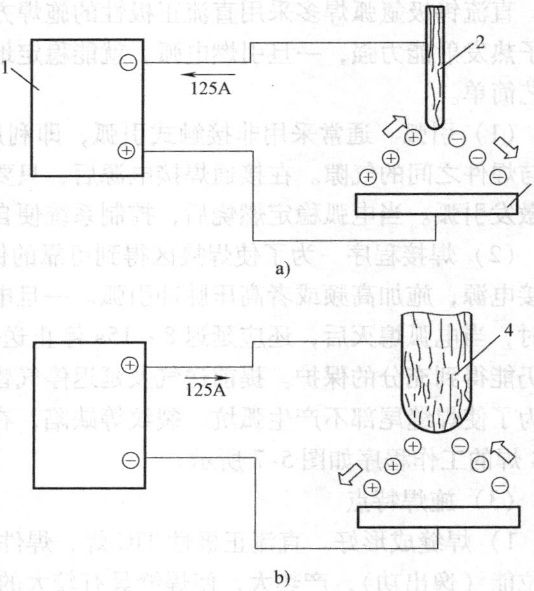
1
2
125A
3
a)
4
125A
b)

图 5-8　正、负极性电极的差异

a）正极性　b）负极性

1—直流焊接电源　2—电极直径 1.6mm

3—焊件　4—电极直径 6.4mm

（2）阴极清理作用　氩弧焊负极性时对焊件表面的清理作用是成功地焊接铝、镁及其合金的重要因素。铝、镁及其合金的表面存在一层致密难熔的氧化膜（如 Al_2O_3，它的熔点为 2050℃，而铝的熔点为 667℃）覆盖在液体金属表面或坡口边缘。如不及时清除，就会造成焊缝未熔合，表面形成皱皮，内部会产生气孔及夹杂物等焊接缺陷。实践证明，负极性的氩弧焊能有效地解决这一问题。因为这些轻金属氧化物的逸出功比其纯金属的要小得多，在氧化物上更容易发射电子，因此在氧化膜上容易形成电弧的阴极斑点。阴极斑点的形成则构成了带正电荷的氩离子的轰击条件。由于氩的原子量较大（约为40），因此在电弧中向阴极运动的氩离子具有较大的动能。这样的氩离子轰击在带有氧化膜的阴极斑点上，就使致密难熔的氧化膜发生物理性的破碎现象。直流负极性 TIG 焊时，焊件接负极。此时在焊件上的阴极斑点是极不稳定的，总是在高速游荡，自动寻找金属氧化膜，产生阴极清理作用。清除掉该处的氧化膜，然后再去寻找其他部位新的氧化膜。阴极斑点的这种不断的迁移和清理的作用可以非常有效地把电弧可能涉及表面（包括熔池及附近的焊件表面）上的氧化膜全部清除干净。在直流负极性 TIG 焊时，焊件（阴极）表面呈现雾化的状态，最终将氧化膜清除干净。常称这种清理作用为“阴极破碎”或“阴极雾化”作用。

（3）对焊缝成形的影响　不同类型电流对焊缝成形影响如图 5-9 所示。可以看出，负极性时的焊缝又浅又宽，这是因为电弧对焊件的加热不集中所致。

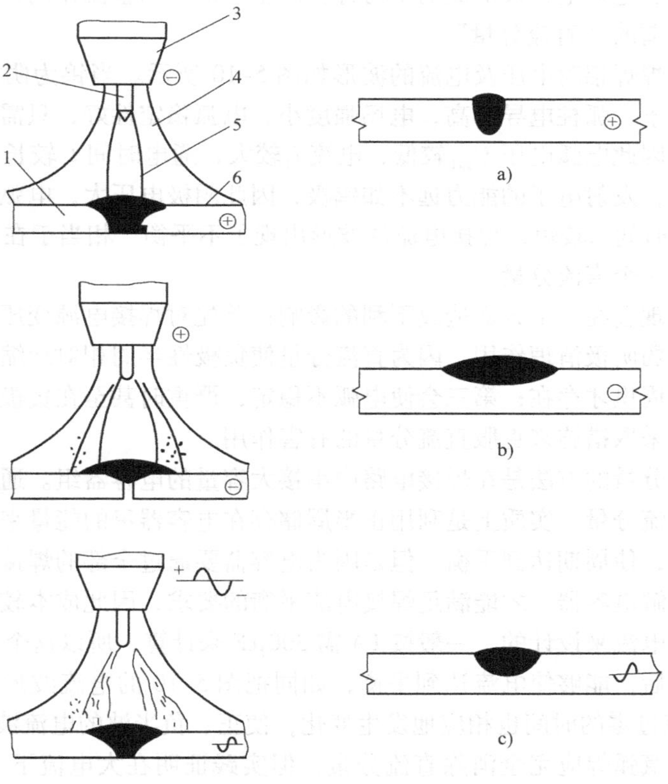

1
2
3
4
5
6
a)
b)
c)

图 5-9　不同类型电流对焊缝成形影响的示意图

a）直流正极性　b）直流负极性　c）交流

1—焊件（铝、镁及其合金）　2—钨极　3—喷嘴　4—氩气流　5—电弧　6—氧化膜

5.3.2　交流钨极氩弧焊

1. 交流 TIG 焊的特点

在生产实践中，焊接铝、镁及其合金时一般都采用交流钨极氩弧焊。交流钨极氩弧焊时

焊接电流的极性发生周期性的交替变化，因此兼有上述正极性 TIG 焊及负极性 TIG 焊两方面的特点。此时，在交流的负极性半周里（焊件为负极），利用了氩弧所具有的阴极清理作用，能够有效地把熔池及附近焊件表面上的氧化膜清理干净。在交流的正极性半周（钨极为负极），氩弧对焊件进行集中加热，使焊缝达到足够的熔深。同时钨极可以得到相对冷却，维持其非熔化状态；并且在正极性半周钨极还能发射足够数量的电子，有利于电弧的稳定。因此，成为进行铝、镁及其合金钨极氩弧焊的最佳选择。

但是交流 TIG 焊由于其极性交变的特点，也出现了新的问题。尤其是直流分量问题及引弧和维弧的问题，必须妥善加以解决才能保障焊接过程的顺利进行。

2. 直流分量

交流钨极氩弧焊焊铝、镁及其合金时，由于钨极和焊件两种材料在电、热物理性能以及几何尺寸上差别很大，造成了电弧放电在正极性半周里容易，在负极性半周困难。因此电弧在正半周呈现低阻特性，在负半周呈现高阻特性，使得交流电弧在两个相邻的半周内弧柱区电导率、电场强度、电弧电压及电流的不对称，产生了部分的整流作用，结果使交变的电流不平衡，出现了所谓的“直流分量”。

交流钨极氩弧焊焊铝时电压及电流的波形如图 5-10 所示。当钨为阴极时，即正极性半周，钨极易发射电子，弧柱电导率高，电场强度小，电弧稳定性好，只需要很低的电压就能维持电弧的燃烧，因此电弧电压 $U_{弧1}$ 较低，电流 i_1 较大，通电时间 t_1 较长。而在负极性半周时，即焊件为阴极，发射电子的能力远不如钨极，因此阴极电压大，电弧电压 $U_{弧2}$ 较大，电流 i_2 较小，且通电时间 t_2 较短，焊接电流的波形出现了不平衡。相当于在一个平衡的交流电流波形上再叠加了一个直流分量。

直流分量的出现会在三个方面造成不利的影响：首先对焊接电源变压器的正常运行会造成危害；其次会减弱阴极清理作用，因为直流分量使负极性半周相对地缩短了，而阴极雾化作用只有在这个半周里才存在；第三会使电弧不稳定，严重时甚至在负极性半周里造成电弧的熄灭。因此必须采取措施来克服直流分量的有害作用。

通常消除直流分量的方法是在焊接电路中串接大容量的电容器组。通过电容器隔离直流电的作用来消除直流分量。实质上是利用正半周储存在电容器里的能量来弥补负半周焊件上阴极多消耗的能量，使周期达到平衡。但是因为电容器要通过全部的焊接电流，要用电容量很大的无极性的电解电容器，才能满足焊接电流平衡的要求，因此成本较高。电容器的电容量是根据最大焊接电流来设计的，一般按 1A 需 300μF 来计算，所以这个电容器组是很可观的。串接了电容器后，能够使电流达到平衡，如同把图 5-10 的电流波形的横轴由 $0\text{-}t$ 往上平移至 $0'\text{-}t'$。电流过零的时间也相应地发生变化，使正、负半波的电流波形完全相同。

过去认为钨极氩弧焊应完全消除直流分量，但实践证明在大电流下（如焊接电流超过 250A），完全消除直流分量是不合理的，只需要适当减小直流分量即可。因这时电流大，负极性半周虽小一些但已足够完成阴极雾化的清理作用。如果强制达到完全平衡，就必须大大增加钨极直径，并且还会减小焊缝熔深，恶化焊缝成形，因此直流分量并非绝对的应该消除。现代的交流方波钨极氩弧焊机（如 WS-300 型）就可以进行交流平衡的控制。不仅能够调节到平衡，完全消除直流分量，还可以视焊件清理及熔透的要求，改变平衡状态。尽管直流分量总是对电源变压器不利，但对焊接工艺就不一定是坏事。当正半周大于负半周时，钨极氩弧焊的电弧具有较深的熔透力，焊缝熔深大；当负半周大于正半周时，电弧对焊件具有

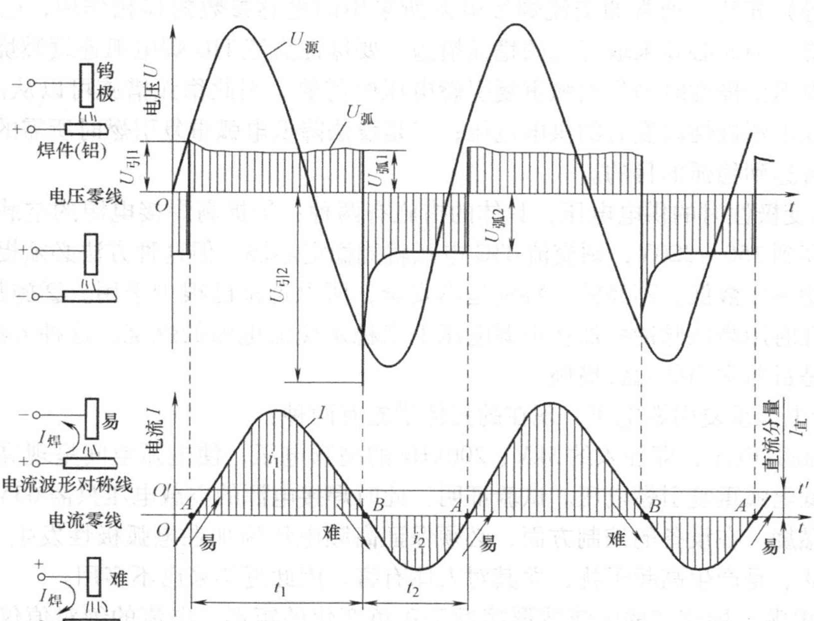
钨极
焊件(铝)
电压零线
电压U
电流I
易
难
电流波形对称线
电流零线
直流分量

图5-10 交流钨极氩弧焊焊铝时电压及电流的波形

$U_{引1}$—正半周的引燃电压 $U_{引2}$—负半周的引燃电压 $U_{弧1}$—正半周的电弧电压 $U_{弧2}$—负半周的电弧电压

i_1—正半周的焊接电流 i_2—负半周的焊接电流 t_1—正半周时间 t_2—负半周时间

$U_{源}$—焊接电源空载电压 $U_{弧}$—电弧电压

较强的消除氧化膜的作用。因此可以根据工艺的需要调节平衡状态，即人为地利用直流分量来提高焊接质量。WS-300型交流钨极氩弧焊机的电流波形控制状态如图5-11所示。可使正半周时间最大调到周期的68%；负半周时间最大能调到周期的55%，以适应焊接工艺的需要。

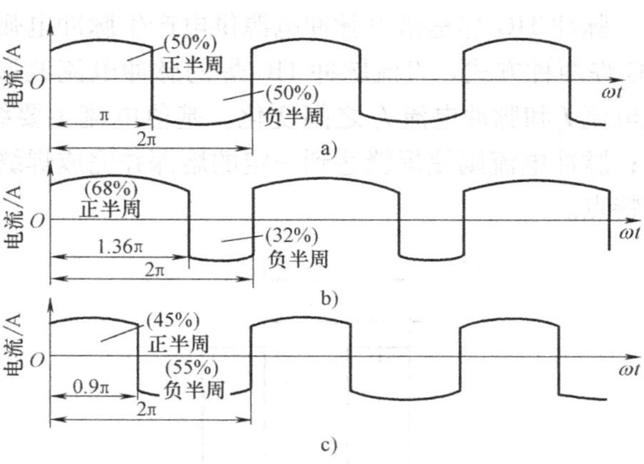
电流/A
(50%)
正半周
(50%)
负半周
π
2π
ωt
a)
(68%)
正半周
(32%)
负半周
1.36π
2π
b)
(45%)
正半周
(55%)
负半周
0.9π
2π
c)

图5-11 电流波形的控制状态

a）平衡状态 b）强熔透状态 c）强清理状态

3. 引弧和稳弧措施

（1）引弧措施 为了防止钨熔入焊缝和保持钨极端部形状，钨极氩弧焊一般不采用短路接触引弧，常采用高频引弧或高压脉冲引弧。交流TIG焊时，由于极性的交替变化，引弧比直流TIG焊困难一些。在采用高频引弧或高压脉冲引弧时，引弧器的电压参数及作用时间应适当增加。此外高压脉冲引弧时，施加高压脉冲的相位应控制在电源空载电压的负极性半周的峰值上。因为在这个相位上叠加高压脉冲，引弧的效率最高。

（2）稳弧措施 由于氩气的电离势比较高，与其他的交流电弧焊接方法（如焊条电弧焊、埋弧焊等）相比，通常的交流焊接电源所采用的电感参数的移相作用，已不能使交流氩弧连续燃烧，因此必须采取特殊的稳弧措施。要保证交流 TIG 焊电弧连续燃烧，就必须使供电电压在电弧变极性时满足电弧重复引燃电压的需要。因此稳弧措施可以从两方面着手：一是设法提高电弧极性改变时的供电电压；二是设法降低电弧重复引燃时所需的电压。两者具其一，即可达到稳弧的目的。

1）提高变极性时的供电电压，具体的措施有两种：①提高焊接电源的空载电压，如把空载电压提高到 150～220V，则交流 TIG 电弧就能稳定燃烧。但这种方法必须提高电源变压器的容量，功率因数低，不经济，特别是不安全，所以近来已很少采用。②施加高压脉冲，在电弧变极性时用高压脉冲叠加在电源电压上来稳定交流电弧的燃烧。这种方法电路简单，效果良好，是目前常用的稳弧措施。

2）降低电弧重复引燃电压，现在的具体措施有两种：

① 施加高频电压，即加入约 3kV、200kHz 的高频电压，使电弧空间呈现高频放电的激励状态来降低电弧重复引燃电压。试验证明，此时焊接电源的空载电压只需 65V，便可使交流电弧连续燃烧。在设备的控制方面，必须保证高频电压施加在电弧极性发生变化的时刻。这种方法的缺点是产生高频干扰，尤其对人体有害，因此近年来已不多用。

② 方波电源，即交变的电流波形接近于正负变化的矩形，电流的绝对值仅在过零时发生突然的瞬间变化。所以电弧过零过程热功率降低很少，电弧的重复引燃电压值被降低。实践证明，方波交流过零过程，可显著地提高交流电弧的稳定性。此时在空载电压不超过 100V 的条件下，就能在过零点满足电弧重复引燃的要求，使交流 TIG 电弧稳定燃烧。

5.3.3 脉冲钨极氩弧焊

1. 脉冲 TIG 焊的特点

脉冲 TIG 焊是指由脉冲电源供电产生脉冲电弧的 TIG 焊。有直流脉冲 TIG 焊和交流脉冲 TIG 焊两种方式。直流脉冲 TIG 焊的脉冲电流波形如图 5-12 所示，焊接电流周期性地在基值电流 I_j 和脉冲电流 I_m 之间变化。基值电流主要维持电弧的连续燃烧以及局部熔化焊件金属；脉冲电流则使焊缝达到一定的熔深并完成焊缝的成形。因此，脉冲 TIG 焊过程具有如下的特点。

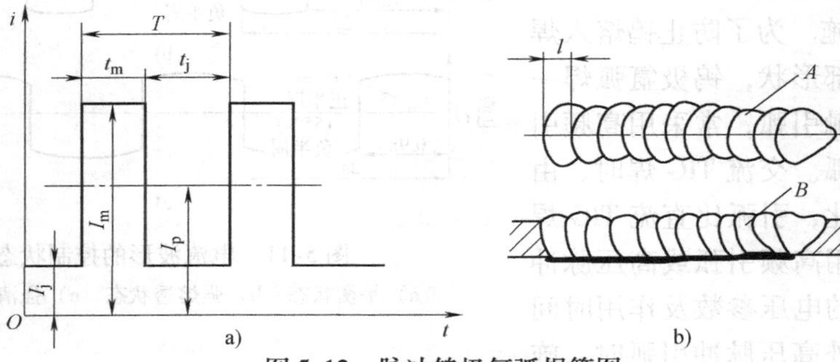
i
T
t_m
t_j
I_m
I_p
I_j
O
t
a)
l
A
B
b)

图 5-12　脉冲钨极氩弧焊简图

a）波形　b）焊缝成形

t—时间　i—电流　T—脉冲周期　t_m—脉冲持续时间　t_j—脉冲间歇时间　I_m—脉冲电流

I_j—基值电流　I_p—平均电流　A—焊缝表面　B—焊缝纵剖面　l—焊波间距

（1）电弧挺度好 电弧的挺度是指在一定的电弧长度下，电弧指向所需焊接处的稳定性。一般小电流时电弧容易发生飘移。而脉冲焊在同样的平均电流水平下，提高了电弧挺度，特别是高频率脉冲焊，效果更加显著，这对于薄件焊接是很有利的。

（2）热输入小 脉冲电流时电弧加热集中，热效率高。同样板厚的焊件，焊透所需的平均电流约可减少10%~20%。有利于减小热影响区，焊接变形小。

（3）焊缝容易成形 焊接熔池处于周期性的加热和冷却过程，焊缝的熔透易于控制，容易实现单面焊双面成形。全位置焊接时，液体金属不易下淌，甚至可以不变更焊接参数就能实现全位置的连续施焊。

（4）焊缝金属性能好 调节脉冲参数可以改变每个电弧焊点的热循环（包括加热速度、冷却速度、高温停留时间以及重复加热温度及冷却时间等），因此可以在焊接过程中，依靠后一脉冲电弧的热量，对前一脉冲电弧形成的焊缝进行热处理，同时焊缝的树枝状结晶被打乱，结晶细化，焊缝组织得到改善。这对于焊接热敏感性强的金属材料是非常有利的。

（5）提高交流TIG焊的稳定性 在用交流焊接铝、镁及其合金时，因阴极斑点有自动寻找氧化膜的作用，小电流时电弧在焊件上跳动十分严重，甚至难以维持正常的焊接过程。采用交流脉冲TIG焊，可以很好地解决这一问题。高的脉冲电流使电流稳定，并具有较好的指向性，使焊缝达到一定的熔深。当焊件熔透后，低的基值电流维持电弧稳定燃烧，使熔池冷却凝固结晶，保证了焊接过程顺利进行。提高了小电流交流TIG焊的焊接质量。

但是脉冲电弧对焊件的加热是脉动式的，存在着加热的间歇时间，因此焊接速度要降低一些，通常要降低15%~25%。

2. 脉冲TIG焊参数

除了通用的TIG焊参数（如电弧电压、焊接速度、气体流量、钨极直径等）外，还有如下参数：

1）脉冲峰值电流（I_m）。

2）基值电流（I_j）。

3）脉冲幅比，脉冲峰值电流与基值电流的比值，即 $F_m = \frac{I_m}{I_j}$。

4）脉冲持续时间，脉冲电流时间（t_m）。

5）脉冲间隙时间，基值电流时间（t_j）。

6）脉冲周期 $T = t_m + t_j$。

7）脉冲频率，每秒钟的脉冲次数 $\left(f_m = \frac{1}{T}\right)$。

8）脉冲占空比，表示脉冲的强弱程度 $\left(K = \frac{t_j}{T}\right)$。

9）平均电流，实际施焊时电流表上的电流值 $\left(I_P = \frac{I_m t_m + I_j t_j}{T}\right)$。

其中脉冲幅比（F_m）及脉冲占空比（K）集中地表示了焊接过程脉冲性质的强弱程度。F_m 及 K 越大，脉冲的作用越强烈。

3. 脉冲参数的选择

脉冲钨极氩弧焊要选择的参数比普通钨极氩弧焊多，选择范围的灵活性也比较大。正确选择和组合这些参数，就可以在控制焊缝成形及限制热输入等方面获得良好效果。

(1) F_m及K　首先根据材料性质来选定F_m及K。如对于热过程较敏感的材料，可选较大的F_m和较大的K。此时脉冲效果明显，这对于防止热裂纹倾向是很有必要的。但F_m及K选得过大，焊缝容易出现咬边等缺陷。

(2) I_m及t_m　可根据材料的性质和厚度，选取脉冲电流I_m及脉冲持续时间t_m。脉冲电流I_m及脉冲持续时间t_m是决定焊缝熔深和熔宽的主要因素，一般随着I_m或t_m的增大，焊缝熔深和熔宽都会增大。在脉冲能量保持不变的前提下，增大I_m而t_m减少时，焊缝熔深和熔宽也将随I_m增大而增加。在实际应用中，采用不同的I_m及t_m的匹配，可获得不同的熔深和熔宽。一般I_m选得越大，t_m就可以减少。

(3) I_j及t_j　脉冲电I_m及频率f_m选定后，根据脉冲幅比F_m及脉冲占空比K，就能算出基值电流I_j和间歇时间t_j。为充分发挥脉冲焊的特点，一般选取较小的I_j，主要是在脉冲电流间歇期间来维持钨极与熔池之间的导电状态，保持电弧稳定燃烧。一般地说，脉冲间歇时间t_j的改变对焊缝成形尺寸的影响较小。但是，如果间歇时间过长，将明显地减少对焊件的热输入，使熔池冷却时间增长，导致焊件上的热积累减少。

(4) 脉冲频率　手工钨极氩弧焊时脉冲频率常取0.5～2Hz，自动焊时脉冲频率一般取5～10Hz。

(5) 焊接速度　在脉冲焊时，为了保证焊缝的连续成形，焊接速度应与脉冲电流I_m、脉冲持续时间t_m及脉冲频率相适应。脉冲电流I_m及脉冲持续时间t_m确定后，焊接速度太快，会造成前后脉冲所形成焊点搭接区熔深不足，甚至不搭接。表5-13提供了焊接速度与脉冲频率相匹配的经验数据，可参考选定。

表5-13　钨极脉冲氩弧焊常采用的脉冲频率范围

焊接方法	手工TIG焊	TIG自动焊的焊接速度/(mm/min)			
		200	283	366	500
脉冲频率/Hz	1～2	3	4	5	6

(6) 选取电弧电压确定弧长　通常焊件越厚，电弧电压应越低，弧长也应越短，但弧长最短不应小于0.5mm。对于薄件可取较大的弧长，同时脉冲电流和基值电流也都相应减小。但最大弧长一般大约不超过3mm，否则焊缝质量不能保证。脉冲焊时脉冲电压的变化范围通常选取在8～14.5V之间。

最后综合考虑焊件的工艺因素，根据试焊的结果，对所选参数进行修正。表5-14为一组超薄板不锈钢的脉冲焊接参数，可供参考。

表5-14　不锈钢脉冲TIG焊焊接参数

焊件厚度	电流/A		时间/s		电弧电压	焊接速度	氩气消耗量	压板间距
/mm	I_j	I_m	t_m	t_j	/V	/(m/h)	/(L/min)	/mm
0.17	0.8～1.5	3.8～4	0.06	0.06	14	20	3	4～5
0.25	0.8～1.8	6～7	0.06	0.06	12	30	3	5～6
0.4	0.8～2.0	13～15	0.06	0.06	11	25	4	6～7
0.5	0.8～2.0	19～21	0.16	0.06	10	20	4	8～10

注：I形坡口，钨极直径1mm，$\theta=30°$，钨极外伸长度8mm，弧长0.5～0.7mm，直流正极性。

5.3.4 高频脉冲钨极氩弧焊

电流脉冲频率高于10kHz的TIG焊称为高频脉冲TIG焊。因其电弧受到高频磁场的压缩，具有电弧稳定、热量集中、临界电流小等特点。所焊的焊缝宽度窄、质量好，特别对于精密薄件的焊接有很大的优越性。

1. 电弧特征

高频电弧放电过程具有高频磁场劳伦兹力的压缩效应，使得电弧放电过程形成的等离子体非常集中，等离子体密度的提高，增加了电弧的温度及电弧放电过程的稳定性。当脉冲频率由1kHz升至5kHz，电弧的形态明显地变得挺直，基值电流可以降得很低，电弧也不会熄灭，此时电弧压力仅与脉冲电流的大小有关，而与基值电流无关。试验还表明，阴极斑点的电流密度大致与脉冲电流的均方根成正比。由于高频脉冲电流远比基值电流大得多，因此高频脉冲电弧截面细、热量集中、电弧压力大。

2. 工艺特点

（1）熔深大 高频脉冲TIG焊与一般直流TIG焊在同样的焊接平均电流下相比，高频脉冲TIG焊的熔深较大。由于高频脉冲焊的电弧比较挺直，所以熔深随弧长变化的影响较小，这对于焊接操作是很有利的。高频脉冲TIG焊与一般TIG焊熔深特性的比较如图5-13所示。由图可见，弧长在1~3mm范围内变化时，高频脉冲TIG熔深较大，且熔深随弧长变化的敏感性较小。图5-13曲线的试验条件为：母材SUS304合金钢（相当于中国牌号06Cr19Ni10），厚度为4.0mm，氩气流量为15L/min，电极为ϕ2.4mm钍钨极，电极端部夹角为60°，焊接速度为100mm/min，直流TIG焊电流为50A，高频脉冲TIG焊的脉冲电流为180A，基值电流为5A，脉冲占空比4（平均电流为50A），脉冲频率为10kHz。

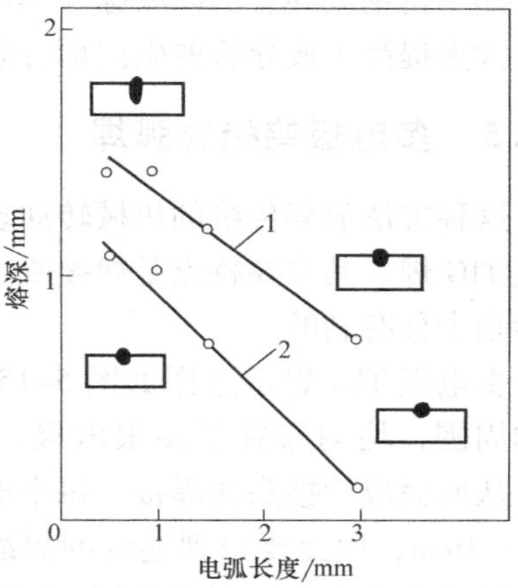
熔深/mm
电弧长度/mm
0
1
2
3
1
2
1
2
图5-13 高频脉冲TIG焊与一般TIG焊熔深的比较
1—高频脉冲TIG焊（10kHz） 2—一般TIG焊

（2）焊接速度大 一般直流TIG焊，当焊接速度增大时，电弧就会向焊接熔池后方倾斜，这种后拖的电弧形态，将使熔池的前方形成表面切割区，继而造成焊缝边缘的咬边。此外，一般直流TIG焊，随着焊接速度提高，焊件上的阳极斑点就变得不稳定，发生左、右摆动，使电弧产生蛇行现象，就很容易产生咬边等缺陷。采用了高频脉冲TIG焊就能避免发生上述弊端。由于电弧挺直，大大提高了快速焊接的稳定性。熔池形状的对比，如图5-14所示。高频脉冲TIG焊焊接速度即使提高2~3倍也不会发生咬边等缺陷。图5-14的焊接条件与图5-13相同。

3. 脉冲频率

高频脉冲TIG焊，当脉冲频率逐步增加时，电弧的收缩效应明显提高，但当提高至10kHz以上时，电弧的挺度不再有明显的变化。电弧压力测试的结果也证实了这一点。因此从电弧的工艺效果出发高频脉冲的频率达10kHz即可。但此时高频电弧的噪声很大，人耳

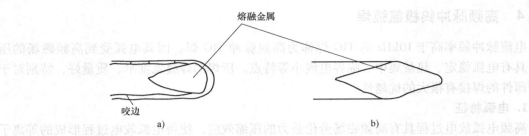
熔融金属
咬边
a)
b)

图 5-14　熔池形状的对比

a）一般 TIG 焊　b）高频脉冲 TIG 焊

难以忍受，因此高频脉冲电流频率宜选择在 16～22kHz 的超声频率范围内。

4. 应用

高频脉冲 TIG 焊设备费用较高，目前主要应用于精密器件的焊接，以及薄板结构的流水焊接作业线上。

如不锈钢波导管的高频脉冲 TIG 焊，可以获得比较理想的焊缝成形，减小了焊缝的下塌量，大大提高了波导管的微波耦合效率。

5.3.5　多电极钨极氩弧焊

这种方法放弃传统的机械转动装置，采用多电极依次连续引燃的方式，进行细管的现场对接 TIG 焊。其主要特点是焊接所需的辅助空间显著减小。这对于某些结构非常紧凑的管子焊接是十分有利的。

多电极 TIG 焊示意图如图 5-15 所示。在被焊管接头的周围，均匀布置了多根电极，使每根电极依次点燃，从而完成管接头的焊接。每个电弧产生的熔池直径为 3～4mm，因此要得到连续的焊缝，相邻电极的中心距可设计为 3.2mm。通常选用 $\phi1.0$mm 的铈钨极。实践证明被焊管子的直径越小，多电极焊接方法的优越性就越突出。

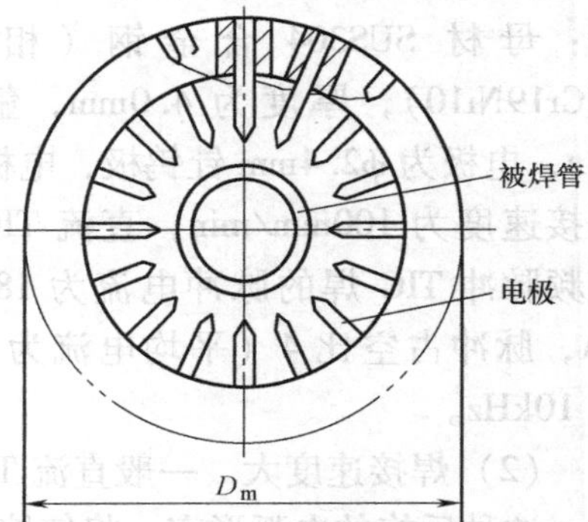
被焊管
电极
D_m

图 5-15　多电极 TIG 焊示意图

多电极 TIG 焊焊枪设计经验公式

$$D_m = 3d + 6$$

式中　D_m——多电极焊枪外形轮廓直径（mm）；

d——被焊管子的外径（mm）。

例如进行直径 10mm 的管子对接，焊枪轮廓尺寸 D_m 为 36mm，是很紧凑的。这种多电极 TIG 焊已应用于卫星火箭的管道安装焊接。

5.3.6　氩弧点焊

氩弧点焊是在氩气保护下以钨极与焊件产生的电弧为热源，将两块相叠焊件熔化形成点状焊缝的焊接方法。焊成的点焊缝如图 5-16 所示。其实它是从普通钨极氩弧焊中派生出来的一种焊接方法，其原理和 TIG 焊相同。

氩弧点焊时，将专用的氩弧点焊枪对准在需要点焊的焊件上，启动控制开关，喷嘴中便通有氩气，然后喷嘴中央的钨极与焊件引燃电弧。当熔化的金属在电弧热量的作用下达到足够的熔深和熔宽时，氩弧便自动衰减，然后熄灭，最后关闭氩气，移开焊枪，完成了一个氩弧点焊焊点。

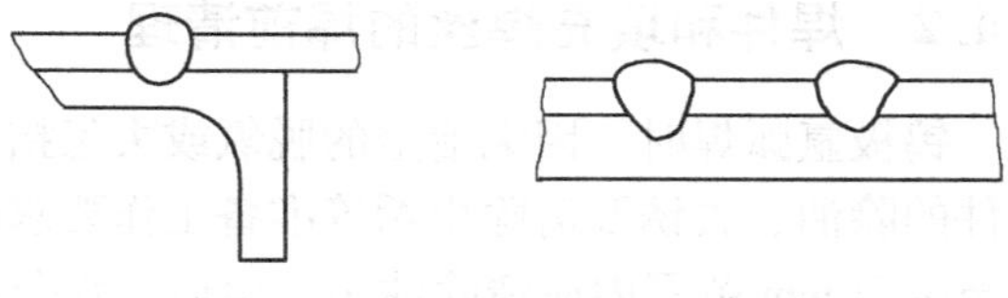

图5-16 氩弧点焊焊点

一般氩弧点焊采用直流正极性，并使用高频辅助间接引弧。为了使焊点表面形状圆滑平整，熄弧电流必须自动衰减。整个焊接过程在氩气保护下完成，因此焊点质量可靠。这种氩弧点焊通常用来点焊不锈钢、低合金钢构件。由于在单面施焊，又不需要压缩空气等辅助能源，因此具有操作简便、生产率高、成本低、焊缝外形美观等优点。

5.4 钨极氩弧焊工艺

5.4.1 接头形式及坡口

根据板厚和结构的情况来决定接头的形式及坡口尺寸。常见的对接接头及坡口形式如图5-17所示。薄板可采用I形对接接头或卷边焊接的形式，I形对接接头要求装配间隙为零，不加填充金属一次焊透。板厚6～25mm，建议采用V形坡口。板厚大于12mm时，则可采用X形坡口双面焊接。

钨极氩弧焊焊接薄板时，应特别注意焊件的装配与清理。焊接时应注意焊枪的操作，才能得到高质量的焊缝。焊接薄件时应使用夹具来保证接头装配精度，焊件应放在垫板上，并在焊缝两边用压板施加压力夹紧，以防焊接变形，并保证焊件传热的均匀性。焊接不锈钢时一般用铜垫板，焊接有色金属时用不锈钢垫板。垫板一般不与接头对缝处贴紧，稍留槽隙，情况如图5-18所示。如果在垫板的槽隙中通入保护气，则更有利于背面焊道的成形。但必须注意保护气体的压力，否则容易造成焊接缺陷。

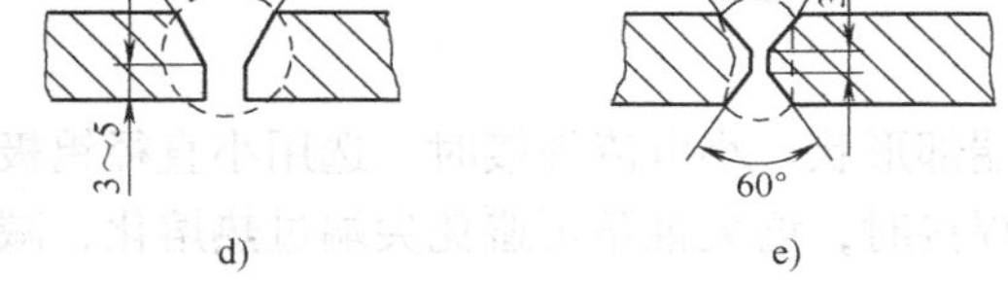
a)
b)
δ～1.2δ
δ
δ～1.5δ
c)
60°
60°
3～5
3
60°
d)
e)

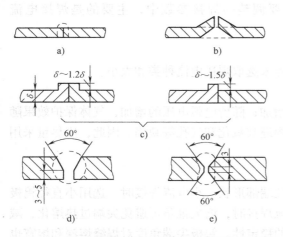

图5-17 TIG焊对接接头及坡口形式

a）I形坡口 b）镦边坡口 c）卷边坡口

d）Y形坡口 e）双Y形坡口

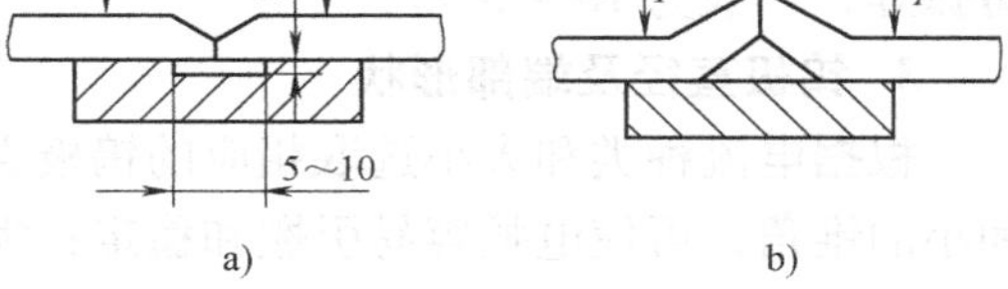
P
0.2～0.5
P
5～10
P
P
a)
b)

图5-18 薄板焊接时垫板示意图

a）留有槽隙 b）无槽隙

5.4.2 焊件和填充焊丝的焊前清理

钨极氩弧焊时，因无冶金的脱氧或去氢措施，对材料的表面质量要求很高，因此焊前对焊件的除油、去锈及清除尘垢等准备工作要求严格，填充焊丝表面、焊件坡口及坡口两侧表面至少20mm范围内应清除油污、尘垢、水分及氧化物等，否则在焊接过程中会影响电弧的稳定性，造成焊缝成形不良，并可能导致气孔、未熔合等缺陷的产生。

清除油污尘垢的方法，可用丙酮、三氯乙烯、四氯化碳等有机溶剂擦洗或配制专用化学溶液进行清洗。例如铝及铝合金可用工业磷酸三钠40～50g/L、碳酸钠40～50g/L、水玻璃20～30g/L、其余为水配制溶液，在60～70℃温度下浸泡5～8min后，用50～60℃的热水冲洗，再用冷水冲洗，最后进行干燥处理。

由于铝及铝合金的化学性能十分活泼，在其表面上生成极薄而致密的氧化膜。焊接时，铝表面的氧化膜不仅容易引起未熔合，而且由于它含有水分，使得焊缝中生成气孔的倾向增加。尽管钨极氩弧焊采用直流反接和交流焊时有阴极清理作用，但其效果是有限的，所以必须从根本上对焊丝和焊件表面进行清理，去除其表面的氧化膜。常采用机械的或化学的方法进行清除。机械法可用刮刀、锉刀或细钢丝刷等工具加工；化学方法是在5%～8%的氢氧化钠溶液（50～60℃）中浸泡（纯铝20min，铝镁、铝锰合金5～10min）后用冷水冲洗，然后在约30%的硝酸水溶液中浸泡1～3min，以便与碱中和，再用50～60℃的热水冲洗，最后进行干燥处理或风干。化学处理后的焊件表面仍有极薄的氧化膜，依靠阴极清理作用就可以完全去除。因此希望在化学清洗后的2～3h内进行焊接，最多不要超过24h，否则会由于长时间放置，将再次生成较厚的氧化膜，焊前仍须清理。

5.4.3 焊接参数

钨极氩弧焊的焊接参数有：焊接电流、电弧电压、焊接速度、氩气流量、钨极直径、喷嘴直径及填丝直径等。手工钨极氩弧焊焊接时，电弧电压由焊工操作控制的弧长所决定，焊接速度也由焊工掌握。此时需要调整的焊接参数中，主要的是焊接电流及氩气流量。

1. 焊接电流

通常根据焊件材料的性质、板厚和结构特点来选取焊接电流种类和大小。

2. 电弧电压

电弧电压增加，焊缝厚度减小，熔宽显著增加；随着电弧电压的增加，气体保护效果随之变差。当电弧电压过高时，易产生未焊透、焊缝被氧化和气孔等缺陷。因此，应尽量采用短弧焊，一般为10～24V。

3. 钨极直径及端部形状

根据电流种类和大小选取相应的钨极直径及端部形状。小电流焊接时，选用小直径钨极和小的锥角，可使电弧容易引燃和稳定；大电流焊接时，增大锥角可避免尖端过热熔化，减少损耗，并防止电弧往上扩展而影响阴极斑点的稳定性。钨极尖端角度对焊缝熔深和熔宽也有一定的影响。增大锥角，焊缝熔深减小，熔宽增大，反之则熔深增大，熔宽减小。钨极直径及端部形状与焊接电流的关系见表5-15。

表5-15 钨极直径及端部形状与焊接电流的关系

钨极直径/mm	端部直径/mm	端部角度/(°)	电流范围/A	
			直流正接	脉冲电流
1.0	0.125	12	2~15	2~25
	0.25	20	5~30	5~60
1.6	0.5	25	8~50	8~100
	0.8	30	10~70	10~140
2.4	0.8	35	12~90	12~180
	1.1	45	15~150	15~250
3.2	1.1	60	20~200	20~300
	1.5	90	25~250	25~350

4. 喷嘴直径及氩气流量

喷嘴直径与氩气流量在一定条件下有一个最佳配合范围，在此范围内，有效保护区最大，气体保护效果最佳。若保护气体流量过小，排除周围空气的能力差，保护效果不好；流量过大，易卷入空气，保护效果也差。同样，保护气体流量一定时，喷嘴直径过小或过大，保护效果均不好。喷嘴直径（D）与钨极直径（d）的关系有以下经验公式：

$$D = 2d + E \tag{5-1}$$

式中 $E = 2 \sim 5\text{mm}$。

在用交流电焊接铝、镁及其合金时，气体保护要求高，故在同样的焊接电流下和直流TIG焊相比，需要选用较大的喷嘴口径和保护气流量，公式中的 E 取较大的值。喷嘴直径选定以后，氩气流量可按以下经验公式（5-2）确定。

$$Q = (0.8 - 1.2)D \tag{5-2}$$

式中 Q——氩气流量，单位为L/min；

D——喷嘴直径（mm）。

喷嘴直径与氩气流量的配合范围参见表5-16。

表5-16 喷嘴直径与氩气流量的配合范围

焊接电流/A	直流正接		交流	
	喷嘴直径/mm	流量/(L/min)	喷嘴直径/mm	流量/(L/min)
10~100	4~9.5	4~5	8~9.5	6~8
101~150	4~9.5	4~7	9.5~11	7~10
151~200	6~13	6~8	11~13	7~10
201~300	8~13	8~9	13~16	8~15
301~500	13~16	9~12	16~19	8~15

5. 喷嘴与焊件的距离

喷嘴与焊件的距离越大，气体保护效果越差。为了保证保护效果，喷嘴高度则应尽可能低一些，自动焊时可控制在5mm左右，手工钨极氩弧焊时为了便于观察电弧位置，因距离太近会影响焊工视线，且容易使钨极与熔池接触而短路，产生夹钨，只能稍高一些，一般喷嘴端部与焊件的距离也以10mm为宜。

6. 钨极伸出长度

钨极端部至喷嘴端面的距离为钨极伸出长度。钨极伸出长度越小，喷嘴与焊件的距离越小，气体保护效果越好，但过短会妨碍对熔池的观察。一般钨极伸出长度为3~5mm较好；焊接角焊缝时，钨极伸出长度为7~8mm为宜。

7. 焊接速度

在一定的钨极直径、焊接电流和氩气流量条件下，焊接速度过快，会使保护气流偏离钨极与熔池，影响气体保护效果，易产生未焊透等缺陷。焊接速度过慢时，焊缝易咬边和烧穿。因此，应选择合适的焊接速度。

典型的直流手工钨极氩弧焊焊接参数见表5-17~表5-19，可供选取焊接参数时参考。

表5-17 纯铝及铝镁合金手工钨极氩弧焊焊接参数（对接接头，电流种类：AC）

板厚/mm	坡口形式	焊道层数（正/反）	预热温度/℃	钨极直径/mm	焊丝直径/mm	焊接电流/A	喷嘴孔径/mm	氩气流量/(L/min)
1	卷边	正1		2	1.6	45~60	8	7~9
1.5	卷边或I形	正1		2	1.6~2.0	50~80		
2	I形	正1	—	2~3	2~2.5	90~120		8~12
3		正1		3	2~3	150~180	8~12	
4				4	3	180~200		10~15
5		1~2/1			3~4	180~240	10~12	
6						240~280		
8		2/1	100	5	4~5	260~320	14~16	16~20
10	Y形		100~150			280~340		
12		3~4/1~2	150~200	5~6		300~360		18~22
14			180~200			340~380	16~20	20~24
16			200~220			340~380		
18		4~5/1~2	200~240			360~400		
20			200~260	6	5~6	360~400	20~22	25~30
16~20		2~3/2~3				300~380	16~20	
22~25	双Y形	3~4/3~4	200~260	6~7		360~400	20~22	30~35

表 5-18 不锈钢钨极氩弧焊焊接参数（直流正接）

<table>
<tr><th>板厚
/mm</th><th>坡口形式</th><th>钨极直径
/mm</th><th>焊丝直径
/mm</th><th>焊接电流
/A</th><th>焊接速度
/(cm/min)</th><th>氩气流量
/(L/min)</th></tr>
<tr><td>0.8</td><td rowspan="3">对接</td><td>1.0</td><td rowspan="4">1.6</td><td>20~50</td><td>66</td><td rowspan="2">5</td></tr>
<tr><td>1.0</td><td rowspan="7">1.6</td><td>50~80</td><td>56</td></tr>
<tr><td>1.5</td><td>65~105</td><td>30</td><td rowspan="6">7</td></tr>
<tr><td>1.5</td><td>角接</td><td>75~125</td><td>25</td></tr>
<tr><td>2.4</td><td>对接</td><td rowspan="4">2.4</td><td>85~125</td><td>30</td></tr>
<tr><td>2.4</td><td>角接</td><td>95~135</td><td>25</td></tr>
<tr><td>3.2</td><td>对接</td><td>100~135</td><td>30</td></tr>
<tr><td>3.2</td><td>角接</td><td>115~145</td><td>25</td></tr>
<tr><td>4.8</td><td>对接</td><td>2.4</td><td rowspan="2">3.2</td><td>150~225</td><td>25</td><td>8</td></tr>
<tr><td>4.8</td><td>角接</td><td>3.2</td><td>175~250</td><td>20</td><td>9</td></tr>
</table>

表 5-19 钛及钛合金手工钨极氩弧焊焊接参数（对接接头，直流正接）

<table>
<tr><th rowspan="2">板厚
/mm</th><th rowspan="2">坡口
形式</th><th rowspan="2">焊道
层数</th><th rowspan="2">焊丝
直径/mm</th><th rowspan="2">钨极直径
/mm</th><th rowspan="2">焊接
电流/A</th><th rowspan="2">喷嘴
孔径/mm</th><th colspan="3">氩气流量/(L/min)</th><th rowspan="2">备注</th></tr>
<tr><th>保护气体</th><th>拖罩气体</th><th>背面保护
气体</th></tr>
<tr><td>0.5</td><td rowspan="5">I形坡口</td><td rowspan="5">1</td><td>1.0</td><td>1.5</td><td>30~50</td><td rowspan="2">10</td><td rowspan="2">8~10</td><td rowspan="3">14~16</td><td rowspan="2">6~8</td><td rowspan="5">间隙0.5m
加填充焊丝
间隙1.0mm</td></tr>
<tr><td>1</td><td rowspan="3">1.0~2.0</td><td rowspan="2">2.0</td><td>40~60</td></tr>
<tr><td>1.5</td><td>60~80</td><td>10~12</td><td>10~12</td><td>8~10</td></tr>
<tr><td>2</td><td rowspan="2">2.0~3.0</td><td>80~110</td><td rowspan="2">12~14</td><td rowspan="4">12~14</td><td rowspan="4">16~20</td><td rowspan="4">10~12</td></tr>
<tr><td>2.5</td><td>2.0</td><td>110~120</td></tr>
<tr><td>3</td><td rowspan="8">Y形坡口</td><td rowspan="2">1~2</td><td rowspan="4">2.0~3.0</td><td>3.0</td><td>120~140</td><td rowspan="2">14~18</td><td rowspan="8">坡口角度
60°~150°
坡口间隙
2~3mm
钝边0.5mm
反面衬有钢垫板</td></tr>
<tr><td>3.5</td><td rowspan="3">3.0~4.0</td><td>120~140</td></tr>
<tr><td>4</td><td rowspan="2">2</td><td>130~150</td><td rowspan="4">18~20</td><td rowspan="8">14~16</td><td rowspan="3">20~25</td><td rowspan="8">12~14</td></tr>
<tr><td>4</td><td>200</td></tr>
<tr><td>5</td><td rowspan="3">2~3</td><td>3.0</td><td rowspan="10">4.0</td><td>130~150</td></tr>
<tr><td>6</td><td rowspan="5">3.0~4.0</td><td>140~180</td><td rowspan="5">25~28</td></tr>
<tr><td>7</td><td>140~180</td><td rowspan="4">20~22</td></tr>
<tr><td>8</td><td>3~4</td><td>140~180</td></tr>
<tr><td>10</td><td rowspan="6">双Y形坡口</td><td>4~6</td><td>160~200</td><td rowspan="6">坡口角度60°
钝边1mm
坡口角度55°
钝边1.5~2.0mm
间隙1.5mm</td></tr>
<tr><td>13</td><td>6~8</td><td>200~240</td></tr>
<tr><td>20</td><td>12</td><td>4.0</td><td>220~240</td><td>18</td><td>12~14</td><td>20</td><td>10~12</td></tr>
<tr><td>22</td><td>16</td><td>4.0~5.0</td><td>230~250</td><td>20</td><td>15~18</td><td>18~20</td><td>18~20</td></tr>
<tr><td>25</td><td>15~16</td><td rowspan="2">3.0~4.0</td><td>200~220</td><td rowspan="2">22</td><td rowspan="2">16~18</td><td rowspan="2">26~30</td><td rowspan="2">20~26</td></tr>
<tr><td>30</td><td>17~18</td><td>200~220</td></tr>
</table>

5.4.4 操作要领

1. 引弧与熄弧

TIG焊一般采取非接触引弧，即利用引弧器产生高频或高压脉冲，击穿电极与焊件之间的气隙来引燃电弧。引弧前应将焊枪保持在焊件上方大约25mm的位置上，按下焊枪上的启动按钮，然后将焊枪慢慢朝着焊件垂直接近，使焊枪停止在距离焊件2.5～3mm处。再将焊枪在焊缝位置上方作水平方向的微小摆动，这时在引弧器的作用下火花将击穿电极与焊件之间的间隙，使电弧引燃。

熄弧时，应将焊枪迅速恢复成垂直于焊件的状态，然后将焊枪在与焊接相反的方向往回移动3～5mm，再按停止按钮。电弧熄灭后慢慢把焊枪抬起，使焊缝尾部在保护气流下凝固冷却，最后结束焊接，这样操作可以填满弧坑并防止弧坑裂纹。有的氩弧焊机设有电流衰减的装置，则按下停止按钮后，要维持焊枪在原位，待电流衰减至电弧熄灭，然后慢慢将焊枪抬起。特别要指出的是，不推荐拉大弧长的熄弧操作方式，因为这种熄弧操作对填满弧坑及弧坑处保护不利。

2. 施焊方向

引弧后，立即将焊枪右倾，使焊枪与焊件表面的夹角为75°。接着掌握焊枪做小圆周运动来预热焊缝的起始点（薄板焊接时不必做小圆周运动），一旦熔池呈透明光亮的熔融状，就将焊枪沿着焊缝作匀速移动，以形成均匀的焊道。焊枪向左水平移动叫左焊法；反之，焊枪向右水平移动为右焊法。左焊法比右焊法速度可以稍快一些，但熔深较浅，这是由于左焊法时熔池金属的流动比右焊法时微弱。添加填充焊丝的操作一般采用左焊法。

3. 焊枪与焊丝的操作

手工TIG焊视工艺需要，可以添加焊丝，此时焊枪与填充焊丝的操作必须配合得当，一般要等待母材熔融充分后才填丝，以免造成金属的不融合。图5-19示意了建立熔池及填充焊丝的步骤。填充焊丝宜以15°的夹角，沿着焊件在焊缝前方加入。填丝的操作应采取从熔池前沿“点进”焊丝的方式，动作要敏捷。在填丝时可将焊枪稍向后平移一下，以免填充金属与钨极接触。随后撤回焊丝，重复上述动作直到形成所需的焊缝。

填丝过程不应把焊丝直接伸到电弧的下面，也不宜把焊丝抬高，以免焊丝端部过早熔化，产生熔滴后滴到熔池里去。正确的操作应将焊丝金属直接加入熔池，且少量多次徐徐加入。更不允许焊丝在焊缝横向来回搅动，因为这样会影响母材的熔化，破坏保护气氛，增加焊丝和母材氧化的可能性。

4. 常见接头形式的操作技术

（1）板状焊件对接接头平焊位置的操作技术　平焊是较容易掌握的一种焊接位置。握枪手要稳、钨极端部与焊件要有2～3mm的距离，尽量不要跳动和摆动焊枪（走直线），正常的情况下应是等速向前移动，焊丝有规律地从熔池的前半部送进（与熔池接触送给）或移出，且焊丝端头应在氩气的保护区内以防氧化。焊接底层时，当电弧引燃后，形成的熔池稍有下沉的趋势，即说明已经焊透，应给送焊丝，同时向前移动焊枪，整个焊接过程应保持稳定。如焊丝过早地给送，则容易出现未焊透，给送焊丝不及时，容易造成焊瘤等缺陷。对接平焊时施焊过程如图5-20所示。

（2）对接接头横焊位置的操作技术　横焊时因熔池金属重力的作用，上部板的边缘易

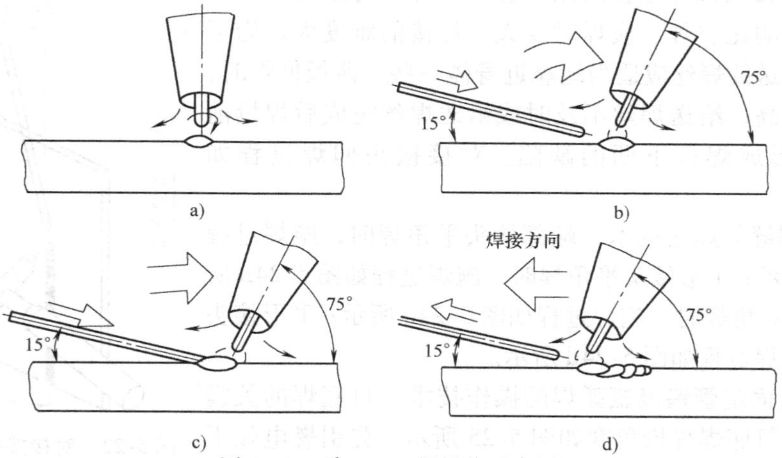
75°
15°
a)
b)
焊接方向
75°
15°
75°
15°
c)
d)

图5-19 手工TIG焊操作示意图

a）引弧 b）、c）填丝 d）撤丝

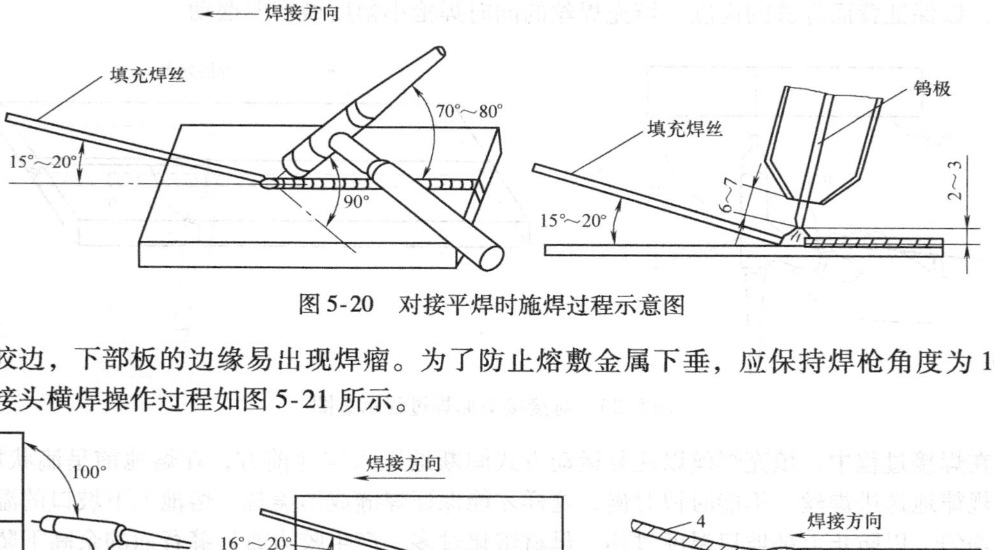
焊接方向
填充焊丝
70°～80°
15°～20°
90°
钨极
填充焊丝
6～7
2～3
15°～20°

图5-20 对接平焊时施焊过程示意图

产生咬边，下部板的边缘易出现焊瘤。为了防止熔敷金属下垂，应保持焊枪角度为100°，对接接头横焊操作过程如图5-21所示。

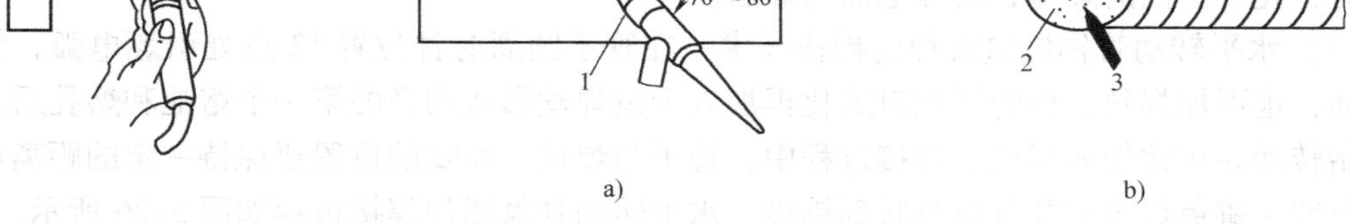
100°
焊接方向
16°～20°
70°～80°
1
a)
4
焊接方向
2
3
b)

图5-21 对接接头横焊操作过程示意图

a）焊枪行进角度 b）填充焊丝的端部位置

1—焊枪 2—熔池 3—钨极 4—填充焊丝

（3）对接接头立焊位置的操作技术 立焊操作应严格控制焊枪角度和电弧长度。焊枪角度倾斜太大或电弧太长都会使焊缝中间高及两侧产生咬边。正确的焊枪角度和电弧的长度，应使观察熔池和给送焊丝方便，对接接头立焊如图5-22所示。

(4) 对接接头仰焊位置的操作技术　仰焊时熔池重力对焊缝成形的影响比立焊、横焊时要大，焊接的难度大。为了便于操作，给送的焊丝应适当地靠近身体一些。薄板仰焊时，如熔池温度过高、给送焊丝不及时或给送焊丝完成后焊枪前移速度慢易形成焊根下凹的缺陷。对接接头仰焊过程如图 5-23所示。

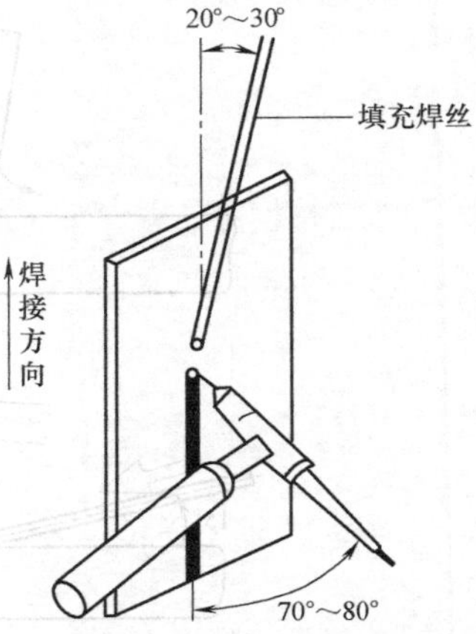
20°～30°
填充焊丝
焊接方向
70°～80°
图 5-22　对接接头立焊示意图

(5) 角焊缝的焊接技术　端部接头平角焊时，施焊过程如图 5-24a 所示；T 形接头平角焊时，施焊过程如图 5-24b 所示；T 形接头立角焊时，施焊过程如图 5-24c 所示；T 形接头仰角焊时，施焊过程如图 5-24d 所示。

(6) 垂直固定管钨极氩弧焊的操作技术　打底焊的关键是保证焊透，打底焊焊枪角度如图 5-25 所示。先引燃电弧不填丝，待坡口根部熔化形成熔池熔孔后送进焊丝，当焊丝端部熔化形成熔滴后，将焊丝轻轻地向熔池里移动，并向管内摆动，将液态熔敷金属送到坡口根部，以保证背面焊缝的高度。填充焊丝的同时焊枪小幅度做横向摆动。

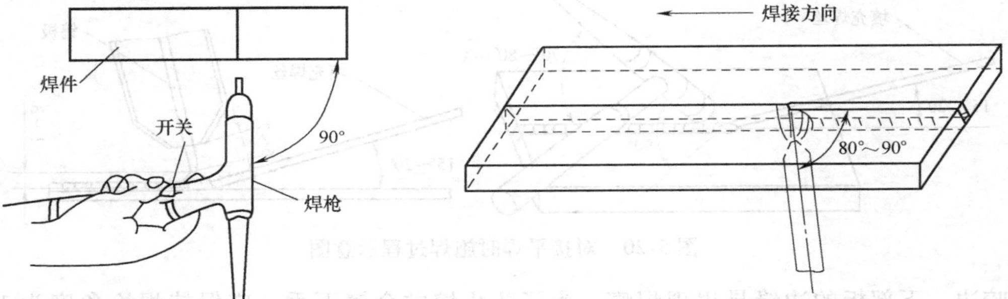
焊件
开关
90°
焊枪
焊接方向
80°～90°
图 5-23　对接接头仰焊过程示意图

在焊接过程中，填充焊丝以往复运动方式间断地送入熔池前方，在熔池前呈滴状加入。要有规律地送进焊丝，不能时快时慢，这样才能保证焊缝成形美观。熔池上下坡口的温度要保持均匀，以防止上部坡口温度过热，母材熔化过多，产生咬边或焊缝背面的余高下坠。多道焊时，先焊下面的焊道，后焊上面的焊道。

(7) 水平转动管钨极氩弧焊的操作技术　在管子圆周时钟位置 12 点处引燃电弧，管子先不动，也不加焊丝，待管子坡口熔化再加入少量焊丝形成明亮的第一个熔池和熔孔后，管子开始转动并正常加入焊丝。焊接过程中，管子与焊丝、喷嘴的位置要保持一定的距离和一定的角度，避免焊丝扰乱气流及触到钨极。水平转动管氩弧焊焊接过程如图 5-26 所示。

(8) 水平固定管钨极氩弧焊的操作技术　水平固定管焊接时，应将管子分为左右两个半周进行，焊接顺序如图 5-27 所示。先焊接右半周，在仰焊部位距时钟位置 6 点钟 4 ~ 5mm 的 A 处引弧，按逆时针方向进行焊接，焊接至超过 12 点 4 ~ 5mm 的 B 处收弧。引燃电弧后，先用电弧加热坡口根部的两侧金属，待 2 ~ 3s 后即形成熔池，当获得一定大小的明亮、清晰的熔池后，才可向熔池填送焊丝。焊丝与通过熔池的切线成 10° ~ 15°角送入熔池前方，焊丝可沿坡口的上方送到熔池后，轻轻地将焊丝向熔池里移动，并向管内摆动，这样能提高焊

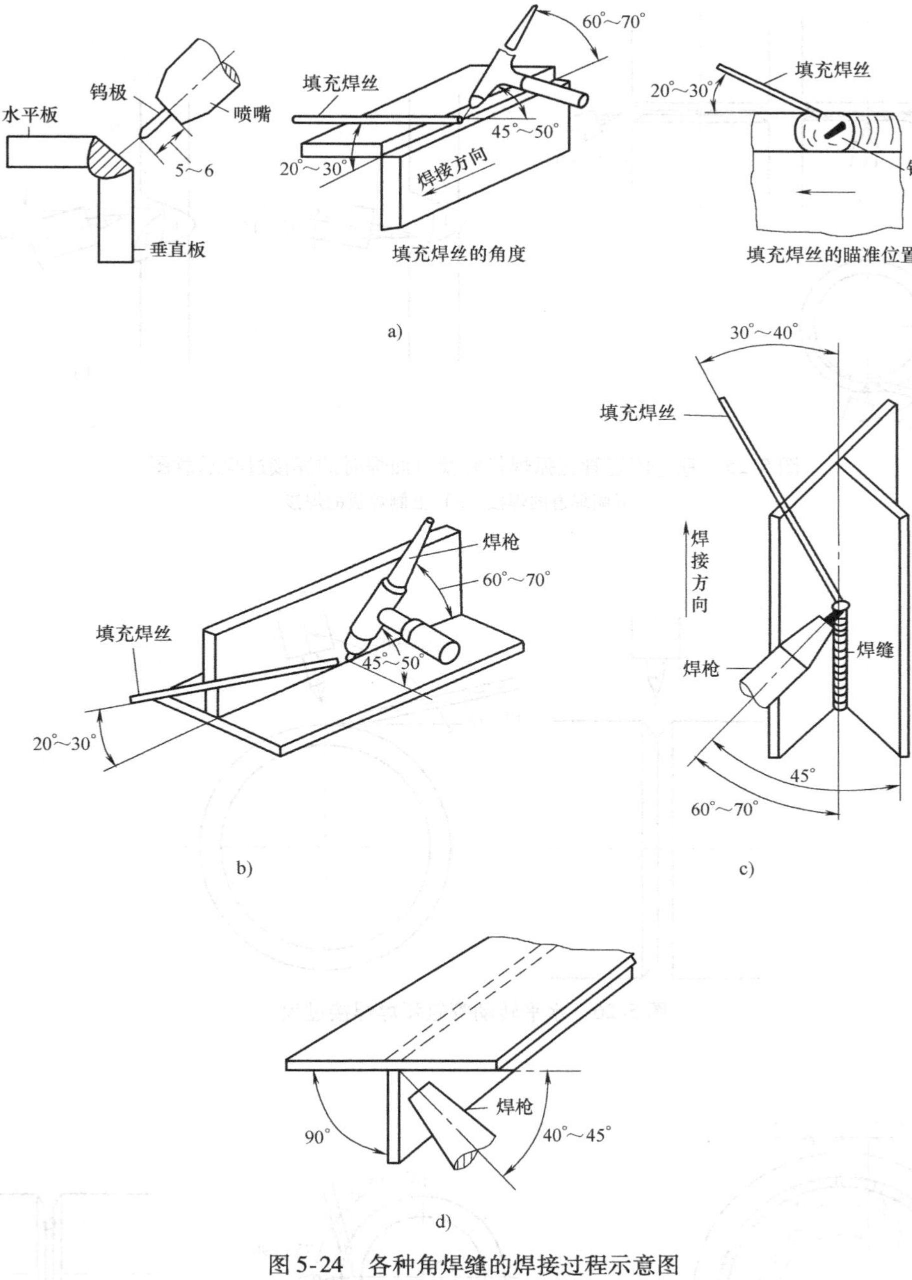
水平板
钨极
喷嘴
5～6
垂直板
填充焊丝
60°～70°
45°～50°
20°～30°
焊接方向
填充焊丝的角度
填充焊丝
20°～30°
钨极
填充焊丝的瞄准位置
a)
30°～40°
填充焊丝
焊枪
60°～70°
填充焊丝
45°～50°
20°～30°
b)
焊接方向
焊缝
焊枪
45°
60°～70°
c)
焊枪
90°
40°～45°
d)

图 5-24　各种角焊缝的焊接过程示意图

缝背面高度，避免凹坑和未焊透。在填送焊丝的同时，焊枪逆时针方向匀速移动。钨极尖端与熔池距离保持在 2～4mm，即尽量保持短弧焊接，以增强保护效果，其焊枪的角度如图 5-27所示。

焊完右半周后，焊工转到管子的另一侧进行左半周的焊接，在距时钟 6 点钟 4～5mm 的 A′处引弧，在超过 12 点 4～5mm 的 B′处收弧。接头处的焊缝应相互重叠 8～10mm。焊接过程中填送焊丝和焊枪移动速度要均匀，才能保证焊缝美观。

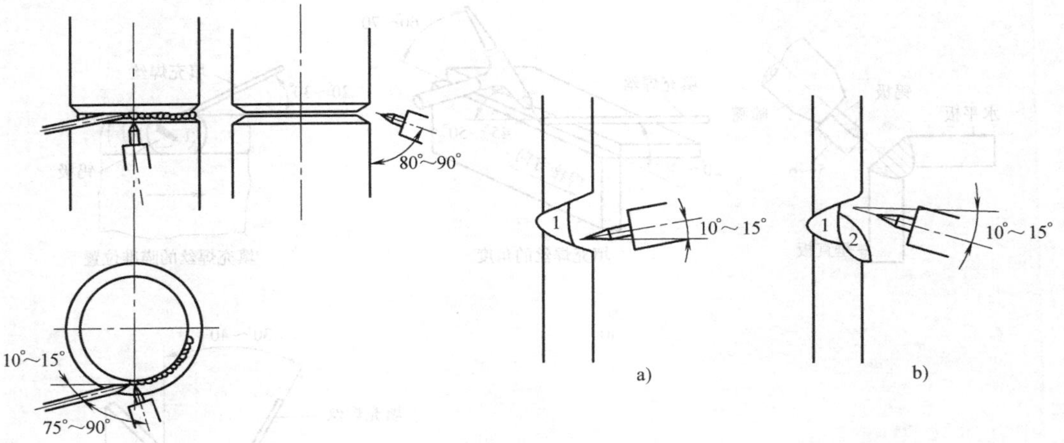
80°～90°
10°～15°
1
2
10°～15°
75°～90°
a)
b)

图 5-25　垂直固定管氩弧焊打底及盖面焊时的焊接过程示意图

a）下侧焊道的焊接　b）上侧焊道的焊接

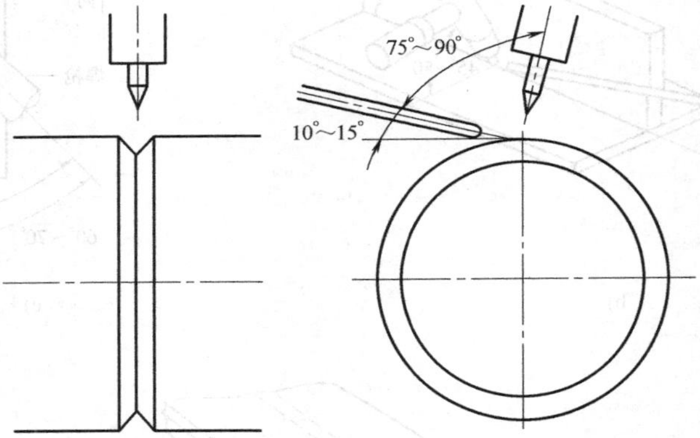
75°～90°
10°～15°

图 5-26　水平转动管氩弧焊焊接过程

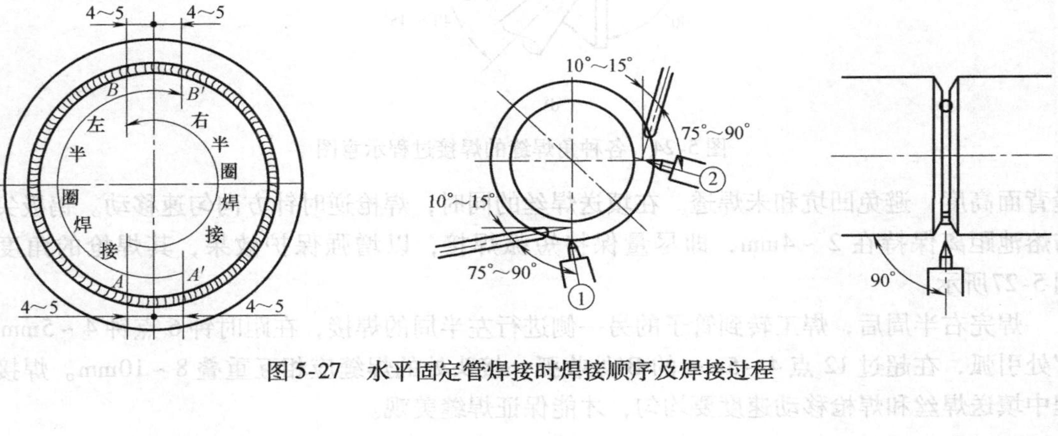
4～5
4～5
B
B′
左
半
圈
焊
接
右
半
圈
焊
接
A
A′
4～5
4～5
10°～15°
75°～90°
2
10°～15°
75°～90°
1
90°

图 5-27　水平固定管焊接时焊接顺序及焊接过程

5.4.5 焊接实例分析

1. 波导管TIG焊

（1）焊件分析 波导管的材质为铬镍合金，其结构系由一个厚度为0.6mm的薄壁筒与厚度5mm的端法兰焊接而成。为了保证波导管的微波耦合效率，焊缝形状必须均匀一致，即焊缝的熔合截面应达到一定的精度要求。

（2）焊接参数 采用不填焊丝的直流钨极氩弧焊。考虑到波导管与端法兰之间热容量有显著差异，使用了强制冷却的专用夹具，使薄壁筒紧贴在端法兰的内径壁上。焊接参数：焊接电流为27A，氩气流量为5L/min，铈钨极直径为1.6mm，端部磨制成30°夹角的圆锥形，焊接速度为350mm/min。引燃电弧后焊接速度逐步增加，熄弧前将焊接速度在3s内增至500mm/min，使焊缝尺寸均匀缩小，重叠于原有的焊道上，最后熄灭电弧。

（3）焊后检验 波导管的TIG焊是一种精密焊接，焊后须作目测检验，并抽样切片，保证熔合的尺寸精度。

2. 波纹管焊接

（1）焊件分析 波纹管材料为12Cr18Ni9，环缝以卷边接头为主，管壁厚为0.2～0.5mm。焊缝要求有可靠的密封性。焊前焊件应进行去油污的清理。

（2）焊接参数 采用不填焊丝的直流钨极氩弧焊，焊接电流为15A左右，弧长为1.5mm，相应的电弧电压为11V左右，焊接速度为60～100m/h，气体流量为Ar 6～10L/min，铈钨极直径1.6mm，电极夹角30°。熄弧处应覆盖焊缝5mm以上。

在专用的旋转胎具上进行焊接，根据不同规格的波纹管使用不同尺寸的夹具。黄铜制成的夹具把波纹管的接头撑紧，防止焊接变形并传走热量，改善波纹管封口环缝的成形。

（3）焊后检验 目测焊缝表面，焊道应均匀整齐，焊缝及近缝区表面呈银白色为优质品，呈金黄色为合格品。如呈灰、黑色则为次品，焊缝经卤素检漏，真空度应达0.667×10^{-6}Pa以上。

3. 保温瓶不锈钢壳体的直缝焊接

（1）焊件分析 壳体材料为铁素体不锈钢、奥氏体不锈钢等，厚度通常有0.3mm、0.4mm、0.5mm等几种规格。常用保温瓶壳体由0.4mm铁素体不锈钢焊成，其直缝长370mm。壳体的薄板在三芯卷筒机上滚轧成直径为110mm的圆筒。

（2）焊接装备 焊接装备包括钨极氩弧焊机及焊接胎具两大部分。钨极氩弧焊机应保持焊接电流的稳定性，使电流精度达±2%。焊接胎夹具对焊接质量影响很大，直缝焊接时，胎夹具位于焊缝的两头设有定位块，保证对接焊缝的准确位置。施加在焊缝两侧的夹紧力要均匀可靠，保证焊接过程中焊缝两侧的传热均衡稳定。纯铜衬垫在焊缝处的槽隙尺寸也很重要，槽隙为半圆形截面，其半径应与板厚尺寸相应，这对焊缝的熔透有很大的影响。

（3）焊接参数 采用直流正极性钨极氩弧焊。使用QQ-65/75型焊枪，ϕ1.6mm铈钨极，钨极端部呈圆锥形夹角30°。焊接电流为60A，电弧长度为1.5mm。为了获得窄而平整的焊缝，采取较高的焊接速度，为80～120m/h，氩气流量为6L/min，引弧及熄弧点须在筒体两端的纯铜定位块上。

（4）焊后检验 目观检验，焊缝应无空洞、单边未焊着、焊缝表面发黑等缺陷。成品率达到98%以上。

4. 管板焊接

（1）焊件分析　某锅炉中热交换器的管板接头形式如图5-28所示，管板和管子的材料均为Cr-Mo钢，管板厚180mm，管子规格$\phi25\times2$mm。管板接头的焊缝在12MPa压力下应保证其气密性，要求焊缝无任何缺陷，焊缝的宽度均匀一致。所有管板接头的再现重复质量应100%合格。装焊时管板成对竖立于两端，管子横卧排在中间。一个热交换器约有400根管子，故约有800个管板接头。焊接时焊件是固定的，必须进行全位置焊。

（2）焊接设备　采用专用的管板自动TIG焊机。在全位置焊接时利用程控插销板将管板接头的圆周分成8个区域，相对于各个区域的焊接位置使用最适宜的焊接参数，并设有引弧焊接电流递增、熄弧焊接电流衰减的电源控制，从而保证了管板接头全位置焊接的质量。焊机的机头内有小型焊丝盘，焊接过程自动填丝。为了操作轻便，焊接机头悬挂在平衡悬吊器上，可以对准每一个管板接头进行焊接。

（3）焊接参数　采用直流正极性脉冲氩弧焊，电极选用$\phi2.4$mm的铈钨极；填充焊丝的材质与管材相同，其直径为$\phi0.8$mm，焊丝送给速度为900mm/min，氩气流量为6L/min。全位置焊接脉冲电流的调整范围为100～150A（全位置分八段变化），相应的基值电流范围为50～80A，脉冲频率为2Hz，脉冲持续时间为0.3s。电极回转速度为2次/min（焊接速度约为0.14m/min）。

（4）电极位置　电极位置对管板接头的焊接质量有着十分敏感的影响，如果电极位置不正确，会造成焊偏、漏焊等严重的质量问题，就不能保证管板接头的气密性。电极位置由电极与管子的倾斜角度θ、与管板的距离a及与管子的距离b三个参数所决定，如图5-29所示。a的尺寸以电极不与熔池发生短路为条件，应尽可能小，在无填充焊丝时约为1.0mm，有填充焊丝时为2.5～3mm。因管子和板的吸热量相差较大，故θ角选取在30°以下；用填充焊丝时θ角为15～25°。b的距离一般为1～3mm。

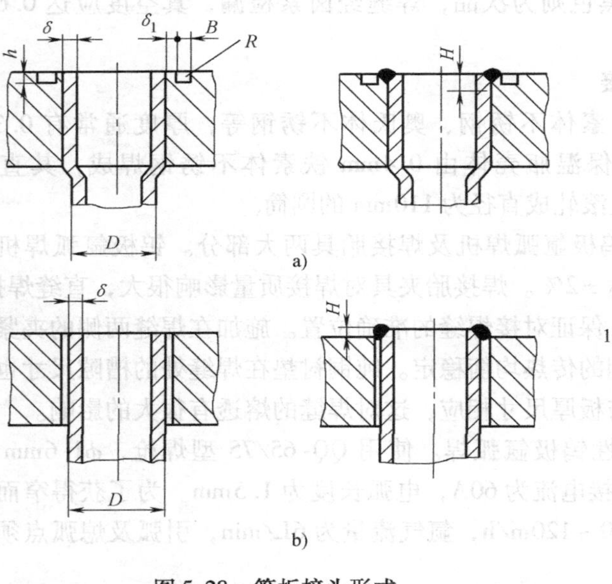
δ
δ1
B
R
h
H
D
a)
δ
H
D
b)

图5-28　管板接头形式

a）管端无凸出　$D\geqslant\phi8$　$\delta=1\sim2.5$　$H\geqslant0.8\delta$　$h\geqslant1.5\delta$

b）管端凸出　$D\geqslant\phi6$　$\delta=1\sim2$　$H\geqslant0.8\delta$

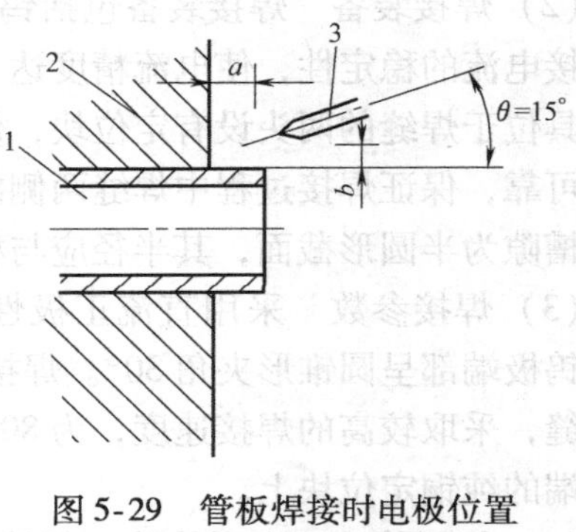
1
2
3
a
θ=15°
b

图5-29　管板焊接时电极位置

1—管子　2—管板　3—电极

（5）填丝送入位置　管子凹下和凸出，焊丝的送入位置不同；管板倒角和不倒角时，焊丝在坡口内位置也是不同的，如图5-30及图5-31所示。

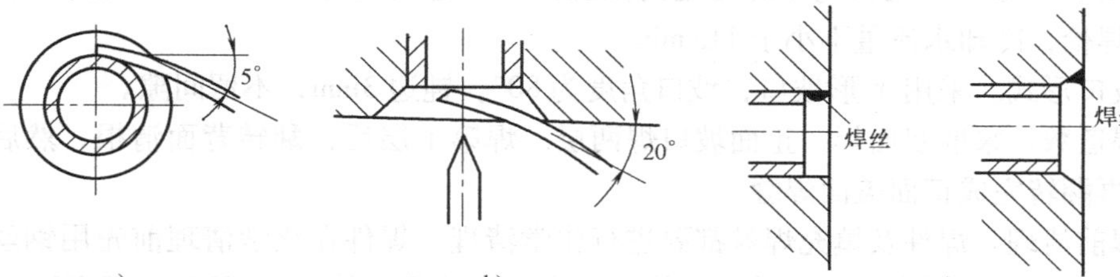
5°
20°
焊丝
焊丝
a)
b)
c)

图5-30　管子凹下时焊丝送入位置
a）正视图　b）俯视图　c）剖面图

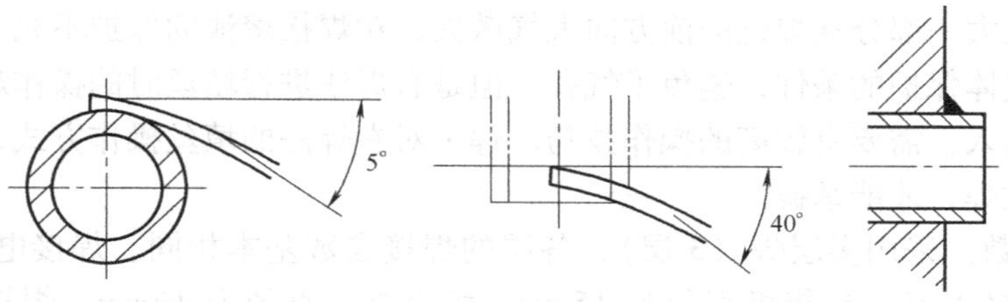
5°
40°
a)
b)
c)

图5-31　管子凸出时焊丝送入位置
a）正视图　b）俯视图　c）剖面图

（6）工艺特点　用脉冲钨极氩弧焊焊接管板接头的工艺特点：

1）成形好。使用1~4Hz的低周波脉冲电流，控制焊接的输入热量，使接头在全位置焊接条件下获得良好的熔合，焊缝成形好。

2）焊接质量稳定。精确控制焊接参数，使焊接电流、填充焊丝的送丝速度、机头旋转速度的偏差不超过给定值的±1%，保证焊接参数的重现精度，故焊接质量十分稳定。

3）便于焊接监控。焊接过程的脉冲电弧会发出规则的弧音。一旦焊接异常，电弧声响就会变化，焊工便能及时采取措施。

5. 发电机铝母线焊接

（1）焊件分析　电站发电机引出母线为$12\times200mm^2$横截面积的铝母线，其熔点为660℃，20~100℃时线胀系数为$24.0\times10^{-6}m/℃$，熔化状态的体积膨胀率约为6.5%。由于铝的热胀系数大（比铁约大2倍），在焊接刚性连接的母线时，温度每上升10℃，母材会产生约0.2MPa的膨胀应力。纯铝焊缝线性收缩率也较大，达1.8%，因此有产生裂纹的倾向。尤其在收尾的弧坑处很可能出现裂纹。高的导热性及大的焊接截面也给焊接增加了困难。特别是要得到很纯的焊接接头，才能保证铝母线的电导率。而纯铝的母线，焊接时对氧非常敏感，极易发生氧化反应，产生Al_2O_3，它的熔点高，密度大，极易存留在焊缝中造成未熔合或降低铝母线的电导率。

此外，铝母线焊接时其颜色不随温度而变化，有时甚至很难察觉其熔化状态，焊接操作的难度较大。焊接实践发现，焊前焊件的清理不仅能够提高焊接质量，并且也有助于改善焊接时金属熔化的观察情况。焊件表面清理得越干净，焊接熔池的轮廓界线就越分明，操作就越方便。

（2）焊接参数　采用大电流的交流钨极氩弧焊，选用设备 NSA-500-1 型焊机，使用大电流水冷焊枪，冷却水流量不小于 1L/min。

1）坡口形式。采用 Y 形坡口，坡口角度为 80°，钝边 3mm，不留间隙。

2）焊道数。采取双面焊，正面坡口焊两层。焊第 1 层后，翻转背面清根，然后焊接反面 1 层，再翻转完成正面盖面焊缝。

3）焊前清理。焊件及填充焊丝都要进行化学清理。焊件在化学清理前先用钢丝刷进行机械清理，要刷出金属光泽。化学清理的溶液成分（体积分数）为 HF3% + HNO_3 15% 的水溶液。在 15 ~ 20℃温度下浸泡 15 ~ 20min。

4）焊接方式。一般 TIG 焊多用左焊法，但是铝母线焊接试验发现用左焊法时，焊缝中容易出现气孔。究其原因，是由于左焊法时喷嘴的倾斜角度对着未焊接的坡口，从焊枪中喷出的氩气，有很大一部分从焊缝的前方向大气散失，对焊接熔池的保护不充分。改用右焊法后，则改善了气体保护的条件，避免了气孔。但是右焊法进行填丝时的操作难度较大。焊丝由熔池的后沿插入，需要有较高的操作技巧。焊工对右焊法的填丝操作方式，通常要经过试板的多次反复试焊，才能掌握。

5）焊接参数。采用多层焊（3 层），各层的焊接参数基本相同。焊接电流为 400A，氩气流量为 500 ~ 600L/h，钍钨极直径为 ϕ5mm，填充焊丝直径为 ϕ6mm，焊接速度第 1 层和反面 1 层约为 6m/h，盖面焊道约为 4m/h。

6）焊后检验。拉伸试验结果都断在母材，其强度约为 6.5MPa/mm^2，冷弯角达 180°。宏观金相检验未发现缺陷，金相显微检验证明焊接接头质量优良。

6. 纯铜管接头焊接

（1）焊件分析　某工程有多种形式的纯铜管焊接接头，纯铜管的规格为 ϕ100mm × 12.5mm，为厚壁大口径结构。纯铜导热性强，其热导率为低碳钢的 8 倍。热胀冷缩强烈，其线胀系数比低碳钢大 50% 以上。液态转变为固态时的收缩率也较大。在液态时容易氧化，并能溶解较多的氢气，降低焊缝的性能。高温时纯铜的强度及塑性都很低，焊接时很容易开裂。厚壁纯铜管的这些特性，给焊接带来了很多困难。因此，焊接前必须做好焊件的清理工作；采用大电流的钨极氩弧焊还必须附加特殊的工艺措施：一是焊接前及焊接过程中要附加辅助的热源加热焊件，二是要附加辅助焊剂，进行焊缝金属的脱氧及杂质的清除。

（2）接头形式　主要的接头形式有：

1）直管对接。接头为 V 形坡口，里面衬有垫板，带垫板的目的是保证根部焊缝有良好的氩气保护，并可以避免烧穿而引起的焊瘤。管接头的坡口形式如图 5-32a 所示。

2）90°弯管接头。其坡口形式如图 5-32b 所示。坡口角度上下不同，单边开口角度上面为 30°，下面为 17.5°，其他部位均匀过渡。下面的焊缝截面比上面的大得多，焊接难度比较大，所以下面部位的焊缝不要求全部焊透。

3）桩头板与管子角接。接头形式如图 5-32c 所示，桩头板尺寸为 30mm × 130mm × 400mm。桩头板及管子的材质都是纯铜。

（3）焊接材料　填充材料为 ϕ4 的纯铜焊丝。附加的焊剂配方为：脱水硼砂质量分数为 95%，加镁粉质量分数为 5%，用水调成糊状涂于焊丝上使用。

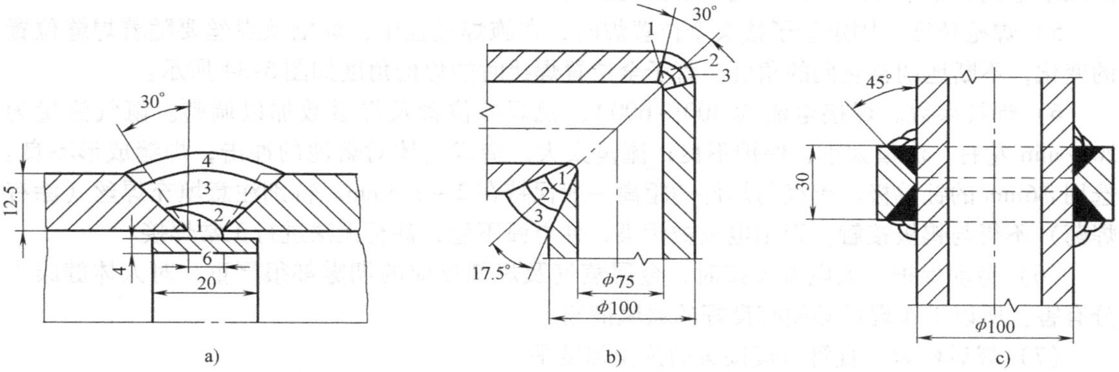
30°
4
3
2
1
6
12.5
4
20
a)
30°
1
2
3
1
2
3
17.5°
φ75
φ100
b)
45°
30
φ100
c)

图5-32 纯铜管接头坡口形式

a）直管对接 b）90°弯管接头 c）桩头板与管子角接

（4）焊接设备 由于纯铜管较厚，使用的焊接电流很大，应对电源和焊枪进行特别改造。

1）焊接电源。由两台并联的AX7-500型直流电焊机及四台并联的稳定变阻器所组成。

2）焊枪。在原有水冷焊枪的基础上增设了下水冷套；因原有的陶瓷喷嘴在大电流电弧的辐射热作用下极易碎裂而改用纯铜喷嘴。另外改用悬吊式钨极夹头，增加夹持钨极的接触面积，有利于大电流施焊。改装后的焊枪如图5-33所示。

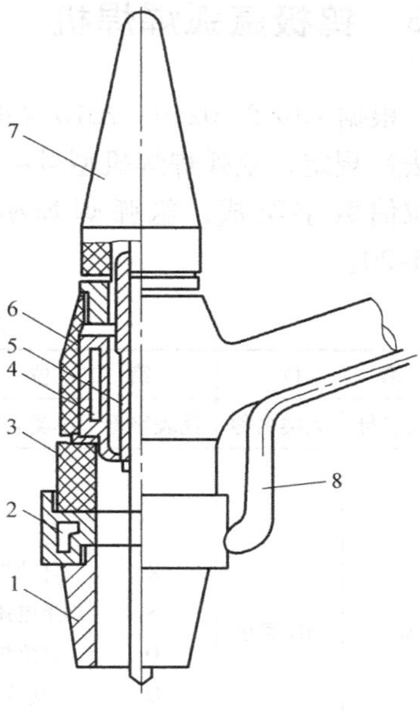
7
6
5
4
3
2
1
8

图5-33 改装后的焊枪

1—纯铜喷嘴 2—下水冷套 3—绝缘环 4—上水冷套 5—电极夹头 6—焊枪体 7—电极帽 8—冷却水管

（5）焊接参数 采取加填充丝的直流钨极氩弧焊，焊接的工艺操作要点如下：

1）焊前清理。焊件焊接边缘用钢丝刷刷净，使其露出金属光泽。填充焊丝在使用前用体积分数为30%的硝酸水溶液浸洗2～3min，去除氧化膜及其他污物。

2）管件组装。直管对接时，先在一个管端套上垫板，并以单道焊缝将垫板与管子焊牢。冷却后将焊道修理平整，再将另一管端套上，不留间隙。

3）焊件加热。用4把大号氧-乙炔焰焊炬对焊件进行预热。加热要对称、均匀，以防变形。加热温度为600～700℃，此时纯铜呈暗红色。预热后，除焊接部位外，四周用超细玻璃棉或其他绝热材料包好，一是起保温作用，再者也改善了劳动条件。焊接过程中，若焊件温度降低至500℃以下，就必须重新加热。焊件的温度可用测温笔随时监测。为保证焊缝完全熔透，监测和控制焊件温度十分重要。

4）引弧与熄弧。要求在石墨板上引弧，待电弧稳定后再移入焊接处。不要在铜管上直接引弧，以免在纯铜管表面上造成弧坑。收尾时，要将电弧引至坡口上或已焊的焊缝上，逐渐减小电流直至电弧熄灭，以免产生弧坑裂纹。

5）焊枪角度。固定管子接头全位置焊时，在施焊过程中，焊枪及焊丝要随着焊缝位置的变化，不断地调整它们的角度。管子全位置焊接时的焊枪角度如图5-34所示。

6）焊接参数。焊接电流为400～600A，视焊接位置及焊道数加以调整。氩气流量为20L/min左右。流量太小，保护不良；流量太大，造成气体对熔池的冲击，焊缝成形不良。选用ϕ6mm的钍钨极。钨级与焊件的距离一般保持在2～2.5mm。特别注意填充焊丝（涂有焊药）不得与钨极接触，否则电极被污染，使电弧不稳，甚至无法进行正常焊接。

（6）劳动保护　大电流焊接时，金属蒸气及焊剂反应的烟雾都很严重，对人体健康十分有害。所以工作现场必须有良好的通风措施。

（7）焊后检验　直管对接接头的抗拉强度平均值达2.18MPa，试件均断在焊缝外。焊接接头的冷弯角试验（$D=2S$试验），结果达180°。焊缝金属的电阻测定采用电位差法，试验管段长2m，测试结果纯铜焊缝的电阻比母材大1%，符合工程设计的要求。

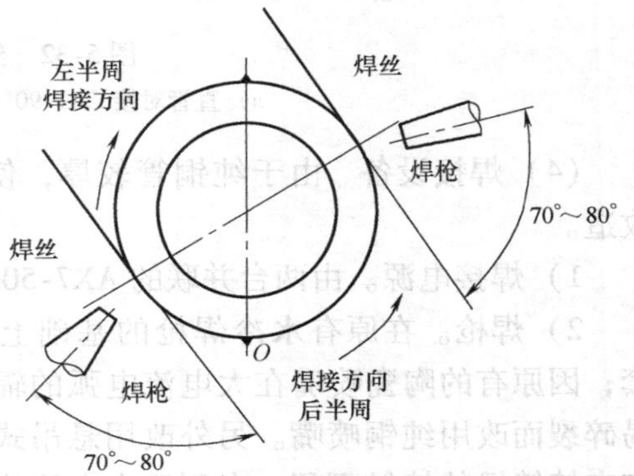
焊丝
左半周
焊接方向
焊枪
70°～80°
焊丝
O
焊枪
焊接方向
后半周
70°～80°
图5-34　管子全位置焊接时的焊枪角度

5.5　钨极氩弧焊焊机

根据CB/T 10249—2010《电焊机型号编制方法》规定，氩弧焊焊机型号由汉语拼音字母及阿拉伯数字组成，氩弧焊焊机型号的含义见表5-20。

表5-20　氩弧焊焊机型号的含义

第一位		第二位		第三位		第四位		第五位	
代表字母	大类名称	代表字母	小类名称	代表字母	附注特征	数字序号	系列序号	单位	基本规格
W	TIG焊机	Z	自动焊	省略	直流	省略	焊车式	A	额定焊接电流
		S	焊条电弧焊	J	交流	1	全位置焊车式		
		D	定位焊	E	交直流	2	横臂式		
		Q	其他	M	脉冲	3	机床式		
						4	旋转焊头式		
						5	台式		
						6	焊接机器人		
						7	变位式		
						8	真空充气式		

例：交直流手工钨极氩弧焊焊机，额定焊接电流为315A。

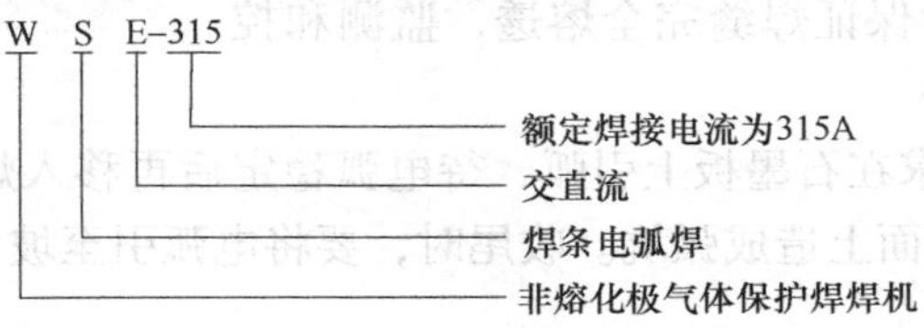
W S E-315
额定焊接电流为315A
交直流
焊条电弧焊
非熔化极气体保护焊焊机

常用手工钨极氩弧焊焊机技术特性见表5-21。

表5-21　常用手工钨极氩弧焊焊机的技术特性

技术特性	直流钨极氩弧焊焊机型号	逆变脉冲氩弧焊焊机	交直流钨极氩弧焊焊机型号
	WS-350	WSM-315	WSE-315
输入电源/(V/Hz)	380/50	380/50/60	380/50
额定焊接电流/A	350	315	315
电流调节范围/A	5～350	20～315	AC：20～315 DC：5～315
额定工作电压/V	24	35	22.6
额定负载持续率（%）	60	60	35
钨极直径/mm	1.0～5.0	1.0～4.0	1.0～4.0
空载电压/V	80	75	AC：78 DC：100
额定输入容量/kVA	16	13	25

5.5.1　焊机的组成及引弧装置

手工钨极氩弧焊机通常由焊接电源、焊枪、焊接控制系统（现在的TIG焊机已把电源与控制系统组装成一体）、供气及供水系统等部分组成。TIG氩弧焊机组成如图5-35所示。控制系统的主要任务是完成焊接过程中的程序控制（包括供电、供气、供水、引弧等控制），焊接参数的测量与显示，交流钨极氩弧焊机包括消除直流分量、引弧及稳弧、相应程序控制等。钨极氩弧焊机最具有特殊性的是引弧装置，它是TIG焊机设备中最主要的组成之一。

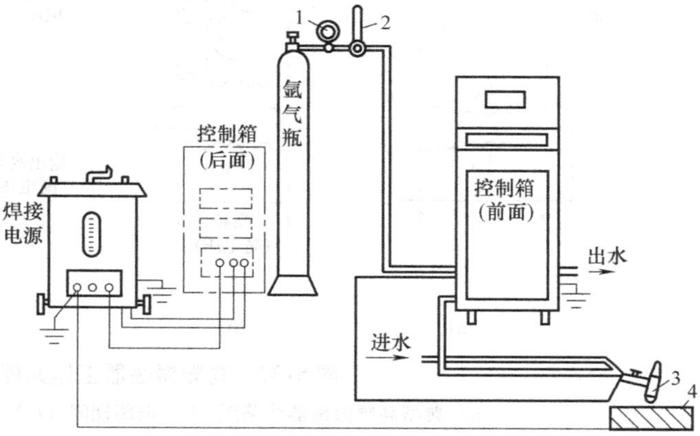
1
2
氩气瓶
控制箱
(后面)
焊接
电源
控制箱
(前面)
出水
进水
3
4

图5-35　TIG氩弧焊机组成图
1—减压表　2—流量计　3—焊枪　4—焊件

（1）引弧方法及接线方式

钨极氩弧焊的引弧一般有高频高压引弧和高压脉冲引弧两种方法。无论是高频高压还是高压脉冲，多采用与焊接主回路串联的接线方式，其引弧效率高。如果采取与焊接电源并联的方式，会在并联回路中存在分流，减弱了对引弧气隙的激励作用。在采用串联接线方式时，要防止高频或高压脉冲对焊接电源的有害作用，必须有高频或高压旁路，主要元件是一个对高频或高压脉冲容抗很小的旁路电容器C，线路如图5-36所示。

（2）高频振荡器　高频振荡器工作原理如图5-37所示。它由升压变压器T、火花隙放电器F、振荡电容C_K、振荡电感L_K及高频耦合线圈L_B组成。通电后，升压变压器T的二次电压可达2500～3000V，在升压过程中向电容C_K充电，使火花隙F两端的电压逐渐提高，当达到火花放电器F击穿电压时发生火花放电。火花放电器一旦击穿，它的两端（n—m）空间的空气就被电离，n—m被短路。由于升压变压器T的一次和二次绕组是分别绕在两个铁心柱上的，漏抗很大，该变压器T的二次绕组被短路，停止向C_K充电。此时C_K上已充上了高压电，储藏了电能，通过火花隙的击穿空间F与振荡电感L_K组成振荡回路，发生高频率的L-C振荡。

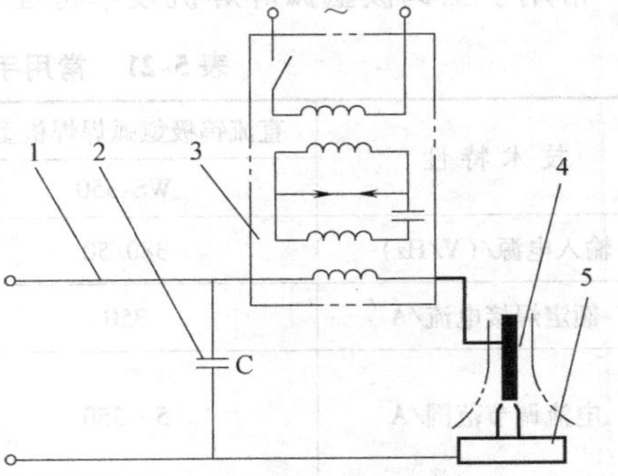
1
2
3
4
5
C

图5-36　高频振荡器与焊接回路串联

1—焊接主回路　2—旁路电容器　3—高频振荡器　4—焊枪　5—焊件

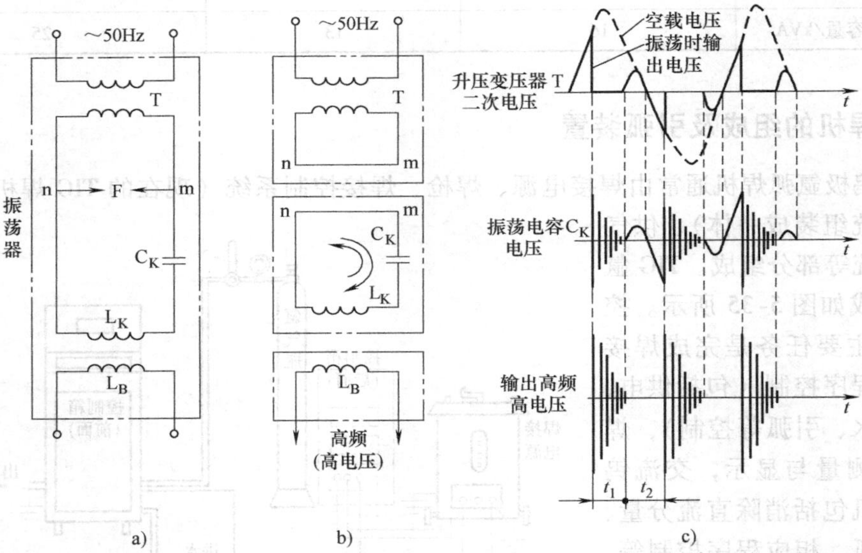
~50Hz
T
振荡器
n
F
m
C_K
L_K
L_B
a)
n
m
C_K
L_K
L_B
高频
(高电压)
b)
空载电压
振荡时输出电压
升压变压器T
二次电压
t
振荡电容C_K
电压
输出高频
高电压
t_1
t_2
c)

图5-37　高频振荡器工作原理图解

a）典型高频振荡器线路图　b）振荡期间（t_1）线路　c）输出波形

对振荡器的分析可以分解为三部分：①工频（50Hz）升压电源；②L_K-C_K振荡回路；③高频耦合输出。其核心在第②部分的振荡回路上。从电工学可知振荡频率与L_K及C_K的数值有关，其振荡频率f为：

$$f=\frac{1}{2\pi\sqrt{L_K C_K}}$$

式中　C_K——电容值（μF），通常为0.0025μF；

L_K——电感值（μH），通常为1.6μH；

f——振荡频率（Hz），约为150～260kHz。

如果C_K、L_K数值较小，则f较高，但能量较低；反之C_K、L_K数值较大则f较低，两种情况都对引弧不利，选择应适中。振荡电流通过L_K耦合感应给L_B然后输出高频电压。因为振荡回路总有电阻损耗，所以振荡是减幅振荡，只能维持很短的时间，大约经过一个周期的1/8～1/3振荡结束。此时加在火花放电器上的电压降到很低，使F停止放电。于是n-m之间恢复绝缘，升压变压器又开始向C_K充电，直到在另一方向上火花放电器达到击穿电压，振荡过程重新开始，因此，振荡不是连续的，两次振荡的时期（t_1）之间有停息时间（t_2）。

综合前面的分析，我们可以知道，高频振荡器是一个间歇工作的高频高压发生器。它将普通的工频交流电转变成高频高压的交流电，其输出电压为2500～3000V，频率为150～260kHz。功率虽小（30～100mW），但能使钨极和焊件之间相距2～3mm的气隙击穿而引燃电弧。

高频振荡器火花放电隙F的电极距离是可以调整的，一般为0.5～1.5mm。间隙过大不能击穿则不起振荡，间隙过小则输出振荡电压幅值低，引弧能力差。使用时应注意保持和维护火花放电器电极表面的清洁。高频振荡器输出电压虽然很高，但由于它的频率也非常高，产生强烈的趋肤效应，所以对人体不会造成触电危险。因为长期使用高频感应对人的健康不利，因此一旦将电弧引燃，就应立即切断高频振荡器。

图5-38a所示为一种电子高频振荡器，它由直流电源$VD_{1\sim4}$、充电电阻R、中频振荡电容C、稳压管VS、晶闸管VT、二极管VD_5、中频升压变压器T_1，以及火花气隙放电器P、高频振荡电器C_K、高频输出变压器T_2等组成。T_1二次侧以后的电路工作原理与图5-36相同。而T_1的一次侧则增加了以晶闸管VT为核心的中频振荡电路。工作原理是，当接通直流电源$VD_{1\sim4}$时，其直流输出电压U通过R对C充电。当C两端电压U_c上升到VS反向击穿电压U_2时晶闸管VT导通，于是电容C与T_1一次绕组电感L_1构成L-C振荡环路接通。电路工作原理如图5-38b所示。此种高频振荡器的直流电压U始终存在，L-C振荡为有源振荡。若电路条件能使流过VT的电流是衰减的并能小于其维持电流$I_n\approx0$时VT将关断，此后L-C环路反向电流可经与VT并联的二极管VD_5导通。当L-C环路电流再次反向经零后，因VT已关断L-C环路就暂时中断，T_1输出一个脉冲后也暂停工作。在VT关断后，U即对C再次充电，此后过程重复，T_1输出一系列脉冲，直到直流电源$VD_{1\sim4}$切断。

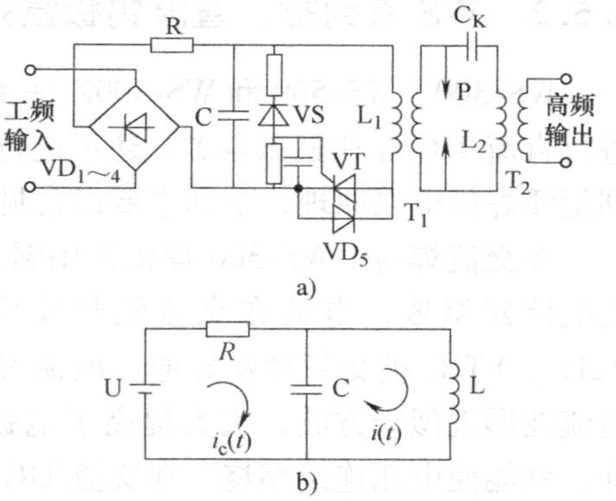
R
C_K
工频输入
$VD_1\sim4$
C
VS
L_1
P
L_2
高频输出
VT
T_2
T_1
VD_5
a)
R
U
C
L
$i_c(t)$
$i(t)$
b)

图5-38 电子高频振荡器

a）原理图 b）中频振荡等效电路

分析表明，合理匹配U、U_2及R、C、L参数，使之符合中频起振的条件才能起振；若匹配不当，$i_m>0$，电路就不能起振。

(3) 高压脉冲引弧和稳弧器

高压脉冲引弧和稳弧器的电气原理图如图5-39所示。

由电源升压变压器T_1提供800V以上的电压，桥式整流后经电阻R_1给C_1充电。当需要脉冲时，可使晶闸管V_1、V_2触发导通，在电容器C_1上的高压电通过电阻R_2、晶闸管V_1、V_2及耦合变压器T_2的一次侧进行放电。此放电过程就会在耦合变压器T_2的二次侧绕组感应生成高压脉冲。因为T_2的升压比约为1∶4，所以最终给焊接电弧空间施加一个2～3kV的高压脉冲。为了有效地利用这一高压脉冲引弧和稳弧，触发控制电路应使晶闸管V_1、V_2在焊件为阴极且电压最大时触发引弧，达到引弧的目的；然后在当焊件为阴极时再次触发以产生稳弧脉冲，达到稳弧的目的。电容器C_1和放电回路中的电阻R_2是用来保护晶闸管的。为减少耦合变压器T_2的涡流损耗，磁路通常用铁氧体制成。从图5-39可以看出耦合变压器T_2的二次绕组串联在焊接回路中，以提高引弧效率。此时必须加设高压脉冲旁路，图5-39中的C_{10}、R_7、R_5及V_9就是脉冲引弧器串联应用时的高压脉冲旁路。高压脉冲旁路元件中的C_{10}是为疏导高压脉冲电流的，R_7是C_{10}的耦合放电电阻。为了提高引弧效果希望脉冲放电是单方向的，所以必须防止振荡，在高压脉冲旁路中加设了高压二极管。R_5值不能大，否则有损高压脉冲旁路的作用。

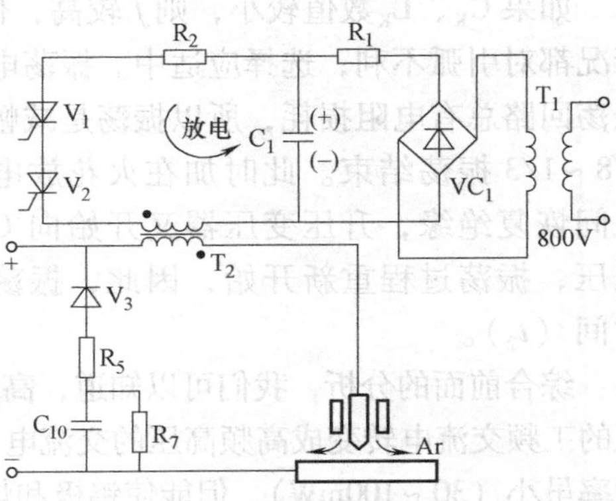

R2
R1
V1
放电
(+)
C1
(−)
T1
V2
VC1
800V
+
T2
V3
R5
C10
R7
Ar

图5-39　脉冲引弧器原理图

5.5.2　WS系列交、直流钨极氩弧焊机

WS-300、WS-500和WS-500Z是属于WS系列的晶闸管相控式交直流氩弧焊机，也可以进行直流TIG焊和氩弧点焊，还可进行脉冲焊及兼作焊条电弧焊机。图5-40所示为WS系列氩弧焊机电路原理，下面主要以常见的WS-300焊机为例进行介绍。

在交流焊时，WS-300焊机采用图5-41所示的工作原理，电路由变压器、晶闸管桥和直流电抗器组成，电弧在交流侧与变压器二次绕组串联。两对晶闸管组VTH_1、VTH_2和VTH_3、VTH_4被交替触发导通，电流经电抗器L_{dc}滤波，在焊接电弧上流过交流方波电流。电流波形近似于方波，大大提高了电弧的稳定性。在电流过零时，不需要施加维弧高压脉冲，就能使电弧连续燃烧。在交流TIG焊时，不但可以消除直流分量，达到交流电流的完全平衡。还可以根据焊接工艺的需要，调整直流分量。如需增加焊接熔透能力，可将正半周（焊件为正极性）的比例增大；如需增强清除氧化膜的能力，则可将负半周（焊件为负极性）的比例增大。这对焊接铝、镁及其合金非常有利。

除了进行常规的TIG焊外，WS-300焊机还可进行交流脉冲TIG焊或者直流脉冲TIG焊。脉冲电流的频率调节范围为0.5～10Hz。

WS-300焊机无论是进行哪一种方式的焊接，都可以在起弧1s内控制起弧电流（或大、或小均可），然后自动转成正常的焊接电流。此外，可以在熄弧时控制焊接电流的衰减，有效地改善了起弧段焊缝及收尾段焊缝的成形。

1. WS-300焊机主要技术数据

WS-300型交、直流钨极氩弧焊机技术数据见表5-22。该焊机的额定负载持续率是60%，这意味着焊机在300A额定焊接电流时，每焊6min应空载运行4min，以便使焊机得到适当冷却。如果焊接电流小，负载持续率可增加。当负载持续率为100%时，可在焊接电流小于232A情况下，焊机连续长期使用。如果焊接电流增加，负载持续率应减小。利用图5-42所示的负载持续率曲线图就可以决定在不同负载持续率情况下选择的焊接电流。

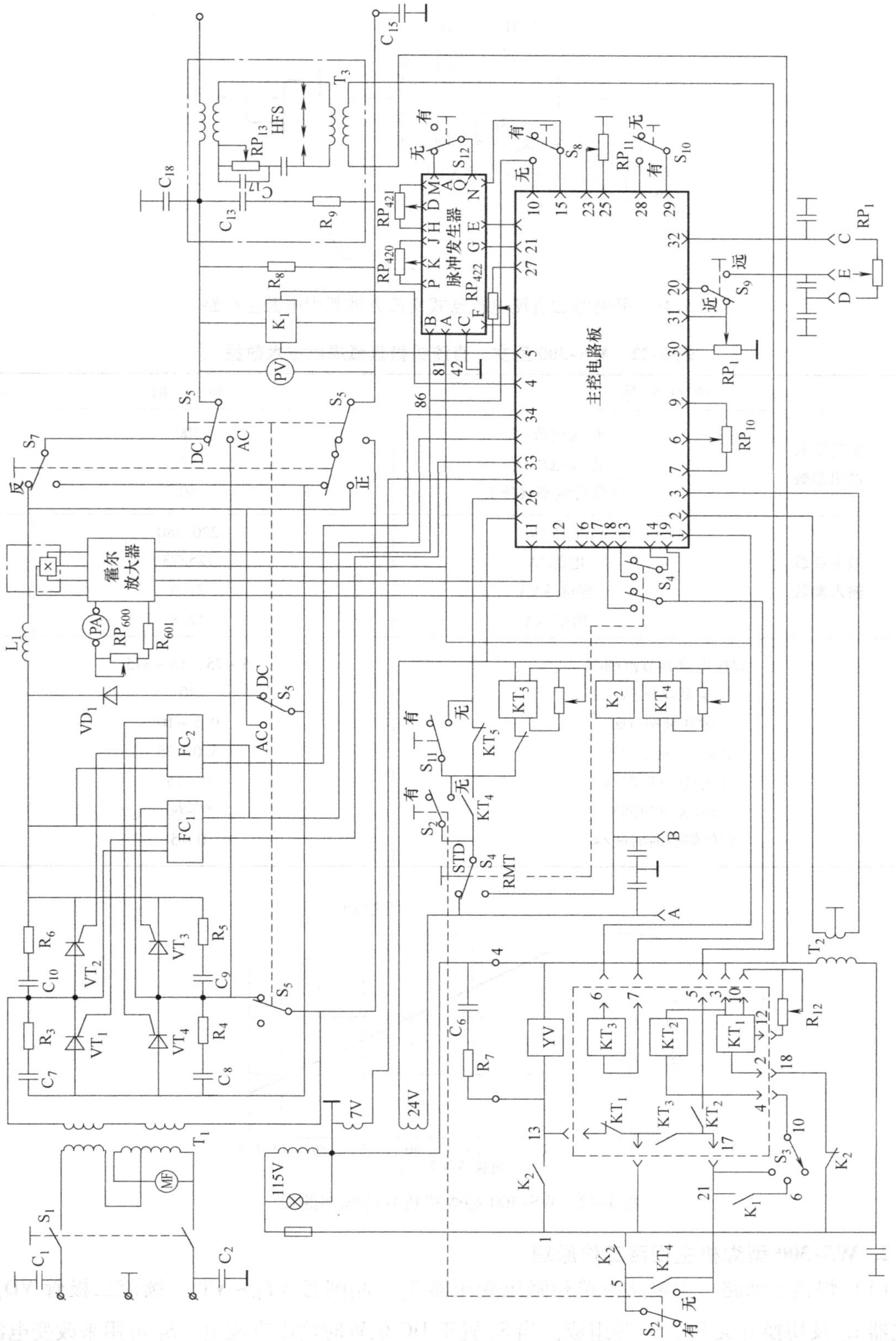
脉冲发生器
主控电路板
霍尔放大器
HFS
T3
T2
T1
C15
C18
C13
RP13
R9
R8
K1
PV
PA
RP600
R601
L1
VD1
FC2
FC1
VT1
VT2
VT3
VT4
R3
R4
R5
R6
C7
C8
C9
C10
S1
S2
S3
S4
S5
S7
S8
S9
S10
S11
S12
RP1
RP10
RP11
RP12
RP420
RP421
RP422
KT1
KT2
KT3
KT4
KT5
K2
YV
R7
C6
C1
C2
MF
115V
7V
24V
DC
AC
正
反
有
无
近
远
STD
RMT
图 5-40　WS 系列氩弧焊机电路原理

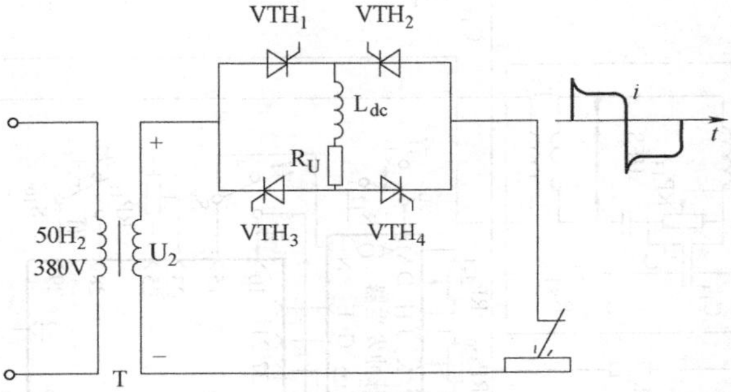
VTH1
VTH2
Ldc
RU
VTH3
VTH4
50H2
380V
U2
T
+
−
i
t

图 5-41　晶闸管加直流电抗器式交流方波弧焊电源主电路

表 5-22　WS-300 型交、直流钨极氩弧焊机技术数据

项 目 名 称		数　　据
额定负载输出参数	焊接电流/A	300
	电弧电压/V	32
	负载持续率（%）	60
额定负载输入参数	电压/V	220/380
	电流/A	125/73
	容量/kVA	27.6
	功率/kA	12.8
焊接电流调节范围/A		5～75，15～375
空载电压/V		80
脉冲频率/Hz		0.5～10
脉冲占空比（%）		5.0～95
提前送气时间/s		0～15
滞后关气时间/s		0～60
定位焊控时时间/s		0～5

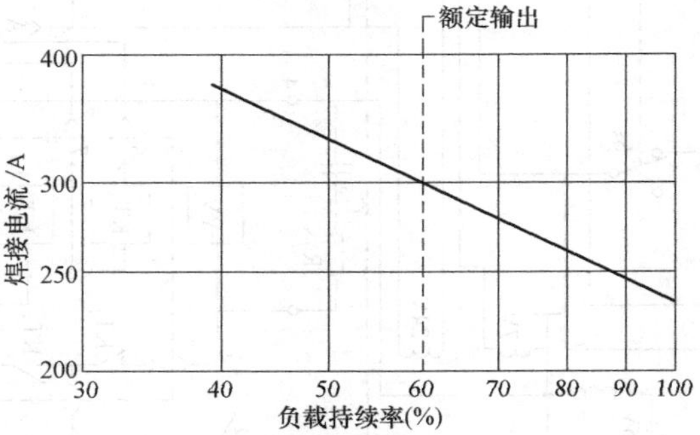
额定输出
400
300
250
200
焊接电流/A
30
40
50
60
70
80
90
100
负载持续率(%)

图 5-42　WS-300 型焊机负载持续率曲线

2. WS-300 型焊机主回路工作原理

（1）焊接主回路　主电路由单相降压变压器 T_1、晶闸管 VT_1～VT_4、续流二极管 VD_1、电抗器 L_1 及切换开关 S_5、S_7 等组成。当 S_5 置于 DC 位置时输出直流电。S_7 可用来改变电源极性。当 S_5 置于 AC 位置时输出交流电，且波形呈近似矩形波；而 S_7 不起作用，即可以处于任意一种极性位置。

进行交流钨极氩弧焊时，交流正极性半周电流的路线：变压器 T_1→转换开关 S_5→焊件→电弧→焊炬电缆→高频耦合变压器的二次线圈→转换开关 S_5→晶闸管 VT_3→直流电抗器 L_1→霍尔元件磁圈→晶闸管 VT_1→T_1 二次线圈的另一端。交流负极性半周时的电流路线：变压器 T_1→晶闸管 VT_2→直流电抗器 L_1→霍尔元件磁圈→转换开关 S_5→晶闸管 VT_4→转换开关 S_5→高频耦合变压器的二次线圈→焊炬电缆→电弧→焊件→转换开关 S_5→T_1 二次线圈的另一端。从图中可以看出无论是正极性半周还是负极性半周，流经电抗器 L_1 及霍尔元件的电流方向总是不变的。霍尔元件输出方向不变的测量信号，可以得到可靠的焊接电流的监测。

进行直流钨极氩弧焊时，S_7 置于反极性位置时的电流路线：变压器 T_1→VT_1 ~ VT_4 组成的整流桥正极性端→直流电抗器 L_1→霍尔元件磁圈→转换开关 S_7→转换开关 S_5→高频耦合变压器的二次线圈→焊炬电缆→电弧→焊件→转换开关 S_5→转换开关 S_7→VT_1 ~ VT_4 组成的整流桥负极性端；S_7 置于正极性位置时的电流路线：变压器 T_1→VT_1 ~ VT_4 组成的整流桥正极性端→直流电抗器 L_1→霍尔元件磁圈→转换开关 S_7→转换开关 S_5→焊件→电弧→焊炬电缆→高频耦合变压器的二次线圈→转换开关 S_5→转换开关 S_7→VT_1 ~ VT_4 组成的整流桥负极性端。

这种焊机主电路中的直流电抗器 L_1 电感量很大，具有储能及续流作用，保证电流的连续性，因此电弧稳定性好。

在交流焊时，焊接电流被晶闸管强制切换，转变了极性。由于直流电抗器的储能作用，就获得了近似方波的焊接电流。方波交流电流比正弦交流电流优越，可以显著地提高交流电弧的稳弧性，此时不需辅助高压脉冲就能使电弧连续燃烧。控制过程简单，并且简化了焊接设备的稳弧系统。

在主电路中，晶闸管是非常关键的电气元件。通过对晶闸管 VT_1 ~ VT_4 的触发控制，能够实现下述功能的控制：①进行焊接电流的调节；②获得陡降的电源外特性曲线；③输出脉冲电流；④初始电流的控制及熄弧电流的衰减；⑤交流平衡控制；⑥交流焊时与电抗器配合得到近似方波的焊接电流。

对晶闸管导通角的控制，就能在正半周和负半周实现平衡或不平衡的电流调节。最大正极性半周可调节增加到交流周期的68%；最大负极性半周可调到交流周期的55%。由于不平衡状态造成的主回路直流分量，会影响电源变压器的正常运行，降低变压器运行的效率，所以该焊机变压器的铁心设计得很大。此外，不平衡调节的范围虽然是有限的，但已给焊接工艺带来了很大的好处。

WS-300 型焊机通过晶闸管的控制，还可以实现脉冲调制。该焊机在脉冲参数的调节上也有它的特点：能够在焊接负载的过程中调整各脉冲参数，甚至可在焊接时将脉冲焊转变成非脉冲焊，或者再转换成脉冲焊。所有脉冲参数的调节开关和旋钮都是分别独立的，调节时互不影响，各种参数调节的功能都能够准确地实行。譬如，当“焊坑填满”开关调到“通”的位置，则熄弧前脉冲电流及基值电流均按比例进行衰减。总之，该焊机还具有优良的脉冲焊接性能。

（2）引弧和稳弧　由高频振荡器 HFS 实现，通过开关 S_3 选择其工作方式。当 S_3 置于

19-21接通位置，HFS将在焊接过程中始终存在，起到引弧和稳弧作用，适用于小电流交流氩弧焊。当S_3置于19-6接通位置，HFS仅在引弧时起作用，适用于直流氩弧焊及大电流交流氩弧焊。当S_3置于断开位置时HFS不起作用，适用于焊条电弧焊。

3. 电源特性及触发控制电路

图5-40中主控电路板用于实现晶闸管相控主电路的输出特性及触发控制，图5-43为其电路原理。它由控制信号叠加及前置放大、移相、脉冲形成、起始电流控制、熄弧衰减控制、光电开关、遥控补偿等电路环节组成。

（1）控制信号叠加及前置放大电路　运放A_5及相应阻容元件组成了控制信号叠加及前置放大电路。正常焊接时，从电位器RP_1（见图5-40）的中点取出给定控制信号u_c经接线点20、R_{49}、R_{48}加入A_5反相输入端，同时从接线点12加入电流负反馈信号，两者叠加后在A_5输出端形成−6～2V左右移相控制信号。为了使起始电流可以独立控制，当晶体管开关V_9使R_{49}接零时，从电位器RP_{11}（见图5-40）中点取出的起始电流给定控制信号u_{c0}经接线点23、R_{45}、R_{46}加入A_5反相输入端。接线点21、22则用于脉冲焊时输入给定控制信号。电流负反馈信号由霍尔放大器产生。

（2）移相电路　移相电路由IC运放A_9～A_{12}，晶体管V_{12}、V_{13}，二极管VD_{15}、VD_{16}及相关阻容元件组成。A_8、A_9构成移相放大器，A_{10}、A_{11}、A_{12}构成比较器。图5-44画出了这一电路环节中有关节点的电压波形。从接线点8引入的7V交流同步电源信号经R_{74}-C_{18}、R_{84}-C_{20}阻容移相后分别产生移相约为30°的交流正弦波加在A_8、A_{10}的反相输入端。由于C_{19}的作用A_8输出除反相外又使波形移相约60°。A_9的输出为A_8输出的反相信号，但因A_9同时从RP_{10}中点从接线点6引入经R_{80}加入交流平衡，即极性比率控制信号，使A_9输出信号相位可由RP_{10}中点位置进行调节。A_{11}、A_{12}分别将A_9、A_8输出信号与A_5输出的移相控制信号进行比较，结果在输出端形成了相应的方波送至V_{14}、V_{17}的基极产生移相脉冲信号。显然A_{11}的输出方波相位将受A_5输出电平大小及RP_{10}中点位置的控制，而A_{12}的输出方波相位则只受A_5输出电平大小的控制。这样就可以通过调节RP_{10}中点位置实现交流钨极氩弧焊的极性比率调节，或者说交流平衡控制。

由于空载时接线点12无电流负反馈信号输入，A_5的输出电平将接近−15V，使A_{11}、A_{12}无方波输出，处于高电平状态，这将导致图5-40中的晶闸管$VT_{1\sim4}$不能触发导通，电源无空载电压。A_{10}及VD_{15}、VD_{16}、V_{12}、V_{13}就是为解决空载触发而设置的。A_{10}输出为滞后同步信号u8约30°的方波，其前后沿分别经VD_{15}、V_{12}和VD_{16}、V_{13}，把A_{11}、A_{12}输出端高电平斩成方波，并由此产生空载触发脉冲。一旦电弧被引燃，电流负反馈信号加入，这一部分电路就不起作用。

（3）触发脉冲形成　由晶体管V_{14}～V_{19}及相关阻容元件组成触发脉冲形成电路。当V_{14}或V_{17}基极出现高电平时，V_{14}～V_{15}或V_{17}～V_{18}饱和导通，C_{22}、C_{25}分别经V_{16}、V_{19}集发极-基极充电，在接线点33或34产生了相应的晶闸管触发脉冲信号，并经图5-40中的触发电路板FC_1、FC_2送到晶闸管VT_1～VT_4相应的触发极。

（4）起始电流控制电路　由运放A_2、A_3、A_4，晶体管V_3、V_4、V_5、V_6、V_7、V_9及相关二极管、阻容元件组成。焊条电弧焊（即S_4置STD位置）时，主电源始终有空载输出，接点13、14、18、19均断开，A_3的负输入端仅受由VD_1引入的A_2之输出状态控制。A_2的二个输入端接入经整流后的主电源输出电压（即KT_1的线圈电压），空载时使A_2输出高电

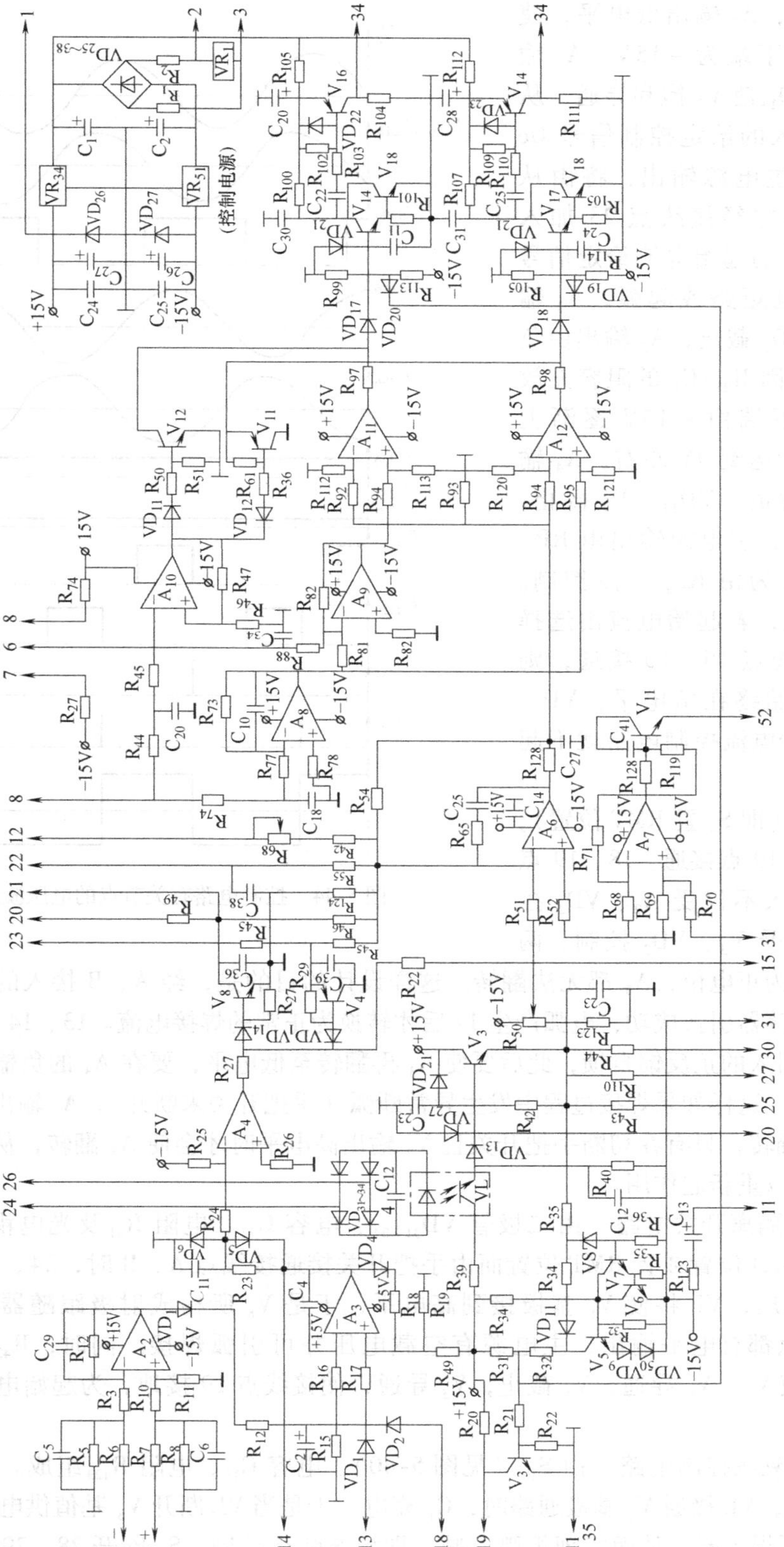
(控制电源)

图 5-43　WS 系列焊机控制电路原理图

平，VD_1 导通，A_3 输出低电平，使 C_{11} 上端为 0，下端为 -15V，A_4 输出高电平，VD_{14} 使 V_9 饱和导通，从接线点 20 引入的给定控制信号 Uc 被 V_9 短接。主电源输出，将由从 RP_{11} 中点引出并经接线点 23 加入 A_5 反相输入端的起始电流给定信号 U_{c0} 决定。一旦短路或起弧，A_2 输出负电平使 VD_1 截止，A_3 输出由负跳变为正，但因 R_{25}-C_{11} 的阻容充放电作用，C_{11} 下端由 -15V 逐渐上升，约经 1s 后达到 0V 左右；A_4 输出由正跳变为负，VD_{14}、V_9 截止，VD_7、V_4 导通，主电源输出由 RP_{11} 中点控制转换为由 RP_1 中点控制。需要注意的是，若起始电流由选择开关 S_8 使接线点 15、10 接通，则 R_{27}、R_{28} 交点始终在负电平，VD_7、V_4 导通，初始电流控制电路就不起作用。

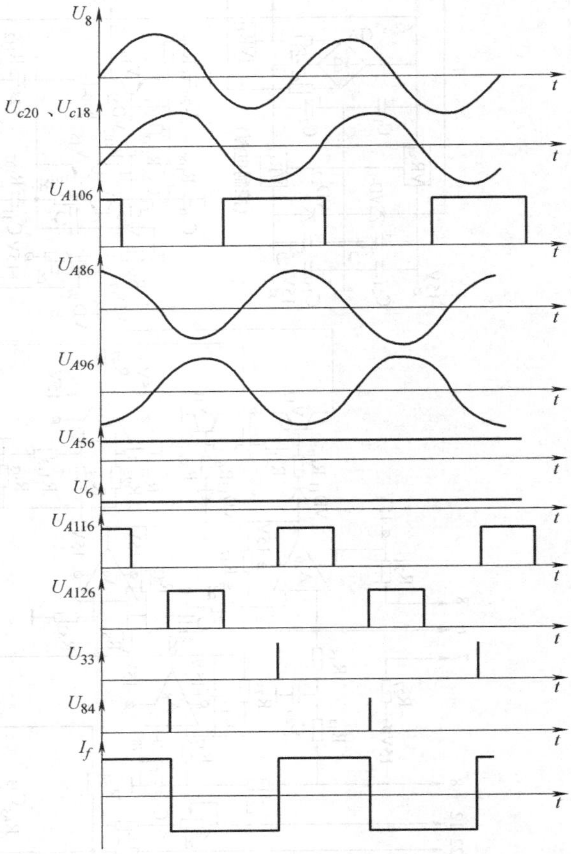
U_8
t
U_{c20}、U_{c18}
t
U_{A106}
t
U_{A86}
t
U_{A96}
t
U_{A56}
t
U_6
t
U_{A116}
t
U_{A126}
t
U_{33}
t
U_{84}
t
I_f
t

图 5-44　控制电路有关节点的电压波形

TIG 焊时（即 S_4 置 RMT 位置），13、14 及 18、19 点接通。18、19 点接通使 A_3 输入不仅受 A_2、VD_2 控制，同时还要受 V_3、VD_2 控制。两者只要有一个为正电位，A_3 都无法翻转。这样设计的目的是，经 A、B 接入的手把开关启动接通高频振荡器引弧成功，电弧产生 1s 后才转换为正常的焊接电流。13、14 的接通使 A_3 翻转后靠 R_{17} 引入的正反馈自锁，此后要使 A_3 再翻转至低电平，要在 A_3 的负输入端出现一个更高的电压。这样如果焊接过程中发生异常断弧（手把开关未断开），A_2 输出的高电平将不足以使 A_3 翻转，只有在切断手把开关且 V_3 输出高电平时才会使 A_3 翻转，从而使起始电流控制电路可以重新起作用。

（5）光电隔离开关电路　由二极管 $VD_{31\sim34}$、电容 C_{42}、电阻 R_{41} 及光电耦合器 VL 组成。当 S_4 置 STD 位置或置 RMT 位置而由手把开关接通接线点 A、B 时，24、26 点之间接入 24V 交流电压，VL 将使 V_8 基极接到高电平，于是 V_8 所构成射极跟随器有输出，即 RP_1、RP_{11} 中点都有电平输出，主电源有空载电压并可引弧焊接。同时，R_{42}、R_{57}、V_5、R_{38} 偏置条件使 V_7、V_6 导通，V_5 截止，V_3 导通，使接线点 19 接地，为起始电流控制电流创造条件。

（6）熄弧衰减控制电路　由 S_{10}（见图 5-40）、电容 C_{13}、电阻 R_{123} 组成。当 S_{10} 使 28、29 接线点接通，VL 接通 V_8 基极通路时，C_{13} 充电。于是当 VL 断开 V_8 基值供电电源时，C_{13} 放电将使 V_8 缓慢关断，从而实现熄弧衰减，即填充弧坑控制。S_{10} 断开 28、29 点时，这一环节不起作用。焊条电弧焊时不宜采用这种熄弧衰减，S_{10}应放在断开位置。

（7）遥控电路　由运放A_7、晶体管V_{11}、外接远控电位器RP_1'及相关阻容元件组成，用于形成遥控给定控制信号u_c。

（8）控制电源　由集成稳压块VR_1、VR_{50}、VR_{61}及相关二极管、阻容元件组成，形成主控电路所需的15V、-15V电源。

4. 脉冲发生器

图5-40中的脉冲发生器用来使主电源提供0.5～10Hz低频脉冲焊接电流，图5-45为其电路原理图。它由运放A_{400}、A_{401}、A_{402}，晶体管V_{400}、V_{401}及相关阻容元件等组成。其中A_{400}、R_{401}、C_{400}等构成积分电路使A_{400}输出端形成锯齿波，RP_{420}用来调节其频率；A_{401}作比较器输出方波并反馈至A_{400}输入端形成连续振荡。A_{402}作正反馈比较器输出占空比，可通过RP_{421}调节方波。V_{400}、V_{401}及VD_{402}、VD_{403}构成脉冲输出控制开关。当A_{402}输出低电平时，V_{400}导通，其输出接线点G使主控板21点接地，前述从RP_1中点供给的给定控制信号不起作用；同时V_{401}截止，其输出接线点E使主控板22点从RP_{422}中点获得脉冲基值电流给定控制信号U_{cb0}，其值由RP_{422}中点调定。当A_{402}输出高电平时，V_{400}截止，接线点G悬空，主控板20点输入的给定控制信号有效，于是电源输出脉冲峰值电流；同时V_{401}导通，接线点E电平降至0电平，上述U_{cb0}信号不起作用。

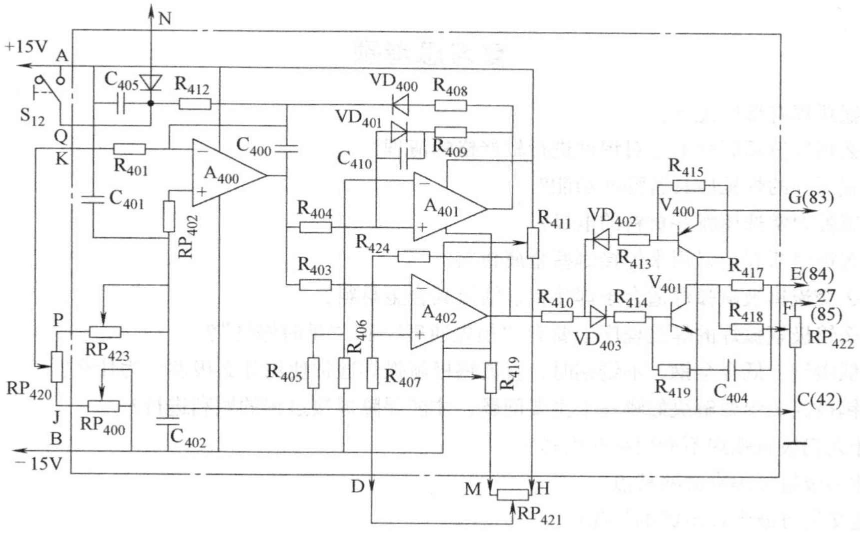

N
+15V
A
S12
Q
K
C405
R412
VD400
R408
VD401
R409
C400
C410
R401
A400
C401
RP402
A401
R404
R411
R415
V400
G(83)
VD402
R413
R424
R403
A402
V401
R417
E(84)
27
F
(85)
R410
R414
R418
VD403
RP422
P
RP423
R406
R405
R407
R419
R419
C404
RP420
C(42)
J
RP400
C402
B
-15V
D
M
H
RP421

图5-45　脉冲发生器电路原理

当脉冲选择开关S_{12}使Q接线点接至15V电源时，振荡器停止工作，A_{402}输出高电平，焊接电流始终由图5-40中RP_1中点位置控制，脉冲发生器不起作用。

5. 程序控制电路

图5-40中的开关S_1～S_{12}、继电器K_1～K_2、时间继电器KT_1～KT_5以及电磁气阀YV等程控元件构成了焊机TIG焊的程序控制电路，可以完成焊机工作程序。图5-46所示为TIG焊时启动焊接及停止时的动作程序。

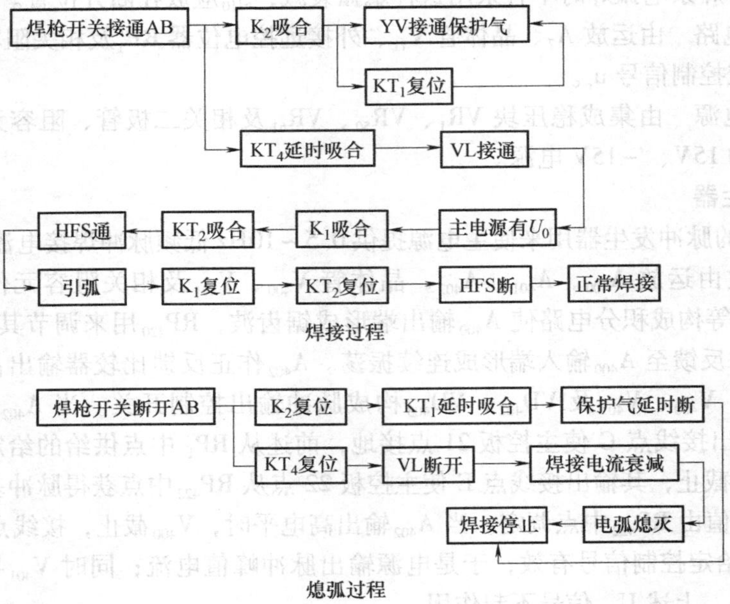
焊枪开关接通AB
K_2吸合
YV接通保护气
KT_1复位
KT_4延时吸合
VL接通
主电源有U_0
K_1吸合
KT_2吸合
HFS通
引弧
K_1复位
KT_2复位
HFS断
正常焊接
焊接过程
焊枪开关断开AB
K_2复位
KT_1延时吸合
保护气延时断
KT_4复位
VL断开
焊接电流衰减
电弧熄灭
焊接停止
熄弧过程

图 5-46　程序控制过程

复习思考题

1. 钨极氩弧焊有哪些优点？
2. 为什么钨极氩弧焊焊前要对焊件进行较严格的清理？
3. 钨极氩弧焊的焊枪应具备哪些功能？
4. 钨极氩弧焊常选用哪些材料的电极？
5. 直流钨极氩弧焊可以用来焊接哪些金属材料？
6. 为什么交流钨极氩弧焊适合于焊接铝、镁及其合金材料？
7. 为什么钨极氩弧焊的焊接程序中要有“预先通气”和“延时停气”？
8. 焊接低碳钢、低合金钢、不锈钢时，直流钨极氩弧焊通常使用什么极性？为什么？
9. 交流钨极氩弧焊要解决好哪三个主要问题，才能保障焊接过程的顺利进行？
10. 为什么钨极氩弧焊不能用接触引弧？
11. 脉冲钨极氩弧焊有哪些特点？
12. 试述交流方波焊接电源的优越性。

第6章 熔化极氩弧焊

熔化极氩弧焊是使用熔化电极的氩气保护电弧焊，简称 MIG 焊。熔化极氩弧焊有熔化极惰性气体保护焊（简称 MIG 焊）和熔化极活性气体保护焊（简称 MAG 焊）两类。熔化极氩弧焊与下一章将要介绍的 CO_2气体保护焊都属于熔化极气体保护焊（GMAW，gas metal arc welding）。本章将着重介绍 MIG 焊的特点和应用、工艺理论和实践、保护气体的选择以及设备问题，对熔化极脉冲氩弧焊也作一定的介绍。

6.1 熔化极氩弧焊概述

6.1.1 熔化极氩弧焊的特点

1. 气体保护焊的分类

熔化极气体保护焊又可分为熔化极惰性气体保护焊（MIG）、熔化极活性气体保护焊（MAG）、CO_2 气体保护焊（CO_2 焊）三种，如图 6-1 所示。

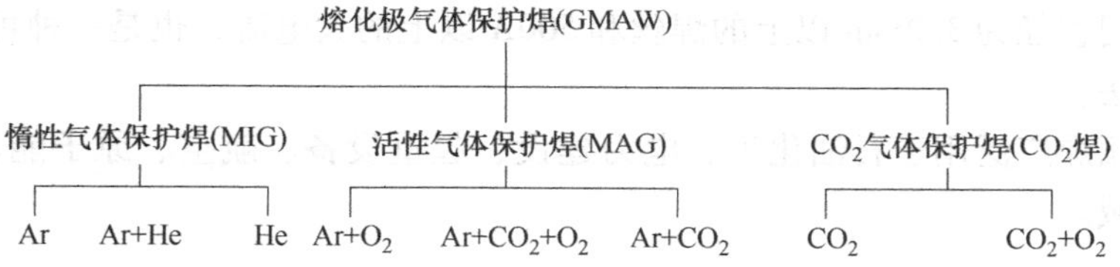
熔化极气体保护焊(GMAW)
惰性气体保护焊(MIG)
活性气体保护焊(MAG)
CO_2气体保护焊(CO_2焊)
Ar
Ar+He
He
Ar+O_2
Ar+CO_2+O_2
Ar+CO_2
CO_2
CO_2+O_2

图 6-1　熔化极气体保护焊的分类

2. 熔化极氩弧焊的特点

熔化极氩弧焊的焊接原理如图 6-2 所示。熔化极氩弧焊焊接时，焊丝本身既是电极起导电、燃弧的作用，又连续熔化起填充焊缝的作用。因为以氩气作为保护气体，所以它不但具有氩弧的特性，还具有以下特点。

（1）生产效率高　熔化极氩弧焊与钨极氩弧焊相比，它以焊丝代替非熔化的钨极，所以能够承受较大的焊接电流，电流密度大大提高。例如，直径 1.6mm 的钨极，在直流正极性下最大许用电流为 150A，若在交流下则还要低；同样直径（1.6mm）的焊丝，焊接电流常达 350A，比前者大许多，因此电弧功率大、能量集中，熔透能力强，大大提高了焊接生产效率。

（2）熔滴过渡形式便于控制　熔化极氩弧焊可实现不同的熔滴过渡形式，如短路过渡、射流过渡、亚射流过渡和可控脉冲射流过渡等，可焊接的焊件厚度范围较宽，能实现各种空间位置或全位置焊接。

（3）飞溅少　在射流过渡时几乎无飞溅，即使在短路过渡时，与 CO_2 气体保护焊相比飞溅也很少。由于在氩气中电弧的电场强度比在 CO_2 气体中的低，所以氩弧的阳极斑点容易扩展，并笼罩着熔滴的较大面积，使熔滴受力均匀。短路过渡时熔滴与熔池接触后，在焊丝与熔池间形成液态金属小桥，电磁力和表面张力都促使熔化金属过渡到熔池中，有利于熔滴的短路过渡。所以熔化极氩弧焊短路过渡焊接时，短路时间短，过渡比较规律，短路峰值电流比较小，因而飞溅比 CO_2 焊的少。

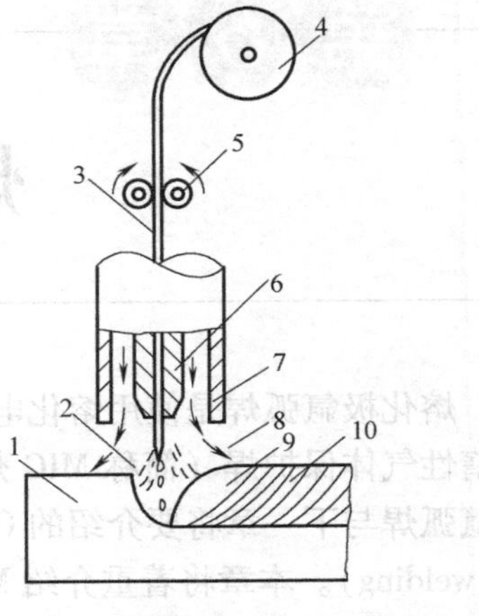
1
2
3
4
5
6
7
8
9
10
图 6-2　熔化极氩弧焊示意图

1—母材　2—电弧　3—焊丝　4—焊丝盘　5—送丝轮　6—导电嘴　7—保护气体喷嘴　8—保护气体　9—熔池　10—焊缝金属

6.1.2　熔化极氩弧焊的应用

熔化极氩弧焊应用初期主要用来焊接铝、镁及其合金，由于富氩混合气体的广泛应用，熔化极氩弧焊的应用范围不断扩大，几乎可以用来焊接所有的金属，如铝、镁、铜和镍及它们的合金，不锈钢、碳钢、低合金结构钢等材料，尤其是焊接铝、镁及其合金时，采用直流反极性有良好的阴极清理作用，提高了焊接接头的质量。

熔化极氩弧焊使用的焊丝，根据其直径的不同，有细丝和粗丝之分。一般认为，焊丝直径小于 1.6mm，属细丝焊；焊丝直径大于 1.6mm，属粗丝焊，粗丝的直径可达 6mm。焊丝直径不同，则电弧形态和使用电流范围也不同，近年来，粗丝大电流熔化极氩弧焊得到迅速发展，通常使用直径为 3.2mm 以上的焊丝和 500A 以上的大电流，也是一种可实现厚板焊接的高效焊接方法。

熔化极氩弧焊广泛用于石油化工、电力建设、起重设备、航空、原子能、造船、冶金、轻工等工业领域。

6.2　熔化极氩弧焊的焊接材料

6.2.1　保护气体

1. 氩气 Ar

熔化极氩弧焊采用保护气体的主要目的是保护熔融焊缝金属，一般采用氩气作为保护气体。

2. 混合气体

氩气中加入不同气体构成多种类型的混合气体，大多以氩为主的混合气体，其电弧特征与纯氩的大体相同，但焊接工艺特性有较大差别。选用何种保护气体，应综合考虑焊接过程中的保护作用、电弧稳定、焊缝成形、熔滴过渡、冶金反应、成本等因素的影响。表 6-1 是常用保护气体及原子的物理特性，一些常用的混合气体将在下面分别介绍。熔化极氩弧焊用保护气体及适用范围见表 6-2。

表 6-1 常用保护气体及原子的物理特性

性能 \ 气体	Ar	He	CO_2	CO	H_2	H	N_2
相对原子质量	39.95	4.00	44.00	28	2.00	1	28.00
密度/(kg/m³)(101.3kPa, 21.1℃)	1.66	0.17	1.83	—	0.08	—	1.17
热导率/(W/m·K)(3000~5000K)	0.17	1.5	5×10^{-2}	6.7×10^{-2}	2.0	3.8	0.23
电离能/$\times10^{-19}$J	25.25	39.39	22.06	22.59	24.72	21.79	23.36
解离能/$\times10^{-19}$J	—	—	8.81(1000~4000K)	16.02(5000~11000K)	7.05	—	15.70
比热容/(J/kg·k)(定压)	521	5192	847	—	1490	—	—

(1) Ar + He　He 气与 Ar 气均为惰性气体，He 气的密度比空气小，热导率比 Ar 气高得多，对于给定的电弧长度和焊接电流，He 弧的电弧电压比 Ar 弧高，因而 He 弧的电弧温度和能量密度高。Ar 的传热系数比较小，氩弧燃烧非常稳定，在 Ar 中以一定的配比加入氦气后，即可得到两者的优点，可实现稳定的轴向射流过渡，又提高电弧温度，使焊件熔透深度增加，飞溅减小，焊缝成形得到改善。

焊接大厚度铝及其合金时，采用 Ar + He 混合气体，可增加焊缝的熔深，并能消除用纯氩作为保护气体形成的蘑菇状焊缝，使焊缝形状得到改善，可以减少气孔等缺陷，并可提高生产率。氦气的加入量依据焊件的厚度确定，焊件厚度越大加入的氦气应当越多。焊件厚度为10~20mm 时，可加入 He 50%（体积分数）；厚度为 20mm 以上时，在 Ar + He 混合气体中 He 的比例为 75%~90%（体积分数）。图 6-3 是 Ar、Ar + He、He 三种保护气体的焊缝剖面形状。

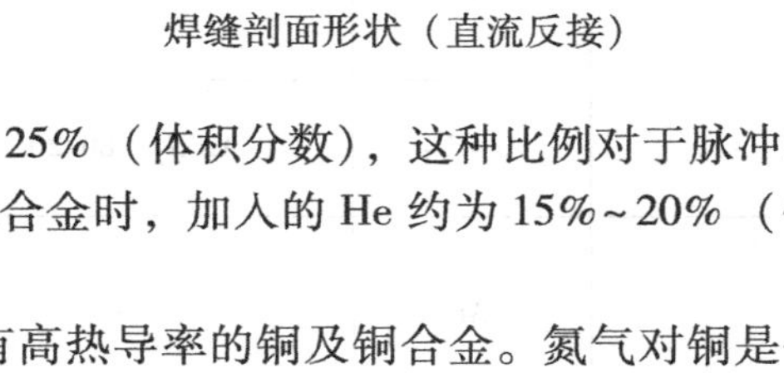
Ar
Ar+He
He
电弧

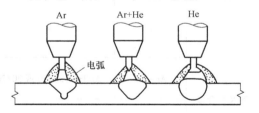

图 6-3　Ar、Ar + He、He 三种保护气体的焊缝剖面形状（直流反接）

焊接铜及铜合金时，由于其热导率非常高，为降低焊前的预热温度，改善焊缝金属的润湿性，提高焊接质量，采用 Ar + He 混合气体是相当有效的，而且当氦的体积分数增加到 75% 左右时，可实现无预热焊接。因此氦的加入量一般为 50%~70%（体积分数）。

焊接钛、锆、镍基合金等金属时，采用 Ar + He 混合气体，也可增大焊缝熔深及改善焊缝金属的润湿性。焊接钛、锆等材料时，氦的加入量为 25%（体积分数），这种比例对于脉冲电弧、短路电弧、喷射电弧都是合适的。而焊接镍基合金时，加入的 He 约为 15%~20%（体积分数）。

(2) Ar + N_2　这种混合气体主要用于焊接具有高热导率的铜及铜合金。氮气对铜是一种惰性气体，有良好的保护作用。氮气是双原子气体，其导热性比氩气高，弧柱的电场强度也较高，因而氩气中加入氮气会增大电弧的热功率，电弧的温度比纯氩保护时高。同时，弧柱中形成的氮离子或氮原子接触到较冷的母材表面时，会复合并放出热量，使焊缝熔深增大。采用 Ar + N_2混合气体焊接铜及其合金时，往往可降低焊前的预热温度。在 Ar + N_2混合气体中，加入 N_2 的体积分数通常为20%左右，这种混合气体与 Ar + He 相比，气源方便，价格便宜；其缺点是氮气加入到氩中，会导致射流过渡的临界电流值增大，熔滴变粗，过渡特性变坏，产生飞溅，还伴有一定的烟尘，焊缝表面较粗糙，外观不如采用 Ar + He 混合气体时漂亮。

当采用 Ar + N_2 1%~4%（体积分数）混合气体焊接奥氏体不锈钢时，对提高电弧的刚直性及改善焊缝成形有一定的效果。

（3）Ar + H_2　利用 Ar + H_2 混合气体中 H_2 的还原性，焊接镍及其合金时可以抑制和消除焊缝中的 CO 气孔，但 H_2 的体积分数必须低于6%，否则会导致产生 H_2 气孔。此外，H_2 及 H 原子的传热系数也很大，在 Ar 中加入 H_2 可提高电弧温度，增加母材热输入。

熔化极氩弧焊用保护气体及适用范围见表6-2。

表6-2　熔化极氩弧焊用保护气体及适用范围

被焊材料	保护气体	混合比（体积分数）	化学性质	焊接方法	附　　注
铝及铝合金	Ar	—	惰性	熔化极及钨极	钨极用交流，熔化极直流反接，有阴极破碎作用，焊缝表面光洁
	Ar + He	熔化极：He 20%~90% 钨极：多种混合比直至 He 75% + Ar 25%	惰性	熔化极及钨极	电弧温度高。适用于焊接厚铝板，可增加熔深，减少气孔。熔化极时，随着 He 的比例增大，有一定飞溅
钛、锆及其合金	Ar	—	惰性	熔化极及钨极	—
	Ar + He	Ar/He　75/25	惰性	熔化极及钨极	可增加热量输入。适用于射流电弧、脉冲电弧及短路电弧
铜及铜合金	Ar	—	惰性	熔化极及钨极	熔化极时产生稳定的射流电弧；但板厚大于5~6mm时则需预热
	Ar + He	Ar/He　50/50 或 30/70	惰性	熔化极及钨极	输入热量比纯 Ar 大，可以减少预热温度
	N_2	—	惰性	熔化极	增大了输入热量，可降低或取消预热温度，但有飞溅及烟雾
	Ar + N_2	Ar/N_2　80/20	惰性	熔化极	输入热量比纯 Ar 大，但有一定的飞溅
镍基合金	Ar	—	惰性	熔化极及钨极	对于射流、脉冲及短路电弧均适用，是焊接镍基合金的主要气体
	Ar	加 He 15%~20%	惰性	熔化极及钨极	增加热量输入
	Ar	H_2 < 6%	还原性	熔化极	加 H_2 有利于抑制 CO 气孔

6.2.2 焊丝

熔化极氩弧焊过程中，焊丝的化学成分与保护气体配合，影响焊缝金属的化学成分，进而决定焊缝的化学性能和力学性能，所以焊丝的化学成分应该与母材的化学成分匹配。通常焊丝与母材的成分应尽可能相近，并具有良好的焊接工艺性能。有时为进行焊接和获得所希望的焊缝金属性能而适当改变焊丝的化学成分。

另外，焊丝表面必须是清洁的，受污染的焊丝严禁使用。

半自动或自动熔化极氩弧焊的焊丝直径规格有 0.8mm、1.0mm、1.2mm、1.6mm、2.0mm、2.4mm 等，以盘式或筒装供应。

1. 低碳钢及低合金钢焊丝

MAG 焊时，富氩混合气体的氧化性较弱，常采用低 Mn、低 Si 焊丝。低合金钢焊丝中添加 Mn、Ni、Mo、Cr 等合金元素，以满足焊缝金属力学性能的要求。焊接低合金高强度结构钢时，焊缝中的 C 含量通常低于母材，Mn 的含量则明显高于母材，这不仅为了脱氧，也是为满足焊缝合金成分的要求。为了改善低温韧性，焊缝中的 Si 含量不宜过高。

熔化极气体保护焊用的低碳钢及低合金钢焊丝的命名分为牌号和型号两种。焊丝的牌号主要按照焊丝的化学成分命名。例如 H08Mn2SiA，其中“H”表示实心焊丝，“H”后面的两位数字“08”表示含碳的质量分数为 0.08%，化学元素符号及其后面的数字表示所含的元素及其大致的质量分数，尾部的“A”表示优质焊丝（硫、磷质量分数均小于 0.030%）。

型号按照强度级别和成分类型命名。例如 ER49-1，其中“ER”表示焊丝（实心焊丝），“49”表示熔敷金属抗拉强度最低值（490MPa），“1”表示焊丝化学成分分类代号。

国内外常用耐热钢、低温钢及耐候、耐海水、耐酸钢焊丝对照见表 6-3。

表 6-3 国内外常用耐热钢、低温钢及耐候、耐海水、耐酸钢焊丝对照

国家	耐热钢用 （用于高温高压锅炉、石油精炼工业、化学工业、高温高压抗氢材料）	低温钢	耐候、耐海水、耐酸钢	厂家
中国	1.25% Cr-0.5% Mo 1.25% Cr-0.5% Mo-0.25% V 2.25% Cr-1% Mo	ER55-G −40℃ ER80S-Ni1 −40℃ ER69-G −50℃ ER76-G −40℃	450MPa 级：ER44-G 500MPa 级 H08MnSiCuCrNi Ⅰ H08MnSiCuCrNi Ⅱ ER50-G 550MPa 级：ER55-G 600MPa 级：ER60-G	大桥 金桥 大西洋 亨昌 华通 锦泰等
日本	Mn-Mo Mn-Mo-Ni 0.5Mo 0.5Cr-0.5Mo 1Cr-0.5Mo 1.25Cr-0.5Mo 2.25Cr-1Mo	YGL1-4G（AP） −40℃ YGL1-6A −60℃ YGL2-6A（AP） −45℃ YGL3-6G（AP） −75℃	550MPa 级： YGA-50P YGA-50W YGA-58W YM-55RSA	神钢 日铁 住金

（续）

国家	耐热钢用（用于高温高压锅炉、石油精炼工业、化学工业，高温高压抗氢材料）	低温钢	耐候、耐海水、耐酸钢	厂家
日本	2.25Cr-1Mo-V LowC 2.25Cr-W-V-Nb 5Cr-0.5Mo 9Cr-1Mo 9Cr-1Mo-V-Nb 9Cr-W-V-Nb 12Cr-W-V-Nb	YGL1-4G（AP） −40℃ YGL1-6A −60℃ YGL2-6A（AP） −45℃ YGL3-6G（AP） −75℃	550MPa 级： YGA-50P YGA-50W YGA-58W YM-55RSA	神钢 日铁 住金
美国	1.25Cr-0.5Mo 2.25Cr-1Mo 2.25Cr-1Mo-V-W 5Cr-0.5Mo 9Cr-1Mo 9Cr-1Mo-V	—	450MPa 级： H08MnSiCuCrNi Ⅱ 500MPa 级： TB：TH-550-NQ-Ⅱ	LINCOLN
韩国	1.25Cr-0.5Mo 2.25Cr-1Mo	—	—	高丽 现代
瑞典	0.5Mo 1.1Cr-0.5Mo 1.1Cr-0.5Mo 2.5Cr-1.1Mo 2.5Cr-1.1Mo	ER80S-Ni1 −46℃ ER80S-Ni2 −60℃ ER80S-G −60℃ ER100S-G −60℃	—	ESAB
德国	1.25Cr-0.5Mo 2.25Cr-1Mo 2.25Cr-1Mo-V 2Cr-W-V-Nb 2.25Cr-1Mo-V-TiNb 5Cr-0.5Mo 9Cr-1Mo-V-Nb 9Cr-0.5Mo-Ni-V-W-Nb 9Cr-1Mo-Ni-V-W-Nb	ER80S-G −50℃ ER80S-Ni2 −80℃	ER70S-G	BOHLER THYSSEN

2. 不锈钢焊丝

不锈钢焊丝的牌号命名方法与低碳钢及低合金钢焊丝牌号的命名方法相同。

焊接不锈钢时，焊丝的化学成分与母材的化学成分匹配应尽可能相近。焊接铬不锈钢时可采用 H06Cr14、H12Cr13、H10Cr17 等焊丝；焊接铬镍不锈钢时，可采用 H06Cr21Ni10、H08Cr19Ni10Ti 等焊丝；焊接超低碳不锈钢时，应采用相应的超低碳焊丝，如 H03Cr21Ni10 等。表 6-4 是部分不锈钢焊丝的牌号及化学成分。

表6-4　不锈钢焊丝的牌号及化学成分（部分）（YB/T 5092—2005）

类别	牌号	化学成分（质量分数,%）										
		C	Si	Mn	P	S	Cr	Ni	Mo	Cu	N	其他
奥氏体型	H08Cr21Ni10	≤0.08	≤0.35	1.00~2.50	≤0.030	≤0.030	19.50~22.00	9.00~11.00	≤0.75	≤0.75		
	H03Cr21Ni10Si	≤0.03	0.30~0.65	1.00~2.50	≤0.030	≤0.030	19.50~22.00	9.00~11.00	≤0.75	≤0.75		
	H12Cr24Ni13Si	≤0.12	0.30~0.65	1.00~2.50	≤0.030	≤0.030	23.00~25.00	12.00~14.00	≤0.75	≤0.75		
	H12Cr24Ni13Mo2	≤0.12	0.30~0.65	1.00~2.50	≤0.030	≤0.030	23.00~25.00	12.00~14.00	2.00~3.00	≤0.75		
	H12Cr26Ni21	0.08~0.15	≤0.35	1.00~2.50	≤0.030	≤0.030	25.00~28.00	20.00~22.50	≤0.75	≤0.75		
	H08Cr26Ni21	≤0.08	≤0.65	1.00~2.50	≤0.030	≤0.030	25.00~28.00	20.00~22.50	≤0.75	≤0.75		
	H08Cr19Ni12Mo2Si	≤0.08	0.30~0.65	1.00~2.50	≤0.030	≤0.030	18.00~20.00	11.00~14.00	2.00~3.00	≤0.75		
	H03Cr19Ni12Mo2Si	≤0.030	0.30~0.65	1.00~2.50	≤0.030	≤0.030	18.00~20.00	11.00~14.00	2.00~3.00	≤0.75		
	H03Cr19Ni12Mo2Cu2	≤0.030	≤0.065	1.00~2.50	≤0.030	≤0.030	18.00~20.00	11.00~14.00	2.00~3.00	1.00~2.50		
	H03Cr19Ni14Mo3	≤0.030	0.30~0.65	1.00~2.50	≤0.030	≤0.030	18.50~20.50	13.00~15.00	3.00~4.00	≤0.75		
	H08Cr19Ni10Ti	≤0.080	0.30~0.65	1.00~2.50	≤0.030	≤0.030	18.50~20.50	9.00~10.50	≤0.75	≤0.75		
	H08Cr20Ni10Nb	≤0.080	0.30~0.65	1.00~2.50	≤0.030	≤0.030	19.00~21.50	9.00~11.00	≤0.75	≤0.75		
	H10Cr21Ni10Mn6	≤0.010	0.20~0.60	5.00~7.00	≤0.030	≤0.030	20.00~22.00	9.00~11.00	≤0.75	≤0.75		
铁素体型	H06Cr14	≤0.06	0.30~0.70	0.30~0.70	≤0.030	≤0.030	13.00~15.00	≤0.60	≤0.75	≤0.75		
	H10Cr17	≤0.10	≤0.50	≤0.60	≤0.030	≤0.030	15.50~17.00	≤0.60	≤0.75	≤0.75		
马氏体型	H12Cr13	≤0.12	≤0.50	≤0.60	≤0.030	≤0.030	11.50~13.50	≤0.60	≤0.75	≤0.75		
奥氏体+铁素体	H03Cr22Ni8Mo3N	≤0.030	≤0.90	0.50~2.00	≤0.030	≤0.030	21.50~23.50	7.50~8.50	2.50~3.50	≤0.75	0.08~0.20	

3. 铝及铝合金焊丝

铝及铝合金焊丝的型号由三部分组成，第一部分为字母“SAL”表示铝及铝合金焊丝；第二部分为四位数字，表示焊丝型号；第三部分为可选部分，表示化学成分代号。例如 SAL 4043（ALSi5）等。

焊接铝及铝合金时一般采用与母材成分相同或相近的焊丝，这样可以获得较好的耐蚀性。但焊接热裂倾向大的热处理强化铝合金时，选择焊丝主要从解决抗裂性入手，这时焊丝的成分与母材差别很大。表 6-5 是部分铝及铝合金焊丝的型号及化学成分。

表 6-5　铝及铝合金焊丝型号及化学成分（部分）（GB/T 10858—2008）

类别	型号	化学成分（质量分数，%）												
		Si	Fe	Cu	Mn	Mg	Cr	Zn	Ti	V	Zr	Al	其他元素 单个	其他元素 合计
纯铝	SA11200	Fe + Si 0.95		0.05	0.05			0.10	0.05			99.0	0.03	0.15
	SA11070	0.20	0.25	0.40	0.03	0.03		0.04	0.03	0.05		99.7	0.05	
	SA11450	0.25	0.40	0.05	0.05	0.05		0.07	0.1 ~ 0.20			99.5	0.03	
铝镁	SA15554	0.25	0.40	0.10	0.50 ~ 1.0	2.40 ~ 3.0	0.05 ~ 0.20	0.25	0.05 ~ 0.20			余量	0.05	0.15
	SA15654	Fe + Si 0.45		0.05	0.01	3.10 ~ 3.90	0.15 ~ 0.35	0.20	0.05 ~ 0.15					
	SA15183	0.40	0.40	0.10	0.50 ~ 1.0	4.30 ~ 5.20	0.05 ~ 0.25	0.25	0.15					
	SA15556	0.40	0.40	0.1	0.50 ~ 1.0	4.70 ~ 5.50			0.05 ~ 0.20					
铝铜	SA12319	0.20	0.30	5.8 ~ 6.8	0.20 ~ 0.40	0.02		0.10	0.10 ~ 0.20	0.05 ~ 0.15	0.10 ~ 0.25		0.05	0.15
铝锰	SA13103	0.50	0.70	0.10	0.9 ~ 1.5	0.30	0.10	0.20	Ti + Zr 0.1				0.05	0.15
铝硅	SA14043	4.5 ~ 6.0	0.80	0.30	0.05	0.05		0.10	0.20				0.05	0.15
	SA14047	11.0 ~ 13.0	0.80	0.30	0.15	0.10		0.20						

注：Al 的单值为最小值，其他元素单值均为最大值。

4. 镍及镍合金焊丝

镍及镍合金焊丝的型号由三部分组成。第一部分用字母“SNi”表示镍焊丝；第二部分四位数字表示焊丝型号；第三部分为可选部分，表示化学成分代号。例如 SNi1008（NiMo19WCr）等。

5. 铜及铜合金焊丝

铜及铜合金焊丝的型号，由三部分组成。第一部分为字母“SCu”，表示铜及铜合金焊丝；第二部分为四位数字，表示焊丝型号；第三部分为可选部分，表示化学成分代号。例如 SCu1898（CuSn1）等。

6. 钛及钛合金焊丝

钛和钛合金在高温下对氧、氮和氢等有极大的亲和力，焊接时必须将熔池及其周围被加热到400℃以上的区域进行严密保护，防止造成污染。因此，焊接钛及钛合金时通常采用MIG焊或TIG焊。钛及钛合金焊丝型号由两部分组成，第一部分表示产品分类；用“STi”表示钛及钛合金焊丝；第二部分四位数字表示焊丝型号分类，其中前两位数字表示合金类别，后两位数字表示同一合金类别中基本合金的调整。例如STi6402（TiAL6V4B）等。焊接时一般采用与母材同质材料，也可采用比母材合金化程度偏低的焊丝。

6.3 熔化极氩弧焊工艺

6.3.1 焊前准备

与其他电弧焊方法类似，熔化极氩弧焊焊前准备的主要工作是焊接坡口准备、待焊部位的表面清理、焊丝表面处理、焊件组装、焊接设备检查等。

焊前应将坡口及坡口两侧一定范围内的锈、氧化皮、油污、水分等清除干净，以免焊接过程中将杂质带入焊接熔池。常用打磨、刮削、风动砂轮、风动钢丝轮、喷丸处理等机械方法，也可用酸洗等化学方法。

熔化极氩弧焊常用于焊接不锈钢、铝等金属，焊前准备工作也有其特殊之处，例如：在焊接铝及铝合金时，焊件或焊丝表面存在较厚的氧化膜时将影响焊缝质量。铝合金表面不仅可能有油污，而且容易形成一层高熔点氧化膜，这层氧化膜化学性质稳定，且去除后在空气中极易重新生成。焊前先进行脱脂去油处理，然后在浓度（4~15)%的NaOH溶液中浸泡5~15min，进行去除氧化膜处理，再用浓度30%的HNO_3溶液浸泡2min左右，进行酸洗光化处理后从溶液中取出进行干燥，就可以进行焊接，若放置时间过长，其表面又形成氧化膜。

焊接接头的装配间隙要均匀，单面焊双面成形时更应注意装配精度。

6.3.2 焊接参数选择

熔化极氩弧焊的焊接参数主要有焊接电流、电弧电压、焊接速度、焊丝伸出长度、焊丝直径、焊丝倾角、保护气体的种类及其流量等。它们决定着电弧形态、熔滴过渡形式以及焊缝成形。

单独选择一个参数很困难，因为各参数之间是相互影响的。对于一组确定的参数，改变其中一个参数，其他参数往往也需要修正。

通常根据焊件的厚度及焊缝熔深来选择焊接电流及焊丝直径，再选择合适的熔滴过渡形式，使焊接过程稳定，根据焊接电流匹配合适的电弧电压和送丝速度。由于熔化极氩弧焊的静特性曲线是上升的，为保持一定的弧长，电弧电压应随焊接电流的增加而增高；当电流减小时，电弧电压应降低。

焊接速度要根据焊缝成形及焊接电流来确定。焊接速度增加，焊接热输入减小，往往导致焊缝熔深、熔宽减小，同时焊缝单位长度上的焊丝熔敷量也减小，焊缝余高减小；焊接速度过高可能产生咬边或驼峰焊道。

焊丝伸出长度越大，焊丝的电阻热越大，其熔化速度越快。若焊丝伸出长度过长，则电弧电压下降，电弧热减小，而熔敷金属却很多，使焊缝成形不良，熔深减小，电弧不稳定。焊丝伸出长度过短，电弧易回烧导电嘴，金属飞溅易堵塞喷嘴。一般对于短路过渡焊接，合适的伸出长度为6～13mm；其他形式的熔滴过渡焊接，合适的伸出长度一般为13～25mm。

熔化极氩弧焊要求保护气体除了具有良好的保护效果外，也可能要求其有助于焊接冶金过程的进行及提高生产效率。目前可选用的保护气体除单一成分的气体外，还有由不同成分组成的混合气体。保护气体的选择取决于焊件的材质、厚度、接头质量要求、焊接位置以及所采用的焊接工艺等。保护气体流量对保护效果有很大影响，从喷嘴流出的保护气体流量合适，将能形成较厚的层流，具有良好的保护作用；流量过大或过小，会造成紊流，保护效果不好。对于一定孔径的喷嘴，都有一个合适的保护气体流量范围。常用熔化极氩弧焊的喷嘴孔径为20mm左右，保护气体流量为10～30L/min；大电流熔化极氩弧焊时，应该用更大直径的喷嘴，需要更大的保护气体流量。

由于熔化极氩弧焊主要用于铝及铝合金、不锈钢和高合金钢等金属材料焊接，因此本节将通过这些金属材料的焊接来介绍熔化极氩弧焊工艺。

6.3.3 铝的熔化极氩弧焊

1. 焊件与焊丝的清理

铝及铝合金由于它们的化学性能十分活泼，在其表面上生成极薄而致密的氧化膜。焊接时，铝表面的氧化膜不仅容易引起未熔合，而且由于它含有水分，使得焊缝中生成气孔的倾向增加。尽管熔化极氩弧焊采用直流反接时有阴极清理作用，但其效果是有限的，所以必须从根本上对焊丝和焊件表面进行清理，去除其表面的氧化膜。常采用机械的或化学的方法进行清除。机械法可用刮刀、锉刀或细钢丝刷等工具加工，也可进行喷砂处理；化学方法是在浓度为5%～8%的氢氧化钠溶液（50～60℃）中浸泡（纯铝20min，铝镁合金5～10min）后用冷水冲洗，然后在浓度30%的硝酸水溶液中浸泡约1min，以便与碱中和，再用50～60℃的热水冲洗，最后进行干燥处理或风干。化学处理后的焊件表面仍有极薄的氧化膜，依靠阴极清理作用就可以完全去除。因此希望在化学清洗后的2～3h内进行焊接，最多不要超过24h，否则会由于长时间放置，将再次生成较厚的氧化膜，焊前仍须清理。

2. 焊丝及保护气体

（1）焊丝　一般采用与母材成分相同的焊丝，但从焊接性和焊接接头强度考虑，还可采用与母材成分不同的焊丝，见表6-6。

表6-6　铝及其合金焊丝的选择

母　材	焊　丝	母　材	焊　丝
1070A、1060、1050A、1035、1200、8A06	SAL 1200、SAL 1070、SAL 1450	5A05	SAL 5556
3A21	SAL 3103	5A06	SAL 5556
5A02	SAL 5554	2A11、2A12	SAL 2319、SAL 4043
5A03	SAL 5654	2A16	SAL 2319

（2）保护气体　MIG焊焊接铝或铝合金时，保护气体大都采用纯氩。焊接纯铝时，为了提高电弧的稳定性和降低气孔倾向，也可采用Ar + O_2 0.5%（体积分数）的混合气体。

焊接厚大焊件时，可采用 Ar + He 混合气体，并且随着焊件厚度的增加而增加氦气的比例。

3. 焊接参数的选择

熔化极氩弧焊焊接铝或铝合金时，根据焊件厚度和接头形式的不同，可以采用射流过渡、亚射流过渡等。虽然熔化极氩弧焊也可实现短路过渡，但由于短路过渡时，必须保持短弧、低弧压，但这样电弧功率降低，造成母材熔化不足，焊缝润湿性差，所以会产生不连续的焊道。此外，铝的导热性好，熔点低，电子热发射能力低，因而，短路后电弧再引燃困难，因此生产上一般不用短路过渡形式焊接薄铝板。

（1）射流过渡焊接参数的选择

1）焊接电流。要实现稳定的射流过渡，焊接电流应大于射流过渡的临界电流。临界电流的大小与焊丝成分及直径有关，常用的铝焊丝直径为 ϕ1.6mm 和 ϕ2.4mm。对于 ϕ1.6mm、ϕ2.4mm 的铝镁合金焊丝，其射流过渡的临界电流相应为 170A 和 220A 以上。相同直径的纯铝焊丝的临界电流与铝镁合金焊丝相比，一般要低 30A 左右。

2）电弧电压。电弧电压应选择得稍低些。实践表明，电弧长度增加，焊缝起皱及形成黑粉的倾向也增加。电弧长度增大不仅对焊缝成形不利，而且气孔数量也随电弧电压的增高而增多。

铝及铝合金对接接头熔化极氩弧焊射流过渡时的焊接参数范围，如图 6-4 所示。其典型的焊接参数见表 6-7。从图 6-4 可见，立焊、横焊和仰焊时的焊接电流和焊接速度均略低于平焊。

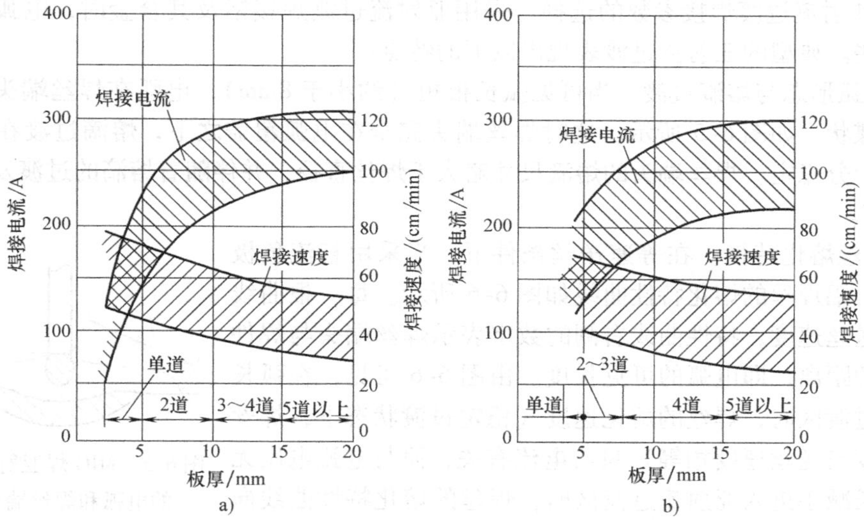

焊接电流/A
焊接速度/(cm/min)
焊接电流
焊接速度
单道
2道
3~4道
5道以上
板厚/mm
a)
焊接电流
焊接速度
2~3道
单道
4道
5道以上
板厚/mm
b)

图 6-4 铝合金对接接头半自动 MIG 焊焊接参数范围

a）平焊 b）立焊、横焊、仰焊

表 6-7 铝合金射流过渡时典型的平焊焊接参数

板厚/mm	焊道层数	焊丝直径 ϕ/mm	焊接电流 I/A	电弧电压 U/V	焊接速度 v/(cm/min)	氩气流量 Q/(L/min)	备　注
4	1	1.6	170 ~ 210	22 ~ 24	55 ~ 75	16 ~ 20	背面加垫板
	2	1.6	160 ~ 190	22 ~ 25	60 ~ 90	16 ~ 20	清根后封底焊

（续）

板厚/mm	焊道层数	焊丝直径 ϕ/mm	焊接电流 I/A	电弧电压 U/V	焊接速度 v/(cm/min)	氩气流量 Q/(L/min)	备　注
6	1	1.6	200～250	24～27	40～55	20～24	背面加垫板
	2	1.6	170～190	23～26	60～70	20～24	背面加垫板
8	2	1.6	240～290	25～28	45～60	20～24	背面加垫板
	2	1.6	250～290	24～27	45～55	20～24	清根后封底焊
10	3	1.6	240～260	25～28	40～60	20～24	清根后封底焊
	2	1.6 或 2.4	290～330	25～29	45～65	24～30	清根后封底焊
12	4	1.6	230～260	25～28	35～60	20～24	清根后封底焊
	2	2.4	320～350	26～30	35～45	20～24	清根后封底焊
16	4	2.4	310～350	26～30	30～40	24～30	清根后封底焊

射流过渡焊接时的焊接设备，一般采用直流平特性电源与等速送丝相配合，利用电源的电弧自身调节作用来保持焊接过程的稳定。

（2）亚射流过渡焊接参数的选择　采用亚射流过渡焊接铝及其合金时，电弧电压应选择得偏低些。典型的亚射流过渡表现出以下的特点：

1）电弧形态与熔滴过渡。当可见弧长很短（约小于 8mm），电弧在焊丝端头向四周外侧扩展呈碟状，如图 6-5 所示。这时焊丝端头完全在电弧覆盖之下，熔滴过渡在电弧内进行，电弧十分稳定。焊丝端头的熔滴尺寸略大于焊丝直径，并伴随着熔滴的过渡发出轻微的“啪啪”声。

2）焊丝熔化特性。在等速送丝条件下，当采用直流负极性焊铝时，铝焊丝的熔化特性曲线如图 6-6 所示。每一根曲线代表一个送丝速度，特性曲线右侧的数字表示焊丝端头与焊件表面之间的距离，即电弧的可见长度。由图 6-6 可见，在弧长处于射流过渡区时，焊丝的熔化速度（稳定过渡状态下，焊丝的熔化速度与送丝速度相等）只与电流有关，而与电弧电压无关。当弧长减小进入亚射流过渡区时，焊丝的熔化特性曲线向左弯曲，焊丝熔化速度不但受电流的影响，更主要的是受电弧电压即弧长的影响。在亚射流过渡区，焊丝的熔化系数随着弧长的增大而减小，反之亦然。这种变化状态在大电流时更加明显。弧长若进一步减小（约 2mm 以下），特性曲线又向右弯，焊丝端头与熔池频繁短路，进入到短路过渡区。在亚射流过渡区，当电弧弧长发生波动时，例如电弧的可见弧长变短，将使电弧深入到熔池中长度增加，焊丝受电弧的热效率增大，焊丝熔化系数变大，使焊丝熔化速度加快，焊丝熔化速度大于送丝速度，使电弧弧长逐渐拉长并自动恢复到原来长度。反之，若弧长突然变长，同样随着焊丝熔化系数的改变电弧自动恢复到原来长度。焊丝熔化系数随弧长变化而变化这一特性，说明亚射流过渡区电弧具有较强的自调节作用，这种弧长自动调节系统就称为亚射流过

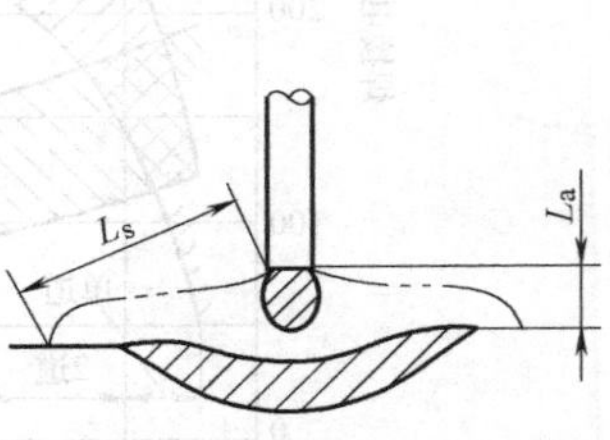

L_s
L_a

图 6-5　MIG 焊亚射流过渡时的电弧和焊丝端头形态

L_a—可见弧长　L_s—实际弧长

渡固有的自调节作用。

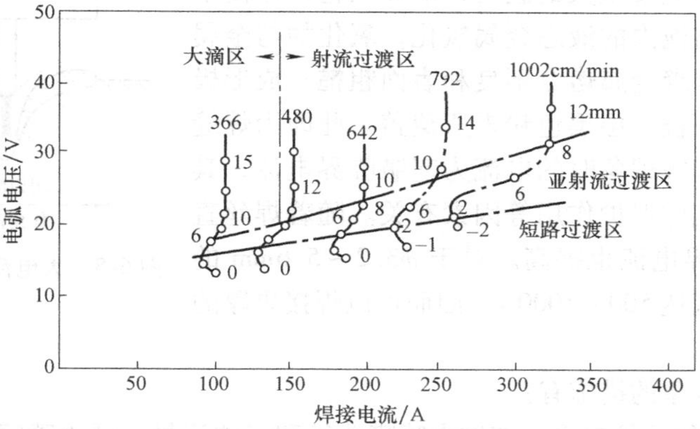
大滴区
射流过渡区
366
480
642
792
1002cm/min
12mm
15
12
10
14
8
6
0
2
-1
-2
亚射流过渡区
短路过渡区
电弧电压/V
焊接电流/A

图6-6 焊丝熔化特性及熔滴过渡与焊接参数的关系

（铝焊丝 ϕ1.6mm，氩气，直流负极性）

3）母材的熔化和焊缝成形。亚射流过渡时，电弧和焊丝端头明显地潜入到熔池下凹处，而且电弧向熔池的四周扩展呈碟状，使电弧均匀地向熔池输入更多的能量，所以焊缝截面呈“碗形”，避免在射流过度时指状熔深引起的熔透不足等缺陷，熔深也较大。特别是采用恒流电源时，焊缝的熔深十分稳定。即使电弧电压改变时，焊接电流始终不变，熔深和焊缝形状几乎保持不变，这对获得尺寸和形状均匀一致的焊缝是十分重要的。焊缝的熔深与电弧电压的关系，如图6-7所示。由图还可看到射流过渡区及短路过渡区的焊缝熔深都比亚射流过渡区的浅。

熔化极氩弧焊采用亚射流过渡形式焊接铝时，常用 ϕ1.6mm 铝焊丝，其焊接参数的选取如图6-6所示。由图可知，弧长调节范围较窄，在一定的焊接电流下，与之相配的送丝速度范围较窄，因此采用普通的等速送丝焊机是很难用于亚射流过渡焊接。可采用带有送丝速度和焊接电流同步控制系统的一元化调节焊机，只要选定了焊接电流，就会自动调整送丝速度使电弧处于最合适的弧长，以便保证亚射流过渡的稳定性。

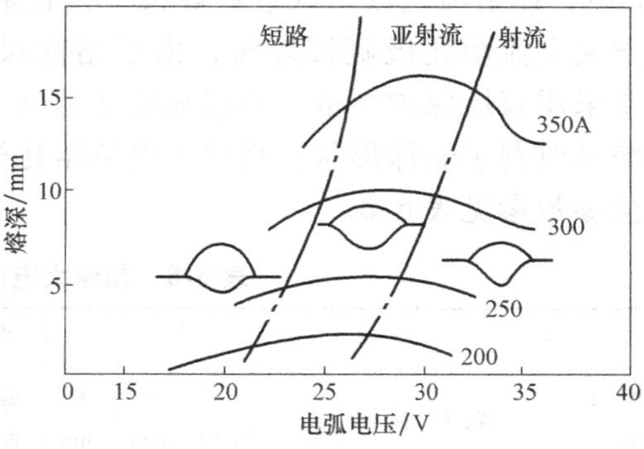
短路
亚射流
射流
350A
300
250
200
熔深/mm
电弧电压/V

图6-7 焊缝熔深与电弧电压的关系

（3）粗丝大电流焊接参数的选择 在正常MIG焊情况下，焊丝端头及电弧潜入到熔池内，由于氩弧的阴极清理作用，熔池表面已无氧化物，则阴极斑点将寻找氧化膜而分布在熔池外缘的固体金属表面上，此时熔池和电弧都很稳定，如图6-8所示。在焊接厚大铝合金焊件时，为了提高生产率采用大电流射流过度焊接，当电流达到300～400A以上时，将引起电弧和熔池不稳，产生“起皱”现象。其原因是当焊接电流增大而超过某一数值时，在某些因素（如气体保护不良）的影响下，阴极斑点可能会游动到熔池内，强大的等离子流力以及斑点压力直接作用在熔池底部，熔池中的液态金属便会从熔池底部被猛烈地排向熔池后方，由于剧烈的扰动，进一步破坏了气体保护作用，被排出的液态金属与周围空气接触而产生严重的氧化和氮化；同时焊接参数发生大的波动，电弧失稳，也使空气大量卷入，引起熔池内的液态金属氧化，氧化物与金属混合在一起，造成焊缝金属熔合不良和表面粗糙，成形极不规则，使焊缝表面被一层黑色粉末所覆盖，此即为焊缝的起皱现象。产生起皱现象时的电流为起皱临界电流，其大小和焊丝直径及气体保护作用等因素有关。随着焊丝直径的增加，起皱临界电流也提高。对于 ϕ3.2～5.6mm 的焊丝，起皱临界电流达 500～1000A，因而可以焊接更厚的铝合金焊件。

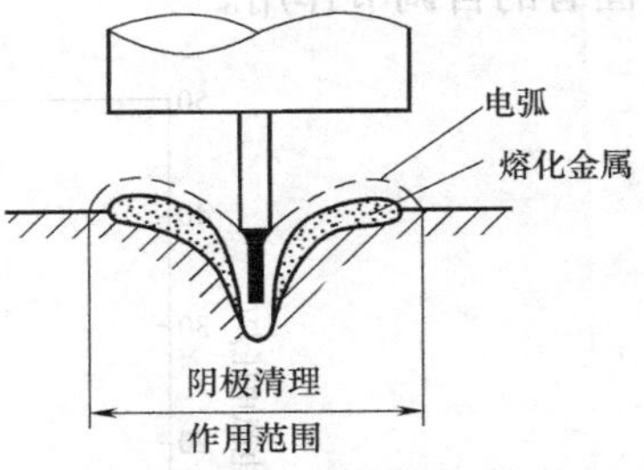
电弧
熔化金属
阴极清理
作用范围

图 6-8　大电流 MIG 焊的电弧状态

防止产生起皱现象的措施有：

1）提高焊接区的保护效果，如增大喷嘴孔径和气体流量，减小喷嘴端部至焊件表面的距离，使喷嘴前倾 10°～20°，以及采用双层气流保护等。

2）正确选择焊接参数，如采用粗丝降低电流密度、减小焊接速度和缩短可见弧长。

3）尽量减小焊接过程中电流的变化，电流超过 500A 时，宜采用恒流外特性电源。

4）根据焊件厚度选择合适的保护气体，厚度小于 50mm 时使用纯氩，而厚度大于 50mm 时，采用 Ar + He 混合气体。

5）电流比较大时，可采用双层喷嘴保护，并在后面再装上附加喷嘴，保护熔池后面的焊道。

6）焊前严格清理焊件和焊丝。

粗丝大电流熔化极氩弧焊焊接大厚度铝合金时，常使用的焊接电流范围为 400～1000A，以射流过渡形式进行焊接，具有熔深大、缺陷少、变形小、生产率高等优点。在粗丝大电流熔化极氩弧焊时，由于熔池尺寸大，为加强对熔池的保护，确保焊接质量，通常采用双层保护焊枪，外层喷嘴送氩气，内层喷嘴送 Ar + He 混合气体，既扩大了保护区域又改善了熔深形状。粗丝大电流熔化极氩弧焊的焊接参数范围如图 6-9 所示，典型的焊接参数参见表 6-8。

表 6-8　粗丝大电流熔化极氩弧焊焊接参数

板厚/mm	坡口形状	α/(°)	A/mm	H/mm	焊接材料		层数	焊接参数			
					焊丝直径 φ/mm	气体		焊接电流 I/A	电弧电压 U/V	焊接速度 v/(cm/min)	气体流量 Q/(L/min)
15	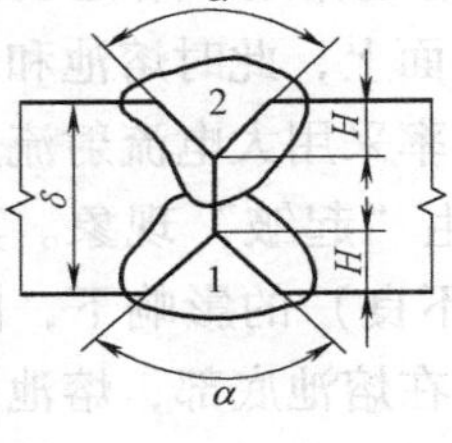	—	—	—	2.4	Ar	2	400～430	28～29	40	80
20		—	—	—	3.2	Ar	2	400～460	29～30	40	80
25		—	—	—	3.2	Ar	2	500～550	29～30	30	100

（续）

板厚/mm	坡口形状	α/(°)	A/mm	H/mm	焊接材料 焊丝直径 φ/mm	焊接材料 气体	层数	焊接参数 焊接电流 I/A	焊接参数 电弧电压 U/V	焊接参数 焊接速度 v/(cm/min)	焊接参数 气体流量 Q/(L/min)
25	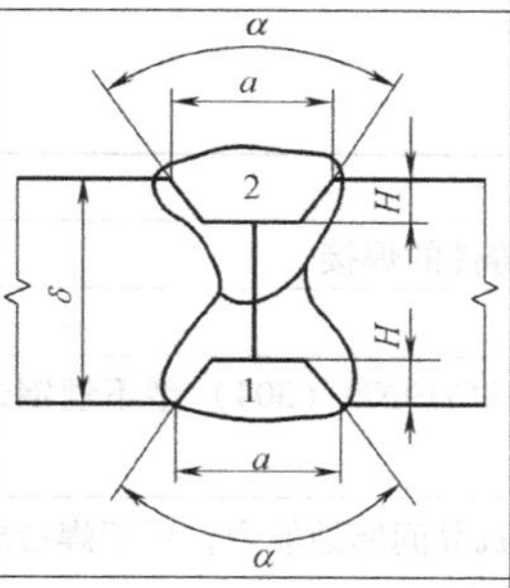	90		5	3.2	Ar	2	480～530	29～30	30	100
25		90		5	3.2	Ar+He	2	560～610	35～36	30	100
38		90		10	4.0	Ar	2	630～660	30～31	25	100
45	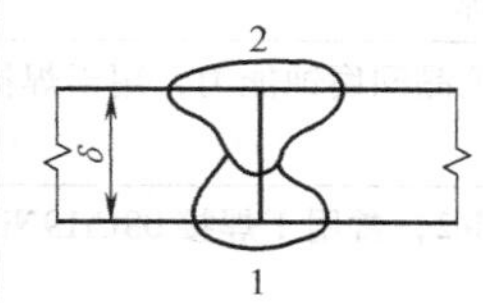	60		13	4.8	Ar+He	2	780～800	37～38	25	150
50①		90		15	4.0	Ar+He	2	700～730	32～33	15	150
60①		60		19	4.8	Ar+He	2	820～850	38～40	20	180
50①		60	30	9	4.8	Ar+He	2	760～780	37～38	20	150
75①		80	40	12	5.6	Ar+He	2	940～960	41～42	18	180

① 保护气体：内层采用 Ar 50% +He 50%（体积分数），外层采用 Ar 100%（体积分数），双层气体保护焊枪。

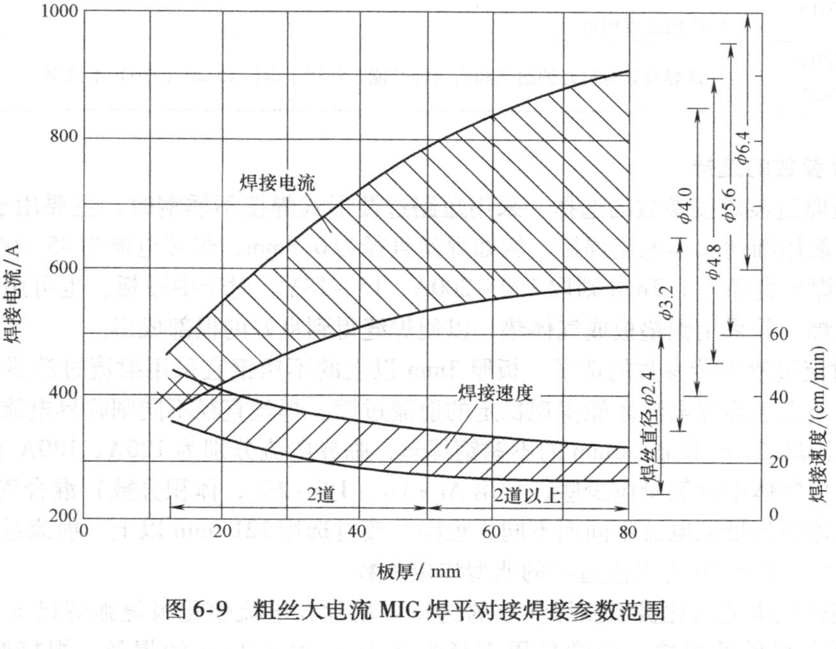
焊接电流
焊接速度
焊接电流/A
焊接速度/(cm/min)
焊丝直径φ2.4
φ3.2
φ4.0
φ4.8
φ5.6
φ6.4
2道
2道以上
板厚/ mm

图 6-9 粗丝大电流 MIG 焊平对接焊接参数范围

6.3.4 不锈钢的熔化极氩弧焊

1. 焊接材料的选择

（1）保护气体 熔化极氩弧焊焊接不锈钢时，保护气体一般采用富氩混合气体。因为采用纯氩作为保护气体焊接不锈钢时，由于产生阴极斑点漂移现象而使电弧不稳定，焊缝成形不好。故常采用 $Ar+O_2$（1%～5%，体积分数）或 $Ar+CO_2$（5%～10%，体积分数）弱氧化性的混合气体保护。若含氧较多，将在焊道表面产生硬的氧化膜，使焊缝表面失去金属光泽，呈现灰色或黑色，也是多层焊时产生未焊透的原因。在多层焊时，希望用砂轮打磨掉每一层的氧化膜。混合气体中含有 CO_2 能使不锈钢焊缝增碳，所以对抗腐蚀要求较高时，不能使用含 CO_2 的混合气体。

（2）焊丝与母材的配合　不锈钢焊丝与母材的配合见表 6-9。

表 6-9　不锈钢焊丝与母材的配合

焊丝牌号	用　途
H08Cr21Ni9Mn4Mo	主要用于不同种钢的焊接，如奥氏体锰钢与碳钢锻件或铸件的焊接
H06Cr21Ni10	常用于焊接 07Cr19Ni9（304H）
H08Cr21Ni10Si H08Cr21Ni10	用于 18-8、18-12 和 20-10 型奥氏体不锈钢的焊接，是 08Cr19Ni9（304）型不锈钢最常用的焊接材料
H08Cr19Ni10Ti	通过添加 Ti 来稳定碳，防止晶间析出碳化铬，提高钢的抗晶间腐蚀能力，用于焊接成分相似的不锈钢。该焊丝宜采用惰性气体保护焊，不宜采用埋弧焊
H08Cr20Ni10Nb	通过添加 Nb 来稳定碳，防止晶间析出碳化铬，提高钢的抗晶间腐蚀能力，用于焊接成分相似的不锈钢
H08Cr19Ni14Mo3	该焊丝耐点蚀、缝隙腐蚀和抗蠕变性能优于 H08Cr19Ni12Mo2，常用于焊接 08Cr19Ni13Mo3 不锈钢和成分相似的合金
H03Cr24Ni13Si H03Cr24Ni13	该焊丝除含碳量较低外，其他成分与 H12Cr24Ni13Si 和 H12Cr24Ni13 相同。由于含碳量较低，不至于在晶间产生碳化物析出，其抗晶间腐蚀能力与含 Nb 或 Ti 等稳定化元素的钢相似，但高温强度稍低
H12Cr26Ni21Si H12Cr26Ni21	该焊丝具有良好的耐热和耐腐蚀性能，常用于焊接 25-20（310）不锈钢

2. 焊接参数的选择

（1）短路过渡焊接参数的选择　采用短路过渡形式焊接不锈钢时，主要用于 3mm 以下的薄板，一般用细丝和小电流焊接。例如焊丝直径为 0.8mm，焊接电流为 85～90A，电弧电压为 15V。焊丝直径为 1.2mm 则取 150～200A、15～18V。对于中厚板，也可用短路过渡形式进行封底焊，并采用铜垫板或气体垫，以便焊缝得到良好的根部成形。

（2）射流过渡焊接参数的选择　板厚 3mm 以上的不锈钢宜采用射流过渡进行焊接。只有当焊接电流大于临界电流才能实现稳定的射流过渡。焊丝直径不同则临界电流值不同，对于 ϕ0.8mm、ϕ1.2mm 和 ϕ1.6mm 的不锈钢焊丝，临界电流分别为 120A、180A 和 220A。射流过渡时保护气体中含氧量应少些，常用 $Ar + O_2$（1%～2%，体积分数）混合气体。

保护气体的流量依电流不同而不同，短路过渡时选用 12L/min 以上，射流过渡时应选用 18L/min 以上。表 6-10 为射流过渡的典型焊接参数。

（3）粗丝大电流熔化极氩弧焊参数的选择　粗丝大电流熔化极氩弧焊已成功地用于不锈钢管和厚大焊件的焊接。常常采用直径为 2.4mm 和 3.2mm 的焊丝，焊接厚度为 10～20mm 的不锈钢。由于采用大电流焊接，热输入量较大，焊缝中不产生气孔等缺陷。典型焊接参数见表 6-11，表中的焊接参数适用于焊接带有钢垫板的单面焊。

6.3.5　低碳钢和低合金结构钢的熔化极氩弧焊

低碳钢和低合金结构钢采用 $Ar + CO_2$ 混合气体，配以硅锰焊丝如 ER49-1 进行焊接，已得到日益广泛的应用。

表 6-10　不锈钢熔化极氩弧焊射流过渡焊接参数

坡口形状		板厚 δ/mm	使用的坡口形状	层数	焊丝直径 φ/mm		焊接条件 焊接电流 I/A	电弧电压 U/V	焊接速度 v/(cm/min)	备注
A	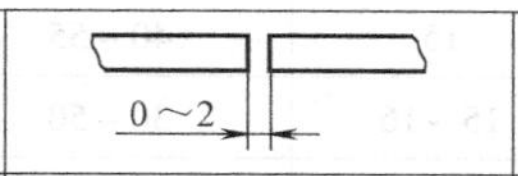	3	B	1	1.2		220～250	25～33	40～46	垫板
		4	B	1	1.2		220～250	25～33	30～50	垫板
B	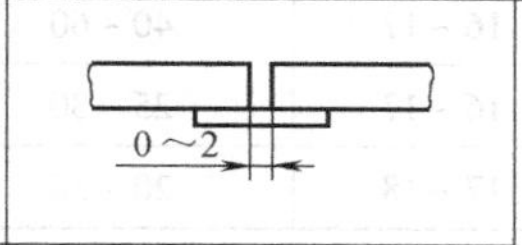	6	A	2	1.2		230～280	23～26	30～60	清根
					1.6		250～300	25～28	30～60	
			B	2	1.2		230～280	23～26	30～60	垫板
					1.6		250～300	25～28	30～60	
C	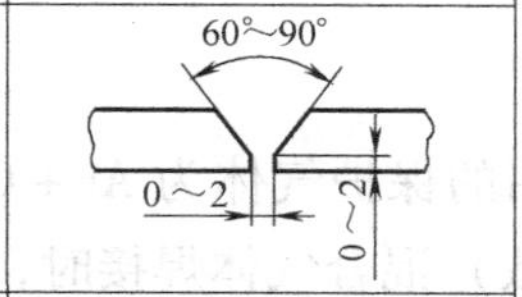		C	2	1.2		230～280	23～26	30～60	清根
					1.6		250～300	25～28	30～60	
D	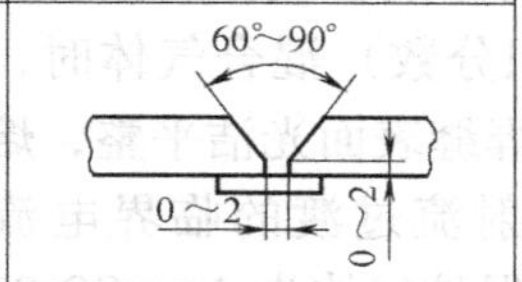		D	2	1.2		230～280	23～26	30～60	垫板
					1.6		250～300	250～300	30～60	
		12	C	4	1.6		280～330	280～330	25～55	清根
E	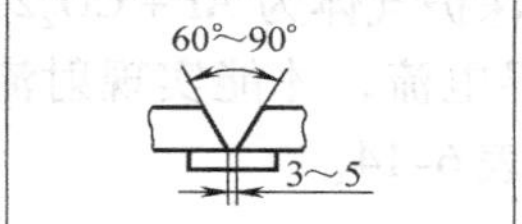		D	4	1.6		280～330	280～330	25～55	垫板
F	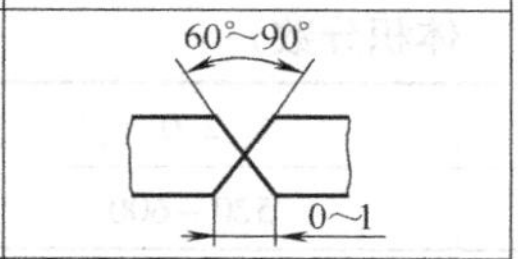	6	E	4	1.6		280～330	280～330	25～55	垫板
			F	4	1.6		280～330	280～330	25～55	清根
G	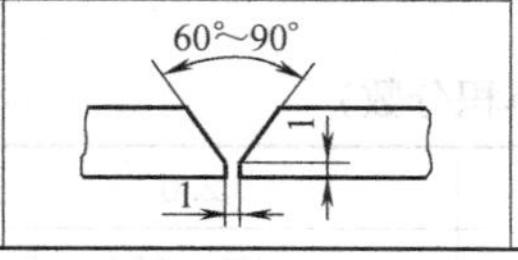		G	2	1.2	1 层	180～200	180～200	30～50	单面打底焊
						2 层	250～280	250～280	30～50	

表 6-11　不锈钢大电流熔化极氩弧焊焊接参数

板厚 /mm	焊丝直径 φ/mm	保护气体	焊接电流 I/A	电弧电压 U/V	焊接速度 v/(cm/min)
10	2.4	$Ar+O_2$2%（体积分数）	510	28	39
16	3.2		670	29	30
19	3.2		700	29	30

注：母材 18-8，I 形坡口对接，焊丝 H08Cr21Ni10，带槽铜垫板。

1. 短路过渡焊接参数的选择

以短路过渡进行焊接薄板及全位置焊接时，一般采用细焊丝、低电压和小电流，使用的保护气体主要是 Ar50% + $CO_2$50%（体积分数）混合气体。与 CO_2 短路过渡焊相比，其突出的特点是电弧稳定，飞溅小，焊缝成形好，其焊接参数见表 6-12。

表 6-12 低碳钢、低合金结构钢熔化极氩弧焊短路过渡焊接时的焊接参数

板厚 /mm	焊丝直径 ϕ/mm	间隙 b/mm	焊丝伸出长度 L/mm	焊接电流 I/A	电弧电压 U/V	焊接速度 v/(cm/min)
0.4	0.4	0	5~8	20	15	40
0.6	0.4~0.6	0	5~8	25	15	30
0.8	0.6~0.8	0	5~8	30~40	15	40~55
1.2	0.8~0.9	0	6~10	60~70	15~16	30~50
1.6	0.8~0.9	0	6~10	100~110	16~17	40~60
3.2	0.8~1.2	1.0~1.5	10~12	120~140	16~17	25~30
4.0	1.0~1.2	1.0~1.2	10~12	150~160	17~18	20~30

2. 射流过渡焊接参数的选择

以射流过渡形式进行焊接低碳钢、低合金结构钢时，通常采用的保护气体为 $Ar+CO_2$ 15%~20%（体积分数）混合气体。因为采用 $Ar+O_2$2%（体积分数）混合气体焊接时，焊缝的蘑菇状熔深特征较强，这是不利的。采用 $Ar+CO_2$20%（体积分数）混合气体时，由于电弧形态发生变化，锥形的电弧形态减弱，因此焊缝成形良好，焊缝表面光洁平整，熔深为均匀的圆弧状。钢焊丝直径为 1.2mm 时，保护气体为纯 Ar，射流过渡的临界电流为 220A；保护气体为 $Ar+CO_2$20%（体积分数），临界电流为 320A；保护气体为 $Ar+CO_2$25%（体积分数），临界电流为 360A。焊接时使用的电流一定要大于临界电流，才能实现射流过渡。在采用 $Ar+CO_2$混合气体时，射流过渡的电流范围见表 6-13、表 6-14。

表 6-13 射流过渡的电流范围（保护气体：$Ar+CO_2$20%~25%，体积分数）

焊丝直径 ϕ/mm	0.8	1.2	1.6	2.0
焊接电流 I/A	220~280	380~440	440~500	520~600

表 6-14 射流过渡的电流范围（保护气体：$Ar+O_2$5%，体积分数）

焊丝直径 ϕ/mm	0.8	1.2	1.6	2.0
焊接电流 I/A	140~260	190~220	250~450	270~530

3. 粗丝大电流熔化极混合气体保护焊焊接参数的选择

粗丝大电流熔化极混合气体保护焊焊接低碳钢、低合金钢，是一种高效率的焊接方法。焊丝直径为 4.0mm 以上，常采用 $Ar+CO_2$混合气体为保护气体，能够得到良好的焊缝成形。与 CO_2焊相比，焊接飞溅少，焊缝成形美观；与焊条电弧焊及埋弧焊相比，不需要清渣，此焊接参数适于焊接厚大焊件。

生产实践证明，在 $Ar+CO_2$混合气体中，CO_2体积分数为 3%~10% 时，为蘑菇状焊缝，这种焊缝易产生气孔等缺陷；当 CO_2体积分数超过 30% 时不能产生射流，反而会产生大量飞溅，并且焊缝成形不良，而当 CO_2气体体积分数为 10%~15% 时焊缝的韧性最好。由此可见，粗丝大电流熔化极混合气体保护焊焊接低碳钢、低合金钢时，宜采用 $Ar+CO_2$10%~25%（体积分数）的混合气体。

如图 6-10 所示采用粗焊丝大电流进行射流过渡熔化极混合气体保护焊时，电弧电压和

焊接电流的适宜范围。直径为ϕ4.0mm的低碳钢焊丝，在Ar+$CO_2$15%（体积分数）混合气体中，射流过渡时临界电流值较高，因而临界电流的大小取决于CO_2在混合气体中所占比例。另外，在一定的电流下，当电弧电压改变时，熔滴过渡及电弧形式也发生变化。如果电流大于临界电流，且具有足够高的电弧电压时，则可见弧长大，呈明弧射流过渡；当电弧电压降低至某一值时，焊丝端头潜入熔池，呈现潜弧射流过渡；若电弧电压较低，熔滴将产生瞬时短路；而电弧电压过低，则产生短路过渡。

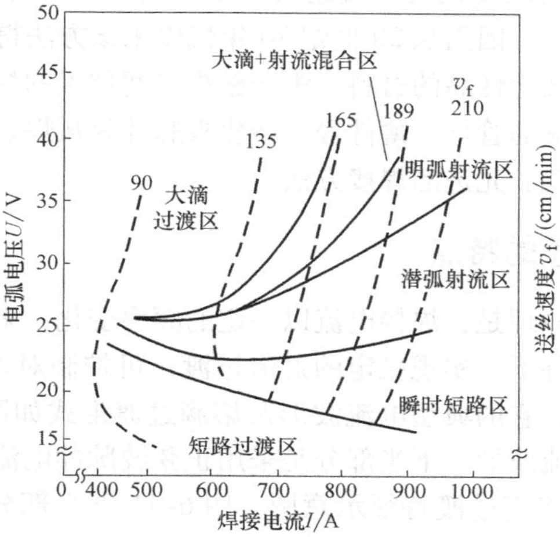

大滴+射流混合区
v_f
90
135
165
189
210
大滴
过渡区
明弧射流区
潜弧射流区
瞬时短路区
短路过渡区
电弧电压U/V
送丝速度v_f/(cm/min)
焊接电流I/A
50
45
40
35
30
25
20
15
0
400
500
600
700
800
900
1000

图6-10　低碳钢粗焊丝大电流MIG混合气体保护焊电弧电压和焊接电流的匹配范围

（保护气体ϕ(Ar)85%+ϕ(CO_2)15%，焊丝直径4.0mm）

在进行粗丝大电流熔化极混合气体保护焊时，应采用变速送丝式焊机，配以陡降外特性电源或恒流电源。在焊接过程中利用电弧电压自动调节作用，保持焊接过程的稳定性。为了提高焊接效率和焊接质量也可采用双丝焊接，可以根据需要通过改变双丝的焊接参数来调节热输入大小，并能改善热影响区的状态和性能。双丝大电流熔化极富氩混合气体保护焊焊接参数见表6-15。

表6-15　双丝大电流熔化极混合气体保护焊单面焊焊接参数

板厚/mm	层　　数	焊丝位置	焊接电流 I/A	电弧电压 U/V	焊接速度 v/(cm/min)
12	1	前　导	825	29	45
		后　部	680	30	
19	1	前　导	830	29	30
		后　部	700	30	
25	1	前　导	840	33	30
	2	前　导	840	32	30
		后　部	840	29	

注：焊丝间距350mm，焊丝角度前倾10°，保护气体Ar+$CO_2$10%（体积分数），ϕ4.0mm低碳钢焊丝，低碳钢母材，V形坡口，坡口角度45°。

6.4 熔化极脉冲氩弧焊

20 世纪 60 年代初期熔化极脉冲氩弧焊（PC-MIG）的诞生将熔化极气体保护焊工艺提高到一个新的水平。熔化极脉冲氩弧焊是使用熔化电极，利用基值电流保持主电弧的电离通道，并周期性地加一同极性高峰值脉冲电流产生脉冲电弧，以熔化金属并控制熔滴过渡的氩弧焊。这种方法是利用周期性变化的电流进行焊接，其主要目的是控制焊丝熔化及熔滴过渡，并控制对母材的热输入。因而从 20 世纪 70 年代以来该方法得到迅速的发展，特别是对一些过去被认为难焊的热敏感性高的材料，难于施焊空间位置的焊接，如全位置焊、窄间隙焊以及要求单面焊双面成形的管件、薄件等，熔化极脉冲氩弧焊显示出优良的特性。这是一种高效、优质、经济、节能、先进的焊接方法。

6.4.1 原理及熔滴过渡的特点

熔化极脉冲氩弧焊的原理是：焊接电流以一定的频率变化，来控制焊丝的熔化及熔滴过渡，可在平均电流较小条件下，实现稳定的射流过渡；可控制对母材的热输入及焊缝成形，以满足高质量焊接的要求，它的典型电流波形及熔滴过渡形式如图 6-11 所示。图 6-11a 的上半部分为正弦波脉冲电流波形，下半部分是采用正弦波脉冲电流焊接铝材时在一个脉冲周期不同时间内电弧形态和熔滴过渡特征示意图。图 6-11 下半部分为矩形波脉冲电流波形，上半部分是钢焊丝在一个周期的不同时间内电弧形态和熔滴过渡特征示意图。无论采用什么样的脉冲电流波形，为了在小的平均电流下实现可控的射流过渡，熔化极脉冲氩弧焊的脉冲峰值电流 I_p 一定要大于在此条件下射流过渡的临界电流值 I_c。根据脉冲峰值电流大小和脉冲持续时间长短，熔滴可以在脉冲期间过渡，也可以在基值电流期间过渡。

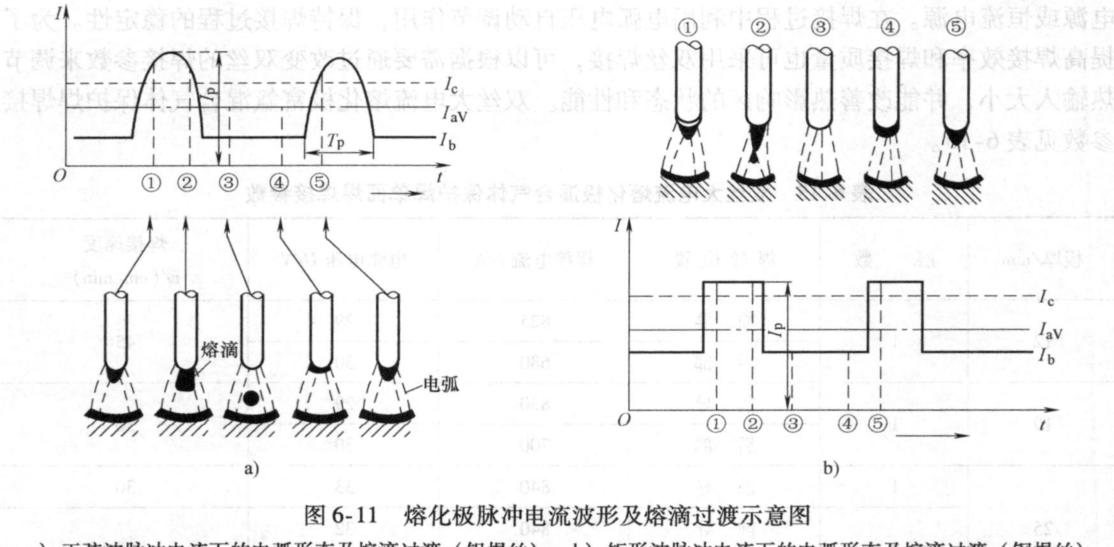
I
I_c
I_{aV}
I_b
I_p
T_p
O
t
① ② ③ ④ ⑤
熔滴
电弧
a)
b)

图 6-11 熔化极脉冲电流波形及熔滴过渡示意图

a）正弦波脉冲电流下的电弧形态及熔滴过渡（铝焊丝） b）矩形波脉冲电流下的电弧形态及熔滴过渡（钢焊丝）

I_p—脉冲峰值电流 I_c—射流过渡临界电流 I_{aV}—平均电流 I_b—基值电流

由上一节可知，对于普通熔化极氩弧焊，当气体介质、焊丝成分、焊丝直径以及焊丝伸出长度等条件一定时，产生射流过渡的临界电流值 I_c 是一个固定的数值。熔化极脉冲氩弧焊，即使在上述因素一定时，脉冲临界电流值也不是一个固定的数值。其原因是脉冲临界电流的大小除了受上述一些因素影响之外，还要受到脉冲电流波形和脉冲频率的影响。用不同脉冲频率和不同脉冲峰值电流，可以实现一个脉冲过渡一滴或多滴，或多个脉冲过渡一滴。一个脉冲过渡一滴的焊接过程稳定，是较理想的脉冲射流过渡形式，但其焊接参数区间较窄。在此区间，如果脉冲电流持续时间很短，要实现一个脉冲过渡一滴则必须用较大的脉冲临界电流；脉冲电流持续时间长，则可以用较小的脉冲临界电流。

6.4.2　冶金及工艺特点

熔化极脉冲氩弧焊焊接参数较多，其峰值电流及熔滴过渡是间歇而又可控的，因而为调整电弧能量及控制其能量分布提供了便利条件，从而在冶金和工艺上具有以下特点。

1. 冶金特点

熔化极脉冲氩弧焊在脉冲电流作用期间，电弧产热多，电弧力大，形成一定尺寸的熔池。在脉冲电流间歇期间，基值电流虽然使电弧仍继续维持燃烧，但作用于母材的热量少。由此可见，熔池冷却速度比连续电流快，这有利于细化晶粒和缩短熔池液体金属存在的时间，也缩短了高温脆性温度区间停留的时间。由于脉冲焊能够严格控制热输入，所以能较精确地控制熔池形状和熔合比。此外由于电流的脉动引起熔滴过渡的可控性和电弧力的脉动，有利于加快熔池冶金反应及气体的逸出。综上所述，采用熔化极脉冲氩弧焊焊接，可提高焊缝的抗裂性、抗气孔性，使焊缝致密性增加，并能提高焊接接头的强度、韧性等力学性能。故熔化极脉冲氩弧焊可以焊接一些高强度及热敏感性较高的材料。

2. 工艺特点

（1）具有较宽的电流调节范围　普通的射流过渡和短路过渡焊接　因受自身熔滴过渡形式的限制，它们所能采用的焊接电流变化范围较窄。熔化极脉冲氩弧焊，由于脉冲电流幅值随着脉冲电流持续时间的不同而变化，因而同一直径焊丝，获得脉冲射流过渡的电流能在高至几百安，低至几十安的范围内调节。熔化极脉冲氩弧焊的工作电流范围是一个相当宽的电流区域，既能焊接薄板，又能焊接厚板。与钨极氩弧焊相比，它的生产效率高。尤其有意义的是可以用较粗的焊丝焊接薄板，这给工艺上带来很大方便，在焊接铝及其合金时显得尤为重要。较粗焊丝（例如 ϕ1.6mm）具有较好的送丝性能，用一般的推丝送丝机构即可稳定送丝，而且较粗焊丝对中性好。采用较粗焊丝不仅能降低焊丝成本，并且能减小比表面积，大大减少由焊丝带入熔池的污物和氧化膜，使产生气孔的倾向减小，有利于获得高质量的焊缝。

（2）便于控制熔滴过渡及焊缝成形　通过脉冲参数的调节可精确控制电弧能量及熔滴过渡，从而对熔池体积和形状进行较精确地控制，有利于焊接薄板及全位置焊接。熔化极脉冲氩弧焊能够在较小的平均电流下获得可控的脉冲射流过渡，并且对熔池金属的加热是间歇性的，所以熔池体积小，熔池金属在任何位置均不致因重力而流淌。由于在脉冲峰值电流作用下，熔滴过渡轴向性比较好，在任何空间位置焊接都能使金属熔滴沿着电弧轴线向熔池过渡，焊缝成形好，飞溅损失少，因而进行薄板焊接和全位置焊接时，在控制焊缝成形方面熔化极脉冲氩弧焊要比普通熔化极氩弧焊有利。

(3) 可有效地控制输入热量及改善接头性能　在焊接高强度钢以及某些铝合金时，由于这些材料热敏感性较大，因而对焊接热输入控制较严。若用普通焊接方法，只能采用小规范，其结果是熔深较小，在厚板多层焊时容易产生熔合不良等缺陷。采用熔化极脉冲氩弧焊，既可使母材得到较大的熔深，又可控制总的平均焊接电流在较低的水平，减少了焊缝金属和热影响区金属过热，热影响区较小，可获得良好焊缝和影响区组织，从而使焊接接头具有良好的韧性，降低了产生裂纹的倾向。

6.4.3　焊接参数的选择

熔化极脉冲氩弧焊的焊接参数有：脉冲电流 I_p、基值电流 I_b、平均电流 I_a、脉冲时间 t_P、基值时间 t_b、脉冲周期 T、脉冲频率 $f=1/T$ 及脉宽比 k_m 等。正确选择和组合这些焊接参数是获得优质焊接接头的关键。只有善于调整脉冲焊接参数，才能充分发挥这种焊接方法的特点，以获得良好的焊接效果。以下介绍几个主要脉冲焊接参数的选择。

1. 脉冲电流 I_P

脉冲电流又称为脉冲电流幅值或脉冲峰值电流。它是决定脉冲能量的一个重要参数。为了使熔滴呈射流过渡，其值必须大于产生射流过渡的临界脉冲电流。临界脉冲电流值不是固定的，它随着脉冲持续时间 t_p 及基值电流 I_b 的增加而降低；反之，随着这两个参数的减小而增大。必须指出，临界脉冲电流一般大于普通熔化极氩弧焊射流过渡临界电流。

脉冲电流影响着焊缝的熔深，在其他参数不变的情况下，熔深随着脉冲电流的增大而增大。由此可根据焊件厚度及对熔深的需要来确定脉冲电流的大小。

2. 基值电流 I_b

基值电流的作用是在脉冲电弧停歇期间，维持焊丝与熔池之间的导电状态，以保证脉冲电弧复燃稳定；同时起到预热焊丝端头和母材的作用，并使焊丝端头有一定的熔化量，为脉冲电弧期间熔滴过渡作准备。在其他参数不变的情况下，改变基值电流可以调节总的平均焊接电流和对母材的输入热量。

基值电流不宜取得过大，否则不能充分发挥脉冲焊接的特点，甚至在脉冲停歇期间也产生熔滴过渡，致使熔滴过渡失去可控性。一般选用基值电流都较小，以保持电弧稳定为下限。

3. 脉冲频率 f_m

脉冲频率的大小主要依据实现可控脉冲射流过渡的要求，并与脉冲电流配合来确定。要实现可控脉冲射流过渡，并且希望一个脉冲过渡一个熔滴，焊接过程无飞溅，电弧十分稳定。若脉冲电流 I_p 较大，则只要较短的脉冲电流持续时间就能实现一个脉冲过渡一个熔滴，因而选定的脉冲电流越大，相应允许的脉冲频率也可提高。为了保证焊缝成形，脉冲电流不能选得过高，因此脉冲频率也不能太高。但脉冲频率也不宜过低，因为在等速送丝情况下，频率过低，在基值电流期间电流小，焊丝熔化少，会使焊丝与焊件产生固态接触短路，使得焊接过程不稳，还有可能产生焊缝两侧熔化不良缺陷。

脉冲频率的大小不仅影响熔滴过渡，同时对电弧形态及对母材也有着很大影响。例如图 6-12所示，在采用 ϕ1.2mm 的 ER 49-1（H08Mn2Si）焊丝，$Ar+O_2$2%（体积分数）为保护气体，当其他焊接参数不变时，随着脉冲频率的变化，电弧形态也发生变化。当脉冲频率f_m>43Hz，电弧形态由圆锥状变成了束状，频率再提高，束状电弧受到压缩，电弧加热区域变小，使电弧热更加集中。熔化极脉冲氩弧焊的脉冲频率一般要大于30Hz，但不超过120Hz。最常用的脉冲频率范围为30～100Hz。

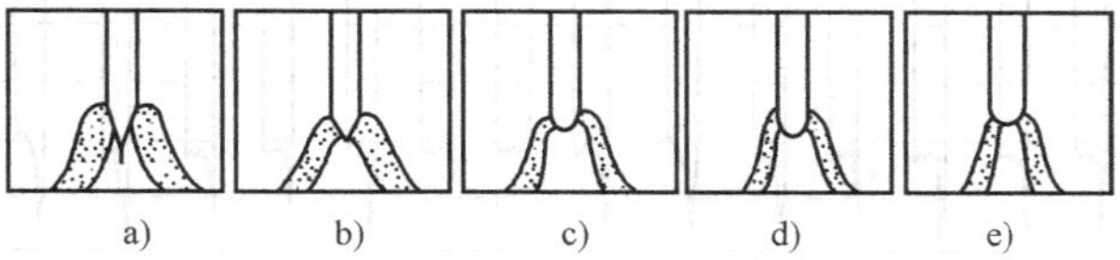

图6-12　PC-MIG焊的脉冲频率与电弧形态的关系

a）连续电流　b）15～30Hz　c）43～60Hz　d）65～73Hz　e）82～94Hz

4. 脉宽比 K_m

脉宽比（$K_m = t_p/t_b$）也是控制熔滴过渡及调整脉冲能量输入的一个重要参数。其他参数不变，若脉冲持续时间增大，则脉宽比增加，在此情况下如果要维持总的平均电流不变，使得脉冲电流峰值下降；反之，若脉宽比较小，则脉冲电流值增加。因为熔化极脉冲氩弧焊，采用等速送丝，送丝速度决定了平均电流大小，如果只改变脉宽比，不改变送丝速度，实质上只是改变了脉冲电流峰值或脉冲持续时间，并未改变总的平均电流。如果脉宽比过大，脉冲电流峰值可能降到射流过渡临界电流值之下，则不能实现可控的射流过渡，此时必须增加送丝速度，从而增大平均电流和脉冲峰值电流，使其在较大的平均电流条件下实现可控的射流过渡，这样脉冲焊也就失去了在低平均电流实现可控射流过渡的特点。脉宽比过大或过小都不好，一般选在25%～50%之间。在进行全位置焊、薄板焊接及焊接要求较高的高强度钢时，要求选用较小的平均电流来实现可控射流过渡，脉宽比可小一些，一般选取30%～40%。

6.4.4　变极性脉冲MIG焊

变极性脉冲MIG焊也称为AC PMIG焊，是近年来在现代电力电子技术及控制技术的基础上发展起来的一种焊接新工艺。一般脉冲MIG焊采用直流反接（DCEP）焊接。直流正接（DCEN）时，由于不易引弧，熔滴过渡不稳定，没有阴极清理作用，因而一般不予使用。但采用MIG焊在DCEP下焊接薄板时，要提高焊接速度就必须增加电流，这易导致焊件的烧穿，成为限制MIG焊生产率的主要因素。在MIG焊直流正接（DCEN）时，在同样电流下焊丝熔化系数显著增大，而母材熔深大为减小。

AC PMIG焊时，可以利用焊接电流极性的比率来控制焊缝熔深，其电流和电压的波形如图6-13所示。DCEP极性时，PMIG焊电弧穿透力强，焊缝熔深大；DCEN极性时，电弧穿透力弱，焊缝熔深浅。利用AC PMIG焊的DCEP和DCEN极性交替切换，使AC PMIG焊的电弧力及电弧热可调整介于直流正接和直流反接之间，焊缝熔深向浅的方向发展。将AC PMIG焊时的基值电流改为直流正极性，并采用焊接电流极性比率控制，例如使直流正接性为20%，在不影响熔滴过渡的前提下，可以提高焊丝熔化率40%～60%，焊接速度可增加70%以上，而不烧穿。AC PMIG焊的这一特点非常适合焊接薄板，尤其是对铝板的焊接。例如采用AC PMIG焊接1.0mm铝板时，焊丝直径为1.2mm，送丝速度可达380cm/min，焊接速度可达100cm/min。

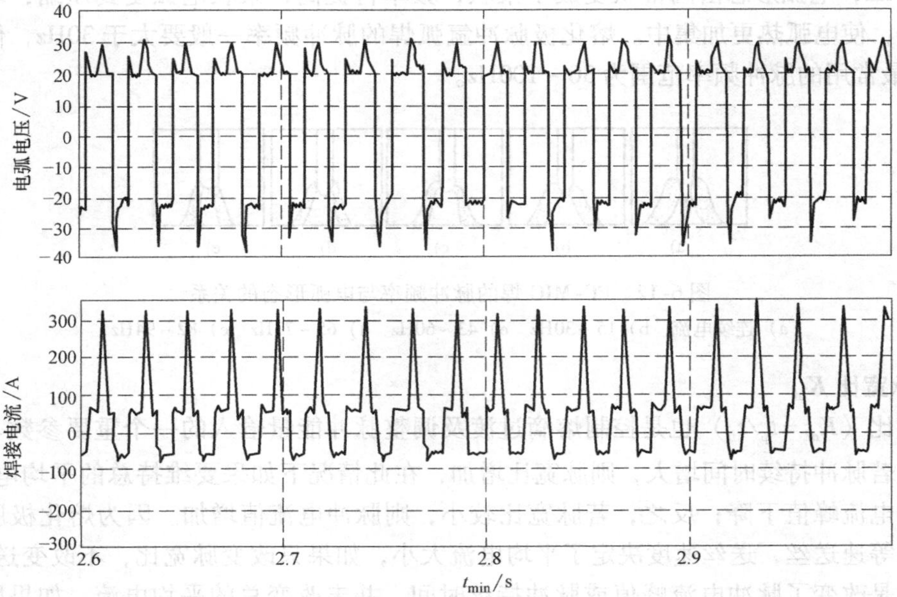
电弧电压/V
40
30
20
10
0
−10
−20
−30
−40
焊接电流/A
300
200
100
0
−100
−200
−300
2.6
2.7
2.8
2.9
t_{min}/s

图 6-13　AC PMIG 焊接电流和电弧电压的波形图

另外焊接薄板时，在一般 MIG 焊时，焊接电流较小，电弧挺度弱，易产生磁偏吹，破坏焊接过程的稳定性。AC PMIG 焊可以克服直流电弧的磁偏吹，有利于稳定焊接过程及提高焊接质量。

6.4.5　熔化极脉冲氩弧焊的应用

熔化极脉冲氩弧焊的主要应用范围为：薄板（1～4mm）的焊接及全位置焊，中、较厚板立焊及仰焊，单面焊双面成形的对接焊缝，要求 100% 熔透的封底焊缝，厚板的窄间隙焊，对热敏感性较强材料的焊接等。其应用情况分述如下：

1. 薄板焊接

用普通熔化极氩弧焊射流过渡焊接厚度小于 4.5mm 的铝板及厚度小于 2mm 的钢板是很困难的。而采用熔化极脉冲氩弧焊可以焊接更薄的焊件，能成功地焊接厚度为 1.6mm 的铝板和 1mm 的钢板。

熔化极脉冲氩弧焊可以将同一直径焊丝的平均焊接电流的使用范围扩大。其电流下限比熔化极氩弧焊的临界电流小 1/3。所以熔化极脉冲氩弧焊在较小的平均电流时仍能稳定工作，有利于焊接薄板。尤其是在焊接铝及其合金时，用较粗直径焊丝和配以较小电流焊接薄板更显示出其独特的优点。

2. 全位置焊接

普通熔化极氩弧焊要保持射流过渡必须用较大的电流。在仰焊或横焊时，由于大的焊接电流易使熔池液态金属下淌，熔池难以保持，所以难于进行全位置焊接。而用 CO_2 气体保护焊短路过渡焊，焊缝根部不易熔透，并且有飞溅。熔化极脉冲氩弧焊可以满意地进行全位置焊接。表 6-16 和表 6-17 分别列出了不同空间位置铝合金和不锈钢的熔化极脉冲氩弧焊合适的焊接参数。

表 6-16 铝合金熔化极脉冲氩弧焊焊接参数

母材材质	板厚/mm	焊接位置	焊接直径/mm	总平均电流 I/A	脉冲平均电流 I/A	电弧电压 U/V	焊接速度 v/(cm/min)	Ar 气流量 Q/(L/min)
1035	1.6	平	1.2	70	30	21	65	20
	1.6	横	1.2	70	30	21	65	20
	1.6	立	1.2	70	30	20	70	20
	1.6	仰	1.2	70	30	20	65	20
	3.0	平	1.6	120	50	21	60	20
	3.0	横	1.6	120	50	21	60	20
	3.0	立	1.6	120	50	21	60	20
	3.0	仰	1.6	120	50	21	70	20
5A02	1.6	平	1.6	70	40	19	65	20
	1.6	横	1.6	70	40	19	65	20
	1.6	立	1.6	70	40	18	70	20
	1.6	仰	1.6	70	40	18	65	20
	3.0	平	1.6	120	60	20	60	20
	3.0	横	1.6	120	60	20	60	20
	3.0	立	1.6	120	60	19	60	20
	3.0	仰	1.6	120	60	19	70	20
	6.0	平	1.6	190	60	24	50	25
	6.0	立	1.6	190	60	24	50	25
	12.0	平	1.6	280	60	28	40	25
	12.0	立	1.6	280	60	24	30	25

表 6-17 不锈钢熔化极脉冲氩弧焊焊接参数

板厚/mm	位置	焊丝直径/mm	坡口形式	总电流 I/A	脉冲平均电流 I/A	电弧电压 U/V	焊接速度 v/(cm/min)	$Ar+O_2$ 1%（体积分数）气流量 Q/(L/min)
1.6	平	1.2	I形坡口	120	65	22	60	20
	横	1.2	I形坡口	120	65	22	60	20
	立	0.8	90°V形坡口	80	30	20	60	20
	仰	1.2	I形坡口	120	65	20	70	20
3.0	平	1.6	I形坡口	200	70	25	60	20
	横	1.2	I形坡口	200	70	24	60	20
	立	1.2	90°V形坡口	120	50	21	60	20
	仰	1.6	I形坡口	200	70	24	65	20
6.0	平	1.6	60°V形坡口	200	70	24	36	20
	横	1.6		200	70	23	45	20
	立	1.2		180	70	23	60	20
	仰	1.2		180	70	23	60	20

熔化极脉冲氩弧焊全位置焊已成功地用于电站锅炉主蒸气管道的现场安装焊接。管径为ϕ750mm，壁厚为30～35mm，材料为12Cr1MoV采用ϕ1.0mm的H08Mn2SiMoV焊丝，Ar+$O_2$1%（体积分数）为保护气体，接头的坡口形式如图6-14所示，采用的焊接参数见表6-18。

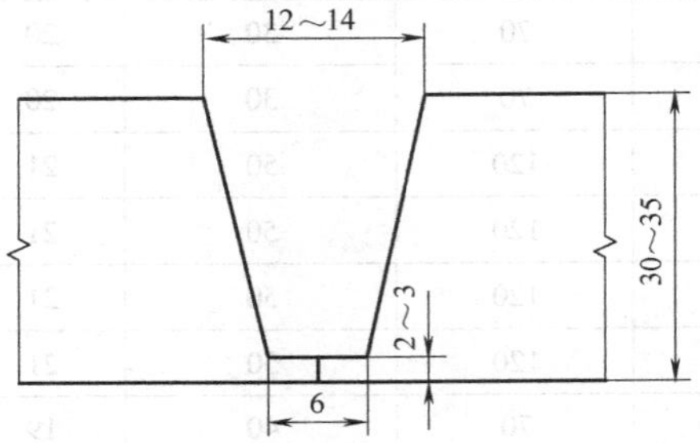
12～14
30～35
2～3
6

图6-14 锅炉主蒸气管道接头坡口形式

表6-18 锅炉主蒸气管道熔化极脉冲氩弧焊焊接参数

F/Hz	I_p/A	I_b/A	K_m（%）	焊接速度v/(cm/min)
50～70	270～300	60～80	40	4.5～6

应用焊条电弧焊焊接Cr-Mo耐热钢，要进行150～200℃的预热及焊后热处理。采用熔化极脉冲氩弧焊工艺，通过有效地控制对母材的输入热量可以焊前不预热，焊后不必进行热处理，接头性能完全符合要求。

3. 高强度及热敏感性材料的焊接

熔化极脉冲氩弧焊能实现可控射流过渡，可以控制焊接热输入的大小及焊缝形成，使焊缝的热影响区小，焊接接头的综合力学性能好，容易得到无缺陷的高质量焊缝。此焊接方法已广泛用于高强度钢、高合金钢、铝、镁及其合金等金属的焊接。例如用熔化极脉冲氩弧焊焊接板厚为50mm的高强度铝合金2A11，用纯氩保护，得到了满意的结果，其焊接参数见表6-19。

表6-19 熔化极脉冲氩弧焊焊接铝合金的多层焊焊接参数

基值电流 I_b/A	总平均电流 I/A	电弧电压 U/V	焊接速度 v/(m/h)	脉冲频率 f/Hz	脉冲宽度比（%）	氩气流量 Q/(L/min)	焊道层次
260	400	27	15	60	45	50	正面1
220	400	27	14	60	45	50	正面2
210	400	29	10	120	45	50	正面2
200	380	25	12.5	60	50	50	反面1
200	380	26	14	60	50	50	反面2
200	380	25	10	60	50	50	反面3
200	380	29	10	120	55	50	反面4

6.5 熔化极活性气体保护焊

熔化极活性气体保护焊简称MAG焊，ISO代号为135。熔化极活性气体保护焊采用惰性气体中加入一定量的氧化性气体作为保护气体，如 $Ar+CO_2$（5%~25%，体积分数）或 $Ar+O_2$（1%~5%，体积分数）或 $Ar+CO_2+O_2$ 等，常采用短路过渡和射流过渡形式进行焊接，可平焊、立焊、仰焊及全位置焊接。焊接机器人多采用熔化极活性气体保护焊。焊丝直径一般为1.2~1.6mm。

熔化极氩弧焊应用初期，采用纯氩作为保护气体，主要用于铝、镁及其合金的焊接。随着熔化极氩弧焊应用范围的扩大，仅仅使用纯氩保护常常不能得到满意的结果。例如，采用纯氩作为保护气体焊接低碳钢、低合金结构钢以及不锈钢时，会出现电弧不稳和熔滴过渡不良等现象，使焊接过程很难正常进行。通过研究发现，在氩气中加入一定比例的其他某种气体，可稳定电弧，提高熔滴过渡的稳定性，减少飞溅，改善焊缝成形，增大电弧的热功率以及控制焊缝冶金质量等优点。因而在熔化极氩弧焊焊接时，保护气体的选择是一个重要问题，尤其是目前，以混合气体作为保护气体得到了十分广泛的应用。在焊接生产中应用较为典型的混合气体分述如下：

6.5.1 $Ar+O_2$

用纯氩焊接不锈钢、低碳钢及低合金结构钢时，往往不能得到满意的效果，其主要问题是：①液态金属的黏度及表面张力较大，熔滴过渡过程不够稳定；②阴极斑点不稳定，往往出现所谓的“阴极漂移”现象，即阴极斑点在焊件表面漂移不定，导致电弧稳定性较差，焊缝成形不规则，易产生咬边、未熔合等缺陷，同时气体保护作用受到干扰，可能卷入空气而产生气孔。

实践表明，向氩气中加入体积分数为1%~5%的氧气，上述两种情况即可得到明显的改善，既能降低液态金属的表面张力，细化熔滴，改善过渡状态，降低临界电流值，实现稳定的射流过渡，又能消除阴极漂移现象，使电弧稳定。熔化极氩弧焊焊接时一般采用直流反极性，焊件为阴极。不锈钢、碳钢及低合金钢焊件表面的氧化物分布不均匀，而且在纯氩保护下，焊件表面几乎不产生氧化物。金属氧化物的电子逸出功低，电弧的阴极斑点总是在有氧化物的地方生成。由于氩弧在直流反极性下具有阴极破碎作用，阴极斑点处的氧化物很快被破碎清除，于是阴极斑点又向其他有氧化物的地方转移。在氧化物分布不均匀的情况下，这种不停地破碎和转移便形成阴极斑点漂移现象。当氩气中加入少量的氧，熔池表面便会形成均匀分布的氧化物，容易形成阴极斑点，使得熔池表面上的阴极破碎作用和氧化过程同时进行，则电弧的阴极斑点被稳定和控制，阴极斑点漂移现象消失。

用 $Ar+O_2$ 混合气体焊接的不锈钢焊缝，经抗腐蚀试验证明，若在氩气中加入微量的氧气，对接头的抗腐蚀性能无显著影响；而当含氧体积分数超过2%时，则焊缝表面氧化严重，接头质量下降。

另外，在纯氩中加入少量的氧化性气体，对于防止或消除焊缝中的氢气孔是有好处的。例如焊接铝合金时，采用 $Ar+O_2$1%（体积分数）混合气体对于消除焊缝中的氢气孔产生明显的效果。氧能与氢结合生成不溶于液态金属的OH，起到脱氢作用，减少了焊缝金属中的含氢量，

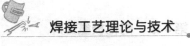

增强了焊缝金属抗气孔、裂纹的能力。对于黑色金属的焊接，也有与此类似的作用。

6.5.2 $Ar+CO_2$

$Ar+CO_2$混合气体广泛用于碳钢和低合金结构钢的焊接。$Ar+CO_2$混合气体保护焊具有氩弧焊的优点，如电弧稳定性好、飞溅小、很容易获得轴向喷射过渡等。$Ar+CO_2$混合气体同$Ar+O_2$类似，也具有氧化性，由于加入了CO_2，克服了氩弧焊产生的阴极漂移现象，能稳定与控制阴极斑点的位置克服了指状（蘑菇）熔深成形，改善焊缝熔深及其成形。焊缝成形比CO_2焊好，焊波细密、美观。接头力学性能好。成本比氩弧焊低，较CO_2焊高。

由于使用单一的二氧化碳气体保护焊时，存在焊接飞溅大、成形凸起、焊缝金属含氧量高、冲击韧性不理想等不足，所以在承受疲劳载荷的金属结构件或焊缝外观要求较高以及高强度结构钢焊接时，均由二氧化碳气体保护焊转化为富氩气体保护焊，即用不同配比的氩气和二氧化碳混合气体代替单一的二氧化碳气体采取保护。该方法可以细化熔滴，并能使熔滴实现喷射过渡，稳定电弧，减少飞溅；还可改善焊接时的金属液流动性，达到提高焊接工艺性能的目的；可获得良好的焊缝成形；同时由于焊缝含氧量低，提高了焊缝金属的力学性能。

混合气体中的CO_2对电弧有一定的冷却作用，可提高弧柱的电场强度。此外，CO_2可使电弧收缩，从而使得弧根不易向上扩展。随着CO_2气体在混合气体中比例的增加，电弧收缩加剧，射流过渡的临界电流增大，当混合气体中CO_2体积分数超过30%时，焊接过程近似于纯CO_2气体保护焊，很难实现射流过渡。为实现射流过渡，氩中加入CO_2的体积分数以5%~30%为宜。在此混合比例下，也可实现脉冲射流过渡以及进行短路过渡。当CO_2体积分数大于30%，常用于钢材的短路过渡焊接，以获得较大熔深和较小飞溅。例如用纯CO_2焊接碳钢，飞溅率为10%以上，而$Ar+CO_2$混合气体焊接时，飞溅率一般在2%左右。现在常用的是用Ar80% +$CO_2$20%（体积分数）焊接碳钢及低合金钢。

另外还可以用$Ar+CO_2$混合气体焊接不锈钢，但CO_2的加入比例不能超过5%。因为当电弧空间存在有CO_2气体时，在电弧高温下CO_2分解为CO和O，生成的CO是碳化剂，使焊缝增碳，破坏焊接接头的抗晶间腐蚀能力，因此不宜用含有CO_2的混合气体来焊接要求抗腐蚀性较高的不锈钢焊件。

6.5.3 $Ar+CO_2+O_2$

试验证明，Ar80% +$CO_2$15% +$O_2$5%（体积分数）混合气体对于焊接低碳钢、低合金结构钢是最适宜的。无论焊缝成形、接头质量、金属熔滴过渡和电弧稳定性方面均可获得满意的结果，较之用其他混合气体获得的焊缝都要理想。

表6-20列出了焊接用保护气体及其适用范围，可供焊接工作者参考选用。

表6-20 MAG焊接用保护气体及适用范围

被焊材料	保护气体	混合比（体积分数）	化学性质	焊接方法	附　注
不锈钢及高强度钢	$Ar+O_2$	加$O_2$1%~2%	氧化性	熔化极	用于射流电弧及脉冲电弧
	$Ar+O_2+CO_2$	加$O_2$2%；加$CO_2$5%	氧化性	熔化极	用于射流电弧、脉冲电弧及短路电弧

（续）

被焊材料	保护气体	混合比（体积分数）	化学性质	焊接方法	附注
碳钢及低合金钢	$Ar+O_2$	加 O_2 1%～2%或20%	氧化性	熔化极	用于射流电弧、对焊缝要求较高的场合
	$Ar+CO_2$	—	氧化性	熔化极	有良好的熔深，可用于短路、射流及脉冲电弧
	$Ar+O_2+CO_2$	$Ar/CO_2/O_2$ 80/15/5	氧化性	熔化极	有良好的熔深，可用于射流、脉冲及短路电弧

注：表中的气体混合比为参考数据，在焊接中可视具体工艺要求进行调整。

富氩混合气体保护焊设备与 CO_2 气体保护焊设备类似，它只是在 CO_2 气体保护焊设备系统中加入了氩气和气体混合配比器或用瓶装的 Ar、CO_2 混合气体。

富氩混合气体保护焊的焊接参数主要有焊丝、焊接电流、电弧电压、焊接速度、焊丝伸出长度、气体流量、电源种类极性等，选择方法与 CO_2 焊类似。低碳钢及低合金钢短路过渡 MAG 焊焊接参数、低碳钢及低合金钢射流过渡 MAG 焊焊接参数，不锈钢短路过渡 MAG 焊焊接参数、不锈钢射流过渡 MAG 焊焊接参数，参见表6-21～表6-24。

表6-21 低碳钢及低合金钢短路过渡 MAG 焊焊接参数

板厚 /mm	焊接位置	接头形式	间隙 /mm	钝边 /mm	焊丝直径 /mm	送丝速度 /(mm/s)	电弧电压 /V	焊接电流 /A	焊接速度 /(mm/s)	焊道数
0.64	全位置	对接、T形	0		0.76	47～51	13～14	45～50	8～11	1
1.6	横	对接	0.79		0.89	72～76	16～17	105～110	11～13	1
		T形			0.89	76～80	16～17	110～115	10～12	1
	立、仰	对接	0.79		0.89	59～63	15～16	86～90	5～8	1
		T形			0.89	61～66	15～16	90～95	10～12	1
6.4	平	开坡口对接	2.4		1.1	99～104	20～21	220～225	5～7	2
	横	开坡口对接	2.4	1.6	1.1	180～190	18～20	175～185	3～5	2
		T形			1.1	235～245	20～21	220～225	3～5	1
	立、横	开坡口对接	2.4	1.6	0.89	85～99	17～18	120～125	2～3	2
		T形			0.89	102～106	18～19	140～145	5～7	2
	仰	T形			0.89	93～97	17～19	130～135	2～3	1

注：保护气 $Ar+CO_2$ 25%或 $Ar+CO_2$ 50%（体积分数），流量为（16～20）L/min。

表6-22 低碳钢及低合金钢射流过渡 MAG 焊焊接参数

板厚 /mm	接头形式	间隙 /mm	钝边 /mm	焊丝直径 /mm	送丝速度 /(mm/s)	电弧电压 /V	焊接电流 /A	焊接速度 /(mm/s)	焊道数
3.2	对接	1.6		0.89	148～159	26～27	190～200	8～11	1
	T形			0.89	159～169	26～27	200～210	13～15	1

（续）

板厚/mm	接头形式	间隙/mm	钝边/mm	焊丝直径/mm	送丝速度/(mm/s)	电弧电压/V	焊接电流/A	焊接速度/(mm/s)	焊道数
6.4	对接	4.8		1.6	78~82	26~27	310~320	3~5	1
	V形对接	2.4		1.6	72~76	25~26	290~300	5~7	2
	V形对接	2.4		1.1	169~180	29~31	320~330	7~9	2
	T形			1.6	99~104	27~28	360~370	6~8	1
	T形			1.1	180~190	30~32	330~340	6~8	1
19.1	双V形对接	1.6	2.4	1.6	82~89	26~27	320~330	5~7	4
	T形			1.6	99~104	27~28	360~370	4~6	6

注：保护气体 Ar + CO_2 (8~25)%（体积分数），流量为 (20~25)L/min。

表 6-23　不锈钢短路过渡 MAG 焊焊接参数

板厚/mm	接头形式	焊丝直径/mm	焊接电流/A	电弧电压/V	焊接速度/(mm/min)	送丝速度/(m/min)	保护气流量/(L/min)
1.6	T形接头	0.8	85	15	425~475	4.6	10~15
2.0	I形坡口	0.8	90	15	325~375	4.8	10~15
1.6	对接	0.8	85	15	375~425	4.6	10~15
2.0	I形坡口	0.8	90	15	285~315	4.8	10~15

注：保护气体 Ar + O_2 (1~5)%（体积分数）或 Ar + CO_2 (5~20)%（体积分数）。

表 6-24　不锈钢射流过渡 MAG 焊焊接参数

板厚/mm	坡口形式	焊丝直径/mm	焊接电流/A	电弧电压/V	送丝速度/(m/min)	保护气体（体积分数）	气体流量/(L/min)
3.2	I（带垫板）	1.6	225	24	3.3	Ar 98% + $O_2$2%	14
6.4	Y60°	1.6	275	26	4.5	Ar 98% + $O_2$2%	16
9.5	Y60°	1.6	300	28	6	Ar 98% + $O_2$2%	16

6.6 熔化极氩弧焊设备

熔化极氩弧焊设备分为自动和半自动焊两种。半自动熔化极氩弧焊设备的组成如图6-15所示，由以下四部分组成：焊接电源、送丝机构及焊枪、控制系统和供气系统。焊枪的移动由人工操作进行。而自动熔化极氩弧焊设备除具有以上四部分外，还包括小车行走机构，焊枪安置在行走小车上。根据 GB/T 10249—2010《电焊机型号编制方法》的规定，熔化极气体保护焊焊机型号由汉语拼音字母及阿拉伯数字组成。编号标准见表6-25。如NBC1-500，其表示额定焊接电流为500A 的全位置焊车式半自动 CO_2 焊机。本节按照图6-15所示的各组成部分，重点分析其结构特点和工作原理。

表 6-25 熔化极气体保护焊焊机的编号

<table>
<tr><th>第一字位</th><th colspan="2">第二字位</th><th colspan="2">第三字位</th><th colspan="2">第四字位</th><th colspan="2">第五字位</th></tr>
<tr><th>代表字母</th><th>代表字母</th><th>小类名称</th><th>代表字母</th><th>附注特征</th><th>数字序号</th><th>系列序号</th><th>单位</th><th>基本规格</th></tr>
<tr><td rowspan="8">N</td><td>Z</td><td>自动焊</td><td rowspan="3">省略</td><td rowspan="3">氩气及混合气体保护焊直流</td><td>省略</td><td>焊车式</td><td rowspan="8">A</td><td rowspan="8">额定焊接电流</td></tr>
<tr><td rowspan="2">B</td><td rowspan="2">半自动焊</td><td>1</td><td>全位置焊车式</td></tr>
<tr><td>2</td><td>横臂式</td></tr>
<tr><td rowspan="2">D</td><td rowspan="2">点焊</td><td rowspan="4">M</td><td rowspan="4">氩气及混合气体保护焊脉冲</td><td>3</td><td>机床式</td></tr>
<tr><td>4</td><td>旋转焊头式</td></tr>
<tr><td rowspan="2">U</td><td rowspan="2">堆焊</td><td>5</td><td>台式</td></tr>
<tr><td>6</td><td>焊接机器人</td></tr>
<tr><td>G</td><td>切割</td><td>C</td><td>二氧化碳保护焊</td><td>7</td><td>变位式</td></tr>
</table>

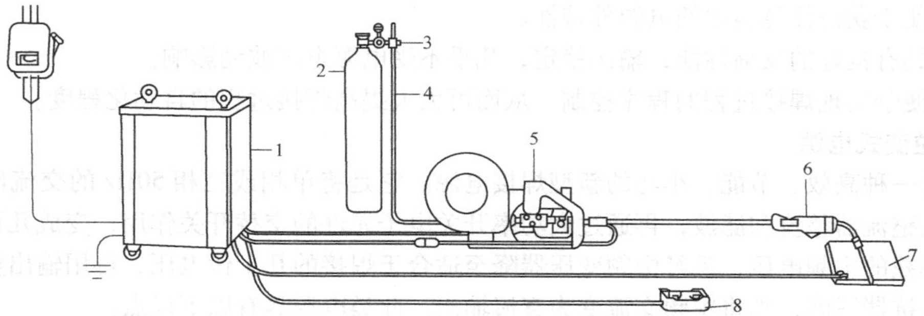
1
2
3
4
5
6
7
8

图 6-15 半自动 MIG 焊装置示意图

1—电源 2—气瓶 3—流量计和减压阀 4—输气管 5—送丝机构 6—焊枪 7—焊件 8—遥控盒

6.6.1 熔化极氩弧焊电源

熔化极氩弧焊一般使用直流电源。其电源外特性应满足电源-电弧系统的稳定条件，保证电弧在焊接过程中稳定燃烧，并且当弧长变化时能自动恢复到稳定燃烧点。电源应具备焊丝伸出长度变化时所产生的静态误差小的性能，而且焊接参数调节比较方便。对于粗丝熔化极氩弧焊一般采用电弧电压自动调节式焊机配用陡降外特性电源；细丝熔化极氩弧焊时，因为焊接电弧的静特性为上升特性，所以采用等速送丝焊机并配用平或缓降外特性电源为好。对铝及其合金熔化极氩弧焊采用亚射流过渡时，则采用等速送丝系统配备下降特性的直流电源，即恒流源。

焊接电源的额定功率取决于各种用途所需求的电流范围。熔化极气体保护焊所需求的电流通常在 50~500A 之间，特种应用要求 1500A。电源的负载持续率在 60%~100% 范围。空载电压在 55~85V 范围。

常用作自动、半自动熔化极氩弧焊机的电源有以下三种类型。

1. 整流式电源

整流式电源包括变压器抽头式、磁放大器式和晶闸管式等。其优点是：易获得平外特性、磁惯性较小、动特性较好、耗电量小、效率高及噪音小等，很适于气体保护焊。其中，晶闸管式整流电源是利用晶闸管可控整流的特点来获得所需要的外特性，焊机的外特性和动特性容易控制。这类焊机由变压器、晶闸管整流电路、脉冲触发电路、控制电路及输出电抗器等部分组成。

2. 晶体管式电源

它比其他电源具有更好的响应性能，其输出电流或电压的稳定性更高。此电源的主要特点有：

1）晶体管有着反应速度快的动态特性，便于获得高频。由于频率高，使电弧挺度大，热量高度集中，热影响区很窄，对控制焊接质量及结构精度有利。

2）晶体管的可控性能好，可输出各种不同形状的电流波形，如矩形波、三角形波、正弦波或梯形波等，同时各种波形的幅值和脉宽比都能分别调节，可实现 MIG 脉冲焊。

3）由于晶体管控制灵敏，可以精确控制和调节输出电流和电压数值，其输出电流的级差可以达到 1A，输出电压可达到零点几伏。

4）便于获得任意斜率的电源外特性。

5）具有良好的反馈性能，输出稳定，几乎不受电源电压波动影响。

6）便于实现焊接过程的程序控制，从而可大大提高焊接过程的自动化程度。

3. 逆变式电源

它是一种高效、节能、小巧的新型焊接电源。它是将单相或三相 50Hz 的交流网路电压先经输入整流器整流和滤波，再通过大功率开关电子元件的交替开关作用，变成几百赫兹到几十千赫兹的中频电压，后经中频变压器降至适合于焊接的几十伏电压，再用输出整流器整流并经电抗器滤波，则将中频交流变为直流输出。此类电源具有以下优点：

1）高效节能，效率可达到 80%~90%，功率因数可提高到 0.99，空载损耗极小，是一种节能效果十分显著的焊接电源。

2）重量轻、体积小，它的主变压器的重量、整机的重量和体积分别仅为普通焊机的几十分之一、1/5 ~1/10 和 1/3 左右。

3）它采用电子控制电路，可以根据不同的焊接工艺要求，设计出合适的外特性，并具有良好的动特性和优良的焊接工艺性能。

常见的自动、半自动熔化极氩弧焊机见表 6-26。

表 6-26　常见的自动、半自动熔化极氩弧焊机

焊机型号	NB-180	NB-500	NB5-500	NZ-1000	NZ2-200	NZ20-200	NZ11-200
电源电压/V	—	380	380	380	380	380	380
频率/Hz	—	50	50	50	50	50	—
空载电压/V	—	65	65	—	—	—	75
工作电压/V	—	20 ~40	20 ~40	25 ~45	—	—	—
电流调节范围/A	<200	60 ~500	60 ~500	—	—	—	—
额定焊接电流/A	—	500	500	1000	平均脉冲电流 200		维弧电流 100 脉冲电流 200
焊丝直径/mm	0.8 ~1.2	2 ~3	1.5 ~2.5	3 ~6	1.0 ~2.0	1.0 ~2.5	1 ~2
送丝速度/(m/min)	5 ~12	1 ~14	2 ~10	0.5 ~6	1 ~14	1 ~14	0.25 ~14.5

（续）

焊机型号	NB-180	NB-500	NB5-500	NZ-1000	NZ2-200	NZ20-200	NZ11-200
焊接速度/(m/min)	—	—	—	0.035～1.3	—	0.1～1	—
输入容量/kVA	—	34	—	79	15	15	15
负载持续率(%)	—	60	60	80	—	—	—
焊接电源与型号	配用平特性电源	ZPG2-500	ZPG2-500	硅整流	ZPG3-200 脉冲焊电源		脉冲电源
焊机运行特点	拉丝半自动	推丝半自动	推拉式半自动	自动	半自动脉冲焊	自动脉冲焊	自动

6.6.2 程序自动控制系统和供气系统

1. 程序自动控

熔化极氩弧焊机的控制系统进行程序控制，控制焊接电源、供气系统、送丝机构按要求程序顺序运行，主要包括：①提前送气、滞后停气；②空载时可手工调节，焊丝的送进与回抽、焊接电流与电弧电压、调节焊接速度（自动焊机）以及保护气体流量等；③自动送进焊丝进行引弧与焊接；④焊接结束时，先停丝、后断电。

熔化极氩弧焊焊接过程程序控制一般有两步控制方式和四步控制方式两种，如图6-16所示。

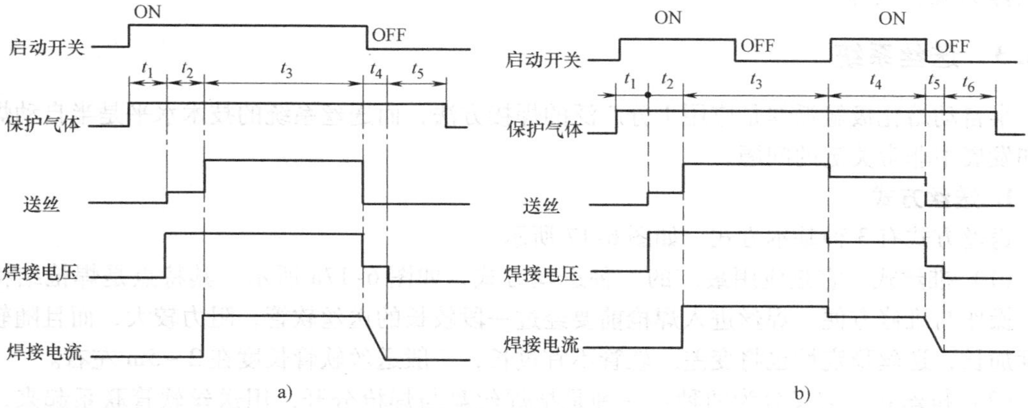
ON
OFF
启动开关
t_1
t_2
t_3
t_4
t_5
保护气体
送丝
焊接电压
焊接电流
a)
ON
OFF
ON
OFF
启动开关
t_1
t_2
t_3
t_4
t_5
t_6
保护气体
送丝
焊接电压
焊接电流
b)

图6-16 熔化极氩弧焊控制时序图

a）两步控制方式 b）四步控制方式

（1）两步控制方式　在图6-16a中，启动开关启动焊接程序时，处于“ON”状态，供气系统气阀打开，保护气体开始输出；经延时t_1时间间隔后，开始慢送丝，电源输出电压（空载电压）；经t_2时间间隔后，焊丝与焊件短路，接触引弧，电源开始输出电流，电弧引燃（电源输出电压下降为焊接的电弧电压），送丝速度上升到正常焊接的送丝速度；t_3时间为正常的焊接过程，焊接电流处于正常焊接电流值；当要停止焊接时，启动开关转换为“OFF”状态，立即停止送丝，在此时之后、熄弧之前较短的t_4时间间隔内，电源输出电压降低，焊接电流衰减，从焊枪导电嘴送出的焊丝端被回烧，直至电弧熄灭；电弧熄灭后，保护气体仍要保持输出，经延时 t_5时间间隔后，供气系统气阀关闭，保护气体停止输出。

在上述过程中，启动开关“ON”，开始焊接，启动开关“OFF”，停止焊接，焊接过程是由启动开关的两个动作进行控制的，所以称为两步控制方式。送保护气时间区间为 $t_1 \sim t_5$，t_1称作提前送气时间，t_5称作滞后停气时间。

（2）四步控制方式　在图 6-16b 中，启动开关启动焊接程序时，处于第一个“ON”状态，保护气体开始输出；经延时 t_1时间间隔后，开始慢送丝，电源输出电压（空载电压）；经 t_2时间间隔，接触引弧后，进入正常的焊接过程，启动开关可回到“OFF”状态；准备停止焊接时，再次按下启动开关，使之处于第二个“ON”状态，降低送丝速度，降低焊接电压及焊接电流，进行填弧坑，此时的焊接电压、焊接电流称为填弧坑电压、填弧坑电流；其时间区间 t_4称为填弧坑时间；当弧坑填满之后，使启动开关处于第二个“OFF”状态，回烧焊丝端，停止焊接。

在上述焊接过程中，由焊枪启动开关的四个动作来进行控制，所以称为四步控制方式。送保护气时间区间为 $t_1 \sim t_6$，t_1提前送气时间，t_6为滞后停气时间。

比较两种控制方式，两步控制方式没有填弧坑的过程，四步控制方式有填弧坑过程，实际焊接时根据需要来选择使用。

2. 供气系统

纯惰性气体供气系统与 TIG 焊的供气系统相同，由惰性气体气源（高压气瓶）、减压器、气体流量计和气阀等组成。富氩混合气体的供气方式有两种：一种是由气体制造公司提供混合好的气源（高压气瓶），另一种是用户现场由气体配比器配制的惰性气体与其他气体的混合气体。

6.6.3　送丝系统

半自动熔化极氩弧焊是应用十分广泛的焊接方法，而送丝系统的技术水平是半自动焊应用和发展中非常关键的问题。

1. 送丝方式

送丝方式有 3 种基本方式，如图 6-17 所示。

（1）推丝式　它是应用最广的一种送丝方式，如图 6-17a 所示。其特点是焊枪结构简单，操作与维修方便。焊丝进入焊枪前要经过一段较长的送丝软管，阻力较大，而且随软管长度加长，送丝稳定性也将变差。软管不宜过长，一般送丝软管长度在 2～5m 左右。

（2）拉丝式　它又分为两种：一种是把焊丝盘与焊枪分开，用送丝软管联系起来，如图 6-17b 所示；另一种是焊丝盘直接装在焊枪上，如图 6-17c 所示，这将增加送丝稳定性，但焊枪总重量要增加。总之，这种送丝方式对细丝可实现均匀送进，在细焊丝（焊丝直径 <0.8mm）的焊接中得到应用。

（3）推拉丝式　此方式把上述两种方式结合起来，送丝软管可加长到 15m 左右，扩大了半自动焊的操作范围，如图 6-17d 所示。

2. 影响送丝稳定性的因素

焊丝输送是否稳定可靠，对焊接质量和生产效率有直接影响。送丝稳定性一方面与送丝电动机的特性及控制电路精度有关；另一方面则与送丝过程中的阻力有关。主要是送丝软管中的阻力及导电嘴中的阻力。

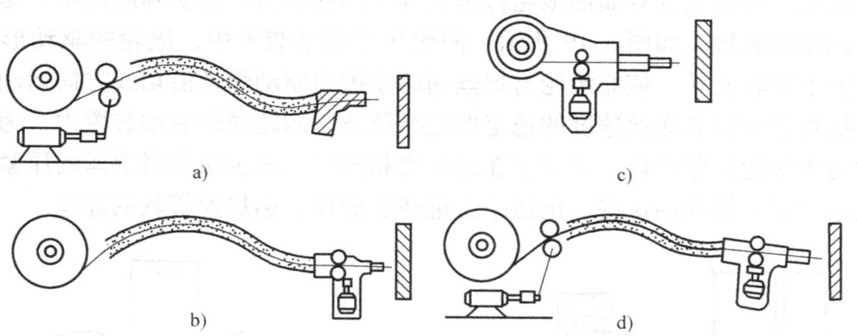

图 6-17 送丝方式

a) 推丝式 b)、c) 拉丝式 d) 推拉丝式

（1）送丝软管中的阻力 此阻力与以下因素有关，首先是焊丝直径与软管内径要适当配合。若软管内径过小，焊丝与软管内壁间的接触面积大，送丝阻力必然增大；软管内径过大，则会使焊丝在软管内呈波浪状态，如图 6-18 所示。尤其是推丝式送丝时，使得送丝阻力增大。表 6-27 为不同焊丝直径相对应的合适的软管内径尺寸。

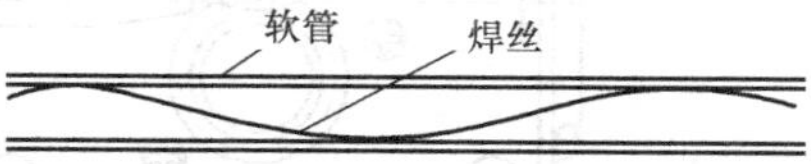
软管
焊丝

图 6-18 焊丝在软管中呈波浪状送进

表 6-27 不同焊丝直径的软管内径

焊丝直径/mm	软管内径/mm
0.8～1.0	1.5
1.0～1.4	2.5
1.4～2.0	3.2
2.0～3.5	4.7

软管材料不同，摩擦系数也不同，摩擦系数越小越好。常用的送丝软管为弹簧钢丝绕制的和聚四氟乙烯、尼龙等制成的。聚四氟乙烯软管适合于铝及铝合金等较软的焊丝。软管应尽可能平直，并具有一定的刚度，使之在操作中不产生局部弯曲，但又需要一定的挠性，在焊接中焊枪操作自如。总之送丝软管的性能与质量，直接影响焊接过程的稳定性，也反映出自动、半自动焊机的工艺水平。

（2）导电嘴中的阻力 导电嘴既要保证导电可靠，又要尽可能减少焊丝在导电嘴中的阻力，因此应有合适的孔径与长度。其孔径过小，送丝阻力增大；孔径过大，焊丝导向及导电变差，甚至引起焊丝和导电嘴内壁间起弧与粘连，使送丝不稳定。因此，对于钢焊丝，导电嘴孔径应比焊丝直径大 0.1～0.4mm，长度约为 20～30mm。对于铝焊丝，要适当增大孔径（比钢焊丝导电嘴孔径大 0.3～0.4mm）及长度，以减少阻力和保证导电可靠。

3. 送丝机构

送丝系统通常是由送丝机、送丝软管及焊丝盘等组成。一般送丝机由送丝电动机、减速装置、校直轮和送丝滚轮组成。焊丝盘上的焊丝经校直轮校直后由送丝滚轮驱动，将焊丝均匀稳定地通过送丝软管及焊枪而送至电弧区。由于送丝滚轮结构和驱动焊丝的方式不同，送丝机构有平面式、行星式及双曲面滚轮行星式等不同的类型。在实际应用中，送丝机常用两轮或四轮送丝驱动装置，如图6-19所示。两轮送丝驱动装置中，滚轮的驱动形式为单主动轮驱动，使上下滚轮旋转，依靠滚轮与焊丝间的摩擦力驱动焊丝沿切线方向运动。两轮间的压紧力应根据焊丝直径和送丝速度的稳定性进行调节。四轮送丝驱动装置中，为双主动轮驱动，有两对送丝滚轮压紧焊丝，保证了在送丝力相同时，减少滚轮对焊丝的压紧力。此种送丝机构不仅适于实心焊丝的送进，也适于送进药芯焊丝、铝焊丝等软的焊丝。

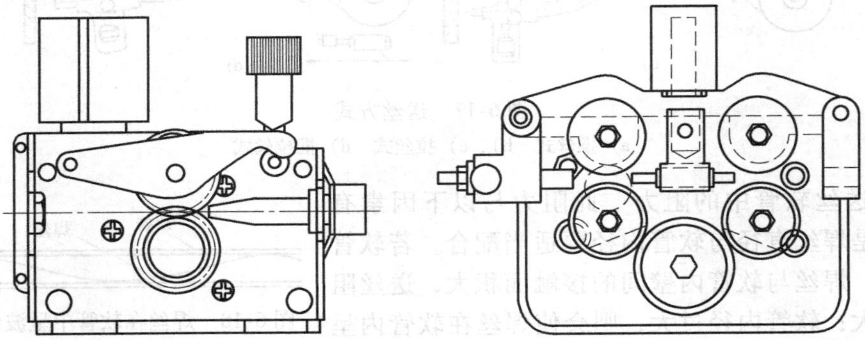

a)　　　　b)

图6-19　送丝机构

a）两滚轮送丝机构　b）四滚轮送丝机构

滚轮结构如图6-20所示。根据焊丝直径和性质（钢质、铝质或药芯焊丝），送丝滚轮可进行不同的组合。其中V形槽及U形槽滚轮由于与焊丝的接触面大，压力较均匀，焊丝不易压扁，并保持送丝方向性，应用较普遍。送丝机构工作前要仔细调节压紧轮的压力，若压紧力过小，滚轮与焊丝间的摩擦力小，如果送丝阻力稍有增大，则会造成打滑，致使送丝速度不均匀。压力过大时，又会在焊丝表面产生很深的压痕或使焊丝变形，使送丝阻力增大，甚至造成导电嘴内壁的磨损。

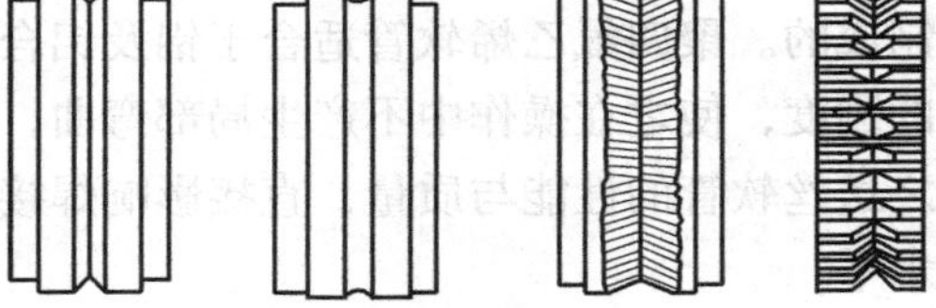

a)　　b)　　c)　　d)

图6-20　送丝滚轮结构

a）V形槽滚轮　b）U形槽滚轮　c）V形槽轧花滚轮　d）齿轮式滚轮

为了保证送丝速度均匀稳定和调速方便，送丝电动机一般采用直流电动机。等速送丝机的送丝速度范围为2～16m/min。

6.6.4　焊枪

对焊枪的要求是重量轻、便于装拆检修，便于各种位置的施焊，导丝均匀，保护效果良好等。施焊时焊枪主要作用是导电、导丝、导气。焊枪三部分的结构形状、尺寸大小、所选材料等直接影响着焊接质量的优劣。

熔化极气体保护焊焊枪可分为进行手工操作的半自动焊枪和安装在机械装置上自动的自动焊枪。按其结构形式又可分为手枪式（见图6-21）和鹅颈式（见图6-22）焊枪，其组成如下。

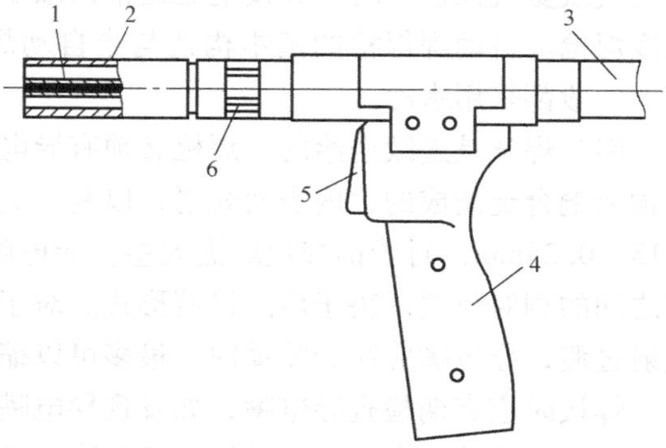

1
2
3
6
5
4

图6-21 手枪式焊枪

1—导电嘴 2—喷嘴 3—电缆

4—焊把 5—开关 6—绝缘接头

1. 导电部分

这部分主要由导电杆和导电嘴组成。除了要求与电缆接触良好，避免发热而直接影响导电性能外，导电杆要求采用导电性好的材料，并有一定的导电截面，保证电流的导通。对导电嘴则要求导电性良好、耐磨性好及熔点高的材料，故一般选用铬锆铜或纯铜。并且对导电嘴的孔径有严格的要求，导电嘴孔径 D 与焊丝直径 d 的关系为：当 $d \leq 1.6$mm 时，$D = d + (0.1 \sim 0.3)$；当 $d = 2 \sim 3$mm 时，$D = d + (0.4 \sim 0.6)$。这样，既保证送丝阻力不大，又能使焊丝在导电嘴内接触良好，使焊接过程稳定。导电嘴的长度，一般在25mm左右为宜。

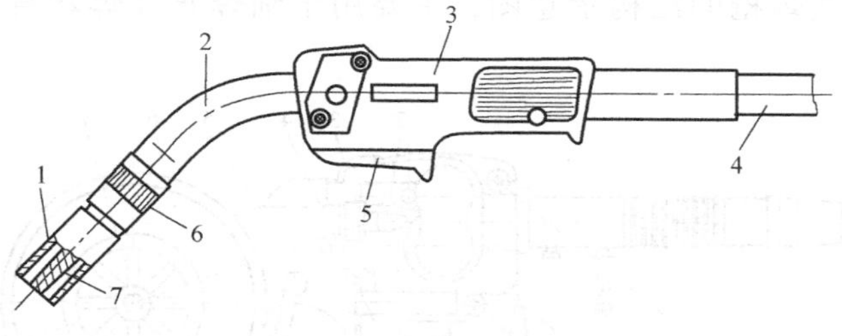

3
2
4
1
5
6
7

图6-22 鹅颈式焊枪

1—喷嘴 2—鹅颈管 3—焊把 4—电缆

5—开关 6—绝缘接头 7—导电嘴

2. 导气部分

这部分的结构形式和尺寸主要影响保护效果和焊接质量。一般当保护气体引入后，先要经过一个较大的气室使气流缓冲后能均匀分布。再经过气筛，进一步使紊乱气流平行地流出喷嘴。喷嘴是导气部分的关键，它必须形状合理，应使流出的保护气体形成层流，并能保持气流有一定的挺度，从而增加保护效果，其形状多为圆柱形，也有圆锥形。喷嘴直径也要选择适当。由于熔化极氩弧焊的电弧功率和熔池体积较大，所以焊枪喷嘴直径较大。为增加保护效果，有时需要采用双层保护气体喷嘴。内层受阻力小，流动速度大，保证电弧扰动最强烈的中心区具有较大的气流挺度，使电弧稳定；外层流动速度较小，能扩大保护范围和减小氩气消耗。

3. 导丝部分

要求送丝摩擦阻力越小越好。

在焊接时，由于焊接电流通过导电嘴，产生电阻热和电弧的辐射热，会使焊枪发热，所以常常需要冷却。气冷焊枪在 CO_2 焊时，断续负载下一般可承受600A 的焊接电流。但在使用氩气或氦气保护焊时，焊接电流通常只限于200A 以下。超过上述焊接电流时，应该采用水冷焊枪。自动焊焊枪的基本构造与半自动焊焊枪相同，但其载流容量较大，工作时间较长，一般都采用水冷。

因为焊丝是连续送给的，焊枪必须有导电嘴，由导电嘴将焊接电流传给焊丝。导电嘴是由铜或铜合金制成的，内表面光滑，以利于送丝和导电。一般导电嘴的内孔应比焊丝直径大0. 13 ~0. 25mm，对于铝焊丝应更大些。导电嘴必须牢牢地固定在焊枪本体上。导电嘴与喷嘴之间的相对位置取决于熔滴过渡形式。对于短路过渡，导电嘴常常伸到喷嘴之外；而对于喷射过渡，导电嘴应缩到喷嘴内，最多可以缩进3mm。

焊接时应定期检查导电嘴，如发现导电嘴内孔因磨损而变大或由于飞溅而堵塞时就应立即更换。磨损的导电嘴将会破坏电弧的稳定性。

喷嘴应使保护气体平稳地流出，并覆盖在焊接区。其目的是防止焊丝端头、电弧空间和熔池金属受到空气污染。根据应用情况可选择不同尺寸的喷嘴，一般喷嘴的直径为10 ~22mm。较大的焊接电流将产生较大的熔池，则采用大喷嘴，而小电流和短路过渡焊时用小喷嘴。

此外，根据施焊时所用焊接电流大小，焊枪的冷却方式有气冷式和水冷式两种。一般电流大于250A 时，均采用水冷。

图6-23是拉丝式焊枪的结构示意图，主要用于细焊丝（焊丝直径为0. 4 ~0. 8mm）焊接。

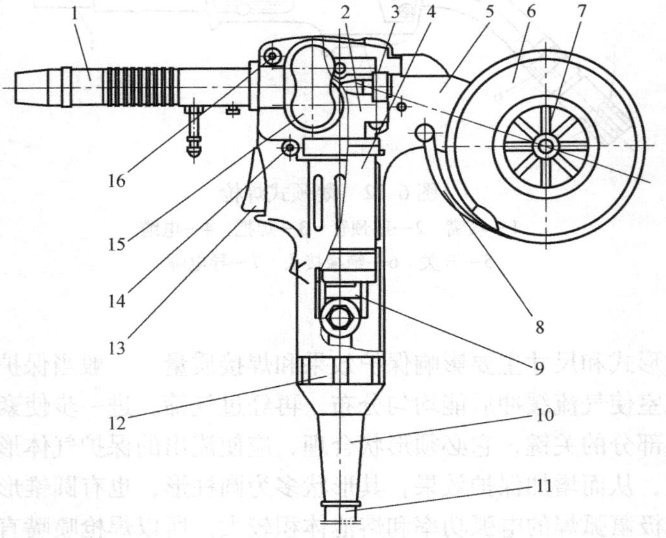
1
2
3
4
5
6
7
8
9
10
11
12
13
14
15
16

图6-23 拉丝式焊枪示意图（空冷）

1—枪筒总成 2—减速器总成 3—压臂组件 4—电动机总成 5—枪壳 6—焊丝盘 7—丝盘轴 8—护板组件 9—导电板 10—胶套 11—电缆 12—螺盖 13—开关 14—螺钉 15—透明罩 16—自攻螺钉

拉丝式焊枪由于在结构上与推丝式焊枪的最大区别是送丝部分都安装在枪体上，枪体较重，不便操作。送丝部分包括微电机、减速箱、送丝轮和焊丝盘等，还有的把电磁气阀也安装在枪体上。拉丝式焊枪在设计和制作时，应尽量减轻枪体质量，一般均做成结构紧凑的手枪式，组成部件小，引入焊枪的管线小，焊接电缆较细。

因为拉丝式焊枪只用于细丝，焊接电流都较小，所以不需要水冷。

复习思考题

1. 熔化极氩弧焊有何特点？
2. 亚射流过渡有何特点？采用等速送丝配以恒流电源，当弧长波动时电弧自调作用的过程是怎样的？
3. 熔化极氩弧焊焊接铝及其合金产生起皱现象的原因是什么？应采取什么措施？
4. 为什么熔化极氩弧焊焊接低碳钢、低合金钢和不锈钢时不采用纯氩为保护气体？
5. 熔化极氩弧焊焊接低碳钢和低合金钢可采用什么混合气体作为保护气体？为什么？其混合比为多少时合适？为什么？
6. 熔化极氩弧焊焊接不锈钢时应采用什么混合气体？为什么？其混合比为多少？
7. 富氩混合气主要有哪几种？各自的特点和应用范围如何？
8. 熔化极脉冲氩弧焊有何工艺特点？主要脉冲参数是什么？如何选择？
9. 熔化极氩弧焊设备主要有哪几部分组成？
10. 熔化极气体保护焊有哪几种送丝方式？各有何特点？
11. 熔化极氩弧焊焊枪有哪几部分组成？各有什么作用？

第7章 CO_2气体保护焊

CO_2气体保护焊（Carbon-Dioxide Arc Welding，简称CO_2焊）是在20世纪50年代初出现的一种熔化焊方法。它是利用CO_2气体作为保护介质的电弧焊接方法。在我国，从1964年开始批量生产CO_2焊机，并且推广用以生产，在机车车辆制造、汽车制造、船舶制造及采煤机械制造等方面应用十分普遍。由于它具有焊接质量好、效率高、成本低、易于实现过程控制自动化等优点，因而CO_2气体保护焊得到迅速的发展。

本章叙述的主要内容为：CO_2气体保护焊的特点、CO_2气体保护焊的原理及应用、焊接材料、工艺以及设备。

7.1 CO_2气体保护焊的特点和应用

CO_2气体保护焊的过程如图7-1所示。在采用CO_2气体保护焊的初期，由于CO_2气体的氧化性问题，难以保证焊接质量。后来在焊接黑色金属时，采用含有一定量脱氧剂的焊丝或采用带有脱氧剂成分的药芯焊丝，使脱氧剂在焊接过程中参与冶金反应进行脱氧，就可以消除CO_2气体氧化作用的影响。加之CO_2气体能充分隔绝空气中氮对熔化金属的有害作用，能促使焊缝金属获得良好的冶金质量。因此，目前CO_2气体保护焊，除不适于焊接容易氧化的有色金属及其合金外，可以焊接碳钢和合金结构钢构件，甚至焊接不锈钢也取得了较好的效果。

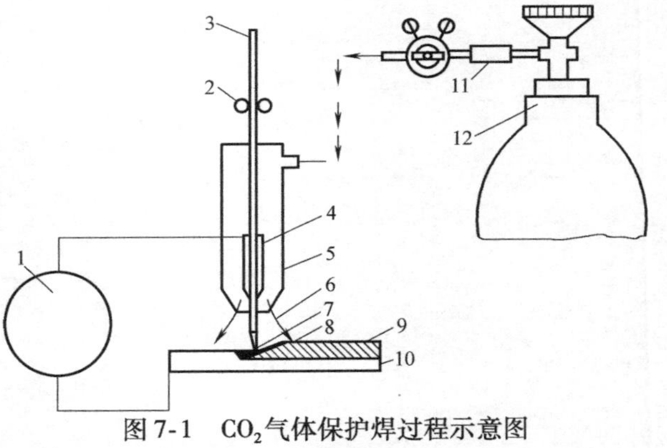

3
2
11
12
4
1
5
6
7
8
9
10

图7-1 CO_2气体保护焊过程示意图

1—焊接电源 2—送丝滚轮 3—焊丝 4—导电嘴 5—喷嘴 6—CO_2气体 7—电弧 8—熔池 9—焊缝 10—焊件 11—预热干燥器 12—CO_2气瓶

7.1.1 CO_2气体保护焊的工艺特点与分类

1. CO_2气体保护焊的工艺特点

（1）CO_2气体保护焊的优点

1）高效节能。CO_2气体保护焊是一种高效节能的焊接方法，例如水平对接焊10mm厚的低碳钢板时，CO_2气体保护焊的耗电量比焊条电弧焊低2/3左右，与埋弧焊相比也略低些。同时考虑到高生产率和原材料价格低廉等特点，CO_2气体保护焊的经济效益是很高的。

2）生产效率高。用粗丝（焊丝直径＞ϕ1.6mm）焊接时可以使用较大的焊接电流，实现射滴过渡。CO_2气体保护焊的电流密度可高达100～300A/mm^2，所以焊丝的熔化系数大，可达15～26g/A·h，焊件的熔深也大，可以不开或只开较小的坡口。另外基本上没有熔渣，焊后不需要清渣，节省了许多工时，因此可以较大地提高焊接生产率。

3）焊接变形小。用细丝（焊丝直径≤ϕ1.6mm）焊接时可以使用较小的焊接电流，实现短路过渡。这时电弧对焊件是间断加热，电弧稳定，热量集中，焊接热输入小，适合焊接薄板。同时焊接变形也很小，甚至不需要焊后矫正工序，还可以用于全位置焊接。

4）抗锈能力强。CO_2气体保护焊是一种低氢型焊接方法，抗锈能力较强，焊缝的含氢量极低，焊接低合金钢时不易产生冷裂纹，同时也不易产生氢气孔。

5）成本低。CO_2气体保护焊所使用的气体和焊丝价格便宜，来源广泛，焊接设备在国内已定型生产，为该方法的应用创造了十分有利的条件。

6）易于实现自动化。CO_2气体保护焊是一种明弧焊接法，便于监视和控制电弧和熔池，有利于实现焊接过程的机械化和自动化。用半自动CO_2气体保护焊焊接曲线焊缝和空间位置焊缝也十分方便。

（2）CO_2气体保护焊的缺点　与焊条电弧焊及埋弧焊相比，CO_2气体保护焊也存在一些不足之处：

1）焊接过程中金属飞溅较多，焊缝外形较为粗糙，特别是当焊接参数匹配不当时，飞溅更严重。

2）不能焊接易氧化的金属材料，且不适于在有风的地方施焊。

3）焊接过程弧光较强，尤其是采用大电流焊接时，电弧的辐射较强，故要特别重视对操作人员的劳动保护。

4）设备比较复杂，需要有专业队伍负责维修。

2. CO_2气体保护焊分类

CO_2气体保护焊通常是按采用的焊丝直径来分类。当焊丝直径小于或等于1.6mm时，称为细焊丝CO_2气体保护焊，主要用短路过渡形式焊接薄板材料。常用这种焊接方法焊接厚度小于3mm的低碳钢和低合金结构钢。当焊丝直径大于1.6mm时，称为粗焊丝CO_2气体保护焊，一般采用大的焊接电流和高的电弧电压来焊接中厚板，熔滴以颗粒形式过渡。

按操作方式，CO_2气体保护焊可分为自动焊及半自动焊两种。对于较长的直线焊缝和规则的曲线焊缝，可采用自动焊。而对于不规则的或较短的焊缝，则采用半自动焊，也是现在生产中用得最多的形式。

为了适应现代工业某些特殊应用的需要，目前在生产中除了上面提到的一般性CO_2气体保护焊方法之外，还派生出下列一些方法：如CO_2气体保护点焊、CO_2气体保护立焊、CO_2气体保护窄间隙焊、CO_2加其他气体（如CO_2+O_2）的保护焊，以及CO_2气体与焊渣联合保护焊等。

7.1.2 CO_2气体保护焊的冶金特性

1. CO_2气体的氧化性

在CO_2气体保护焊中，CO_2是保护气体。它在高温时要分解，具有强烈的氧化作用，会使合金元素烧损。同时，氧化性也是CO_2气体保护焊产生气孔和飞溅的一个重要原因。

CO_2气体在电弧的高温作用下进行如下分解；

$$CO_2 = CO + \frac{1}{2}O_2 \tag{7-1}$$

在高温的焊接电弧区域里，因CO_2的分解，上述三种气体（CO_2、CO和O_2）往往同时存在。随着温度的增高，CO_2气体的分解就更加激烈。CO_2气体热分解时气体的平衡成分与温度的关系见图7-2。

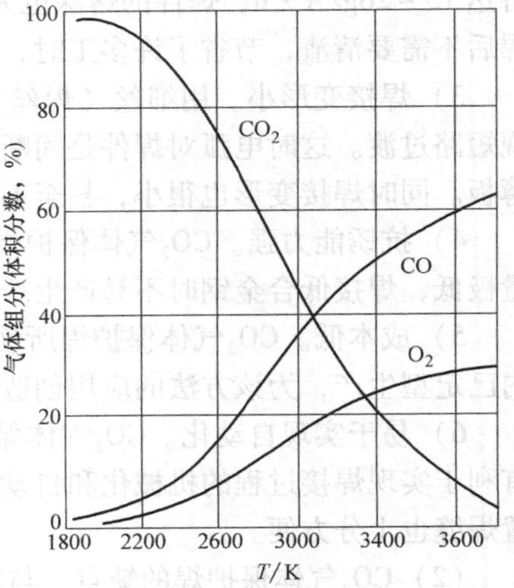

100
80
60
40
20
0
CO_2
CO
O_2
气体组分(体积分数，%)
1800
2200
2600
3000
3400
3600
T/K

图7-2　CO_2气体热分解时气体的平衡成分与温度的关系

在这三种气体当中，CO气体在焊接条件下不溶解于金属，也不与金属发生作用。但CO_2和O_2却能与铁和其他合金元素发生化学反应而使金属烧损。

焊接时，尽管作用的时间很短，但液体金属与气体相互作用也能发生强烈的化学反应。这是因为焊接区域处于高温，且气体与金属有较大的比接触表面积（单位体积的金属与气体所具有的接触表面积），尤其是焊丝端头熔滴的比接触表面积更大，增加了合金元素的氧化烧损。

焊接区域中的温度是极不均匀的，所以在其中不同位置，将发生不同的冶金反应。

在电弧的高温区域中（在电弧空间和接近电弧的焊接熔池中）将发生如下反应：

$$Fe + CO_2 \rightleftharpoons FeO + CO \tag{7-2}$$

$$Fe + O \rightleftharpoons FeO \tag{7-3}$$

$$Si + 2O \rightleftharpoons SiO_2 \tag{7-4}$$

$$Mn + O \rightleftharpoons MnO \tag{7-5}$$

$$C + O \rightleftharpoons CO \tag{7-6}$$

在远离电弧较低温度的熔池区域，合金元素将进一步被氧化，其反应方程式如下：

$$2FeO + Si \rightleftharpoons 2Fe + SiO_2 \tag{7-7}$$

$$FeO + Mn \rightleftharpoons Fe + MnO \tag{7-8}$$

$$FeO + C \rightleftharpoons Fe + CO \tag{7-9}$$

由此可见，CO_2及其在高温下分解出的O_2都具有很强的氧化性。随着温度提高，氧化性增强。当温度为3000K时，CO_2气氛中将含有近20%（体积分数）的O_2，这时的氧化性已超过了空气。

由于氧化作用而生成的FeO能大量溶于熔池金属中，会使焊缝金属产生气孔及夹渣等缺陷。其次，锰、硅等元素氧化生成的SiO_2与MnO，虽然可成为熔渣浮到熔池表面，但却减少了焊缝中这些合金元素的含量，使焊缝金属的力学性能降低。

碳同氧化合生成的CO，以及C与FeO反应生成的CO气体会增大金属飞溅，且可能在焊缝金属中生成气孔。另外，碳的大量烧损，也要降低焊缝金属的力学性能。因而在CO_2气体保护焊时，为了防止大量生成FeO和合金元素的烧损，避免焊缝金属产生气孔和降低力学性能，通常要在焊丝中加入足够数量的脱氧元素。由于脱氧元素与氧的亲合力比Fe强，故在焊接过程中可阻止 Fe 被大量氧化，从而可以消除或削弱上述有害影响。

2. CO_2气体保护焊的脱氧措施

脱氧的核心问题是尽量抑制 Fe 和 C 与氧的反应，尤其是在熔池尾部的较低温度区域内所发生的反应。当某种元素的浓度较大或它与氧的亲合力较大时，则这种元素越容易与氧化合。脱氧作用就是利用与氧的亲合力比铁大的元素优先氧化，以及还原 FeO，使 FeO 量减少。CO_2气体保护焊过程中某些合金元素的过渡系数见表 7-1。

表 7-1 CO_2气体保护焊过程中某些合金元素的过渡系数

合金元素	Zn	Al	Ti	Si	Mn	Cr	Mo
过渡系数（%）	30~40	30~40	40	50~70	60~75	90~95	95~100

目前，CO_2气体保护焊焊丝中常用 Si 和 Mn 作脱氧元素。有些牌号的焊丝还添加 Al 和 Ti 等较活泼元素在高温时先期脱氧，以减少 Si、Mn 和 Fe 等的氧化。由表 7-1 可见，作为焊丝中的脱氧元素 Si、Mn 的过渡系数都不高，而 Al、Ti 的过渡系数则更低。然而，正是由于这些脱氧元素有相当大的一部分被氧化，才能起到阻止 Fe 被大量氧化的作用。

Si、Mn 脱氧产物 SiO_2和 MnO 能结合成复合化合物 MnO · SiO_2（硅酸盐），其熔点只有 1543K，密度也较小（3.6g/cm^3）且能凝聚成大块，易浮出熔池，凝固后成为渣壳覆盖在焊缝表面上。加入到焊丝中的 Si 和 Mn，在焊接过程中一部分被直接氧化和蒸发掉，一部分用于对 FeO 的脱氧，其余部分则过渡到焊缝金属中作为合金元素，所以焊丝中加入的 Si 和 Mn 需要有足够的数量。但是，Si 含量过高会降低焊缝的抗热裂纹能力，Mn 含量过高会使焊接金属的韧性下降。Si 和 Mn 之间的比例必须适当，否则不能很好地结合成硅酸盐浮出熔池，而会有一部分 SiO_2或者 MnO 夹杂物残留在焊缝中，使焊缝的塑性和韧性下降。焊接低碳钢和低合金钢用的焊丝，含质量分数为 1% 左右的 Si、1%~2% 的 Mn 较为合理。

为防止生成 CO，除减少 FeO 的数量外，还应减少熔池中 C 的含量，也就是应该降低焊丝中的含碳量。实际上焊丝中碳的质量分数都应该小于 0.1%。

当保护气体、焊丝和焊件的成分一定时，焊接过程中合金元素的烧损还受到下列因素的影响：

1）温度越高，合金元素烧损越多。

2）金属与气体的比接触表面积增大，合金元素的烧损也增加。

3）金属与气体的接触时间增长，合金元素的烧损也增多。

显然，上述因素与选用的焊接参数有很大关系。如电弧电压增大（即弧长变长）不仅增加熔滴在焊丝端部的停留时间，且增长熔滴过渡的路程，这样均增加金属和气体相接触的时间，使合金元素烧损增多；焊接电流增大，会使弧柱温度升高，且使熔滴尺寸变细而增大比接触表面积，这将加剧合金元素的氧化烧损。但是焊接电流增大也会引起熔滴的过渡速度加快，缩短熔滴与气体相接触的时间，这样又有减小合金元素氧化的作用。所以增大焊接电流对合金元素烧损的影响，不如增大电弧电压的影响显著，选定焊接参数时应注意这些问题。

3. 焊缝金属中的气孔

CO_2气体保护焊时，在焊缝中形成气孔的主要原因，一般认为是在焊接熔池中存在着被溶解的 N_2、CO 和 H_2，在焊缝金属结晶的瞬间，由于溶解度突然减小，这些气体将析出，但当这些气体来不及从熔池中逸出时，就会在焊缝中形成气孔。气孔可分为氮气孔、氢气孔和一氧化碳气孔。

（1）氮气孔　氮气孔常会在焊缝表面出现，呈蜂窝状，或者以弥散形式的微气孔分布于焊缝金属中。这些气孔往往在抛光后检验或水压试验时才能被发现。

氮气的来源：一是由于保护效果不良，空气侵入焊接区；二是CO_2气体不纯。

造成保护效果不良的因素有：气体流量不合适，喷嘴被飞溅物堵塞，喷嘴与焊件的距离过大，以及施焊现场有侧风等。

实践表明，要避免产生氮气孔，最主要的是应增强气体的保护效果。另外，选用含有固氮元素（如 Ti 和 Al）的焊丝也有助于防止产生氮气孔。

（2）氢气孔　焊接熔池中氢的含量正比于电弧空间中氢气的含量。电弧区的H_2主要来自焊丝、焊件表面的油污、铁锈，以及CO_2气体中的水分。例如，随着CO_2气体中水分的增加，会提高在焊接区域内氢的分压，同时也提高氢在焊缝金属中的含量，见表 7-2。当CO_2气体中的水分为 1.92g/m^{3}和 100g 焊缝金属中的含氢量为 4.7mL 时，开始出现单个气孔，如果进一步增加CO_2气体中的水分，则焊缝中的气孔数量也将增加。例如，当CO_2气瓶压力小于 1010kPa，气体未经干燥时，含有大量水分，则将沿焊缝出现大量网状气孔。又例如，当CO_2气体纯度（体积分数）小于 98.7% 时，在焊缝中往往出现气孔；当纯度（体积分数）达 99.11% 以上时，就能得到无气孔的焊缝。因此，提高CO_2气体纯度，控制其中所含的水分，对于减少氢气孔是十分有效的。大多数国家规定，焊接用CO_2气体纯度（体积分数）不应低于 99.5%。

表 7-2　CO_2气体中水分与焊缝金属含氢量的关系

CO_2气体中水分/(g/m^3)	焊缝金属的含氢量（mL/100g 金属）
0.85	2.9
1.35	4.5
1.92	4.7
15	5.5

由上所述，氢或水均能引起氢气孔，但与埋弧焊和氩弧焊等比较，CO_2气体保护焊对油、锈的敏感性较低（见表 7-3）。由表 7-3 可见，在 100mm 长焊缝中加入 0.5g 的锈，埋弧焊时将生成少量气孔，而CO_2气体保护焊却无气孔。在 100mm 长焊缝中只有当含锈量达到 1g 时，CO_2气体保护焊才出现少量气孔。这是因为锈是含结晶水的氧化亚铁，即$FeO \cdot H_2O$。在电弧热作用下，该结晶水将分解，发生如下反应：

$$H_2O \rightleftharpoons 2H + O$$

由于氢量增加，将增加形成氢气孔的可能性。可是，在CO_2气体保护焊的电弧气氛中二氧化碳和氧的浓度很高，它们将阻止结晶水的分解，其反应方程式如下：

$$CO_2 + 2H \rightleftharpoons CO + H_2O$$

$$CO_2 + H \rightleftharpoons CO + OH$$

$$O + 2H \rightleftharpoons H_2O$$

$$O + H \rightleftharpoons OH$$

这时，反应都向右进行，其生成物是在液体金属中溶解度很小的水蒸气和羟基，从而减弱了氢的有害作用。一般认为 CO_2 气体保护焊具有较强的抗潮和抗锈能力。

表 7-3　CO_2气体保护焊与埋弧焊时锈对形成气孔的影响

100mm 长焊缝中锈的重量/g	埋　弧　焊	CO_2气体保护焊
0.3	无	无
0.5	少量气孔	无
0.7	—	无
1.0	—	少量气孔
1.2	—	少量气孔

注：均在直流反极性条件下完成工作，母材为 Q235A，埋弧焊焊剂为 HJ430。

焊接低碳钢时，氢气孔的特征是它经常出现在焊缝的表面上，气孔的断面形状多为螺钉状，从焊缝表面上看呈圆喇叭口形，并且气孔的四周有光滑的内壁。

（3）一氧化碳气孔　在金属结晶的过程中，由于激烈地析出 CO 而产生沸腾现象，而 CO 气体不易逸出，因此在焊缝中形成气孔。而当在焊缝金属中含 Si 质量分数不少于 0.2% 时，则可以防止由于产生 CO 气体而引起的气孔，这是因为 Si 在金属凝固温度时能强烈脱氧所致。

如果在焊接熔池中含有足够量的脱氧剂（Si、Mn、Ti、Al 等），即使是在没有 CO_2 气体保护的情况下，仍可得到足够密实的焊缝。这是由于脱氧剂与氧化合生成氧化物，与氮化合生成氮化物，从而排除了氧和氮生成气孔的可能性。但焊缝中含有的氧化物、氮化物及脱氧元素会降低焊缝金属的塑性。

在大多数情况下，CO 气孔产生在焊缝内部，并沿结晶方向分布，呈条虫状，表面光滑。如果焊丝的脱氧能力很低时，CO 气孔还可能成为外气孔。

总之，采用含有足够量的脱氧剂 Si、Mn 等的焊丝（如 ER49-1 焊丝）焊接低碳钢和低合金钢，只有在 CO_2 中含水分过多，焊丝和焊件上的油、锈过多时，才会产生氢气孔。如果将 CO_2 气体进行适当的干燥，仔细去除焊件上的锈和油污，保证 CO_2 气瓶的压力不低于 1010kPa，是不会产生氢气孔的。如果这时还有气孔，那是由于保护不好（如 CO_2 流量过小、电弧电压过高、喷嘴到焊件的距离过大、操作场地有风等），使空气中的氮气混入所造成的。这时的气孔多是氮气孔。

7.2　CO_2气体保护焊用的焊接材料

CO_2 气体保护焊用的焊接材料，主要是指 CO_2 气体和焊丝。本节仅从工艺角度介绍选用 CO_2 气体和焊丝时应注意的问题。

7.2.1　CO_2气体

焊接用的 CO_2 气体应该有较高的纯度，一般技术标准规定是：$O_2 < 0.1\%$（体积分数），$H_2O < 1 \sim 2g/m^3$，$CO_2 > 99.5\%$（体积分数）。焊接时对焊缝质量要求越高，则对 CO_2 气体纯度要求也越高。近几年有些国家提出了更高的标准，要求 CO_2 的纯度 $>99.8\%$（体积分数），露点低于 $-40℃$（注：露点 $-40℃$，即 CO_2 气体中的水分含量为重量的 0.0066%）。表 7-4 是焊接用二氧化碳气体的技术要求。

表 7-4　焊接用二氧化碳气体的技术要求

项　目		组分含量		
		优　等　品	一　等　品	合　格　品
二氧化碳的纯度（体积分数,%）	≥	99.9	99.7	99.5
液态水 油		不得检出	不得检出	不得检出
（水蒸气 + 乙醇）的纯度（体积分数,%）	≤	0.005	0.02	0.05
气味		无异味	无异味	无异味

注：对以非发酵法所得的二氧化碳，乙醇含量不作规定。

CO_2是一种无色气体，易溶于水，其水溶液稍有酸味，密度为空气的1.5倍，沸点为-78℃。在不加压力下冷却时气体直接变成固体（称为干冰），增加温度，固态CO_2又直接变成气体。固态CO_2不适于在焊接中使用，因为空气里的水分不可避免地会冷凝在干冰的表面，使CO_2气体中带有大量的水分。CO_2气体受到压缩后变成无色液体，其密度随温度有很大变化。当温度低于-11℃时比水重；当温度高于-11℃时比水轻。在0℃和101.3kPa大气压力下，1kg液体CO_2可汽化成509L CO_2气体。通常，容量为40L的标准钢瓶内，可以灌入25kg的液态CO_2。所以，一瓶液态CO_2可以汽化成12725 L的CO_2气体。若焊接时气体消耗量为20L/min，则一瓶液态CO_2可连续使用10h左右。

CO_2气瓶外表涂浅灰色并标有"CO_2"字样。25kg液态CO_2约占钢瓶容积的80%，其余20%左右的空间充满了汽化的CO_2。气瓶压力表上所指示的压力值，就是这部分气体的饱和压力。此压力大小和环境温度有关。温度升高，饱和压力增高；温度降低，饱和压力亦降低。例如，温度为0℃时，气体的饱和压力约为34.8×10^5Pa；温度为30℃时，压力可达71.8×10^5Pa。因此，放置CO_2气瓶时应防止靠近热源或烈日下曝晒，以避免发生爆炸事故。需要指出的是，利用瓶口压力表来估算瓶内CO_2气体的贮量是不正确的。因为压力表的读数仅能反映在当时温度下瓶内的饱和压力，并不表示液态CO_2的贮量。只有当液态CO_2已全部汽化后，瓶内CO_2气体的压力才随CO_2气体的消耗而逐渐下降，这时压力表的读数才反映瓶内气体的贮量。因此，要估算瓶内CO_2气体的贮量时，通常是用称钢瓶重量的办法。

CO_2气体中主要的有害杂质是水分和氮气。氮气一般含量较小，危害大的是水分。液态CO_2中可溶解约占重量0.05%的水，多余的水则成自由状态沉于瓶底。溶于液态CO_2中的水可蒸发成水蒸气混入CO_2气体中，影响CO_2气体纯度，进而会影响焊缝的塑性，甚至会使焊缝出现气孔。水的蒸发量与瓶中CO_2气体的压力有关。随着压力的降低，水的分解压相对增大，CO_2气体中的含水量也增加，如图7-3所示。在室温下，当气瓶压力低于980kPa（10个工程大气压）时，除溶解于CO_2液体中的水分外，沉于瓶底的多余的水都要蒸发，从而大大

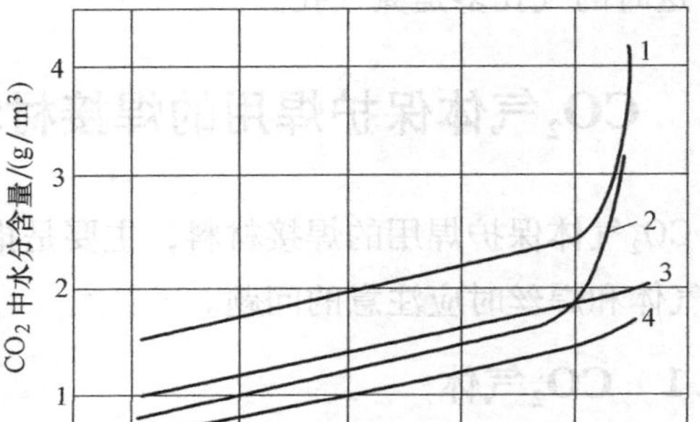

CO_2中水分含量/(g/m³)
4
3
2
1
0
50
40
30
20
10
0
1
2
3
4
p/×0.8MPa

图7-3　CO_2气体中水分含量与瓶内压力p的关系

1—瓶未倒置放水，无干燥器　3—已倒置放水，无干燥器

2—瓶未倒置放水，有干燥器　4—已倒置放水，有干燥器

地提高了 CO_2气体中的含水量，这时就不能用于焊接了。

目前国内还没有生产焊接专用的 CO_2气体。市售的 CO_2气体主要是酿造厂、化工厂的副产品，含水分较高而且不稳定。为了获得优质焊缝，应对这种瓶装 CO_2气体进行提纯，以减少瓶内的水分和空气，提高输出的 CO_2气体纯度。常用提纯措施如下：

1）鉴于在温度高于 -11℃时，液态 CO_2 比水轻，所以可把灌气后的气瓶倒立静置 1～2h，以使瓶内处于自由状态的水分沉积于瓶口部，然后打开瓶口气阀，放水 2～3 次即可，每次放水间隔时间约 30min 左右。放水结束后，仍将气瓶放正。

2）经放水处理后的气瓶，在使用前先放气 2～3min，放掉瓶内上部纯度低的气体，然后再套接输气管。

3）在焊接气路系统中设置高压干燥器和低压干燥器，以进一步减少 CO_2气体中的水分。干燥剂常选用硅胶或脱水硫酸铜，吸水后它们的颜色会发生变化（见表 7-5），但经过加热烘干后可重复使用。

表 7-5　硅胶和脱水碳酸钢在吸水前后的颜色及烘干温度

干　燥　剂	吸水前颜色	吸水后颜色	烘干温度/℃
硅胶	粉红色	淡青色	150～200
脱水碳酸钢	灰白色	天蓝色	300

7.2.2　焊丝

1. CO_2气体保护焊对焊丝化学成分的要求

1）焊丝必须含有足够数量的 Mn、Si 等脱氧元素，以减少焊缝金属中的含氧量和防止产生气孔。

2）焊丝的含碳量要低，通常要求 C 的质量分数 <0.11%，这样可减少气孔与飞溅。

3）应保证焊缝金属具有满意的力学性能和抗裂性能。

此外，当要求焊缝金属具有更高的抗气孔能力时，则希望焊丝还应含有固氮元素。

2. 气体保护焊用碳钢、低合金钢焊丝

GB/T 8110—2008《气体保护电弧焊用碳钢、低合金钢焊丝》规定，这类焊丝的型号按化学成分进行分类，当采用熔化极气体保护焊时，则按熔敷金属的力学性能进行分类。

焊丝型号的表示方法是：以字母“ER”表示焊丝，“ER”后面的两位数表示熔敷金属的最低抗拉强度，两位数字后用短划“-”与后面的字母或数字隔开，该字母或数字表示焊丝化学成分的分类代号。根据供需双方协商，可在型号后附加扩散氢代号 HX，其中 X 代表 15、10 或 5。举例：

ER 55-2-H5

- H5：表示熔敷金属扩散氢含量不大于 5.0mL/100g
- 2：焊丝成分分类代号
- 55：熔敷金属抗拉强度最低值为 550MPa
- ER：表示焊丝

气体保护焊用碳钢、低合金钢焊丝各型号化学成分和熔敷金属的力学性能见表 7-6 及表 7-7。

表 7-6　气体保护焊用碳钢，低合金钢焊丝的型号及其化学成分的质量分数

焊丝型号	C	Mn	Si	P	S	Ni	Cr	Mo	V	Ti	Zr	Al	Cu①	其他元素总量
碳钢														
ER50-2	0.07	0.90~1.40	0.40~0.70	0.025	0.025	0.15	0.15	0.15	0.03	0.05~0.15	0.02~0.12	0.05~0.15	0.50	—
ER50-3	0.06~0.15		0.45~0.75							—	—	—		
ER50-4		1.00~1.50	0.65~0.85											
ER50-6		1.40~1.85	0.80~1.15											
ER50-7	0.17~0.15	1.50~2.00②	0.50~0.80											
ER49-1	0.11	1.80~2.10	0.65~0.95	0.030	0.030	0.30	0.20	—	—					
碳钼钢														
ER49-A1	0.12	1.30	0.30~0.70	0.025	0.025	0.20	—	0.40~0.65	—	—	—	—	0.35	0.50
铬钼钢														
ER55-B2	0.07~0.12	0.40~0.70	0.40~0.70	0.025	0.025	0.20	1.20~1.50	0.40~0.65	—	—	—	—	0.35	0.50
ER49-B2L	0.05													
ER55-B2-MnV	0.06~0.10	1.20~1.60	0.60~0.90	0.030		0.25	1.00~1.30	0.50~0.70	0.20~0.40					
ER55-B2-Mn		1.20~1.70					0.09~1.20	0.45~0.65	—					
ER62-B3	0.07~0.12	0.40~0.70	0.40~0.70	0.025		0.20	2.30~2.70	0.90~1.20						
ER55-B3L	0.05													
ER55-B6	0.10		0.50			0.60	4.50~6.00	0.45~0.65						
ER55-B8	0.10					0.50		0.80~1.20						
ER62-B9③	0.07~0.13	1.20	0.15~0.50	0.010	0.010	0.80	8.00~10.50	0.85~1.20	0.15~0.30			0.04	0.20	

（续）

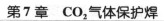

焊丝型号	C	Mn	Si	P	S	Ni	Cr	Mo	V	Ti	Zr	Al	Cu①	其他元素总量
镍钢														
ER55-Ni1	0.12	1.25	0.40~0.80	0.025	0.025	0.80~1.10	0.15	0.35	0.05	—	—	—	0.35	0.50
ER55-Ni2	0.12	1.25	0.40~0.80	0.025	0.025	2.00~2.75	—	—	—	—	—	—	0.35	0.50
ER55-Ni3	0.12	1.25	0.40~0.80	0.025	0.025	3.00~3.75	—	—	—	—	—	—	0.35	0.50
锰钼钢														
ER55-D2	0.07~0.12	1.60~2.10	0.50~0.80	0.025	0.025	0.15	—	0.40~0.60	—	—	—	—	0.50	0.50
ER62-D2	0.07~0.12	1.60~2.10	0.50~0.80	0.025	0.025	0.15	—	0.40~0.60	—	—	—	—	0.50	0.50
ER55-D2-Ti	0.12	1.20~1.90	0.40~0.80	0.025	0.025	—	—	0.20~0.50	—	0.20	—	—	0.50	0.50
其他低合金钢														
ER55-1	0.10	1.20~1.60	0.60	0.025	0.020	0.20~0.60	0.30~0.90	—	—	—	—	—	0.20~0.50	0.50
ER69-1	0.08	1.25~1.80	0.20~0.55	0.010	0.010	1.40~2.10	0.30	0.25~0.55	0.05	0.10	0.10	0.10	0.25	0.50
ER76-1	0.09	1.40~1.80	0.20~0.55	0.010	0.010	1.90~2.60	0.50	0.25~0.55	0.04	0.10	0.10	0.10	0.25	0.50
ER83-1	0.10	1.40~1.80	0.25~0.60	0.010	0.010	2.00~2.80	0.60	0.30~0.65	0.03	0.10	0.10	0.10	0.25	0.50
ERXX-G	供需双方协商确定													

注：表中单值均为最大值。

① 如果焊丝镀铜，则焊丝中 Cu 含量和镀铜层中 Cu 含量之和不应大于0.50%。

② Mn 的最大含量可以超过2.00%，但每增加0.05%的 Mn，最大含 C 量应降低0.01%。

③ Nb（Cb）：0.02%~0.10%；N：0.03%~0.07%；（Mn+Ni）≤1.50%。

表 7-7 气体保护焊用碳钢、低合金钢焊丝熔敷金属的力学性能

焊丝型号	保护气体（体积分数）	熔敷金属拉伸试验			熔敷金属V形坡口冲击试验	
		R_m/MPa	$\sigma_{0.2}$/MPa	A（%）	试验温度 T/℃	A_{KV}/J
ER49-1	CO_2	≥490	≥372	≥20	室温	≥47
ER50-2		≥500	≥420	≥22	-29	≥27
ER50-3					-18	≥27
ER50-4					不要求	
ER50-5						
ER50-6					-29	≥27
ER50-7						

注：ER50-2、ER50-3、ER50-4、ER50-5、ER50-6、ER50-7 型焊丝，当伸长率超过最低值时，每增加 1%，屈服强度和抗拉强度可减少 10MPa，但抗拉强度的最低值不得小于 480MPa，屈服强度的最低值不得小于 400MPa。

含 Mn 质量分数为 1.80%~2.10%，含 Si 质量分数为 0.65%~0.95% 的优质焊丝在 CO_2 气体保护焊中应用最为广泛，它有较好的工艺性能、力学性能及抗热裂纹能力。适于焊接低碳钢、屈服极限 <500MPa 的低合金钢及经焊后热处理抗拉强度 <1200MPa 的低合金高强度结构钢。如果对于焊缝致密性的要求更高时，还可以采用含碳量低，而又增加了强脱氧元素 Ti 和 Al 的优质焊丝，可以进一步改善工艺性能，不但飞溅大为减少，而且 CO_2 和氮所引起的气孔也大为减少，从而提高了焊缝的致密性。在焊接合金钢时则要求采用与母材相同成分的焊丝，一般常采用埋弧焊或熔化极氩弧焊焊丝。由于合金钢焊丝的冶炼和拔制都很困难，所以 CO_2 气体保护焊用合金钢焊丝主要是向药芯焊丝方向发展。

焊丝表面的清洁程度影响焊缝金属中的含氢量，见表 7-8。由表 7-8 可见，焊丝是否经过加热，焊缝金属中的含氢量显著不同。焊接合金钢或大厚度低碳钢时，应采用机械、化学或加热办法消除掉焊丝上的水分和污染物。

表 7-8 焊丝表面清洁程度对焊缝金属含氢量的影响

焊丝代号	焊丝直径/mm	焊缝金属中的平均含氢量/(mL/100g)	
		未进行加热的焊丝	电阻加热过的焊丝
1	1.6	2.7~7.3	1.0
1	1.2	3.5	0.5
1	0.8	6.3	1.0
2	1.6	4.0	0.9
3	1.6	1.2	1.1
4	1.6	1.1	1.0
5	1.6	1.6	0.9
6	1.6	2.0	1.1

注：表中焊丝代号表示焊丝表面的清洁程度不同，由 1→6 表示清洁度增高。

表 7-9 列出了国内外气体保护焊用碳钢、低合金钢焊丝牌号对照，供使用时参考。

目前国内常用的 CO_2 气体保护焊用焊丝直径为：0.6mm、0.8mm、1.0mm、1.2mm、1.6mm、2.0mm、2.4mm、3.0mm、4.0mm 和 5.0mm 等。半自动焊时主要采用细焊丝。焊

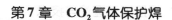

丝应当具有一定的硬度和刚度，一方面防止焊丝被送丝滚轮压扁或压出深痕；另一方面，焊丝从导电嘴送出后保证有一定的挺直度。所以不论是推式、拉式还是推拉式送丝，都要求焊丝以冷拔状态供货，而不应采用退火焊丝。焊丝表面常采用镀铜方法以防止生锈，且有利于焊丝的储存与改善导电性。

表7-9 国内外气体保护焊用碳钢、低合金钢焊丝牌号对照

国家	按强度等级分类（各国较大规模厂家对应GB、AWS或JIS牌号的主要产品）						厂家
	500MPa级	550MPa级	620MPa级	690MPa级	760MPa级	830MPa级	
中国	ER49-1 ER50-2 ER50-3 ER50-4 ER50-6 ER50-G	ER55-D2-Ti ER55-G 5种 ER55-B2 ER55-B2-Mn ER55-B2-MnV	ER62-B3	ER69-G 2种	ER76-G	ER83-G	大桥 金桥 大西洋 亨昌 华通 锦泰等
日本	YGW-11 YGW-12 2种 YGW-13 YGW-14 YGW-15 2种 YGW-16 YGW-17 5种 YGL1-3G（AP） YGL1-6A（AP） ER50-2（氩焊）	YGW-21 YGW-23 3种 YGA-50P YGA-50W 2种 YGA-58W YGL1-4G（AP） YGL-6A（A） YGL2-6A（AP） YGL3-6G（AP） YGL3-10G（AP） YGM-C YG1CM-C YG1CM-A ER80S-G ER80S-B8	ER90S-G 2种 YGW-23 YGW-24 2种 YG2CM-C YG2CM-A	ER69-G 2种	ER76-G 2种	ER83-G 2种	神钢 日铁住金
美国	ER49-1 ER50-2 ER50-3 ER50-4 ER50-6 ER50-7 ER50-G	ER55-D2 2种 ER55-D2-Ti ER55-G 2种 ER55-B2-Mn ER55-B2-MnV ER80S-B6 H08Cr2MoWVTiB H08CrMoA H08CrMoVA	ER62-G ER90S-B9	ER69-1 ER69-3 ER69-G	ER76-G	—	LINCOLN
韩国	ER50-2 ER50-3 ER50-6 ER50-G（YGW11） ER50-G（YGW15） ER50-G（YGW18）	ER55-D2-Ti ER55-G ER55-B2	ER62-B3	—	—	—	高丽 现代

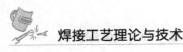

（续）

国家	按强度等级分类（各国较大规模厂家对应 GB、AWS 或 JIS 牌号的主要产品）						厂家
	500MPa 级	550MPa 级	620MPa 级	690MPa 级	760MPa 级	830MPa 级	
瑞典	ER50-2 ER50-3 2 种 ER50-6 6 种	ER80S-G 3 种 ER80S-Ni1 ER80S-Ni2 ER80S-D2 ER80S-B2 ER80S-B3 氩焊 ER80S-B6 氩焊（AWS）	ER90S-G ER90S-B3 （AWS）	ER100S-G 3 种（AWS）	ER110S-G （AWS）	—	ESAB
德国	ER70-6 6 种 ER70S-G 2 种 ER70S-3（AWS）	ER80S-G 3 种 ER80S-Ni 2 ER80S-B6（AWS）	ER90S-G 6 种 ER90S-B9 （AWS）	ER100S-G （AWS）	ER100S-G （AWS）	ER120S-G 2 种（AWS）	BOHLER THYSSEN

7.3 CO_2气体保护焊工艺

CO_2气体保护焊是一种经济、实用的焊接方法。为了获得高生产率和优质接头，除应选择合适的设备外，还必须做好焊前准备、正确地选择焊接参数和采用正确的操作技术。

7.3.1 焊前准备

焊前准备工作包括坡口设计、坡口加工、清理、定位焊缝等。

1. 坡口设计

CO_2气体保护焊采用细颗粒过渡时，电弧穿透力较大，熔深较大，容易烧穿焊件，所以对装配质量要求较严格。坡口开得要小一些，钝边适当大些，对接间隙不能超过 2mm。如用直径 1.6mm 的焊丝钝边可留 4～6mm，坡口角度可减小到 45°左右。CO_2气体保护焊采用细颗粒过渡的坡口形式见表 7-10。板厚在 12mm 以下开 I 形坡口；板厚大于 12mm 的板材可以开较小的坡口。但是，坡口角度过小易形成“梨”形熔深，在焊缝中心可能产生裂缝。尤其在焊接厚板时，由于拘束应力大，则这种倾向更大，必须十分注意。

表 7-10　CO_2气体保护焊采用细颗粒过渡的坡口形式

坡口形状	板厚/mm	垫板	坡口角度 α/(°)	根部间隙 G/mm	钝边高度 R/mm
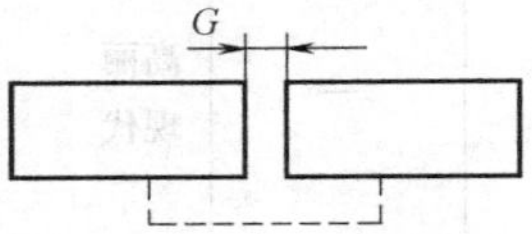G	<12	无		0～2	
		有		0～3	

（续）

坡口形状	板厚/mm	垫板	坡口角度 α/(°)	根部间隙 G/mm	钝边高度 R/mm
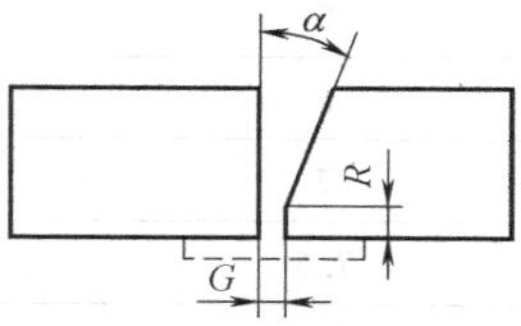α R G	<60	无	45~60	0~2	0~5
		有	35~60	4~7	0~3
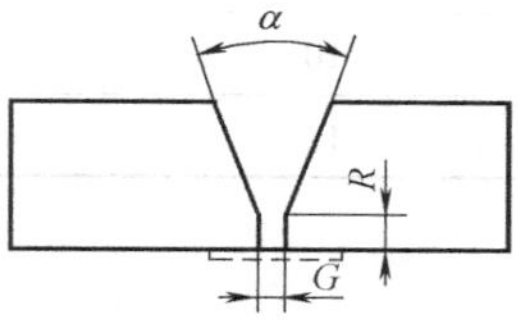α R G		无	45~60	0~2	0~5
		有	35~60	0~6	0~3
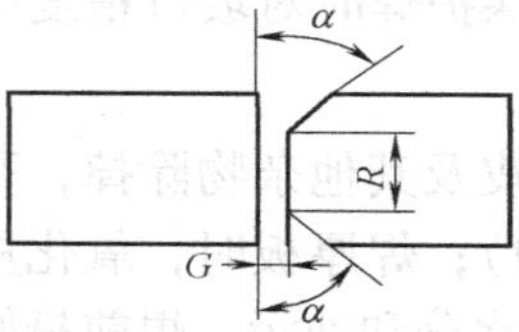α R G α	<100	无	45~60	0~2	0~5
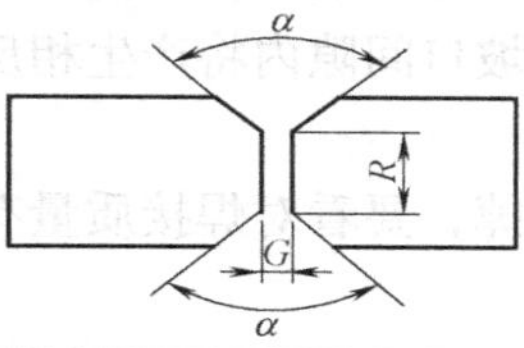α R G α	<100	无	45~60	0~2	0~5

CO_2气体保护焊采用短路过渡时熔深浅，不能按细颗粒过渡方法设计坡口。通常允许较小的钝边，甚至可以不留钝边。又因为这时的熔池较小，熔化金属温度低、黏度大，搭桥性能良好，所以间隙大些也不会烧穿。如对接接头，允许间隙为3mm。要求较高时，装配间隙应小于3mm。

采用细颗粒过渡焊接角焊缝时，考虑到熔深大的特点，其焊脚尺寸可以比焊条电弧焊时减小10%~20%，见图7-4和表7-11。可进一步提高CO_2气体保护焊的效率，减少材料的消耗。

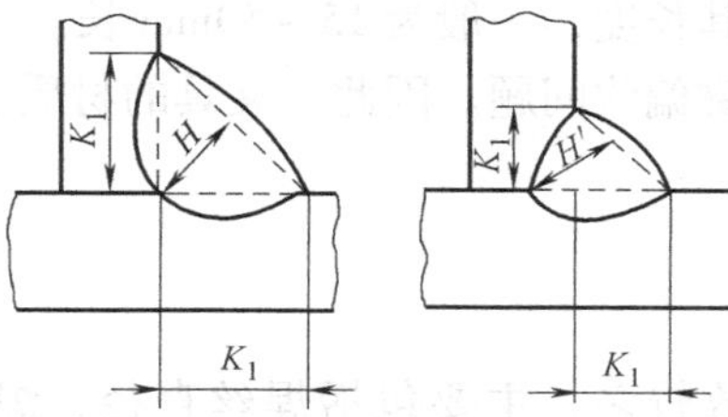

K1
H
K1
K1
H'
K1

a)　　b)

图7-4　水平角焊缝的熔深

a）焊条电弧焊　b）CO_2气体保护焊

表 7-11　不同板厚的焊脚尺寸

板厚/mm	焊接方法	焊脚尺寸/mm
6	CO_2气体保护焊	5
	焊条电弧焊	6
9	CO_2气体保护焊	6
	焊条电弧焊	7
12	CO_2气体保护焊	7.5
	焊条电弧焊	8.5
16	CO_2气体保护焊	10
	焊条电弧焊	11

2. 坡口加工方法与清理

坡口加工的方法主要有机械加工、气割和碳弧气刨等。CO_2气体保护焊时对坡口精度的要求比焊条电弧焊高。

定位焊之前应将坡口周围 10～20mm 范围内的油污、铁锈、氧化皮及其他杂物除掉，否则将严重影响焊接质量（6mm 以下薄板上的氧化膜对质量几乎无影响）；焊厚板时，氧化皮能影响电弧稳定性、恶化焊缝成形和生成气孔。为了去除氧化皮中的水分和油污，焊前最好用气体火焰烤一下充分加热；否则，在焊件冷却时会生成水珠，进入坡口间隙内将产生相反的效果。

为了防锈，许多钢板都涂了油漆。焊接时这些油漆不一定都要除掉，要看对焊接质量有无影响，有影响的涂料一定要除掉，没有影响的涂料可以不除掉。

3. 定位焊缝

定位焊是为了防止变形和维持预定的坡口而预先进行的焊接。定位焊缝本身易生成气孔和夹渣，也是随后进行CO_2气体保护焊时产生气孔和夹渣的主要原因，所以必须认真地焊接定位焊缝。定位焊可采用CO_2气体保护焊和焊条电弧焊。用焊条电弧焊焊接的定位焊缝，如果焊渣清除不净，会引起电弧不稳和产生缺陷。

定位焊缝的选位也很重要，应尽可能使用定位焊缝分布在焊缝的背面。当背面难以施焊时，可在正面焊一条短焊缝，正式焊接时此处不用再焊。

定位焊缝的长度和间距，应视焊件的厚度决定。薄板的定位焊缝应细而短，长度为 3～50mm，间距为 30～150mm；中厚板的定位焊缝间距可达 100～150mm，为增加定位焊缝的强度，应适当增大定位焊缝及其长度，一般为 15～50mm 长。

使用夹具定位时，应考虑磁偏吹问题。因此，夹具的材质、形状、位置和焊接方向均应注意。

7.3.2　焊接参数选择

CO_2气体保护焊的焊接参数较多，主要包括焊丝直径、焊接电流、电弧电压、焊接速度、焊丝伸出长度、电流极性、焊接回路电感值和气体流量等。

1. 焊丝直径的选择

对于钢板厚度为 1～4mm 时，应采用直径为 ϕ0.6～1.2mm 的焊丝；当钢板厚度大于

4mm 时，应采用直径大于或等于 ϕ1.6mm 的焊丝。直径小于 ϕ1.6mm 的焊丝，可以用于短路过渡及细颗粒过渡的焊接，而直径大于 2.0mm 的焊丝，只能用于细颗粒过渡的焊接。焊丝直径的选择见表 7-12。焊接电流相同时，随着焊丝直径的减小，熔深增大。焊丝直径对于熔深的影响如图 7-5 所示。

表 7-12　焊丝直径的选择

焊丝直径/mm	熔滴过渡形式	板厚/mm	焊接位置
0.8	短路	1.5～2.3	全位置
	细颗粒	2.5～4	水平
1.0～1.2	短路	2～8	全位置
	细颗粒	2～12	水平
1.6	短路	3～12	立、横、仰
≥1.6	细颗粒	>6	水平

2. 焊接电流的选择

焊接电流是熔化焊丝和焊件的主要因素，同时也是决定熔深的最主要因素。焊接电流使用范围随焊丝直径和熔滴过渡形式的不同而不同。焊接电流的大小应根据焊件厚度、焊丝直径、焊接位置及熔滴过渡形式来确定。焊接电流增大，焊缝厚度、焊缝宽度及余高都相应增加。焊接电流的选择见表 7-13。焊丝直径小于 ϕ1.6mm 时，短路过渡的焊接电流均在 200A 以下，能得到飞溅小、成形美观的焊道；细颗粒过渡时，对应不同的焊丝直径，焊接电流是不同的，其下限值通常高于 200A，能得到熔深较大的焊道，常用于焊接厚板。

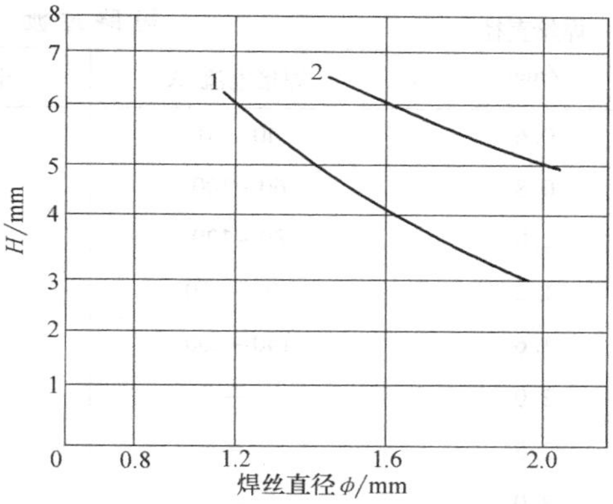
H/mm
焊丝直径ϕ/mm
1
2
0
0.8
1.2
1.6
2.0

图 7-5　焊丝直径 ϕ 对熔深 H 的影响

1—焊接电流 300A、电弧电压 30V、焊接速度 30m/h

2—焊接电流 400A、电弧电压 35V、焊接速度 30m/h

表 7-13　焊接电流的选择

焊丝直径/mm	焊接电流/A	
	细颗粒过渡（电弧电压 30～45V）	短路过渡（电弧电压 16～22V）
0.8	150～250	60～160
1.2	200～300	100～175
1.6	350～500	120～180
2.4	600～750	150～200

3. 电弧电压的选择

电弧电压是焊接工艺中很重要的一个参数。电弧电压的大小决定了电弧的长短和熔滴的过渡形式，它对焊缝成形、飞溅、焊接缺陷以及焊缝的力学性能有很大的影响。电弧电压对焊接过程和对金属与气体间的冶金反应的影响比焊接电流大，且随着焊丝直径的减小，电弧电压影响的程度增大。

实现短路过渡的条件之一是保持较短的电弧长度，即低电压。若电弧电压过高，则由短路过渡转变成大颗粒的长弧过渡，焊接过程也不稳定；但电弧电压过低，电弧引燃困难，焊丝会插入熔池，电弧也不能稳定燃烧。

短路过渡时为获得良好的工艺性能，应该选择最佳的电弧电压值，该值是一个很窄的电压区间，变动范围一般仅为1~2V左右。因焊接电流均在200A以下，电弧电压与焊接电流的关系可用下式来计算：$U=0.04I+(16\pm2)$（V）。当焊接电流在200A以上为颗粒过渡时，电弧电压与焊接电流的关系可用下式来计算：$U=0.04I+(20\pm2)$（V）。最佳电弧电压值与焊接电流、焊丝直径和熔滴过渡形式等因素有关，见表7-14。

表7-14 常用焊接电流及电弧电压的适用范围

焊丝直径/mm	短路过渡		颗粒过渡	
	焊接电流/A	电弧电压/V	焊接电流/A	电弧电压/V
0.6	40~70	17~19	—	—
0.8	60~100	18~19	—	—
1.0	80~120	18~21	—	—
1.2	100~150	19~23	160~400	25~35
1.6	140~200	20~24	200~500	26~40
2.0	—	—	200~600	27~40
2.5	—	—	300~700	28~42
3.0	—	—	500~800	32~44

4. 焊接速度的选择

选择焊接速度主要根据生产率和焊接质量。焊接速度过快，保护效果差，同时使冷却速度加大，使焊缝塑性降低，且不利于焊缝成形，易形成咬边缺陷；焊接速度过慢，则容易产生烧穿和焊道不均匀，且焊缝组织粗大。实际生产中，短路过渡焊接时，焊接速度一般不超过30m/h；颗粒过渡时焊接速度较高，常用的焊接速度为40~60m/h。

5. 焊丝伸出长度的选择

由于短路过渡焊接时采用的焊丝都比较细，因此焊丝伸出长度上产生的电阻热很大，成为焊接工艺中不可忽视的因素。其他焊接参数不变时，随着焊丝伸出长度的增加，焊接电流下降，熔深也减小，不过焊丝上的电阻热增大，焊丝熔化加快，从提高生产率上看这是有利的。但是，当焊丝伸出长度过大时，焊丝容易发生过热而成段熔断，飞溅严重，焊接过程不稳定。同时，伸出长度增大后，喷嘴与焊件间的距离也增大，气体保护效果变差。

焊丝伸出长度过小，会妨碍观察电弧，影响焊工操作；同时因喷嘴与焊件间的距离太短，飞溅金属容易堵塞喷嘴；另外，还会使导电嘴过热而夹住焊丝，甚至烧毁导电嘴。

根据生产经验，短路过渡焊接时，合适的焊丝伸出长度应为焊丝直径的10～12倍，且不超过15mm。对于不同直径和不同材料的焊丝，允许使用的焊丝伸出长度是不同的，见表7-15。

表7-15　焊丝伸出长度的选择

焊丝直径/mm	ER 49-1	H08Cr19Ni10Ti
0.8	6～12	5～9
1.0	7～13	6～11
1.2	8～15	7～12

6. 电流极性的选择

CO_2气体保护焊主要采用直流反接法。不同极性接法的应用范围及特点见表7-16。

表7-16　电流极性的应用范围及特点

电流极性	应用范围	特　　点
直流反接	短路过渡及颗粒过渡的普通焊接，一般材料的焊接	飞溅小，电弧稳定，焊缝成形好，熔深大，焊缝金属含氢量低
直流正接	高速焊接、堆焊、铸铁补焊	焊丝熔化速率高，熔深浅，熔宽及余高较大

7. 焊接回路电感值的选择

焊接回路电感主要用于调节电流的动特性，以获得合适的短路电流增长速度di/dt，从而减少飞溅；调节短路频率和燃烧时间，控制电弧热量和熔透深度。

焊接回路电感值应根据焊丝直径和焊接位置来选择。细焊丝熔化快，熔滴过渡的周期短。因此需要较大的di/dt，应选择较小电感值；粗焊丝熔化慢，熔滴过渡的周期长，则要求较小的di/dt，需选择较大电感值。另外，在平焊位置要求短路电流增长速度di/dt比立焊和仰焊位置时低些。焊接回路电感值的选择见表7-17。

表7-17　焊接回路电感值的选择

焊丝直径/mm	焊接电流/A	电流电压/V	电感/mH	短路电流增长速度/(kA/s)
0.8	100	18	0.01～0.08	50～150
1.2	130	19	0.02～0.80	40～130
1.6	160	20	0.30～0.70	20～75

值得注意的是，在实际生产中，由于焊接电缆比较长，常常将一部分电缆盘绕起来，这相当于在焊接回路中串入了一个附加电感，由于回路电感值的改变，使飞溅情况、母材熔深等都将发生变化。因此，焊接过程正常后，电缆盘绕的圈数就不宜变动。

8. 气体流量的选择

CO_2气体流量的大小主要是根据对焊接区域的保护效果来决定。在焊接电流较大、焊接速度较快、焊丝伸出长度较长以及在室外作业等情况下，气体流量要适当加大，以使保护气体有足够的挺度，提高其抗干扰的能力。另外，内角焊比外角焊保护效果好，流量应取下限。流量过大或过小都将影响保护效果，容易造成焊接缺陷。CO_2气体流量的选择见

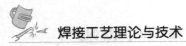

表 7-18。

表 7-18　CO_2 气体流量的选择

焊 接 方 法	细丝 CO_2 气体保护焊	粗丝 CO_2 气体保护焊	粗丝大电流 CO_2 气体保护焊
CO_2 气体流量/(L/min)	5 ~ 15	15 ~ 25	35 ~ 50

确定焊接参数的程序为：首先根据板厚、接头形式和焊缝的空间位置等，选定焊丝直径和焊接电流，同时考虑熔滴过渡形式，然后选择和确定电弧电压、焊接速度、焊丝伸出长度、气体流量和电感值等。对于碳钢和低合金钢的焊接参数见表 7-19 ~ 表 7-23。

表 7-19　平板水平对接半自动 CO_2 气体保护焊的焊接参数

焊件厚度/mm	焊丝直径/mm	接头形式	装配间隙/mm	焊接参数：焊接电流/A	焊接参数：电弧电压/V	焊接参数：焊接速度/(m/h)	焊接参数：焊丝伸出长度/mm	焊接参数：气体流量/(L/min)	备注
1	0.8		0 ~ 0.5	60 ~ 65	20 ~ 21	30	8 ~ 10	7	垫板厚度 1.5mm
1	0.8	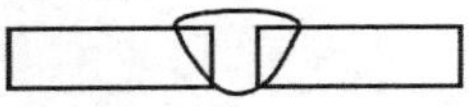	0 ~ 0.3	35 ~ 40	18 ~ 18.5	25	5 ~ 8	7	单面焊双面成形
1.5	1.0	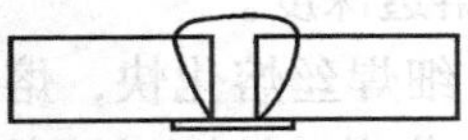	0.5 ~ 0.8	110 ~ 120	22 ~ 23	27	10 ~ 12	8	垫板厚度 2mm
1.5	1.0	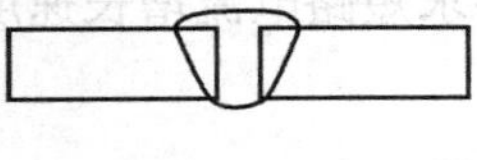		60 ~ 70	20 ~ 21	30	10 ~ 12	8	单面焊双面成形
1.5	0.8			65 ~ 70	19.5 ~ 20.5	30	8 ~ 10	7	
1.5	0.8	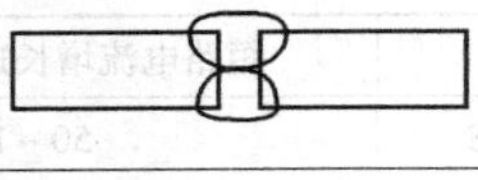	0 ~ 0.3	45 ~ 50 55 ~ 60	18.5 ~ 19.5 19 ~ 20	31	8 ~ 10	7	双面焊
1.5	1.2	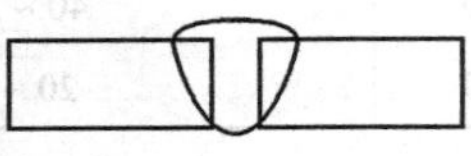	0.5 ~ 1	120 ~ 140	21 ~ 23	30	12 ~ 14	8	单面焊双面成形
2	1.2	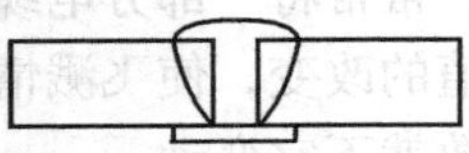	0 ~ 0.8	130 ~ 150	22 ~ 24	27	12 ~ 14	8	垫板厚度 2mm
2	1.2	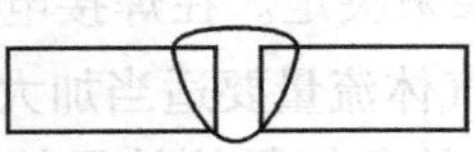	0 ~ 0.6	85 ~ 95	21 ~ 22	20	12 ~ 14	8	单面焊双面成形反面放铜垫

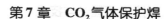

（续）

焊件厚度/mm	焊丝直径/mm	接头形式	装配间隙/mm	焊接参数 焊接电流/A	电弧电压/V	焊接速度/(m/h)	焊丝伸出长度/mm	气体流量/(L/min)	备注
2	1.0	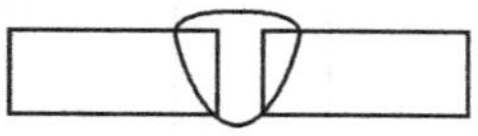	0~0.6	85~95	20~21	27	10~12	8	
	0.8			75~85	20~21	25	8~10	7	
	1.0	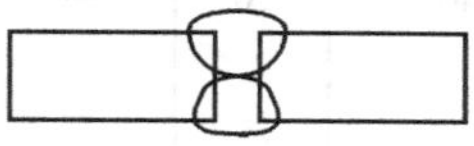	0~0.6	50~60	19~20	30	10~12	8	
				60~70					
	0.8			55~60	19~20	30	8~10	7	
				65~70					
3	1.2		0~0.8	95~105	21~22	30	12~14	8	
				110~130					
	1.0		0~0.8	95~105	21~22	25	12~14	8	
				100~110					
4	1.2		0~0.8	110~130	22~24	30	12~14	8	
				140~150					
6	1.2	—	0~1	190	19	16	16	15	
				210	20				
10	1.6	—	0~1.5	340	33.5	25	27	20	
				360	36				
12	1.6	—	0~1.5	360	36	30	20	20	
				400	—				
	1.2	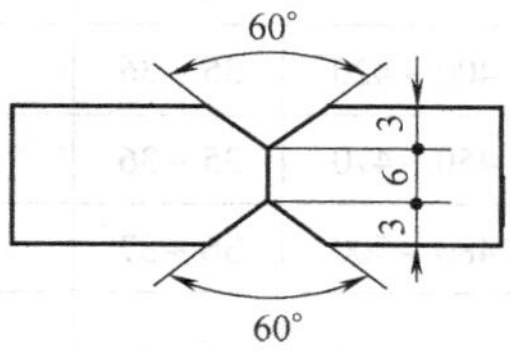 60° 3 6 3 60°	—	310	32	30	15	20	
				330	33				
16	1.6	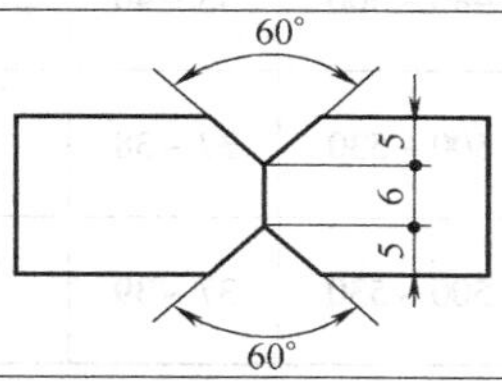 60° 5 6 5 60°	—	410	34.5	27	20	20	
				430	36	27			
25	1.6	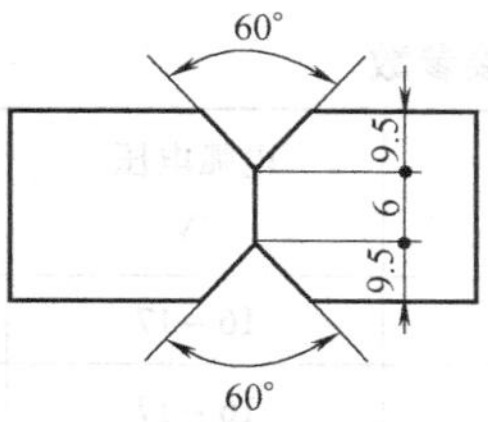 60° 9.5 6 9.5 60°	—	480	38	18	20	25	
				500	39	18			

（续）

焊件厚度/mm	焊丝直径/mm	接头形式	装配间隙/mm	焊接参数					备注
				焊接电流/A	电弧电压/V	焊接速度/(m/h)	焊丝伸出长度/mm	气体流量/(L/min)	
30	2	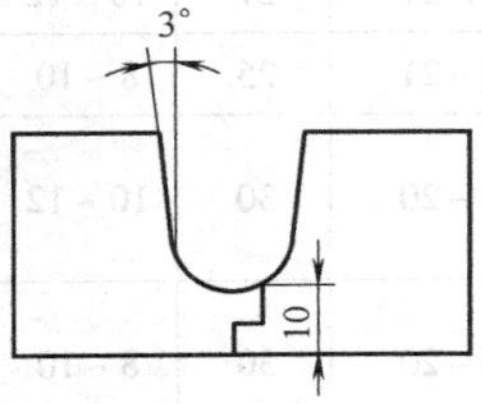3° 10	—	400~450	40	20	—	18	

表 7-20　自动 CO_2 气体保护焊的焊接参数

焊件厚度/mm	接头形式	焊丝直径/mm	焊接层数	焊接电流/A	电弧电压/V	焊接速度/(m/h)	气体流量/(L/min)
1.6		1.2	1	170~180	22~23	60	
2.3	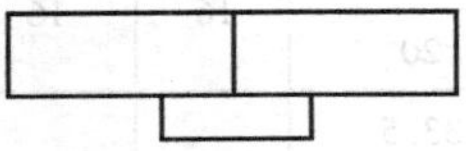	1.2	1	210~240	34~35	72	15~20
3.2		1.2	1	280~310	34~35	72	
4.5		1.6	1	450~460	34~35	90	
5		1.6	1	480~500	34~35	90	
4.5		1.2	2	200~210	23~24	30	
6		1.2	2	240~250	24~26	30	
8	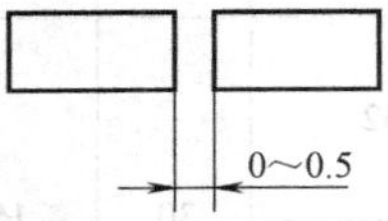0~0.5	1.6	2	400~420	35~36	90	20~25
9		1.6	2	450~470	35~36	48	
12		1.6	2	480~500	36~37	42	
19		1.6	2	480~500	38~40	27	
25	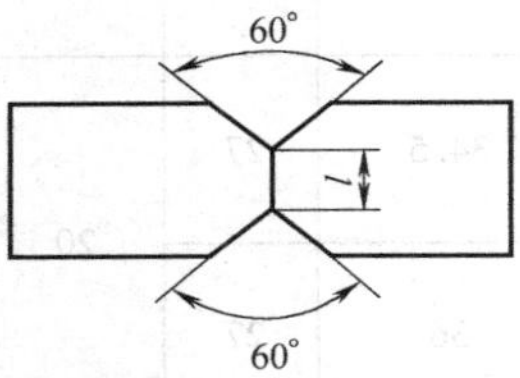60° l 60°	1.6	2	500~530	37~38	15	20~25
32		1.6	2	500~530	37~39	15	20~25

表 7-21　对接焊缝向下立焊的焊接参数

板厚/mm	间隙/mm	焊丝直径/mm	焊接电流/A	电弧电压/V	焊接速度/(m/h)
0.8	0	0.9	60~65	16~17	36~39
1.0		0.9	60~65	16~17	36~39

（续）

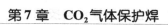

板厚 /mm	间隙 /mm	焊丝直径 /mm	焊接电流 /A	电弧电压 /V	焊接速度 /(m/h)
1.2	0	0.9	70~75	16.5~17	36~39
1.6		0.9	76~85	17~18	33~39
		1.2	100~110	16~16.5	48~50
2.0	1.0	0.9	85~90	18~19	27~30
	0.8	1.2	110~120	17~18	42~48
2.3	1.3	0.9	90~100	18~19	24~27
	1.5	1.2	120~130	18~19	33~39
3.2	1.8	1.2	140~160	18~19.5	23~25
4.0	2.0	1.2	140~160	19~19.5	21~23

表7-22 角焊缝向下立焊的焊接参数

焊脚尺寸/mm	焊丝直径/mm	焊接电流/A	电弧电压/V	焊接速度/(m/h)	气体流量/(L/min)
3.0	1.0~1.2	80~140	18~20.0	27~30	10~20
3.5	1.0~1.2	130	20	37	10~20
4.0	1.0~1.2	170	21	27	10~20
5.0	1.2	280	28	30	20~25
7.0	1.2	320	34	30	20~25
10.0	1.5	400	38	21	20~25

表7-23 角焊缝的焊接参数

焊件厚度 /mm	焊脚尺寸 /mm	焊丝直径 /mm	焊接电流 /A	电弧电压 /V	焊接速度 /(m/h)	焊丝伸出长度/mm	气体流量 /(L/min)	焊接位置
0.8~1.0	1.2~1.5	0.7~0.8	70~110	17~19.5	30~50	8~10	6	平焊 立焊 仰焊
1.2~2.0	1.5~2.0	0.8~1.2	110~140	18.5~20.5	30~50	8~12	6~7	
>2.0~3.0	2.0~3.0	1.0~1.4	150~210	19.5~23	25~45	8~15	6~8	
4.0~6.0	2.5~4.0	1.0~1.4	170~350	21~32	23~45	10~15	7~10	平焊 立焊
≥5.0	6~8	1.6	260~280	27~29	20~26	18~20	16~18	平焊
	9~11 (2层)	2.0	300~350	30~32	25~28	20~24	17~19	
	13~16 (4~5层)	2.0	300~350	30~32	25~28	20~24	18~20	
	27~30 (12层)	2.0	300~350	30~32	24~26	20~24	18~20	

7.3.3 减少金属飞溅的措施

金属飞溅是CO_2气体保护焊的主要缺点。根据人们对飞溅产生机理的认识和实际经验，在工艺上，减少飞溅的措施主要有以下几方面。

1. 正确选择焊接参数

(1) 焊接电流与电弧电压　CO_2气体保护焊对于不同直径的焊丝，其飞溅率和焊接电流之间存在着一定的关系。在焊接电流1区（即小电流区，短路过渡）和焊接电流3区（即大电流区，细颗粒过渡）飞溅率都较小，而焊接电流处于中等电流区的飞溅率最大。例如直径为1.2mm的焊丝，焊接电流小于150A或大于300A飞溅率都较小，介于两者之间则飞溅率最大。在选择焊接电流时应尽可能避开飞溅率高的焊接电流区。电弧电压则应与焊接电流相匹配，以保证飞溅率最小。

(2) 焊枪角度　焊枪的倾角决定了电弧力的方向，所以焊枪前倾和后倾，对飞溅率及焊缝的成形都有影响。一般左焊法时，焊枪后倾10°～20°，电弧的作用力倾向将熔化金属推向前方，飞溅率较大；右焊法时，一般焊枪前倾10°～20°，飞溅率较小。

2. 在CO_2气体中加入Ar气

无论是短路过渡还是滴状过渡，在CO_2气体中加入Ar气，都能明显地使过渡的熔滴尺寸变细，从而改善熔滴过渡的特性，减少飞溅。特别是对于熔滴过渡，加Ar气后对于大颗粒的飞溅有明显的改善效果。

3. 短路过渡时限制金属液桥爆断能量

短路过渡CO_2气体保护焊时，金属液桥的爆断是产生飞溅的重要因素，而金属液桥的爆断是一个随机的现象，它可能在不同的能量情况下发生。如果处于高能状态爆断，就存在较大飞溅的可能性。当短路电流的增长速率过快时，金属液桥未及爆断处于高能状态的概率便增加。当短路电流的增长速率过低时，液桥温度下降，但如果积累较大的能量也能使液桥爆断，造成较大的飞溅。但对于平特性电源CO_2焊机，通常主要问题是前者。必须设法使短路液桥的金属过渡趋于平缓。目前采取的方法有以下几种。

(1) 焊接回路串接附加电感　电感越大，短路电流增长速度越小，反之亦然。焊丝直径不同，附加相同的电感值时，其电流增长速度不同。焊丝直径大，则增长速度大；焊丝直径小，则增长速度小。短路电流增长速度应与焊丝的最佳短路频率相适应，细焊丝熔化快，熔滴过渡的周期短，需要较大的电流增长速度，要求串接的附加的电感值较小。粗焊丝熔化慢，熔滴过渡的周期长，则要求较小的电流增长速度，应串接较大的附加电感。通常，焊接回路内的电感值在0～0.2mH范围内变化时，对短路电流上升速度的影响最明显。因此适当地调整附加电感值，可以有效地减少金属飞溅。这种方法的优点是简单，效果明显。缺点是控制不够精确，适量调整不易。因而只能在一定程度上减少飞溅。

(2) 电流切换法　在液桥缩颈达到临界尺寸之前，短路电流有较大的自然增长，产生足够的电磁收缩力，从而通过液桥把大量的熔化金属挤到熔池中去。然而，一旦缩颈尺寸达到临界值，便立即减少电流（也即进行电流切换）。这样液桥缩颈便处于小的电磁收缩力的作用之下，缓慢断开，就消除了液桥爆断产生飞溅的因素。飞溅率可降低至2%～3%。

电流切换的技术关键在于适时的检测液桥的电压降。用计算机的*A/D*板快速取样（每秒可达上千次），然后与设定的反映液桥临界尺寸的电压信号 U_c 作比较。当检测电压等于 U_c 时，即发出电流切换的（中断）指令。计算机控制的电焊机系统（如场效应管的晶体管焊接电源）就能在极短的时间内（约 10～15μs），迅速地切断电流，由高值降到低值，达到控制液桥的目的。

（3）电流波形控制法　短路过渡 CO_2 气体保护焊工艺要求解决好三个问题：一是飞溅小，二是焊缝成形好，三是引弧成功率高。当然这三个问题的解决，不仅取决于焊接电源，也与送丝机构有关。常规的 CO_2 气体保护焊是平特性电源配以等速送丝机构。电源回路中串接直流电感用以限制短路电流上升率，同时又限制了短路电流峰值，有利于减小飞溅，另外，电感的储能可以增加燃弧期间的能量，改善焊缝成形。这种措施虽然简单容易实现，但局限性大，同一电感适应的焊接电流范围窄，电感的数值也难以实现细调，而且焊接回路中串电感对引弧不利。通过焊接电源来解决 CO_2 气体保护焊短路过渡的飞溅、成形问题较好的措施是采用电流波形控制。

通过电流的波形控制，使金属液桥在较低的电流时断开；而液桥断开后，立即施加电流脉冲，增加电弧热能，使熔化金属的温度提高。而在短路时，再由高值电流改变成低值电流，短路时的电流值较低，但处于高温状态的熔滴形成的短路液桥温度较高，很容易发生流动，再施加很少的能量就能实现金属的过渡与爆断。从而限制了金属液桥爆断的能量，因此能够降低金属飞溅。现在已经有许多电流波形控制的方案。电流波形控制法的缺点是设备复杂。

近些年来人们在这方面作了许多试验研究工作，特别是利用晶体管类逆变器动态响应快的优势，能充分发挥这种控制方法的实用性，例如美国林肯公司研制的表面张力过渡 CO_2 逆变电源，就是采用一种较复杂的电流波形控制。图 7-6 所示为表面张力过渡（STT）CO_2 气体保护焊短路过渡电流、电压波形控制图。

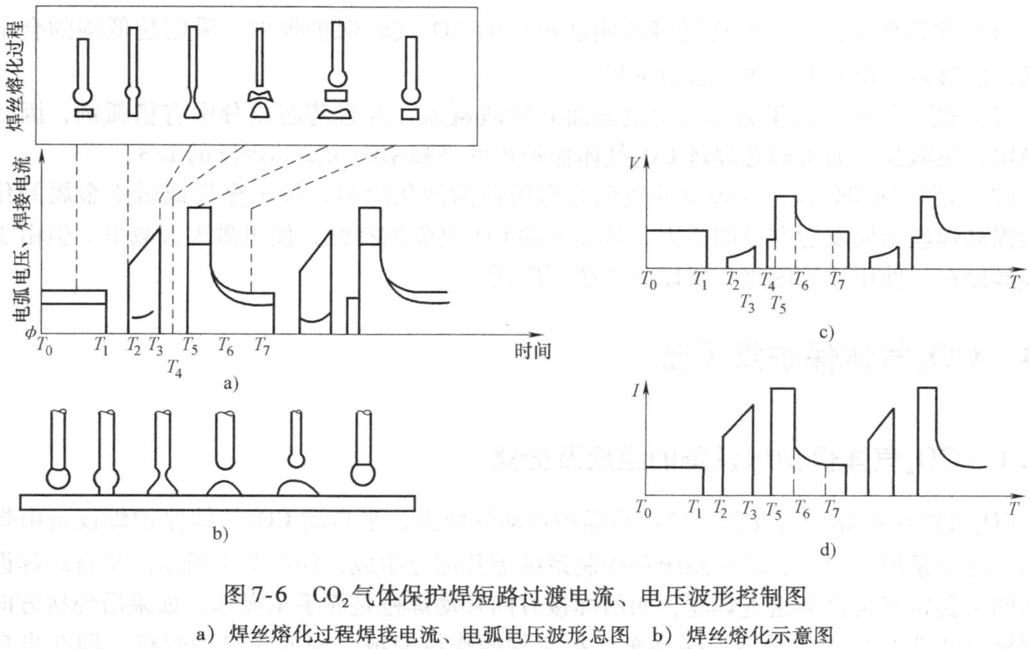
焊丝熔化过程
电弧电压、焊接电流
φ
T_0
T_1
T_2
T_3
T_4
T_5
T_6
T_7
时间
a)
b)
V
T_0 T_1 T_2 T_4 T_6 T_7 T
T_3 T_5
c)
I
T_0 T_1 T_2 T_3 T_5 T_6 T_7 T
d)

图 7-6　CO_2 气体保护焊短路过渡电流、电压波形控制图

a）焊丝熔化过程焊接电流、电弧电压波形总图　b）焊丝熔化示意图

c）电弧电压波形图　d）焊接电流波形图

1）基值电流段（T_0—T_1），基值电流根据焊丝材料、直径及送丝速度来决定，其值为50～100A，使焊丝末端维持一个1.2倍焊丝直径的熔滴。

2）焊丝端部熔球形成段（T_1—T_2），在基值电流下，焊丝端部熔滴在表面张力作用下形成近似球状，熔滴一接触熔池，电压探测器提供一个短路信号，此时基值电流约在750μs时间内减小到10A，表面张力开始吸引熔滴从焊丝向熔池过渡，形成小桥。

3）电磁收缩熔滴形成缩颈段（T_2—T_3），形成小桥后，电流以一定的斜率上升到一个较大值，小桥开始缩颈。

4）小桥在表面张力作用下熔滴过渡段（T_3—T_4），随着缩颈的形成，小桥电阻增大，当小桥断裂前，将焊接电流在数微秒内减小到10A，使小桥在表面张力下，实现无飞溅过渡。

5）电弧扩展段（T_5—T_6），熔滴脱离焊丝后，电弧重新建立，此时增大电流，使电弧等离子体扩展，扩展时间取决于焊丝伸出长度。保持焊丝端部熔球的平均值为焊丝直径的1.2倍时，过渡特性就好，飞溅少，电弧稳定。因此控制每次熔滴过渡的热量很重要，STT电源是通过自适应电路来实现的，其原理是测量短路期间焊丝伸出长度电压，短路时没有电弧，对伸出长度电压进行连续采样，然后取平均值。在电弧扩展阶段，对采样平均值进行积分，得到一个以时间为函数的线性直线，线性直线上的电压值与给定的热参数值相等时，电弧扩展阶段结束，这样就控制了每次熔滴过渡时熔滴大小的一致性。

6）电弧等离子体稳定阶段（T_6—T_7），电弧等离子体扩展阶段结束时，大电流以等比级数减小至基值电流，此阶段大电流逐渐衰减，以抑制熔池搅拌。

这种方法以其柔和的电弧和极小的飞溅，引起业内人士的关注，但由于其产品售价较高，仅在某些领域有所应用。

4. 采用低飞溅率焊丝

（1）超低碳焊丝　在短路过渡或滴状过渡的CO_2气体保护焊中，采用超低碳的合金钢焊丝，能够减少由CO_2气体引起的飞溅。

（2）药芯焊丝　由于熔滴及熔池表面有熔渣覆盖，并且药芯成分中有稳弧剂，因此电弧稳定，飞溅少。通常药芯焊丝CO_2气体保护焊的飞溅率约为实芯焊丝的1/3。

（3）活化处理焊丝　在焊丝的表面涂有极薄的活化涂料，稀土金属或碱土金属的化合物能提高焊丝金属发射电子的能力，从而改善CO_2电弧的特性，使飞溅大大减少。但由于这种焊丝储存、使用比较困难，所以应用还不广泛。

7.4　CO_2气体保护焊设备

7.4.1　CO_2气体保护焊设备的组成及分类

CO_2气体保护焊所用设备有半自动焊和自动焊两类。半自动CO_2气体保护焊设备由焊接电源、送丝系统、焊枪、供气系统和控制系统等几部分组成，如图7-7所示。半自动焊设备工作的主要特点是自动送进焊丝，而沿焊接方向移动焊枪是靠手工操作。如果沿焊接方向移动焊枪（机头）的工作是由焊接小车或相应的操作机完成，则成为自动焊机。即在半自动焊设备的基础上增加焊接行走机构（如小车、吊梁式小车、操作机、转胎和焊接机器人等），焊接行走机构除完成行走功能外，在其上可载有焊枪、送丝系统和控制系统等，这就构成了自动 CO_2 气体保护焊设备。实际生产中，CO_2 气体保护焊设备以半自动焊为主。

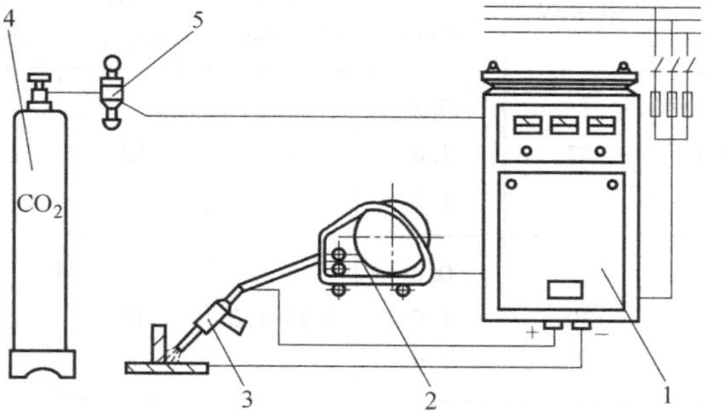
4
5
CO_2
+
−
3
2
1

图7-7 半自动 CO_2 气体保护焊设备的组成示意图

1—焊接电源 2—送丝机 3—焊枪 4—气瓶 5—气体减压阀

半自动 CO_2 气体保护焊焊机的型号为 NBC——×××，其符号含义为：

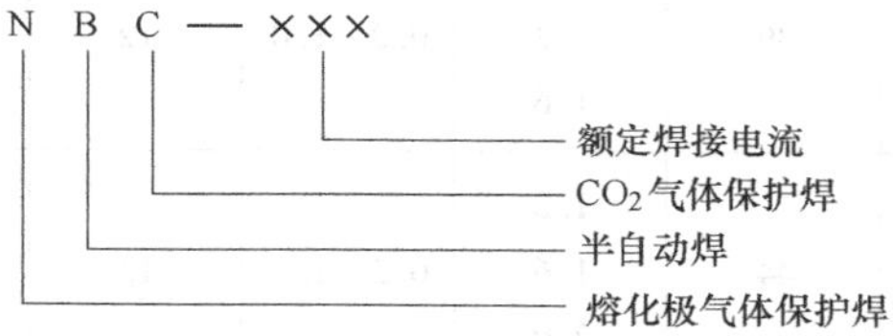
N B C — ×××
额定焊接电流
CO_2 气体保护焊
半自动焊
熔化极气体保护焊

同样，自动 CO_2 气体保护焊焊机的型号为 NZC——×××，其符号含义与 NBC——××× 相同，其中不同的是 Z 代表自动焊。

CO_2 气体保护焊焊机按额定电流的大小主要有如下几种：NBC—160、NBC—200、NBC—250、NBC—315（300）、NBC—400、NBC—500 和 NBC—630 等，这里列出了七种电流等级，其中最常用的有三种：NBC—200、NBC—315、NBC—500，其基本参数见表 7-24。可见，额定电流较小的焊机适用于细丝，而额定电流较大的焊机适用于较粗的焊丝。无论是半自动还是自动 CO_2 气体保护焊，焊丝送进基本上是连续的，连续工作时间较长，所以额定负载持续率规定为 60% 或 100%。通常半自动焊时大都为 60%，而自动焊时为 100%。

表 7-24 CO_2 气体保护焊焊机基本参数

<table>
<tr><th rowspan="2">额定电流等级/A</th><th colspan="2">调节范围/(A/V)</th><th rowspan="2">额定负载电压/V</th><th rowspan="2">焊丝直径/mm</th><th rowspan="2">焊接速度/(m/min)</th><th colspan="2">送丝速度</th><th rowspan="2">额定负载持续率/(%)</th><th rowspan="2">工作周期/min</th></tr>
<tr><th>上限不小于</th><th>下限不大于</th><th>上限不小于</th><th>下限不大于</th></tr>
<tr><td>160</td><td>160/22</td><td>40/16</td><td>22</td><td>0.6①
0.8
1.0</td><td>—</td><td>9②/12</td><td rowspan="2">3</td><td rowspan="2">60
或
100</td><td rowspan="2">5
或
10</td></tr>
<tr><td>200</td><td>200/24</td><td>60/17</td><td>24</td><td>0.8
1.0</td><td>—</td><td>9②/12</td></tr>
</table>

（续）

额定电流等级/A	调节范围/（A/V）		额定负载电压/V	焊丝直径/mm	焊接速度/（m/min）	送丝速度		额定负载持续率/（%）	工作周期/min
	上限不小于	下限不大于				上限不小于	下限不大于		
250	250/27	60/17	27	0.8 1.0 1.2	—	12			
315 （300）	315/30 （300）/30	80/18	30	0.8 1.0 1.2	0.2～1.0	12			
400	400/34	80/18	34	1.0 1.2 1.6	0.2～1.0	12	3	60 或 100	5 或 10
500	500/39	100/19	39	1.0 1.2 1.6	0.2～1.0	12			
630	630/44	110/19	44	1.2 1.6 2.0	0.2～1.0	12	2.4		

① 0.6mm 直径焊丝适用于拉式送丝。

② 拉丝式产品送丝速度。

CO_2 气体保护焊焊机按电源类型分类，有变压器抽头式 CO_2 气体保护焊焊机、磁放大器式 CO_2 气体保护焊焊机、晶闸管式 CO_2 气体保护焊焊机和逆变式 CO_2 气体保护焊焊机等。显然，变压器抽头式 CO_2 气体保护焊焊机为普及型焊机，其结构简单，成本低，适用于细丝和飞溅不大，但没有补偿能力。晶闸管式整流弧焊机为标准型焊机，它有较好的控制性能，其反馈控制可以保证焊接参数稳定，有较强的网路补偿能力。而逆变式 CO_2 气体保护焊焊机为高档型机，其工作频率高，动特性好，还有良好的控制性能，如引弧性能、焊接性能及抗干扰性能。

CO_2 气体保护焊焊机按送丝方式分，可以分为连续送丝方式和脉动送丝方式。目前工业生产中大都使用连续送丝方式。

7.4.2　CO_2 气体保护焊焊接电源

1. 对电源外特性的要求

在采用等速送丝时，焊接电源应具有平或缓降外特性；采用变速送丝时，焊接电源应具有下降外特性。

短路过渡焊接时采用具有平外特性的电源，电弧长度和焊丝伸出长度的变化对电弧电压的影响最小，平外特性电源引弧比较容易，且对防止焊丝回烧和粘丝有利，此外，采用平外特性电源，可以对焊接电流和电弧电压分别加以调节，相互之间没有多大影响。

2. 对电源动特性的要求

颗粒过渡焊接时对电源的动特性没有什么要求，而短路过渡焊接时则要求焊接电源具有良好的动态品质。其含义指两方面：一是要有足够大的短路电流增长速度 di/dt、短路峰值电流 I_{max}和电弧电压恢复速度 du/dt；二是当焊丝成分及直径不同时，短路电流增长速度 di/dt 要能进行调节。

3. 要求焊接电流及电弧电压能在一定范围内调节

用于细丝短路过渡的焊接电源，一般要求电弧电压为 17 ~23V，电弧电压分级调节时，每级不应大于1V；焊接电流能在 50 ~250A 的范围内均匀调节。用于颗粒过渡的焊接电源，一般要求电弧电压能在 25 ~44V 范围内调节，而额定焊接电流要根据需要选择。

7.4.3　程序自动控制

CO_2 气体保护焊控制系统的作用是对供气、送丝和供电系统实现控制。半自动 CO_2 气体保护焊控制程序如图 7-8 所示。

起动
提前送气
(1~2s)
送丝
供电
开始焊接
停止焊接
停丝
停电
滞后停气

图 7-8　半自动 CO_2 气体保护焊控制程序方框图

7.4.4　供气系统

CO_2气体保护焊供气系统由 CO_2气瓶以及预热器、干燥器、减压阀、气体流量计和气阀等组成，见图 7-9。

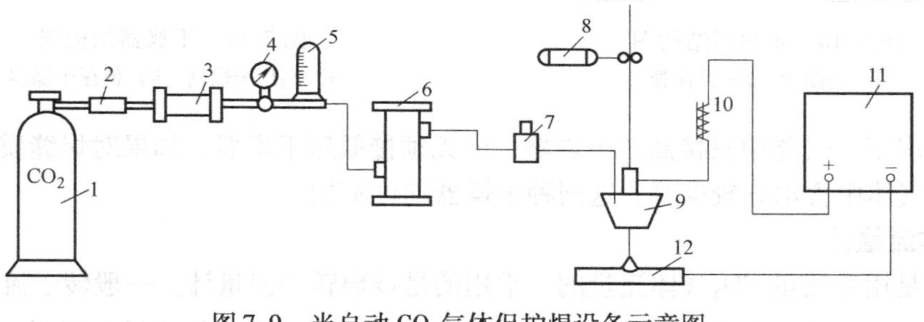
CO2
1
2
3
4
5
6
7
8
9
10
11
12
+
−

图 7-9　半自动 CO_2气体保护焊设备示意图

1—CO_2气瓶　2—预热器　3—高压干燥器　4—气体减压阀　5—气体流量计　6—低压干燥器
7—气阀　8—送丝机构　9—焊枪　10—可调电感　11—焊接电源　12—焊件

1. 预热器

焊接过程中钢瓶内的液态 CO_2不断地气化成 CO_2气体，该气化过程要吸收大量的热能。另外，钢瓶中的 CO_2气体是高压的，约为 $50 \times 10^5 \sim 60 \times 10^5$Pa，经减压阀减压后，气体体积膨胀会使气体温度下降。为了防止 CO_2气体中的水分在钢瓶出口处及减压表中结冰，使气路堵塞。在减压之前，要将 CO_2气体通过预热器进行预热。显然，预热器应尽量装在靠近钢瓶的出气口附近。

预热器的结构比较简单，一般采用电热式，用电阻丝加热，见图 7-10。将套有绝缘瓷管的电阻丝绕在蛇形钢管的外围即可。采用 36V 交流电供电，功率在 100 ~150W 之间。

供气系统的温度降低程度和 CO_2气体的消耗量有关。气体流量越大，供气系统温度降得越低。长时间、大流量地消耗气体，可使钢瓶内的液态 CO_2冻结成固态。相反，若气体流量比较小（如 10L/min 以下），虽然供气系统的温度有所降低，但不会降低到零度以下，这时气路中可不设预热器。

2. 干燥器

干燥器的主要作用是吸收 CO_2气体中的水分和杂质，以避免焊缝出现气孔。干燥器分为高压和低压两种，其结构如图 7-11 所示。高压干燥器是气体在未经减压之前进行干燥的装置，低压干燥器是气体经减压后再进行干燥的装置。

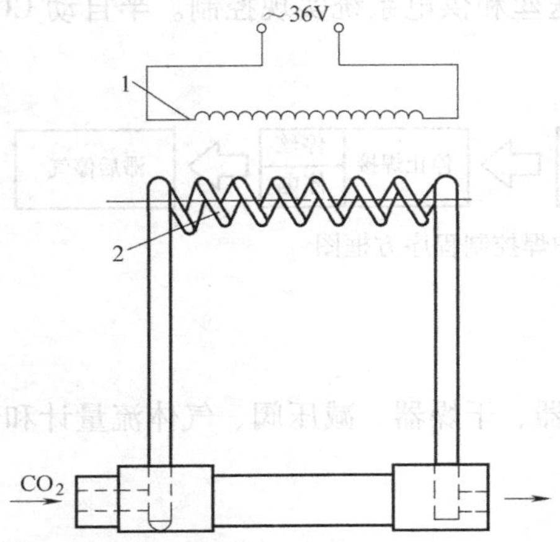
~36V
1
2
CO2

图 7-10　预热器结构图

1—电阻丝　2—纯铜管

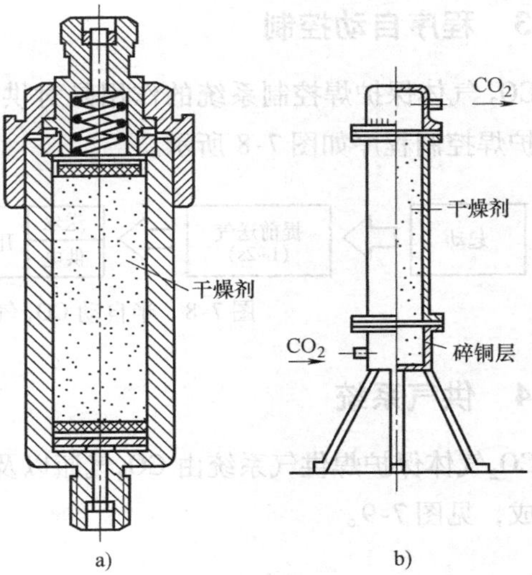
干燥剂
a)
CO2
干燥剂
CO2
碎铜层
b)

图 7-11　干燥器结构图

a）高压干燥器　b）低压干燥器

一般情况下，气路中只接高压干燥器，而无须接低压干燥器，如果对焊缝质量要求不太高或者 CO_2气体中含水分较少时，这两种干燥器均可不加。

3. 气体流量计

流量计是用来测量 CO_2气体流量的，常用的是玻璃转子流量计。一般转子流量计上的刻度是用空气来标定的，随着实际使用保护气体密度的不同，实际的流量也不同。因此，要知道所用气体准确流量时必须经过换算（公式换算）后才能确定。

4. 气阀

气阀是控制保护气体通断的一种元件。若控制的准确性要求高时，可以采用电磁气阀来完成气体的输送和停止动作。电磁气阀的结构如图 7-12 所示。控制要求不严格时，也可直接采用机械气阀由手工控制。

7.4.5　半自动 CO_2气体保护焊焊机

1. 变压器抽头式硅整流电源

变压器抽头式硅整流 CO_2气体保护焊焊机，有 NBC—400、NBC—250、NBC—160 三种类型三种产品，基本参数见表 7-25。焊接电源采用了特殊的抽头变压器调整方式，是目前国际上普遍采用的一种最简单、可靠的结构，焊接电源主要由焊接变压器、三相全波桥式硅

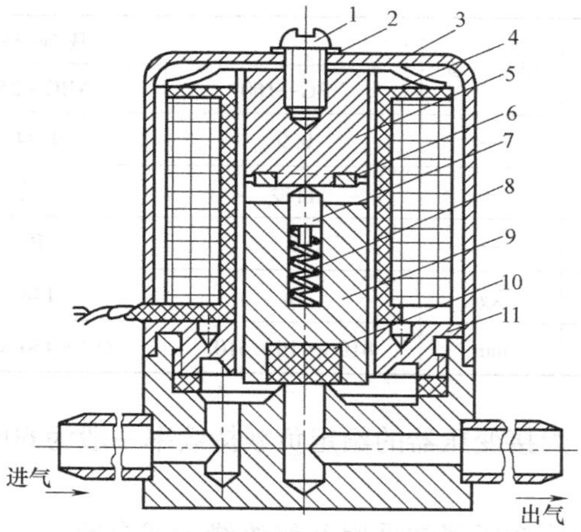
1
2
3
4
5
6
7
8
9
10
11
进气
出气

图7-12 电磁气阀结构图

1—螺钉 2—垫圈 3—罩 4—套 5—芯子 6—铜环

7—导杆 8—弹簧 9—芯子 10—密封塞 11—压盖

整流器和直流输出电抗器三部分组成。

三相焊接变压器由于CO_2气体保护焊工艺的需要，其具有如下特点：

1）外特性。CO_2气体保护焊变压器要求平的或缓降的外特性。外特性变化程度可以用电压调整率$\Delta U\%$来表示，如下式所表示。

$$\Delta U\% = \Delta U/U_o \times 100\% = (U_o - U_2)/U_o \times 100\%$$

式中 U_o——空载电压；

U_2——额定电流所对应的二次电压。

CO_2气体保护焊变压器的$\Delta U\% = 15\% \sim 22\%$。

表7-25 三种产品焊接电源的基本参数

序号	项 目	单 位	基本参数		
			NBC—160	NBC—250	NBC—400
1	一次电压	V	380	380	380
2	相数	—	3	3	3
3	频率	Hz	50	50	50
4	额定输入容量	kVA	4.6	9.0	19.0
5	额定工作电流	A	160	250	400
6	额定负载持续率	%	60	60	60
7	电流调节范围	A	40 ~ 160	60 ~ 250	80 ~ 400
8	电压调节范围	V	16 ~ 22	17 ~ 27	18 ~ 34
9	空载电压范围	V	17 ~ 29	18 ~ 36	20 ~ 50
10	效率	%	85	84	81

（续）

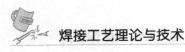

序号	项　　目	单　　位	基 本 参 数		
			NBC—160	NBC—250	NBC—400
11	功率因数	—	0.9	0.84	0.89
12	冷却方式	—	自冷	自冷	风冷
13	绝缘等级	—	B	B	B
14	质量	kg	98	148	166
15	外形尺寸	mm	810×410×610	810×450×670	1000×430×670

2）负载持续率不同。焊接变压器的额定负载持续率一般为60%。基于用户要求也可采用100%的负载持续率。

3）冷却方式。我国焊接变压器常采用B级绝缘干式自冷。

4）电压调节。NBC系列焊机三相变压器的一次线圈有许多抽头引出。接在一组或两组转换开关上，可以使一次线圈的匝数按一定规律变化，从而使二次线圈感应出不同的二次电压，经三相整流后得到不同的直流电压使CO_2气体保护焊正常进行。由此可见，电压调整是焊接变压器的重要特点。

根据焊接工艺的要求和部颁标准规定，CO_2气体保护焊电源必须有足够的输出电压调节范围，且能进行精细调节，利用变压器一次线圈抽头进行有级调节，其相邻两级的级差不得大于6.3%，这样才能保证CO_2气体保护焊焊接参数细调的需要。

由表7-25可知，焊机的输出空载电压调节范围NBC—400焊机为20~50V，NBC—250焊机为18~36V，NBC—160焊机为17~29V。其电压调整比分别为1:2.5，1:2，1:1.7，可以看出，NBC—400焊机所需调节的范围最大，而NBC—160焊机则最小。为保证各相邻级差较小，NBC—400焊机需30级调节，NBC—250焊机需20级调节，而NBC—160焊机只需11级调节就够了。由于NBC—160焊机所需输出电压的调节范围小，它的电压调节非常简单，只用一个3刀11档的转换开关就够了。三相变压器的三个一次线圈各有11个抽头，开关的第一档将匝数最多的一次线圈接入，二次感应电压最低，电源就为最小直流电压输出。当开关的第11档将最少的一次线圈接入，二次感应的电压最高，电源就可输出最高的直流电压。

NBC—250焊机和NBC—400焊机的调节原理与此相同，只是具体的抽头方式发生变化。

5）三相变压器的接线。焊接变压器的一次线圈和二次线圈都可以根据需要接线，或连接成星形（用符号Y表示），或连接成三角形（用符号△表示）。

当星形连接时，三相绕组的末端连在一起，三个首端接引出线。当三角形连接时，一相末端接另一相首端，依次连接成闭合回路，三个接点连接引出线。如果连接不正确，变换出来的二次电压就不可能对称。在三角形连接时，若连接错误，三相电动势不能互相抵消，就要在闭合回路中产生短路电流，烧毁变压器。当负载对称时，三相变压器每一相的情况和一个单相变压器一样。

当线圈是Y形连接时，线电流等于相电流，而线电压是相电压的$\sqrt{3}$倍。当线圈是三角形连接时，线电流是相电流的$\sqrt{3}$倍，而线电压等于相电压。

CO_2焊接电源中的焊接变压器是降压变压器，一般多采用Y/△接法。这时，一次线圈上的相电压只有线电压的$1/\sqrt{3}$（即220V），因而可以减少每相线圈的匝数。而对于二次线圈，相电流只是线电流的$1/\sqrt{3}$，可以减少导线截面积，且绕制线圈较容易。Y/△接法还有一个优点，它可以消除由于铁心接近饱和时出现的三次谐波的磁通及电动势。

2. 晶闸管整流电源

晶闸管是硅晶体闸流管的简称，符号为SCR（Silicon Controlled Rectifier）。它是继硅整流二极管之后发展起来的电力半导体器件。由于它是可控器件，用它制作CO_2焊接电源，比前述的抽头式硅整流电源有如下优点：

1）调节输出电压方便。CO_2焊接变压器抽头硅整流电源，调节输出电压依靠改变变压器一次线圈匝数，这样调节输出电压不方便，特别是电流大的焊接电源，不仅要求换档开关功率大，制作难度大，而且分档多，接线困难，也不容易均匀细调。CO_2焊接晶闸管整流电源通过控制晶闸管的导通角可以很方便地实现输出电压的调节。

2）调节电源的动、外特性方便。晶闸管整流电源调节外特性，可以利用控制电路通过晶闸管对电源外特性的斜率进行任意调节。动特性也可以通过电子电抗器进行调整。这些都比硅二极管整流电源方便得多。

晶闸管是一种大功率半导体器件，容量大，耐压高，功耗小，功率放大倍数高，可以用微小功率的信号进行控制，很适合制作焊接电源。因此，晶闸管整流焊接电源的应用也较为广泛，大功率CO_2焊接电源中晶闸管整流电源是当前的主流产品。

CO_2焊接设备中常用的晶闸管整流电源主电路可分为三类：三相桥式半控电路、三相桥式全控电路、带平衡电抗器双反星形电路。

三相桥式半控整流电路用三个二极管、三个晶闸管和三个触发单元，因而线路比较简单、可靠、经济和较易调试。而且其整流变压器为普通三相降压变压器，易于制造。其主要缺点是调至低电压或小电流时波形脉动大，为满足对直流弧焊电源脉动系数的要求（一般脉动系数<2），需配备大电感量的输出电抗器。

三相桥式半控整流电路的整流电压波形在$\alpha > 60°$时每周只有三个波峰，脉动较大。如果将其三个整流二极管VD_2、VD_4、VD_6换成三个晶闸管，就变成三相桥式全控整流电路，如图7-13所示，其输出电压波形有较大的改善。

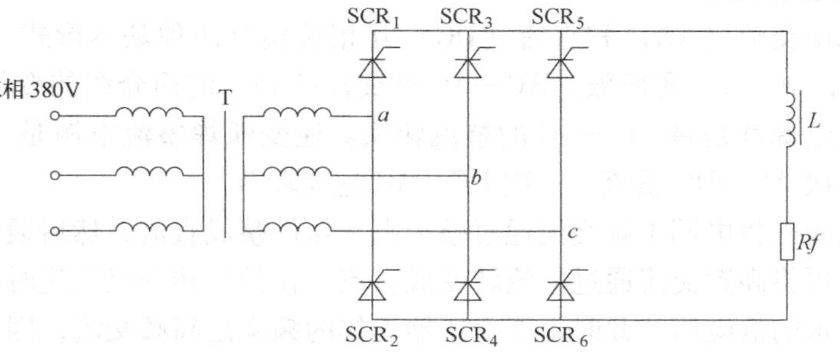
SCR1
SCR3
SCR5
三相380V
T
a
b
c
L
Rf
SCR2
SCR4
SCR6

图7-13 三相桥式全控整流电路

带平衡电抗器的双反星形整流器（见图7-14）与上述电路相比较具有以下特点：

1）相当于两组三相半波整流电路并联，它的各相电流流过时可延长至120°，而六相半波整流电路每相电流通过时间只有60°，显然前者的整流变压器和整流元件的利用率较高。该电路中同时有两个晶闸管并联导通，每个分担1/6负载电流。而三相桥式整流电路相当于两个三相半波整流电路的串联，同时有两个整流元件串联导通，每个晶闸管分担1/3负载电流，后面晶闸管的额定电流要求较大。同时后者要考虑两倍的管子压降，因而效率较低。故一般地说，带平衡电抗器双反星形整流电路更适合于做大电流低电压的弧焊电源。

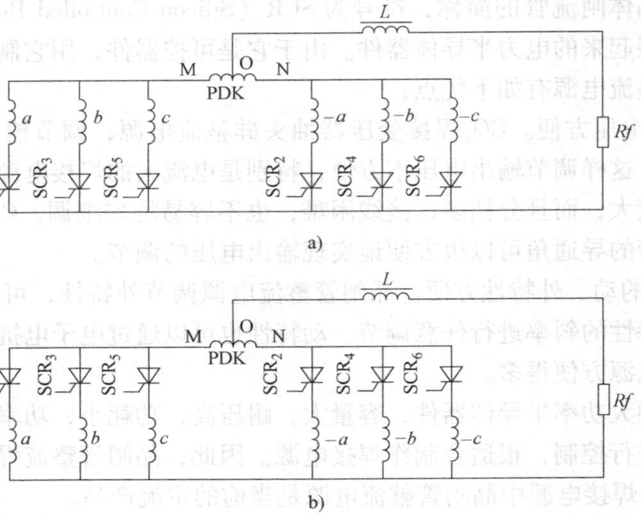

L
M
O
N
PDK
a
b
c
−a
−b
−c
Rf
SCR1
SCR3
SCR5
SCR2
SCR4
SCR6
a)
b)

图7-14　带平衡电抗器的双反星形电路

2）有六个晶闸管，触发电路比三相桥式半控整流电路要复杂，但比三相桥式全控整流电路简单。

3）整流电压波形为每周波六个波峰，其脉动程度比三相桥式半控电路小，最低谐波为六次，要求输出电感的电感量及体积都较小。

4）需用平衡电抗器，且为了保证能正常工作，其铁心不宜饱和，应避免该铁心被直流成分磁化，要求其抽头两边线圈的直流安匝相互抵消，即两组整流电路的参数（主要是变压器的匝数和漏感）应对称，这就给变压器的制造和元件的挑选增添了麻烦。

3. 逆变弧焊整流电源

在变流技术中交流（AC）和直流（DC）互相转换有四种基本形式。AC—DC称整流，DC—AC称逆变，DC—DC称斩波，AC—AC称交流变频。前面介绍的变压器抽头硅整流电源及晶闸管整流电源都是将AC—DC的整流转换。逆变弧焊整流电源是AC—DC—AC—DC过程，其中有两次AC—DC整流，一次DC—AC逆变环节。

逆变弧焊电源先将电网工频交流通过整流电子器件整成直流，然后通过逆变技术转换成高频交流，最后再将高频交流通过整流转变成直流，在最后转变成直流时，要通过变压器降压来适用弧焊要求的低电压，此时由于变压器工作的频率是高频交流，因此变压器的体积可随频率大幅度提高而大大减小。但逆变弧焊电源对功率开关器件的质量要求高，控制电路也较复杂，制造技术要求也较高，成本偏高。

逆变式弧焊电源又称为弧焊逆变器，基本工作原理如图7-15所示。单相或三相50Hz（频率f_1）交流网路电压经输入整流器UZ_1整流和输入滤波器LC_1滤波，借助大功率电子开关VT（晶闸管、晶体管、场效应管或绝缘栅双极晶体管IGBT）的交替开关作用，又将直流变换成几千至几万赫兹的中频交流电，再分别经中频变压器T、整流器UZ_2和电抗器LC的降压、整流与滤波就得到所需的电弧电压和焊接电流。输出电流可以是直流或交流。因此，弧焊逆变器可归纳为两种逆变系统："AC-DC-AC"和"AC-DC-AC-DC"。通常较多采用后一种逆变系统，故还可把它称为逆变弧焊整流器。它主要是由输入整流器（可以做成可控或不可控的整流桥）、电抗器、大功率电子开关（晶闸管组、晶体管组、场效应管组或IGBT）、中频变压器、输出整流器、电抗器及电子控制电路等组成，借助于大功率电子开关和闭环反馈电路实现对外特性和电弧电压、焊接电流的无级调节。

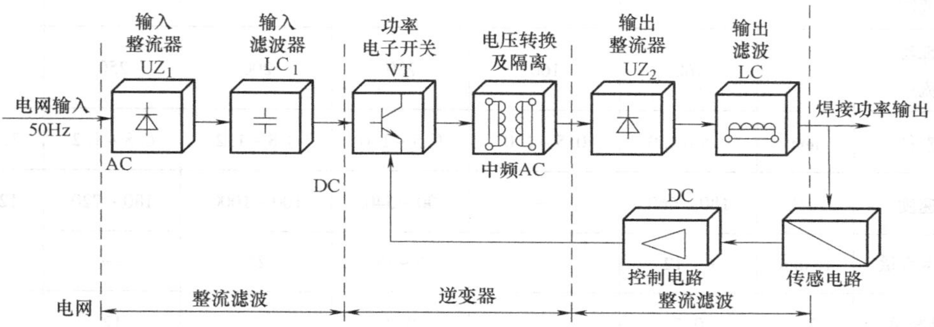
输入
整流器
UZ1
输入
滤波器
LC1
功率
电子开关
VT
电压转换
及隔离
输出
整流器
UZ2
输出
滤波
LC
电网输入
50Hz
AC
DC
中频AC
焊接功率输出
DC
控制电路
传感电路
电网
整流滤波
逆变器
整流滤波

图7-15 逆变式弧焊电源基本原理框图

由于晶闸管和晶体管的开关特性差别较大，晶闸管属于半控型器件，晶体管属于全控型器件，场效应晶体管和绝缘栅双极晶体管都是由晶体管派生出来的，所以它们都属于全控型器件。弧焊逆变器依据大功率开关器件的控制性能分为晶闸管类弧焊逆变器和晶体管类弧焊逆变器。这两类电源的核心是逆变器，差别也在逆变器部分。

晶闸管类弧焊逆变器采用的大功率开关器件——晶闸管，开通由门极进行控制，关断由逆变电路在晶闸管上施加反压来实现，所以晶闸管类逆变器的工作频率只能工作在几千赫兹的水平，工作时有较大的噪声。

晶体管类弧焊逆变器采用的大功率开关器件有晶体管、场效应管和绝缘栅双极晶体管（IGBT）三种，都可以通过控制极（门极、栅极和基极）控制其开通和关断，逆变器的工作频率可以工作在20kHz以上，工作时无令人烦躁的噪声。

弧焊逆变器的优点如下：高效节能，重量轻，体积小，具有良好的动特性和弧焊工艺性能，调节速度快，所有焊接参数均可无级调节，具有多种外特性，能适应各种弧焊方法的需要，可用于焊条电弧焊、各种气体保护焊（包括脉冲弧焊、半自动焊）、等离子弧焊、埋弧焊，药芯焊丝电弧焊等多种弧焊方法，还可适于机器人弧焊电源。由于焊接飞溅少，因而有利于提高机器人焊接的生产率。

随着CO_2焊技术的应用范围日益扩大，CO_2气体保护焊焊机的发展也很迅速。目前，已定型生产各种半自动和自动CO_2气体保护焊焊机，并且成功地在焊接生产中普遍应用。CO_2气体保护焊焊机的选用，必须结合具体生产条件及产品结构的特点。半自动和自动CO_2气体保护焊焊机的技术数据见表7-26～表7-28。

表 7-26 半自动 CO_2 气体保护焊焊机技术数据（额定容量 10kVA 以下）

型号		NBC-160	NBC1-160	NBC-200	NBC1-200	NBC-250	NBC1-250
电源电压	V	380	380	380	380	380	380
空载电压	V	18.5～28	16～30	10.6～30	14～30	—	18～36
工作电压	V	22	22	—	14～30	17～27	27
额定容量	kVA	5.2	—	5.4	—	8.6	9.2
额定负载持续率	%	60	60	70	100	60	60
焊接电流调节范围	A	40～200	45～160	40～200	—	60～250	—
额定焊接电流	A	160	160	200	200	250	250
焊丝直径	mm	0.5～1.0	0.5～1.0	0.5～1.0	0.8～1.2	0.8～1.2	1.0～1.2
送丝速度	m/h	180～660	—	90～540	100～1000	180～720	120～720
CO_2 气体流量	L/min	6～12	—	6～12	25	—	—
焊丝盘容量	kg	0.5	—	0.7	2	12	8
重量 弧焊电源	kg	107	98	110	280	200	153
重量 送丝机构	kg	—	—	—	8	—	14
重量 焊枪	kg	1.3	—	1.3	1.3	—	—
外形尺寸 弧焊电源 长	mm	520	540	360	750	790	605
外形尺寸 弧焊电源 宽	mm	425	440	540	525	580	470
外形尺寸 弧焊电源 高	mm	800	790	870	1070	850	905
外形尺寸 送丝机构 长	mm	—	—	—	380	—	60
外形尺寸 送丝机构 宽	mm	—	—	—	260	—	60
外形尺寸 送丝机构 高	mm	—	—	—	135	—	225
外形尺寸 焊枪 长	mm	—	—	—	270	—	100
外形尺寸 焊枪 宽	mm	—	—	—	25	—	—
外形尺寸 焊枪 高	mm	—	—	—	120	—	—
用途		焊接0.6～9mm 厚的低碳钢及低合金钢	焊接 0.5～4mm 厚的低碳钢及低合金钢	焊接0.6～4mm 厚的低碳钢及低合金钢	焊接 1～4mm 厚的低碳钢及低合金钢	焊接 1～8mm 厚的低碳钢、低合金钢及不锈钢	焊接 1～8mm 厚的低碳钢及低合金钢

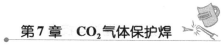

表7-27 半自动CO_2气体保护焊焊机技术数据（额定容量大于10kVA）

型号				NBC-300	NBC1-300	NBC-400	NBC1-400	NBC-500	NBC1-500	NBC1-500-1
电源电压			V	380	380	380	380	380	380	380
空载电压			V	16～36	17～30	18～42	80	22～66	75	75
工作电压			V	—	—	18～42	19～45	15～42	15～40	20～40
焊接电流调节范围			A	40～300	50～300	100～400	100～500	60～400	50～500	100～500
额定焊接电流			A	300	300	400	500	400	500	500
额定负载持续率			%	60	70	60	60	60	60	60
额定容量			kVA	11	11	32	32	—	—	37
焊丝直径			mm	0.8～1.4	1.0～1.4	0.8～2.0	0.8～2.0	1.2～1.6	1.2～2.0	1.2～2.0
送丝速度			m/h	960	120～480	120～720	80～1200	80～480	480	120～480
CO_2气体流量			L/min	20	20	—	25	—	—	25
焊丝盘容量			kg	2.5	—	12	—	18	—	—
重量	弧焊电源		kg	175	250	320	350	—	500	490
	送丝机构		kg	—	14	—	16	12	—	14
	焊枪		kg	—	0.7、0.8	—	—	0.5	—	—
外形尺寸	弧焊电源	长	mm	460	485	1020	675	—	830	830
		宽	mm	560	585	650	675	—	760	760
		高	mm	920	1020	1080	1050	—	980	980
	送丝机构	长	mm	—	—	—	400	610	500	520
		宽	mm	—	—	—	285	230	220	230
		高	mm	—	—	—	155	470	380	380
用途				焊接1～10mm厚的低碳钢及低合金钢	焊接1～8mm厚的低碳钢及低合金钢	焊接厚2mm以上的低碳钢及低合金钢	焊接低碳钢及低合金钢	焊接低碳、低合金钢及低合金高强度钢	焊接低碳钢及低合金钢	焊接低碳钢及低合金钢

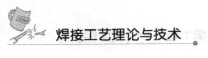

表 7-28 自动 CO_2 气体保护焊焊机技术数据

型号		单位	NZC-500-1	NZC-1000	NZAC-1	NQZCA-2×400
电源电压		V	380	380	380	380
空载电压		V	—	70~90	—	—
工作电压		V	—	30~50	18~24	18~45
焊接电流调节范围		A	—	200~1000	—	90~400
额定焊接电流		A	500	1000	300	
额定容量		kVA	34	100	—	32
额定负载持续率		%	60	60	—	—
送丝速度		m/h	96~960	80~228	120~420	400
焊接速度		m/h	18~120	10~180	7.2~27.6	—
焊丝直径		mm	1.0~2.0	3.0~5.0	1.0~2.0	1.0~1.2
焊枪位移	横向	mm	±25	±30	60	50
	垂直	mm	>70	90	40	40
	前后倾斜角	(°)	>120，10	45	—	360
	侧面倾斜角	(°)	> ±90	±90	—	270
焊枪绕垂直轴的回转角		(°)	> ±300	350	—	270
CO_2气体流量		L/min	10~20	—	30（CO_2 + Ar）	20×2
焊丝盘容量		kg	10	12	—	—
重量	弧焊电源	kg	—	600	—	
	小车	kg	25	50	—	
	控制箱	kg	110	—	—	
外形尺寸（长×宽×高）	弧焊电源	mm	—	960×650×1500	—	725×725×11500
	小车	mm	625×310×800	900×370×880	—	180×180×100
	机头	mm	—	—	—	120×100×348
	控制箱	mm	960×610×890	—	—	—
用途			低碳钢、低合金钢的对接焊缝及角接焊缝自动焊	低碳钢、低合金钢开坡口或不开坡口的对接焊缝及角接焊缝自动焊	耐高温、高压厚壁管道及容器自动焊	焊接厚 4~40mm 低碳钢、低合金钢的对接焊缝、搭接焊缝、角接焊缝
备注			—	配用电源：ZPG 7-1000 型	配用 NBC-400A 型焊机的弧焊电源	配用 NBC-400A 型焊机的弧焊电源两台

7.5　特种CO_2气体保护焊

7.5.1　CO_2电弧点焊

CO_2电弧点焊是利用CO_2电弧来熔化两块相互重叠的金属板材以形成焊点，或者熔化两个金属构件相互紧挨的侧边，使在长度方向上形成断续的焊点。当焊接相互重叠的两块板材时，由于焊成的焊点在上板的表面呈现出相似于铆钉头的形状，故也称为CO_2电铆焊。CO_2电弧点焊焊点形状如图7-16所示。

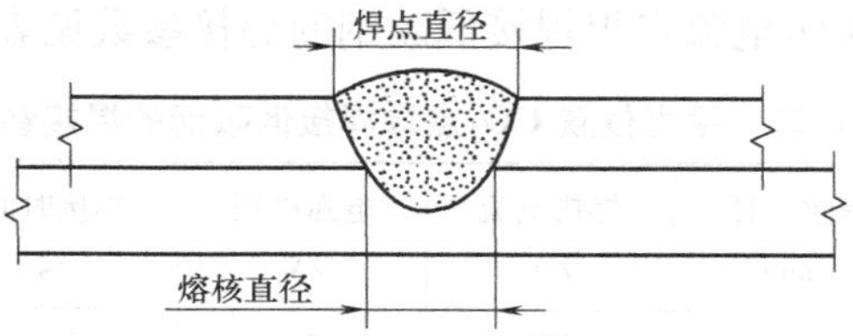
焊点直径
熔核直径

图7-16　CO_2电弧点焊焊点形状

CO_2电弧点焊主要用以焊接低碳钢和低合金钢。目前在车辆、农业机械、化工机械制造以及造船等工业部门中多用来点焊桁架结构、车辆蒙皮与薄壳结构以及箱体等。

1. 工艺特点

CO_2电弧点焊可取代一部分电阻点焊工作，它和电阻点焊相比较，具有以下优点：

1）不需要特殊的加压装置，焊接设备简单，电源功率较小，又是一种单面点焊的焊接方法，因此不受焊接场所的限制，使用方便、灵活。

2）不受焊点距离和板厚的限制，适用性较强。

3）有较高的抗锈能力，对焊件表面质量要求不高。

4）焊点尺寸容易控制，焊点强度可在较大范围内调节。

5）对上、下板的装配精度要求不太严格。

2. 接头形式

CO_2电弧点焊常见的接头形式如图7-17所示。

3. 焊接工艺及焊接参数

（1）水平位置点焊

1）薄板的焊接：如果上、下板厚度均在1mm以下，为提高抗剪强度和防止烧穿，点焊时应加垫板。

2）厚板的焊接：若上板厚度超过6mm，熔透上板所需的电流又不足时，可先将上板开一铣形孔，然后再施焊（即塞焊）。

（2）仰焊位置点焊　为防止熔池金属下落，在焊接参数选择上应尽量采用大电流，低电压、短时间及大的气体流量。

（3）垂直位置点焊　焊接时间要比仰焊时更短。

CO_2电弧点焊时，焊点的熔深与焊点熔核直径的控制，主要是靠选定的焊接电流和焊接

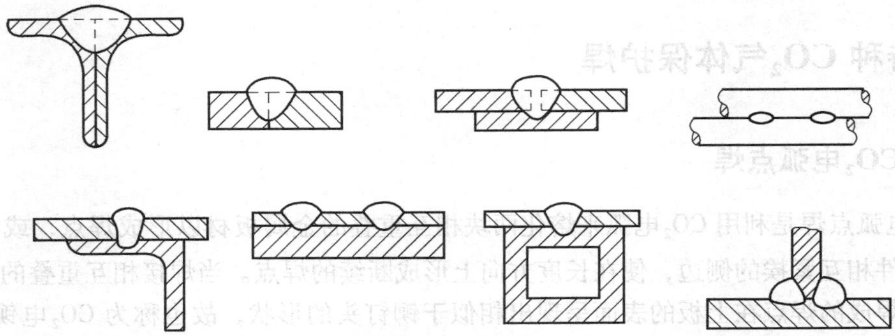

图 7-17　CO_2电弧点焊常见的接头形式

时间来保证。平焊位置用CO_2电弧点焊焊接低碳钢的焊接参数见表 7-29。

表 7-29　平焊位置CO_2点焊焊接低碳钢的焊接参数

板厚/mm		焊丝直径	焊接电流	电弧电压	焊接时间	焊丝外伸长度	保护气体流量
上板	下板	/mm	/A	/V	/s	/mm	/(L/min)
0.5	≥3	1.0	280	27	0.5	9	10
1.0	≥3	0.8	300	31	0.7	9	10
1.5	4	1.2	325	34	1.5	10	12
2.0	3	1.2	300	33	1.5	10	12
2.0	5	1.2	365	35	1.5	10	12
2.5	4	1.2	350	35	1.5	10	12
2.5	5	1.2	375	36	1.5	10	12
3.0	3	1.2	335	35	1.5	10	12
3.0	6	1.2	380	37	1.5	10	12

4. 焊接设备

普通CO_2焊设备、控制线路和焊枪，略经改装后即可作为CO_2电弧点焊设备使用，但要求具有较高的空载电压（约 70V 左右），以保证频繁引弧时能够稳定可靠。

（1）焊接程序　CO_2电弧点焊每个焊点的焊接过程都是自动进行的，焊接程序如图 7-18 所示。因此，要求点焊设备能准确控制电弧点焊时间及一定的焊丝回烧时间。焊丝回烧的作用是为了防止焊丝与焊点粘在一起。但如果回烧时间过长，焊丝末端的熔滴尺寸会迅速增长，相当于增大了焊丝直径，使下一次引弧变得困难，并产生大颗粒飞溅。故回烧时间一般应控制在 0.1s 以内。

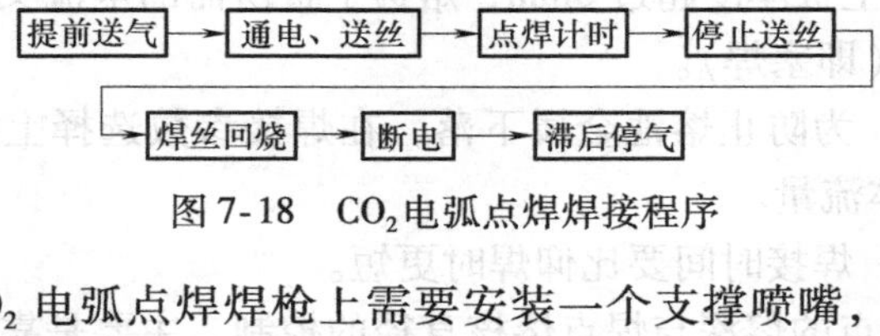
提前送气
通电、送丝
点焊计时
停止送丝
焊丝回烧
断电
滞后停气

图 7-18　CO_2电弧点焊焊接程序

（2）支撑喷嘴　CO_2电弧点焊焊枪上需要安装一个支撑喷嘴，其端面形状和焊件表面的形状相符，以便焊接时能将焊枪垂直压紧在焊件表面上，保证焊点的成形质量，CO_2电弧点焊焊枪的支撑喷嘴见图7-19。

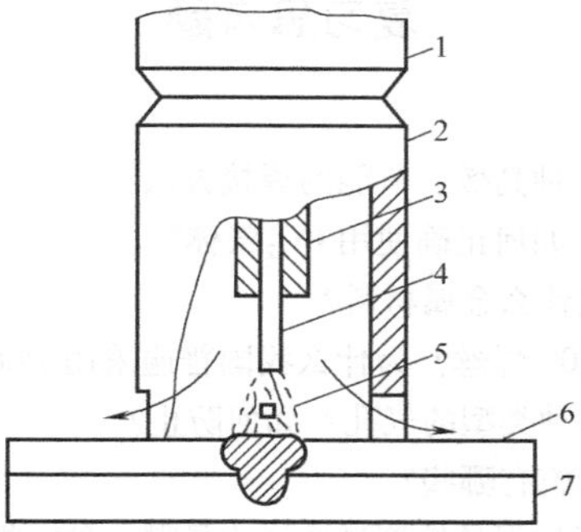
1
2
3
4
5
6
7

图7-19 CO_2电弧点焊焊枪的支撑喷嘴

1—焊枪 2—支撑喷嘴 3—导电嘴 4—焊丝
5—焊接电弧 6—上板 7—下板

7.5.2 双层气流保护脉冲焊

最近发展出内层通Ar、外层通CO_2的双层气体保护焊，以少量内层Ar获得了可与富Ar混合气体保护焊媲美的高质量焊接接头。此外使用了脉冲焊技术，具有电弧功率大、生产率高、热输入低等优点。因此在焊接高强度钢中厚板和铸钢件时可以获得较高的技术经济效益。已成功地应用于汽轮机隔板拼焊、汽缸体（材料为ZG230-450铸钢）焊接及大型齿轮焊接（齿圈为35CrMoA调质锻钢与轮毂ZG230-450铸钢的焊接）。

由于CO_2焊接时的熔滴过渡特性，至今还很难在纯CO_2电弧气氛下进行脉冲焊。因此只能在富氩的CO_2气体保护焊时使用脉冲焊技术，实质上已基本上属于MIG焊范畴。并且富氩气氛已失去CO_2焊热效率高、成本低的优点。而这种双层气流保护的脉冲焊，具有MIG及CO_2气体保护焊两者的优点。实际上是两种气体保护焊方法的结合。双层气流的气体流量见表7-30。

表7-30 双层气流的气体流量

内层气体	流量/(L/min)	外层气体	流量/(L/min)
Ar	3～4.5	CO_2	15

双层气流保护焊的稳定性与焊枪结构关系很大。如设计不当，内喷嘴就会被飞溅的金属堵塞。但加大内喷嘴口径是有限度的，因为增加内层Ar气的流量时，将失去双层气流焊接的特点。常用的措施是加强冷却，使金属飞溅不易粘附在喷嘴上。故有的焊枪采取了三水冷结构，即焊枪的导电嘴、内喷嘴及外喷嘴都有循环水冷却，使得焊枪结构比较复杂。

为了减少焊接高强度钢厚板时的能量，在双层气流保护下进行工频脉冲焊，焊接时采取大基值电流、中脉冲电流的方案，如I_j为150～200A，I_m为210～290A，频率为50Hz，此时的脉宽比为50%。焊丝为ϕ1.2mm的ER 49-1，焊丝伸出长度20～40mm，焊接速度为300～500mm/min，气体流量同表7-27。采取大基值电流的目的是使喷射过渡能够始终处于类似锥形电弧的稳定状态。因此双层气流保护脉冲焊得到了飞溅很少的短弧喷射过渡过程，对于高强度钢厚件焊接有较高的实用价值。

复习思考题

1. CO_2气体保护焊有哪些特点？
2. 为什么说 CO_2气体保护焊是一种高效、节能的焊接方法？
3. 焊接用 CO_2气体有哪些特性？如何正确使用 CO_2气体？
4. CO_2气体保护焊主要用来焊接什么金属材料？
5. CO_2气体保护焊时能否采用 H08 焊丝？为什么我国普遍采用 H08Mn2SiA 焊丝？
6. CO_2气体保护焊可能出现哪几种类型的气孔？如何防止？
7. CO_2气体保护焊减少飞溅的措施有哪些？
8. 当前最广泛使用的 CO_2气体保护焊的熔滴过渡形式是哪一种？焊接工艺上有哪些特点？
9. CO_2气体保护焊焊前在工艺上要做哪些准备？
10. 试述短路过渡 CO_2气体保护焊主要的焊接参数？
11. 短路过渡 CO_2气体保护焊对焊接电源有哪些要求？

第8章 药芯焊丝电弧焊

依靠药芯焊丝在高温时反应形成的熔渣和气体或另加保护气体保护焊接区进行焊接的方法称为药芯焊丝电弧焊。药芯焊丝电弧焊根据外加保护方式不同有药芯焊丝气体保护焊、药芯焊丝埋弧焊及药芯焊丝自保护焊。应用最广的是以 CO_2 气体为保护气的药芯焊丝气体保护焊。

药芯焊丝气体保护焊的基本原理与普通熔化极气体保护焊一样。焊接时，在电弧热作用下熔化的药芯焊丝、母材金属和保护气体相互之间发生冶金作用，同时形成一层较薄的液态熔渣包覆熔滴并覆盖熔池，对熔化金属形成了又一层的保护。实质上这是一种气渣联合保护的方法。

药芯焊丝又称管状焊丝或粉芯焊丝，是继焊条和实心焊丝之后的又一类焊接材料，它是由金属外皮和芯部药粉两部分构成的。药芯焊丝中药芯的成分与焊条药皮的成分相似，有稳弧剂、造渣剂、脱氧剂及渗合金等，药芯在焊接过程中起着和焊条药皮相同的作用。使用药芯焊丝作为填充金属的各种电弧方法统称为药芯焊丝电弧焊。

药芯焊丝是21世纪最具发展前景的高技术焊接材料。以其工艺性能好、力学性能高、熔敷速度快、焊接质量好、综合成本低的特点受到广泛关注。我国从20世纪90年代初期起，经过十几年的发展，国产药芯焊丝生产线已具备了批量生产的能力。至2011年，国内药芯焊丝年消耗量占焊接材料总量的11.5%左右，国产药芯焊丝年产量已达510000t左右。国产药芯焊丝及其相关技术已经成熟，但在品种和产量都还不能满足国内目前市场的需求。

8.1 药芯焊丝的特点及应用

8.1.1 药芯焊丝的特点

药芯焊丝作为新型焊接材料具有如下优点：

（1）工艺性能好　在焊接过程中，通过药芯产生造气、造渣以及一系列冶金反应，改变了电弧气氛的物理化学性质，对熔滴过渡形态、熔渣表面张力等物理性能产生影响，明显地改善了焊接工艺性能，焊缝成形好。药芯焊丝 CO_2 气体保护焊时可实现熔滴的喷射过渡，飞溅少，并且可全位置焊接。

（2）高效节能　焊接时，焊接电流通过薄的金属外皮，其电流密度较高，焊丝熔化速度快。熔敷速度明显高于焊条，略高于实心焊丝。生产效率约为焊条电弧焊的3~4倍。在焊接过程中，连续地施焊使得焊机空载损耗大为减少；较大的电流密度增加了电阻热，提高了热利用率，可节能20%~30%。

(3) 药芯成分易于调整　药芯焊丝可以通过外皮金属和药芯成分两种途径调整熔敷金属的化学成分。特别是通过改变药芯焊丝中的药芯成分和比例，可获得各种不同渣系、合金系的药芯焊丝以满足焊接不同成分钢材的需要。尤其对于低合金高强度钢的焊接，其优势是实心焊丝无法比拟的。

(4) 综合成本低　焊接生产成本应由焊接材料、辅助材料、人工费用、能源消耗、生产效率、焊丝熔敷率等项指标综合构成。采用药芯焊丝电弧焊焊接相同厚度（中厚板以上）的焊件，单位长度焊缝其综合成本明显低于焊条，且略低于实心焊丝，经济效益显著。

药芯焊丝也有其不足，主要有：

(1) 制造设备及工艺复杂　药芯焊丝生产设备以及生产工艺比较复杂，在加工精度、控制精度、设备高技术含量、操作人员素质等多方面的要求，远大于焊条和实心焊丝的生产。获得优质药芯焊丝产品的关键在于药粉配方技术和制造工艺。药芯焊丝生产设备的一次性投入费用也高。

(2) 药芯焊丝的质量对焊接过程的稳定性和焊缝成形有很大影响　药芯焊丝中各种成分的粉剂混合必须均匀，粉剂的填充率和致密度要求高。否则，必然对焊接过程的稳定性和焊缝的质量产生很大影响。

(3) 药芯焊丝粉剂易吸潮　从防潮性能方面药芯焊丝不如镀铜实心焊丝抗潮性好。药芯焊丝外表容易锈蚀，粉剂容易吸潮，使用前必须在250～300℃下烘干。否则，粉剂中吸收的水分将会在焊缝中引起气孔。在受潮后烘干恢复其性能方面，药芯焊丝不如焊条，受潮较重的药芯焊丝或是无法烘干（塑料盘），或是烘干效果不理想，影响其使用性能。建议不要长期大量保存药芯焊丝，最多保存半年。

药芯焊丝 CO_2 气体保护焊如图8-1所示。

8.1.2　药芯焊丝的应用

国内药芯焊丝的大规模应用始于宝山钢铁公司的建设。现已广泛用于冶金工程、造船、油气管线、海上采油平台、压力容器和机械制造等工业制造领域。例如在宝山钢铁公司的建设中，7万根钢管桩，钢材为STK-41，每根钢管需焊接4道环缝，共计6.8万条焊缝；在300t转炉车间框架结构中的双H立桩和烧结分厂总重达2500t的200m烟囱焊接中都使用了药芯焊丝。随着药芯焊丝焊接工艺在宝钢建设中的成功使用，该工艺在随后的冶金工程建设中迅速推广，如武钢3号高炉炉壳直径为

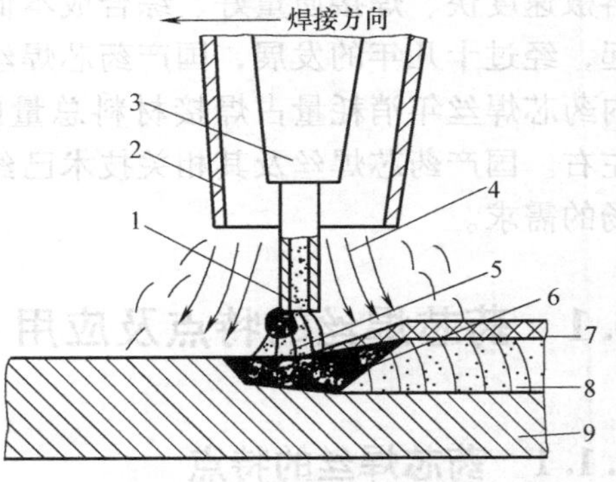
焊接方向
1
2
3
4
5
6
7
8
9

图8-1　药芯焊丝 CO_2 气体保护焊
1—药芯焊丝　2—喷嘴　3—导电嘴　4—CO_2 气流　5—电弧　6—熔池　7—渣壳　8—焊缝　9—焊件

17m，板厚为65mm，采用 $\phi 2.0$mm、$\phi 2.4$mm 焊丝焊接，总计耗时24～26h，比焊条电弧焊约快3倍。另外，堆焊药芯焊丝在冶金行业的应用更为普遍，如热轧辊、开坯辊、连铸辊、托辊、天车辊等的堆焊都可使用药芯焊丝进行焊接。使用药芯焊丝进行堆焊焊接可以方便地调节焊丝的合金成分，适应各种工况的焊接需要。在造船行业，由于船舶的制造要求很高，同时为尽量减少船台的占用时间，焊接材料中药芯焊丝的使用率不断提高，极大地提高了焊工人均日消耗的焊接材料数量，进一步降低了造船成本，缩短了造船工期。在能源及化工建

设方面是药芯焊丝应用的一个重要领域，“西气东输”4000km 管线工程中，管线母材为 X70 钢，钢材的抗拉强度大于 600MPa，20℃的冲击值平均大于 200J，钢材中的 $w(S)<0.005\%$，焊接时采用纤维素焊条打底，自保护药芯焊丝盖面。在东（营）一临（邑）输油管道改造工程中，管道的材质为 X60 钢，选用焊丝为 LF—A101，坡口角度为 60°，根部间隙为 2.0mm，错边量小于 1.5mm，焊缝余高控制在 0.5～1.6mm 的范围内，焊前母材预热到 120℃，整个工程比采用焊条焊接每公里节约焊接材料费用 639.2 元。在西北石油管道（库鄯段）工程、苏丹管道工程中，同样采用了上述工艺。在压力容器焊接中，兰州石油化工机械厂将药芯焊丝 CO_2 气保护焊不锈钢堆焊工艺成功地应用于加氢反应器接管的内壁焊接等。机械制造行业很早就开始推广使用药芯焊丝，山西太原重型机器厂在 20 世纪 80 年代中期就采用美国和德国进口焊丝生产重型机械，后来又使用国产药芯焊丝焊接了与美国 PH 公司合作生产的 PH2300 × P16m^3 挖掘机，与日本小岛铁工所合作生产的 2 ×2000t 汽车纵梁压机，以及国产 10m^3 挖掘机。

8.2　药芯焊丝的结构及分类

8.2.1　药芯焊丝的结构

药芯焊丝的截面形状是多种多样的，如图 8-2 所示。但简要地可以分成两大类：简单断面的 O 形和复杂断面的折叠形。折叠形中又分为 T 形、E 形、梅花形和中间填丝形等。

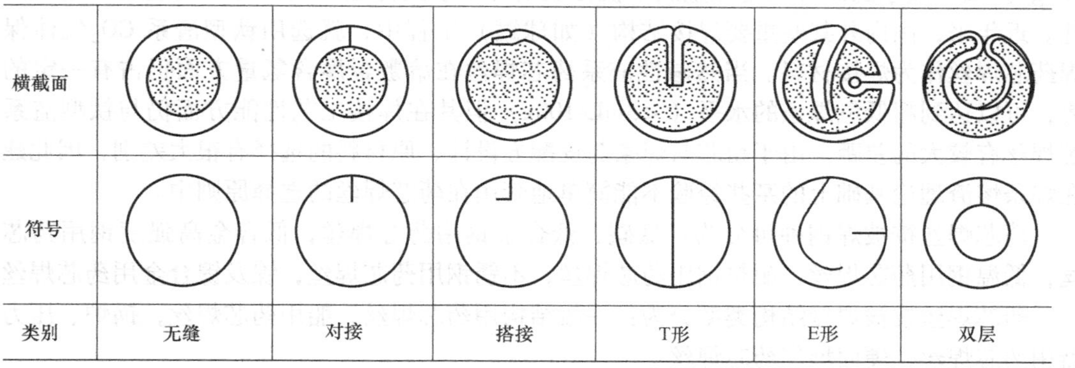
横截面
符号
类别
无缝
对接
搭接
T形
E形
双层

图 8-2　药芯焊丝的几种截面形状

O 形断面的药芯焊丝通常称之为管状药芯焊丝，分为有缝和无缝药芯焊丝。有缝 O 形截面药芯焊丝，由于截面形状简单，易于加工，生产成本低，因而具有价格优势。无缝药芯焊丝制造工艺复杂，设备投入大，生产成本高，但无缝药芯焊丝可进行镀铜处理，焊丝保管过程中的防潮性能以及焊接过程中的导电性均优于有缝药芯焊丝。O 形断面的药芯焊丝由于芯部粉剂不导电，电弧容易沿四周的钢皮旋转，电弧稳定性较差。

复杂截面折叠形主要有：T 形、E 形、梅花形和双层形等截面形状。小直径的折叠药芯焊丝制造比较困难，因此折叠药芯焊丝直径一般大于 2.4mm。折叠药芯焊丝因金属外皮在整个断面上分布比较均匀，焊丝芯部也能导电，所以电弧燃烧稳定，焊丝熔化均匀，冶金反应充分。因金属外皮进入到焊丝芯部，一方面对于改善熔滴过渡、减少飞溅、提高电弧稳定性是有利的；另一方面焊丝的挺度较好，在送丝轮压力作用下焊丝截面形状的变化较小，对于提高焊接过程中送丝稳定性有利。复杂截面形状在提高药芯焊丝焊接过程稳定性方面的优势，粗直径的药芯焊丝显得尤为突出。随着药芯焊丝直径减小，焊接过程中电流密度的增加，药芯焊丝截面形状对焊接过程稳定性的影响将减小。焊丝越细，截面形状在影响焊接过程稳定性诸多因素中所占比重越小。粗直径药芯焊丝全位置焊接适应性较差，多用于平焊、平角焊及堆焊。

8.2.2　药芯焊丝的分类

根据焊接过程中外加保护方式，药芯焊丝可分为气体保护焊用、焊剂保护用药芯焊丝及自保护药芯焊丝。

按药芯焊丝金属外皮所用材料分为低碳钢、不锈钢以及镍。

按芯部药粉类型药芯焊丝可分为有渣型和无渣型。无渣型又称金属粉芯焊丝，主要用于埋弧焊，高速 CO_2气体保护焊药芯焊丝也多为金属粉型。有渣型药芯焊丝按熔渣的碱度分为酸性渣和碱性渣两类。

按药芯的成分分为金红石-有机物型、碳酸盐-萤石型、萤石型、金红石型和金红石-萤石型。前三种主要用于无 CO_2气体保护的药芯焊丝，而后两种用于 CO_2气体保护焊。目前用量较大的 CO_2气体保护焊药芯焊丝多为钛型（酸性）渣系，自保护药芯焊丝多采用高氟化物（弱碱性）渣系。应当指出，酸、碱性渣系药芯焊丝熔敷金属含氢量的差别远小于酸、碱性焊条，酸性渣系药芯焊丝熔敷金属含氢量可以达到低氢型（碱性）焊条标准（<8mL/100g）。钛型渣系药芯焊丝熔敷金属不仅含氢量可以达到低氢，且其力学性能也可达到高韧性。近年来，国内外某些重要焊接结构（如球罐）工程中，就选用钛型渣系 CO_2气体保护焊药芯焊丝作为焊接材料。当然碱性渣系药芯焊丝在熔敷金属含氢量方面仍占有一定的优势，可以达到超低氢焊条的水平（<3mL/100g）但其在焊接工艺性能方面仍与钛型渣系药芯焊丝有较大的差距。由于粉芯与焊条药皮配方设计、原材料的选择有很大差别，因此建立在焊条熔渣理论基础上的某些经验不能简单地套用在药芯焊丝的选择原则中。

药芯焊丝按被焊钢种可分为：低碳、低合金钢用药芯焊丝，低合金高强度钢用药芯焊丝，低温钢用药芯焊丝，耐热钢用药芯焊丝，不锈钢用药芯焊丝，镍及镍合金用药芯焊丝。

药芯焊丝按被焊接结构类型分为：一般结构用药芯焊丝，船用药芯焊丝，锅炉、压力容器用药芯焊丝，硬面堆焊药芯焊丝。

8.2.3　气体保护焊用药芯焊丝

气体保护焊用药芯焊丝根据保护气体的种类可细分为：CO_2气体保护焊、熔化极惰性气体保护焊、混合气体保护焊以及钨极氩弧焊用药芯焊丝。其中 CO_2气体保护焊药芯焊丝主要用于结构件的焊接制造，其用量大大超过其他种类气体保护焊用药芯焊丝。由于不同种类的保护气体在焊接冶金反应过程中的行为不同，因而药芯焊丝在药芯中所采用的成分是不同的。因此，尽管被焊金属相同，不同种类气体保护焊用药芯焊丝原则上是不能相互代用的。

8.2.4　焊剂保护用药芯焊丝

焊剂保护用药芯焊丝主要应用于埋弧堆焊。由于药芯焊丝制造工艺较实心焊丝复杂、生产成本较高，因此普通结构除特殊需求外一般不采用药芯焊丝埋弧焊。但由于高强度钢药芯焊丝与实心焊丝生产成本较接近，合金含量较高的药芯焊丝生产成本甚至低于实心焊丝，而某些成分的材料要制成实心丝是十分困难的。埋弧焊用药芯焊丝多数情况下不需要配合选用专用焊剂，烧结焊剂和普通熔炼焊剂（例：HJ431、HJ260）均可满足一般使用要求。焊接金属中合金元素的过渡、化学成分的调整可方便地通过调整粉芯配方来实现。焊剂保护用药芯焊丝在表面堆焊应用中显得十分突出。

例如，工作在高温、高压、冷却水不断冲蚀的环境下的连铸辊，堆焊金属的抗氧化性及抗热疲劳性对轧辊的磨损有很大影响。轧辊表面如抗氧化性差，氧化严重，形成氧化皮，则在随后的轧制过程中破碎、脱落，导致轧辊辊径减小，并形成磨粒，促进轧辊磨损。此外，热疲劳的网状龟裂，当表面裂纹长度达3mm，深度为0.3mm时，会产生剥落，形成磨粒，导致轧辊磨损。以Cr13-Mo-Ni-V为合金系的1Cr13Ni2MoV药芯焊丝用于材质为15CrMo轧辊表面修复堆焊，其堆焊金属硬度适中，组织均匀，具有优良的抗氧化性能力和抗热疲劳能力，修复后的轧辊寿命大大提高。

8.2.5 自保护药芯焊丝

自保护药芯焊丝是在焊接过程中不需要外加保护气或焊剂的一类焊丝（见图8-3）。通过焊丝芯部药粉中造渣剂、造气剂在电弧高温作用下产生的气、渣对熔滴和熔池进行保护。但由于造气剂、造渣剂包敷在金属外皮内部，所产生的气、渣对熔滴（特别是焊丝端部的熔滴）的保护效果较差，焊缝金属的韧性稍差。随着科学技术的不断进步，特别是近几年高韧性自保护药芯焊丝的出现，对于一般结构甚至一些较为重要的结构，自保护药芯焊丝已完全可以满足结构对焊接材料的要求。另外，该类焊丝在焊接过程中会产生大量的烟尘，一般不适用于室内施焊，户外应用时也应注意通风。

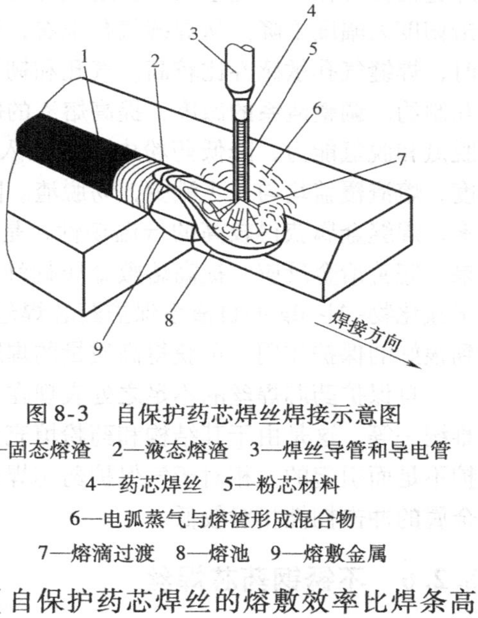
1
2
3
4
5
6
7
8
9
焊接方向

图8-3 自保护药芯焊丝焊接示意图
1—固态熔渣 2—液态熔渣 3—焊丝导管和导电管 4—药芯焊丝 5—粉芯材料 6—电弧蒸气与熔渣形成混合物 7—熔滴过渡 8—熔池 9—熔敷金属

与气保护药芯焊丝比较，自保护药芯焊丝的主要特点是无需任何气体保护，直接使用电源（专用电焊机）进行焊接，具有使用方便，效率高（自保护药芯焊丝的熔敷效率比焊条高2~4倍），并且在施焊过程中该类焊丝有较强的抗风能力，尤其适合户外焊接。因此在石油、建设、冶金等行业得到广泛应用。如高层建筑钢结构的焊接，冶金高炉的焊接，铁路锰钢道叉的修复，油气管道的全位置焊接，石油储罐的焊接，以及管桩的横焊等方面。

自保护药芯焊丝除了具有药芯焊丝的特点外，还具有以下优点：①不需要外加保护气源，减少了焊枪的重量，简化了结构，更便于操作；②具有优良的抗风能力，通常能在四级风的条件下顺利施焊；③对装配尺寸要求不高；④优良的抗锈能力；⑤焊接工艺性能好，引弧可靠，自保护效果好，电弧燃烧稳定，焊缝成形美观；⑥工艺适应性强，与普通焊丝相比，自保护药芯焊丝可以适用于各种焊接位置，而且单面焊双面成形良好，焊接质量易于保证；⑦生产效率高，与焊条电弧焊相比自保护药芯焊丝的熔敷效率高。如30mm厚的焊件，用NR232，直径1.7mm自保护药芯焊丝施焊，仅需4层即可焊满，而用E4303直径4.0mm焊条焊接，至少要6~7层才能完成。自保护药芯焊丝的生产率比焊条电弧焊提高3~5倍。节省丢弃的焊条金属约12%，节省电能40%，可缩短施工周期。

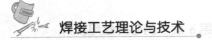

自保护药芯焊丝的外皮通常采用普通低C和低S、P含量的钢带，其规格为0.5mm×10mm。自保护药芯焊丝药粉配方中的主要成分为萤石（CaF_2）、BaF_2、LiF、Al-Mg、Mn-Fe、$CaCO_3$、Fe_2O_3、SiO_2、Ni等。萤石（CaF_2）可降低碱性熔渣的熔点、黏度和表面张力，增加熔渣的流动性，焊接时CaF_2分解产生的F，有利于降低电弧气氛中氢的分压，从而起到去氢作用；药粉中还加入多种氟化物如BaF_2、NaF等，主要起造渣和稀渣的作用，同时这些氟化物更容易汽化，保护焊缝金属。药粉中的BaF_2在焊接时可以支持很短的电弧，这样可带来两个优点：一是在全位置焊接时，在某一给定电流下降低了电弧能量和焊丝燃烧速度，使得操作者可以更好地控制熔池，二是电弧电压低、电弧短，减少了自保护药芯焊丝焊接时熔滴吸收氮的含量；Al-Mg合金中的Al、Mg属于强脱氧剂和脱氮剂，脱氧产物为Al_2O_3和MgO，可与氟化物形成较好的焊接熔渣，保护焊缝金属，也有利于稳定电弧和减少飞溅；Al粉是自保护药芯焊丝中最常用的一种物质，金属中加入适量的铝可以有效地脱氧和提高焊缝韧性的作用；过量的铝会造成焊缝金属在冷却过程中相变推迟，焊缝金属晶粒粗大，冲击韧度大幅度下降。从焊缝气孔来看，铝含量较高时的焊缝气孔敏感性比较低；铝含量较低时，焊缝气孔敏感性比较高。气孔和韧性是自保护药芯焊丝的两大难点，二者相互影响，相互制约。调整渣系的碱度，提高熔渣的碱度，以及药粉中加入大量多种氟化物，提高脱氧、脱氮和脱氢能力，降低药粉中铝的加入量，使之满足细熔滴喷射过渡，具有一定的熔透深度，熔渣覆盖均匀，飞溅少，易脱渣。降低熔敷金属中的含铝量和含硅量，加入少量微量元素，焊缝金属获得较高的低温韧性，是自保护药芯焊丝在户外焊接条件下，解决其保护效果，完善冶金反应，提高熔敷金属韧性的关键。例如美国E71T8-N自保护药芯焊丝，它属于氟化物-Al-Mg型自渣系保护药芯焊丝，其渣系具有很强的脱氧、脱氮和脱氢能力，能起到很好的保护作用，可获得高质量的焊缝。

自保护药芯焊丝的不足之处表现在：焊接参数适应性小、操作工艺性和接头力学性能很难统一等。这是由于其结构和药粉填充量低，药芯在内，钢皮在外，使得对熔滴、熔池的保护不足而引起的。相对于气保护药芯焊丝而言，自保护药芯焊丝飞溅较大，烟尘较多，熔敷金属的冲击韧性相对较低。

8.2.6 不锈钢药芯焊丝

不锈钢药芯焊丝与药皮焊条电弧焊焊接不锈钢相比，不锈钢药芯焊丝电弧焊把断续的生产过程变为连续的生产方式，从而减少了接头数目，提高了生产效率和焊缝质量，节约能源，降低了综合成本；不锈钢药芯焊丝不存在发热和发红现象，飞溅极小，焊缝光亮呈银白色，一般不需要酸洗、打磨和抛光；药芯焊丝中的药粉都经过高温烘焙，水分极少，焊接之前不需烘干，气孔敏感性较低。同氩弧焊相比，药芯焊丝焊的焊接工艺性能与氩弧焊相差不大，焊缝质量也类似，但焊接效率要高出很多，在正常焊接参数下焊接，不锈钢药芯焊丝焊的熔敷速度可超过140g/min，而氩弧焊的熔敷速度最高为20~30g/min。板厚在4mm以上时，比较适于采用药芯焊丝电弧焊（FCW）焊接，而且厚度越大，FCW焊的焊接速度和成本优势就越明显。同埋弧焊相比，由于FCW焊热输入远小于埋弧焊，焊接接头的性能好于埋弧焊接头。不锈钢CO_2药芯焊丝焊（FCW）的焊接效率较高，焊缝质量好，综合成本低，可替代药皮焊条电弧焊和部分埋弧焊。不锈钢药芯焊丝因其具有工艺性能优良、力学性能稳定、生产效率高和综合成本低等特点，广泛应用于石化、压力容器、造船、钢结构和工程机械行业。

不锈钢药芯焊丝的渣系主要分为钛型、碱性、金属型和自保护型等4类。当前的不锈钢药芯焊丝一般都为钛型渣系，钛型渣系具有优良的工艺性能和力学性能，应用广泛。不锈钢药芯焊丝药粉的主要成分为：TiO_2、SiO_2、ZrO_2等，另外再加一定量的Al_2O_3，MgO，MnO等。TiO_2是渣形成组分，可改善渣的覆盖性能和焊缝脱渣性。另外，它还起到使电弧集中、稳定的作用，从而减少飞溅。当药芯中TiO_2量过少时，上述作用不明显，然而当其含量过高时，不但会破坏渣的覆盖性能，还会增加焊缝孔隙率。因此，TiO_2通常为焊丝总重的4%~8%。SiO_2也是渣形成组分，它使渣与焊缝具有好的亲和力，从而使渣具有良好的覆盖性能。当其含量过少时，该作用不能充分表现，但其含量过高时，会使渣的黏度过高，导致焊缝成形不好，还会形成夹渣，SiO_2通常为焊丝总重的0.3%~3%。ZrO_2能使渣的黏度处于良好状态，在立焊、仰焊时，阻止渣的下流，改善焊缝的成形，但当ZrO_2含量过高时，渣的凝固能力增加，附着力下降，反而会破坏焊缝的成形，其质量分数一般应小于0.5%。Al_2O_3也是一种重要的渣形成组分，它能提高渣的凝固温度而不改变其黏度，改善脱渣能力，但Al_2O_3不溶于液态铁中且又不易上浮，所以其含量过高时，会导致焊缝夹渣增加，其质量分数一般介于0.5%~3.5%之间。另外，通过加入适量的MgO、MnO等，也可以调整渣的物理性能。除此之外，药芯中还要加入一定量的金属氟化物、金属碳酸盐。金属氟化物可减少气孔的发生、调整渣的流动性，但过高会增加夹渣和飞溅，其在焊丝中的质量百分含量（以F的转化含量计算）一般为0.02%~0.25%。金属碳酸盐含量过高会降低脱渣性，增大飞溅，质量分数应控制在1%以下。

钛型渣系的不锈钢药芯焊丝药芯主要成分的质量分数为：TiO_2为4%~8%，SiO_2为0.3%~3%，ZrO_2小于0.5%，Al_2O_3为0.5%~3.5%。对于不同用途的不锈钢药芯焊丝，其成分和成分搭配的值是变化的。

不锈钢药芯焊丝的熔滴过渡以细颗粒过渡、射滴过渡为主，基本没有易产生飞溅的大颗粒过渡和短路过渡。

不锈钢系列药芯焊丝某些产品也选用低碳钢外皮，通过粉芯加入铬、镍等合金元素由焊接过程中的冶金反应最后形成不锈钢焊缝。

由于受加粉系数（单位重量焊丝中药粉所占比例）的制约，生产合金含量较高的药芯焊丝时采用低碳钢外皮制造难度很大。对于高合金钢以及合金是几乎不能实现用低碳钢外皮制成其药芯焊丝的。对于铬镍含量较高的高合金钢，可采用不锈钢作为外皮材料制造药芯焊丝。而对于镍基合金，可采用纯镍作为外皮材料制造药芯焊丝。当然，用后两种材料制造药芯焊丝时对生产设备也有不同的要求。

除上述3种材料外，在焊接以外其他用途中也有采用其他外皮材料制造粉芯丝。例如选用铝及合金作为外皮制造喷涂用粉芯丝。

药芯焊丝是采用经过光亮退火的H08A冷轧薄钢带，在轧机上通过一套轧辊进行纵向折叠，并在折叠过程中加进预先配制好的粉剂，最后拉拔成所需规格的焊丝，并绕成盘状供应。粉剂的粒度应大于100目，不应含吸湿性强的物质并有良好的流动性。药芯焊丝内的装药量对焊丝的工艺性能影响很大。药芯重量与焊丝重量之比，称为填充系数，通常由焊丝的结构形式和用途所决定，一般为 15%~40%。填充系数大，保护效果好，但填充系数过大时，保护效果反而降低，这是因为焊丝外面的金属管比药芯先熔化，从而造成还没有熔化的焊药直接落入熔池，不但不能起到保护作用，还将形成非金属夹渣物。

药芯焊丝外壳的接缝必须吻合紧密，不应有局部开裂。焊丝拔制后应有一定的刚度，以保障在软管中送丝通畅。

国产药芯焊丝的直径有 1.2mm、1.6mm、2.0mm、2.4mm、2.8mm 和 3.2mm 等几种，主要用于低碳钢和低合金钢焊接。

8.3 药芯焊丝标准

目前我国正式颁布执行的药芯焊丝标准有：GB/T 10045—2001《碳钢药芯焊丝》、GB/T 17853—1999《不锈钢药芯焊丝》和 GB/T 17493—2008《低合金钢药芯焊丝》。

1. 碳钢药芯焊丝的型号

碳钢药芯焊丝的型号按 GB/T 10045—2001《碳钢药芯焊丝》的规定，是依据熔敷金属的力学性能、焊接位置及焊丝类别特点（包括保护类型、电流类型、渣系特点等）进行分类的。焊丝型号的表示方法为：E×××T-XML，字母“E”表示焊丝，字母“T 表示药芯焊丝。型号中的符号按排列顺序分别说明如下：

1）字母“E”后面的前 2 个符号“××”表示熔敷金属的力学性能。

2）字母“E”后面的第 3 个符号“×”表示推荐的焊接位置，其中：“0”表示平焊和横焊位置，“1”表示全位置。

3）短划后面的符号“×”表示焊丝的类别特点。

4）字母“M”表示保护气体为 φ（Ar）75%~80% +φ（CO_2）20% ~25%。当无字母“M”时，表示保护气体为 CO_2 或为自保护类型。

5）字母“L”表示焊丝熔敷金属的冲击性能在 -40℃时，其 V 形缺口吸收能量不小于 27J。当无字母“L”时，表示焊丝熔敷金属的冲击性能符合一般要求。

焊丝型号举例：

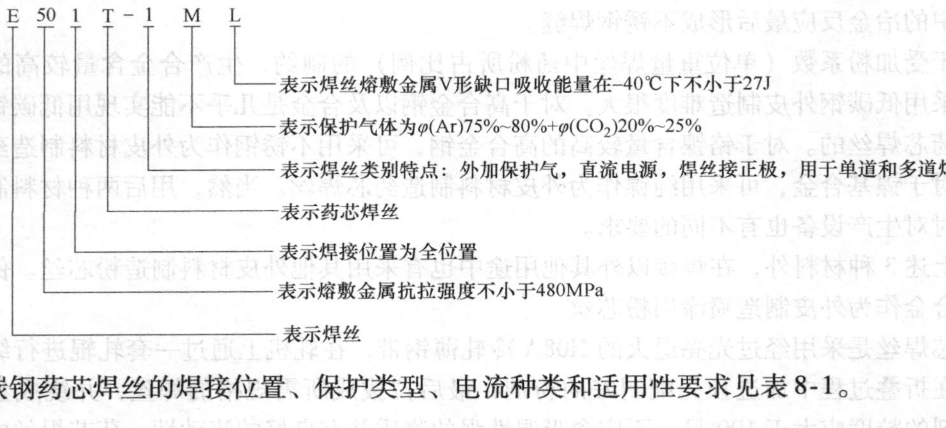
E 50 1 T - 1 M L
表示焊丝熔敷金属V形缺口吸收能量在−40℃下不小于27J
表示保护气体为φ(Ar)75%~80%+φ(CO2)20%~25%
表示焊丝类别特点：外加保护气，直流电源，焊丝接正极，用于单道和多道焊
表示药芯焊丝
表示焊接位置为全位置
表示熔敷金属抗拉强度不小于480MPa
表示焊丝

碳钢药芯焊丝的焊接位置、保护类型、电流种类和适用性要求见表 8-1。

表8-1　碳钢药芯焊丝的焊接位置、保护类型、电流种类和适用性要求

型号	焊接位置	保护气体成分①（体积分数）	电流种类	适用性②
E500T-1	横焊、平焊	CO_2	直流反接	M
E500T-1M		Ar75%～80% + CO_2		
E501T-1	横焊、平焊、向上立焊、仰焊	CO_2		
E501T-1M		Ar75%～80% + CO_2		
E500T-2	横焊、平焊	CO_2		S
E500T-2M		Ar75%～80% + CO_2		
E501T-2	横焊、平焊、向上立焊、仰焊	CO_2		
E501T-2M		Ar75%～80% + CO_2		
E500T-3	横焊、平焊	无		
E500T-4		无		
E500T-5		CO_2		
E500T-5M		Ar75%～80% + CO_2		
E501T-5	横焊、平焊、向上立焊、仰焊	CO_2	直流反接或直流正接③	
E501T-5M		Ar75%～80% + CO_2		
E500T-6	横焊、平焊	无	直流反接	M
E500T-7		无	直流正接	
E501T-7	横焊、平焊、向上立焊、仰焊	无		
E500T-8	横焊、平焊	无		
E501T-8	横焊、平焊、向上立焊、仰焊	无		
E500T-9	横焊、平焊	CO_2	直流反接	
E500T-9M		Ar75%～80% + CO_2		
E501T-9	横焊、平焊、向上立焊、仰焊	CO_2	直流反接	
E501T-9M		Ar75%～80% + CO_2		
E500T-10	横焊、平焊	无	直流正接	S
E500T-11		无		M
E501T-11	横焊、平焊、向上立焊、仰焊	无		
E500T-12	横焊、平焊	CO_2	直流反接	
E500T-12M		Ar75%～80% + CO_2		
E501T-12	横焊、平焊、向上立焊、仰焊	CO_2		
E501T-12M		Ar75%～80% + CO_2		
E431T-13	横焊、平焊、向上立焊、仰焊	无	直流正接	S
E501T-13		无		
E501T-14		无		
E××0T-G	横焊、平焊	—	—	M
E××1T-G	横焊、平焊、向下或向上立焊、仰焊	—	—	

（续）

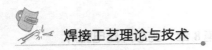

型号	焊接位置	保护气体成分[①]（体积分数）	电流种类	适用性[②]
E××0T-GS	横焊、平焊	—	—	S
E××1T-GS	横焊、平焊、向下或向上立焊、仰焊	—	—	

① 对于使用外加保护气的焊丝（E×××T-1，E×××T-1M，E×××T-2，E×××T-2M，E×××T-5，E×××T-5M，E×××T-9，E×××T-9M 和 E×××T-12，E×××T-12M），其金属的性能随保护气类型不同而变化。在未向焊丝制造商咨询前不应使用其他保护气。其中保护气成分%均指体积分数，下同。

② M 为单道和多道焊，S 为单道焊。

③ E501T-5 和 E501T-5M 型焊丝可在直流正接极性下使用，以改善不适当位置的焊接性，推荐的极性请咨询制造商。

2. 低合金钢药芯焊丝的型号

低合金钢药芯焊丝的型号按 GB/T 17493—2008《低合金钢药芯焊丝》的规定，药芯焊丝分为非金属粉型和金属粉型。非金属粉型药芯焊丝型号是按熔敷金属的抗拉强度和化学成分、焊接位置，药芯类型和保护气体划分的。金属粉型药芯焊丝型号是按熔敷金属的抗拉强度和化学成分划分。

非金属粉型药芯焊丝型号表示方法为 E×××TX-××（-JH×），字母“E”表示焊丝，字母“T”表示非金属粉型药芯焊丝。型号表示中的符号按排列顺序分别说明如下：

1）字母“E”后面的前 2 个符号“××”表示熔敷金属的最低抗拉强度。

2）字母“E”后面的第 3 个符号“×”表示推荐的焊接位置，其中：“0”表示平焊和横焊位置，“1”表示平焊、横焊、仰焊、立向上焊位置。

3）字母“T”后面的符号“×”表示药芯类型及电流种类（见表 8-2）。

4）短划“-”后面的符号“×”表示熔敷金属化学成分代号。

5）化学成分代号后面的符号“×”表示保护气体类型：“C”表示 CO_2，气体“M”表示 $Ar+CO_2$（20%~25%），当该位置没有符号时，表示不采用保护气体，为自保护型。

6）型号中如果出现第二个短划“-”及字母“J”时，表示焊丝具有更低温度的冲击性能。

7）型号中如果出现第二个短划“-”及字母“H×”时，表示熔敷金属扩散氢含量，×为扩散氢含量最大值。

金属粉型药芯焊丝型号为 E××C-X（-H×），其中，字母“E”表示焊丝，字母“C”表示金属粉型药芯焊丝，其他符号说明如下：

1）字母“E”后面的两个符号“××”表示熔敷金属的最低抗拉强度。

2）以第一个短划“-”后面的符号“×”表示熔敷金属化学成分代号。

3）型号中如果出现第二个短划“-”及字母“H×”时，表示熔敷金属扩散氢含量，×为扩散氢含量最大值。

低合金钢药芯焊丝类别特点的符号说明见表 8-2。

表 8-2　低合金钢药芯焊丝类别特点的符号说明

焊丝	药芯类型	药芯特点	型号	焊接位置	保护气体①	电流种类
非金属粉型	1	自保护型，熔滴呈喷射过渡	E××0T1-×C	平、横	CO_2	直流反接
			E××0T1-×M		$Ar+CO_2$(20%~25%)	
			E××1T1-×C	平、横、仰、立向上	CO_2	
			E××1T1-×M		$Ar+CO_2$(20%~25%)	
	4	强脱硫、自保护型，熔滴呈粗滴过渡	E××0T4-×	平、横	—	
	5	氧化钙-氟化物型，熔滴呈粗滴过渡	E××0T5-×C		CO_2	
			E××0T5-×M		$Ar+CO_2$(20%~25%)	
			E××1T5-×C	平、横、仰、立向上	CO_2	直流反接或正接②
			E××1T5-×M		$Ar+CO_2$(20%~25%)	
	6	自保护型，熔滴呈喷射过渡	E××0T6-×	平、横	—	直流反接
	7	强脱硫、自保护型，熔滴呈喷射过渡	E××0T7-×			直流正接
			E××1T7-×	平、横、仰、立向上、		
	8	自保护型，熔滴呈喷射过渡	E××0T8-×	平、横		
			E××1T8-×	平、横、仰、立向上、		
	11	自保护型，熔滴呈喷射过渡	E××0T11-×	平、横		
			E××1T11-×	平、横、仰、立向上		
	X	③	E××0T×-G	平、横		③
			E××1T×-G	平、横、仰、立向上		
			E××0T×-GC	平、横	CO_2	
			E××1T×-GC	平、横、仰、立向上		
			E××0T×-GM	平、横	$Ar+CO_2$(20%~25%)	
			E××1T×-GM	平、横、仰、立向上		
	G	不规定	E××0TG-×	平、横	不规定	不规定
			E××1TG-×	平、横、仰、立向上、		
			E××0TG-G	平、横		
			E××1TG-G	平、横、仰、立向上		

（续）

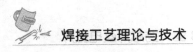

焊丝	药芯类型	药芯特点	型号	焊接位置	保护气体①	电流种类
	金属粉型	主要为纯金属和合金，熔渣极少，熔滴呈喷射过渡	E××C-B2，-B2L	不规定	$Ar+O_2$(1%~5%)	不规定
			E××C-B3，-B3L			
			E××C-B6，-B8			
			E××C-Ni1，-Ni2，-Ni3			
			E××C-D2			
			E××C-B9			
			E××C-K3，-K4			
			E××C-W2		$Ar+CO_2$(5%~25%)	
		不规定	E××C-G		不规定	

① 为保证焊缝金属性能，应采用表中规定的保护气体，如供需双方协商也可采用其他保护气体。

② 某些E××1T5-×C，-×M焊丝，为改善立焊和仰焊的焊接性能，焊丝制造厂也可能推荐采用直流正接。

③ 可以是上述任一种药芯类型，其药芯特点及电流种类应符合该药芯焊丝相对应的规定。

焊丝型号举例：

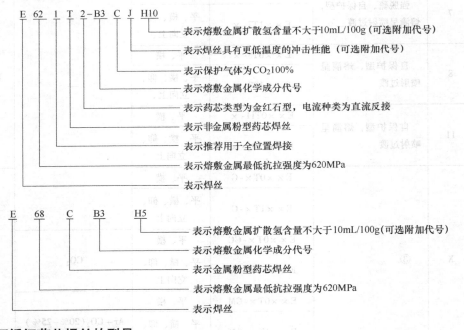

E 62 1 T 2-B3 C J H10

- H10——表示熔敷金属扩散氢含量不大于10mL/100g（可选附加代号）
- J——表示焊丝具有更低温度的冲击性能（可选附加代号）
- C——表示保护气体为$CO_2$100%
- B3——表示熔敷金属化学成分代号
- 2——表示药芯类型为金红石型，电流种类为直流反接
- T——表示非金属粉型药芯焊丝
- 1——表示推荐用于全位置焊接
- 62——表示熔敷金属最低抗拉强度为620MPa
- E——表示焊丝

E 68 C B3 H5

- H5——表示熔敷金属扩散氢含量不大于10mL/100g（可选附加代号）
- B3——表示熔敷金属化学成分代号
- C——表示金属粉型药芯焊丝
- 68——表示熔敷金属最低抗拉强度为620MPa
- E——表示焊丝

3. 不锈钢药芯焊丝的型号

不锈钢药芯焊丝的型号按CB/T 17853—1999《不锈钢药芯焊丝》的是根据熔敷金属化学成分、焊接位置、保护气体及焊接电流类型划分的。型号表示方法为E×××T-×或R×××T×-×，用“E”表示焊丝，“R”表示填充焊丝；后面用三位或四位数字表示焊丝熔敷金属化学成分分类代号；如有特殊要求的化学成分，将其元素符号附加在数字后面，或者用“L”表示碳含量较低、“H”表示碳含量较高、“K”表示焊丝应用于低温环境；最后用“T”表示药芯焊丝，之后用一位数字表示焊接位置，“0”表示焊丝适用于平焊位置或横

焊位置焊接，“1”表示焊丝适用于全位置焊接；“-”后面的数字表示保护气体及焊接电流类型（见表8-3）。不锈钢药芯焊丝的应用见表8-4。

表8-3 不锈钢药芯焊丝的保护气体、电流种类及焊接方法

型号	保护气体成分（体积分数）	电流种类	焊接方法
E×××T×-1	CO_2	直流反接	FCAW
E×××T×-3	无（自保护）		
E×××T×-4	Ar75%~80% + CO_2		
R×××T1-5	100% Ar	直流正接	GTAW
E×××T×-G	不规定	不规定	FCAW
R×××T1-G			GTAW

注：表中FCAW为药芯焊丝电弧焊，GTAW为钨极惰性气体保护焊。

焊丝型号举例：

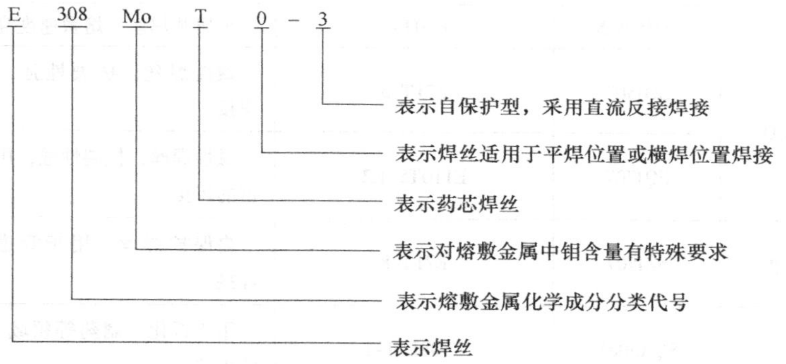
E 308 Mo T 0 - 3
表示自保护型，采用直流反接焊接
表示焊丝适用于平焊位置或横焊位置焊接
表示药芯焊丝
表示对熔敷金属中钼含量有特殊要求
表示熔敷金属化学成分分类代号
表示焊丝

表8-4 不锈钢药芯焊丝的应用对照

AWS规格	GB牌号	用　途
E308LT1-1	E308LT1-1	低C-18Cr-8Ni钢用
E309LT1-1	E309LT1-1	低C-22Cr-12Ni钢用，异材焊接用
E309LMoT1-1	E309LMoT1-1	低C-22Cr-12Ni-2.5Mo钢用，异材焊接用
E316LT1-1	E316LT1-1	低C-18Cr-12Ni-2.5Mo钢用
E317LT1-1	E317LT1-1	低C-18Cr-12Ni-3.5Mo钢用
E347LT1-1	E347LT1-1	低C-18Cr-9Ni-Ti钢用
E385T-1	E385T-1	904L超低碳钢用
E2209T-1	E2209T-1	双相钢焊接用

4. 药芯焊丝的牌号

焊丝牌号以字母“Y”表示药芯焊丝，其后字母表示用途或钢种类别，如“J”表示结构钢用，“R”表示低合金耐热钢。字母后的第一、第二位数字表示熔敷金属抗拉强度保证值，单位为MPa。第三位数字表示药芯类型及电流种类（与焊条相同），第四位数字代表保护形式，如“1”表示气保护，“2”表示自保护，“3”表示气保护、自保护两用。焊丝牌号举例如下，表 8-5 给出了药芯焊丝的牌号及用途。

焊丝牌号举例：

Y J 50 2-1

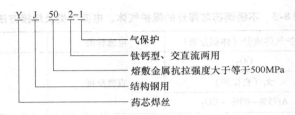

- 1 —— 气保护
- 2 —— 钛钙型、交直流两用
- 50 —— 熔敷金属抗拉强度大于等于500MPa
- J —— 结构钢用
- Y —— 药芯焊丝

表 8-5 药芯焊丝牌号及用途

种类	保护方式	牌号	适用美国（AWS）标准	用途
结构钢	CO_2	SQJ501	E71T-1	钛系全位置焊丝，用于造船、桥梁等焊接
		SQJ601	E91T-1Ni	钛系全位置焊丝，用于 600MPa 高强度钢焊接
		SQJ50MX	E70T-1	金属芯焊丝，熔敷速度高，抗裂性强
	$Ar+CO_2$	SQJ507	E71T-5	碱性焊丝，抗裂性强，用于重要结构的焊接
		SQJ707	E110T5-K2	碱性焊丝，抗裂性强，用于 700MPa 高强度钢的焊接
	自保护	SZJ507	E71T-8	自保护焊丝，用于管道、海洋结构等的焊接
不锈钢	CO_2	SQA308L	E308LT1-1	用于石化、制药等领域 304 超低碳不锈钢的焊接
		SQA309L	E309LT1-1	用于异种钢或同成分不锈钢的焊接
		SQA316L	E316LT1-1	用于石化等领域 316 超低碳不锈钢的焊接
		SQA347	E347T1-1	用于石化等领域 347 或 321 不锈钢的焊接
	Ar	SQA308L-T	R308LT1-5	304 型不锈钢管的打底焊接，背面不充氩气
		SQA316L-T	R316LT1-5	316 型不锈钢管的打底焊接，背面不充氩气
耐候钢	CO_2	SQJ551CrNiCu	E550T1-W	用于 490MPa 级耐蚀钢的焊接
耐热钢	CO_2	SQR402	E91T1-B3	用于 550℃ 以下铬钼钢的焊接
	$Ar+CO_2$	SQR407	E91T5-B3	用于 550℃ 以下铬钼钢的焊接
低温钢	$Ar+CO_2$	SQJ557Ni1	E81T5-G	−40℃ 韧性优良，用于容器等重要低温钢结构的焊接
	CO_2	SQJ551Ni1	E81T1-Ni1	−40℃ 韧性优良，用于舰艇等重要低温钢结构的焊接
硬面堆焊	CO_2	SQD337	—	用于堆焊各种热锻模、轧辊等
	CO_2	SQD517	—	2Cr13 型阀门堆焊焊丝
	埋弧	SMD581	—	高 Cr 铸铁型，用于磨煤辊等的堆焊

注：来源于天津三英焊业公司部分药芯焊丝产品。

8.4 药芯焊丝 CO_2/MAG 气体保护焊

8.4.1 药芯焊丝 CO_2/MAG 气体保护焊原理及工艺特点

药芯焊丝 CO_2/MAG 气体保护焊是一种气体—焊剂联合保护焊方法。焊接时焊丝的药芯（焊剂）受热熔化，从而在焊缝表面上覆盖一层薄薄的熔渣，如图 8-4 所示。药芯焊丝 CO_2/MAG 气体保护焊兼有气体保护焊和焊条电弧焊的一些优点，克服了 CO_2气体保护焊中飞溅较大、焊缝成形不良等缺点。药芯焊丝 CO_2/MAG 气体保护焊在国外已获得了广泛应用，可用于自动焊或半自动焊。

药芯焊丝 CO_2/MAG 气体保护焊具有以下工艺特点：

（1）熔敷效率高　用实心焊丝焊接时，加大电流，会使工艺性能变坏，焊缝金属的冲击韧度降低，产生裂纹的可能性增加。而用药芯焊丝时，特别是使用碱性焊药时，电流大小对工艺性能影响不大，甚至电流增大到 800A 时仍可焊接，因此熔敷效率高，为焊条电弧焊的 3～5 倍。此外，由于药芯能改变熔滴过渡特点，细化熔滴颗粒，可以减少飞溅和改善焊缝成形。

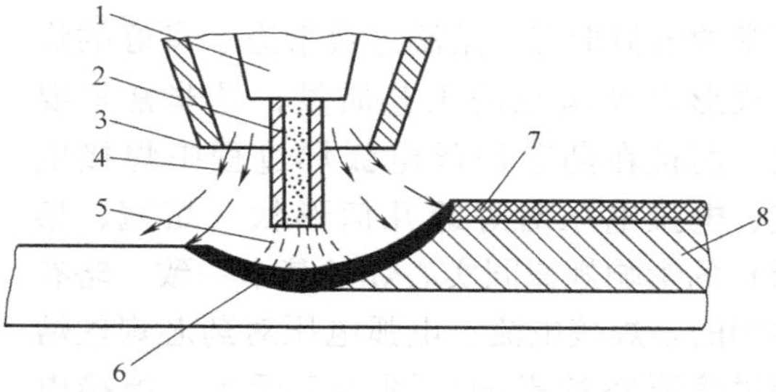
1
2
3
4
5
6
7
8

图 8-4　药芯焊丝 CO_2/MAG 气体保护焊示意图

1—导电嘴　2—药芯焊丝　3—气体喷嘴　4—CO_2气体　5—电弧　6—熔池　7—熔渣　8—焊缝金属

（2）保护效果好　由于焊接熔池受到 CO_2或 Ar + CO_2气体和熔渣两方面的保护，能够有效地防止空气侵入。同时，熔渣对液体金属有精炼作用，能提高焊缝金属的力学性能。而且因渣的作用，对焊前清理可以降低要求，此外，抗风能力也高于实心 CO_2气体保护焊。

（3）调整合金成分方便　根据焊缝金属力学性能和合金成分的要求，可以使用不同的焊药配方和装药量。因此这种方法可以用于合金钢焊接及耐磨堆焊等方面。

（4）可以选用直流电或交流电焊接　焊接电源采用平特性或陡降特性均可。

8.4.2 药芯焊丝 CO_2/MAG 气体保护焊焊接参数

药芯焊丝 CO_2/MAG 气体保护焊工艺与实心焊丝 CO_2气体保护焊相似，其焊接参数主要有焊接电流、电弧电压、焊接速度、焊丝伸出长度以及气体保护焊时的保护气流量等。焊接参数对焊接过程的影响及其他变化规律趋势，对药芯焊丝和实心焊丝基本相同。

1. 电弧形态及熔滴过渡形态

电弧引燃后，药芯焊丝的端部进入电弧区，药芯焊丝的接口处及其附近的钢带首先快速熔化，而在接口的径向处钢带则滞后熔化，于是很快形成了偏心熔滴悬于焊丝端部；与此同时处于焊丝端部、熔滴下方的还有滞后钢带熔化的渣柱，有时还有滞后熔化的一小段细钢带。随着焊丝不断送进，熔滴在电弧中急速旋转、飘移并过渡。因此，电弧燃烧时，焊丝端部沿圆周方向不能同步熔化，而是沿接口处熔化速度快，接口径向处熔化速度慢，结果出现偏心熔化（或马蹄形熔化）、熔滴沿焊丝周边悬挂运动和熔滴的非轴向过渡现象。至于处于熔滴下方渣柱的形成，则是由于药芯组成物熔点比钢带高所致。

在小电流下焊接时，焊丝端部的滴状熔滴受多种力作用下急速地摆动，并以非轴向方式不停地脱离焊丝实现过渡。随焊接电流的增大，熔滴尺寸减小，过渡频率增大，熔滴的非轴向倾向略显减小；当焊接电流大于某范围值后，熔滴尺寸急剧减小，过渡频率急剧增大，熔滴沿焊丝渣柱方向过渡，此时的形态可以称为“射滴过渡”，也称为“喷射过渡”。熔滴沿渣柱的过渡行为，对稳定电弧、减小焊接飞溅、改善操作工艺性较为有利。在生产现场通常采用较大的焊接电流，电弧电压相应提高时，这类焊丝发生短路过渡的机会较小。药芯焊丝 CO_2 气体保护焊时，因为药芯中加有稳弧剂，电弧的挺度和稳定性均比实心焊丝好，焊丝的工艺性得到明显改善。

2. 气保护药芯焊丝焊接参数及其技术特征

（1）焊接电流、电弧电压　焊接电流是气体保护熔化焊的基本焊接参数，它对于获得正常的电弧形态、熔滴过渡形态、良好的焊缝成形以及满意的工艺质量，是非常重要的，而且在药芯焊丝电弧焊过程中焊接电流、电弧电压对焊缝几何形状（熔宽、熔深）的影响规律同实心焊丝基本一致。略有差别的是焊接电流、电弧电压对药芯焊丝熔滴过渡形态的影响如图 8-5 所示。焊接电流、电弧电压对 ϕ1.6mm E71T-1 型药芯焊丝 3 种熔滴过渡形态的关系，图中阴影部分为喷射过渡。焊接电流的使用范围很大，而电弧电压的可变范围则较小，且随着电流的增加，电弧电压应适当增加，大电流焊接时，电弧电压应足够高。这一规律对选择焊接参数有着重要的指导意义。

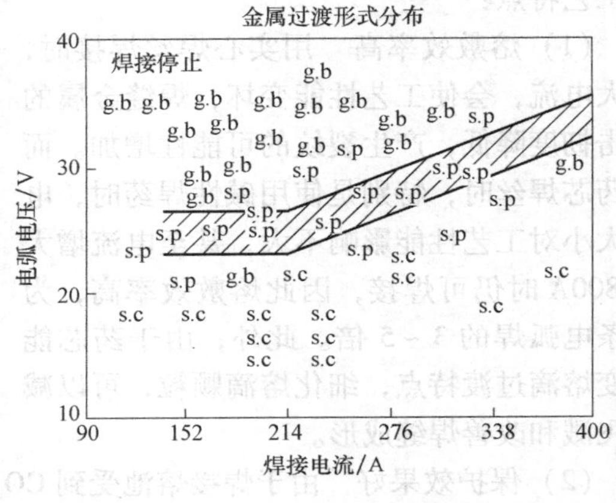
金属过渡形式分布
焊接停止
电弧电压/V
焊接电流/A
40
30
20
10
90
152
214
276
338
400
g.b
s.p
s.c

图 8-5　焊接电流、电弧电压对药芯焊丝熔滴过渡形态的影响

s. p—喷射过渡　g. b—滴状过渡　s. c—短路

焊接电流的选用值必须有与之相匹配的电弧电压。先电流后电压，一定的电流对应一定的电压，如果关系不匹配，工艺质量将会变差。

（2）焊丝伸出长度　可以根据电流大小、焊缝位置的不同，从长度 15 ~ 25mm 中选用合适的长度。

自保护药芯焊丝电弧焊时，焊丝伸出长度范围较宽，一般为 25 ~ 70mm。直径在 ϕ3.0mm 以上的粗丝，焊丝伸出长度甚至接近 100mm。为保证焊丝端部更好的指向熔池，焊枪导电嘴前端常加有绝缘护套。焊丝伸出长度选择不当时，除了易于产生气孔外，对自保护药芯焊丝焊缝金属的力学性能也会产生影响，特别是焊缝金属的韧性。

（3）保护气体流量　选择气体保护药芯焊丝进行焊接时，保护气体流量也是重要的焊接参数之一。CO_2 气体对熔滴过渡、焊接熔池起着重要的保护作用，气体流量的大小直接影响焊缝质量。保护气体流量的选择可根据焊接电流的大小、气体喷嘴的直径和保护气体的种类等因素确定，图 8-6 所示为三者的关系。根据需要，通常选用 15 ~ 20L/min。

药芯焊丝电弧焊除可用 CO_2 气体作保护气体外，也可用 Ar + $CO_2$25%（质量分数）或 Ar + $O_2$2%（质量分数）等混合气体作保护气体。用这些混合气体保护焊时，熔敷的焊缝金属的抗拉强度和屈服强度比用纯 CO_2 保护焊时高，此时焊丝金属的过渡形式接近喷射过渡。

(4) 焊接速度　当焊接电流、电弧电压确定后，焊接速度不仅对焊缝几何形状产生影响，而且对焊接质量也有影响。药芯焊丝的半自动焊接时，焊接速度通常在 30～50cm/min 范围内。焊接速度过快易导致熔渣覆盖不均匀，焊缝成形变坏，在有漆层或有污染表面的钢板上焊接时，焊接速度过快易产生气孔。焊接速度过小，熔融金属容易先行，导致熔合不良等缺陷的产生。药芯焊丝的全自动焊接时，焊接速度可达 1m/min 以上。

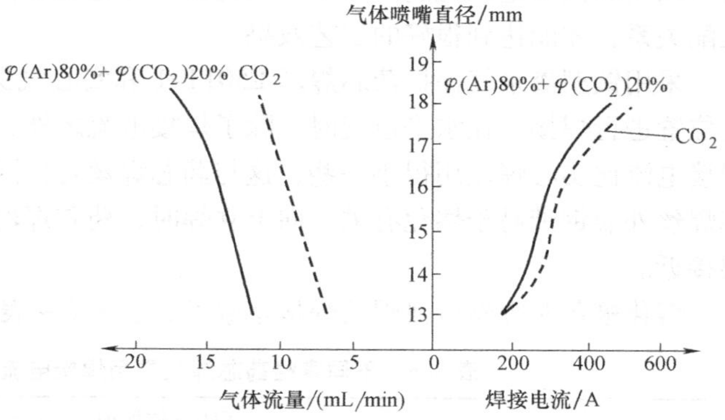

气体喷嘴直径/mm
φ(Ar)80%+φ(CO2)20%
CO2
φ(Ar)80%+φ(CO2)20%
CO2
19
18
17
16
15
14
13
20
15
10
5
0
200
400
600
气体流量/(mL/min)
焊接电流/A

图 8-6　保护气体流量选择参考图

(5) 电源极性　电源极性直接影响电弧稳定性、熔滴过渡形态、焊接飞溅等工艺质量，药芯中含有反电离元素组成物质时，通常采用直流反极性。

(6) 操作技术　药芯焊丝的操作技术比较复杂，既要有一定的理论基础，又要有熟练的应对技能。根据不同的构件材料、板厚、焊缝位置以及其他技术要求，在正确的焊接参数下，选用不同的焊枪角度、运丝方式、摆幅和节距等灵活多变技能，是获得优质焊缝的必要保证条件。

3. 焊接电流和电弧电压的匹配

在焊接电流和电弧电压的数值匹配关系上，焊接电流增大时，电弧电压适度增大；反之，焊接电流减小时，电弧电压适度减小。如果大幅度增大焊接电流，而不同时增大电弧电压，必将导致电弧不稳、飞溅增大，工艺恶化。

采用直径 1.2mm 的钛型渣系气保护药芯焊丝 E501T-1，在平焊位置焊接时，焊接电流为 240～260A、电弧电压为 28～30V 时，熔滴尺寸逐渐减小，过渡频率增大，焊丝端部滞熔的渣柱尺寸增大，有一定数量的熔滴沿渣柱滑入熔池，此时电弧稳定性较好，焊接飞溅较小，高温渣流动性适中，熔渣覆盖均匀，焊缝金属光泽鲜亮，成形均匀美观，焊丝工艺性优良。当焊接电流为 280～300A、电弧电压为 30V 时，熔滴尺寸继续减小，过渡频率将增大，焊丝端部滞熔的渣柱尺寸也增大，此时电弧稳定性反而变差，熔滴不完全沿渣柱滑入熔池，焊接飞溅增大，高温渣变稀，熔渣覆盖不均匀，焊缝金属光泽被氧化，成形不均匀，焊丝工艺性变差。对于直径为 1.2mm 药芯焊丝而言，焊接电流 260A、电弧电压 30V，是水平位置焊接时较佳的焊接参数匹配关系。此时，焊接效率较高，工艺性极佳，焊缝质量优良。焊接电流过大将使焊接工艺性变差，而焊接电流过小将使焊接效率降低。

进行向上立焊，当焊接电流为 160～200A、电弧电压为 26～28V 时，熔滴尺寸略大，过渡频率减小，焊丝端部滞熔的渣柱尺寸小，此时电弧稳定性略显差点，但熔滴绝大多数落入熔池，焊接飞溅不算太大，高温渣的凝固范围较小，形成“短渣”，熔渣覆盖均匀，焊缝金属光泽好，成形均匀美观，此时焊丝的向上立焊工艺性优良。

从而可以看出，在其他焊接参数不变的条件下，焊接电流可以变化的幅度较大，而电弧电压变化的范围较小。实际上焊接电流和电弧电压的数值匹配关系是受电弧形态和熔滴过渡特性以及焊接质量的控制。为了得到优良的焊缝成形，焊接电流和电弧电压必须要有良好的匹配关系，才能达到很好的工艺效果。

采用钛型渣系气保护药芯焊丝 E501T-1 和实心气保护焊丝 ER50-6，分别在平焊和向上立位置进行焊接，在水平位置时，除了焊接电流之外，其余焊接参数非常接近。药芯焊丝的焊接电流比实心焊丝用得小一些，这与药芯焊丝直径圆环截面积比实心焊丝圆截面积小，药芯焊丝外表钢带易于熔化有关。向上立焊时，药芯焊丝和实心焊丝焊接时的各项焊接参数都很接近。

熔化极药芯焊丝电弧焊的焊接参数参见表 8-6～表 8-9。

表 8-6　不同直径药芯焊丝常用焊接电流、电弧电压常用范围

CO_2气体保护药芯焊丝			
焊丝/mm	1.2	1.4	1.6
电流/A	110～350	130～400	150～450
电弧电压/V	18～32	20～34	22～38
自保护药芯焊丝			
焊丝直径/mm	1.6	2.0	2.4
电流/A	150～250	180～350	200～400
电弧电压/V	20～25	22～28	22～32

表 8-7　药芯焊丝在各种位置焊接中厚板时的焊接电流、电弧电压常用范围

焊接位置	ϕ1.2mm CO_2气体保护药芯焊丝		ϕ2.0mm 自保护药芯焊丝	
	电流/A	电弧电压/V	电流/A	电弧电压/V
平焊	160～350	22～32	180～350	22～28
横焊	180～260	22～30	180～250	22～25
向上立焊	160～240	22～30	180～220	22～25
向下立焊	240～260	25～30	220～260	24～28
仰焊	160～200	22～25	180～220	22～25

表 8-8　ϕ3.2mm 药芯焊丝 CO_2半自动焊焊接参数

板厚/mm	接头简图	层数	焊接电流/A	电弧电压/V	焊接速度/(m/h)
6	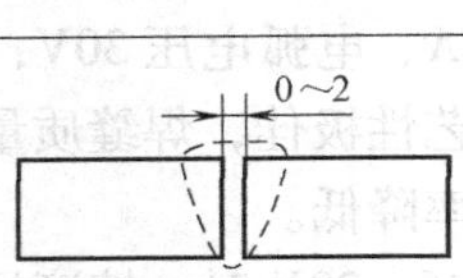0～2	1	300～330	22～24	18～21
9	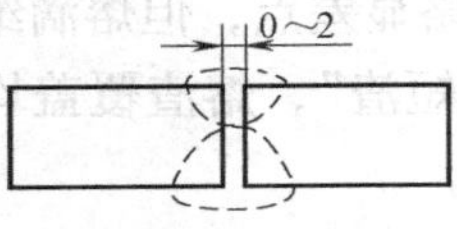0～2	2	400～450	24～26	17～18
			450～500	24～27	15～17

（续）

板厚/mm	接头简图	层 数	焊接电流/A	电弧电压/V	焊接速度/(m/h)
12	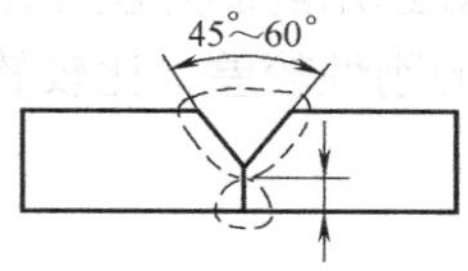45°~60°	2	450~500	24~28	13~15
			450~500	24~28	17~18
25	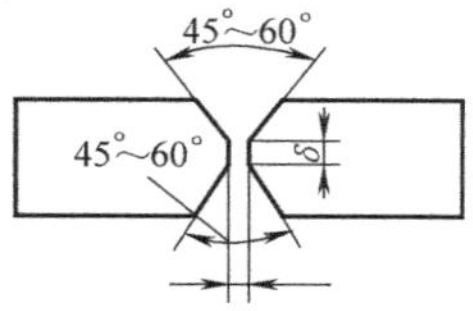45°~60° 45°~60° δ	4	480~530	25~28	14~15
			500~550	26~28	14~16
6.4①	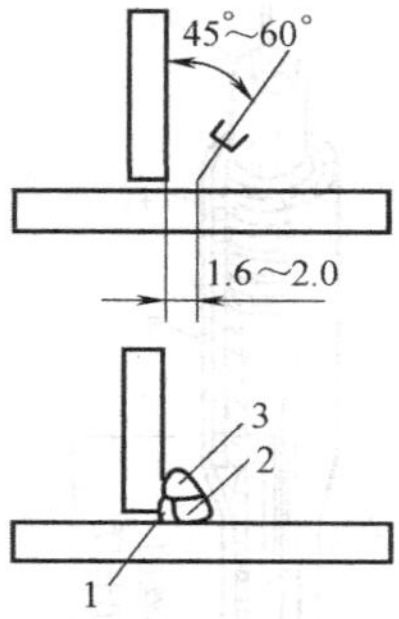45°~60° 1.6~2.0 3 2 1	1	330~370	23~25	21~24
8.5①		1	360~400	24~26	20~22
18.7①		3	370~400	24~26	18~21
			370~400	24~26	18~21
			350~370	23~25	21~24

① 数字表示焊脚尺寸。

表8-9 φ2.4mm药芯焊丝 CO_2 自动焊焊接参数

接头简图	焊接顺序	焊接电流/A	电弧电压/V	焊接速度/(m/h)	焊接倾角/(°)
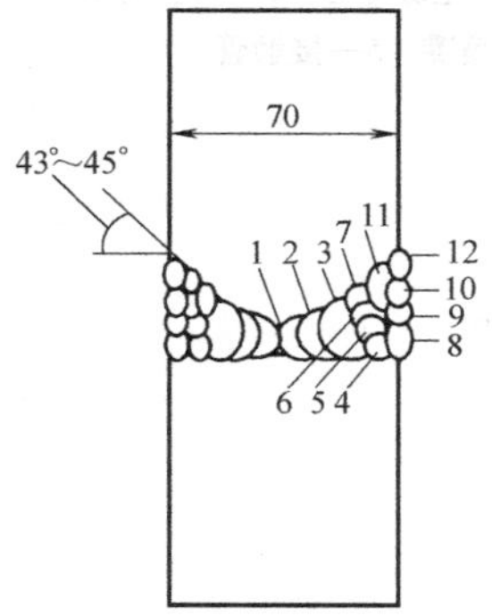70 43°~45° 1 2 3 7 11 12 10 9 8 6 5 4	1	280	25	30	25
	2	350	29	22	20
	3	350	29	22	20
	4	340	28	14	20
	5	380	29	22	20
	6	350	27	22	20
	7	340	25	20	20
	8	300	26	22	20
	9	300	27	22	20
	10	300	27	22	20
	11	300	27	22	20
	12	280	25	25	10

8.5 焊接设备

药芯焊丝电弧焊对电源设备没有严格要求，使用实心焊丝的焊接设备完全可以使用药芯焊丝。也可以使用实心、药芯焊丝两用的焊机，此种焊机是在使用实心焊丝焊机的基础上添加了极性转换，电源外特性微调和电弧挺度调节功能中的一种或多种。

实心焊丝送丝机可以正常使用加粉系数较小的药芯焊丝，如用量较大的低碳钢 CO_2 气体保护用药芯焊丝。但要正常使用加粉系数较大药芯焊丝则最好选用药芯焊丝专用送丝机。由于药芯焊丝的芯部为粉剂，所以与实心焊丝相比，药芯焊丝的刚性较差，比较软。因此，为保证焊丝能稳定送进，对送丝机构的要求为：

1）有两对双主动轮的送丝滚轮。

2）配备焊丝校直机构。

3）送丝软管的摩擦系数小，既要柔软，又要变形小。

4）采用开式送丝盘。

其他设备与实心焊丝 CO_2 气体保护焊类似。

药芯焊丝埋弧焊、钨极氩弧焊、CO_2 气体保护焊等方法用的焊枪与实心焊丝的焊枪相同。自保护焊药芯焊丝焊接时，可以使用专用焊枪或 CO_2 气体保护焊枪。两者在结构上的差别为：专用焊枪是在 CO_2 气体保护焊枪基础上去掉气罩，并在导电嘴外侧加绝缘护套以满足某些自保护药芯焊丝在伸出长度方面的特殊要求，同时可以减少飞溅的影响；某些专用焊枪附加有负压吸尘装置，使自保护药芯焊丝可以在室内施工中使用。图 8-7 所示为自保护药芯焊丝专用焊枪结构示意图。

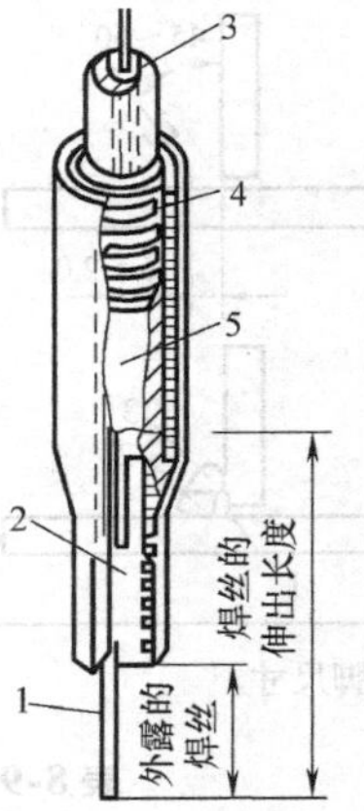

3
4
5
2
1
焊丝的伸出长度
外露的焊丝

图 8-7　自保护药芯焊丝专用焊枪结构示意图
1—药芯焊丝　2—绝缘导管　3—焊丝导管
4—绝缘喷嘴　5—接触管

常用平特性的弧焊电源，配以等速送丝装置，采用直流反接，极少用交流电源。可采用晶闸管式弧焊电源、逆变式弧焊电源或硅弧焊整流器。额定负载持续率为 60%、100%。

复习思考题

1. 药芯焊丝有何特点？
2. 药芯焊丝按截面形状分，它的结构可分为哪几种类型？各有何优缺点？
3. 药芯焊丝 CO_2 气体保护焊有何工艺特点？
4. 焊剂保护用药芯焊丝有何特点？
5. 自保护药芯焊丝有哪些特点？
6. 自保护药芯焊丝的主要成分及作用是什么？
7. 不锈钢药芯焊丝有何特点？
8. 不锈钢药芯焊丝的渣系主要成分为哪几种类型？药粉主要成分是什么？各自有何作用？
9. 药芯焊丝电弧焊焊接参数如何选择？

第9章 等离子弧焊与切割

等离子弧是一种特殊形式的电弧。它是借助于等离子弧焊枪的喷嘴等外部拘束条件使电弧受到压缩，弧柱横断面受到限制，使弧柱的温度、能量密度得到提高，气体介质的电离更加充分，等离子流速也显著增大。这种将阴极和阳极之间的自由电弧压缩成高温、高电离度、高能量密度及高焰流速度的电弧即为等离子弧。利用等离子弧作为热源可以用于焊接、切割、喷涂及堆焊等。

9.1 等离子弧的形成及特性

9.1.1 等离子弧的形成

等离子弧是一种压缩电弧，目前广泛采用的压缩电弧的方法如图9-1所示。从形式上看，它类似于钨极氩弧焊的焊枪，但其电极缩入到喷嘴内部，电弧在电极与焊件之间产生，电弧通过水冷喷嘴的内腔及其狭小的孔道，受到强烈的压缩，弧柱截面缩小，电流密度增加，能量密度提高，电弧温度急剧上升，电弧介质的电离度剧增，在弧柱中心部分接近完全电离，形成极明亮的细柱状的等离子弧。

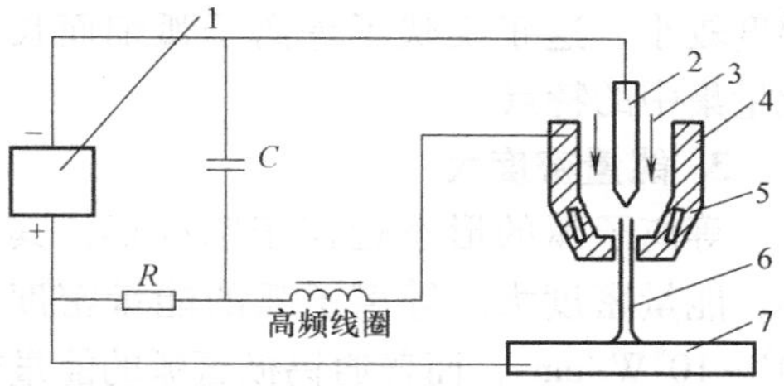

1
2
3
4
5
6
7
C
R
高频线圈

图9-1 等离子弧形成原理图

1—电源 2—电极 3—离子气流 4—喷嘴 5—冷却水 6—等离子弧 7—焊件

这种高温、高电离度、高能量密度及高焰流速度的等离子弧的获得，是以下三种压缩作用的结果。

1. 机械压缩效应

喷嘴孔径限制了弧柱截面积，使其不能自由扩大，电弧受到压缩，这种拘束作用称为机械压缩效应。

2. 热收缩效应

气体介质不断地以一定的速度和流量流过水冷喷嘴，使靠近喷嘴内壁的气体受到强烈的冷却作用，弧柱周围的温度和电离度迅速下降，在弧柱周围靠近喷嘴孔内壁产生一层电离度趋近于零的冷气膜，迫使电流集中到弧柱中心的高温、高电离度区域，从而使弧柱导电横截面进一步减小，电流密度进一步提高。对电弧的这种压缩作用，称为电弧的热收缩效应。

3. 电磁压缩效应

电弧导电可看作是一束平行而同方向的电流线。根据电工学原理可知，当平行导线通过方向相同的电流时，则产生相互间的电磁吸引力，使电弧受到压缩，这种现象称为电磁压缩效应。电流或电流密度越大，这种电磁压缩效应也越强。等离子弧弧柱在受到机械压缩和热收缩作用下，电流密度已明显增大，而电磁压缩效应又使弧柱的电流密度和收缩效应进一步提高。

9.1.2 等离子弧的能量特性

等离子弧与普通的自由电弧相比具有以下的能量特性。

1. 温度高

图 9-2 所示为等离子弧与普通钨极氩弧的温度分布，其中右半部为等离子弧，左半部为相同电流和气体流量下的普通钨极氩弧的温度分布。由图 9-2 可以看到，普通钨极氩弧的最高温度为 10000 ~ 24000K，而等离子弧的温度可高达 24000 ~ 50000K。

2. 温度梯度小

由图 9-2 所示等离子弧和普通钨极氩弧的温度分布对比可以发现，等离子弧在整个弧柱中都有很高的温度，在离弧柱中心距离方向上温度梯度较大，而在弧长方向上温度梯度较小，这正反映了等离子弧细而长以及能量集中的特点。

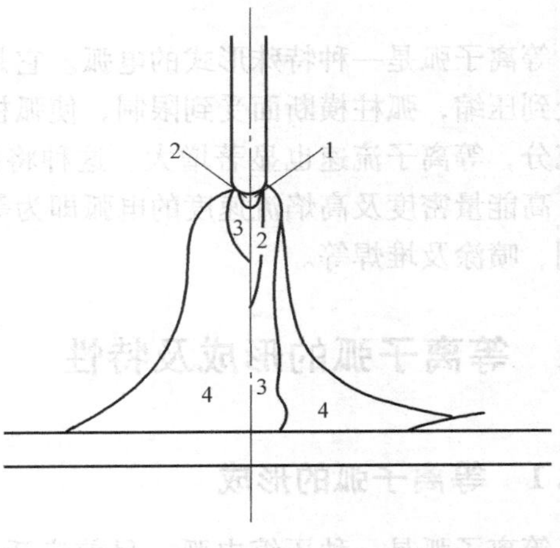

2
1
3
2
4
3
4

图 9-2 等离子弧和普通钨极氩弧的温度分布
1—24000 ~ 50000K 2—18000 ~ 24000K
3—14000 ~ 18000K 4—10000 ~ 14000K
普通钨极氩弧 200A，15V，1080L/h；等离子弧 200A，30V，1080L/h，压缩孔径 2.4mm

3. 能量密度大

等离子弧的形态近似于圆柱形，其半径小，能量密度大。等离子弧的能量密度可达 $10^5 \sim 10^6 W/cm^2$，而普通钨极氩弧的能量密度小于 $10^4 W/cm^2$。

等离子弧温度高、能量密度大的原因，是前面所述的三种压缩效应的结果。在这三个因素中，喷嘴孔道的机械拘束是前提条件，而热压缩则是最本质的原因。

由于等离子弧的以上特点，在焊接过程中，高速流动的弧柱等离子体通过接触传导和辐射带给焊件的热量明显增多且集中，甚至可能成为主要的热量来源，即主要是利用弧柱等离子体热来加热金属，而使得阳极热降为次要地位。对于普通钨极氩弧，加热焊件的热量则主要来源于阳极（或阴极）区的产热，弧柱辐射和热传导热仅起辅助作用。

4. 等离子弧挺直度好

等离子弧温度和能量密度的显著提高，使等离子弧的稳定性和挺直度得以改善。图 9-3 所示为自由电弧和等离子弧挺直度的对比。自由电弧的扩散角约为 45°，等离子弧约为 5°左右。等离子弧沿弧长方向上截面变化很小，方向稳定，挺直度好。这是因为压缩后从喷嘴喷射出的等离子弧带电粒子的运动速度明显提高所致，最高可达 300m/s。由图 9-3 还可以看到，自由电弧和等离子弧弧柱截面积沿轴线方向同样变化 20% 时，自由电弧的弧长变动为 0.12mm，而等离子弧可达 1.2mm。这表明等离子弧弧柱呈近似圆柱形，弧长变化对焊件表面加热区的能量密度影响较小，母材的加热面积不会发生显著的变化，焊接时弧长变化的允许偏差不十分严格。而自由氩弧的形态呈圆锥形，在焊接过程中若弧长发生变化，会使母材的加热面积也随之发生较大的改变。

5. 等离子弧的刚性和柔性具有较宽的调节范围

具有高温、高能量密度、高冲击力和挺直度的等离子弧，通常称为刚性等离子弧，具有较小的能量密度和小的冲击力的等离子弧常称为柔性等离子弧。

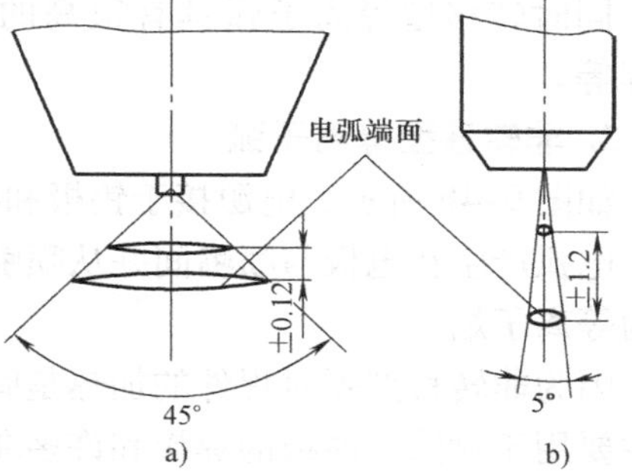
电弧端面
±0.12
±1.2
45°
5°
a)
b)

图9-3 自由电弧和等离子弧挺直度的对比

a）自由电弧 b）等离子弧

等离子弧的刚性和柔性主要受电流、喷嘴孔径和形状、气体种类和流量等因素的影响。可根据不同的工艺要求，调节上述因素，从而得到具有不同温度、能量密度、冲击力和挺直度等性能的等离子弧。例如，对于等离子弧切割，应采用较大电流、小的喷嘴孔径、大气体流量和高导热的气体，以得到具有高温、高能量密度、高冲击力和挺直的刚性等离子弧。而对于焊接，等离子弧的冲击力就不能太高，以免把熔化金属吹跑，这就要求较小的气体流量，以得到具有一定柔性的等离子弧。

9.1.3 等离子弧的基本形式

等离子弧按电源的供电方式和产生形式的不同，可分为转移型和非转移型两种基本形式，如图9-4所示。若这两种弧同时存在、同时作用，则称为联合型等离子弧。

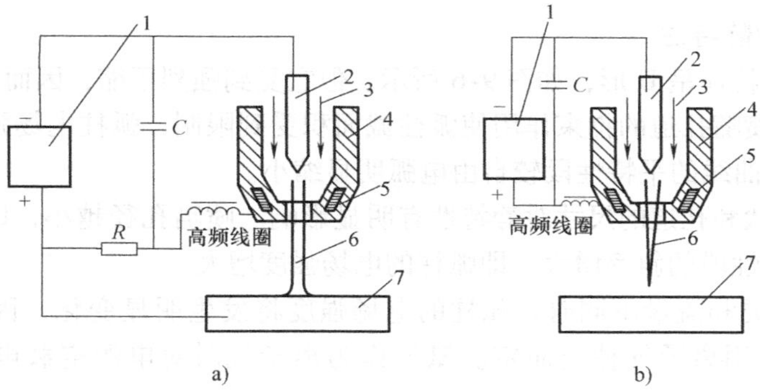
1
2
3
4
5
6
7
C
R
高频线圈
a)
b)

图9-4 等离子弧的类型

a）转移型 b）非转移型

1—电源 2—电极 3—离子气流 4—喷嘴 5—冷却水 6—等离子弧 7—焊件

1. 转移型等离子弧

将电源的负极接电极，正极直接接焊件。此外，电源的正极经限流电阻和高频线圈接到喷嘴。焊接时，先在电极和喷嘴间激发形成小电流的引导电弧，然后将电弧转移至电极与焊件之间直接燃烧，并随即切断喷嘴和电极间的电路。由于电极缩入喷嘴内，等离子弧难以直接形成，因而必须先引燃引导电弧，然后使电弧转移到焊件，所以称为转移型弧，如图9-4a所示。

因转移型等离子弧的阳极斑点处于焊件上，直接加热焊件，使电弧热的有效利用率高，同时转移型等离子弧具有很高的动能和冲击力。这种电弧适用于焊接、切割及粉末堆焊等。

2. 非转移型等离子弧

如图 9-4b 所示，电源接于钨极和喷嘴之间，焊件不参与导电。钨极为阴极，喷嘴为阳极，电弧产生在电极与喷嘴间并从喷嘴喷出，形成的等离子弧被称为非转移型等离子弧，也称为等离子焰。

因为非转移型弧对焊件的加热是间接的，传到焊件上的能量较少。这种非转移型等离子弧主要用于喷涂、薄板的焊接和许多非金属材料的切割与焊接。

3. 联合型等离子弧

转移型和非转移型弧同时存在的等离子弧，称为联合型等离子弧，如图 9-5 所示。这时需要用两个电源分别供电。在联合型等离子弧中，称非转移弧为维弧，而转移弧称为主弧。维弧在工作中可以起稳定电弧和补充加热的作用。

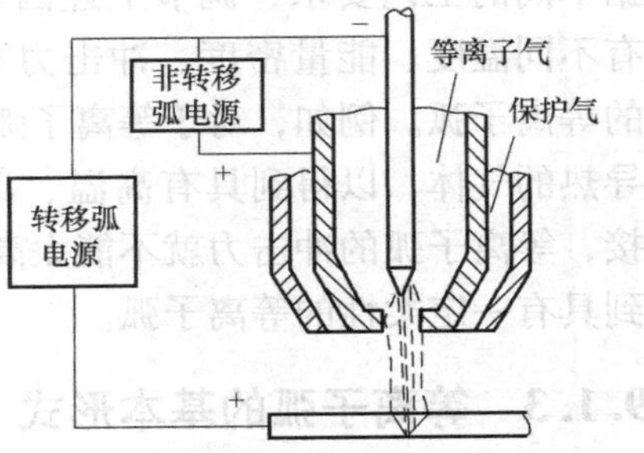

非转移弧电源
转移弧电源
等离子气
保护气

图 9-5　联合型等离子弧

此种形式的等离子弧常应用在微束等离子弧焊、粉末堆焊和低压等离子弧喷涂中。例如在微束等离子弧焊时，使用的焊接电流可小至 0.1A，正是因为采用了联合型弧，所以焊接过程很稳定。

9.1.4　等离子弧的静特性及对电源外特性的要求

1. 等离子弧的静特性

等离子弧的静特性呈 U 形，如图 9-6 所示。但它受到强烈压缩，因而具有以下特点：

1）由于水冷喷嘴孔道的拘束作用使弧柱截面积受到限制，弧柱电场强度增大，电弧电压明显提高，U 形曲线的平特性段较自由电弧明显缩小。

2）喷嘴的形状和孔道的尺寸对静特性有明显影响。喷嘴孔径越小，U 形曲线的平特性段就越小，上升特性段的斜率增大，即弧柱的电场强度增大。

3）离子气种类和流量不同时，弧柱的电场强度将发生明显变化，因此等离子弧电源的空载电压应按所用离子气种类而定。氮气作为离子气时对电源空载电压的要求就比氩气高。

4）联合型等离子弧由于非转移弧为转移弧提供了导电通路，所以其静特性下降特性段斜率明显减少，如图 9-6b 所示。当非转移弧的电流 $I_2 \geqslant 1.5A$ 时，在焊接电流很小时已为平特性，因此小电流微束等离子弧应用联合型弧，以提高其稳定性。

2. 对电源外特性的要求

要求电源外特性与等离子弧的静特性配合，提供等离子弧稳定工作点和稳定的焊接参数，保证电弧稳定燃烧，以及当弧长波动时尽量使焊接参数变化小，特别是使焊接电流不能发生突变，因此要求电源应具有陡降或垂直下降的外特性。

目前广泛采用具有陡降外特性的直流电源作为等离子弧焊和等离子弧切割的电源。在进行微束等离子弧焊时，采用垂直下降外特性电源最为适宜。电源极性一般采用直流正极性。

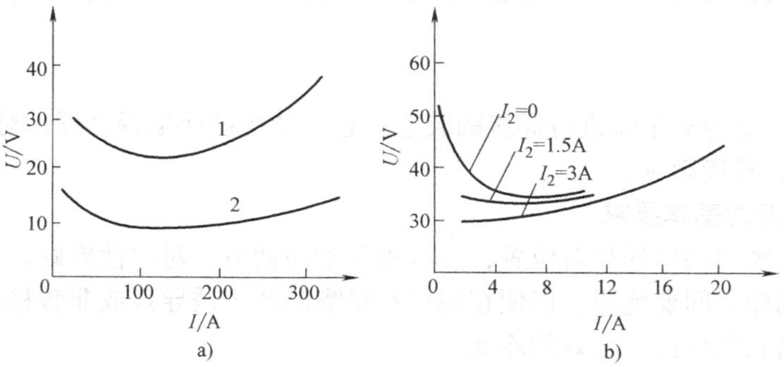

U/V
40
30
20
10
1
2
0
100
200
300
I/A
a)
U/V
60
50
40
30
I₂=0
I₂=1.5A
I₂=3A
0
4
8
12
16
20
I/A
b)

图 9-6 等离子弧的静特性

a）等离子弧与氩弧的静特性 b）联合型等离子弧的静特性

1—转移型等离子弧 2—钨极氩弧 I_2—维弧电流

为了焊接铝及铝合金等金属，则可采用方波交流电源。

等离子弧的电弧电压较高，为了使焊接和切割过程稳定和便于引弧，要求电源具有较高的空载电压，其数值按照离子气的种类不同而有所不同。用纯氩作为离子气的等离子弧焊时，电源空载电压为 65 ~ 80V；用氢、氩混合气时，空载电压需 110 ~ 120V。在小电流微束等离子弧焊时，维弧电源空载电压为 100 ~ 150V，转移弧（主弧）电源空载电压为 80V 左右。

目前国产等离子弧焊机主要有：LH-300、LH-400、LH-500、LHZ-400 及 LH-30 微束等离子弧焊机等。

9.2 等离子弧焊

9.2.1 工艺特点及应用

1. 工艺特点

等离子弧焊是 20 世纪 60 年代迅速发展起来的一种高能密度焊接方法。与钨极氩弧焊相比具有以下工艺特点：

1）由于等离子弧的能量密度大，弧柱温度高，对焊件加热集中，不仅熔透能力和焊接速度显著提高，而且可利用小孔效应实现单面焊双面成形，生产效率显著提高。

2）焊缝深宽比大，热影响区小，焊件变形较小，可以获得优良的焊接质量。

3）焊接电流下限小到 0.1A 时，电弧仍然能稳定燃烧，并保持良好的挺度和方向性，所以不仅能焊接中厚板，也适合于焊接超薄件。

4）由于电弧呈圆柱形，对焊枪高度变化的敏感性明显降低，这对保证焊缝成形和熔透均匀性都十分有益。但焊枪与焊缝的对中性要求较高。

2. 应用

采用等离子弧焊方法可以焊接不锈钢、高强度合金钢、耐高温合金、钛及钛合金、铝及铝合金、铜及铜合金以及低合金高强度结构钢等。目前，等离子弧焊已应用于化工、原子能、电子、精密仪器仪表、轻工、冶金、火箭、航空等工业和空间技术中。

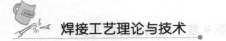

9.2.2 焊枪

焊枪是用来产生等离子弧进行焊接的装置。它的结构设计是否合理，对等离子弧的稳定性和焊接质量有着直接影响。

1. 对焊枪性能的基本要求

1）能固定喷嘴与钨棒的相对位置，并可进行轴向调节，对中性要好。

2）喷嘴与钨棒之间要绝缘，以便在钨极和喷嘴间产生诱导弧或非转移弧。

3）能对喷嘴和钨棒进行有效的冷却。

4）导入的离子气流和保护气流的分布和流动状态良好，喷出的保护气流对焊接区域具有良好的保护作用。

5）便于加工和装配，易于更换喷嘴。

6）尽可能轻巧，使用时便于观察熔池和焊缝成形的情况。

2. 焊枪的结构

等离子弧焊枪主要由上枪体、下枪体和喷嘴三部分组成。上枪体主要包括上枪体水套、钨极夹持机构、调节螺母绝缘罩及水电接头等。它的作用是固定电极，并对其进行冷却、导电、调节内缩长度等。下枪体是由枪体水套、离子气及保护气室、进气管及水、电接头等组成。它的作用是固定喷嘴和保护罩，对下枪体及喷嘴进行冷却，输送离子气与保护气，以及使喷嘴导电等。上、下枪体之间要求绝缘可靠，气密性好，并有较高的同心度。

图 9-7 所示为两种实用焊枪的结构。其中图 9-7a 为电流容量 300A，喷嘴采用直接水冷的大电流等离子弧焊枪。图 9-7b 是电流容量为 16A，喷嘴采用间接水冷的微束等离子弧焊枪。大电流等离子弧焊枪的冷却水从下枪体 8 进，经上枪体 12 出。上、下枪体之间由绝缘柱 9 和绝缘套 11 隔开，进出水口也是水冷电缆的接口。电极装在电极夹头 13 中，电极夹头从上枪体插入，并由带绝缘套的压紧螺母 15 锁紧。离子气和保护气分别输入下枪体。小容量焊枪的电极夹头中还有一压紧弹簧，按下电极夹头顶部可实现接触、短路、回抽引弧等程序。

3. 喷嘴

喷嘴是等离子弧焊枪的关键部件，它的结构形式和几何尺寸对保证等离子弧的压缩与稳定性有重要影响，直接关系到喷嘴使用寿命和焊缝成形质量。

图 9-8 所示为几种喷嘴的结构形式和几何参数，其主要参数有喷嘴孔径 d，孔道长度 l 与锥角 α 等。

（1）喷嘴孔径 d　它决定等离子弧弧柱直径的大小，从而决定了等离子弧的能量密度。喷嘴孔径 d 的大小应根据使用电流和离子气流量来确定。当电流和离子气流量给定时，d 越大，则压缩作用越小，d 过大会失去压缩作用，d 过小，则会引起双弧，破坏等离子弧过程的稳定性，甚至烧坏喷嘴。因此，对给定的 d，应有一个合理的许用电流范围，见表 9-1。

表 9-1　喷嘴孔径与许用电流

喷嘴孔径 d/mm	0.6	0.8	1.2	1.4	2.0	2.5	2.8	3.0	3.5
许用电流/A	≤5	1~25	20~60	30~70	40~100	140	180	210	300

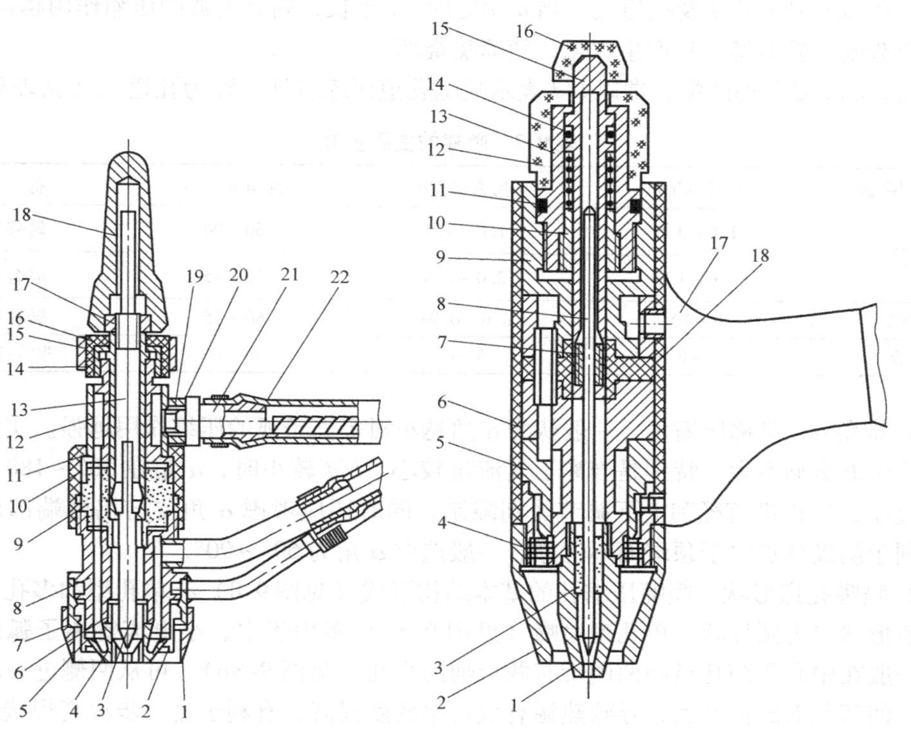

1
2
3
4
5
6
7
8
9
10
11
12
13
14
15
16
17
18
19
20
21
22
a)
b)

图9-7 等离子弧焊枪

a）大电流等离子弧焊枪

1—保护罩 2—喷嘴压盖 3—钨极 4—喷嘴 5、6、10、19—密封垫圈 7—气筛 8—下枪体 9—绝缘柱 11—绝缘套 12—上枪体 13—电极夹头 14—套筒 15—压紧螺母 16—绝缘帽 17—调节螺母 18—绝缘罩 20—黄铜垫片 21—水电接头 22—绝缘手把

b）微束等离子弧焊枪

1—喷嘴 2—保护罩 3—对中环 4—气筛 5—下枪体 6—绝缘套 7—钨极夹 8—钨极 9—上枪体 10—调节螺母 11、14—密封垫圈 12—绝缘罩 13—压缩弹簧 15—钨极套筒 16—绝缘帽 17—焊枪手柄 18—绝缘柱

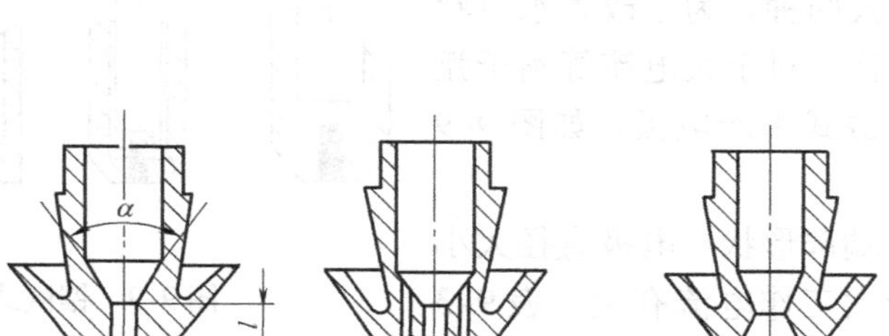

α
l
d
a)
b)
c)

图9-8 喷嘴的基本结构

a）通用型 b）带压缩孔 c）扩散型

（2）喷嘴孔道长度 l 及孔道比　当 d 给定时，l 越长，则对电弧的压缩作用越强烈。但 l 太长也会造成电弧不稳，易产生双弧，使喷嘴烧坏。

因此 d 和 l 要合理匹配，常以 l/d 表示喷嘴孔道压缩特征，称为孔道比（见表9-2）。

表9-2　喷嘴的主要参数

喷嘴用途	孔径 d/mm	孔道比 l/d	锥角 α/(°)	备　注
焊接	1.6～3.5	1.0～1.2	60～90	转移型弧
	0.6～1.2	2.0～6.0	25～45	联合型弧
堆焊	6～10	0.6～0.98	60～75	转移型弧
喷涂	4～8	5～6	30～60	非转移型弧

（3）锥角 α　又称压缩角，一般认为 α 角越小对等离子弧的压缩作用越强。实际上对等离子弧的压缩影响不大，特别是当离子气流量较小、l/d 较小时，α 角在30°～180°均可用。但 α 角过小，则钨极直径和上下调节受到限制，同时还应考虑 α 角要与钨极端部形状相配合，以利于阴极斑点置于顶端而不上漂。一般选取 α 角为60°～90°。

（4）喷嘴孔道形状　喷嘴压缩孔的基本结构形式（见图9-8）有单孔型和多孔型等，它们的孔道形状多为圆柱状。单孔型喷嘴（见图9-8a）多用于中、小电流等离子弧焊，多孔型喷嘴一般在中心压缩孔道的两侧带有两个辅助小孔（见图9-8b），可从两侧进一步压缩等离子弧，使其截面成椭圆状，导致热源有效功率密度提高，有利于进一步提高焊接速度和减小焊缝及热影响区宽度。采用多孔型喷嘴可增大离子气流量，加强对钨极末端的冷却作用，所以在大电流等离子弧焊枪中，多采用这种形式的喷嘴。此外还有压缩孔道为收敛扩散型喷嘴（见图9-8c），这种喷嘴虽然对等离子弧的压缩作用减弱，但能减少或避免产生双弧，有利于提高等离子弧的稳定性和喷嘴的使用寿命，可以采用更大的焊接电流进行焊接。

喷嘴结构如果不合理或冷却不足往往是造成喷嘴损坏的直接原因。除了保证喷嘴结构和尺寸设计合理外，喷嘴在使用中还应得到充分的冷却。喷嘴应用导热性良好的纯铜制造，大功率喷嘴必须采用直接水冷。为提高冷却效果，喷嘴壁厚一般不宜大于2.5mm。

4. 电极

一般以铈钨作为电极材料。电极的冷却方式有间接和直接水冷式两种。为了改善水冷状况以制约阴极斑点漂移，对于大电流等离子弧焊枪应尽可能采用镶嵌式水冷电极，如图9-9所示。

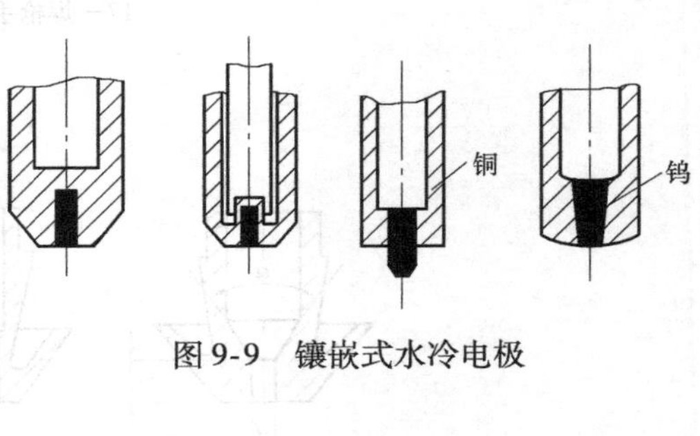

铜
钨

图9-9　镶嵌式水冷电极

（1）电极直径及端部形状　电极直径大小与它所允许通过的最大工作电流有关。表9-3列出了等离子弧用钨极直径和电流范围。

表9-3　等离子弧钨极直径与电流范围

电极直径/mm	电流范围/A	电极直径/mm	电流范围/A
0.25	<15	1.0	15～80
0.50	5～20	1.6	70～150

（续）

电极直径/mm	电流范围/A	电极直径/mm	电流范围/A
2.4	150～250	4.0	400～500
3.2	250～400	5.0～9.0	500～1000

常用的钨极端部形状如图9-10所示。电极端部形状应易于引弧并能保持等离子弧的稳定性，同时应与喷嘴的锥角相适应，以免造成气流紊乱。电极端部一般磨成30°～60°的尖锥角。电流较小时，锥角可以小一些；电流大、电极直径大时，电极可磨成圆台形、圆台尖锥形、锥球形、球形等形状，以减慢烧损。

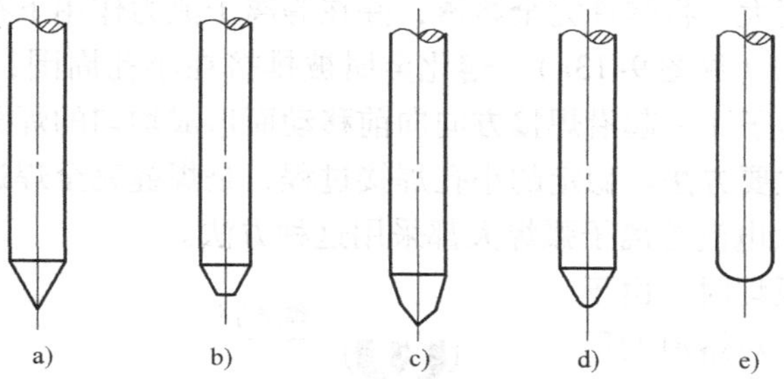

图9-10 钨极的端部形状

a）尖锥形 b）圆台形 c）圆台尖锥形 d）锥球形 e）球形

（2）内缩量和同心度 电极内缩长度l_g（见图9-11a）对等离子弧的压缩与稳定性有很大影响。l_g增大时压缩程度提高，但l_g过大易产生双弧。在等离子弧焊中一般取$l_g = (l \pm 0.2)$mm。

钨极与喷嘴的同心度，对电弧的稳定性及焊缝成形均有着重要的影响。同心度好，则等离子弧的稳定性就好；若同心度不好，钨极偏心会造成等离子弧偏斜，造成焊缝成形不良，并且易形成双弧。同心度可在焊前通过电极周围高频火花的分布情况来检测，如图9-11b所示，焊接时一般要求高频火花在电极周围均匀分布75%～80%。

图9-11 钨极的内缩量和同心度

a）钨极的内缩 b）同心度高频火花测试

5. 送气方式

等离子弧焊大多采用氩气作为离子气。离子气送入焊枪气室的方式一般有两种：切向送气（见图9-12a）和径向送气（见图9-12b）。切向送气时，气体通过一个或多个切向孔道送入，使气流在气室做旋转运动，由于气流形成的旋涡中心为低压区，当流经喷嘴孔道时，有利于弧柱稳定在孔道中心。径向送气时，气流将沿弧柱轴向流动。研究结果表明，切向送气对等离子弧的压缩效果比径向送气好。

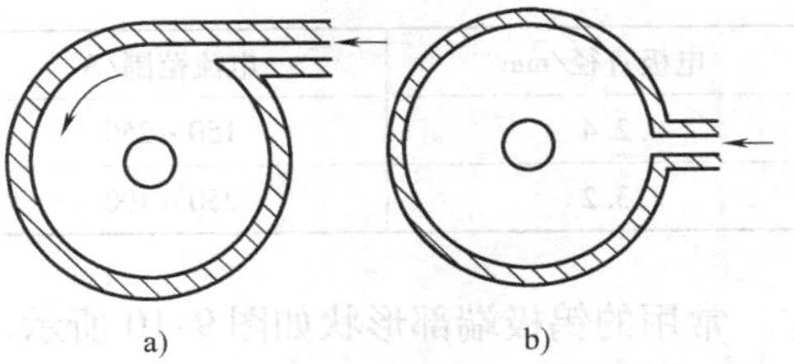

图 9-12　送气方式
a）切向送气　b）径向送气

9.2.3　焊接方法及焊接参数的选择

1. 穿透型等离子弧焊

（1）基本原理　利用等离子弧在适当的焊接参数下产生的小孔效应来实现等离子弧焊的方法，称为穿透型等离子弧焊。等离子弧焊时，由于弧柱温度与能量密度大，将焊件完全熔透，并在等离子流力作用下在熔池前缘穿透整个焊件厚度，形成一个小孔（见图 9-13a）。熔化金属被排挤在小孔周围，并沿熔池壁向熔池后方流动，小孔随同等离子弧一起沿焊接方向向前移动而形成均匀的焊缝。穿透型等离子弧焊是目前等离子弧焊的主要方法。稳定的小孔焊接过程，是焊缝完全焊透的一种标志。焊接电流为 100～300A 的较大电流等离子弧焊大都采用这种方法。

在穿透型等离子弧焊时，由于存在小孔而降低了电弧对熔池的压力，减少了焊缝正面的下凹和背面的焊漏。穿透型焊接不仅可使焊缝正面成形良好，而且在背面也形成一个均匀细窄的焊缝，其断面形状呈“酒杯状”，如图 9-13b 所示。因而，焊件厚度在一定范围时可不开坡口，不留间隙，不加填充焊丝，可在背面不用衬垫的情况下实现单面焊双面一次成形。这种焊接方法也可用于多层焊时第一层焊道的焊接。

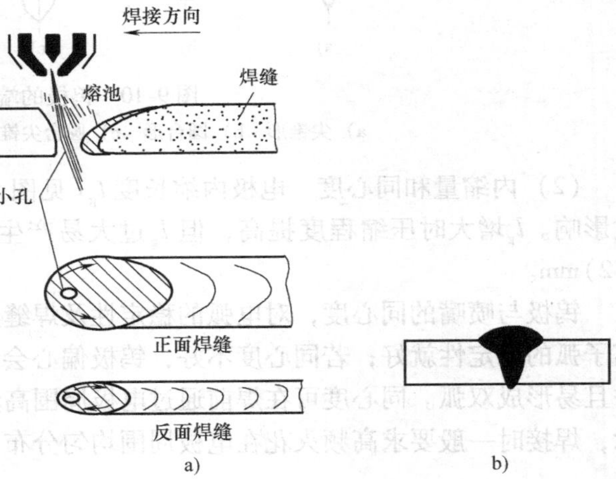

焊接方向
熔池
焊缝
小孔
正面焊缝
反面焊缝

图 9-13　穿透型等离子弧焊
a）熔池穿孔状态　b）焊缝横断面形状

由于这种小孔效应只有在足够的能量密度条件下才能形成，所以穿透型等离子弧焊只能在一定板厚范围内施焊。穿透型等离子弧焊可焊接的板厚范围大体是：碳素结构钢 4～7mm，低合金高强度结构钢 2～7mm，不锈钢 3～10mm，钛合金 2～12mm。

（2）焊接参数的选择

1）焊接电流。焊接电流是决定等离子弧功率的主要参数，在其他条件给定的情况下，当焊接电流增大时，等离子弧的热功率和电弧力增大，熔透能力增强。焊接电流应根据焊件的材质和厚度首先确定。如果焊接电流太小，则形成的小孔直径过小，甚至不能形成小孔，无法实现穿透焊接；如果焊接电流过大，则穿出的小孔直径也过大，熔化的金属也多，熔池金属将出现坠落或烧穿，便不能实现稳定的穿透型焊接。焊接电流太大时还容易产生双弧。焊接电流应选择适当并通过工艺试验加以确定，例如，厚度 6mm 的不锈钢板，I 形坡口无间隙对接，采用穿透型等离子弧焊，当焊接速度确定为360mm/min时，合适的焊接电流范围为210～230A。

2）喷嘴孔径。一定孔径的喷嘴相应有一个允许使用的电流极限值（许用电流值，或称喷嘴临界电流值），见表9-1。喷嘴孔径应根据已确定的焊接电流值加以选择，这实际上也包含了焊件材质和厚度等前提条件。

3）离子气种类和流量。等离子弧焊所用的离子气主要是氩气，但对于各种材料的焊接，若都采用单一的氩气并不一定都能得到最好的焊接效果。如焊接不锈钢时，在氩气中加入适量的氢气可提高电弧的热功率，在较小的电流下可使焊接速度加快，从而减少接头的过热。通常可采用 $Ar+H_2$ 5%～15%（体积分数），氢气不宜过多，否则易生成氢气孔。焊接活泼性金属时，则不可加入氢气，而采用另外的气体，如焊钛可采用He 50%～75% + Ar 50%～25%（体积分数）。焊铜可采用 N_2 100%或He 100%（体积分数）。

离子气流量的选择主要根据已确定的焊接电流值，同时考虑喷嘴孔型等有关因素。离子气流量增加时，对等离子弧的压缩作用增强，能量密度和弧的挺直度增大，熔透能力也增大。因此，要得到稳定的小孔焊接过程，必须有足够而又适当的离子气流量。离子气流量不能太大或太小，太大则出现焊缝咬边甚至切割现象；太小则电弧力不足，不易产生小孔效应。图9-14表明了离子气流量、焊接电流与喷嘴孔型之间的匹配。

4）焊接速度。等离子弧焊时，焊接速度对焊接质量有较大的影响。在进行穿透焊接过程中，焊接速度增大，则焊接热输入减小，导致小孔直径减小，如果焊接速度过高则会导致小孔的消失，这不仅会产生未焊透，而且会引起焊缝两侧咬边和出现气孔，甚至会形成贯穿焊缝的长条形气孔。在适宜的焊接速度下，等离子弧柱的轴线接近于和熔池表面垂直（见图9-15a）。在焊接速度过高时等离子弧明显后拖（见图9-15b），等离子弧压力的水平分量

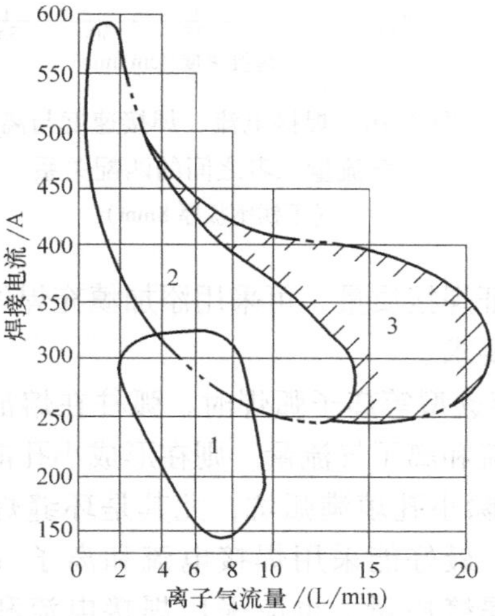
焊接电流/A
600
550
500
450
400
350
300
250
200
150
0
2
4
6
8
10
15
20
离子气流量/(L/min)
1
2
3

图9-14 离子气流量、焊接电流与喷嘴孔型之间的匹配

1—圆柱形喷嘴 2—扩散形喷嘴 3—加填充金属可消除咬边的区域（不锈钢板厚8mm）

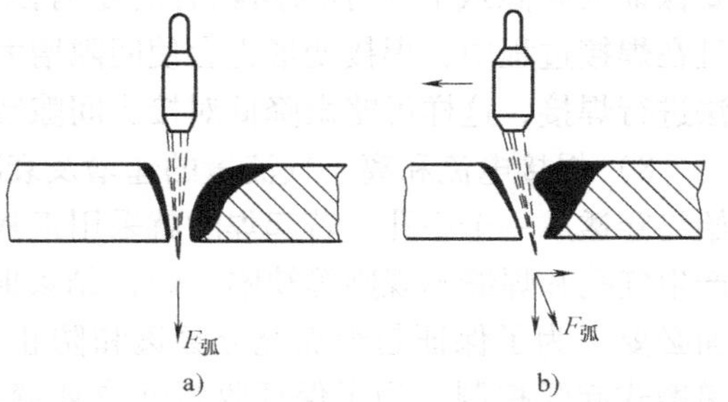
$F_弧$
a)
$F_弧$
b)

图9-15 穿透型等离子弧焊时熔池纵断面压力分布

a）电弧垂直 b）电弧后拖

作用于熔池底部，使液体金属向后凹进。上部液体金属的重量超过使之保持小孔的表面张力时，便会流下将小孔堵塞，并把熔池底部的气体包围住，使离子气流不能从小孔中充分排走或根本无法排走而形成气孔，所以气孔内气体成分是离子气。小孔过程中断处以及起弧、熄弧处常见到这类气孔。若焊接速度太慢又会造成焊件过热、熔池坠落、正面咬边和下陷、反面突出太多而成形不良。

焊接速度的选择主要根据焊接电流，同时考虑离子气流量的大小。图 9-16 是穿透型等离子弧焊时，焊接电流、焊接速度和离子气流量三者之间的匹配关系。从图中可以看出：①在离子气流量一定时若提高焊接速度，则需增大焊接电流；②离子气流量的每一个值都有一个获得良好焊接结果（即平滑焊道）的参数匹配区，电流不宜过大或太小；③在焊接速度一定时，增加离子气流量，就必须相应地增大焊接电流；④在焊接电流一定时，增加离子气流量，就要相应地降低焊接速度。

5）喷嘴至焊件表面的距离。由于等离子弧呈圆柱形，弧长变化对焊件上的加热面积影响较小，所以喷嘴至焊件表面间距的变化限制不十分严格。但距离太大也会使电弧不稳定，降低电弧的穿透能力；过小则易造成喷嘴粘飞溅物。喷嘴至焊件表面距离一般取 3～5mm。大电流焊接时，距离可稍大；小电流焊接时，应选择小一些。

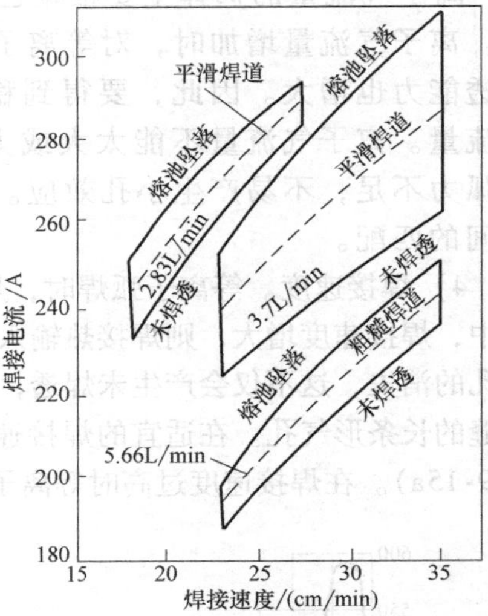

300
280
260
240
220
200
180
焊接电流/A
15
20
25
30
35
焊接速度/(cm/min)
平滑焊道
熔池坠落
平滑焊道
熔池坠落
2.83L/min
未焊透
3.7L/min
未焊透
粗糙焊道
熔池坠落
未焊透
5.66L/min

图 9-16　焊接电流、焊接速度与离子气流量三者之间的匹配关系（不锈钢板厚 8mm）

6）保护气体及其流量。在等离子弧焊中，保护气体通常和离子气相同。为了获得稳定的等离子弧和良好的保护效果，在离子气和保护气体流量之间应有一个恰当的比例。如果保护气体流量不足，则起不到保护作用；保护气体流量太大会造成气流的紊乱，影响等离子弧的稳定性和保护效果。

7）接头间隙。由于穿透型等离子弧焊具有单面焊双面成形的特点，要求对接接头无间隙，因而对装配间隙和错边等必须严格控制。但在生产应用中，要保证无间隙或非常小的间隙有时是有困难的，而且在焊接过程中，焊接变形也会使间隙增大。为了保证焊接质量，可采用添加填充焊丝的方法进行焊接，这样可略微降低对接头间隙装配精度的要求。

8）焊接电流和离子气流量的递增及衰减。采用穿透型等离子弧焊时，弧柱在熔池前缘始终穿透成一个小孔。若起焊时就采用正常的焊接电流和离子气流量，则在形成小孔前，将产生气孔和焊缝不规则等缺陷。焊接结束时，必须消除小孔填满弧坑，尤其是环缝焊接更加必要。为了保证起焊点充分穿透和防止出现气孔，最好能采用焊接电流和离子气流量递增式起弧控制。为了保证收弧处或环缝搭接点的焊缝质量，也应采用焊接电流和离子气流量的衰减控制，其控制程序如图 9-17 所示。在焊接直缝对接接头时，可通过接入引弧板和引出板来解决。

表 9-4 列出了由不同材料采用带有两个辅助小孔的圆柱形喷嘴进行焊接的典型焊接参数。

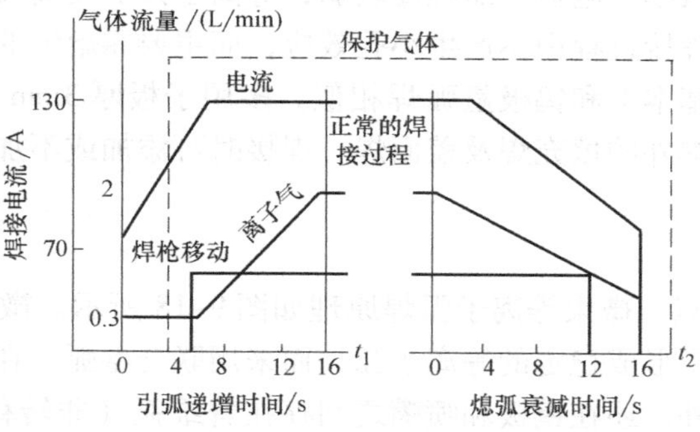

气体流量/(L/min)
保护气体
电流
130
正常的焊接过程
焊接电流/A
2
离子气
70
焊枪移动
0.3
0 4 8 12 16 t_1
0 4 8 12 16 t_2
引弧递增时间/s
熄弧衰减时间/s

图9-17　带有递增和衰减控制的等离子弧焊程序循环

t_1—递增时间（s）　t_2—衰减时间（s）

表9-4　等离子弧焊典型焊接参数

焊接参数 / 焊接材料	板厚/mm	焊接速度/(mm/min)	电流/A	电压/V	气体流量/(L/h)			坡口形式	工艺特点
					种类（体积分数,%）	离子气	保护气		
低碳钢	3.175	304	185	28	Ar	364	1680	I	小孔
低合金钢	4.168	254	200	29	Ar	336	1680	I	小孔
	6.35	354	275	33	Ar	420	1680	I	
不锈钢	2.46	608	115	30	Ar + $H_2$5%	168	980	I	小孔
	3.175	712	145	32	Ar + $H_2$5%	280	980	I	
	4.218	358	165	36	Ar + $H_2$5%	364	1260	I	
	6.35	354	240	38	Ar + $H_2$5%	504	1400	I	
	12.7	270	320	26	Ar			I	
钛合金	3.175	608	185	21	Ar	224	1680	I	小孔
	4.218	329	175	25	Ar	504	1680	I	
	10.0	254	225	38	He75% + Ar	896	1680	I	
	12.7	254	270	36	He50% + Ar	756	1680	I	
	14.2	178	250	39	He50% + Ar	840	1680	V	
铜	2.46	254	180	28	Ar	280	1680	I	小孔
	3.175	254	300	33	He	224	1680	I	熔透
	6.35	508	670	46	He	140	1680	I	熔透
黄铜	2.0	508	140	25	Ar	224	1680	I	小孔
	3.175	358	200	27	Ar	280	1680	I	
镍	3.175	—	200	30	Ar + $H_2$5%	280	1200	I	小孔
	6.35		250	30	Ar + $H_2$5%	280	1200	I	

2. 熔透型等离子弧焊

这种焊接方法是在焊接过程中，只熔透焊件，但不产生小孔效应的等离子弧焊方法。当等离子弧的离子气流量减小，电弧压缩程度较弱，等离子弧从喷嘴喷出速度较小，等离子弧的穿透能力也较低，在焊接过程中不产生小孔效应，而主要靠熔池的热传导实现熔透。这种熔透型等离子弧焊方法基本上和钨极氩弧焊相似。多用于板厚3mm以下结构的焊接、角焊缝或多层焊缝时除打底焊外的填充焊及盖面焊。焊接时可添加或不加填充焊丝，优点是焊接速度较快。

3. 微束等离子弧焊

（1）基本原理与特点　微束等离子弧焊原理如图9-18所示。微束等离子弧焊一般是在小电流下进行焊接，为了形成稳定的等离子弧，而采用联合型弧。在焊接时，除了燃烧于钨极和焊件之间的转移弧外，还在钨极和喷嘴之间存在着维弧（非转移弧）。它们分别由转移弧电源和维弧电源供电。燃烧于钨极和焊件之间的等离子弧通过小孔径的喷嘴，形成细长柱状的微束等离子弧来熔化焊件进行焊接。

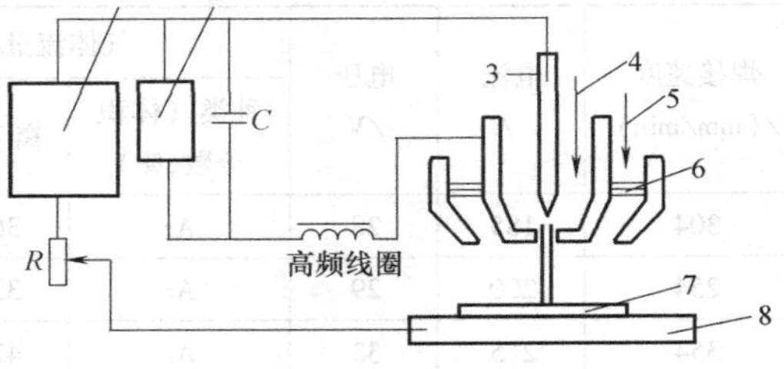
1
2
C
3
4
5
6
R
高频线圈
7
8

图9-18　微束等离子弧焊原理图

1—等离子弧电源　2—维弧电源　3—电极　4—离子气
5—保护气体　6—气体透镜（铜网）　7—焊件　8—垫板

由于在焊接过程中一直存在维弧，即使焊接电流很小，甚至小至零点几安培，仍能维持等离子弧稳定地燃烧。维弧的引燃常采用高频引弧或接触引弧。

微束等离子弧焊常用的焊接电流范围为0.1～30A。由于微束等离子弧的静特性曲线在维弧电流≥2A时是平直的，它和电源外特性曲线有稳定燃烧的交点，因此在焊接电流小至0.1A的情况下，电弧仍能稳定地燃烧，并有良好的挺度，这是其他工艺方法所不能达到的。

微束等离子弧焊接需采用具有陡降外特性的电源，使电流保持恒定而不受弧长变化的影响。为保证在小电流的情况下电弧稳定地燃烧，这种外特性电源显得尤其必要。

微束等离子弧焊具有以下特点：

1）小电流时电弧仍能保持稳定。

2）电弧呈细长的圆柱状，弧长的变化对焊件加热状态的影响较小，因此它对喷嘴至焊件间距离变化的敏感性较小，焊接质量稳定。这对薄板的焊接是十分重要的。

3）焊件变形量和热影响区小于钨极氩弧焊。

4）设备简单，焊枪小巧，易于操作和实现自动化。

（2）焊接工艺　微束等离子弧焊一般采用熔透型焊接方式，它主要用于薄件的焊接，因而对焊件的焊前清理和装配质量要求严格。

1）焊件的焊前清理。焊件表面的焊前清理应给予特别的重视。焊前应去除焊件表面的油污、氧化膜及其他杂质。焊件越小、越薄，清理越要仔细。

2）装配要求。焊接薄件或超薄件时，为保证焊接质量，应采用精密的装焊夹具来保证装配质量和防止焊接变形。

对于板厚小于0.8mm的对接接头，其装配要求如图9-19所示。当焊缝反面要求保护时，可在夹具的垫板槽中通入氩气。

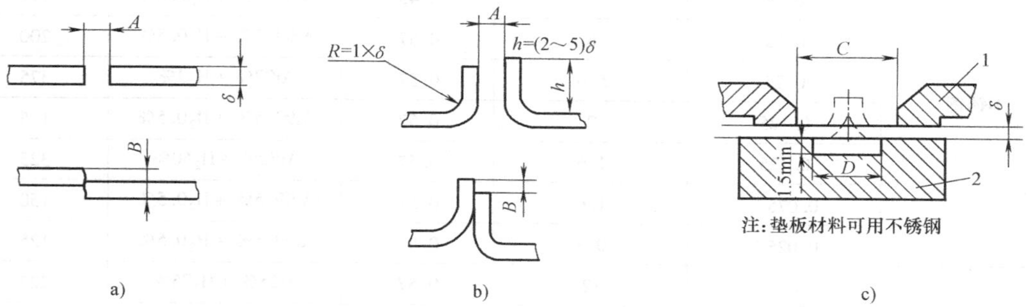
A
δ
B
R=1×δ
h=(2～5)δ
h
C
1
2
D
1.5mm
注：垫板材料可用不锈钢
a)
b)
c)

图9-19 对接及卷边接头的装配要求

a）I形对接 b）卷边对接 c）装卡要求

1—压板 2—垫板（可用不锈钢）对于平头对接 $C=10\sim20\delta$，对于卷边对接 $C=15\sim30\delta$ $D=4\sim16\delta$

3）接头形式。微束等离子弧焊的典型接头形式如图9-20所示。板厚小于0.3mm时，推荐卷边接头或端面接头，卷边尺寸见表9-5。板厚大于0.3～0.8mm时，可采用对接接头，也可采用卷边或端面接头。

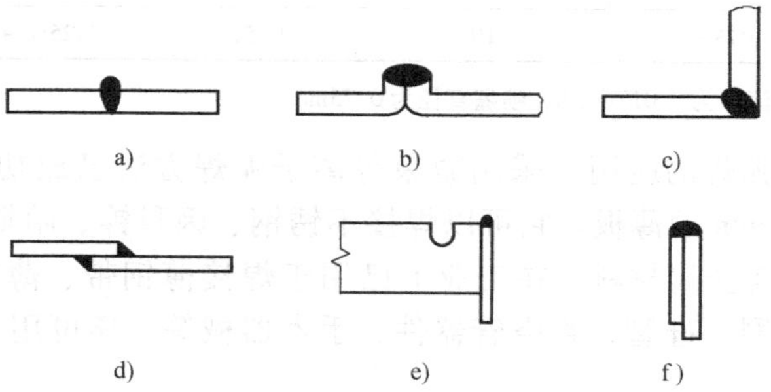
a)
b)
c)
d)
e)
f)

图9-20 典型接头形式

a）对接 b）卷边接 c）角接 d）搭接 e）、f）端面接

表9-5 卷边尺寸

板厚 δ/mm	卷边高度 h/mm
0.05	0.05～0.25
0.15	0.07～0.5
0.3	0.8～1.0

4）焊接参数的选择。在微束等离子弧焊中，选择焊接参数时，要特别注意维弧电流的选定。为了保证微束等离子弧在很小电流下能稳定地燃烧，维弧电流应大于2A，一般选择为2～5A。几种金属材料微束等离子弧焊时的焊接参数见表9-6。

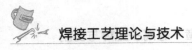

表 9-6　微束等离子弧焊对接接头焊接参数

材　料	厚度/mm	电流/A	保护气体		焊接速度/(mm/min)
			流量/(m^3/h)	成分（体积分数,%）	
不锈钢	0.78	10	0.71	Ar100%	75
	0.75	10	0.43	Ar99.5% + $H_2$0.5%	125
	0.25	6	0.57	Ar99.5% + $H_2$0.5%	200
	0.25	5.6	0.57	Ar97% + $H_2$3%	375
	0.125	2	0.57	Ar99.5% + $H_2$0.5%	125
	0.125	1.6	0.57	Ar50% + $H_2$50%	325
	0.075①	1.6	0.57	Ar99.5% + $H_2$0.5%	150
	0.025①	0.3	0.57	Ar99.5% + $H_2$0.5%	125
钛	0.55	12	0.57	Ar25% + $H_2$75%	225
	0.375	5.8	0.57	Ar100%	137.5
	0.20	5	0.57	Ar100%	125
	0.075	3	0.57	Ar50% + He50%	150
因科镍718	0.40	3.5	0.57	Ar99% + $H_2$1%	150
	0.03	6	0.57	Ar25% + He75%	375
哈斯特洛伊	0.50	10	0.57	Ar100%	250
	0.25	5.8	0.57		200
	0.125	4.8	0.57		250
铜	0.075①	10	0.57	Ar25% + He75%	150

① 弯边对接接头：氩气流量为 0.017m^3/h，喷嘴直径为 0.75mm。

（3）微束等离子弧焊的应用　采用微束等离子弧焊方法已成功地焊接直径 0.01mm 的细丝及 0.01~0.08mm 的薄板。它可以焊接不锈钢、因科镍、哈斯特洛伊、可伐合金、铜、钛、钽、钼、钨等金属材料。在工业上已用于焊接薄钢带、薄壁管、薄壁容器、波纹管、热电偶丝、筛网、硅管、真空管器件、手术器械等，还可用于焊件表面微小缺陷的修补。

9.2.4　双弧现象及防止措施

1. 双弧现象

在等离子弧焊过程中，正常的转移型等离子弧应稳定地燃烧在钨极和焊件之间。但有时会由于某些原因，在正常的转移弧之外又形成一个燃烧于钨极-喷嘴-焊件之间的串联电弧，称这种现象为双弧现象。如图 9-21 所示，从外部可观察到两个电弧同时存在。

2. 双弧的危害

焊接过程中一旦产生双弧，可观察到电弧形态和焊接参数发生变化，带来以下一些危害。

1）由于出现双弧，使主弧电流减小，电弧电压降低，减弱了等离子弧的穿透能力，从而严重地影响焊缝成形。

2）破坏了等离子弧的稳定性，导致正常焊接过程的失稳。

3）由于喷嘴成为串联电弧的电极，并导通串联电弧的电流，引起喷嘴过热，易导致喷嘴烧毁，造成等离子弧焊过程中断。

因此，双弧现象的危害是很大的，分析双弧形成的原因以及防止产生双弧是一个极其重要的问题。

3. 双弧的形成机理

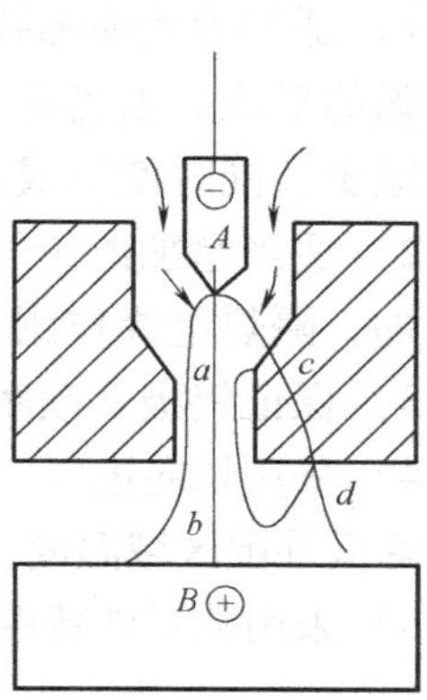

A
a
c
b
d
B

图9-21 双弧现象

关于双弧的形成机理有许多不同的假设，但认识比较一致的假设是所谓冷气膜位障理论，即等离子弧稳定燃烧时，在等离子弧弧柱和喷嘴孔壁之间存在着由离子气所形成的冷气膜。这层冷气膜由于铜喷嘴的冷却作用，具有比较低的温度和电离度，对弧柱向喷嘴的传热和导电都具有较强的阻滞作用。冷气膜的存在一方面起着绝热作用，可防止喷嘴因过热而烧坏；另一方面，冷气膜的存在相当于在弧柱和喷嘴孔壁之间有一绝缘套筒，它隔断了喷嘴与弧柱间电的联系，从而冷气膜在弧柱和喷嘴之间建立起一个隔热绝缘的位障，使等离子弧稳定地燃烧在钨极和焊件之间，不会产生双弧。若在某种因素的影响下，冷气膜位障被击穿，则隔热绝缘作用消失，就会产生双弧现象。根据电弧的最小电压原理可知，如果出现双弧现象，等离子弧导电通路 AB 之间的电压降必然大于串联电弧导电通路 ac-cd-db 之间的电压降（见图9-21），双弧才能稳定存在。

4. 影响双弧形成的因素及防止措施

（1）喷嘴结构及尺寸　喷嘴结构及尺寸对双弧的形成有决定性作用。在其他焊接参数不变的情况下，喷嘴孔径 d 减小或增大孔道长度 l 时，会使冷气膜的厚度减薄，而平均温度升高，减小冷气膜的位障作用，使喷嘴产生双弧的临界电流降低，故容易产生双弧。同理，钨极的内缩量 l_g 增大时，也易产生双弧。

（2）焊接电流　当喷嘴结构及尺寸确定时，如果焊接电流增大，则一方面等离子弧弧柱的直径增大，使得弧柱和喷嘴孔壁之间的冷气膜减薄，容易被击穿；另一方面，等离子弧弧柱的扩展又受到喷嘴孔径的拘束，则弧柱电场强度增大，弧柱压降增加，从而导致形成双弧。因此，对于给定的喷嘴，允许许用电流有一个极限的临界值，超过此临界值，则易形成双弧，把此临界值称为该喷嘴形成双弧的临界电流。

（3）离子气的成分和流量　离子气成分不同，则对弧柱的冷却作用不同，并且弧柱的电场强度也不同。如果离子气成分对弧柱有较强的冷却作用，则热收缩效应增强、弧柱截面减小，使冷气膜厚度增加，隔热绝缘作用增强，便不易形成双弧。例如，采用 $Ar+H_2$ 混合气时，其中双原子气体 H_2 高温吸热分解，所以对弧柱冷却作用增强，虽然也使喷嘴孔道内弧柱压降增加，但因冷气膜厚度增加，隔热绝缘作用增强，则使引起双弧的临界电流提高。

当离子气流量减小时，由于冷气膜厚度减小，容易形成双弧。

（4）喷嘴冷却效果和表面黏着物　喷嘴冷却不良，温度提高，或表面有氧化物粘污，或金属飞溅物粘连形成凸起时，则使临界电流降低，这也是产生双弧的原因。

（5）同心度的影响　钨极和喷嘴不同心会造成冷气膜不均匀，使局部区域冷气膜厚度减小易被击穿，这常常是导致双弧的主要诱因。

防止形成双弧的措施有：

1）适当增大喷嘴孔径，减小孔道长度和内缩量会使喷嘴通道内部弧柱压降减小，以防止双弧的形成。喷嘴孔径的增大，使孔道内弧柱的电场强度减小，从而使喷嘴通道内部弧柱压降减少，同时使形成双弧的临界电流值提高，不易产生双弧。

2）适当增加离子气流量，虽然会使喷嘴通道内部弧柱压降增加，但同时也使冷气膜厚度增加，隔热绝缘作用增强，因而双弧形成可能性反而减小。

3）保证钨极和喷嘴的同心度，同心度越好，电弧越稳定。

4）采用切向进气，使外围气体密度高于中心区域，既有利于提高中心区域电离度，又有利于降低外围区域温度，提高冷气膜厚度，使隔热绝缘作用增强，有利于防止双弧的形成。

5）采用陡降外特性电源，有利于避免产生双弧。

9.2.5 焊接实例分析

1. 不锈钢筒体的穿透型等离子弧焊

筒体材料为06Cr19Ni10，其主要尺寸如图9-22所示。纵缝和环缝焊接的主要技术要求：双面成形，焊缝平整、无缺陷，焊后筒体直径偏差不大于1mm。

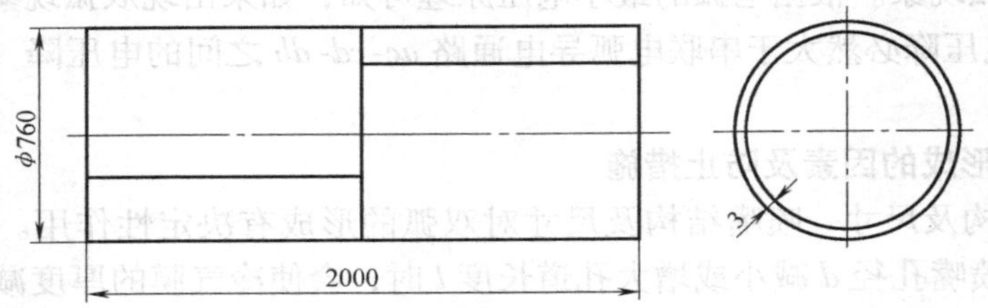

ϕ760
2000
3

图9-22 不锈钢筒体结构简图

该筒体曾采用手工钨极氩弧焊，I形坡口，装配间隙1~2mm，添加焊丝，双面焊，焊后需将焊缝打磨平整，筒体直径偏差达±6mm，超出技术要求。而采用穿透型等离子弧焊，I形坡口无间隙紧密对接，不加填充焊丝，自动焊、单面焊双面成形。焊后筒体直径偏差小于±1mm，焊缝成形良好，达到焊接技术要求。由于实现了焊接过程自动化，因此提高了生产效率，改善了劳动条件，其焊接参数见表9-7。

表9-7 不锈钢筒体焊接参数

板厚/mm	焊接电流/A	电弧电压/V	焊接速度/(mm/min)	气体流量/(L/min)	保护气体流量/(L/min)		孔道比	钨极内缩/mm	备注
					正面	反面			
3	190	24	620	1.5	25	20	3.2/2.8	3	单孔喷嘴
	170	24	430	1.2	15	25			
	163	24	460	2.8	15	15			多孔喷嘴，两个辅助小孔直径是1mm，中心距是6mm
	176	24	640	3.25	25	15	—	—	
5	245	28	340	4.0	25	10	3.2/2.8	3	

2. 钛合金球形气瓶的等离子弧焊

球形气瓶所采用的钛合金为TC4，其壁厚为4.4mm，工作压力为20.6MPa。

采用穿透型等离子弧焊进行环缝焊接，要求焊缝焊后无任何缺陷，气密性好。其焊接工艺过程如下：

（1）焊前准备　首先将每个半球体进行酸洗，然后把两个半球体装夹在专用胎夹具上，装配时不留间隙，紧密对接，应尽量减小错边。

（2）焊接

1）焊缝位置的确定。根据生产实践，焊枪应逆着气瓶旋转方向偏移气瓶垂直中心线20~30mm，如图9-23所示。使之处于下坡焊位置，此时等离子弧穿透状态最为稳定，对于气瓶正反面焊缝的成形有利，能保证单面焊双面成形。

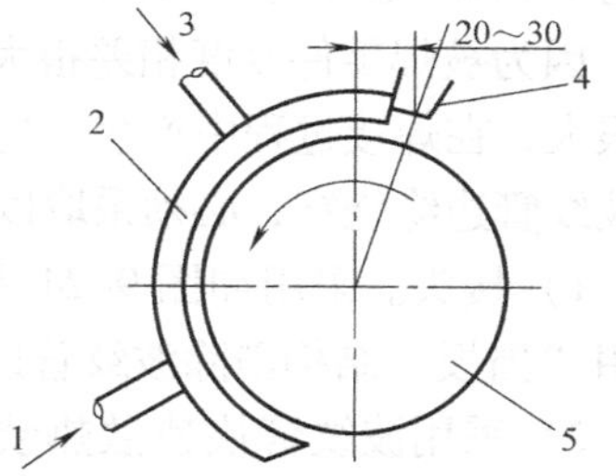
3
20~30
4
2
1
5
图9-23　球形气瓶的等离子弧焊
1、3—氩气进口　2—保护尾罩
4—焊枪　5—气瓶

2）起弧焊接。令气瓶开始转动并同步引弧，引弧后随即转为转移型弧，形成穿透型焊接。这样可减少起弧处的金属堆积，从而避免环缝搭接处的未焊透或焊缝过宽。

3）收弧。当焊接到环缝搭接处时，使焊接电流增加20~30A，以消除起弧时未焊透部分；然后再使焊接电流和离子气衰减，封闭小孔，以保证搭接处熔合良好、成形美观。焊接参数见表9-8。

表9-8　TC4钛合金球形气瓶焊接参数

焊接电流/A	焊接速度/(m/h)	喷嘴			钨极		
		孔径/mm	压缩角度/(°)	孔道比	直径/mm	钨极尖角度/(°)	钨极内缩/mm
180	20	3	69	3/3	4	40	2.2

保护气					离子气		收弧衰减		接头电流增加/s
正面保护气/(L/h)	背面保护气/(L/h)	尾拖保护气/(L/h)	背面保护气预吹时间/min	尾拖保护气预吹时间/min	基本气流量/(L/h)	衰减气流量/(L/h)	离子气提前衰减时间/s	电流衰减时间/s	
1600	1200	80	10	3	50	120	10	15~20	20~30

（3）保护　焊接钛及钛合金时保护焊接区不受氧化是技术关键，必须采取可靠的措施。

1）正面保护。保护气体由喷嘴喷出，保护电弧和熔池，防止外界空气侵入。

2）背面保护。采取瓶内充氩的方法，并且使气瓶中的压力在焊接过程中以及引弧和收弧时不变，保证焊缝成形良好。

3）尾罩保护。由于等离子弧温度高，焊接速度快，因此只靠喷嘴保护还不够，必须附加一辅助装置即尾罩进行保护。在焊接钛合金球形气瓶时，尾罩保护区域约为焊缝长度的一半为宜。

（4）焊接质量　焊接的焊缝表面保护良好，无氧化现象。焊缝成形良好，焊透均匀，无咬边及下凹等缺陷，焊缝宽度为 9～10mm。焊后经 900℃保温 120min，空冷时效处理。对焊接接头进行 X 射线检测及气密性试验，质量达到技术要求。

3. 波纹管部件的微束等离子弧焊

（1）技术要求　波纹管组合件焊接时，要求焊接接头有可靠的致密性和真空密封性，并要保持波纹管的工作弹性和抗腐蚀性。为此，在焊接过程中，其工作部分的加热温度不应超过 200℃。

（2）波纹管与管接头的微束等离子弧焊工艺　波纹管的材料为 06Cr19Ni10 不锈钢，其直径为 18mm，板厚为 0.12mm。与壁厚 2～4mm 的管接头进行焊接（见图 9-24）。

因为被焊零件厚度相差很大，所以散热差别也很大，在焊接过程中产生一定的困难。为了防止波纹管边缘烧穿，必须采取以下措施：

1）接头。采用如图 9-24 所示的接头形式，采用“挡板”结构消除波纹管边缘的烧穿。

2）采用波纹管快速散热装置。将波纹管组合件夹紧在专用胎具中，使波纹管的全部工段也处在胎具中，接缝由胎具中伸出露约 2mm。

焊接时，焊件绕水平轴旋转或与水平轴倾斜 45°角，焊枪垂直于接缝。

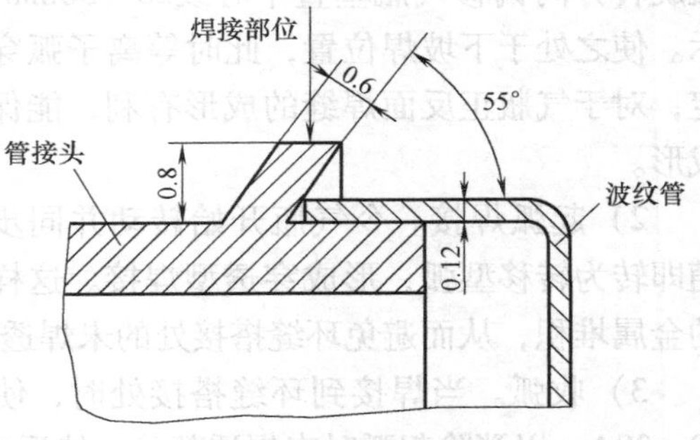
焊接部位
0.6
55°
管接头
0.8
波纹管
0.12

图 9-24　波纹管与管接头

3）焊接参数。对于上述接头，最佳焊接参数为：$I=14\sim16\text{A}$；$U=18\sim20\text{V}$；离子气为氩气，流量为 0.4L/min；保护气体为氩或氩氢混合气体，流量为 3～4L/min；喷嘴至焊件的距离为 2～4mm，焊接速度为 3m/h。在这一焊接参数下，可使挡板完全熔化，与波纹管边缘熔化金属熔合在一起，形成良好的焊缝。

4）焊接质量。测量表明，在焊接过程中波纹管工作部分受热温度不高于 80℃，保证了波纹管的弹性。经气密性试验，焊接接头无泄漏现象，满足真空密封性的要求。在拉伸试验时试样的破坏均发生在基本金属上，焊接接头具有良好的力学性能。

9.3 粉末等离子弧堆焊和喷涂

9.3.1 粉末等离子弧堆焊

粉末等离子弧堆焊是利用等离子弧作为热源，将粉末状合金材料熔化成堆焊层的方法。

1. 堆焊原理

粉末等离子弧堆焊原理如图 9-25 所示。粉末等离子弧堆焊一般采用转移弧或联合型弧。其电源采用具有陡降外特性的直流电源，并带有电流衰减控制，以填满弧坑。采用高频引弧，当等离子弧建立后，引导弧可以切断，若需要作为补充热源，则引导弧可以不切断。为了减小堆焊层的熔深和稀释率，喷嘴压缩孔道比 l/d 一般均小于 1。为了送进粉末，堆焊焊枪上除了有导入离子气和保护气的气路外，还有一送粉气路。送粉气通常也用氩气。送粉口一般放在喷嘴孔道底部，可有一个或多个。

2. 堆焊的特点及应用

粉末等离子弧堆焊的熔敷率高，堆焊层稀释率低，质量高，生产效率高，是一种高效优质的堆焊方法。它便于自动化，易于根据堆焊层使用性能要求来选配各种合金成分的粉末，因而是目前广泛应用的等离子弧堆焊方法。特别适合于在轴承、轴颈、阀门板、阀门座、工具、推土机零件、石油钻杆端头、蜗轮叶片等制造或修复工作中堆焊硬质耐磨合金（这些合金难于制成丝状，但可以制成粉末状）。

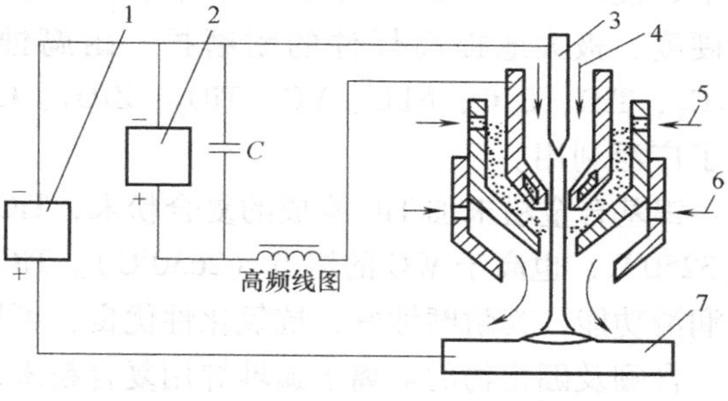
1
2
3
4
5
6
7
C
高频线圈

图9-25 粉末等离子弧堆焊原理图

1—等离子弧电源 2—引导弧电源 3—电极 4—离子气 5—送粉气 6—保护气 7—焊件

3. 合金粉末

目前等离子弧堆焊粉末主要有自熔性合金粉末和复合粉末两大类。

(1) 自熔性合金粉末 自熔性合金粉末包括镍基、钴基、铁基、铜基等。其中镍基和钴基合金粉末具有良好的综合性能，但镍和钴属稀缺金属，成本高，一般只用于有特殊表面性能要求的堆焊。铁基合金粉末原材料来源广，价格低，性能好，应用较广泛。

1）镍基自熔合金粉末。镍基自熔合金粉末熔点低（950～1150℃），流动性好，具有良好的抗磨损、抗腐蚀、耐热、抗氧化性等综合性能。它分为镍硼硅系列和镍铬硼硅系列。镍硼硅系列是在镍中加入适量的硼、硅元素所形成的自熔合金；镍铬硼硅系列是在镍硼硅系合金中加入铬和碳，形成用途广泛、品种较多的镍铬硼硅系自熔合金。

2）钴基自熔合金粉末。钴基自熔合金粉末是在钴铬钨合金中加入硼、硅元素形成。钴基自熔性合金具有优良的高温性能、较好的热强性、抗腐蚀性及抗热疲劳性能，适合应用于在600～700℃高温下工作的抗氧化、耐腐蚀、耐磨损的表面涂层。如高压、高温阀门密封面的堆焊。

3）铁基自熔合金粉末。铁基自熔合金粉末是以铁为主，由铁、铬、硼、硅等元素组成。它是在铬不锈钢和镍铬不锈钢的基础上发展起来的。可分为两种类型：奥氏体不锈钢型自熔合金，即在奥氏体不锈钢中加入硼、硅元素；另一类是高铬铸铁型自熔合金。

4）铜基自熔合金。铜基合金具有较低的摩擦系数，良好的抗海水、大气腐蚀性能。铜基合金抗擦伤性好，塑性好，易于加工。铜基自熔合金粉末主要有锡磷青铜粉末及加镍的白铜粉末等。

(2) 复合粉末 复合粉末是由两种或两种以上具有不同性能的固相所组成，不同的相之间有明显的相界面，是一种新型工程材料。组成复合粉末的成分，可以是金属与金属、金属（合金）与陶瓷、陶瓷与陶瓷、金属（合金）与塑料、金属（合金）与石墨等，范围十分广泛，几乎包括所有固态工程材料。按照复合粉末的结构，可分为包覆型、非包覆型和烧结型等不同类别。包覆型复合粉末其芯核颗粒被包覆材料完整的包覆着。非包覆型粉末的芯核材料，被包覆材料包覆的程度是不完整的，它取决于组分的配比。包覆型复合粉末或非包覆型复合粉末，各组分之间的结合一般为机械结合。烧结型粉末是各种硬材料混合烧结后，再破碎过筛制成的。

通过向自熔性合金粉末中添加一种或几种能形成高硬度硬质相的元素，在一定的工艺条件下，使堆焊时形成的硬质相均匀弥散地分布在堆焊层金属中，利用硬质相的高熔点、高硬度，极大地提高焊件的耐磨损、耐腐蚀性能。常用的硬质相颗粒有 WC、$Cr_{23}C_6$、Cr_7C_3、TiC、B_4C、NbC、VC、TiO_2、ZrO_2、Cr_2O_3等。其中 WC 颗粒来源广，成本低，得到了广泛利用。

镍基合金粉末加 TiC 构成的复合粉末，TiC 的硬度大于 3000HV，比 WC 高 1/4，其熔点达 3250℃，也高于 WC 的熔点（2630℃）。TiC 颗粒无尖角，表面抛光后，摩擦系数低，有自润滑功能，其耐磨性好，抗氧化性优良，可用来代替 WC，降低成本。

含硼及硼化物的等离子弧堆焊用复合粉末，硼可溶入碳化物或置换碳化物中的碳原子，形成硬质硼化物或复合硼碳化合物，硼化物具有很高的硬度、熔点，优良的耐磨损、耐腐蚀性能。

4. 粉末等离子弧堆焊设备

粉末等离子弧堆焊设备一般都包括机械系统、送粉系统、水冷系统和电路控制系统等几部分。堆焊枪是整个堆焊设备的核心部件，它的质量直接关系到堆焊质量的好坏。枪体上汇集了水、电、气、粉各种管路。通过它产生具有一定压缩特性的等离子弧，并把合金粉末送进等离子弧柱中，熔焊在焊件上。堆焊枪的性能在很大程度上影响熔敷率、粉末利用率、堆焊层质量和工艺稳定性。焊枪采用小喷嘴压缩孔径、大压缩比、长粉末会交点，送粉系统为负压毂轮式，将负压原理应用于自重式送粉方式中。送粉系统可在两侧配用不同合金粉末并采用不同送粉速度进行堆焊。

5. 堆焊过程注意事项

1）在堆焊过程中喷嘴孔道难免会吸附一些粉末，受热的粉末易形成粉末熔珠，常常是引起双弧的直接诱因。为此应特别注意喷嘴结构和送粉孔的位置，采用扩散喷嘴是一种比较理想的结构，送粉孔的入射角应在 45°以下，喷嘴应充分冷却。

2）送粉量及送粉的均匀性是影响粉末等离子弧堆焊质量的两个重要因素，为此应采用合理的送粉装置。常用的送粉装置有雾化式、射吸式及刮板式，其中以刮板式送粉器应用最为广泛。

3）粉末粒度也是一个影响堆焊质量的因素，常用的粒度为 40 ~ 120 目。

表 9-9 为典型粉末等离子弧堆焊焊接参数。为了提高堆焊层宽度，可以采用机械或磁控摆动。

表 9-9　排气阀门（4Cr14Ni14W2Mo）粉末等离子弧堆焊焊接参数

堆焊合金		非转移弧		转移弧		氩气流量/(L/h)			送粉量/(g/min)	喷嘴高度/mm	焊前预热/℃	焊后保温/℃	硬度HRC
成分	粒度（目）	电压/V	电流/A	电压/V	电流/A	离子气	保护气	送粉气					
钴铬钨	80 ~ 120	20 ~ 30	80 ~ 90	40 ~ 48	100 ~ 120	300 ~ 350	400 ~ 450	400 ~ 450	17 ~ 30	7	300 ~ 350	400 ~ 500	40 ~ 45
铁铬硼硅	80 ~ 120	20 ~ 30	80 ~ 90	40 ~ 48	100 ~ 120	300 ~ 350	400 ~ 450	400 ~ 450	17 ~ 30	7	300 ~ 350	400 ~ 500	45 ~ 50
镍铬硼硅	80 ~ 120	20 ~ 30	80 ~ 90	40 ~ 48	100 ~ 120	300 ~ 350	400 ~ 450	400 ~ 450	17 ~ 30	7	300 ~ 350	400 ~ 500	45 ~ 55

9.3.2 磁控等离子弧堆焊

所谓磁控等离子弧堆焊是指外加横向交变磁场作用下的等离子弧堆焊。横向交变磁场的磁力线交替横向穿过电弧轴线。电弧在该磁场作用下，将以同样频率摆动，电弧在低频磁场作用下才能发生摆动，频率变化范围为5~40Hz，可分级调节。磁头结构要与等离子弧枪体相匹配。为了增强等离子弧摆动和气体保护效果，防止双弧现象产生，枪体的内喷嘴需为喇叭口形状，外喷嘴的出口直径也需适当加大。内喷嘴和外喷嘴的结构如图9-26所示。

当采用一般等离子弧进行钴基自熔合金粉末堆焊时，堆焊焊缝稀释率一般为5%~10%。加入横向交变磁场进行磁控等离子弧堆焊时，堆焊焊缝熔深减小，可减小到0.1~0.3mm，稀释率降至1%~2%。外加适当的横向交变磁场可以使焊缝晶粒细化，磁场频率不同，晶粒细化的程度也不一样。磁控等离子弧堆焊时，在磁场作用下，液态金属单位质量上承受电磁作用力，随着磁力线交替穿梭，电磁作用力将对焊缝中的液态金属起着搅拌作用，液态金属来回冲击着刚刚形成的晶体，使晶体生长受到抑制，从而获得晶核增多、结晶方向不明显、晶粒细小的组织。磁场频率一般确定为10~15Hz时细化效果最好。

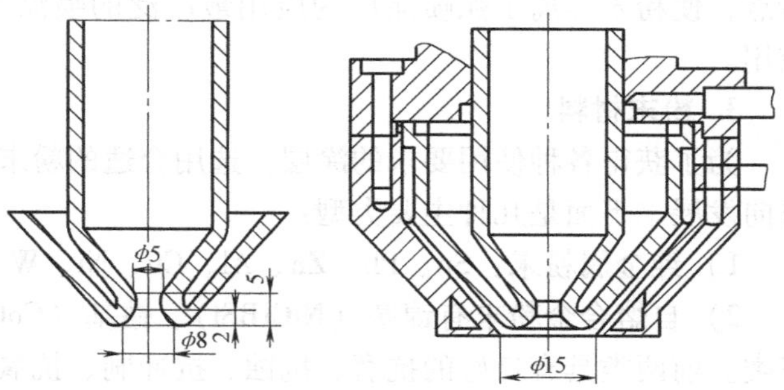
ϕ5
5
ϕ8
2
ϕ15
图9-26 内喷嘴和外喷嘴的结构图

9.3.3 粉末等离子弧喷涂

1. 基本原理

粉末等离子弧喷涂是利用非转移弧焰作为热源，把难熔的金属或非金属粉末材料送入弧中快速熔化，并以极高的速度将其喷散成极细的颗粒撞击到焊件表面上，从而形成一很薄的具有特殊性能的涂层。粉末等离子弧喷涂原理如图9-27所示。

一般来说，等离子弧喷涂涂层与焊件表面的结合属机械结合。当粉末涂层材料被等离子弧焰熔化并从喷枪口喷出以后，在高速气流作用下喷散成雾状细粒，并撞击到焊件表面，被撞扁的细粒就嵌塞在已经粗化处理的清洁表面上，然后凝固并与母材结合。随后的颗粒喷射到先喷的颗粒上面，填塞其间隙中而形成一完整的喷涂层。喷涂层和焊件并不发生焊接作用，而是机械的结合。喷涂层不是很致密的，而总是有一些小孔，其致密

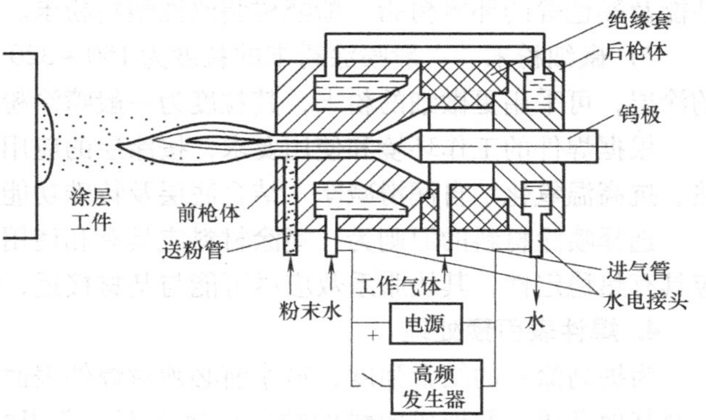
绝缘套
后枪体
钨极
涂层
工件
前枪体
送粉管
进气管
水电接头
工作气体
粉末水
水
+
-
电源
高频
发生器
图9-27 粉末等离子弧喷涂原理图

程度与喷涂工艺参数有关。但喷涂钼、铌、钽、镍加铝等粉末时，可以观察到喷涂颗粒与母材之间有冶金焊合，这类材料被称为自结合材料。

2. 特点

粉末等离子弧喷涂时，由于等离子弧焰温度高、流速大，涂层在惰性气体保护下质量好，效率高，涂层致密度可达85%~90%，可以获得较薄的涂层。基体材料加热温度一般在200℃左右，最高不超过500℃，所以焊件本身不被加热至塑性状态，不变形，不发生组织变化，保持加工前的性能。既可对金属基体材料进行喷涂，又可对非金属基体材料进行喷涂。可以喷涂金属或非金属碳化物、氧化物、硼化物、氮化物、硅化物涂层。正是由于这些特点，使粉末等离子弧喷涂成为应用最广泛的喷涂方法，在材料保护领域有着十分广泛的应用。

3. 粉末材料

为了获得各种使用要求的涂层，选用合适的粉末材料是关键。目前粉末材料正向系列化方向发展。下面是几种主要类型：

1）纯金属粉末：Sn、Pb、Zn、Al、Cu、Ni、W、Mn、Ti 等。

2）自熔合金粉末有镍基（NiCrBSi）、钴基（CoCrWB、CoCrWBNi）、铁基（FeNiCrBSi）三类。前两类具有良好的抗磨、抗蚀、抗冲刷、抗氧化、抗高温等综合性能，是目前主要应用的抗磨抗蚀喷涂粉末。铁基粉末在抗蚀、抗高温性能方面目前还不如前两类，但其抗磨性非常好，是一种很有发展前途的粉末。

3）包覆粉末，由一种核心粉末外包一层或多层金属或合金材料而制成的。核心粉末可为金属或非金属化合物，包覆层可为镍、钴、铜、铝等，例如 Ni 包 Al、Al 包 Ni 等。用镍铬包覆碳化铬粉末可以制成高温耐磨涂层。

4）陶瓷、金属陶瓷粉末有金属氧化物、其他氧化物、金属碳化物及硼氮、硅化物。金属氧化物有铝系的 Al_2O_3 等，钛系的 TiO_2，锆系的 ZrO_2 等，铬系的 Cr_2O_3。其他氧化物有 BeO、SiO_2 等。金属碳化物及硼氮、硅化物有 WC、TiC、B_4C、SiC 等。

5）复合粉末与堆焊合金粉末中的复合粉末相同。

6）塑料粉末有两大类：①热塑性粉末，例如聚乙烯、聚四氟乙烯、尼龙等；②在塑料粉末中加入 MoS_2、WS_2、Al 粉、Cu 粉、石墨粉、石英粉、石棉粉、颜料等改善物化、机械性能及颜色等的环氧树脂、酚醛树脂改性塑料粉末。

7）微细粉末。一般喷涂粉末的粒度为150~320目，为了得到更致密、均质或特殊用途的涂层，可采用更微细的粉末，其粒度为一般喷涂粉末的几分之一到几十分之一。

根据焊件的工作环境和使用要求，按涂层的应用可以将喷涂材料分为耐磨、耐腐蚀、隔热、抗高温氧化、自润滑减摩、结合底层及特殊功能涂层材料。

选择喷涂材料的原则为：喷涂材料应具有和使用环境相适应的物理化学性能，喷涂材料应具有热稳定性，其线胀系数应尽可能与基材接近，材料的来源和成本。

4. 焊件表面预处理

为提高涂层的结合强度，喷涂前必须对焊件表面进行预处理，以除去表面的氧化膜、油污及其他杂质，并形成粗糙的纯净金属表面。常用的方法有：火焰加热后用清洗剂清洗除油，喷砂，电火花拉毛，滚花，车削等，并对焊件表面进行80~200℃的预热，目的是使焊件产生预膨胀，以减少焊件与涂层之间的热应力，提高涂层的结合强度。

5. 设备和工艺参数

等离子弧喷涂设备组成如图9-28所示，它主要有电源、控制柜、喷枪、送粉器、循环水冷却系统及供气系统等组成。等离子弧喷涂采用非转移型弧，只需一个电源，电源特性及空载电压均与等离子弧焊相同。

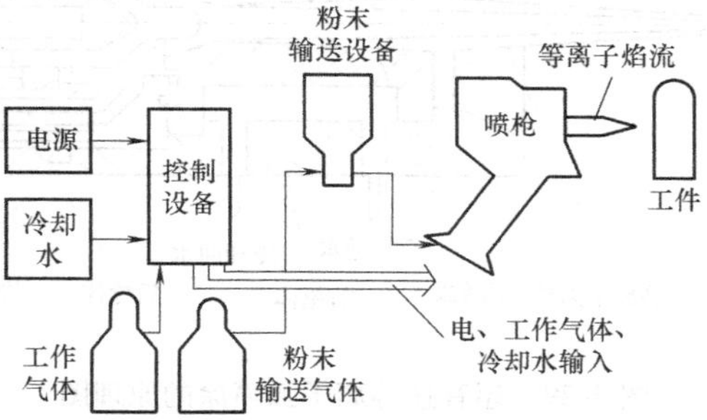
粉末
输送设备
等离子焰流
电源
控制
设备
喷枪
工件
冷却
水
工作
气体
粉末
输送气体
电、工作气体、
冷却水输入

图9-28 等离子弧喷涂设备组成

等离子弧粉末喷涂的工艺参数有电流、电压、离子气和送粉气流量、喷嘴高度等。表9-10为等离子弧喷涂典型工艺参数。

表9-10 等离子弧喷涂典型工艺参数

粉末材料		电弧		氩气流量/(L/h)			喷嘴高度/mm
成分	粒度/目	电压/V	电流/A	离子气Ⅰ	离子气Ⅱ	送粉气	
钴铬钨	150～260	25～50	250～300	400～600	1500～1800	450～600	85～130
铁铬硼硅铁粉	150～260	25～50	250～300	400～600	1500～1800	450～600	80～150
铁粉镍包铝	150～260	25～50	250～300	400～600	1500～1800	450～600	80～150
氧化铝	150～260	25～50	250～300	400～600	1500～1800	450～600	60～80

等离子喷涂时，为保证涂层厚度均匀一致，在收尾时可采用离子气流衰减控制。离子气可分两路，即离子气Ⅰ和离子气Ⅱ同时供给，在收尾处使离子气Ⅱ衰减，随等离子弧焰温度的降低而减少粉末的熔化量，从而保证涂层的质量。

9.3.4 超音速等离子弧喷涂

超音速等离子弧喷涂是1986年推出的一项新热喷涂技术，该技术兼有等离子弧喷涂的加热温度高及气体爆炸喷涂和超音速火焰喷涂的喷涂材料飞行速度快的优点。

超音速等离子弧喷涂的基本原理如图9-29所示，主气（氩气）流量较少地由后枪体输入，而大量的次级气（氮气或氮气与氢气的混合气）经气体旋流环的作用与主气一同从拉伐尔管形的二次喷嘴射出，钨极接负极，引弧时一次喷嘴接正极，在初级气中经高频引弧，而后，正极转接二次喷嘴，即在钨极与二次喷嘴内壁间产生电弧。在旋转的次级气的强烈作用下，电弧被压缩在喷嘴的中心并拉长至喷嘴外缘，形成高压的扩展等离子弧。大功率扩展的等离子弧有效地加热主气和次级气，从喷嘴射出稳定的、集聚的超音速等离子射流，喷涂粉末经送粉嘴加入超音速等离子流，获得很高的温度和动能，撞击在焊件表面形成涂层。

超音速等离子弧喷涂主要特点在于具有极高的热源温度和功率，喷枪内的等离子弧速度

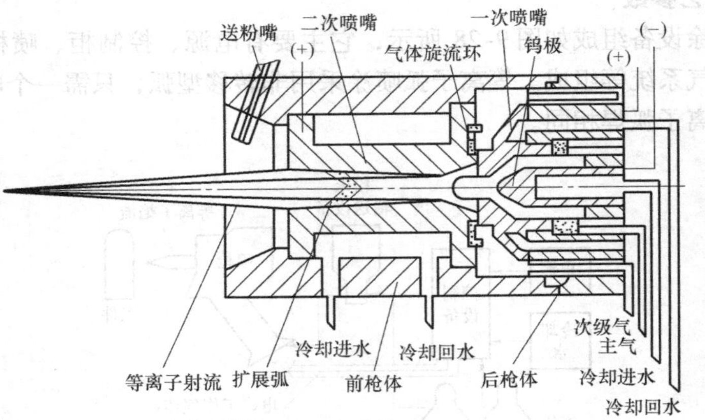
送粉嘴
二次喷嘴
(+)
气体旋流环
一次喷嘴
(-)
钨极
(+)
次级气
主气
冷却进水
冷却回水
等离子射流
扩展弧
前枪体
后枪体
冷却进水
冷却回水

图 9-29　超音速等离子弧喷涂的原理图

约为 3660m/s，等离子弧温度最高达 18000℃。因此能够在短时间内将各种金属、合金、碳化物和陶瓷粉末加热到其熔点以上，得到高质量的涂层。喷涂率高，沉积效率约为 90%，涂层性能优越。

9.3.5　低压等离子弧喷涂

低压等离子弧喷涂是在充氩或氮保护气氛下的低真空室内进行的等离子弧喷涂。即在一个密封的气室内，先用氩或氮排出室内空气，然后抽成 5MPa 的真空，在这种保护气氛下的低真空环境里进行等离子弧喷涂。

低压等离子弧喷涂具有以下特点：

1）因在低真空环境里进行等离子弧喷涂，等离子弧焰的长度可达 400～500mm，使粉末颗粒在焰流中的停留时间延长，有利于粉末颗粒的加热和溶化。

2）粉末颗粒的飞行阻力减小，飞行速度提高，功率增加，提高了粉末的沉积效率和涂层的结合强度。

3）因有惰性气体的保护，焊件可预热到较高的温度而不造成氧化，有利于提高涂层的结合强度和降低涂层的孔隙率。

4）可减少易氧化粉末喷涂材料的烧损，涂层中基本不含有氧化物夹渣。

但低压等离子弧喷涂设备复杂，价格较高。主要用于难熔金属、活性金属、碳化物和有毒性等材料的喷涂。

9.4　等离子弧切割

9.4.1　等离子弧切割的原理及特点

1. 切割原理

等离子弧切割是利用高温、高流速和高能密度的等离子弧或焰流作为能源，将被切割材料局部熔化并立即吹除，从而形成狭窄切口的热切割方法。等离子弧切割机的电源和控制器与等离子弧焊、喷涂机的电源和控制器大体相同。主要不同处是切割时所用的电压比焊接时高，离子气流量比焊接时大，离子气种类、电极材料以及割枪结构等也与焊接时不同，而且多样化。

2. 切割特点

由于等离子弧的温度高（可达20000K以上）、能量密度高（10^5 ~ 10^6W/cm^2），并且切割用等离子弧的挺度大、冲刷力强，所以等离子弧切割具有以下特点：

（1）可切割多种材料、应用范围广　等离子弧切割属于高温熔化型切割，它可以切割几乎所有的金属材料，例如不锈钢、铸铁、有色金属以及钨及钨合金等难熔金属材料。使用非转移弧时，还能切割非金属材料，如玻璃、陶瓷、耐火砖、水泥块、矿石和大理石等。

（2）切割速度快、生产率高　切割较薄板时，这一特点更为突出，例如切割5 ~ 6mm厚的低碳钢板，当工作电流为200A时，其切割速度可高达3m/min，是气割速度的5倍以上。在目前采用的各种热切割方法中，等离子弧的切割速度仅低于激光切割法，而远远优先于其他切割方法。

（3）焊件变形小、切口性能好　由于切割速度快、切口受热时间短暂，因此焊件的切割变形小，切口平直，并且切割面的热影响区很窄。这对于不锈钢等高合金材料以及淬火倾向较大的钢材来讲，采用等离子弧切割是十分有益的。另外，采用非惰性气体（例如氮气、压缩空气）作为离子气进行切割，切割面的氮化层或氧化层也很薄。对于低碳钢，切割面无需二次加工，可直接进行焊接。

（4）切割起始点无需预热　引弧后便可即刻进入切割状态，不需要像气体火焰切割那样的预热过程。并且，对于较薄焊件的封闭形曲线的切割，可在割枪行进过程中进行穿透切割。这不但可以提高切割效率，更重要的是简化了切割程序，便于实现自动化切割，尤其在生产线上和数控切割机上，更显示出等离子弧切割的这一优势。

（5）使用方便、切割成本低　凡是有电源和气源的场合都可以使用等离子弧切割机，尤其是中小型空气等离子弧切割机，气源为压缩空气，切割机又可移动，使用方便，操作也很简单。切割所用的离子气主要是空气或氮气，以电为能源，消耗件是电极和喷嘴，因此正常情况下的综合切割成本是低廉的。不论切割何种金属材料，其切割成本仅是氧-乙炔火焰切割同等厚度低碳钢板的1/2 ~ 1/3左右。

（6）需要防止切割的弊端　等离子弧切割存在着烟尘、弧光和噪声三种弊端。切割功率越大，问题越显突出。因此应采取必要的防护措施，消除或减轻它们对环境的污染和对人体的危害。

9.4.2 等离子弧切割方法分类

等离子弧切割方法可根据其主要特点，按照离子气成分、弧型、弧的压缩方式、切割的环境条件以及切割机额定输出电流的大小等方面进行分类。

等离子弧切割按离子气成分分类：氩气等离子弧切割，氮气等离子弧切割，空气等离子弧切割，氧气等离子弧切割。

等离子弧切割按弧型分类：转移型等离子弧切割，非转移型等离子弧切割。

等离子弧切割按弧的压缩方式分类：气流压缩式等离子弧切割，水再压缩式等离子弧切割。

等离子弧切割按切割环境分类：大气中的等离子弧切割，浅水下等离子弧切割，深水下等离子弧切割。

等离子弧切割按切割机额定电流分类：小型等离子弧切割，中型等离子弧切割，大型等离子弧切割。

按离子气成分分类是最普通、最常用的基本分类方法。为了便于掌握基本类型的等离子弧切割方法的特点，概括介绍如下：

（1）氩气等离子弧切割　它是在20世纪50年代中期最先成功用于切割不锈钢和铝材的等离子弧切割方法。该技术的开发借鉴了当时的TIG焊技术，采用了焊接用的氩气作为切割的离子气。氩气等离子弧切割对切口具有良好的保护作用，但切割成本高，挂渣牢固难以清除。

（2）氮气等离子弧切割　它是以高纯度氮气或工业用氮气作为离子气的切割方法。其切割速度比氩气等离子弧有所提高，挂渣容易清除。它的切割工艺性能良好，切割成本也明显降低。这种切割方法自20世纪60年代初至今得到广泛应用，并且不断发展、完善，还衍生出N_2+Ar、N_2+H_2、N_2+Ar+H_2等二元和三元混合气体作为离子气的等离子弧切割技术。它们针对不同的材料和要求，可有效地提高切割性能和切割质量。

（3）空气等离子弧切割　它是以压缩空气作为离子气的切割方法。这种切割方法不但使用方便，而且切割速度高于上述两种切割方法；切割工艺性能和切割质量较好，挂渣较少且易于清除，是一种较理想的切割方法。

（4）氧气等离子弧切割　它是以氧气作为离子气的切割方法。由于氧气在切割过程中与金属元素，特别是与Fe高温下激烈化合而释放出较多的热能，从而增加了切割能量，可明显地提高切割能力。在各种等离子弧切割方法中氧气等离子弧切割的切透能力最强、切割速度最高。它最适合于碳钢或不锈钢厚大件或多层板叠加的下料切割。由于电极在高温纯氧气氛中消耗快，所以氧气等离子弧切割的应用尚不普遍。

上述四种气体的等离子弧切割方法，其切割速度曲线（即切割速度与割件厚皮的关系）以及四种切割方法之间切割速度的对比情况如图9-30所示。

根据使用情况，本文将着重讨论普遍应用的氮气等离子弧切割和空气等离子弧切割。

9.4.3　氮气等离子弧切割

1. 割枪

前已述明，切割用的等离子弧电源及控制电路与焊接用的电源及控制电路都基本相同。各种等离子弧应用技术的最大差别在于它们各自的枪体结构（割枪、焊枪、喷涂枪等）。就割枪而论，各种切割方法所用的割枪各不相同，甚至区别很大。

图9-31所示是通常使用的氮气等离子弧割枪的结构。枪体分上下两部分，二者必须有可靠的绝缘。用绝缘螺母6和绝缘柱7将上、下枪体绝缘；上枪体主要与水冷电极杆9、弹簧10、电极调整螺母11和电极12等连成一体。下枪体主要包括喷嘴1，喷嘴压盖2等，对弧起压缩作用。绝缘螺母6将上、下枪体固定在一起成为整体进行工作。

电极材料为铈钨棒，作为阴极发射电子产生等离子弧。铈钨极在非氧化性离子气（N_2、H_2、Ar等）中烧损很慢，使用寿命长。

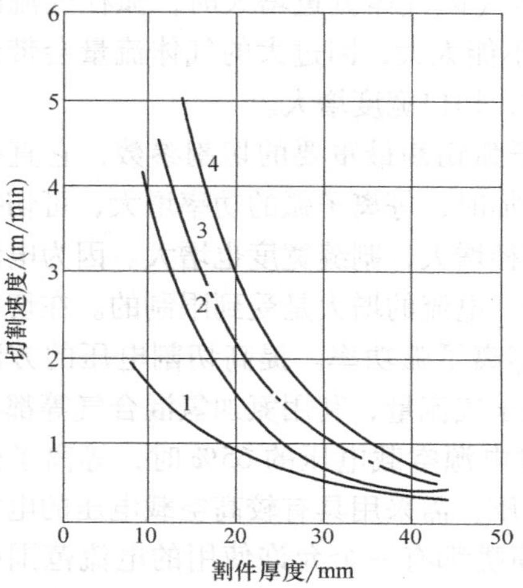
切割速度/(m/min)
6
5
4
3
2
1
0
10
20
30
40
50
1
2
3
4
割件厚度/mm

图9-30 四种等离子弧切割的切割速度曲线

1—氩气等离子弧切割 2—氮气等离子弧切割

3—空气等离子弧切割 4—氧气等离子弧切割

（切割板材为不锈钢，切割电流250A）

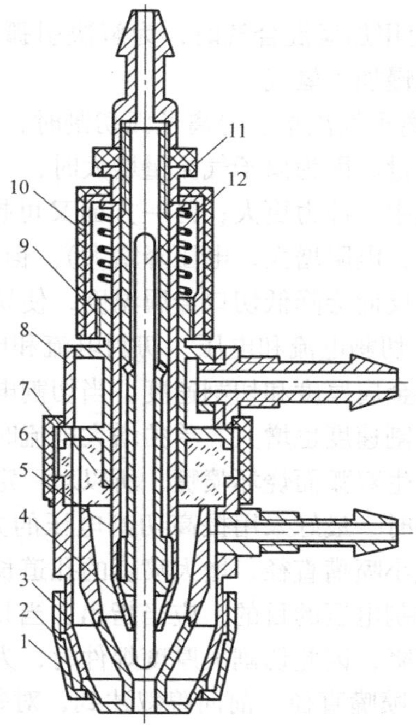
11
12
10
9
8
7
6
5
4
3
2
1

图9-31 氮气等离子弧割枪结构

1—喷嘴 2—喷嘴压盖 3—下枪体 4—导电夹头

5—电极杆外套 6—绝缘螺母 7—绝缘柱 8—上枪体

9—水冷电极杆 10—弹簧 11—调整螺母 12——电极

2. 切割参数选择

等离子弧切割参数主要有离子气种类和流量、切割电流和电压、喷嘴直径、切割速度、喷嘴端面至焊件表面距离等。

（1）离子气种类和流量

1）离子气种类。由于氮气的携热性能好，密度大，价格又比较低，所以目前国内切割不锈钢、铸铁、铝、镁和铜等金属时，广泛采用氮气作切割气体。但由于氮气的电离电位较高，采用氮气作离子气时，引弧性能和稳弧性能都较差，故需有较高的空载电压（150V以上）才能产生稳定的等离子弧。

切割大厚度焊件时，若仍采用氮气作离子气则会使切割速度下降，切口质量变差。如果采用氮加氢混合气作为离子气，则可提高大厚度焊件的切割速度和切口质量。用氮加氢混合气作离子气时，需要有更高的空载电压（350V以上）才能稳定等离子弧。

采用氮加氢混合气切割不同材料时合适的混合比为：切割铝时可用$N_2$75%（体积分数），$H_2$25%（体积分数）；切割不锈钢时可用$N_2$90%（体积分数），$H_2$10%（体积分数）。

使用不同气体时应注意下列问题：

① 使用氮气作离子气时，要注意氮气的纯度（体积分数）应不低于99.5%。如果氮气的纯度不高，会增大钨极的损耗，引起工艺参数不稳定，切口质量下降。

② 使用加氢混合气时，应特别注意安全问题，防止氢气爆炸。氢气通路必须保证密闭

不漏气。

③ 使用加氢混合气时，为解决引弧困难这一矛盾，最好先在纯氮气中引燃等离子弧，然后再缓慢加入氢气。

2）离子气流量。等离子弧切割时，适当增大离子气流量，既可提高切割速度，又可提高切割质量。因为离子气流量增大时，一方面提高了等离子弧被压缩的程度，使等离子弧的能量更集中，冲力更大；另一方面又可提高切割电压（因气体流量增大时，弧柱气流的电离度降低，电阻增大，电压降增大）。但气体流量也不能太大，因过大的气体流量会带走大量热量，反而会降低切口金属温度，使切割速度下降，切口宽度增大。

（2）切割电流和电压　切割电流和电压是等离子弧切割最重要的切割参数，它直接影响到切割金属厚度和切割速度。当切割电流和电压增加时，等离子弧的功率增大，可切割的厚度和切割速度也增大。单独增大电流时会使弧柱直径增大，割缝宽度也增大。因为电流太大还易产生双弧而烧坏喷嘴，所以对一定直径的喷嘴，电流的增大是受到限制的。在切割大厚度焊件时，最好采用提高切割电压的方法来提高等离子弧功率。提高切割电压的方法很多，如减小喷嘴直径、增大喷嘴的孔道长度、增大离子气流量、利用氮加氢混合气等都可达到提高切割电压的目的。应当指出，当切割电压超过电源空载电压的65%时，等离子弧的稳定性下降，因此切割大厚度焊件时，为提高切割电压，需采用具有较高空载电压的电源。

（3）喷嘴直径　前面曾叙述到，对每一直径的喷嘴都有一个允许使用的电流范围极限值。如超过这个极限值，则易产生双弧现象而烧坏喷嘴。当焊件厚度增大，需用大电流切割时，喷嘴直径也要相应增大（孔道长度也要相应增大）。切割喷嘴的孔道比 L/d 一般为1.5～1.8。切割厚度与喷嘴直径的关系见表9-11。

表9-11　不同材料等离子弧切割参数

材　料	厚度 /mm	喷嘴孔径 /mm	空载电压 /V	切割电流 /A	切割电压 /V	N_2流量 /(L/h)	切割速度 /(m/h)
不锈钢	8	3	160	185	120	2100～2300	45～50
	20	3	160	220	120～125	1900～2200	32～40
	30	3	230	280	135～140	2700	35～40
	45	3.5	240	340	145	2500	20～25
铝和铝合金	12	2.8	215	250	125	4400	784
	21	3.0	230	300	130	4400	75～80
	34	3.2	240	350	140	4400	35
	80	3.5	245	350	150	4400	10
纯铜	5			310	70	1420	94
	18	3.2	180	340	81	1660	30
	38	3.2	252	304	106	1570	11.3
低碳钢	50	10	252	300	110	1230	10
	85	7	252	300	110	1050	5
铸铁	5			300	70	1450	60
	18	—	—	360	73	1510	25
	35			370	100	1500	8.4

（4）切割速度　切割速度既影响生产率高低，又影响切割质量的好坏。切割速度应根据等离子弧功率、被切割件的厚度和材质来确定。在切割功率和板厚相同的情况下，按照铜、铝、碳钢、不锈钢的顺序，切割速度依次由小变大。铜的导热性好，散热快，故切割速度最慢。

在焊件厚度、材质和等离子弧功率都不变的情况下，适当提高切割速度，不仅可提高生产率，还可减小切口宽度和热影响区，对提高切割质量是有好处的。切割速度又不能太快，如果切割速度太快有可能割不穿焊件，而且会使切口后拖量增大（倾斜角一般不应大于3°），切口底部毛刺（熔瘤）增多。当然切割速度也不能太慢，切割速度太慢不仅会降低生产率，还会造成切口表面粗糙不平，切口底部毛刺也增多，切口宽度和热影响区宽度增大。

（5）喷嘴端面至焊件距离　喷嘴端面至焊件表面的距离，对切割速度、切割电压和割缝宽度等都有一定的影响。随喷嘴端面至焊件表面距离的增大，等离子弧切割电压增高，功率增大。但喷嘴端面至焊件表面距离增大时，在空间的弧柱长度增大，热量损失增大，这两种作用的综合结果是等离子弧的有效热能减少。此外，对切口处液体金属的冲刷力也减小，会使切口底部的毛刺增多，切割质量下降。

喷嘴端面至焊件表面的距离太小也不好，既不便于观察，又容易造成喷嘴与焊件接触短路而烧坏喷嘴。手工切割时喷嘴至焊件表面的距离一般取8～10mm，自动切割时一般取6～8mm。

3. 提高切割质量的途径

良好的切割质量应该是切口面光洁、割缝窄、切口上部呈直角、无熔化圆角、切口下部无挂渣（熔瘤）。为实现上述质量要求，应注意下列几点：

（1）切口宽度和平直度　等离子弧切割的切口宽度一般为氧-乙炔切割时的1.5～2倍，随着板厚的增大，割缝宽度也要增大。切割厚度在25mm以下的不锈钢和铝材时，只要切割参数合适，操作得当，是可以得到切口光洁、平直度好的切口的。随着板厚增大，往往会形成切口上部宽度大于切口下部，而且切口上部边缘会出现熔化圆角。但只要切割参数合适，操作得当，上述现象并不严重，但要完全克服也是不容易的。

（2）切口挂渣的消除方法　用等离子弧切割不锈钢时，由于熔化金属的流动性比较差，不易全部从切口处吹除。且不锈钢的导热性能较差，切口底部金属容易过热。切口内没被吹除的熔化金属容易与切口底部的过热金属熔合在一起，冷却凝固后形成挂渣。由于这种不锈钢挂渣的强度高，韧性好，难以去除，给加工带来很大困难，因此如何消除切割毛刺是关系到不锈钢切割质量的重要问题。切割铜、铝等导热性好的材料时，切口底部一般不易产生挂渣，即使产生挂渣也容易去除，对切割质量影响不大。消除挂渣的方法如下：

1）保证等离子弧有足够的功率。等离子弧的功率提高了，则热能增加，可使熔化金属的温度升高，流动性增加，容易被等离子弧吹除。同时等离子弧功率提高了，又使离子气流量有增大的可能性。而离子气流量增大又可提高等离子弧的冲刷力，能有效地将切口中的熔化金属吹除，故不易产生挂渣。

等离子弧功率与切割件的厚度和材质有关，焊件越厚或金属材料的熔点越高，则切割功率应越大。

2）保证钨极和喷嘴的同心度。钨极和喷嘴的同心度好，则能保证等离子弧有好的压缩性能，能量集中，冲力大，能将切口内的熔化金属有效地吹除，故不易产生挂渣。

同时钨极和喷嘴的同心度好，还可避免产生双弧现象，能保证切割过程的顺利进行。

3）选择合适的离子气流量。离子气流量合适时，等离子弧的挺度好、冲力大、能有效地将切口内的熔化金属吹除、不易产生挂渣。气体流量太小或太大都会使挂渣增多，这是因为气体流量太小时，等离子弧的挺度差，冲击力小，不能将切口内的熔化金属立即吹除，挂渣必然增多。如果离子气流量太大，则带走的热量多，弧柱长度缩短，挺度下降，使切口呈V形，也会使挂渣增多。

4）选择合适的切割速度。切割速度合适时，既能保证割穿焊件，又可使切割后拖量降到最小程度（即L小）。等离子弧冲力在水平方向的分力比较小，熔化金属不易向切割后方流动，能被有效地吹除掉，所以不易形成挂渣（见图9-32）。如果切割速度太小，则割缝宽而粗糙，切口底部金属易过热熔化，故易形成挂渣。如果切割速度太快，则切割后拖量增大，等离子弧冲力在水平方向的分力增大，熔化金属沿切口底部向切割后方流动增多，则挂渣增多，甚至割不穿焊件。

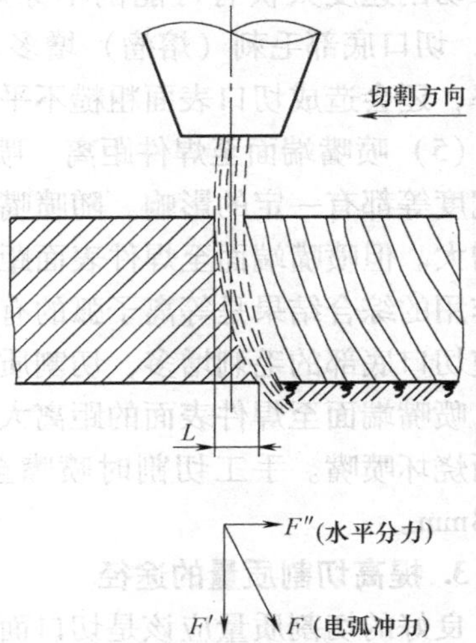
切割方向
L
F″(水平分力)
F′
F(电弧冲力)
图9-32　切割速度对挂渣的影响

（3）避免产生双弧　在等离子弧切割过程中，要保证切割质量，就需要防止产生双弧现象。因为一旦产生双弧，一方面会使等离子弧（主弧）电流减小，导致主弧的功率减小，使切割参数不稳定，切割质量下降。此外，在产生双弧时，喷嘴成为导体，容易烧坏喷嘴，破坏切割过程，同样影响切割质量，甚至使切割无法进行。在进行等离子弧切割时，必须设法防止双弧的产生。

（4）大厚度焊件的切割　为保证大厚度焊件的切割质量，应采取下列工艺措施：

1）适当提高切割功率。随着切割厚度的增大，等离子弧功率必须增大，以保证割穿焊件。在切割厚度为80mm以上的不锈钢焊件时，等离子弧功率一般为80～100kW左右。为减少钨极烧损和损坏喷嘴，最好采用提高切割电压的方法来提高等离子弧功率，因此切割电源的空载电压应在200V以上。

2）适当提高离子气流量。增大离子气流量可提高等离子弧的压缩性能，增大弧柱长度，提高等离子弧的挺度和冲力，以保证割穿焊件。切割大厚度焊件时，最好采用氮加氢混合气体作离子气，以提高等离子弧的温度和能量密度。

3）采用电流递增或分级转弧。在转弧过程中由于有大的电流突变，往往会引起转弧中断或烧坏喷嘴。为此切割设备应采用电流递增转弧或分级转弧。常用的分级转弧法是在切割回路中串联一个限流电阻（约0.4Ω），以降低转弧时的电流值，燃弧后再将其短路掉。

4）切割前进行预热。为使开始切割处能顺利割穿，在开始切割前要对切割处进行预热，预热时间视被切割材料的性能和厚度确定。厚度为50mm的不锈钢材料，预热时间为2.5～3.5s，厚度为200mm的不锈钢件，则需预热8～20s。开始切割时要等焊件完全割穿才能移动割枪，收尾时要等焊件完全割开后才能断弧。大厚度焊件的切割参数见表9-12。

表9-12 大厚度焊件切割参数

材料	厚度/mm	空载电压/V	切割电流/A	切割电压/V	功率/kW	切割速度/(m/h)	气体流量/(L/h)		气体混合比(体积分数,%)		喷嘴直径/mm
							氮	氢	氮	氢	
铸铁	100	240	400	160	64	13.2	3170	960	77	23	5
	120	320	500	170	85	10.9	3170	960	77	23	5.5
	140	320	500	180	90	8.56	3170	960	77	23	5.5
不锈钢	110	320	500	165	82.5	12.5	3170	960	77	23	5.5
	130	320	550	175	87.5	9.75	3170	960	77	23	5.5
	150	320	440~480	190	91	6.55	3170	960	77	23	5.5

9.4.4 空气等离子弧切割

空气等离子弧切割是20世纪80年代初期兴起的一种先进的切割技术，它的出现使等离子弧切割技术迈入了一个新的发展阶段。最初推出的空气等离子弧切割机多以小型为主，其额定输出电流有20A、30A、35A、40A等，逐渐向较大规格发展。通常将额定输出电流小于或等于100A的等离子弧切割机看作是小型机，100~400A者为中型机，400A以上者属于大型机。

空气等离子弧切割机通常由主机（电源和控制电路）、割枪、空气压缩机、气路、水路等系统构成。小型空气等离子弧切割机仅靠风冷而不含水冷系统，结构更为简单（见图9-33），移动方便。根据空气等离子弧切割技术的特点和工业生产中的需要，当前国内外生产的空气等离子弧切割机仍以小型为主，并在向中型机和大型机方向发展。

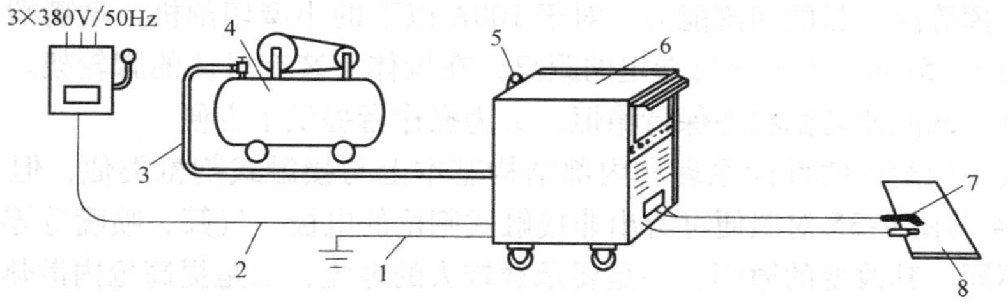
3×380V/50Hz
1
2
3
4
5
6
7
8

图9-33 小型空气等离子弧切割机成套设备
1—地线 2—电源线 3—气管 4—空气压缩机 5—空气减压气
6—控制箱及主电源 7—割枪 8—焊件

1. 割枪

与小型空气等离子切割机配用的割枪称为小型割枪，大体上分为接触式（见图9-34）和非接触式（见图9-35）两种基本类型；而中型枪或大型枪则需水冷，结构与小枪差别较大。

（1）接触式割枪 接触式割枪是指从引弧到整个切割过程结束之前，割枪的喷嘴端部始终与焊件表面接触，其等离子弧是直接由高频振荡器引燃而不需中间环节。这种割枪主要用于输出电流30A以下的小型机，是短弧切割，喷嘴与焊件表面接触的目的在于使电极的内缩量保持恒定（约2mm）以防熄弧。当割枪组装为整体后，以枪体端部四周小孔中出来的压缩空气在枪内压力作用下分成两路排气：一路由图9-31中的气筛的斜孔压入到电极周围，作为离子气，燃弧后再由喷嘴孔冲出进行切割；另一路则经外路对喷嘴进行冷却，然后

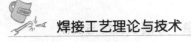

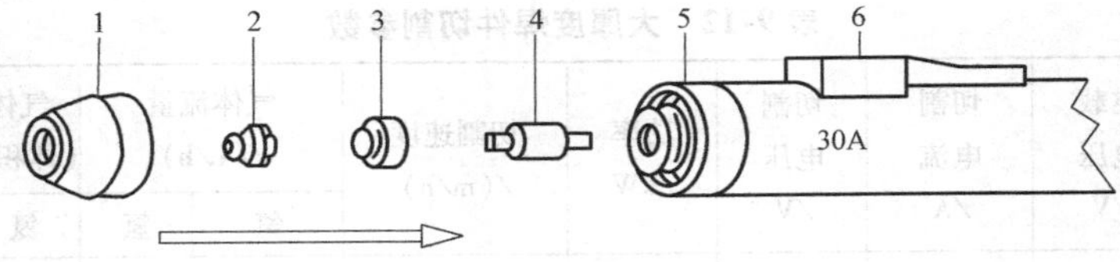
1
2
3
4
5
6
30A

图 9-34　接触式割枪

1—瓷罩　2—喷嘴　3—气筛　4—电极　5—枪体　6—开关

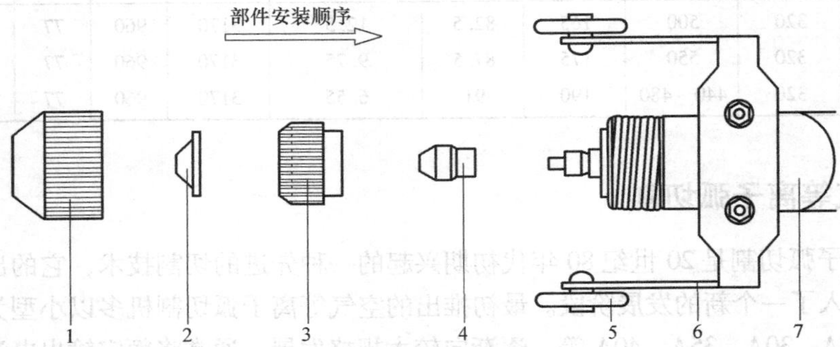
部件安装顺序
1
2
3
4
5
6
7

图 9-35　非接触式割枪

1—喷嘴罩　2—喷嘴　3—气筛　4—电极　5—脚轮　6—脚轮架　7—枪体

再由瓷罩内孔排出，它对切口金属也有一定的吹除作用。

（2）非接触式割枪　这种割枪承载的工作电流通常为 50 ~100A。切割较厚的焊件时，要求使用较大的电流和较高的电弧电压，短弧切割已不能适应，而必须将电弧拉长到一定程度才能充分发挥等离子弧的切割能力。对于 100A 以下的小型切割机，喷嘴端部到焊件表面的距离一般为 3 ~5mm，为了保持选定的距离，在枪体上装有可调的脚轮架。切割时脚轮沿割缝方向进行，既能使切割状态保持稳恒，又为操作者提供了方便。

非接触式小型割枪的设计原理和内部结构基本上与接触式割枪类似，但也存在明显差别。由图 9-34 与图 9-35 对照便可看出非接触式割枪的电极、气筛、喷嘴等零件的尺寸和形状都与前者不同。其改变的原则，一是要承载较大的电流，二是提高枪内散热能力，因此枪的整体尺寸变大，气筛散热沟槽加深。

（3）双水内冷式割枪　当切割电流大于 150A 时，不论离子气采用何种气体，割枪皆应进行水冷。现有的中型枪或大型枪的水冷方式很多，总的看来不外乎三种情况，一是只冷却电极，这种情况多属空气等离子弧割枪，在电极背后进行水冷，而喷嘴受不到水的冷却；二是只冷却喷嘴，这种冷却方式主要用于氮气等离子弧割枪，因为钨棒作为电极，其熔点高，可以不进行水冷，而最需要冷却的是喷嘴，这种单水冷方式也是奏效的；第三种是电极和喷嘴都受到水的冷却，冷却效果最佳，既保护了电极，也保护了喷嘴，这种冷却方式最适合于空气等离子弧割枪。双水内冷，即是指两路冷却水都有回路而不由枪中喷出。这种割枪的结构原理与下面即将介绍的水再压缩式空气等离子弧割枪的结构原理十分类似（见图 9-36），只要将其喷嘴的冷却水出水小孔密封住，令水在枪内循环排出即可成为双水内冷式割枪。

（4）水再压缩式割枪　图 9-36 所示是这种割枪的喷嘴和电极部分。双路冷却水的一路冷却电极背面；另一路冷却喷嘴后由喷嘴周围的小孔中喷射出去，从而对等离子弧起到再压缩的作用。这种割枪既可用于大电流的空气等离子弧切割，也可用于氮气或混合气体的等离子弧切割。水对弧再压缩的结果，使等离子弧能量更加集中，切割效果更好。

图9-37所示是水再压缩等离子弧割枪的两种结构形式，也都适合用于大功率的氮气等离子弧切割。

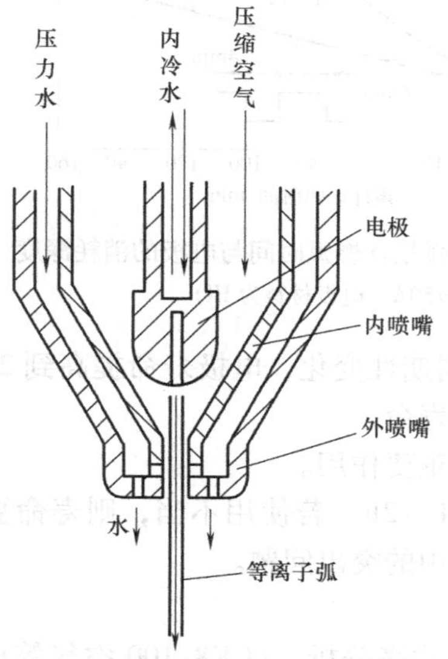
压力水
内冷水
压缩空气
电极
内喷嘴
外喷嘴
水
等离子弧

图9-36 双水内冷式割枪

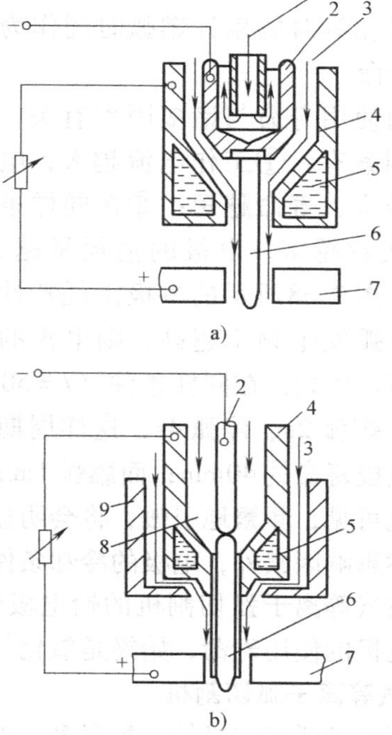
a)
b)

图9-37 水再压缩等离子弧割枪的两种形式

1—电极冷却水 2—电极 3—压缩空气 4—镶嵌式压缩喷嘴 5—压缩喷嘴冷却水 6—电弧 7—焊件 8—工作气体 9—外喷嘴

2. 电极材料及其消耗特性

（1）电极材料 由于在含氧介质中钨极烧损严重，因此钨电极无法在空气等离子切割中应用。目前，空气等离子切割所用的电极材料多是铪（Hf）或锆（Zr）。这两种金属的熔点虽不如钨的熔点高，但在高温氧化气氛中所生成的氧化物的熔点却较高（见表9-13），氧化膜保护着电极内部，减慢消耗速度。即使如此，电极的使用寿命仍较短，需经常更换。

电极材料Hf、Zr，以及无氧等离子弧切割应用最多的W，其熔点和沸点等性能列于表9-13。

表9-13 电极材料及其氧化物的熔点和沸点

金属	熔点/℃	沸点/℃	氧化物	熔点/℃	沸点/℃
W	3370	5700	WO	1500~1600	2000
Zr	1900	2900	ZrO_2	2715	4300
Hf	2207	3200	HfO_2	2812	—

实用的电极是将电极芯（铪丝或锆丝）镶嵌在纯铜的电极中心。镶嵌的目的：①为了提高电极芯的散热效果；②为了保持电极的几何尺寸和形状精度；③将电极芯包覆起来加以保护，减缓烧损。

（2）电极的消耗特性 空气等离子弧切割时，空气中的氧使电极芯端部产生高温氧化反应或蒸发，电极的消耗是不可避免的。电极的消耗量用电极芯蒸发和烧损的深度 h（见图9-38）表示。通常把电极消耗深度与电极芯直径相等时的累计燃弧时间作为电极的使用寿命。

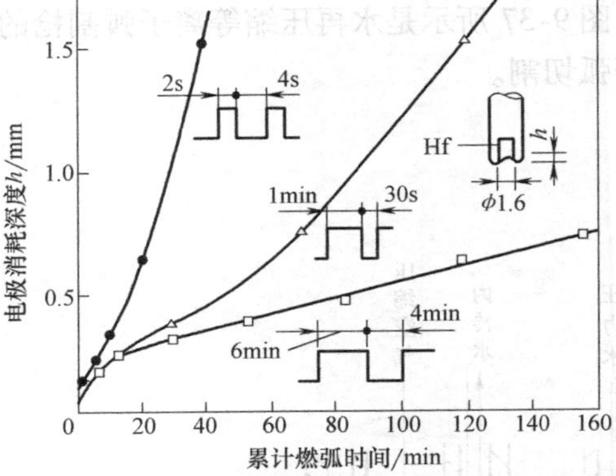

电极消耗深度h/mm
1.5
1.0
0.5
0
20
40
60
80
100
120
140
160
累计燃弧时间/min
2s
4s
1min
30s
6min
4min
Hf
h
ϕ1.6

图9-38　等离子弧累计燃弧时间与电极的消耗深度（$I=50$A，电极材料为Hf）

电极的使用寿命与诸多因素有关，其主要影响因素有：①工作电流越大，电极的消耗量越大，寿命越短；②在同样条件下，引弧次数越多，电极的消耗量越大、寿命越短。图9-38所示的电极消耗特性曲线表明，电弧发生频率越高，则电极的使用寿命越短。例如，在同样条件（$I=50$A，铪芯）下，燃弧2s、停弧4s，这样周期性的变化，电极寿命约40min；而燃弧1min，停弧0.5min的周期性变化，电极寿命提高到2h左右。由此可见，频繁地引弧，将会明显地缩短电极的使用寿命。

除上述影响因素外，电极的冷却条件对其使用寿命也起重要作用。

小型空气等离子弧切割机的铪电极使用寿命，一般是1～2h，若使用不当，则寿命更短。提高电极的使用寿命，始终是氧化气氛等离子切割技术中的突出问题。

3. 空气等离子弧切割机

空气等离子弧切割机的种类很多，现选取常用的一种形式来分析。LGK8-100空气等离子弧切割机是由切割枪和电源箱两部分组成。切割枪是完成切割过程的工具，它与一般等离子弧切割机切割枪的结构基本相同，该机配备用LG75°/100非接触式切割枪。电源箱是提供切割所必需的能量以及切割参数和程序控制的设备。它包括主电路、控制电路及气路三部分，现分析其电气工作原理（见图9-39和图9-40）。

（1）主电路　包括接触器KA_1、KA_2和KA_3，高漏抗的三相变压器T_1，三相桥式整流器（由$VD_{1\sim6}$、$C_1\sim C_6$、$R_1\sim R_6$组成），高频振荡器RG及保护元件C_7、R_7、R_8、R_9。还有$C_8\sim C_{10}$组成的滤波电路。切割电流只可分两档调节，利用T_1一次绕组抽头，50A档（KA_1通电），100A档（KA_2通电）。用手动开关（S_2）调节切割电流的档次。

（2）气路　此部分由气压开关（SW）、减压阀及电磁气阀（YV）组成。

（3）控制电路　由控制电源及程序控制板组成。

电路工作原理如下：在接好电源、气源后，合上S_1，电源指示灯HL_1亮。当压缩空气达到额定值后，气压开关SW闭合，准备指示灯HL_2亮。然后按下割枪手把上的开关SB_1，程控板上继电器K_4通电动作，则三极管V_1导通，继电器K_4通电闭合，电磁气阀YV通电动作，电路接通，割枪中预先通气。由于二极管V_2反置，则RC（R_5C_1）电路经2～3s充电完毕，三极管V_2导电，继电器K_2通电闭合，故KA_1（或KA_2）通电工作，主电路开始工作。与此同时，三极管V_3由于C_3的隔直作用及电容C_4经3s放电衰减而关闭，所以，高频引弧产生非转移小弧（K_3、KA_3通电），在持续1～3s之后将转入切割大弧。3s后K_3、KA_3复位，高频停止工作。切割完毕时，只要松开手把上的SB_1，三极管V_2随R_1C_1电路衰减而关闭；V_1随R_1、R_2、C_2电路衰减而关闭，K_1断电复位在K_2后10s，故断电后滞后10s关闭电路。

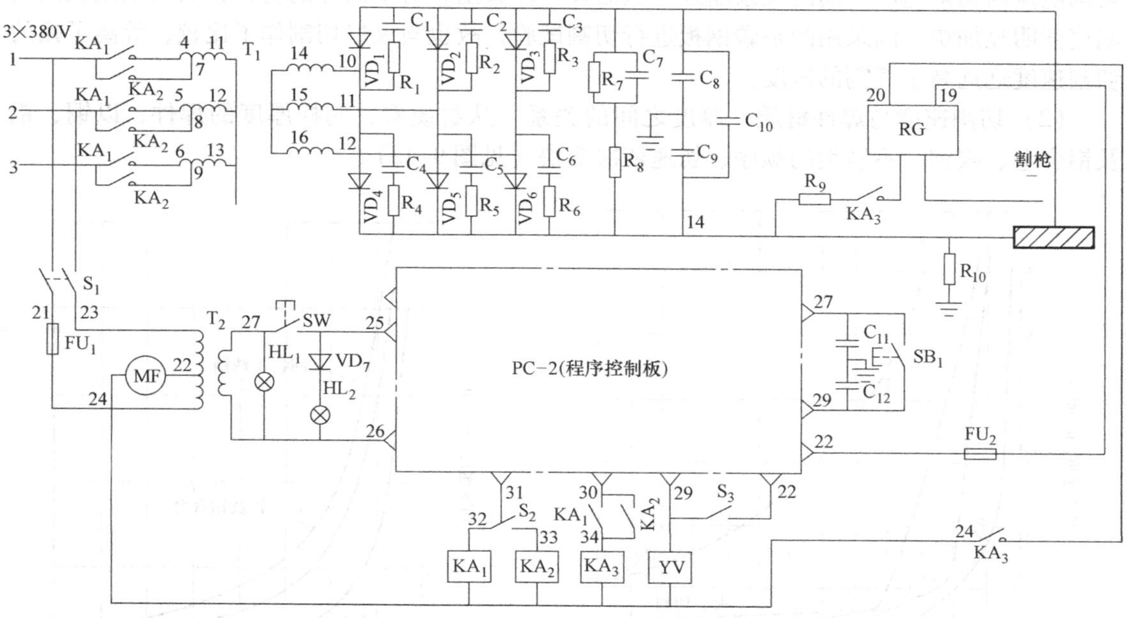

图 9-39　LGK8-100 型空气等离子弧切割机电路图

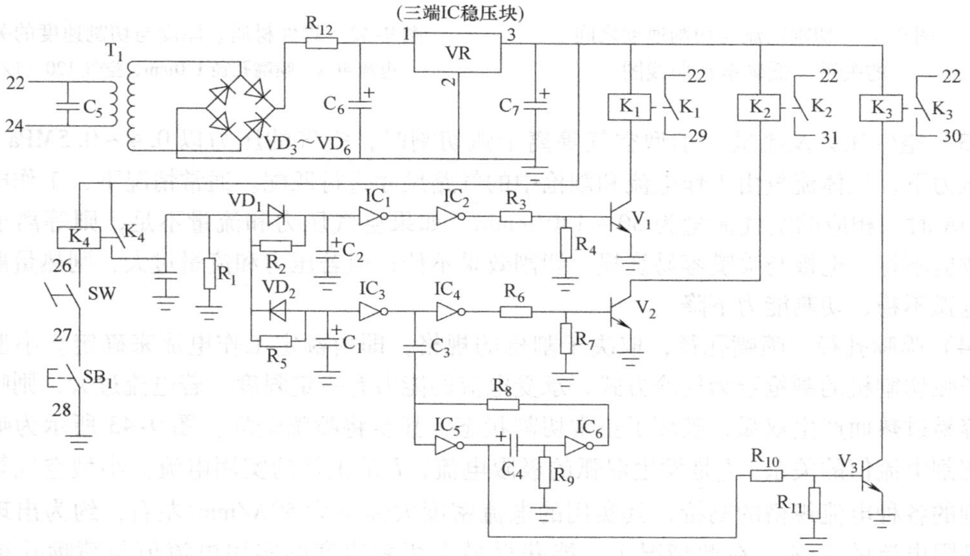

图 9-40　LGK8-100 型程序控制板原理

4. 切割工艺

空气等离子弧切割的切割参数同氮气等离子弧切割类似，主要有切割电流、切割电压、喷嘴孔径、气体压力、气体流量和切割速度等。应根据工件的材质、厚度以及技术要求来确定切割参数。

(1) 切割电流与切割速度　电流是等离子弧切割的主要能量参数，它决定着切割厚度、切割速度和切口质量。切割电压与弧长有关，切割时要求不变。图 9-41 所示是焊件厚度、切割电流与切割速度之间的关系曲线。从曲线可以看出，对于同样的材料，切割电流大则切割速度明显加快。因采用的是碳钢板进行切割试验，故也与火焰切割作了比较，等离子弧的切割速度远远高于气割的速度。

（2）切割速度与焊件材质、厚度之间的关系　从材质看，同样厚度的焊件，以铜、铝及铝合金、碳钢、不锈钢的顺序、切速依次变快（见图9-42）。

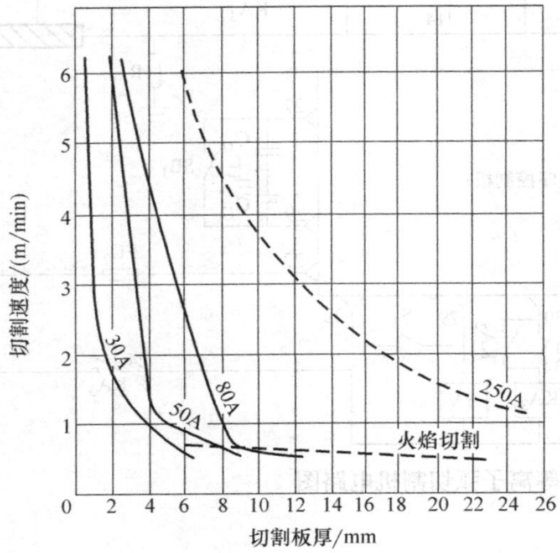

切割速度/(m/min)
切割板厚/mm
30A
50A
80A
250A
火焰切割

图9-41　切割电流与切割速度之间的关系（低碳钢）曲线图

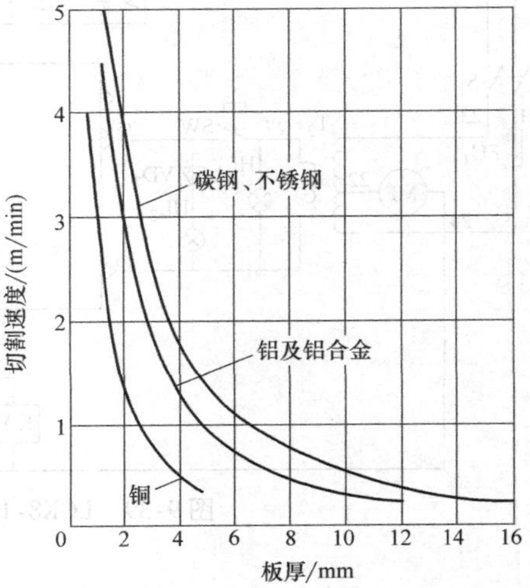

切割速度/(m/min)
板厚/mm
碳钢、不锈钢
铝及铝合金
铜

图9-42　焊件材质、厚度与切割速度的关系图（电流40A，喷嘴孔径1.0mm，空气120（L/min）

（3）空气压力及流量　小型空气等离子弧切割时，空气的压力以0.4～0.5MPa为宜，在此压力下，气体流量由工作电流和割枪中的气路尺寸进行匹配。通常情况下，工作电流为30～80A时，相应的空气流量为30～180L/min。如果空气压力和流量不足，则等离子弧的压缩效应不好，电极与喷嘴容易烧损，切割效果不佳；但若压力和流量过大，则热量散失过多，电弧不稳，切割能力下降。

（4）喷嘴孔径　喷嘴孔径，取决于割枪的规格，即由额定工作电流来确定。小型空气等离子弧切割机的割枪皆为气冷方式，承受电流的能力有一定限度。若电流过大，则喷嘴和电极容易过热而产生双弧，破坏了正常切割状态，甚至将喷嘴烧坏。图9-43所示为喷嘴孔径与切割电流值的关系，I_o是发生双弧的极限电流，I_s是正常的实用电流。小型空气等离子弧切割的各种电流规格的割枪，其实用的电流密度大体上为50A/mm²左右，约为出现双弧现象极限电流的80%。在此情况下，能获得最大切割速度的实用电流值与喷嘴孔径之比（I_s/d）大体上是30～60。例如$I_s=30\sim60$A，$d=1$mm；$I_s=70\sim90$A，$d=1.2\sim1.5$mm。

上述各种变化规律表明，正确的选择喷嘴孔径、与喷嘴相匹配的切割电流以及空气流量等参数，不但能够延长喷嘴和电极的寿命，而且还可充分发挥切割效率，提高切割速度。

5. 切割质量

空气等离子弧切割时，由于弧柱温度高、能量集中，瞬间可将焊件局部熔化、吹除，形成切口，因此切口窄而平整，侧面也较光滑，热影响区很窄，焊件变形小，总的来看，切口质量良好，但也存在以下两个不足。

（1）切口上宽下窄 切口状态如图9-44所示，这是由于焊件表面首先接受等离子弧的高温作用，热量尚未向焊件底邻均匀传导，在深度方向存在着较大温度梯度的情况下，焊件即被迅速切割所致，倾斜角一般是2°~6°。切口倾斜这一现象是各种等离子弧切割方法共同的特征，并不妨碍切口直接用来焊接，甚至还带来一定程度的方便，但对于要求切口边缘垂直性好的使用场合，则需要进一步加工。

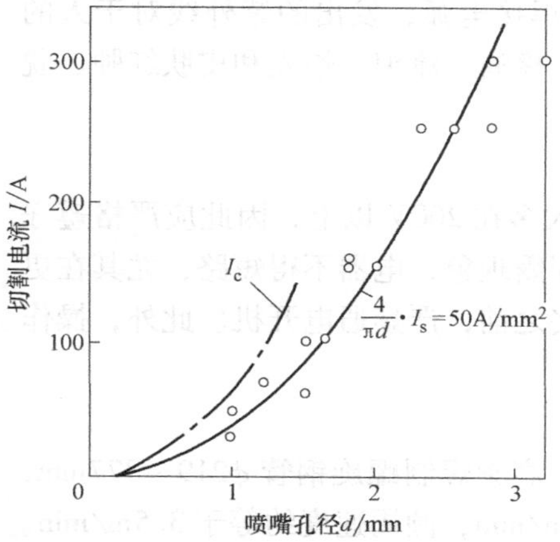

切割电流 I/A
300
200
100
0
1
2
3
喷嘴孔径d/mm
I_c
$\frac{4}{\pi d}\cdot I_s=50\text{A/mm}^2$

图9-43 喷嘴孔径与电流的关系图

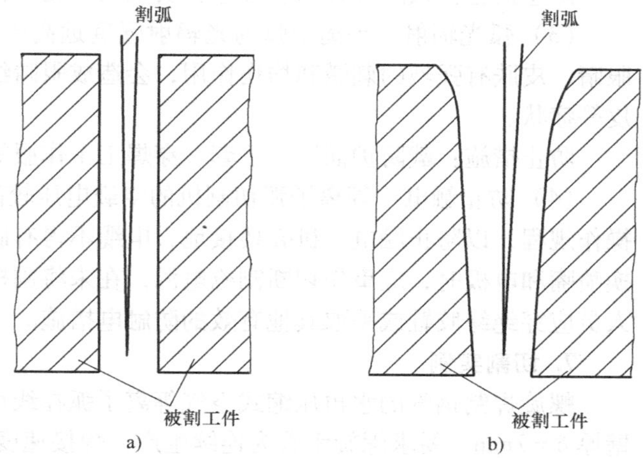

割弧
被割工件
a)
割弧
被割工件
b)

图9-44 切口状态图

a）氧乙炔火焰切割 b）等离子弧切割

（2）切口底部挂渣 尤其当切割速度过大时，切口底部的熔融物尚未彻底吹除即已凝固成渣（见图9-45）。空气等离子弧切割的挂渣属氧化产物比较容易清除，不是严重问题。

6. 等离子弧切割的安全技术和劳动防护

等离子弧切割过程中，存在一些有害因素会影响现场工作人员的健康，最突出的问题是切割烟尘和噪声。目前国内外正在着手研究解决这类问题，但尚未找到十分有效的克服办法。尽管小型空气等离子切割时的危害程度远低于大功率的等离子弧切割，但仍应引起重视，采取必要的防护措施。

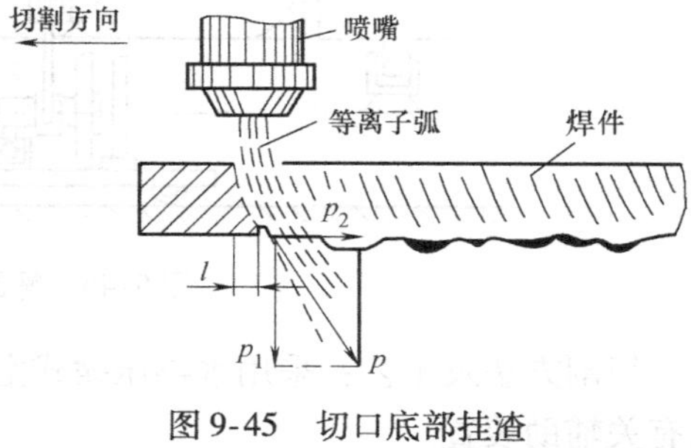

切割方向
喷嘴
等离子弧
焊件
p_2
l
p_1
p

图9-45 切口底部挂渣

p—电弧吹力 p_1—电弧吹力的垂直分力

p_2—电弧吹力的水平分力 l—割缝的后拖量

（1）烟雾与粉尘 切割过程中，空气中的氧与氮进行高温化学反应，生成氧化亚氮（NO）、三氧化二氮（N_2O_3）和二氧化氮（NO_2）等气体化合物。它们以烟雾的形式弥散于空间，其中NO_2受热时呈深褐色，室温下呈红棕色，并具有特殊的臭味，对人体呼吸道有刺激作用。

若吸入量大，则呈现咳嗽、头痛、食欲不振和疲乏无力等症状。

切割时产生的金属氧化物主要是氧化铁和氮化铁，在气流的吹除过程中，大颗粒沉积于地面，而细小颗粒则形成粉尘漂浮于空间。若长期吸入体内，则易形成矽肺等职业症状，或造成鼻炎、呼吸道疾病等。防止切割烟尘的措施是：工作场地通风排尘，安装吸尘装置。操作人员戴口罩，同时提高机械化、自动化的水平，实现远距离操作。

(2) 噪声　人们能够承受的正常噪声一般在 80dB 以下，但等离子弧切割已超出此数值，小型空气等离子弧切割的噪声为 85~90dB。

长期受噪声干扰，会影响人的中枢神经系统、血液循环系统和心理状态，呈现失眠、健忘、血压增高、心动过速、烦躁不安、疲劳、听力减退等症状。

防止措施：戴隔音耳罩、耳塞；实现机械化、自动化，远距离操作。

(3) 弧光辐射　等离子弧的光辐射强度远高于一般焊接电弧，发出的紫外线对于人的眼睛、皮肤有强烈的刺激和灼伤作用，会造成眼睛红肿、疼痛、流泪、怕光和皮肤红肿、脱皮等症状。

防止措施：戴防护面罩、手套、穿焊工工作服等。

(4) 防止触电　等离子弧切割机的空载电压较高，大多在 200V 以上，因此应严格遵守操作规程，以防止触电。机壳要接地，电缆不得有破损裸露现象，电器不得短路，尤其在更换喷嘴和电极时，应事先切断割枪电源，在未将割枪装妥之前，严禁通电开机。此外，操作人员应穿绝缘胶鞋或采取其他有效的防触电措施。

7. 切割实例

螺旋焊制钢管的水再压缩式空气等离子弧在线切割，高频焊制螺旋钢管 ϕ219~377mm，壁厚 $\delta=7$mm。要求螺旋钢管为连续生产，焊接速度为 5m/min，圆周速度约等于 3.5m/min。在生产线上采用空气等离子弧快速切断，切割速度大于或等于 3.5m/min，生产过程如图 9-46所示。

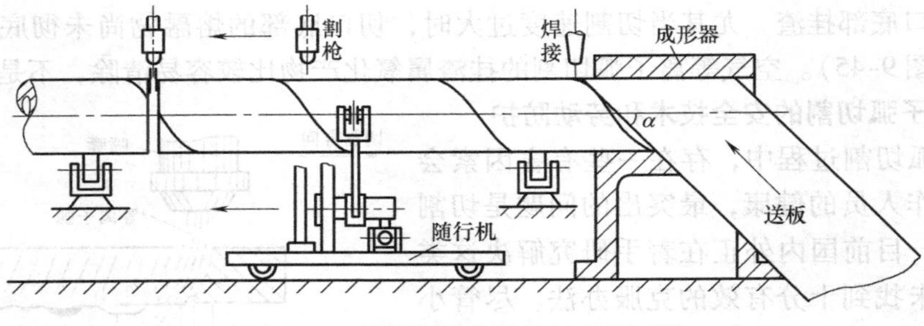
割枪
焊接
成形器
α
送板
随行机

图 9-46　螺旋钢管生产线及在线切割

切割方法及工艺：采用水再压缩式空气等离子弧切割方法，研制刀轮夹紧式切管随行机及有关辅助装置。

切割参数：选择等离子弧电流 I、电压 U、喷嘴孔径 d、气体流量 Q 及压力 P 等。通过试验研究，确定为：$I=260$A，$U=230$V，$d=3.5$mm，$Q=150$L/min，$P=0.5$MPa。

切割结果：切割速度达到 $v_{切}=3.9$m/min，管端切斜小于 1.5mm/2π，坡口等于 30°，符合产品要求，验收合格。

复习思考题

1. 等离子弧形成的过程及机理是什么？
2. 等离子弧有哪几种基本弧型？是根据什么进行分类的？各自具有什么特征？
3. 等离子弧有何特点？

4. 等离子弧的热源有何特性？其原因是什么？
5. 等离子弧焊工艺有何特点？
6. 穿透型等离子弧焊的过程特征是什么？采用这种焊接方法有何好处？
7. 穿透型等离子弧焊的焊接参数如何选择？焊接电流、离子气流量和焊接速度等参数有何匹配规律？
8. 试述微束等离子弧焊的原理及特点。
9. 什么是双弧现象？产生双弧现象的机理是什么？
10. 影响形成双弧的因素有哪些？如何防止双弧的产生？
11. 试述粉末等离子弧堆焊原理及特点。
12. 试述粉末等离子弧喷涂的原理及特点。主要有哪几种类型的粉末？
13. 穿透型等离子弧焊、微束等离子弧焊及粉末等离子弧堆焊各采用什么类型的等离子弧？它们各自对电源外特性有何要求？应采用什么极性？
14. 等离子弧切割与气割相比较，它们的切割实质有何不同？
15. 等离子弧切割的特点是什么？
16. 等离子弧切割按照离子气成分可分为哪几种基本类型？各有何特点？
17. 空气等离子弧切割对电极材料有何特殊要求？如何解决的？
18. 等离子弧切割应如何选择切割参数？
19. 小型空气等离子弧的割枪与大电流切割时所用割枪有何区别？

第10章 焊接方法在工程中的应用

熔化焊是应用最广泛的焊接工艺，本章介绍熔化焊在金属结构制造工程中的一些应用实例。为确保产品的焊接质量和使用的安全性，要按有关标准进行焊接工艺评定，因此工程中焊接工艺不但与焊接参数有关，而且会涉及母材焊接性、焊接材料、焊接设备与装备、焊接冶金、应力变形、焊后热处理、无损检测、焊接接头的力学性能和全相组织及耐腐蚀性能等等。

10.1 埋弧焊在工程中的应用

10.1.1 16MnR压力容器环缝的埋弧焊工艺

1. 问题的提出

容积为150m³的液化石油气贮罐的罐体直径为3200mm，材质为16MnR，板厚为22mm。罐体环缝的焊接是采用经工艺评定合格的双面埋弧焊工艺。坡口形式如图10-1所示，其对接间隙 $b=0\sim1$mm。焊接材料选用H10MnSi（ϕ5mm）+HJ250，电源极性为直流反接。焊接参数见表10-1。

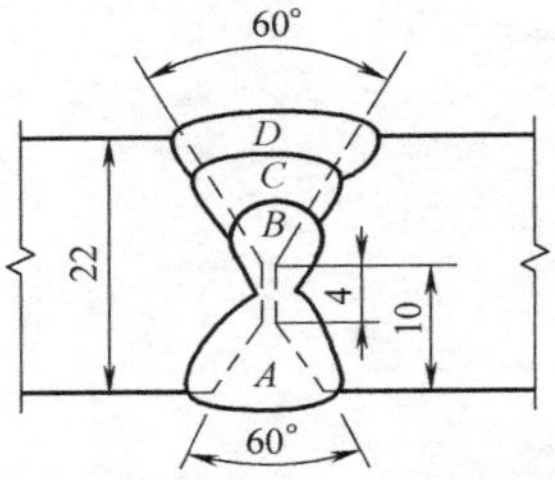

60°
D
C
B
22
4
10
A
60°

图10-1 坡口形式与焊接顺序

表10-1 焊接参数

焊接顺序	焊接电流 I/A	电弧电压 U/V	焊接速度 V/(m/h)
A	625	≈36	30
B	780	≈36	30
C	750	≈36	30
D	650～700	36～38	30

在实际施焊过程中，外环缝根部焊层（B层）焊后，在焊缝中心线上出现大量纵向裂纹，长40～1500mm，最宽处约0.5mm，深4～5mm，累积长度占环缝总长的60%～70%，经分析确认为典型的结晶热裂纹。

2. 原因分析

根据裂纹的性质及产生的一般性机理，首先复验了钢材及焊接材料，结果各项指标均符合GB 713—2008《锅炉和压力容器用钢板》及GB/T 14957—1994《熔化焊用钢丝》的要求。其次要求铆工组对前认真校圆，组对时尽量不使用夹具，禁止强力组装，以减少结构应力。同时要求焊工焊前仔细打磨坡口内外，认真清除焊丝油、锈，以减少外界杂质的侵入。

焊接时严格执行焊接参数。在采取了上述措施进行焊接后，外环缝根部焊层仍然有大量裂纹出现。经分析，基本否定了该热裂纹是“由于焊缝中存在着大量的低熔点杂质加上拉应力的作用而产生”的一般性论断。

在对环缝焊接过程的观察中发现：外环缝根部焊层的裂纹多产生在外观成形差、熔渣难以脱落的地方。经分析初步断定问题在于焊接工艺（包括焊接参数、坡口形式、焊接顺序等）本身。即由于外侧坡口深度偏大而角度偏小，内侧焊毕清根后即形成深而窄的焊道，导致外侧根部焊缝成形系数过小（$\psi \leqslant 1.2$，而一般要求埋弧焊焊缝成形系数 $\psi \geqslant 1.3 \sim 2$）。焊缝金属在凝固结晶过程中晶粒在焊缝中心相互交叉，使得低熔点杂质（即使是少量的）聚集在晶界难以上浮，形成液态薄膜。此时再受到不可避免的拉应力的作用，导致了结晶裂纹的产生。

3. 解决方案

鉴于产品坡口的形式已难于改变，只能从改变焊接参数和焊接顺序入手提出解决方案。第一种方案是改变焊接顺序（见图 10-2a），对口间隙为 0～1mm，坡口角度为 60°。让外环缝的首层焊缝首先在刚度较小的条件下成形，同时因没有清根，其焊缝成形也得到改善，以此来减少裂纹的倾向，其焊接参数见表 10-2（电源极性、焊接材料及直径均同上）。

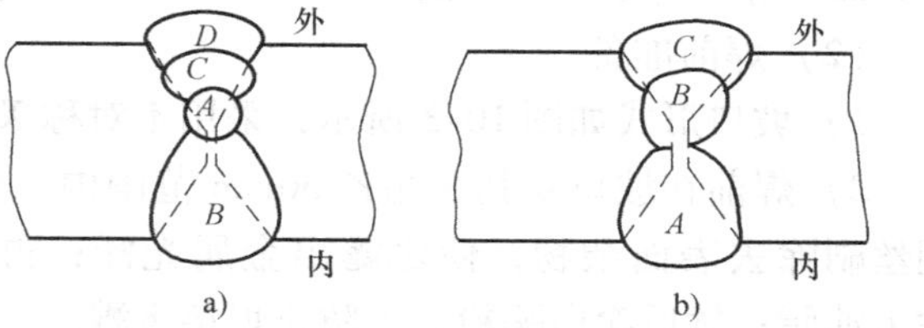

外
D
C
A
B
内
a)
外
C
B
A
内
b)

图 10-2　焊接工艺的改变

a）改变焊接顺序　b）改变焊接参数

表 10-2　焊接参数

焊接参数	方案一				方案二		
焊接顺序	*A*	*B*	*C*	*D*	*A*	*B*	*C*
焊接电流 *I*/A	625	780	750	650～700	680～700	≈850	≈700
电弧电压 *U*/V	36	36	36	36～38	36～37	38～40	38～40
焊接速度 *v*/(m/h)	30	30	30	30	30	22	25

第二种方案（见图 10-2b）是改变焊接参数，即适当降低外环缝首层焊缝焊接速度，延长冷却时间，以利于低熔点杂质的上浮及应力的减少，同时使得焊缝饱满，提高抗裂能力，其焊接参数见表 10-2。

两种方案用于环缝试焊，均取得了较好的效果，焊后无裂纹出现。考虑劳动条件和生产效率，最后决定采用方案二，同时进行了工艺试验，结果见表 10-3，各项指标均达到了要求。

表 10-3　工艺试板性能试验

无损检测	拉力/MPa	弯　曲	A_{KV}(−85℃) /J	硬度 HV	宏观金相
X 射线 100% GB 3323-2005 Ⅰ级	①553.3 ②558.3	α = 100° D = 60mm 面弯、背弯各 2 件均合格	焊　缝　45　36　50	138　152　149	焊缝及热影响区无裂纹、未熔合等缺陷
			熔 合 区　48　55　54	—	
			热影响区　70　60　62	171　149　131	

10.1.2 06Cr19Ni10 钢制压力容器的埋弧焊工艺

采用埋弧焊焊接奥氏体不锈钢压力容器，具有焊缝成形美观，焊接质量好，生产效率高等优点。焊接材料和焊接参数是影响奥氏体不锈钢压力容器埋弧焊焊接接头质量的主要因素。特别是焊接参数，它直接影响焊缝金属的稀释率。埋弧焊母材稀释率的变化范围相当宽（10%~50%），这就对焊缝金属化学成分产生很大的影响。焊缝金属化学成分将关系到焊缝组织中铁素体 δ 的含量，从而影响其焊接接头的耐腐蚀性能。

1. 焊接工艺试验

（1）试验材料　采用两块 20mm 厚的 06Cr19Ni10 奥氏体不锈钢试板，尺寸为 1000mm × 150mm。焊丝为 ϕ3.0mm 的 H06Cr21Ni10 不锈钢丝，焊剂为 SJ-601。

（2）焊前准备

1）坡口形式如图 10-3 所示，采用不对称 X 形坡口。

2）焊前在坡口及其两侧各 50mm 范围内，先用电动不锈钢丝刷除去表面杂物，使之露出金属光泽；再用丙酮擦洗，除去油脂；然后涂白垩粉，以防止焊接飞溅。

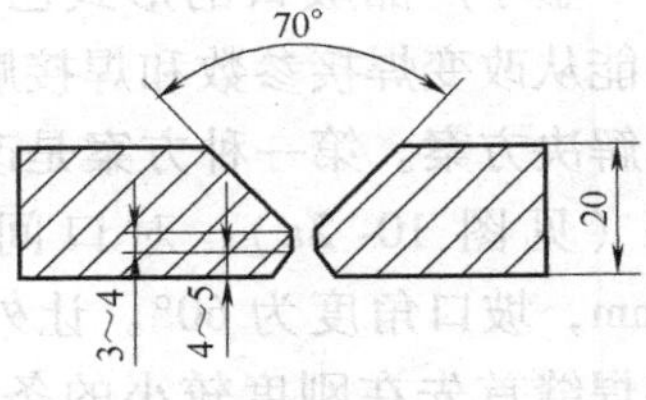

70°
20
3~4
4~5

图 10-3　坡口示意图

（3）焊接参数　焊接电源采用直流正接，其焊接电流、电弧电压、焊接速度见表 10-4。

表 10-4　焊接参数

焊　　层	焊接电流 I/A	电弧电压 U/V	焊接速度 v/(mm/min)
正面 1~2	580~600	33	380
反面 3~7	790~810	35	300

奥氏体不锈钢焊接接头中的铁素体 δ 含量与焊缝的冷却速度有关，冷却越缓，其含量越高。在焊接时要控制层间温度，最好不要超过 150℃。为此在焊接时钢板背面焊接接头两侧各 100mm 处用胶管通风冷却。

2. 焊接工艺评定

（1）焊接质量检验　对焊接接头表面观察，焊缝呈银白色和淡黄色的金属光泽，保护等级良好。经宏观检查和 X 射线无损检测证明，焊缝截面丰满，余高合理，未发现气孔、未熔合及未焊透等缺陷。焊前无须预热，焊后未发现焊接热裂纹，表明焊接接头质量合格。

（2）焊接接头的力学性能　经测试，奥氏体不锈钢母材和焊接接头试样的力学性能列于表 10-5。由表可见，06Cr19Ni10 奥氏体不锈钢采用埋弧焊焊接的接头具有优良的综合性能。

表 10-5　06Cr19Ni10 钢母材及焊接接头的力学性能

位　　置	R_m/MPa	A（%）	面、背弯曲试验 α = 180°	拉伸试验
母材	520	40	均无裂纹	断焊缝处
焊缝	619	44		

（3）接头的显微金相组织　06Cr19Ni10 奥氏体不锈钢埋弧焊对接接头的显微金相组织如图 10-4 所示。由图中可见，焊缝组织为枝晶状奥氏体（见图 11-4a），过热区为奥氏体 +

铁素体（带状）（见图10-4b）。

焊缝中δ相的有利作用在于：一方面可打乱单一奥氏体柱状晶的方向性，从而避免贫Cr层贯穿于晶粒之间，构成腐蚀介质的集中通道；另一方面δ相富Cr，且Cr在δ相易扩散，碳化铬可优先在δ相内部边缘沉淀，并由于供Cr条件好，不会在奥氏体晶粒表层形成贫Cr层。综上所述，δ相的存在有利于提高焊缝区的抗晶间腐蚀性能。

（4）接头的晶间腐蚀 焊接接头的晶间腐蚀试验为硫酸+硫酸铜+铜屑法，3件试样经腐蚀后冷弯180°均无裂纹，按GB/T 4334—2008试验评定为合格。

采用上述工艺方法，焊制06Cr19Ni10不锈钢压力容器获得了成功。

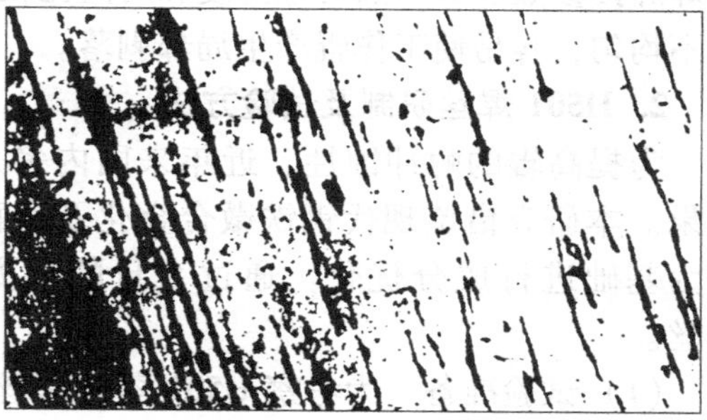

a)

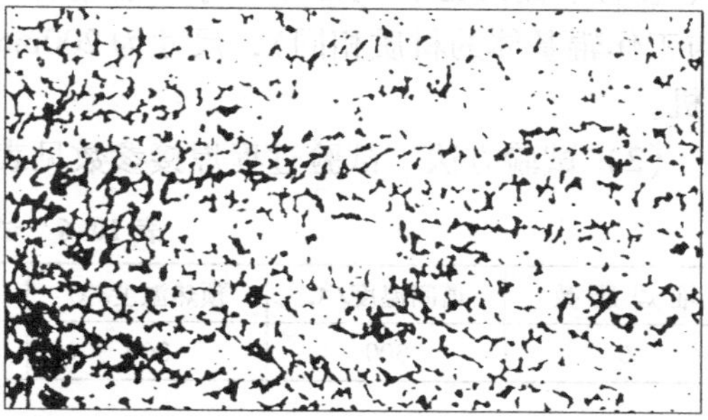

b)

图10-4 不锈钢埋弧焊焊接接头显微金相组织
a）焊缝组织 b）过热区组织

10.1.3 埋弧焊在轧辊表面堆焊中的应用

轧辊是轧机线上的重要部件之一。由于轧辊的工作条件恶劣，必须对轧辊表面进行强化处理。

近几年来，我国在研制轧辊埋弧堆焊用的药芯焊丝方面取得了较大的进展。天津大学材料科学与工程学院开发了高温抗氧化、耐磨损性能优良的连铸辊和热轧辊用埋弧堆焊药芯焊丝YD301-4（Cr-Mn-Mo-Ni合金系）和YD401-4（Cr-Mb-W-V合金系）；并针对9Cr13Mb冷轧辊堆焊要求硬度高，硬度均匀性好，堆焊层抗裂性及抗疲劳剥落能力强等特点，研制成功了冷轧支承辊埋弧堆焊用的药芯焊丝YD451-4（C-Cr-Mo-W-V合金系）和冷轧中间辊埋弧焊用的药芯焊丝YD551-4（C-Cr-Mo-W-V合金系）。上述研究成果在邯郸钢铁集团公司和攀枝花钢铁集团公司等多家钢铁企业获得成功应用。

下面介绍埋弧焊在热轧工作辊表面堆焊强化中的应用。

1. 问题提出

热轧工作辊（见图10-5）是1700热连轧机线上的重要部件之一，包括助卷辊、上下夹送辊。其主要功能是将轧制的带钢送至卷取机并进行卷曲。由于使用条件恶劣，必须进行辊面硬化。一般采取Cr-W-V系合金堆焊修复，但是效果不甚理想。

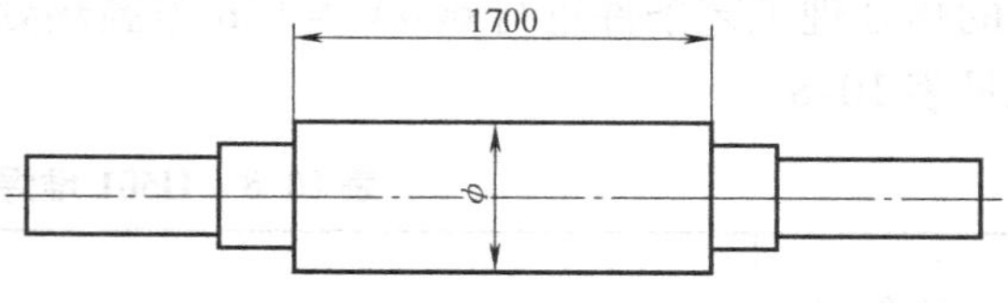
1700
φ

图10-5 热轧工作辊示意图

采取Cr-W-V系弥散硬化堆焊合金堆焊，辊面硬度虽达54~58HRC，且有高耐磨性，但由于辊面长期接触700℃左右的红热板坯，并且处于高压水强迫冷却环境下，经过一定的生产周期，辊面耐冲蚀性变差，易出现麻坑，从而影响板坯的表面质量。

另外，由于Cr-W-V系堆焊合金成分中W含量较高，所形成的碳化物易聚集长大，对堆焊焊接参数及焊后热处理温度和时间比较敏感，稍有偏差，就会由于组织不稳定性造成硬度不均匀，容易使工作辊产生局部剥落。

2. H501 焊丝研制及试验方法

为提高辊的耐冲蚀性，近年来国内多采用不锈钢堆焊合金进行堆焊，取得了很好的效果。本研究借鉴现代钢铁微合金化及表面强化相关研究成果，以 3Cr13Mo 马氏体不锈钢为基础进行成分优化。通过大量的配方和相关的试验研究，成功研制出 H501 药芯焊丝。

（1）试验准备　为考察 H501 药芯焊丝匹配 HJ260 焊剂堆焊所获得的堆焊金属的耐磨性、韧性、耐腐蚀和抗疲劳性等性能指标，按下述试验条件进行堆焊：试板材质为 45 钢（与工作辊基体的材质相同），尺寸为 200mm×300mm×50mm，焊机选用 MZ-1000 直流埋弧焊机。

（2）试验方法　试验过程焊接参数见表 10-6。

表 10-6　试验过程焊接参数

堆焊层数	道间温度/℃	预热温度/℃	焊接电流 I/A	电弧电压 U/V	焊接速度 v/(mm/min)
6	300	300	450~480	34~36	450

堆焊后，将试板升温至 400℃后保温 1h，缓慢冷却至室温。然后采用机械切割的方法，分别切取堆焊层进行化学成分、堆焊层硬度、堆焊层金相组织分析和磨损试验以及堆焊层结合强度试验，并将各分析样再进行 600℃×2h 的等温热处理。

3. 试验结果及分析

（1）堆焊层化学成分　试验结果的堆焊层化学成分见表 10-7。

表 10-7　H501 堆焊层的化学成分（质量分数，%）

C	Si	Mn	S	P	Cr	Mo
0.34	0.31	0.73	≤0.008	≤0.01	12.5~13	0.65~0.7

由表 10-7 可见，所采用的 H501 药芯焊丝配 HJ260 焊剂进行堆焊，因焊接材料中添加了稀土元素使堆焊金属得到净化，从而表现为 H501 堆焊层的 S，P 杂质含量很低，有效提高了堆焊金属的抗裂性、冲击韧度和耐磨性。

（2）堆焊层的硬度　采用 HR-150AL 洛氏硬度试验机，对不同堆焊切割试样按试验拟定的热处理工艺条件进行 600℃×12h 等温热处理，然后对堆焊层进行硬度检测，其检验结果见表 10-8。

表 10-8　H501 堆焊层的硬度（HRC）

试样编号	检测点					
	1	2	3	4	5	6
A	53.0	51.5	52.5	51.0	52.5	51.1
B	51.5	52.5	51.5	52.5	51.5	52.5
C	52.5	51.5	53.0	52.0	52.0	53.0

由表10-8可见，H501堆焊层的硬度可达51～53HRC，而且硬度比较均匀稳定。这对实际工况条件下使用的热轧工作辊而言，由于堆焊功能层硬度均匀，辊面磨损尺寸比较平稳，对薄板轧制时的板坯表面质量有利并能减少板的翘曲现象。

(3) 堆焊层的金相组织　对H501堆焊层的焊态组织和经600℃×2h等温热处理后的金相组织进行对比分析，在拟定的堆焊工艺条件下，H501堆焊层焊态组织为淬火马氏体+残留奥氏体，具有较高的抗裂性。经高温回火后，组织为均匀和致密分布的回火马氏体，在马氏体基体上弥散分布着细小的$M_{23}C_6$，M_7C_3，TiC碳化物和VN，TiN氮化物，不但具有高的耐磨粒磨损性，对热连轧的红热板坯还具有高的抗回火组织稳定性。

(4) 堆焊层磨损试验　在堆焊层中取6个55mm×22mm×10mm的磨损试样，在MLS-23型湿砂磨料磨损试验机进行磨损试验。磨轮转速为$n=245$r/min，线速度$v=135$m/min，载荷为69N，磨损时间为1h。磨粒尺寸为230～400μm的石英砂，硬度为900～1000HV，堆焊层的耐磨损性能用试样的失重予以评价。

试验结果表明：H501堆焊合金经过1h磨损试验后的平均失重为0.2135g；而在相同条件下，3Cr13Mo堆焊合金的平均失重为0.2985g。由此可见，研制的H501堆焊合金耐磨粒磨损性比3Cr13Mo堆焊合金优异。

同时发现，H501堆焊合金的沟槽磨痕比较细，表明堆焊层在磨粒作用下塑性变形小，堆焊合金有较高的塑性储备；而3Cr13Mo堆焊合金磨痕粗，磨粒压入堆焊层深度深，耐磨粒磨损性较差。

(5) 堆焊层结合强度　用如下试验方法检测堆焊层的结合强度：选用强度级别高于45钢的30CrMnMo钢，并加工成尺寸为250mm×250mm×20mm的试板，在试板中间表面堆焊面积为200mm×50mm的矩形块，共堆焊4层。把试样上的堆焊层加工成ϕ15mm×22mm的孔，用ϕ14.5mm×28mm的淬硬合金钢圆棒在试验机上加压，根据断裂部位和断裂值来确定堆焊层及其与基材的结合强度，结果见表10-9。

表10-9　H501堆焊层的结合强度

编　号	1	2	3	4
断裂部位	母材	母材	母材	热影响区
断裂强度/MPa	750.5	740.7	730.9	890.6
破坏形态	从母材剪切	从母材剪切	从母材剪切	堆焊层脱落

由表10-9可见，由H501焊丝匹配HJ260焊剂所获得的堆焊层，其结合强度大于730MPa，高于经调质处理后45钢母材的强度指标。在保证表面堆焊强化层具有较高的硬度和耐磨性的情况下，提高堆焊层的抗断裂强度，对热轧工作辊使用工况下的抗剥落掉块现象是十分有利的。

(6) 堆焊层耐腐蚀、抗疲劳性　H501堆焊层的耐腐蚀和抗疲劳性试验，利用实际堆焊的助卷辊在现场工况条件下进行的生产考核，以获得真实的试验数据。为了比较，采用3Cr13Mo焊丝和规定的工艺条件下所堆焊的一支助卷辊进行为期9个月的生产考核，2种堆焊材料堆焊助卷辊的考核结果见表10-10。

表 10-10　H501 和 3Cr13Mo 堆焊辊的性能比较

缺陷	H501 合金堆焊辊					3Cr13Mo 合金堆焊辊			
	3	6	7	8	9	3	6	7	8
腐蚀坑	无	无	无	无	无	无	无	有麻点	有腐蚀坑
疲劳裂纹	无	无	无	无	无	无	无	无	有微裂纹

实际生产考核表明：较之目前一般用的 3Cr-W-V 系合金和 3Cr13Mo 堆焊合金，由于 H501 堆焊合金添加的微量元素可使 13% Cr（质量分数）不锈钢堆焊层的夹杂物减少 10%（质量分数），从而提高了耐腐蚀性。由于微量元素细化晶粒，强化晶界，提高了堆焊层的断裂韧度，从而提高了抗疲劳性。

4. 结论

采用 H501 药芯焊丝配 HJ260 焊剂进行热轧工作辊的表面堆焊强化，达到了预期设想的结果，并且在实际生产中取得了良好效果。

10.2　钨极氩弧焊在工程中的应用

10.2.1　CO_2冷凝器奥氏体不锈钢管板与纯铜换热管的钨极氩弧焊

啤酒制造业中的CO_2冷凝器主要由奥氏体不锈钢筒体、管板及纯铜换热管等主要受压部件组成，其工作参数：设计温度为 −20℃，工作压力为 1.5MPa，工作介质为液态 CO_2。管板与换热管焊接质量的优劣将直接影响设备的使用寿命。通过对其焊接性分析和焊接工艺试验，确定合理的焊接方法，采用焊接 + 贴胀并用的制造工艺，以确保其制造质量。

1. 焊接性分析和焊接材料、焊接方法的确定

铜与奥氏体不锈钢的焊接是异种金属焊接，两者的物理性质相差很大，熔点相差 400℃以上，热导率在 20℃时，纯铜为不锈钢的 24 倍，使焊接难度增大。由于存在上述物理性质的差别，纯铜与不锈钢的焊接易造成焊缝成形差、热裂倾向大、气孔倾向严重。

异种金属能否获得满意的焊接接头，首先取决于被焊金属的物理、化学性能和采用的焊接方法及工艺。冶金学的相容性对异种金属的焊接性起决定性的作用。化学元素间的相互溶解度取决于溶质元素之间的晶格类型和相近性、原子半径和负电性的差别。根据达尔根状态图可知，Fe、Cu 同处在达尔根固溶状态图的小椭圆内，两者形成不含空穴的固溶体，是无限固溶的。同时，两者的晶格类型、原子半径相近，有利于形成良好的焊接接头。

选择正确的焊接方法及合适的填充材料是获得良好接头的关键。曾采用 H03Cr21Ni10 与 SCu1898 进行对比试验，确定 SCu1898 作为填充材料是可行的。焊接工艺采用 TIG 焊。

2. 焊接性试验

试验参照 NB/T 47014—2011《承压设备焊接工艺评定》中的要求确定试板尺寸、检验项目、测定力学性能数据。

1）试验用材料根据图样技术要求，确定为板材 SUS304（06Cr19Ni10），管材 T2，焊接材料采用 SCu1898 $\phi2.0$mm。

2）为了方便制备拉伸、弯曲试样，确定试板尺寸为：500mm×200mm，数量 2 套。坡口形式及尺寸如图 10-6 所示。

3）试板焊后进行焊缝外观检测，未发现气孔、裂纹等缺陷。经 100% 射线检测，4 张片子均符合 NB/T 47013—2015《承压设备无损检测》中Ⅰ级的规定。结果：合格。

4）经试验，测得抗拉强度 $R_{m_1}=221.5\text{MPa}$，$R_{m_2}=221.5\text{MPa}$，断口位置均在熔合线（铜侧）。

5）由于两母材抗拉强度相差很大，采用纵弯试样，厚度为 6mm，宽度为 30mm，弯曲角度 90°，数量 4 件。试验结果：无裂纹，合格。

3. 焊接工艺评定

按 GB/T 151—2014《管壳式换热器》的规定，进行焊接工艺评定，管板选用 SUS304 厚 6mm，换热管选用 T2（ϕ14mm×1.2mm）。

1）试板尺寸如图 10-7 所示。

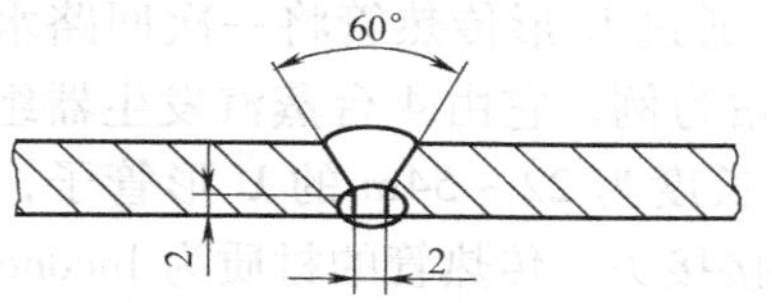
60°
2
2

图 10-6　坡口形式及尺寸

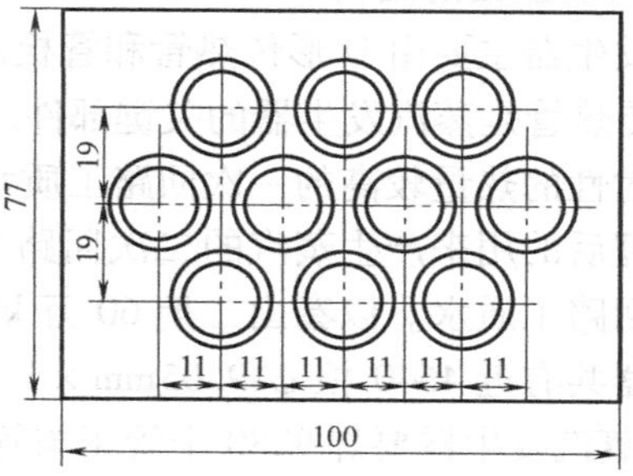
77
19
19
11
11
11
11
11
11
100

图 10-7　试板尺寸

2）焊接参数见表 10-11。

表 10-11　CO_2冷凝器钨极氩弧焊焊接参数

层次	焊接电流/A	电弧电压/V	电源极性	氩气流量/(L/min)
1，2	130～150	16～18	直流反接	≈12

4. 检验项目及合格指标

1）对 10 个焊接接头进行 100% 的着色检测。结果：无裂纹，合格。

2）经铣削-磨制-抛光-化学处理（王水），并用 10 倍放大镜进行宏观检查，无裂纹、未熔合等缺陷，同时检查 H 值，平均值为 1.8mm，结果：合格。

5. 产品的焊接

1）根据图样技术要求，坡口形式及尺寸如图 10-8 所示。

2）焊前清理：用丙酮清洗管板坡口两侧及纯铜管端 50mm 范围内，以去除油污等杂质。

3）用 NaOH 溶液清洗焊丝，然后放入烘箱中进行 150～200℃烘干。

4）按表 10-11 焊接参数进行焊接，焊后进行焊缝外观检查，合格后，进行 100% 着色检测，未发现气孔、未熔合等

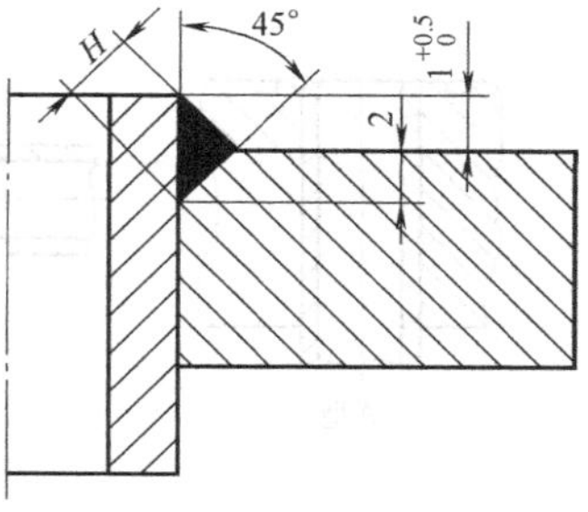
H
45°
1 +0.5 0
2

图 10-8　焊件坡口形式与尺寸

缺陷。

焊接时，电弧略偏向铜管侧，焊丝加在熔池中靠不锈钢管板侧，严禁不加焊丝而将两种母材直接熔合。严格控制熔深，尤其是不锈钢侧，应减少母材的熔化，避免电弧在一处停留时间过长，不要过分搅动熔池；点焊处应快速焊过，减少重熔量，弧坑应填满。同时焊前应注意坡口两侧及焊丝的清理，去除油污等杂物，以免产生气孔等焊接缺陷。

5）设备组装后，进行 2.5MPa 气压试验，保压 30min，管口处无泄漏、壳体无异常变形。设备运行 5 年，管口处无泄漏，得到了用户的肯定。

10.2.2 脉冲 TIG 焊在 60 万 kW 核电蒸汽发生器的管子与管板焊接中的应用

换热器的管子与管板焊接，采用填丝脉冲 TIG 焊是应用比较广泛的焊接工艺。ESAB 等公司生产销售自动化程度较高的“管-板”TIG 焊专用焊机。采用填丝脉冲 TIG 焊焊接 60 万 kW 核电蒸汽发生器的管子与管板接口就是一个典型的应用实例。

1. 蒸汽发生器的结构

蒸汽发生器主要由 U 形传热管和管板及壳体组成。

U 形传热管是蒸汽发生器的关键部件。它起着隔离和传热的双重作用，即在内表面流通的是带放射性的热量较高的一次回路工质水；在外表面流通的是取自自然界的海水或河水经过必要处理后的用来产生蒸汽的二次回路工质水。通过 U 形传热管将一次回路水的热能传导给二次回路工质水。以秦山二期 60 万 kW 核电站为例，它由 4 台蒸汽发生器组成。每台蒸汽发生器共有近 4640 根 $\phi 19.05\text{mm} \times 1.09\text{mm}$、长度为 22 ~ 54m 的 U 形管子，重量约为 51t。每台蒸汽发生器要焊 9280 个管子与管板的焊接接头。传热管的材质为 Inconel alloy 690 镍基合金。

管板是蒸汽发生器的主要部件之一，其材料是 SA508-Ⅲ钢（低合金钢）锻件。因为管板起着隔离一次回路工质水和二次回路水的作用，所以面向一次回路工质水一侧将长期接触带有放射性和腐蚀性的载热剂介质。按产品技术要求，管板一次回路侧全表面（约 8 ~ 10m^2）必须堆焊一层厚度达 9mm ± 1mm 的 Inconel alloy 600 镍基合金。

2. 管子和管板的接头形式

管子、管板焊缝的质量是确保核动力设备正常运行的关键，如何选择蒸发器管子、管板焊接接头形式，对于保证焊缝的焊接质量也起着重要的作用。管子、管板的接头形式，见图 10-9。秦山二期 60 万 kW 核电蒸汽发生器的管子与管板接头采用微凹接头形式（D 型）。蒸发器管子与管板接头的设计形式，如图 10-10 所示。焊接后的要求：焊脚宽度≥2.5mm，最小泄漏通径≥0.9mm。

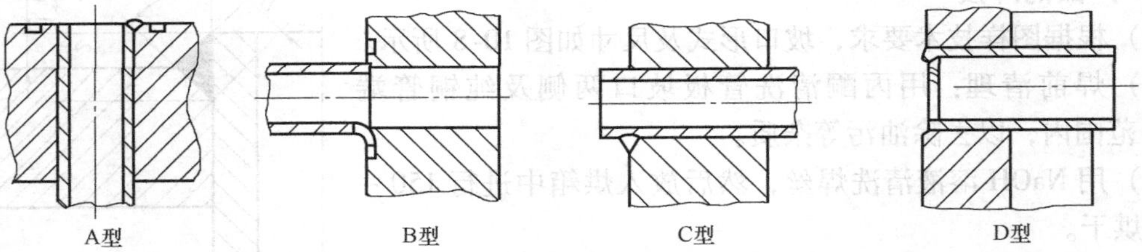
A型
B型
C型
D型

图 10-9 管子、管板的接头形式

3. 焊接试验

试验过程分两个阶段进行，第1阶段为选择焊接参数（包括焊机的调试工作）；第2阶段模拟产品对一层焊道加填丝及不加填丝的焊接方式进行对比选择。

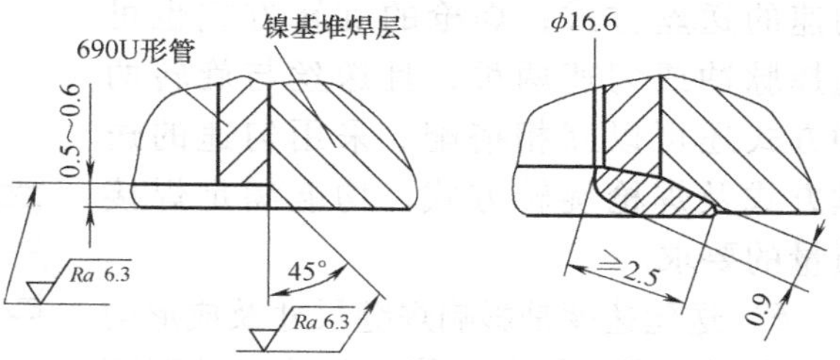
690U形管
镍基堆焊层
φ16.6
0.5~0.6
Ra 6.3
45°
Ra 6.3
≥2.5
0.9
图10-10 蒸发器管子与管板接头设计

（1）试样的准备

1）管子材料：Inconel alloy 690，规格 ϕ19.05mm×1.09mm×280mm。

2）管板材料：Inconel alloy 600＋SA508-Ⅲ，100mm×240mm×320mm。

3）焊丝材料：Inconel alloy 690，ϕ0.6mm。

4）管子、管板的定位，产品不允许用定位焊方法进行定位，而采用先微胀的方法进行定位。

5）钨极的定位，由于钨极的定位是直接影响焊接质量的重要因素，而钨极的定位是由两个方向合成的。一个是圆周方向的定位，它是由套入焊枪定位杆的中心套管插入到管孔内实现的。由于焊枪除在沿管子内壁旋转外，同时也进行自转，所以对中心套管的定位控制十分严格，套管的外径要求比管子内孔直径小0.02~0.03mm，而比焊枪上的定位杆外径仅大0.02mm，以保证在焊接时钨极与管子外壁间距离的一致性。另一个方向是钨极至管板距离定位，由于钨极尖端在焊接过程中的烧损，经常需要更换，为了使所有接头在焊接过程中保持一致性，在电弧电压确定后用专用定位工具加以保证。

6）送丝管的弯制，送丝管的弯制角度除确保填充丝正确地送入电弧熔池外，还必须保证不与相邻管子相碰，以保证每个焊接过程的连续性。

（2）焊接参数的选定　焊接参数除管子端与管板之间的距离已定以外（$L=4.8\sim5.0$mm），还包括钨极、填充丝的直径、填充丝的送进方式、焊枪的旋转方式、焊丝送入熔池的位置、焊接电流、电弧电压、气体流量等。

1）钨极的直径是根据所选用的电流值确定的，对于 ϕ19.5mm×1.09mm 薄壁管的接头，且又是全位置的焊接方法，脉冲电流峰值不超过100A，在试验中选用 ϕ2.5mm 铈钨极，电极端部为锥形，锥角为30°，平顶直径 ϕ0.5mm。

2）焊丝的直径取决于管子的壁厚、焊缝尺寸要求匹配的电流值，对于1.09mm厚的薄壁管，采用 ϕ0.6mm 的焊丝。

送丝的位置必须保证送入的焊丝端部处于电极的正下方，即对准电弧的中心，才能保证送入的焊丝能被充分均匀地熔化，以获得光滑而均匀的焊缝成形。

3）脉冲频率的选择范围是较宽的，对于一般薄壁管的全位置焊接，焊接电流不超过100A（峰值），选择时能满足焊接时熔池不产生溢流，焊道表面光滑即可。

4）电极位置除尺寸“a”控制电弧电压以外，还有两个参数“θ”“b”，如图10-11所示。

在焊接过程中，考虑到管板厚度较大，其吸热量远远超过管子，为了使焊接电弧能同时熔化两个焊件而形成熔合良好的焊道，不得不靠调节 θ 角度和电极与管壁的距离 b，以达到热量均匀的目的。经试验 $\theta=12°$，$a\approx1.3$mm，$b=1.2\sim1.4$mm 为宜。

5）ESAB焊机填充丝的送进方式可选择在高或低脉冲时将填充丝送进，也可选择匀速的送丝方式；焊枪的旋转方式也可选择脉冲或匀速两种，且送丝与旋转两种方式还可以互相搭配。采用匀速的送丝方式及焊枪旋转方式，均能满足焊接质量的要求。

6）送丝速度是影响焊缝尺寸及成形的一个重要因素，与电流值有相适应的匹配关系。本试验中，送丝速度为380mm/min，焊缝的成形均匀、美观，焊脚高度也远远超过设计要求。

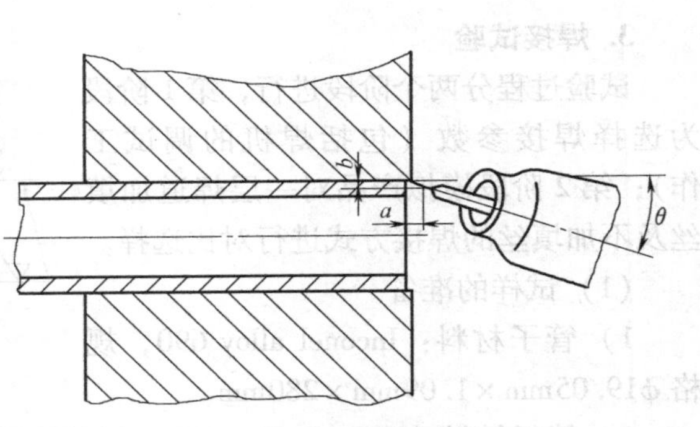
b
a
θ

图10-11　电极位置

7）保护气体是纯度为99.99%的Ar气，其流量的选择，按其喷嘴直径大小，钨极伸出长度、气体保护效果来决定。通过试验采用10L/min流量，其保护效果良好。

8）基值电流为25～30A，脉冲电流为65～80A。

4. 试样的焊接

在上述焊接参数选配的基础上，进一步对ϕ19.5mm×1.09mm管子试样进行了大量的单个接头的焊接试验。通过对试样的大量解剖，测定焊缝的最小泄漏通径“h”值，在单个试件满足设计要求的前提下，进行了以下一层焊道加填丝及不加填丝和管子平口及微凹的焊接试验。

（1）两试件的接头分析

1）外观成形：两件试样的焊缝成形美观、表面光滑，经着色探伤检查，均无气孔、裂纹、未熔合等表面缺陷。加填丝试样比不加填丝试样更为美观，焊缝更为饱满，微凹加填丝比平加填丝的焊缝管口内壁更好。

2）最小泄漏通径h值及焊脚宽度的测定：共测定36个接头（144个截面）。最小泄漏通径h值全部>0.9mm，焊缝宽度均≥2.5mm。

（2）解剖试样　解剖试样如图10-12所示。

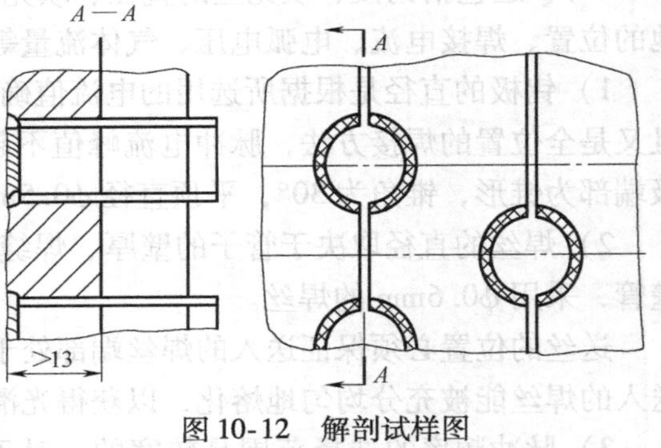
A—A
A
A
>13

图10-12　解剖试样图

5. 焊接接头的金相组织和晶间腐蚀试验

（1）金相组织检查　对36个接头144个截面的金相组织检查，均未发现裂纹、气孔、未熔合等缺陷。焊缝、堆焊层组织为奥氏体+少量析出相。

（2）试样的晶间腐蚀试验　在试样中取16个接头，共32个截面，按GB/T 4334—2008《金属和合金的腐蚀　不锈钢晶间腐蚀试验方法》中T法试验，均未发现晶间腐蚀倾向（试样经650℃×15h敏化处理）。

6. 结论

1）试验选用的Inconel 690焊丝和690U形管径焊接后无热裂纹现象，试样解剖结果（金相）也证明无热裂纹现象。

2）坡口采用管子微凹进管孔0.5～0.8mm的距离，保证了管子与管板泄漏通道的尺寸，可以满足产品要求。

3）焊缝表面成形很好，加填丝焊接一层就达到产品对焊缝宽度和泄漏通道的要求。

4）该焊接工艺已成功运用到秦山二期 60 万 kW 蒸汽发生器产品管子与管板的焊接生产中，采用此设备焊接的 9280 个管子与管板的焊接接头，焊后经着色、氦检漏、水压试验均一次通过，合格率达 100%。

10.2.3　不锈钢圆网的 TIG 焊工艺

1. 不锈钢圆网焊接的难度

在无纺布设备圆网烘架机的制造中，涉及 45°不锈钢丝（ϕ0.4mm，间距 6 根/cm）斜纹圆网的焊接问题。图 10-13 和图 10-14 是圆网的结构示意图及圆网的展开示意图。

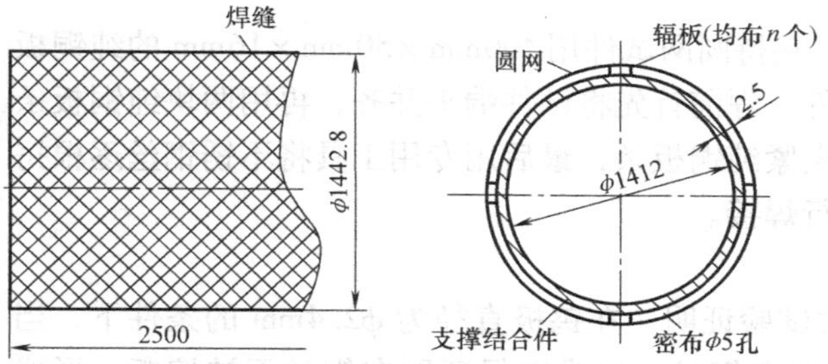
焊缝
ϕ1442.8
2500
圆网
辐板(均布 n 个)
2.5
ϕ1412
支撑结合件
密布ϕ5孔

图 10-13　圆网结构示意图

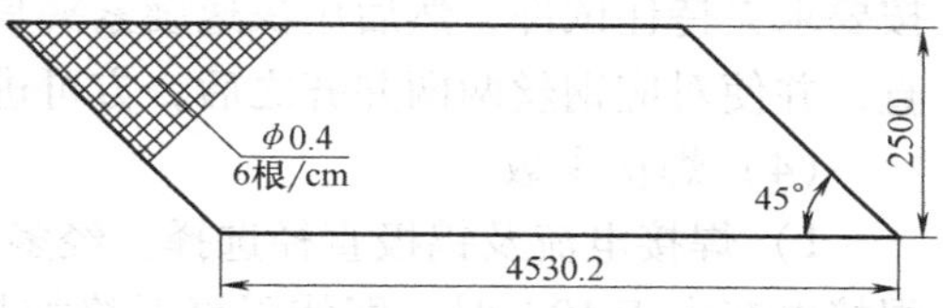
ϕ0.4
6根/cm
2500
45°
4530.2

图 10-14　圆网展开示意图

国内制造的圆网质量不稳定，只有依赖进口。进口设备虽然质量高，但价格昂贵。

设计要求圆网的斜纹不锈钢丝沿 45°方向逐根对接，接头光滑，不得有毛刺，圆网包覆在支撑结合件上必须紧贴，不得有鼓包和凹陷。由于不锈钢丝直径过细，钢丝间距又大，而且焊缝接头在圆网上呈螺旋状分布，因此，焊接难度极大。其原因如下：

1）由于不锈钢丝直径太细（ϕ0.4mm），极大地限制了焊接方法的选择，而且对焊接参数、焊接工艺措施、焊工个人操作技能等都提出了更高的要求。只要一个环节出现问题，就会造成钢丝过热熔断或自熔成球，从而使钢丝变短，无法补焊。

2）由于钢丝间距过大（6 根/cm），使焊接时别无选择，只能逐根钢丝对接施焊，而且数千根钢丝接头不能存在钢丝熔断和漏焊缺陷。否则，圆网在支撑结合件上包紧过程中，会从缺陷处撕裂而使圆网报废。

3）由于焊缝在圆网上呈螺旋状分布，且焊缝较长（3535mm），也给焊接操作带来了极大不便。焊接时只能一小段一小段地装夹、焊接，若配合不好，就会造成焊缝处松紧不一，使圆网在支撑结合件上包覆不紧，产生鼓包或凹陷。

2. 焊接工艺

通过对不锈钢丝斜纹圆网的焊接工艺试验，选择出合适的焊接方法及焊缝接头形式，制订出合理的焊接参数及相应的工艺措施，以便得到良好的焊接质量，满足圆网的设计和使用性能要求。

（1）焊缝位置选择　由于焊缝接头在圆网上呈螺旋状分布，如果直接将圆网包覆在支撑结合件上施焊，不仅难以达到圆网包覆紧贴的目的，且焊缝质量也无法保证，为了解决这一难题，经过多次试验，决定利用斜纹圆网的可变形性，先将圆网焊好后，再将它撑开套装在支撑结合件上包覆紧贴。此外，为了防止焊缝接头挂纤维，将焊缝定为内焊缝，并在套装之前，将焊缝先修平整，以免影响套装质量。

（2）接头形式　经过多次试验，采用端接接头形式，用 TIG 焊电弧外焰对钢丝端部加热，就可避免因温度过高而熔断钢丝的缺陷，从而获得一条符合设计要求的焊缝。其端接接头形式如图 10-15 所示。

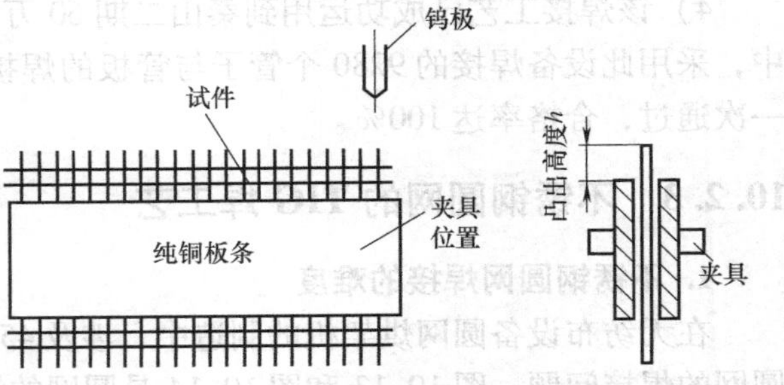

钨极
试件
凸出高度h
夹具位置
纯铜板条
夹具

图 10-15　不锈钢圆网的 TIG 焊端接接头示意图

（3）焊接设备及焊前准备

1）焊接设备选用进口的 PANA-TIG300 型交直流两用焊机。

2）制备直径 $\phi0.4$mm、间距 6 根/cm 的 400mm × 60mm 不锈钢网布试件若干块。夹持圆网试件用 400mm × 50mm × 16mm 的纯铜板条两块，夹持纯铜板条用快速旋紧夹具两件。焊前首先将试件端头并齐，再用两块纯铜板条按要求夹持住试件，然后用快速旋紧夹具夹紧纯铜板条，最后用专用工具将不锈钢丝逐根捋直，并使对应钢丝两两并齐之后，方可进行焊接。

（4）焊接参数

1）焊接电流及钨极直径选择。经多次试验证明，在钨极直径为 $\phi2.4$mm 的条件下，当焊接电流大于 10A 时，即使用氩弧焰加热网布钢丝，也难以保证网布钢丝不被熔断，形成无法弥补的缺陷。当焊接电流小于 7A 时，焊接电弧在钨极尖端会漂移不定，给焊接操作造成困难，同样会影响焊缝质量。焊接电流选为 7 ~ 8A 较为合理。

2）氩气流量及喷嘴直径选择。在一定条件下 TIG 焊时，氩气流量和喷嘴直径有一个较佳的匹配范围，氩气的保护效果较好。也就是当喷嘴一定时，氩气流量过低，气流挺度差，排除周围空气的能力低，保护效果不好；氩气流量过大，容易造成紊流使空气卷入，同样降低保护效果。试验中，喷嘴直径选为 $\phi10$mm，氩气流量为 4 ~ 6L/min 时，则气体保护效果较好。

3）焊接速度及喷嘴距试件距离选择。焊接过程中，要保持喷嘴距试件一定距离，也就是保持氩弧弧焰恰好对钢丝端面加热，既不能过低也不能过高，以免熔断钢丝或漏焊。焊接时要保持匀速、快速焊接，以听到钢丝熔化时发出均匀的“吱吱”声为准。这样便得到焊缝高低一致、焊点大小均匀、光滑无毛刺的焊缝接头。

4）不锈钢丝端头凸出纯铜板条的高度。试验证实，在不抽出网布试件纬向钢丝的条件下，当钢丝端部凸出纯铜板条的高度在 1.0 ~ 5.0mm 范围内无论怎样变化，焊缝质量都变化不大（见图 10-16），焊点形状大部分都如半个大米粒到一个米粒那么大，且基本上是相邻几根钢丝，甚至包含一根纬向钢丝熔合在一起，漏焊和熔断的钢丝较多，焊缝不光滑，有毛刺。如将网布试件纬向钢丝抽出一根，使钢丝端部凸出纯铜板条 3.0 ~ 3.5mm，那么焊点形状变为小米粒大小，且绝大多数钢丝处于二根对焊状态，有少数钢丝熔断或漏焊，焊缝光滑，无毛刺。如将网布试件纬向钢

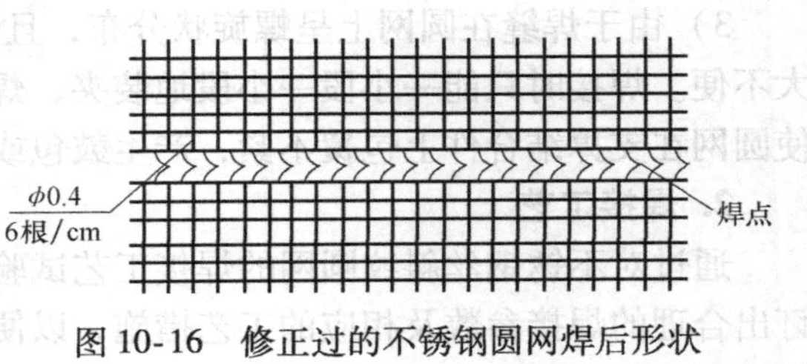

φ0.4
6根/cm
焊点

图 10-16　修正过的不锈钢圆网焊后形状

丝抽去二根，使钢丝端部凸出纯铜板条4.0~4.5mm，那么焊点形状比小米粒还小，98%以上钢丝处于二根对焊状态，只有极个别钢丝熔断和漏焊，焊缝光滑，无毛刺，焊缝质量完全满足设计要求。综上所述，抽出网布纬向钢丝二根，使钢丝端部凸出纯铜板条4.0~4.5mm，TIG焊端接接头的焊接方法可以定为最终焊接方案。

3. 试验结果与生产应用

（1）试验结果　经焊接工艺试验，获得的TIG焊端接接头焊接参数见表10-12，按表中所给的参数焊接的多个试件，经焊缝外观检验及力学性能试验，各项指标均满足设计要求。

表10-12　不锈钢圆网的TIG焊焊接参数

钨极直径 d_W/mm	喷嘴直径 d_s/mm	焊接电流 I/A	电弧电压 U/V	氩气流量 Q/(L/min)
2.4	10	7~8	13~14	4~6

（2）生产应用　以上TIG焊端接接头工艺试验结果，已应用于无纺布设备圆网热风烘燥机主关键圆网的制造过程中，较好地解决了不锈钢丝斜纹网布螺旋状焊缝的焊接问题，而且圆网在支撑结合件上包覆效果良好，无鼓包和凹陷现象，完全满足了设计要求。

10.2.4　Ar-N_2混合气体保护TIG焊焊接纯铜的厚大件

1. 问题提出

材质为T2纯铜零件-水冷夹头，设计要求将5mm厚的封水纯铜板与主体焊接，焊接处如图10-17所示。原采用纯Ar保护的TIG焊。焊接时不但要预热到600℃左右，而且易产生缺陷，水压试验常出现渗漏。为了提高效率，降低成本，改善焊接质量，尝试无预热状态下的Ar-N_2混合气保护TIG焊方法进行焊接。

2. 试验方案

（1）理论依据　图10-18是TIG焊在Ar、N_2、He三种气体保护下焊接纯铜时的电弧静特性曲线，图10-19是TIG焊在Ar-N_2混合气体保护下焊接铜时的电弧静特性曲线。与氩弧相比，氩-氮电弧的焓值、能量密度和熔化效率显著增加。对铜而言，氮气是惰性气体。氮是双原子气体，具有携热性好的特性。因而，采用Ar-N_2混合气保护TIG焊是有可能实现纯铜的无预热焊接。

（2）试验方法　在焊件无预热的状态下，首先在氩气保护下引燃电弧，调整焊接电流，使之达到预定值。然后通入氮气，逐渐增大流量，并减少氩气流量；同时观察电弧及熔池的变化情况，适当调整焊接电流，直至焊缝成形良好。焊接完成后，做水压试验，其压力为0.7MPa，保持30min，焊缝无渗漏为合格。

3. 焊接工艺

（1）焊接材料　焊丝为ϕ2.5mm的SCu1898，钎剂为CJ301。

（2）焊前准备　除去焊丝的油污及水分，待焊部位先用钢丝刷清理至泛出纯铜光泽，然后用丙酮清洗干净，并均匀地撒上适量的钎剂。

（3）焊接参数　电源采用直流正接，电极为ϕ5mm的铈钨极，其端部形状如图10-20所示，喷嘴内径为ϕ1.5mm。

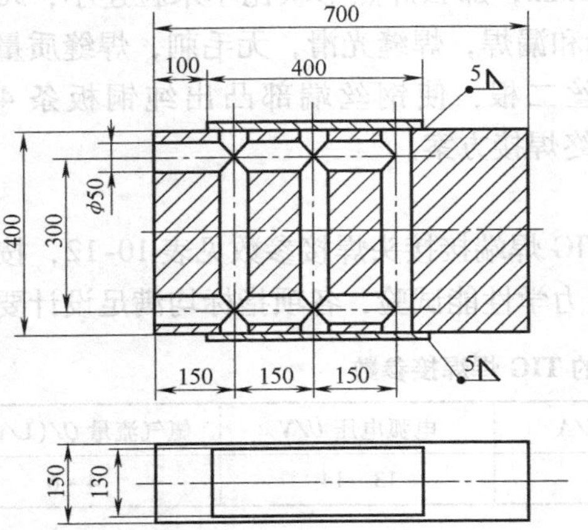
700
100
400
5
φ50
400
300
5
150
150
150
150
130

图 10-17　水冷夹头

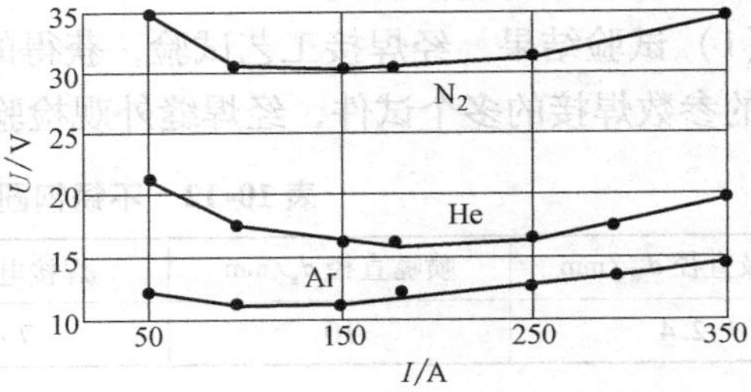
35
30
25
20
15
10
U/V
N_2
He
Ar
50
150
250
350
I/A

图 10-18　TIG 焊在 Ar、N_2、He 三种气体保护下焊接纯铜时的电弧静特性曲线

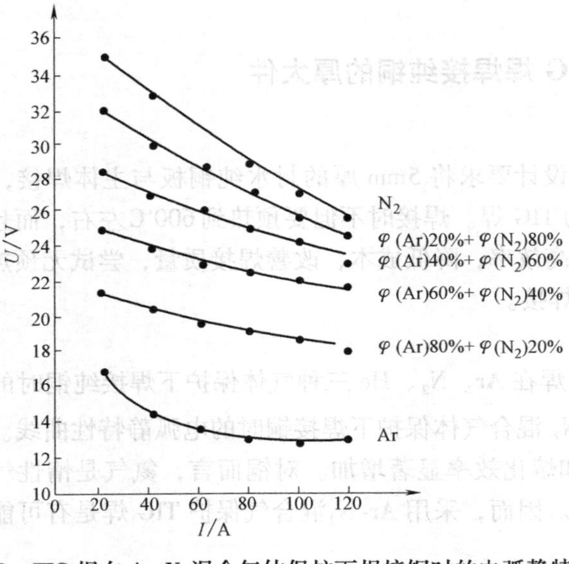
36
34
32
30
28
26
24
22
20
18
16
14
12
10
U/V
N_2
φ (Ar)20%+ φ (N_2)80%
φ (Ar)40%+ φ (N_2)60%
φ (Ar)60%+ φ (N_2)40%
φ (Ar)80%+ φ (N_2)20%
Ar
0
20
40
60
80
100
120
I/A

图 10-19　TIG 焊在 Ar-N_2 混合气体保护下焊接铜时的电弧静特性曲线

弧长 $L = 5\text{mm}$

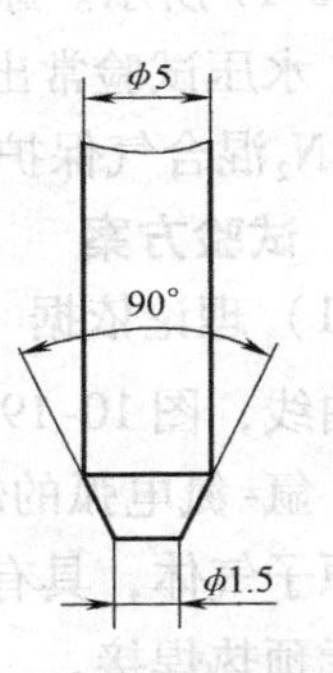
φ5
90°
φ1.5

图 10-20　钨极端部形状

经采用 L_4（2^3）正交表对焊接电流、氩气流量、氮气流量三个参数进行正交试验，其考核指标为焊缝外观成形状况。试验结果表明，焊接电流为 500A，氩气流量为 21L/min，氮气流量为 9L/min 是最佳焊接参数。

4. 试验结果与应用效果

（1）试验结果　按照上述工艺方法，共焊五个焊件，经检验焊缝成形良好，水压试验全部合格。

（2）应用效果　经应用，效果良好，既保证了焊接质量，又提高了生产效率，降低了生产成本。

10.3 熔化极气体保护（MIG/MAG）焊在工程中的应用

10.3.1 MIG焊在大截面铸铝母线焊接中的应用

MIG焊在铝及其合金制的压力容器焊接中应用广泛，其工艺日趋成熟。现介绍一项MIG焊在大截面铸铝母线焊接中的实例。

某铝冶炼厂的电解车间直流输电线路，采用横截面为550mm×220mm及其他规格的大截面铸铝母线，总质量为1700余t。设计规定各种规格铝母线的焊接，应采用熔化极氩弧焊。

1. 铝母线接头焊接易出现的问题

（1）易出现夹渣 Al与O的结合力很强，所生成的Al_2O_3熔点高（2070℃），密度大（$3.85g/cm^3$），易形成夹渣。

（2）易产生氢气孔 氢在液态铝中的溶解度为0.7mL/100g。在660℃凝固温度时，氢的溶解度急降至0.04mL/100g。原来溶于液态铝中的氢大量逸出形成气泡。由于铝的密度小，气泡在熔池中逸出速度较慢，加上铝的导热性好，熔池冷凝快，因此氢气泡来不及浮出，而在焊缝中形成气孔。

（3）易形成热裂纹 铸铝中杂质含量较高，易形成较多的低熔点共晶物。此外，铝的线胀系数大，冷凝收缩率高，结晶和冷却过程中，会产生较大的焊接拉应力。在冶金因素和力学因素共同作用下，导致产生焊接热裂纹。

（4）易焊穿或塌陷 铝由固态变为液态时，没有明显的颜色变化，不易判断熔池温度。此外，温度升高时，铝的强度降低，在370℃时仅为9.8MPa。由于上述原因，在焊接铝时，常因温度过高无法察觉，导致焊穿或塌陷。

2. 焊接设备及焊接材料

焊接设备选用国产NBA1-500型熔化极氩弧焊机，焊丝为ϕ2.4mm的SAL1070（丝301）铝焊丝，保护气体为纯度（体积分数）99.99%的氩气。

3. 焊接工艺

1）铝母线接头形式如图10-21所示。

2）焊前准备与清理。

① 采用丙酮擦洗坡口表面。

② 采用特种钢丝轮装置在角向磨光机上，打磨坡口及两侧表面的氧化膜，直到露出金属光泽，在钢丝轮打磨不到的地方用刮刀刮削。

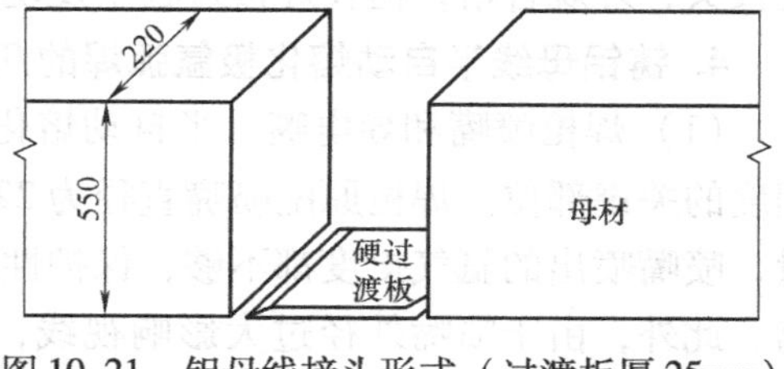
220
550
母材
硬过
渡板

图10-21 铝母线接头形式（过渡板厚25mm）

③ 反变形处理。为了保证焊后母线保持平直，将接头端两侧同时垫高20～30mm，预留反变形量，如图10-22所示。

④ 垫板。为了保证焊透并使铝板不致烧穿或塌陷，焊接打底层焊缝时需要用碳垫板，如图10-23所示。

在外观允许条件下或无法进行盖面焊的狭缝地方，可用永久性垫板或挡板。永久性垫板或挡板材质与母材相同，用10mm×30mm的铝板条。

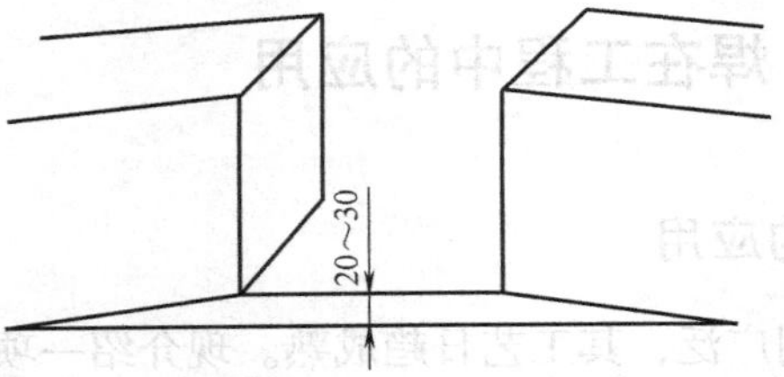
20～30

图 10-22　铝母线接头预留反变形量处理

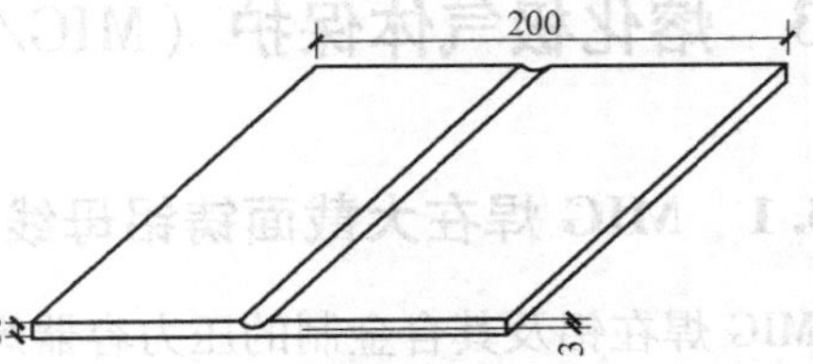
200
10
3

图 10-23　碳垫板

⑤ 焊前预热。由于 Al 的比热容比钢的大 1 倍，热导率比钢的大 1 倍多。为防止焊缝区热量的流失，焊前应预热。

⑥ 焊接参数见表 10-13。

表 10-13　半自动熔化极氩弧焊焊接参数（直流反接）

板厚/mm	焊丝直径/mm	喷嘴直径/mm	氩气流量/(L/min)	焊接电流/A	电弧电压/V
25/660	2.4	22	25～30	340～380	28～30

3）半自动熔化极氩弧焊一般采用左向焊法。

① 为保证焊接质量，在起点及终点加引弧板及引出板，既可以防止铝液流失，又可以把焊接缺陷引出焊缝。

② 在焊接过程中为保证焊缝两侧熔合良好，得到成形美观的焊缝，焊枪角度如图 10-24 所示。

③ 喷嘴端面与焊件表面之间的距离一般控制在 8～20mm 范围内。

④ 半自动熔化极氩弧焊熔滴过渡形式为亚射流过渡，即射流过渡兼有短路过渡。

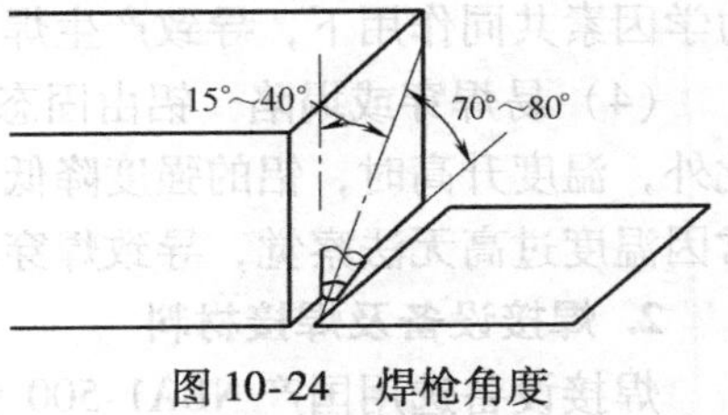
15°～40°
70°～80°

图 10-24　焊枪角度

按上述焊接工艺，焊接 3 个 550mm×220mm 的铝母线接头，外观合格，但在焊接过程中发现了裂纹、密集性气孔等缺陷。

4. 铸铝母线半自动熔化极氩弧焊的几个关键技术

（1）焊枪喷嘴和导电嘴　半自动熔化极氩弧焊焊枪的喷嘴是焊接时氩气对焊接区保护程度的关键部位。焊枪原配喷嘴直径为 22mm，氩气导管孔径为 5mm，无论怎样调节氩气流量，喷嘴喷出的氩气挺度都不够，保护性能差，不仅焊缝产生密集性气孔，还会造成熔池翻腾。此外，由于喷嘴外径过大影响视线，造成操作上困难。鉴于以上原因，改制了各加长 10mm 的 16mm 和 18mm 两种喷嘴，导电嘴的直径若不变（12mm），必将影响氩气以层流正常喷出，产生紊流，因此将导电嘴的直径缩小为 8mm，并加长 10mm，然后用改制后的焊枪进行焊接，问题得到解决。

（2）取消预热工序　预热不但使工艺过程复杂化，而且能量消耗大，效率低。在这种情况下，考虑可否取消预热工序。经过反复增大或减小焊接热输入的对比经验，发现只要适当增大焊接热输入，即使不预热，也不会出现未焊透、未熔合及焊缝成形不良问题，因此决定取消预热工序。

（3）气孔 对焊丝、焊件的清洗和清理工作尽管干净彻底，氩气纯度也满足要求，但仍不可避免地出现或多或少的气孔，对此进行了反复的试验。在试验过程中，发现焊接参数对焊接质量有很大影响，在提高焊接电流，降低电弧电压时，气孔明显减少，再减慢焊接速度则气孔更少，以至达到合格标准，从而使气孔问题得到解决。

（4）裂纹 在焊接过程中，由于存在焊接残余应力，往往在第 2 层焊道中出现裂纹。但是一条焊缝需分 3 层 5 道焊完，为什么仅在第 2 层出现裂纹呢？经分析，焊缝的第 1 层焊道是打底焊，由于焊缝要求焊透，在垫板的衬托下，焊缝背面也按照垫板的成形槽形成了一条背面焊道。而焊接第 2 层焊道时，焊工既不考虑焊透，也不考虑余高问题，无意间加快了焊接速度，使第 2 层焊道变成了较薄的凹形焊缝，产生了裂纹。为克服这一缺陷，做了多次试验，发现把第 2 层焊道焊成微凸形焊缝就可避免裂纹的出现。

（5）多组母线的立缝焊接问题 铝母线的焊接，在现场施工中不只是单根母线的对接接头，还有多组母线的组合接头（有二组合、三组合、四组合、八组合和十组合），如图 10-25 所示。

图 10-25 中三组合母线接头两侧的 4 道立焊缝可以焊接，但是内侧的 4 个间隙 8 条立缝无法焊接，若不焊接将视为不合格接头。经反复研究试验采用永久性间隙挡板最为合适，这样间隙中的立焊缝无需在焊后进行处理。做法是：首先把永久性间隙挡板插入接头，从一端起焊至另一端止焊，中间不需接头，减少了焊接缺陷，既保证了接头的外观质量，又保证了接头的焊接质量。

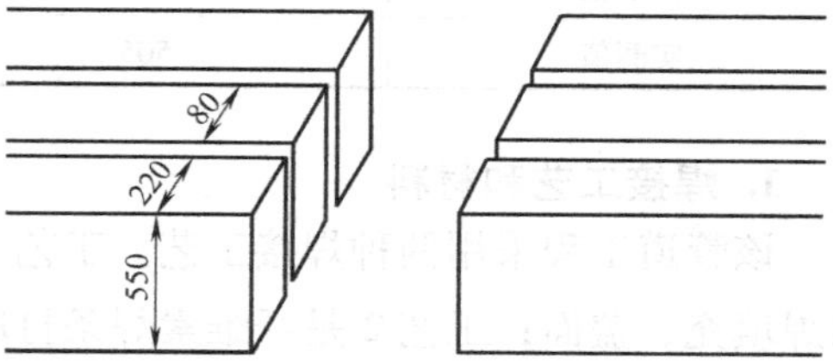
80
220
550
图 10-25 三组合母线接头形式

（6）焊接参数的选择 经过一系列工艺试验，确定了大截面铸铝母线半自动熔化极氩弧焊合理的焊接参数见表 10-14。

表 10-14 半自动熔化极氩弧焊焊接参数（直流反接）

板厚/mm	焊丝直径/mm	喷嘴直径/mm	氩气流量/(L/min)	焊接电流/A	电弧电压/V
25/550	2.4	18	28 ~ 30	360 ~ 400	25 ~ 28

1）改制的熔化极氩弧焊焊枪，经生产实践检验，结构合理，操作灵活方便，工作稳定，完全能够满足不同规格铝母线的焊接工艺要求。

2）对于多组合母线采用永久性间隙挡板的工艺措施合理，接头质量好，各项检验结果均满足技术条件和质量要求。

3）通过短路通电测试，单台电解槽停用时母线电压降均小于设计要求，每个焊接接头两侧 50mm 横跨焊缝测得电压降均小于 1.5mV，完全符合设计及焊接参数要求。

经过焊接试验及实践证明，焊接工艺合理，节约能源，焊接质量好。不仅成功地焊接了某铝炼厂 550mm × 220mm 的大截面铸铝母线，而且为公司今后大截面铸铝母线的焊接提供了宝贵经验，综合经济效益显著。

10.3.2 大口径输气管道自动MAG焊工艺

涩宁兰输气管道工程采用钢管 API Spec 5L X60，规格为 ϕ660mm×7.1mm。X60 钢是一种低碳微合金化控轧控冷管线钢，其化学成分见表10-15，力学性能见表10-16。管道工程全长953km，工作压力为6.4MPa。

表10-15 X60钢管的化学成分（质量分数，%）

C	Si	Mn	S	P	Ni	Nb
0.08	0.23	1.23	0.07	0.013	0.017	0.035
V	Ti	Cr	Mo	Cu	C_{eq}	P_{cm}
0.035	0.020	0.018	0.20	0.18	0.3493	0.1765

表10-16 X60钢管的力学性能

力学性能	R_{eL}/MPa	R_m/MPa	A（%）
标准值	413	517	21.5
实测值	505	620	33

1. 焊接工艺和材料

该管道工程采用两种焊接工艺。工艺1是STT（CO_2气体保护焊）打底焊+MAG管道自动焊填充、盖面；工艺2是纤维素焊条打底焊+MAG管道自动焊填充、盖面。STT（美国林肯公司开发）打底焊采用国产锦泰实心焊丝 JM-56（AWS A5.18 ER70S-6），其直径为 ϕ1.2mm。纤维素焊条打底焊采用奥地利 BOHLER FOX CEL（AWS A5.1 E6010），其直径为 ϕ4.0mm。填充焊和盖面焊采用 PAW-2000 型管道全自动焊机，焊接电源选用日本松下的 KR-350 焊机，焊丝为 ϕ1.0mm JM-56 实心焊丝，焊接材料熔敷金属化学成分见表10-17。

表10-17 焊接材料熔敷金属化学成分（质量分数，%）

牌 号	C	Si	Mn	P	S	Cr	Ni	Mo	V	Cu
FOX CEL	0.09	0.13	0.42	0.017	0.010	0.025	0.04	0.014	0.02	—
焊丝 JM-56	0.08	0.80	1.52	0.019	0.004	0.02	0.05	0.074	—	0.12

2. 预热温度及坡口形式的确定

对7.1mm厚的X60钢板分别采用焊丝JM-56和焊条BOHLER FOX CEL进行了斜Y坡口裂纹试验，以确定预热温度。斜Y坡口裂纹试验裂纹率见表10-18。根据试验结果及工程特点，确定预热温度为100℃，预热宽度为坡口两侧各200mm范围内。

管口组对保证焊接质量的先决条件，所采用的坡口形式及尺寸如图10-26和图10-27所示。

表10-18 斜Y坡口裂纹试验裂纹率

焊接材料	表面裂纹率（%）			断面裂纹率（%）		
	16℃	50℃	100℃	16℃	50℃	100℃
焊丝 JM-56	1.2，2.0，1.5	0.2，0.4，0	0，0，0	9.8，10.5，9.5	5.5，4.2，5.0	0.1，0.1，0.2
FOX CEL	0，0，0	0，0，0	0，0，0	3.8，4.5，4.0	0.5，0.2，0.6	0，0，0

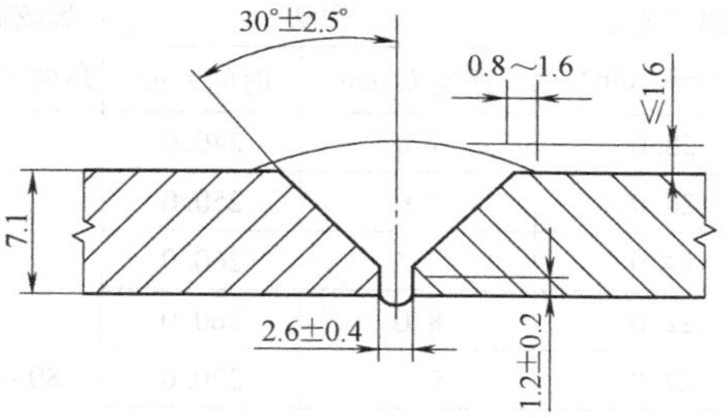

30°±2.5°
0.8～1.6
≤1.6
7.1
2.6±0.4
1.2±0.2

图10-26 工艺1的管口组对

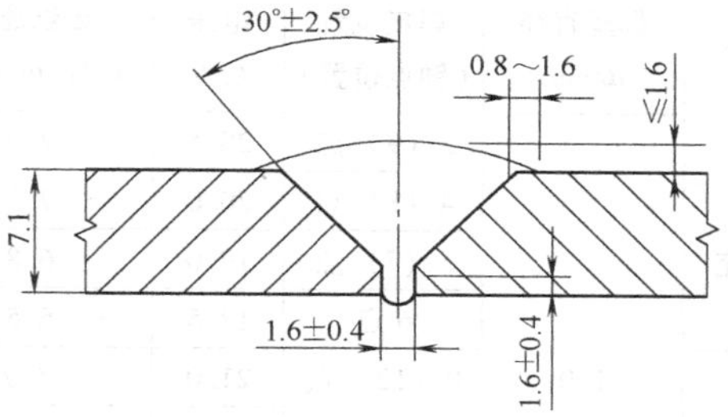

30°±2.5°
0.8～1.6
≤1.6
7.1
1.6±0.4
1.6±0.4

图10-27 工艺2的管口组对

3. 焊接工艺评定

（1）焊前准备 钢管段采用水平固定，用内对口器组对；氧乙炔火焰加热，预热温度大于100℃，预热宽度为坡口两侧大于200mm。焊接方向均为向下；每层由2名焊工施焊。

（2）打底焊焊接参数 工艺1打底焊设备采用林肯INVERTEC STT Ⅱ型电源配LN-752送丝机。采用$CO_2$100%气体保护，气体流量为9～11L/min；焊丝伸出长度为8～10mm；热起弧设置为3，尾拖设置为2。STT向下焊接参数见表10-19。工艺2打底焊设备采用普通的下降外特性焊条电弧焊电源，向下焊焊接参数见表10-20。

表10-19 采用工艺1的STT打底焊焊接参数

焊丝牌号	直径 d/mm	极性	焊接电流 I/A		焊接电压 U/V	送丝速度 v_1/(cm/min)	焊接速度 v/(cm/min)
			基值	峰值			
JM-56	1.2	反接	63	400	16～18	330.2（130in）	15～25

表10-20 采用工艺2的纤维素焊条打底焊焊接参数

焊条牌号	直径 d/mm	极性	焊接电流 I/A	焊接电压 U/V	焊接速度 v/(cm/min)
FOX CEL	4.0	正接	75～100	21～30	10～16

（3）填充、盖面焊接参数 两种工艺的填充、盖面均采用松下KR-350平特性电源，焊机采用管道全位置自动焊机PAW-2000。保护气体采用Ar84%+$CO_2$16%（体积分数）混合气体，气体流量为14～16L/min，焊丝伸出长度为8～10mm，轨道半径为382.5mm，提前送气时间为2.5s，滞后停气时间为2.5s，焊丝在坡口一侧的停留时间为100ms，极性反接。为了保证自动填充焊与打底焊的良好熔合，一定将打底焊表面打磨成U形。向下填充、盖面焊接参数见表10-21。

表10-21 两种工艺的向下填充、盖面焊接参数

焊道	焊丝直径 d/mm	焊接位置（钟点位置）	电压 U/V	送丝速度 v_1/(cm/min)	焊接速度 v/(cm/min)	摆动		焊嘴倾斜角度①/(°)
						摆宽 b/mm	时间 t/ms	
填充	1.0	0（12）点	21.0	8.0	26.0	7.0	240.0	80～85
		1（11）点	21.0	8.5	26.0	7.5	240.0	
		2（10）点	21.0	8.0	26.0	7.0	240.0	

（续）

焊道	焊丝直径 d/mm	焊接位置（钟点位置）	电压 U/V	送丝速度 v_1/(cm/min)	焊接速度 v/(cm/min)	摆动		焊嘴倾斜角度①/(°)
						摆宽 b/mm	时间 t/ms	
填充	1.0	3（9）点	20.5	7.5	28.0	7.0	240.0	80~85
		4（8）点	20.0	7.5	26.0	7.0	250.0	
		5（7）点	19.0	6.8	24.0	7.5	260.0	
		6点	18.5	6.5	22.0	8.0	260.0	
盖面		0（12）点	21.0	7.0	22.0	9.5	270.0	
		1（11）点	21.0	7.0	22.0	9.5	270.0	
		2（10）点	20.5	6.8	21.0	9.5	270.0	
		3（9）点	19.0	6.8	21.0	10.0	270.0	
		4（8）点	20.0	7.5	26.0	7.0	250.0	
		5（7）点	18.0	6.5	19.0	10.5	300.0	
		1（11）点	21.0	7.0	22.0	9.5	270.0	

① 焊嘴倾斜角度指在焊接方向上焊嘴的曲线与焊接处切线所夹的锐角。

两种工艺按美国 API 1104—2013 标准规定对试验焊缝进行检验、取试样和试验。焊缝外观检验、X 射线检测、力学性能试验均合格。拉伸、刻槽锤断、面弯、背弯试验结果见表 10-22，试验结果均合格。按中国石油天然气股份有限公司标准 Q/SY XQ4-2003《西气东输输气管道工程焊接及验收规范》在管口平焊和立焊位置取冲击试样，-30℃冲击试验（试样尺寸：5mm×10mm×55mm）结果见表 10-23。

表 10-22　焊缝试件拉伸、刻槽锤断、面弯、背弯试验结果

焊接工艺方法	试样号 No	拉伸试验		刻槽锤断试验	面弯试验	背弯试验
		R_m/MPa	断裂位置			
工艺1	1	605	母材	无缺陷	无缺陷	无缺陷
	2	585	母材			无缺陷
	3	585	母材			1mm 裂纹 2 处
	4	580	焊缝			1.5mm 裂纹 2 处
工艺2	1	595	母材	无缺陷	无缺陷	1mm 裂纹 1 处
	2	590	母材			无缺陷
	3	590	母材			无缺陷
	4	595	母材			1.5mm 裂纹 1 处

表 10-23　焊缝试件冲击试验结果（标准规定最小 A_{KV}=25J，-30℃）

联样位置	缺口位置	工艺1				工艺2				结论
		试样吸收能量 A_{KV}/J				试样吸收能量 A_{KV}/J				
平焊位置	熔合线	88	74	84	(78.7)	71	43	50	(54.6)	合格
	焊缝	78	64	64	(68.6)	60	50	46	(52.0)	
立焊位置	熔合线	86	68	74	(76.0)	55	70	56	(60.3)	
	焊缝	68	76	74	(72.6)	49	61	65	(58.3)	

注：括号内值为试样吸收能量的平均值。

4. 结论

采用 MAG 焊进行大口径管道的填充、盖面自动焊，焊缝成形美观，无咬边、表面未熔合、气孔等缺陷，焊接接头的力学性能能满足管线工程的技术要求，在涩宁兰输气管道工程中，发挥了很大的作用。

10.3.3 自动 MAG 焊在电站水轮机组蜗壳制作中的应用

三峡电站共装机 26 台，其中左岸 14 台，右岸 12 台，单机容量 700MW，为国内最大的发电机组。由于三峡电站集发电、防洪、航运等于一体，建好三峡工程的重要性及意义不言而喻，整个工程无论是规划、设计还是施工，都贯穿设计先进、施工难度大、质量控制严、大量采用新工艺、新设备、新材料等特点。

作为三峡机组水轮机重要组成部件的蜗壳，进口尺寸为 12.4m，管壁材料设计厚度为 28～73mm，要求采用屈服强度不小于 490MPa 的高强度钢板，施工时只允许焊前预热和焊后保温（后热）处理。

1. 母材及其坡口形式和热处理要求

（1）母材　蜗壳板材采用日本 NKK 公司的 NK-HITEN610U2 低碳高强度调质钢板，其化学成分见表 10-24，力学性能见表 10-25。

表 10-24　NK-HITEN610U2 钢板的化学成分（质量分数，%）

C	Si	Mn	P	S	Cu	Ni	Cr	Mo	V	Nb	P_{em}
≤0.09	0.15～0.55	1.00～1.60	≤0.025	≤0.01	≤0.30	≤0.30	≤0.03	≤0.30	≤0.06	≤0.03	≤0.20

表 10-25　NK-HITEN610U2 钢板力学性能

屈服强度/MPa	抗拉强度/MPa	伸长率		弯曲性能		冲击性能		
		厚度/mm	%	厚度/mm	弯曲半径(δ：厚度)/mm	厚度/mm	试验温度/℃	吸收能量/J
≥490	≥610	16～20	≥19	≤32	1.5δ	11～20	0	≥47
		≤16	≥27	>32	1.5δ	32～50	-15	≥47
		>20	≥19	—	—	50～75	-25	≥47

（2）焊接位置、坡口形式和热处理要求　蜗壳制作工作主要是纵向焊缝的焊接。板厚大于 60mm 的焊缝，坡口形式为双 V 形不对称坡口。焊前要求预热温度为 75～100℃，层间温度控制在 150℃左右，后热温度为 200～250℃，保温 2h。

2. 焊接设备及焊接材料的选择

（1）焊接电源的选择　根据目前国内外全自动焊的应用情况，结合蜗壳制造实际工况和长远的规划，决定选用先进的脉冲焊接电源。经过市场调研及焊接性能、适应范围和该产品使用情况的比较决定对瑞典伊莎、克鲁斯-353、奥地利福尼斯三种脉冲焊接电源进行试验比较。

（2）自动行走摆动小车的选择　自动行走摆动小车共选用了三种型号：美国 BOG-O 公司生产的小车、德国生产的 GR-1800 和 GR-2800-G 小车。三种自动行走摆动小车都具有多种摆动形式，其中 GR-1800 为磁力小车，靠磁力紧贴钢板，导向轨道控制行走轨迹。其他两种小车是利用在柔性轨道行走控制。

（3）焊接材料　焊丝选用瑞典生产的 OK13.08 实心焊丝（化学成分、力学性能见表 10-26）、日本生产的 MGS-63B 实心焊丝（化学成分及力学性能见表 10-27）。

表 10-26　OK13.08 实心焊丝化学成分（质量分数，%）及力学性能

C	Si	Mn	P	S	Cu	Ni	Cr	Mo	V	Al	Zr
0.07	1.6	1.46	0.01	0.01	0.3	0.05	0.05	0.4	0.05	0.01	0.1
屈服强度/MPa		抗拉强度/MPa				伸长率/(%)		V形缺口吸收能量（-40℃）/J			
580		680				20		>47			

表 10-27　MGS-63B 化学成分（质量分数，%）及力学性能

C	Si	Mn	P	S	Cr
0.07	0.66	1.34	0.07	0.011	0.43
屈服强度/MPa	抗拉强度/MPa		伸长率/(%)	V形缺口吸收能量（-40℃）/J	
580	680		20	>47	

3. 焊接试验及焊接工艺评定

（1）焊接试验　第一阶段焊接试验首先在同等条件下：同种类焊丝、相同的坡口形式（坡口形式为 2/5、3/5 不对称 V 形坡口，坡口角度为 50°和 60°，间隙 3～4mm），相同的预热、后热温度，保护气体为 $w(Ar)80\% + w(CO_2)20\%$ 混合气体，相同的气体流量等，对三种焊机进行分组试验，选出性能最佳的焊接电源及自动行走摆动小车。通过优秀、中等技术水平焊工对焊机的试用和焊接试板，超声波检测，其结果见表 10-28。

表 10-28　焊机试验性能比较表

项　目	外观质量	内部质量	其　他
伊莎脉冲焊接电源	焊缝外观成形一般，波纹较粗，两边有少许咬边现象	焊缝存在未熔合、夹渣及少量气孔等缺陷	外形尺寸较大、重量较大
克鲁斯-353 脉冲焊接电源	焊缝外观成形一般，波纹较粗，两边有少许咬边现象	焊缝存在全条未熔合缺陷	外形尺寸较大、重量较大
福尼斯脉冲焊接电源	波纹较细、成形美观、无咬边现象	超声波检测合格、无缺陷	外形尺寸较大、重量较小

对于伊莎及克鲁斯-353 脉冲焊接电源来说，焊接时都不能及时利用电弧的停留时间来消除焊接过程中的缺陷，特别是在消除未熔合缺陷时，若加大电流将导致咬边、飞溅严重，成形不好。根据试验结果确定选用福尼斯脉冲焊接电源，特别是该焊机在焊缝局部不平的情况下可以自动反馈调节焊丝伸出长度，保持电弧稳定燃烧，即可解决背面焊缝不清根直接焊接的问题。

对自动行走摆动小车的焊接试验比较发现，美国 BOG- O 公司生产的小车摆动器只能按照摆动形式水平行走摆动，焊接时对咬边、根部背部焊缝成形较难控制。德国产 GR-1800 磁力行走小车和 GR-2800-G 行走小车都能按照预置各种摆动形式进行焊接，但 GR-1800 磁力行走小车由于主机靠钢板较近，而高强度钢板焊前预热，在工作温度较高的环境下容易造成由于小车自保护而停机或烧坏主机熔丝等问题。GR-2800-G 行走小车克服了上述两种小车的缺点，因此确定采用该小车。

（2）焊接工艺评定　由于蜗壳制作是从 ALSTOM 公司及 VGS 公司分包的项目，根据承包商要求，焊接工艺评定试验应严格遵照 ASME Ⅸ标准执行。主要焊接参数见表 10-29。试验结果分别获得上述两家公司的批准和认可，试验结果见表 10-30～表 10-32。

表 10-29　主要焊接参数

预热（道间温度）/℃	焊接电流/A	电弧电压/V	弧长选择/mm	行走速度/(mm/min)	摆动频率/Hz	左停留时间/μs	右停留时间/μs
80（<150）	90～140	20～22	2～3	45～90	4～5	3～5	3～5

表 10-30　拉伸试验结果（QW-150）

试样 N	宽/mm	厚/mm	面积/mm^2	极限总载荷/kN	抗拉强度/MPa	破坏性质和位置
OK-1.2	190	40	760	522.9～545.7	688～718	断 HAZ
MGS-1.2	190	40	760	516.4～526.8	658～672	断 WM

表 10-31　弯曲试验结果（QW-160）

类型和型号、试样编号	结　果
侧弯 QW-462.2，OK-3～6	4 个侧弯 180°合格
侧弯 QW-462.2，MGS-3～6	4 个侧弯 180°合格

表 10-32　冲击试验结果（QW-170）

试样 No	缺口位置	缺口类型	试验温度/℃	吸收能量试验值/J	落锤试验（Y/N）
OK-7～9	WM（近表面）	V 形	0	205/220/180	Y
OK-10～12	BM（1/4δ）			177/184/189	
OK-13～15	HAZ			300/286/255	
MGS-7～9	WM（近表面）			186/204/192	
MGS-10～12	BM（1/4δ）			172/182/168	
MGS-13～15	HAZ			297/320/318	

注：WM-焊缝，BM-母材，HAZ-热影响区，δ-板厚。

评定结论：试验焊缝的综合性能满足设计要求，相应的焊接工艺可以应用于生产。

10.3.4　膜式省煤器的自动 MAG 焊

1. 膜式省煤器的结构特点

膜式省煤器与光管省煤器相比，可以节约金属材料、降低工质侧和烟气侧阻力；因其传热系数比光管省煤器高，可减少锅炉对流受热面的布置空间；特别在循环流化床锅炉中因膜式省煤器能降低烟气流速，从而使省煤器的磨损大大降低，膜式省煤器在循环流化床锅炉中得到越来越广泛的应用。以 75t/h 循环流化床锅炉为例，膜式省煤器由 84 片并列的膜式蛇形管系组成，单片膜式蛇形管系的基本结构如图 10-28 所示。管子为GB/T 3087—2008《低中压锅炉用无缝钢管》规定的 ϕ32mm×4mm 的 20 钢无缝钢管，管子之间的扁钢材料为 Q235A. F，规格为5250mm×68mm×3mm。管子与扁钢之间的焊缝为角焊缝，一面连续焊，另一面间断焊（每段焊缝长度为 50mm，焊缝间隔为 100mm）。单根螺形管展开长度为 79.8m，单片膜式螺形管系焊缝总长度为 182m。

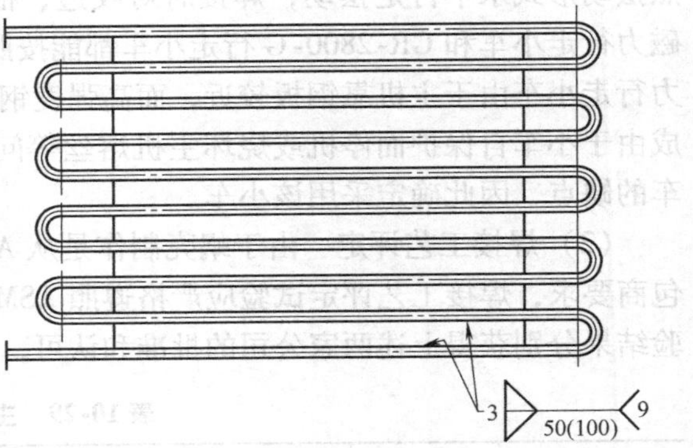
3
50(100)
9

图 10-28 单片膜式蛇形管系的基本结构

2. 制造标准

单片膜式蛇形管制造标准按 JB/T 5255—1991《焊制鳍片管（屏）技术条件》的要求，长度偏差上限为 +3mm，下限为 -2mm，宽度允许偏差不大于4mm，旁弯度的允许偏差为不大于6mm，对角线之差不大于5mm，管屏横向弯曲的允许度不大于 6mm，纵向弯曲的允许度不大于 12mm。焊缝成形应光滑、平整，并要求焊缝表面不允许有裂纹、夹渣、弧坑等缺陷，焊缝咬边在管子侧不大于 0.5mm，在扁钢侧不大于 0.8mm。

3. 自动 MAG 焊焊接膜式省煤器的连续焊缝

1）膜式省煤器自动焊机由导轨系统、压辊 1、压辊 2、焊枪架、焊枪、框架组成，其结构示意图见图 10-29。设备总长为 14m，宽为 2.3m，可焊接管屏的最大宽度为 1.6m，长度为 6.5m。导轨系统由平板车和导轨组成，导轨两端装有限位开关，保证平板车在导轨上呈直线运动，平板车移动速度为 100～1000mm/min。压辊 1、压辊 2 分别布置在焊枪架前后两

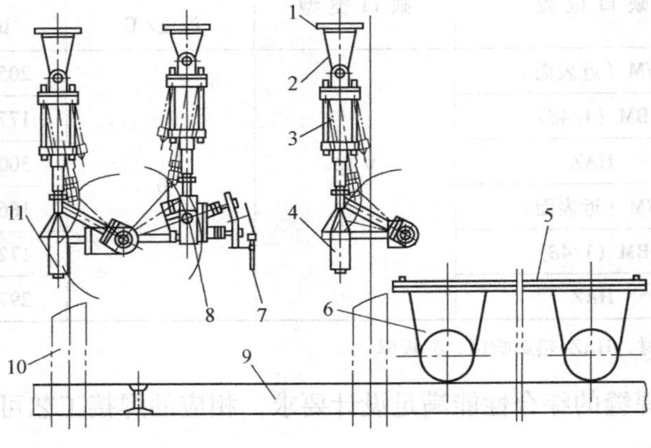
1
2
3
4
5
6
7
8
9
10
11

图 10-29 膜式省煤器自动焊机系统图

1—平台 2—气缸座 3—气缸 4—压辊 1（4） 5—焊件 6—小车
7—焊枪 8—焊枪架 9—导轨 10—立柱 11—压辊 2

侧，各由一台气缸通过摇臂带动压辊的升降，由气缸压紧焊件，用以减少焊接变形量。焊枪架由一个气缸通过摇臂上下移动，焊枪架上装有4把焊枪，分别布置在焊枪架的两侧，焊枪通过蜗轮蜗杆减速箱带动前后移动，焊机选用4台500A半自动CO_2气体保护焊焊机。框架由立柱、平台和气缸座组成，其作用主要是支撑压辊的焊枪架，4台焊机及控制箱放置在平台上。

2）将间断焊缝（采用半自动MAG焊）焊好的单片膜式蛇形管系用夹具固定在平板车上，平板车向前移动时，压辊1由气缸带动向下移动压紧焊件，焊件走到焊枪位置时，焊枪架由气缸带动向下移动，焊枪开始焊接，焊件再向前移动时，压辊2重复压辊1的动作，把焊好的焊件侧压紧。平板车带动焊件一次焊完4条焊缝后，焊枪架抬高，待平板车返回时调节焊枪位置继续焊接其余焊缝。焊丝采用ER49-1，焊接电流为200～220A，电弧电压为25～27V，焊接速度为600mm/min，采用ϕ(Ar) 80% +ϕ(CO_2) 20%的混合气体作为保护气体，气体流量为15L/min。

3）采用自动焊接的膜式省煤器连续焊缝，余高均匀且直线度好，焊缝尺寸完全达到图样要求。单片膜式蛇形管系焊接变形小，长度、宽度、旁弯度、对角线偏差及横向弯曲度全部符合JB/T 5255—1991《焊制鳍片管（屏）技术条件》的要求。尤其是纵向弯曲变形大大减小，最大为10～20mm（标准要求12mm）。焊缝冷却后，对变形超差部位用压辊1、压辊2压平，单片膜式蛇形管系的纵向弯曲变形可控制在10mm以下，达到标准要求。

4. 结论

利用膜式省煤器自动焊机对连续焊缝自动焊，焊缝成形美观，而且焊接变形小，大大提高了膜式省煤器的焊接质量，解决了各生产厂家普遍存在的膜式省煤器焊接变形难以控制的问题。与全部采用半自动MAG气体保护焊相比，大大降低了劳动强度，可提高生产率4～5倍。

10.4　CO_2气体保护焊在工程中的应用

10.4.1　汽车车架CO_2气体保护焊焊接工艺设计及变形控制

虽然CO_2气体保护焊电弧热量比较集中，热影响区（HAZ）窄，但由于母材较薄，焊缝数量多，焊接构件的刚度小，焊后也会产生较大的焊接残余变形。采用CO_2气体保护焊工艺方法，焊接控制柜侧面板时，由于其面积（超过2.5m^2）大，板（厚3mm）较薄，焊缝数量多，易产生波浪变形、扭曲变形以及焊缝部位的局部凸出等缺陷。为了解决焊接变形，采用了水冷焊接工艺，提高了焊接质量，收到了良好的效果。

下面介绍汽车车架CO_2气体保护焊焊接工艺设计及变形控制实例。

越野车等车的车架为焊接结构，材料为SAHP400（日本钢材），厚度为2～4mm不等，主要采用CO_2气体保护焊。

1. 汽车车架焊接的技术要求

（1）车架总成后关键尺寸公差要求　发动机托架、前悬上臂、前悬下臂后托架、保险杆、底层挡石板及后簧前支架等尺寸公差均为±1.5mm。

（2）总成后允许的变形量　车架总成后变形量应控制在0～1mm之间，但车架前左、前右或后左、后右应为同向偏差（或同为上翘或下翘）。

(3) 接头形式及焊缝质量要求　接头形式主要为对接接头和T形角接头。焊缝与母材应圆滑过渡，焊缝及热影响区表面不得有裂纹、未熔合、气孔、夹渣及深度大于0.5mm的咬边等缺陷。

2. 焊接工艺评定

考虑产品的焊缝形式，按照NB/T 47014—2011《承压设备焊接工艺评定》要求，进行对接焊缝和角焊缝的工艺评定。

(1) 焊接工艺评定试件的制备　焊接工艺评定试件的母材材质、试件尺寸、焊缝接头形式、操作方法、焊接材料、焊接设备及焊接参数见表10-33。

表10-33　试件制备

工艺评定项目	母材及试件 尺寸$\left(\frac{长}{mm}\times\frac{宽}{mm}\times\frac{厚}{mm}\right)$	接头形式 及操作方法	焊接材料及设备	焊接参数
对接焊缝	SAHP400 300×125×3.2	1. 对接接头I形焊缝（开I形坡口） 2. 单层单道焊	焊丝ER50-6，ϕ1.2mm，KR_{II} 350（设备），左焊法	焊接电流（150±20）A，电弧电压（22±2）V，焊接速度60cm/min，气体流量（15±5）L/min，焊丝伸出长度10~15mm，直流反接
角焊缝	SAHP400 300×125×3.2	1. T形接头角焊缝 2. 单层单道焊	ER50-6，ϕ1.2mm，KR_{II} 350（设备），左焊法	

(2) 焊接工艺评定检验项目合格标准及实测结果　焊接工艺评定应进行外观、X射线检测、力学性能试验和宏观金相等检验。各项评定具体检验项目及结果见表10-34、表10-35。

表10-34　对接接头工艺评定结果

检验项目	外观检验	X射线检测	力学性能试验	
合格标准	焊缝与母材圆滑过渡，焊缝及热影响区表面不得有裂纹、气孔、夹渣、未熔合	按GB/T 3323不低于Ⅱ级、合格	抗拉强度不低于母材规定值下限	拉力试验、弯曲试验
实际检验结果	表面无裂纹、气孔、夹渣、未熔合	Ⅰ级	475MPa 465MPa	180°弯曲后完成
结论	合格	合格	合格	合格

表10-35　角焊缝工艺评定结果

检验项目	外观检验	宏观金相检验
合格标准	焊缝与母材圆滑过渡，焊缝及热影响区表面无裂纹、气孔、夹渣、未熔合等缺陷	5个断面根部均焊透，无裂纹及未熔合，焊脚尺寸差≤3mm
结论	合格	合格

按NB/T 47014—2011《承压设备焊接工艺评定》规定进行试件焊接，检验试样，测定性能，试验结果符合要求；对接焊缝工艺评定，角焊缝工艺评定均合格。

3. 焊接变形产生的具体原理分析

焊接变形的根本原因虽然都是不均匀加热引起的，也有冷却及产生不均匀的塑性变形造成的，但具体结构不同，产生变形的具体原因也不同，汽车车架产生变形的原因主要有以下几个方面。

（1）由“弹复现象”引起的焊接变形 汽车车架绝大部分都是在夹具刚性固定下焊接的，焊接过程中不会产生明显的焊接变形。变形规律都是由弹性变形过渡到塑性变形，在塑性变形时，往往还有部分弹性变形存在。当零件与零件在刚性固定状态下施焊时，则弹性变形储存于结构中。当焊接后卸下焊件或冷却恢复到均匀状态时，存在于结构中的弹性变形就释放出来，这种现象称为“弹复现象”。“弹复现象”使焊接结构的形状、尺寸发生变化，引起了焊接变形。

（2）装配间隙过大引起的变形 汽车车架焊接时，各零件之间的装配间隙一般要求在2mm以下，零件之间的间隙过大，致使焊缝金属量增加，就会引起较大的焊接变形。同时，间隙过大，操作也较困难。

（3）焊接顺序不当或焊接参数偏大引起的焊接变形 在焊接过程中，不同的焊接顺序引起的焊接变形差别较大，如果在焊接过程中，特别是对于较长的焊缝（如车架纵梁的纵缝）采用从一端连续焊接到另一端的直通焊施焊法，那焊接变形就要比分散、分段（如分段退焊、跳焊）产生的焊接变形大得多。再者，在生产中有的操作者往往片面强调生产率，采用较大的焊接参数施焊，较大的焊接热输入，也会引起较大的焊接变形。

4. 焊接工艺及变形矫正

1）焊前清除待焊部位及两侧各10~15mm范围的油污、锈迹等杂质，并保证保护气体的纯度 $\varphi(CO_2) > 99.5\%$。

2）焊接操作工艺

① 对于对接焊缝采用直线移动法焊接，不摆动或稍做窄幅摆动，左焊法，单层单道焊，以保证焊缝宽窄高低一致。

② 对于角焊缝，由于焊脚尺寸都小于5mm，采用单层单道直线移动法焊接，焊丝与水平板的夹角为40°~45°，指向接头的夹角处，这样能避免产生咬边、焊瘤及焊缝下垂等缺陷。

③ 为了减小焊接变形，尽可能采用小的热输入，但又要考虑生产率问题，所以严格控制焊接参数为：焊丝ER50-6、ϕ1.2mm；焊接电流为（160±5）A，极限值为200A，电弧电压为21~22V，极限值为24V；焊丝直径为ϕ1.0mm；焊接电流为（140±5）A，极限值为180A；电弧电压为19~20V，极限值为22V；焊接速度均为55~60cm/min，气体流量为（15±5）L/min。

④ 对于长焊缝（如纵缝），为减小变形，应采用分段退焊或分段跳焊法焊接，以减少热量的集中输入，减小变形。

⑤ 保证装配质量，控制装配间隙在规定的范围内，尽量保证各零件之间贴合良好。

3）车架总成后需在平台上施加机械力进行矫正。考虑到“弹复现象”的存在，矫正变形的原则是：矫枉必须过正。矫正量一般为变形量的10~15倍，时间为5~10s。如需多次矫正，矫正量应一次比一次大，一般第2次的矫正量为变形量的15~20倍，第3次的矫正量为20~25倍。

10.4.2 STTⅡ型逆变焊机在输气管道打底焊中的应用

STTⅡ型逆变焊机是美国 LINCOLN 电器公司推出的适用于全位置打底焊（根焊）的焊接设备。它采用的保护气体为 $CO_2$100% 或 Ar + CO_2 混合气。普通碳钢焊接时，一般采用 $CO_2$100% 的保护气体。下面介绍采用 LINCOLN STTⅡ型逆变电源配置 LN-742 型送丝机进行管道向下半自动打底焊（根焊）工艺。

1. STTⅡ型电焊机的焊接参数设置与调节

（1）STT 参数及其作用

1）送丝速度。控制熔敷效率。

2）基值电流。控制焊缝形状，提供焊缝总体热输入量的控制。基值电流太大会造成滴状过渡和形成大的熔滴，这样会使飞溅增大。太小会引起焊丝抖动，也会使焊缝金属的润湿性变差。这和一个标准平特性电源在较低电压时的结果是相似的。基值电流的大小与保护气体相关，$CO_2$100% 时，基值电流应比富氩混合气体时小一些。

3）峰值电流。控制电弧长度与"电弧压缩"控制相似。峰值电流的作用是建立电弧长度和保证较佳的焊丝与母材的熔化。峰值电流大时会引起电弧瞬间变宽，同时增加了电弧长度。如果峰值电流设置太大，会形成滴状过渡，太小时会引起电弧不稳和焊丝抖动。实际焊接时，峰值电流的设置应满足最小的飞溅和熔池搅拌作用。$CO_2$100% 时，峰值电流应比富氩混合气体时大一些，而且电弧长度应长一些，以减少飞溅。

4）热起弧。设置热起弧控制可以提高起弧的成功率，在焊缝起始点将增加 20%~50% 的电流，保证有足够的热输入以补偿因工作温度较低而散失的热量。当旋钮设置最大档时，增加的电流将持续 4s。

5）尾拖。提供附加电弧热量而不致使熔滴变得太大。根据需要给电弧增加热量而不增加电弧长度。这样可以允许较高的焊接速度，提高焊缝金属对母材的润湿性。一般来说尾拖增加，电弧在熔池上的面积增大，峰值、基值电流相对要减小。

（2）STT 参数调节

1）将尾拖设置为 0，送丝速度设置为 254cm（100in）/min，基值电流设置为 20~40A，热起弧根据接头需要设置，一般增加 20%~50% 电流的时间约为 3s。

2）在待焊的坡口内焊接，调节峰值电流，当满足最小的飞溅和熔池搅拌作用时可确定峰值电流的大小。

3）峰值电流确定后，反复调节基值电流、送丝速度直至焊缝成形合适即可。

4）当坡口两侧熔合不良时，增大尾拖值，提高电弧在熔池上的覆盖面积。

2. ϕ1016mm × 14.7mm 管对接打底焊工艺

（1）坡口形式　由于管道自动焊机的摆动宽度和打底焊时 STT 焊嘴直径的限制，ϕ1016mm × 14.7mm 管对接的最佳坡口形式见图 10-30。

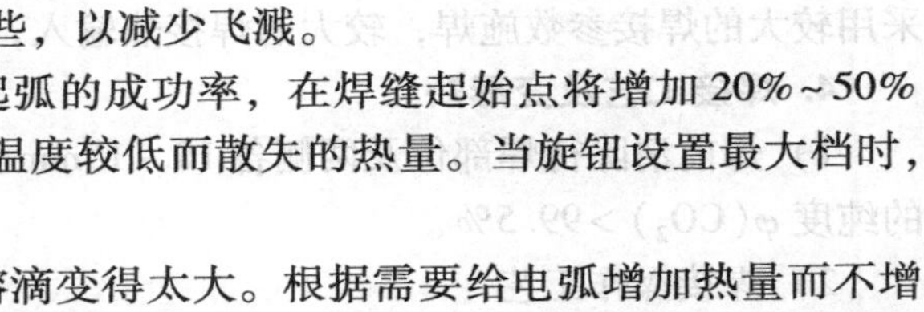

13°±2.0°
30°±2.5°
14.7
7.35
1.2±0.4
2.6±0.4
20°±2.0°
14.7
1.2±0.4
2.6±0.4

图 10-30　ϕ1016mm × 14.7mm 管对接的坡口形式

（2）STT 打底焊焊接参数

1）根焊工艺。打底焊设备采用林肯逆变 STTⅡ型电源配 LN-742 型 4 轮送丝机；经过反复试验，找到了适合于 ϕ1016mm ×

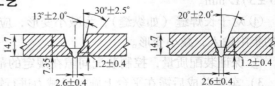

14.7mm 管对接打底焊的最佳参数。采用国产锦泰焊丝 JM-58（AWS A5.8 ER70S-G），直径 1.2mm；极性为 DC 反接，气体流量为 18～22L/min；焊丝伸出长度为 10～12mm；热起弧设置为增加 20%～50% 电流的时间约为 3s，并设置了尾拖。预热温度为 80℃。采用 $CO_2$100% 气体保护和 Ar60% + $CO_2$40%（体积分数）气体保护时，STT 向下焊接参数见表 10-36。

表 10-36 焊接参数

保护气体（体积分数）	焊接电流/A		电弧电压/V	送丝速度/(cm/min)	焊接速度/(cm/min)
	基值	峰值			
$CO_2$100%	60	350	17～19	330	16～24
Ar60% + $CO_2$40%	65	320	16～18	330	16～24

2）试验结果。采用以上焊接参数和正确的操作技术进行打底焊的结果与氩弧焊相似。背面焊缝无内凹、未熔合等缺陷，4 个背弯试样完好；正面焊缝平整，无缺陷。打底焊完成后，采用自动焊（采用锦泰焊丝 JM-68 实心焊丝）或自保护焊丝半自动焊填充盖面，试验管口按 API 1104 标准和“西气东输”标准 Q/SY XQ4-2003 进行 X 射线检验、力学性能试验均合格，焊缝金属 -20℃夏比吸收能量在 120J 以上。

3. STT 打底焊操作技术要点（以 ϕ1016mm × 14.7mm 管对接打底焊为例）

（1）管口组对

1）由于管径大、厚度较大，对口时必须采用直径为 1016mm 的内对口器。对于其他管径，钝边和坡口间隙与图 10-30 大体相同。

2）两人同时焊接时，对口时管口上部间隙要小，底部间隙稍大，推荐在 0 点钟、3 点钟、6 点钟位置分别放入 2.3mm、2.5mm、2.8mm 的塞尺，对口器撑紧时上部、下部间隙分别为 2.5mm、3.0mm 左右；3 人或 4 人焊接时，推荐在 0 点钟、3 点钟、6 点钟位置放入 2.3mm 的塞尺，对口器撑紧时上部、下部间隙为 2.6mm 左右。

（2）STT 打底焊操作要点

1）0 点钟～1 点半钟位置焊接操作要点。由于该位置处于平焊位置，为了避免形成焊瘤或穿丝，焊嘴倾角（在焊接方向上焊嘴轴线与焊接处切线所夹的锐角）最好为 60°左右。从坡口一侧引弧，坡口钝边熔化后快速向坡口另一侧移动并做停留形成熔池。为了达到最小飞溅，焊接电弧应集中在熔池上，即焊丝末端顶住熔池稍做摆动下拉，焊丝最好做月牙、锯齿或内 U 形摆动，切记不要形成熔孔。焊丝伸出长度为 10～12mm，焊接速度在 16～18cm/min 为宜。

2）1 点半钟～5 点钟位置焊接操作要点。由于该位置处于立焊位置，焊接操作容易，焊嘴倾角最好为 75°左右，在坡口两侧可不做停顿，只要焊丝末端侧顶住熔池，直线下拉即可，焊丝不做摆动。焊接速度在 22～24cm/min 为宜。

3）5 点钟～6 点钟位置焊接操作要点。由于该位置处于仰焊位置，为了避免熔滴下淌和背面焊缝内凹，焊嘴的倾角最好为 90°左右，焊丝做月牙或锯齿形摆动，焊丝末端要顶住熔池。焊接速度在 16～18cm/min 为宜。

4）接头。用角向砂轮机打磨成缓坡形，在缓坡凹陷的 2/3 处引弧即可。

5）收弧。电弧熄灭后，焊嘴稍停留 2～3s。

6）几种特殊情况的处理如下：

① 平焊位置间隙大时，焊丝在坡口两侧稍向前，中间快速带过，焊丝最好做倒 U 形摆动；立焊、仰焊间隙大，焊丝做月牙形或锯齿形摆动。间隙小时，可适当增加送丝速度，焊丝末端顶住熔池不摆动下拉。

② 管口错边时，将焊丝向错边外倾斜，并延长停顿时间，这样可避免单边未熔合。

③ 穿丝时要熄弧，打磨后重新起弧焊接，否则将形成针状焊瘤。

STT 打底焊缺陷形成的原因及防止措施见表 10-37。

表 10-37 STT 打底焊缺陷形成原因及防止措施

缺陷名称	缺陷形成原因	防止措施
握孔	a. CO_2气体不纯 b. 环境风速过大 c. CO_2气体未干燥或压力不足 d. 焊丝伸出长度过长	a. 使用体积分数高于 99.5% 的 CO_2气体 b. 加强保护 c. 干燥 CO_2气体，提高压力 d. 缩短焊丝伸出长度
飞溅大	基值电流或峰值电流过大	调整基值电流或峰值电流
穿丝	a. 基值电流偏低 b. 焊丝末端未顶住熔池	a. 调整基值电流 b. 焊丝末端顶住熔池
未熔合	a. 管口温度小 b. 热起弧、峰值电流设置较低 c. 焊嘴角度倾斜	a. 加强预热或提高基值电流 b. 提高热起弧、峰值电流 c. 调整焊嘴角度
未焊透	间隙过小，钝边太厚	调整间隙和钝边
背面内凹	间隙过大，焊接速度过慢	调整间隙和焊接速度
正面凸起	间隙过小，焊接速度过慢	调整间隙和焊接速度

4. 结语

STT 打底焊工艺具有下列优点：STT 打底焊是一种低氢焊接工艺，在通常留有间隙的焊接接头情况下，可有效地减少管道打底焊焊道的未熔合缺陷；精确的热输入控制以减少变形和烧穿；极大地减少飞溅；在碳钢和低合金高强度结构钢焊接时，可采用 $CO_2$100% 保护；峰值电流控制弧长和熔深；基值电流控制表面成形及总的热输入；焊缝背面成形与 TIG 焊相似，焊缝正面平整；富氩保护与 $CO_2$100% 保护相比，焊接时飞溅几乎为零，焊缝正面成形更细腻，仰焊部位过渡圆滑，不需打磨；焊接速度比纤维素焊条快，并且不用清渣。与纤维素焊条打底焊相比，存在的缺点是：设备投入大，长输管道 STT 打底焊时需要防护棚，STT 焊操作虽简单，但焊工需要严格的培训。

10.4.3 CO_2气体保护焊在高炉 HS 燃烧室炉壳焊接中的应用

高炉热风炉系统是保证高炉生产效率的关键设施。系统的 4 座燃烧室均坐落在高度为 16.5m 的钢结构大平台上。炉壳内径为 6.1m，其焊接部位的钢板厚度为 20 ~ 25mm，材质为 BB503 钢。

1. 炉壳焊接的难点

炉壳焊接有两大难点：一是 BB503 钢的焊接工艺，应进行焊接工艺性能试验；二是高空施焊时风对焊接的影响。当风速≥2m/s 时，例如沿海地区高 16m 以上的高空风速就超过

2m/s，必须采取有效防风措施，才能进行 CO_2 气体保护焊。

（1）工艺性能试验　BB503 钢属于 C-Si-Mn-Ni-Ti 系微合金钢，经控制轧制并正火处理，具有晶粒组织均匀、性能稳定、各向异性小等特点。显微组织为铁素体和珠光体。

1）CO_2 气体保护焊焊丝的选择。为了防止气孔，减少飞溅和保证焊缝具有较高的力学性能，选用的焊丝中 $w(C) \leqslant 1\%$，并有足够的 Si、Mn 等脱氧元素。根据这些原则，试选用了宝冶焊丝厂生产的 ER70S-6 实心焊丝，北京电焊条厂生产的 PK-YJ507（E501T-5）药芯焊丝。

2）CO_2 气体的选择。确定使用吴淞化工厂生产的 CO_2 气体。使用时再进一步提纯，并规定使用中瓶内气体压力不得低于 1.5MPa。

3）预热温度的选择及预热方法。根据 WES 标准计算 BB503 钢的碳当量为 0.39%，从碳当量看 BB503 钢淬硬倾向不太大，如果不是在大刚度、大厚度和低温下焊接可不必预热。为了避免由于 Nb、Ti 的碳化物和氮化物在高温下形成沉淀相，以及热影响区晶粒的过热而引起脆化，同时考虑 BB503 钢是正火钢，在加热到高于母材正火温度并停留较长时间就会破坏材料原先正火状态下的组织和性能，使它又恢复到相当于正火前的热轧状态，所以热输入应该偏小。但燃烧室内中厚板的焊接，热输入过小可能会引起冷裂纹，所以决定采用预热和合适的热输入以保安全。通过试验认定预热温度在 50～80℃之间比较合适。采用氧乙炔焰预热，火焰须匀速移动，避免钢板局部集中受热，在钢板反面用测温计测量温度。

4）试件的制备。燃烧室的施焊焊缝主要是横焊缝，所以工艺评定及模拟试验选定以横焊为主要对象。试件的规格、尺寸及坡口形式见图 10-31。

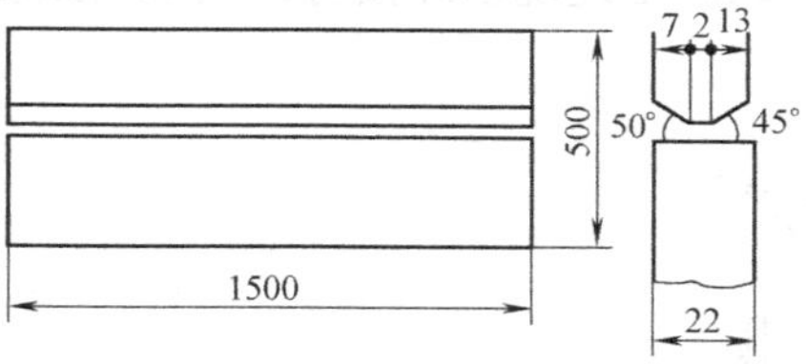
7 2 13
500
50°
45°
1500
22

图 10-31　试件简图

5）焊接参数的确定见表 10-38。

表 10-38　焊接参数

焊丝及直径 φ/mm	焊接电流 I/A	电弧电压 U/V	气体流量 /(L/min)	焊丝伸出长度 /mm	焊接速度 /(cm/min)
ER70S-6　1.2	190	24～25	25	15	15
PK-YJ507　1.6	210～220	25～26	20	15～20	14

试件分两组：一组是富氩气体保护焊 $CO_2$20% + Ar80%（体积分数）；另一组是 CO_2 气体保护焊。焊机采用 PCZX-500 型 CO_2 半自动焊机。采用左焊法，焊枪后倾角为 15°～20°。其优点是：焊道宽，不易产生梨形焊缝；便于观察焊接轴线和焊道形状；焊道易整齐，成形美观。

根据上述焊接参数计算，当预热温度为 80℃时，药芯焊丝焊接的试件 $t_{8/5}$ 值为 14.7s，实心焊丝焊接的试件 $t_{8/5}$ 值为 11.1s；当预热温度为 50℃时，药芯焊丝焊接的试件值为 10.23s。根据 BB503 钢 CCT 曲线判断，采用上述工艺将不会在焊缝区产生马氏体组织。

6）焊后检验

① 焊缝内部质量评定。X射线检测，并按 GB/T 3323—2005《金属熔化焊焊接接头射线照相》标准Ⅱ级评片，所检查的8块试板除一块是Ⅱ级合格外，其余全部Ⅰ级合格。

② 焊缝力学性能试验及评定。拉伸试验方法执行 GB/T2651—2008 标准。所有试件的抗拉强度都达到母材的抗拉强度，且拉断位置在焊接接头外 50mm 处的母材上。

弯曲试验按 GB/T 2653—2008《焊接接头弯曲试验方法》标准执行。弯曲角度为100°，所有的试板弯曲全部合格。

冲击韧度试验按 GB/T 2650—2008 标准执行，缺口位置为焊接接头的热影响区，常温的冲击试验的平均吸收能量为123J，-10℃冲击试验的平均吸收能量为78J。

③ 焊缝熔合线金相组织分析。从拍摄的8张焊缝熔合线金相组织照片分析，均为铁素体、珠光体、粒状贝氏体。可以认为 BB503 钢的焊接不论采用药芯 CO_2 焊丝或采用实心焊丝，用纯 CO_2 气体或用富 Ar 气体，预热温度为50℃或80℃时，在焊接性方面都可以得到合格的焊接接头。由于富 Ar 气体价格昂贵，所以采用较为经济的纯 CO_2 气体作为保护气体，并确定预热温度为50℃。

（2）CO_2 气体保护焊焊接时的防风性能试验

1）防风方案的总设想。影响焊接的风向主要来自水平方向和铅垂方向，其中水平方向的风可以简单地在焊接平台的加高栏杆上围上布加以阻挡；铅垂方向的风则使用专用的防风罩。防风罩由薄钢板制成，借助磁力块的磁力将防风罩压紧在炉壁上（见图10-32）。防风罩同时可以阻挡斜方向吹来的风。工地现场焊接时，风罩的弧度必须与热风炉炉壳相符，见图10-33。

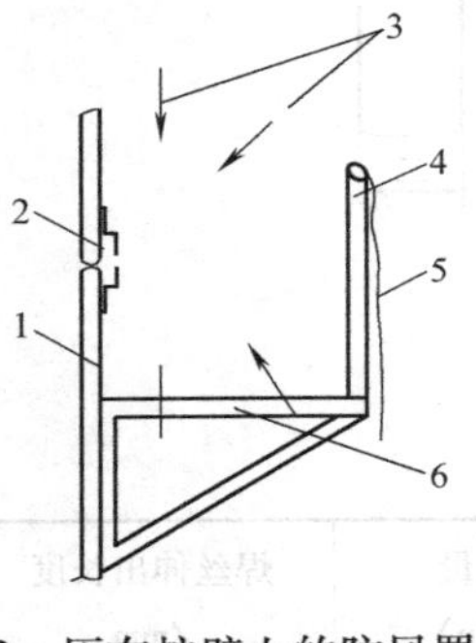
3
4
2
5
1
6

图10-32 压在炉壁上的防风罩示意图

1—炉壳 2—防风罩 3—风向

4—平台栏杆 5—蛇皮布 6—焊接平台

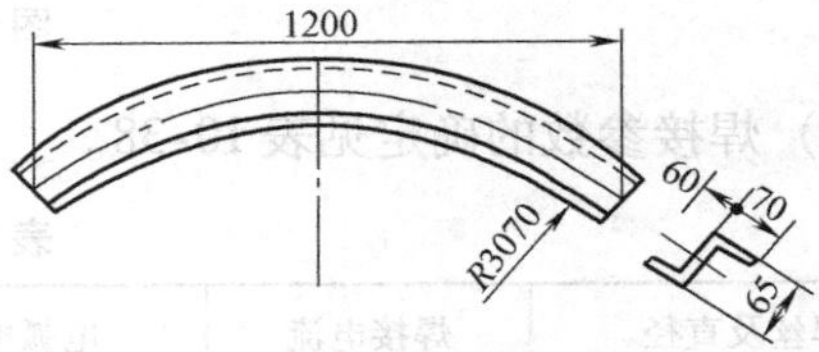
1200
R3070
60
70
65

图10-33 单片防风罩图

2）室内防风试验。按照防风方案的总设想设置防风装置，模拟现场的铅垂风向用轴流风机作风源，模拟现场水平风向用鼓风机作风源。试板预热达到所需要的温度后，开动风机，用测风仪检测风速（风力达到4~5级），并按工艺评定的参数施焊。焊后采用超声波进行内部质量检查，检测标准为 GB/T 11345—2013《焊缝无损检测 超声检测技术、检测等级和评定》标准B类Ⅱ级合格。被检焊缝共8条，其中4条采用药芯 CO_2 焊丝焊接，4条采用实心的 CO_2 焊丝焊接，全部合格。

3）CO_2 气体保护焊高空焊接模拟试验。为了使 CO_2 气体保护焊更接近于现场工况条件，在二号高炉煤粉喷吹22m平台上采用了预想的防风措施进行焊接。当天气温度较低（-1℃），22m高空风力达到5级，焊后进行超声波检测，焊缝质量优良，没有发现任何缺陷。通过高空焊接模拟试验获得成功后，可以认为燃烧室采用CO_2气体保护焊，只要防风措施得当，获得优良的焊接接头是完全可能的。

2. 炉壳的CO_2气体保护焊工艺

CO_2气体保护焊经过实验室和现场模拟试验取得了最佳的焊接参数及室外高空防风措施试验成功，正式运用到三号高炉热风炉系统燃烧室组装焊接工程，并获得了满意的效果。

（1）炉壳焊接参数　在燃烧室炉焊接施工中选用PK-YJ507药芯焊丝，焊丝直径为1.6mm，保护气体全部使用纯CO_2气体。

因为加长了二次电缆线，炉壳焊接时的焊接电流要比做模拟试验时大10A左右，电弧电压高1~2V，由于防风罩的防风性能比较好，CO_2气体流量与模拟试验时相同，焊缝预热温度为50℃。半自动CO_2气体保护焊横焊缝的焊接参数见表10-39。

表10-39　半自动CO_2气体保护焊横焊缝的焊接参数

焊接层次	焊接电流/A	电弧电压/V	CO_2气体流量/(L/min)	焊接速度/(cm/min)
打底层	220~230	26~27	20	14
中间层	240	28	20	15
盖面层	210~220	26~27	20	16

（2）焊后检验　焊后检查，焊缝外观合格，成形美观。横向总收缩量为1.88mm，因为CO_2焊接热量比较集中，热影响区小，所以总的收缩量要低于焊条电弧焊的收缩量。焊缝内部质量检查采用超声波检测，总计抽查了106个点，优良率为97%，合格率为100%。

10.5 药芯焊丝电弧焊在工程中的应用

在船舶、桥梁、容器、建筑钢构件等焊接结构领域中，往往都采用CO_2气体保护药芯焊丝电弧焊，取得了良好的效果。下面介绍几个药芯焊丝电弧焊（FCAW）工程应用实例。同时也将介绍一项CO_2气体保护药芯焊丝电弧焊焊接异种钢的工程实例。

10.5.1 药芯焊丝半自动电弧焊在管道工程中的应用

在涩-宁-兰输气管道工程中，某一段主线路管道采用了药芯焊丝自保护半自动全位置焊接技术，并焊接了65km管线共6255个管接口。经100% X射线检测，一次合格6044个，合格率达到96.6%。下面介绍具体的焊接工艺。

1. 母材与焊接材料及焊接设备

管道焊接采用了“焊条电弧焊打底焊+药芯焊丝半自动焊填充、盖面”的混合向下焊工艺。

（1）输气管道工程用油气管材　根据API Spec 5L标准，工程选用规格为ϕ660mm×8.1mm的X60微合金化控轧钢管。

（2）焊接材料　根据等强匹配的工程设计要求，采用美国 LINCOLN 公司生产的焊丝和焊条（见表 10-40）。

表 10-40　涩-宁-兰输气管道工程用焊接材料

焊道分类	焊接材料牌号	标准号
打底焊	焊条 E6010	AWS A5.1 E6010
填充焊	药芯焊丝 NR207	AWS A5.1 71T8-K6
盖面焊	药芯焊丝 NR207	AWS A5.1 71T8-K6

注：NR 207 为美国林肯公司产的自保护药芯焊丝，相当于国产 E49×T8-K6。

（3）焊接设备　选用 LINCOLN DC400 或 LINCOLN SAE400 焊条电弧焊和半自动焊两用焊机，配置 LINCOLN LN-23P 或 MILLER-32P 送丝机。该焊机具有较好的向下焊焊接适应性和纤维素焊条焊接的适应性。

2. 焊接工艺

（1）坡口形式　按 API 1104 标准要求，406.4mm 以上直径的钢管，其直径偏差的上限为 1.6mm，下限为 0。坡口形式如图 10-34 所示，错边＜1.6mm。

（2）焊接准备　焊接位置为水平固定，对口方式采用对口器，预热温度＞100℃，预热宽度为坡口两侧各 75mm，预热方法为火焰加热或电加热。

（3）焊接参数　X60 钢管的焊接参数见表 10-41。焊丝伸出长度为 19～25mm。

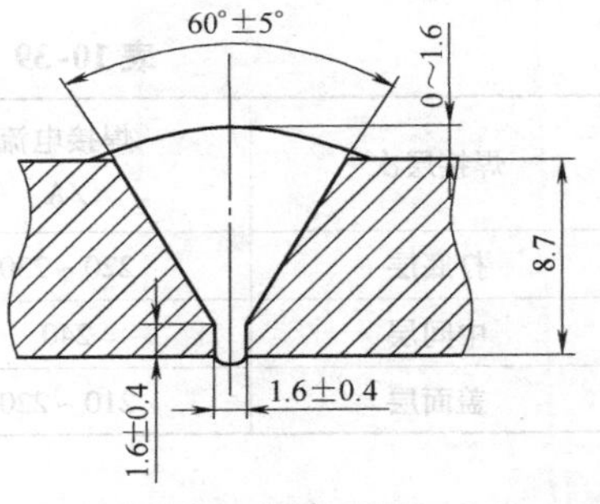

60°±5°
0~1.6
8.7
1.6±0.4
1.6±0.4

图 10-34　X60 钢管的坡口形式

盖面焊允许排焊。若立焊位置余高较低时，填充焊应增加一层。

表 10-41　X60 钢管的焊接参数

焊道位置	焊道层数	焊接材料直径 d/mm	电源极性	送丝速度 v_1/(cm/min)	焊接电流 I/A	电弧电压 U/V	焊接速度 v/(cm/min)
根　焊	1	4.0	直流反接	—	115～140	22～28	15～20
填充焊	1～2	2.0	直流反接	203～279	215～235	18～21	20～35
盖面焊	1	2.0	直流反接	70～90	180～210	17～20	20～35

3. 焊接工艺控制措施

（1）焊接参数控制　电弧电压和送丝速度由送丝机控制，焊接速度和焊丝伸出长度由焊工手动控制。焊接电流由焊机自动调节。以上几个焊接参数相互影响，改变任何一个工艺参数，其余参数都要改变，关键是各参数要合理匹配，才能保证焊接质量。

1）电弧电压。电弧电压对电弧的稳定性、飞溅的产生、熔深和气孔的产生影响很大。电压提高，电弧长度增大，焊缝变宽，熔深和余高减少，但电压过高会导致飞溅量增多，合金成分烧损增大，容易产生气孔。应注意，半自动焊机上设有电压反馈线，用于反馈实际电弧电压，购进焊机时由于厂家将反馈线予以短接，造成实际电弧电压与送丝机读数产生差异，导致焊接参数不匹配，应将反馈线接到接地线上，以保证电弧电压正确读数。

2）焊接速度。焊接速度的控制原则是保持电弧位于焊接熔池的前方，速度过快，会导致熔渣对熔池的保护不均匀，易产生气孔，并使焊缝形状呈凸型；速度过慢，将导致电弧扰乱熔池金属（尤其是立焊位置），易产生焊接缺陷。

3）送丝速度。送丝速度将影响焊接电流，送丝速度增加焊接电流增大，焊丝熔化速度加快，将导致焊接速度相应提高。

4）焊丝伸出长度。焊丝伸出长度过长会导致电弧不稳，飞溅增多，焊缝熔深降低，易产生气孔。焊丝伸出长度过短会影响焊工的视线，看不见熔池，同时易烧损导电嘴，增加导电嘴的损耗。

（2）焊接操作技术

1）半自动焊较焊条电弧焊操作简单，但由于采用的是向下焊工艺，对焊工操作技术的要求重点是焊接速度的控制。

2）焊接速度的控制是保持焊接电弧位于焊接熔池的前方，并始终保持有清晰的焊接熔孔。

3）施焊时必须保持正确的焊接角度：平焊位置为5°~10°，立焊位置为20°~40°，仰焊位置为0°~5°。

4）施焊时焊丝可做半月牙形或锯齿形小幅横向摆动，尤其是立焊位置。

5）每层焊道由两名焊工对称施焊，层间温度不得低于100℃。

6）由于立焊位置熔敷金属受重力作用，熔池移动速度加快，导致焊缝厚度较薄而出现焊缝表面凹槽。可以在盖面焊前立焊位加焊一道填充层。

7）由于焊接速度快，熔深浅，易产生层间未熔合。可以通过调整焊接速度予以控制。

8）各层焊缝表面应修整，使之平滑过渡，避免出现较深的凹坑。

4. 焊接检验

按照API 1104标准要求进行焊接检验，检验项目包括：外观检查，射线检测，拉伸试验，刻槽锤断试验和弯曲试验。

（1）焊缝外观　焊缝成形良好，余高0~1.6mm；盖面焊缝宽：两侧较坡口外表面增宽0.5~1.6mm，符合要求。

（2）X射线检测　未见缺陷，符合要求。

（3）破坏性试验　试验数据见表10-42，结果评定均为合格。

表10-42　X60钢管破坏性试验数据

试样号		NR207-1	NR207-2	NR207-3	NR207-4
拉伸试验	R_m/MPa	560	560	590	570
刻槽锤断		无缺陷	无缺陷	无缺陷	无缺陷
弯曲试验	面弯	未见异常	未见异常	未见异常	未见异常
	背弯				

10.5.2　100t转炉炉壳的药芯焊丝自保护电弧焊技术

100t转炉炉壳最大直径为ϕ6400mm，最大壁厚为70mm，高度为8100mm。壳体材质为法国的A42·C2型锅炉用钢（相当于20g），其化学成分见表10-43。

表 10-43　法国 A42 · C2 钢的化学成分（法方提供）

化学成分（质量分数,%）					
C	Mn	P	S	Si	Cu
≤0.20	0.60	≤0.040	≤0.040	0.030	0.025

1. 焊接方法及设备的选择

（1）焊接方法的选择　对于大直径和大壁厚的构件来说，如果单纯用普通的焊条电弧焊来完成多层多道的焊接，其焊接质量的控制是相当困难的。若采用药芯焊丝自保护焊，它能实现连续的送丝，操作简单易学，又适合野外作业，其焊接熔渣少，易于清除等特点，因而焊接质量较高。因此，选用了这种焊接方法，并进口了美国林肯电器公司性能优良的自保护焊配套设备，经过短期的培训，焊工很快掌握了其基本操作要领。

（2）药芯自保护焊设备

① 直流晶闸管焊接整流器：DC-600 型，3 相，380V，50Hz。

② 自动送丝机：K586-1，LN-9GMA。

③ 焊枪：K115-12 型（450A）。

④ 主控电缆：K291-50 型。

⑤ 焊丝盘组合：K303。

⑥ 驱动轮和导向轮：KP57H/16。

⑦ 起弧附件和收弧附件：K418，K419。

2. 焊接材料

选用了美国林肯公司生产的 NR-311 型自保护焊专用焊丝，其熔敷金属的化学成分（质量分数）和力学性能均能满足壳体材料的要求。又做了必要的焊接工艺试验，对焊接参数进一步确认。

3. 焊接工艺要点及注意事项

（1）焊接坡口的制备　采用半自动氧乙炔火焰切割机，在特制的环形轨道上按图 10-35 开制坡口。坡口制备后，将坡口表面 0.5mm 厚的硬化层磨去，并将坡口附近清理干净。

（2）焊前预热　由于壳体的壁厚为 70mm，焊缝处的刚性拘束度很大。为了减小焊接应力，防止出现焊接裂纹，焊前应预热。采用带有自动记录仪的履带式电加热器，对坡口两侧各约 300mm 范围进行局部预热。预热温度为 120～150℃。先在坡口的外侧预热，施焊内侧。

（3）焊接参数　焊接参数见表 10-44。

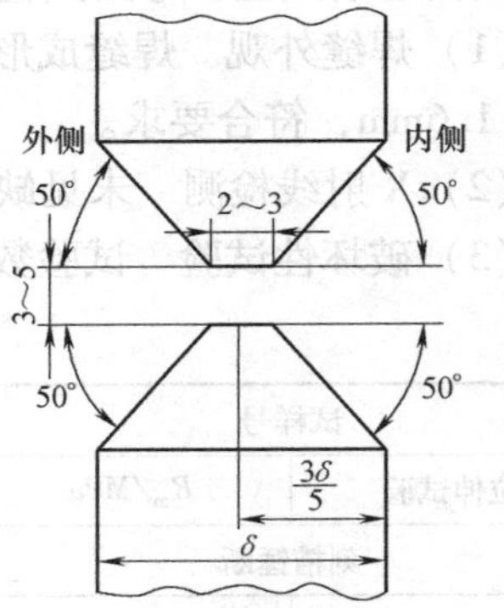
外侧
内侧
50°
50°
2～3
3～5
50°
50°
$\frac{3\delta}{5}$
δ

图 10-35　转炉壳体 A42 · C2 钢的焊接坡口形式

表 10-44　焊接参数

焊丝伸出长度/mm	送丝速度 v/(m/min)	焊接电流 I/A	电弧电压 U/V
35～50	2.5～3.5	190～210	22～24

表 10-44 中的参数是经过多次试验总结出来的，焊接时要严格控制，尤其是焊丝的伸出

长度，不能小于30mm，否则不能形成良好的焊缝。

(4) 焊接时，焊丝可以稍做摆动 不能像焊条电弧焊那样做大幅度的跳动，以保持稳定的焊接电流和电弧电压。

(5) 层间温度的控制 用履带式电加热器保持层间温度在150～180℃。

(6) 正、反两面第1道焊缝的焊接 正、反两面的第1道焊缝是关键，对整体焊缝有直接的影响。由于它们受到较大的拘束应力，极易出现热裂纹等缺陷，因而施焊时应注意以下几点：

① 保持层间温度和预热温度在规定范围的上限。

② 尽可能采用较小的焊接热输入，即小电流、低电压和快速施焊，以缩短焊缝金属高温区的停留时间。

③ 在焊完第一面碳弧气刨清根时，要做到清根彻底，打磨干净，如发现焊接缺陷，要彻底清除后才能施焊。

④ 为了减小焊接应力和变形，由3名焊工在3个对称的位置同时施焊。每道、每层的接头处要相互错开，即3名焊工不能集中在同一个部位接头，以免形成应力集中产生焊接缺陷。

4. 焊后热处理

为了降低焊接残余应力的峰值，软化淬硬组织和改善焊接接头的性能，焊后应进行热处理。

为了保证热处理质量，且节约资金，经过认真比较，决定选用吴江电热器厂生产的计算机自动温控热处理设备。该设备操作简单，容易掌握，只要将热处理工艺曲线输入计算机，就能实现温度的自动控制，达到较好的效果。其设备主要由DWK-A型计算机温控柜、LCD-220-25型履带式电热器及其他附件组成。

转炉壳体的焊后热处理工艺如图10-36所示。

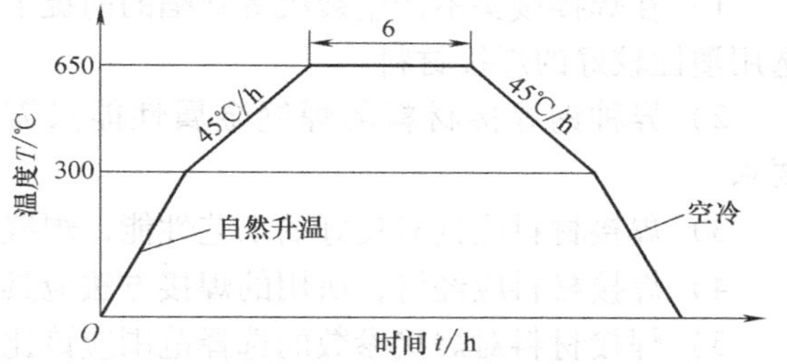
6
650
300
45℃/h
45℃/h
温度T/℃
自然升温
空冷
O
时间 t/h

图10-36 转炉壳体的焊后热处理工艺图

5. 焊缝的无损检测

严格按相关标准进行超声波检测，凡发现影响焊接质量的重大缺陷，如密集气孔、裂纹和未焊透等都要进行返修。另外在焊接过程中进行严格的质量控制，尽最大的可能不出现各种焊接缺陷。经过探伤检测，焊缝合格率达98%。

10.5.3 药芯焊丝在异种钢焊接中的应用

长江三峡工程深孔弧形工作门，其埋入部分底槛结构和两侧轨道三、四结构流水面均采用04Cr13Ni5Mo钢；而该结构其他与混凝土接触部分则采用Q345钢。两种被焊材料存在着熔化温度差异、导热性能差异、线胀系数差异和磁性能差异，极易导致该两种材料焊接时出现偏弧现象，从而使焊缝成形差，焊缝表面易产生微裂现象，直接影响焊接质量。

1. 母材性质

04Cr13Ni5Mo是一种在 w(Cr) 为13%不锈钢的基础上适当降低含碳量而得到的低碳马氏体高强度不锈钢。该钢在正火+回火的过程中无论以何种冷却速度都能避开鼻端温度从而

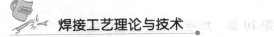

获得板条状马氏体组织，加入一定的 Ni、Mo，使马氏体组织在晶粒形核过程中，组织内部会析出逆变奥氏体（或称诱导奥氏体）组织。由于含碳量的降低（≤0.06%），改善了母材的塑性和韧性，限制了焊接热影响区的淬硬倾向，相应地提高了该材料的焊接性；加入 Ni，主要补偿了材料因含碳量降低而出现含铁量增加所导致的力学性能缺陷，以保证热影响区有足够韧性，降低因扩散氢引起的焊接冷裂倾向，对阻碍碳化物的形成起到了一定的作用，缩小扩散层；组织内析出的逆变奥氏体在很大程度上加强了该材料的耐气蚀性和耐磨性。由此可知 0Cr13Ni5Mo 不锈钢与其他 w（Cr）为 13% 的不锈钢相比较，因逆变奥氏体组织的存在使其具有较高的强度、较好的塑性和韧性、焊接性优良等特点，同时耐气蚀、耐磨性能也很好，是用于水工金属钢结构过流面的良好材料。

Q345 钢是我国最常用的低合金高强度结构钢，其焊接性能、综合力学性能优良，冲击性能和切削加工性能已为广大工程技术人员所知。

2. 焊接工艺的选择

此异种钢焊接是马氏体钢与低合金高强度结构钢的焊接，由于两种钢的化学成分、金相组织、物理性能及力学性能上都有较大的差别，焊接时必须采用特殊的工艺措施才能获得满意的接头。根据经验，通常采用铬基不锈钢焊条（如 E410NiMo－××等）来焊接，焊接时要求避开 200～300℃温度区，该温度区易使焊缝淬硬。焊后要求立即进行约 600℃回火处理，根据板厚不同保温 6～8h 出炉，这无疑给焊接带来一定的难度，且焊接条件恶劣、效率低、成本高、操作不便。根据异种钢焊接特点，其焊接材料的选择应根据以下几个原则：

1）在焊接接头不产生裂纹等缺陷的前提下，尽可能兼顾焊缝金属的强度和塑性，应该选用塑性较好的焊接材料。

2）异种钢焊接材料的焊缝金属性能只需要符合两种母材中的一种即认为满足技术要求。

3）焊接材料应具有良好的工艺性能，焊缝成形美观。

4）焊接材料应经济，所用的焊接方法应具有高效率。

5）焊接材料对焊接参数的选择范围应该比较大。

基于以上原则，首先确定采用 25-13 型不锈钢焊接材料，以免除焊前预热和焊后回火，改善焊工的劳动条件和降低生产成本。经过多方调研，了解到韩国现代焊接材料株式会社生产 SW-309L 不锈钢药芯焊丝，适用于 CO_2 或 Ar75%＋$CO_2$25%（体积分数）气体保护焊，药芯焊丝焊接工艺性能良好，焊缝成形美观，效率是焊条电弧焊的 3～5 倍，选择 SW-309L 不锈钢药芯焊丝作为 04Cr13Ni5Mo＋Q345 异种钢焊接材料。

SW-309L 不锈钢药芯焊丝的技术标准是 AWS（美国焊接学会）的 E309LT1-1、E309LT1-4。SW-309L 药芯焊丝熔敷金属典型化学成分和力学性能见表 10-45。

表 10-45　SW-309L 药芯焊丝熔敷金属典型化学成分和力学性能

化学成分（质量分数，%）							力学性能（最小值）		
C	Si	Mn	P	S	Cr	Ni	R_m /MPa	A (%)	A_{KV}/J (20℃)
0.03	0.70	1.30	0.025	0.01	23.0	12.3	610	35	60

由表 10-45 可知，SW-309L 药芯焊丝熔敷金属各项力学性能指标均优于 Q345 钢，符合

异种钢焊接材料的选用原则。同时，由于 SW-309L 药芯焊丝是超低碳焊接材料，因此在不含 Nb、Ti 等稳定剂时，也能抵抗因碳化物析出而产生的晶间腐蚀，较好地保证了焊缝金属的综合性能。

3. 焊接工艺评定

焊接工艺评定标准采用较通行的 ASME《美国锅炉及压力容器规范》第Ⅸ卷的"焊接和钎焊评定"（国内尚无此钢种的焊接评定标准可供参考）。母材选用厚 30mm 的 04Cr13Ni5Mo 和 Q345。接头形式、焊层数和焊道的顺序如图 10-37所示。工艺评定试板坡口位置为平焊，第1道、第2道、第3道焊后翻转，用碳弧气刨清根后焊接第 4 道。采用的电流极性为直流反接，焊丝直径为 1.2mm，焊丝伸出长度为 15 ~ 20mm，采用纯 CO_2 气体保护，气体流量为 15 ~20 L/min，最高层间温度为150℃。

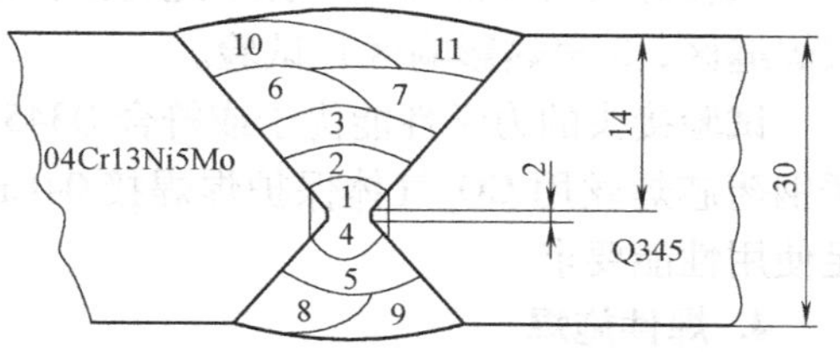
10
11
6
7
3
2
1
4
5
8
9
04Cr13Ni5Mo
Q345
14
2
30
图 10-37　异种钢焊接工艺评定试验接头形式及焊接顺序

异种钢焊接工艺评定采用的焊接参数见表 10-46。

表 10-46　焊接参数

焊层	焊接电流 *I*/A	电弧电压 *U*/V	焊接速度 *v*/(cm/min)
1	180 ~ 200	30 ~ 31	32 ~ 35
2 ~ 8	180 ~ 240	29 ~ 30	28 ~ 30
9 ~ 11	200 ~ 220	29 ~ 30	30 ~ 32

评定试板焊接前，首先将坡口表面的油污、锈斑、水分等用焊炬加热后再用砂轮清理。按照规定的接头形式组装试板。采用 SW-309L 焊接时，由于 SW-309L 是超低碳高铬镍焊接材料，基本没有裂纹倾向。为防止出现气孔、未熔合、未焊透、咬边等缺陷和防止焊缝金属出现回火脆性，需注意以下几点操作要领：

1）防风，有风时采用挡板或关闭门窗，施焊时避免使用风扇。

2）如果保护气体流量过大或过小时都易在电弧及熔池区域混入空气，因此气体流量在 15 ~20L/min 较为合适。

3）焊接电流过大易产生咬边，而且层间温度不易控制。焊接电流过小则易产生未熔合。平焊时焊接电流应控制在 180 ~240A 为宜。

4）焊接速度过快，熔敷金属跟不上，不能形成连续焊道；焊接速度过慢，熔敷金属超前。焊接速度一般控制在 28 ~35cm/min 较为合适。

5）焊枪倾角包括工作角和行走角，工作角是焊枪与焊道法线的夹角，行走角是焊枪与行走方向的法线夹角。焊枪倾角过大或过小均容易产生未焊透、未熔合和咬边等缺陷。对不锈钢药芯焊丝的平焊，焊枪工作角为 90°，行走角为 2° ~ 15°；水平角焊时焊枪工作角为 40° ~50°，行走角为 5° ~10°，横焊时焊枪工作角为 20° ~40°，行走角为 5° ~30°；向上立焊的焊枪工作角为 90°，行走角为 5° ~10°。

6）层间温度不能超过 150℃，特别是试板焊接，层间温度很容易超出规定范围，因此每焊接 1 ~2 层后要冷却一段时间以控制层间温度。

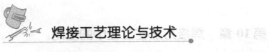

总之，SW-309L 不锈钢药芯焊丝焊接时，基本上体现了药芯焊丝的优点，即焊道平滑美观、电弧稳定、细颗粒过渡、飞溅小且少、焊渣覆盖均匀、易脱渣、熔敷速度快、熔敷效率高、适用电流范围较广，焊渣、飞溅物去除容易。

试板焊接后按照 ASME 标准进行试件的制备，共做了 2 根拉伸、4 根侧弯、6 根冲击（3 根焊缝区，3 根热影响区）试验。

试验接头的力学性能优于或符合 Q345 的母材标准。根据 ASME 标准判定，SW-309L 不锈钢药芯焊丝用 CO_2 气体保护焊焊接 04Cr13Ni5Mo + Q345 所获得的接头力学性能合格，满足使用性能要求。

4. 焊件施焊

长江三峡深孔弧形工作门埋入部分底槛结构和侧轨板三、四结构均为 0Cr13Ni5Mo + Q345 异种钢焊接，操作者普遍反映 SW-309L 药芯焊丝工艺性能好、操作简单、焊缝成形美观，而且施焊过程中未发现裂纹。焊后对焊件进行超声波检测均能满足合同和技术条款要求。

5. 结论

1）SW-309L 焊丝用于 04Cr13Ni5Mo 与 Q345 异种钢焊接，焊缝金属的强度和塑性良好，能够超过 Q345 的力学性能。

2）不锈钢药芯焊丝操作简单、焊接效率高、焊缝成形美观、工艺性能良好、成本相对较低，是取代不锈钢焊条的良好焊接材料，而且产品焊接的质量和进度均满足要求。

10.6 等离子弧焊在工程中的应用

等离子弧焊具有能量集中，穿透力强、单面焊双面成形、坡口制备简单、焊接质量稳定以及生产效率高等许多优点，应用较为广泛，下面介绍几个工程应用实例。

10.6.1 汽提塔钛板衬里的等离子弧焊

年产 24 万 t 的尿素设备中的 CO_2 汽提塔是在高温、高压、腐蚀条件下使用的。汽提塔高压室衬采用 TA1 工业纯钛，其厚度为 5mm 和 10mm 两种，经试验研究，成功地将等离子弧焊应用于汽提塔的钛板衬里焊接，其中包括封头和管板爆炸复合用 5mm 大张钛板的拼接，以及 5mm 和 10mm 厚钛板衬里筒身平板拼缝与筒身合拢纵缝的焊接，焊接质量达到了设计要求。

1. 焊接设备

采用 LH-300 型等离子弧自动焊机，配 ZXG-300 硅整流电源。等离子弧焊枪为自行设计的新型焊枪，采用了同心度可调的镶嵌式水冷钨极、钨极内缩连续可调等结构，使枪体的密封和调整可靠而简便，枪体的加工制造也大为简化，并提高了枪体使用的可靠性与寿命。这种新型等离子弧焊枪已在产品焊接中经受住了考验。

2. 钛焊接时的保护措施

为了避免钛在焊接时被氧化，温度高于 300℃之处，需要保护，因此焊接试验中设计了专门的保护装置。

(1) 保护拖罩　除了焊枪本身具有的保护喷嘴外，尚需在焊枪上拖挂专门的保护拖罩，如图 10-38 所示，该保护拖罩适用于 5mm 厚的钛板焊接时的保护，其焊缝及热影响区均为银白色，保护效果良好。

焊接 10mm 厚的钛板时，采用图 10-38 所示的保护拖罩，保护效果不好。经分析，设计了一种水冷保护滑块（见图 10-39）。它既起到保护作用，又能将焊件的热量带走一大部分。经长期使用表明，水冷保护滑块的保护效果良好。

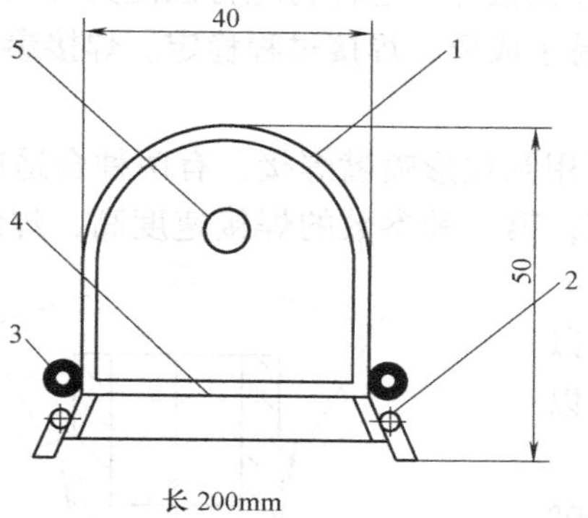
40
5
1
4
50
2
3
长 200mm

图 10-38　保护拖罩示意图

1—外壳　2—绝缘板　3—冷却水管　4—多孔板　5—通氩管

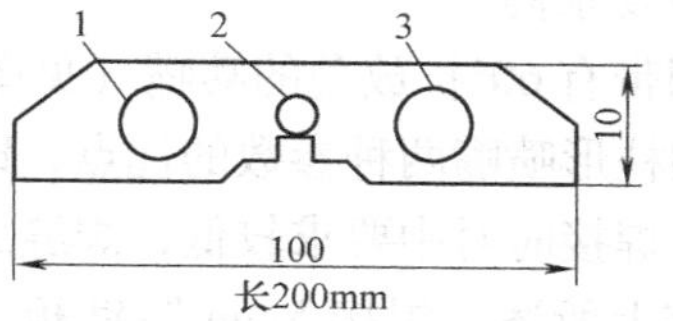
1
2
3
10
100
长200mm

图 10-39　水冷保护滑块示意图

1、3—通冷却水孔　2—通氩气孔

（2）保护垫板　除了焊缝正面需要严密地保护外，对焊缝背面也需加以专门保护。单靠由等离子弧形成的小孔穿过的少量氩气是不足以对背面起保护作用的。为此设计了镶有铜板的钢垫板，从背面通氩气保护焊缝，效果很好。通氩气的铜管偏置于垫板凹槽一侧，是为了避免被穿透的等离子弧烧坏。产品焊接用垫板的结构与图 10-40 所示相同。其长度为 3.2m，通氩气的铜管分成两段，从垫板两端分别通氩气保护。

采用上述焊枪及水冷保护滑块和保护垫板后，焊缝正反两面均可充分保护，焊接区域均可达到银白色。

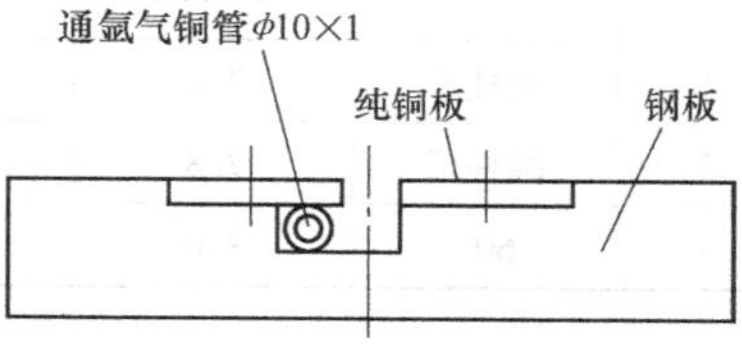
通氩气铜管φ10×1
纯铜板
钢板

图 10-40　保护垫板示意图

3. 焊接准备工作

（1）焊前清理　焊接钛时，焊接接头两侧一定距离内必须清除一切油污及表面氧化层。一般采用酸洗或机械清理两种清理办法。机械清理方法更为简便。

机械清理方法如下：用丙酮除去焊接接头两侧 100mm 内的油污，用细砂布除去两侧 50mm 内的氧化层，直至露出干净的金属为止，再用棉纱蘸丙酮擦洗 2 ~ 3 遍，即可进行焊接。填充焊丝出厂前已经过酸洗，使用前仅用丙酮擦洗一遍即可。用上述机械清理方法清理后，焊前接头处铁离子污染检查合格，焊后对焊缝含 Fe 量的分析结果也完全满足要求（见表 10-47）。

表 10-47　焊缝含 Fe 量（质量分数,%）

TA1 母材	TA1 填充焊丝	10mm 钛板焊缝	设计要求值
0.05	0.015	0.05	≤0.08

（2）装配要求　坡口系机械加工出的直边坡口，比较规整。考虑到产品焊接时，必然会存在装配间隙及错边。为此，分别对间隙为 0 ~ 1.5mm、错边 0 ~ 1.5mm 以及两种情况同

时存在条件下的试板进行了焊接试验。采用表10-48所列的焊接参数焊接，填充焊丝速度为96m/h，均可得到过渡平滑而饱满的焊缝。由此可见，焊接钛时，并不要求过严的装配条件。

4. 焊接参数

纯钛熔融状态下表面张力较大，同时流动性又很好。这种物理特性使其有利于采用小孔效应的等离子弧焊，不易产生切割现象，焊缝易于成形，焊接过程稳定。焊接参数在较大范围内变化，都能得到成形很好的焊缝。

（1）5mm厚钛板的焊接参数　5mm厚钛板用圆柱形喷嘴焊接，有两种合适的参数（见表10-48）：第一种参数的焊接速度低，焊缝宽；第二种参数的焊接速度高，焊缝窄，焊接时对中要求高。

用带有60°扩放角的喷嘴（见图10-41），可以兼有圆柱形喷嘴两种参数的优点，即焊接速度可以提高，焊接时对中要求较低，焊缝成形美观。

综上所述，焊接5mm厚钛板，主要采用60°扩放角的喷嘴。

5mm厚钛板等离子弧焊的焊接参数见表10-48。如果焊接时不加填充焊丝，焊缝两侧均有不同程度的咬边。加入少量填充焊丝后，可消除咬边。

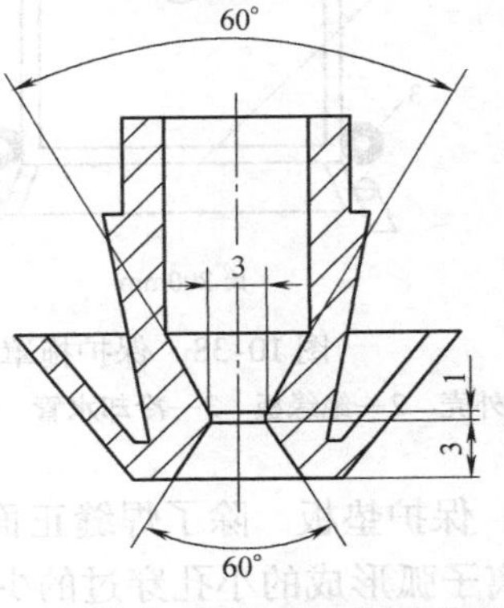
60°
3
1
3
60°

图10-41　带有60°扩放角的喷嘴示意图

表10-48　5mm厚钛板等离子弧焊的焊接参数

序号	喷嘴形式	喷嘴直径 d_p/mm	钨极内缩量 h_w/mm	焊接电流 I/A	电弧电压 U/V	焊接速度 v/(m/h)	离子气流量 Q/(L/h)
1	圆柱形	3.0	2.0	160	27	10	250
2	圆柱形	2.8	1.9	200	29	20	300
3	60°	3.0	2.8	250	25	20	350

（2）10mm厚钛板的焊接参数　焊接10mm厚的钛板，仍采用圆柱形喷嘴，其焊接参数见表10-49。

表10-49　10mm厚钛板等离子弧焊焊接参数

喷嘴直径 d_p/mm	钨极内缩量 h_w/mm	焊接电流 I/A	电弧电压 U/V	焊接速度 v/(m/h)	填充丝直径 d_s/mm	填充丝速度 v_s/(m/h)	离子气流量 Q/(L/h)
3.2	1.2	250	25	9	1.0	96	350

5. 焊接过程中的注意事项

（1）重复加热的影响　最初为了清除无填充焊丝时焊缝两侧的咬边现象，采用90～150A小焊接电流等离子弧重熔焊缝咬边部位，结果发现焊缝及近缝区晶粒明显长大。弯曲试验表明，经重熔的接头，弯曲角有时达不到180°（$d=3a$）。重熔五次的接头，弯曲试验时可见到明显的小裂口。因此，应该严格控制焊接热输入，减少焊缝及近缝区的高温停留时间，尽量少对焊缝进行重复加热。考虑到产品尺寸较大，焊接过程中产生缺陷难以绝对避免，故规定允许对焊缝局部返修两次。此时，虽然塑性有所降低，但仍然达到弯曲角≥90°（$d=3a$）的设计要求。

（2）变形控制　钛的弹性模量为钢的一半，在同样的焊接应力条件下，产生的焊接变形比钢要大1倍。等离子弧焊时，由于是一次焊透，正反两面受热比较均匀，其角变形要比氩弧焊小得多。在拼接直径2.8m的封头复层板时，未采用专门夹具，仅在焊缝一侧压了一根100mm×100mm的方钢，另一侧靠断面40mm×300mm的焊车轨道压紧，焊后变形不大，满足了封头爆炸复合焊的要求。

（3）焊接缺陷　在正常情况下焊接钛时，一般不易产生焊接缺陷。在试验中只有一次因焊接电流值过低而产生的气孔缺陷。用表10-48所列的焊接参数3焊接5mm的封头复层拼板时（焊缝长约3m），焊接过程中会因网路电压降低，焊接电流偏低至235A，在焊缝中心结晶面上产生连续细小的内部气孔。经用正常焊接参数重新熔焊一次后，消除了这种缺陷。

此外，在焊接时应特别注意焊枪喷嘴孔与坡口接缝的对中，否则就会造成焊缝背面局部未熔合的缺陷，这是特别危险的具有尖缺口的缺陷。当存在未熔合的缺陷时，必须对中重焊。

6. 焊接接头的性能

（1）产品技术条件对焊接接头的要求

① TA1钛板焊缝的化学成分除$w(\mathrm{Fe})\leqslant 0.08\%$外，其他应接近母材。

② 拉伸试验和常温冲击试验结果不得低于母材的规定值。

③ 冷弯试验角度≥90°（$d=3a$）。

④ 焊接接头的主要组织为α相，β相和α′相应控制到最少，不允许含有γ相。

⑤ 焊缝经100%X光射线检验，应符合NB/T 47013—2015《承压设备无损检测》Ⅱ级的规定。

⑥ 表面检查不允许有任何裂缝、气孔和咬边。

（2）接头质量　钛板焊后经检验，各项力学性能均达到要求，焊缝为单相α组织，没有α′等脆性相。焊缝及母材的化学成分合格。焊后经X射线检验未发现任何缺陷。综上所述，完全满足产品设计要求，接头质量优良。

10.6.2 等离子纵缝焊机在不锈钢容器制造中的应用

众所周知，不锈钢具有良好的耐腐蚀性能和抗氧化性能，因此被广泛地用于食品加工、制药和化工容器制造中。在生产制造过程中，存在着大量的平板拼接和筒体的纵缝焊接。传统的工艺一般采用焊条电弧焊、氩弧焊和MIG焊等工艺。但基本上都为手工操作，焊接生产效率低，产品的焊接质量难以控制。为了解决该难题，某仪器设备厂从德国引进了一台2m长等离子纵缝焊机用于不锈钢焊接，大大提高了焊接效率和产品的焊接质量。

1. 焊前准备

（1）焊件坡口的准备　用砂轮机将待焊件坡口两侧的毛刺、杂物等打磨干净，严格检查和控制坡口加工尺寸公差。通常接缝的间隙应控制在板厚的10%以内。

（2）焊件坡口的清洗　用丙酮或其他去油污能力强的溶剂将坡口两侧15～20mm范围

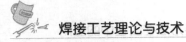

内的油污、杂质清洗干净。以免产生气孔、夹渣等焊接缺陷。

（3）保证装配精度　为确保产品焊接质量，要求焊接时应注意如下几点：

① 平板对接。通过上料平台将平板送至指定位置，通过纵缝焊机配备的对中装置使焊缝与铜垫板的凹槽严格对中。

② 筒体的纵缝焊接。可用桁车将滚圆合格后的待焊筒体吊至指定位置。通过机械对中装置将焊缝对中。

③ 调整焊缝间隙。当焊缝长度较短，不大于 0.5m 时，焊件装配时可采用无间隙对接。如焊缝较长时，为防止焊缝横向收缩相互挤压而产生错边变形，焊件装配时应预留间隙。例如，对 1.5m 长、8mm 厚的 SUS304 不锈钢板，经过多次试验，得出预留间隙经验值为 4mm 较合适，可焊出较为优质的焊缝。

④ 加引弧板、引出板。由于引弧、熄弧时容易引起较大飞溅，产生各种焊接缺陷，故在接缝两端分别加装引弧板、引出板。以便穿透的小孔先在引弧板上产生，最后在引出板上锁孔。

⑤ 焊件的固定用纵缝焊机。气动琴键式压紧机构将焊件边缘紧紧压在支撑轴的铜垫板上，可有效地防止焊件在焊接过程中的变形，并保证焊接过程的稳定。纵缝焊机结构如图 10-42 所示。

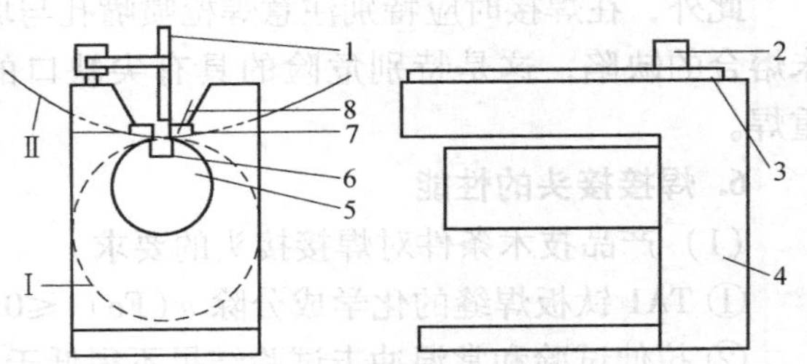
1
2
3
4
5
6
7
8
Ⅱ
Ⅰ

图 10-42　等离子弧纵缝焊机的结构示意图

1—焊枪　2—焊接小车　3—导轨　4—机身

5—支撑轴　6—铜板　7—琴键夹头　8—对中装置

当筒体直径较小时，可采取图 10-42 中的Ⅰ位置，进行筒体外侧纵缝的焊接。平板拼接时，可在纵缝焊机两侧添加上料平台，进行平板对接。

2. 焊接工艺

（1）等离子弧焊焊接参数与焊枪喷嘴的结构参数密切相关　压缩喷嘴是等离子弧焊焊枪的重要构件。它压缩电弧，并引导等离子弧沿喷嘴的孔道喷出。喷嘴孔径越小，电弧温度就越高。喷嘴的压缩段越长、越窄，则等离子束的方向性越好，穿透力越强，能量越集中。孔道直径确定后，钨极内缩增大则对等离子弧的压缩作用增大，但过大会导致双弧。

（2）钨极　为便于引弧并提高电弧的稳定性，电极端部应磨成 30°～60°角。采用大的电流时，大直径钨极端部可磨成锥球型或圆台型以减少烧损。电极端部应与喷嘴孔道保持同轴，即同心度要好。电极偏心将使等离子弧偏斜，甚至产生双弧。应经常检查电极的同心度并进行调整。

（3）确定焊接电流和离子气流量的最佳匹配关系　等离子弧的穿透能力与电流成正比。在喷嘴形状和尺寸已给定的条件下，焊缝的熔深主要取决于焊接电流和离子气流量。焊接电流过大，可能因小孔直径扩大而使熔池金属塌陷，其次还可能引起双弧。而离子气的流量增大或超过某一临界值，焊缝表面的咬边会逐渐加深。

（4）焊接速度　焊接速度是影响焊接热输入的参数之一。焊接速度过高时，由于热输入小，不足以形成小孔效应。反之，焊接速度太慢，使母材过热而导致熔池质量增大，小孔直径增大，使焊缝产生下陷。所以，焊接速度与焊接电流、等离子气流量应相互适配。

（5）8mm 厚不锈钢板的焊接工艺 针对生产中采用较多的 8mm 厚不锈钢板的焊接制定工艺如下：

采用两层焊。第一层采用穿透型等离子弧焊，以保证完全焊透。在焊接时可以观察到小孔效应，并作为完全焊透的标准。穿透型等离子弧焊最显著的特点是光滑和一致的根部焊透。

第二层采用熔透型等离子弧焊。穿透型等离子弧焊时易出现咬边缺陷，材料厚度较大时，咬边较为严重。可用熔透型等离子弧焊加填充焊丝来消除咬边。当咬边较宽时，可使焊枪进行适当的摆动加以消除。摆动频率、焊接速度和送丝速度要协调一致，以保证焊缝表面美观。

在进行等离子弧焊时，操作者主要应注意以下几点：第一，确定电流值后，选择适于被焊材料厚度的喷嘴和孔径；第二，确定等离子气流量，保护气的流量是根据焊枪喷嘴尺寸及气体覆盖需要量来决定的；第三，焊件装配要准确到位，焊枪与焊缝要尽可能保持垂直。

等离子弧焊对焊接参数极为敏感，焊接参数须经过多次试验，确定后，不应随意进行更改。焊工应认真执行拟定的焊接工艺，若有条件，可设置专门的操作人员。板材材质：SUS304（06Cr19Ni10）；焊丝：ER308L（H03Cr21Ni10Si），直径为 0.8mm。具体焊接参数见表 10-50。

表 10-50 焊接参数

板厚 δ/mm	坡口形式	焊接层数	焊接电流 I/A	电弧电压 U/V	焊接速度 v/(cm/min)	喷嘴孔径 d_1/mm
8	I形	1	283 ~ 285	39 ~ 41	48 ~ 50	3.2
		2	125 ~ 130	24 ~ 25	30 ~ 32	

摆动宽度 b/mm	摆动频率 f/Hz	送丝速度 v_1/(cm/min)	气体流量 Q/(L/min)			钨极直径 d/mm	孔道长度 l/mm
			离子气	正面保护气	背面保护气		
—	—	—	8.7 ~ 9	26 ~ 28	5 ~ 6	4.8	3.2 ~ 3.5
8 ~ 10	0.5 ~ 0.7	700 ~ 730	1 ~ 1.2	12 ~ 15	5 ~ 6		

3. 焊后检验

焊缝平整均匀，无裂纹、气孔、咬边等缺陷，过渡自然圆滑，成形美观。X 射线检测未发现任何缺陷，符合 NB/T 47013—2015《承压设备无损检测》标准，并且Ⅰ级合格。对焊接接头进行拉伸、弯曲等力学性能试验，符合标准要求。按 GB/T 4334.1 ~ GB/T 4334.6—2008 进行抗腐蚀检测，达到标准要求。

10.6.3 耐候钢纵缝的等离子弧焊

等离子弧能量密度高，等离子流力大，焊后热变形小，焊缝成形美观。又因其穿透力强，利用小孔效应，易实现单面焊双面成形，生产效率高，目前在航空、航天、石化等行业中得到广泛应用。铁路车辆的侧墙板多为平板，其平面度要求很高，因而在铁路机车车辆行业近年来的技改中，用等离子弧焊取代传统弧焊生产侧墙板在各企业中达成共识。经较长时间的试验，解决了耐候钢等离子弧焊的诸多问题，在国家“八五”科技攻关项目“200km 电动车组”的双层拖车生产中，采用了等离子弧焊拼接侧墙板，提高了产品档次，取得了良好的经济效益。

1. 等离子弧焊焊接耐候钢的难度

20 世纪 80 年代初，为提高车辆性能，我国铁路车辆制造使用了仿 CORTEN 高耐候热轧钢板（09CuPCrNi）取代原用材料。经运营试验，耐蚀性、强度等均能满足产品的使用要求，因而耐候钢成为我国铁路车辆制造的主要材料。随后有关钢厂又试制了 09CuPCrNi 系列的另一产品 05CuPCrNi 低合金高强度冷轧板，在铁路客车侧墙、车顶等部件生产中得到广泛应用。“200km 电动车组”的双层拖车侧墙板长 25.5m、宽 3.5m、厚 2.5m，由 21 块 1230mm × 3500mm 的钢板拼焊而成，材质为 05CuPCrNi。

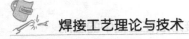

耐候钢纵缝采用等离子弧焊时，易产生咬边、未焊透、弧坑裂纹等缺陷，但对焊接过程影响最大且又最易出现的缺陷是焊接裂纹。裂纹在焊接过程中的出现很不稳定，从其产生的时间、形状、条件来分析，以结晶裂纹为主。裂纹的产生与焊缝组织有很大关系，而焊接参数不当、焊丝与母材成分匹配不合适、接头间隙不均、等离子弧变化等均会引起焊缝组织的变化，一旦在结晶线附近富集较多杂质，其结合面就较为薄弱，由于焊接时受拘束，在拉应力的作用下即产生裂纹。

（1）焊接参数的影响　根据生产的要求，焊接速度必须达到 500mm/min 以上，此时焊接方向与结晶方向夹角大，也就是晶粒主轴的成长方向越垂直于焊缝中心线，越容易形成脆弱的结合面。

（2）化学成分的影响　耐候钢中含有 C、S、P、Cu、Si、Cr 等多种对产生裂纹影响较大的元素。S、P 在钢中能形成多种低熔共晶，显著增大裂纹倾向，同时 S 和 P 在钢中极易偏析，因而用于焊接结构的钢材对 S、P 均严格控制。国外的低合金钢中 S≤0.02%，P≤0.017% 的质量分数。而耐候钢由于需利用气腐蚀的特性，其 S 和 P 的质量分数分别达到 0.03% 和 0.10%。此外，Cu、Cr 等元素的质量分数在耐候钢中均可达到 0.50%。这些合金元素的含量偏高，增加了等离子弧焊时产生裂纹的倾向。

（3）母材直线度的影响　3.5m 长的对接焊缝若有局部间隙的变化会破坏稳定的等离子弧焊过程，尤其是局部间隙变大时，焊缝中母材成分相对减少，焊丝成分增加，此时液体金属不足，不能及时填充而引发裂纹的产生。

（4）钨极烧损的影响　钨极烧损后导致等离子弧发生变化，影响焊缝组织成分的均匀性。

2. 焊接设备系统

纵缝焊机与上料平台、碾压机、传送平台组成一套平板拼焊系统，其布置如图 10-43 所示。

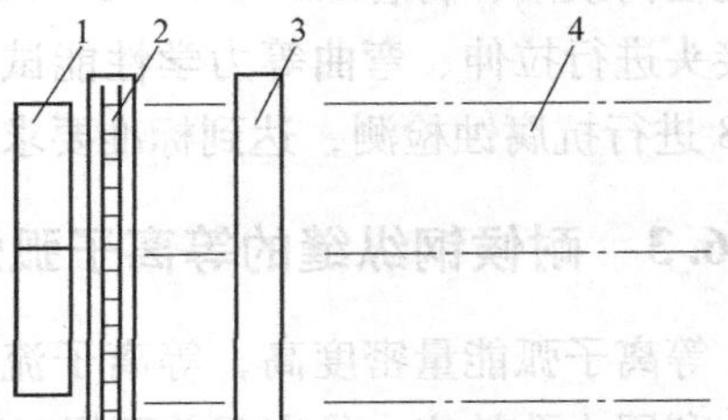
1
2
3
4
图 10-43　耐候钢的平板自动拼焊系统

1—上料平台　2—纵缝焊剂

3—碾压机　4—传送平台

纵缝焊机采用美国 Jetline 公司的 LWFS-168 型等离子弧纵缝焊接系统，由琴键式夹紧系统、重负载液压自动焊缝对中机构、焊件顶起机构、自动保护气体流动控制单元、机座、大梁及焊接小车组成。

焊接设备采用 Thermal Dyamics 公司的 PS-3000 型逆变电源、WC-100B 型等离子弧发生器及带水冷循环装置的 PWM-300 型等离子弧焊枪。

整个焊接系统由 9500 系统控制器进行统一的编程控制，并可存储 25 个焊接程序。焊接过程由自动弧长控制来保持电弧稳定。

3. 焊接工艺评定

（1）避免产生焊接裂纹的措施

① 控制板材下料精度，采用数控精密剪切机修边，保证板边直线度 0.5mm/m，对角方差不大于 1mm。板材组对时，对接间隙不大于 0.6mm。

② 采用直径为 0.8mm 的 H03Cr21Ni10 焊丝作填充材料，有助于降低裂纹倾向，由于不锈钢的热导率小，也有助于提高焊接速度。

③ 设定钨极内缩量后，利用弧长控制器来保持等离子弧稳定，钨极端部定期修磨。

④ 选择适宜的焊接参数。

（2）焊接参数的确定　采用穿透型等离子弧焊焊接厚 2.5mm 的 05CuPCrNi 钢板，其焊接参数为：焊接速度 500mm/min，焊接电流 120～130A，电弧电压 24～26V，等离子气流量 1.1～1.2L/min，保护气体流量 9～10L/min，送丝速度 800～900mm/min，喷嘴直径 2.8mm。

（3）检验结果

① 3.5m 长的焊缝一次焊成，焊缝平整均匀，焊缝过渡自然圆滑，成形美观，余高 0.2mm。

② 按 GBT/T 2651—2008 及 GB/T 2653—2008 的要求，分别对不同批次的焊接试板取样，进行焊接接头抗拉、弯曲试验，试验结果见表 10-51。

③ 对试板焊缝进行磁粉检测，未发现缺陷。

表 10-51　焊接接头试验结果

试样编号	R_m/MPa	横弯	
		正弯 180°	背弯 180°
1	455	完好	完好
2	470	完好	完好
3	463	完好	完好

4. 应用

在经试验和焊接工艺评定合格后应用到生产中，在 10 余种高速列车的侧墙板拼接中采用了纵缝等离子弧焊，焊缝成形美观，焊接质量稳定。

10.7　熔焊工艺方法混合应用的工程实例

一项焊接工程往往要采用多种焊接方法才能完成。例如管道焊接，打底焊采用纤维素焊条电弧焊（SMAW）或 STT CO_2 气体保护焊；填充和盖面盖则采用 MAG 焊或 FCAW（药芯焊丝电弧焊）焊。下面将介绍一项采用 GTAW（TIG）、SMAW、SAW（埋弧焊）和 GMAW（药芯焊丝 CO_2 气体保护焊）四种工艺方法混合应用的焊接工程（即耐热钢—不锈钢复合钢板容器的焊接）。

生成油/混合进料换热器是 100 万 t/年航煤加氢装置改造的重要设备。为提高设备抗

H_2S、H_2等介质的腐蚀能力，选用了15CrMoR+06Cr18Ni111Ti耐热钢-不锈钢复合钢材料。其特点为基层材料满足结构强度、刚度及高温抗蠕变强度的要求；不锈钢复层满足耐蚀性能要求，可节约大量的不锈钢材料，具有较好的经济性。本批设备（U形管式换热器）共计4台，壳体直径为1100mm，厚度为（18+3）mm。其设计条件为：管程设计压力为1.98MPa，设计温度为340℃；壳体设计压力为3.3MPa，设计温度为320℃；介质均为航煤、H_2S、H_2等；接头的焊缝成形系数均为1；要求焊后整体热处理，不锈钢复层焊缝必须通过晶间腐蚀性能试验，复层焊缝中铁素体体积分数要求达到3%～10%。通过大量的焊接工艺试验，选择了最佳焊接坡口、焊接方法、焊接参数及热处理工艺，通过了焊接工艺评定，顺利完成了耐热钢-不锈钢复合钢板容器的制造任务。该批设备自投用以来，运行良好。

1. 焊接制造的难点

1）基层材质为15CrMoR珠光体耐热钢，有一定的淬硬倾向，故基层及过渡层焊前必须预热，焊后需做消氢处理。而本产品直径较大，焊前均匀预热及维持层间温度有一定的困难，冷却速度较快，并在扩散氢及焊接残余应力作用下，焊缝易产生冷裂纹。

2）采用常规的焊接坡口易造成因界限不清而使基层焊缝熔入不锈钢复合层中；仅靠砂轮机打磨往往不彻底，不能直观地反映是否清除，从而影响复层焊缝的耐蚀性能，并有导致复层焊缝开裂的可能；而采用台阶形的坡口形式虽能很好地解决这一问题，但对大型板料加工起来较为困难，往往因坡口尺寸不到位而产生焊接缺陷。

3）焊接不锈钢复合钢板时，由于不锈钢与耐热钢的热导率及线胀系数差异较大，因而焊接时存在着较大的应力，在焊接及热处理多次热循环过程中，有可能造成复合层结合部位局部开裂。

4）复合钢板的坡口组对要求严格，由于受现场施工条件的限制，局部错边量及棱角度往往难以控制，这将直接影响不锈钢耐蚀层的焊接质量。

5）容器制造完后必须进行整体消除应力热处理，而热处理温度正好在不锈钢敏化温度区范围内。在此温度段长时间停留，易造成不锈钢复层焊接接头碳化物析出和铁素体向σ相的转变，从而使不锈钢复层焊缝耐蚀性能降低、焊接接头性能下降及铁素体含量降低。所以正确选择复层焊接材料及确定合理的热处理工艺尤为关键。

2. 焊接试验

（1）焊接性分析　15CrMoR+06Cr18Ni11Ti复合钢板的基层材质是以铬钼为基的低合金珠光体耐热钢，根据国际焊接学会推荐的碳当量计算公式得出该钢材的碳当量为0.55%，故有一定的淬硬倾向。焊接过程中要有严格的防止冷裂纹的工艺措施，特别是钢板卷制成形后，存在着一定的内应力，若冷却速度较快，其接头的冷裂倾向会更严重。故基层及过渡层焊接时，应严格做到焊前预热，焊接过程中控制层间温度，焊后及时消氢处理、中间热处理及最终热处理。对于复合钢板而言，过渡层的焊接是比较关键的技术，因基层与复层的热导率及线胀系数有较大的差异，焊接过程中会产生较大的内应力，如果基层焊缝尺寸控制不当，覆盖不锈钢复合层或熔合比控制不当，则焊接接头易产生马氏体组织，故焊接时应严格按工艺要求施焊，控制焊缝尺寸和熔合化，以避免裂纹的产生。针对铬钼耐热钢-不锈钢复合钢板容器焊后需整体消除应力热处理，其热处理温度正好处于奥氏体敏化温度区范围，在此温度区长时间停留易造成碳的析出及碳化铬的结合而在晶界产生贫铬区，从而使焊缝产生晶间腐蚀；同时在该温度范围较长时间停留，铁素体δ相有转化为硬脆而无磁性的σ相的倾向，这不但降低焊缝的塑性和韧性，还增大了晶间腐蚀倾向。为解决这一矛盾，从复层焊接材料的选型试验及控制热处理工艺入手，使焊缝组织不仅满足了其力学性能要求，也保证了复层耐蚀性能要求。

（2）焊接试验及结果分析　试验材料为15CrMoR钢板，规格为150mm×150mm×20mm，试验方法为在钢板上堆焊过渡层及耐蚀层，其中过渡层均采用熔化极半自动CO_2气体保护焊，焊接材料均为药芯焊丝E309LT1-1，耐蚀层焊接材料的选用及焊接方法见表10-52。试件在过渡层堆焊后均进行650℃×2h中间热处理，耐蚀层堆焊后进行690℃×2h热处理。

表10-52　不锈钢复合钢板耐蚀层的焊接材料和试验结果

试样编号	焊接方法	复层焊接材料	晶间腐蚀试验	w（铁素体）测定（平均值）（体积分数，%）	
				热处理前	热处理后
HS01	GMAW	E308LT1-1	有腐蚀倾向	5.6	3.5
HS02	GMAW	E347T1-1	无腐蚀倾向	6.5	5.2
HS03	GMAW	H08Cr20Ni10Nb	无腐蚀倾向	6.0	5.1
HS04	GMAW	E0-19-10Nb-15	有腐蚀倾向	11.2	9.7

由试验结果可知：①选用超低碳且同时含强碳化物形成元素Nb的奥氏体不锈钢焊接材料，才能确保焊缝在热处理后仍具有抗晶间腐蚀能力，而选用单纯含Nb或超低C的不锈钢焊接材料均不能满足其耐蚀性能要求；②热处理后铁素体的含量有所降低。

从理论分析也可以论证这一结果，所谓晶间腐蚀也就是由于碳的析出而造成贫铬引起的，若将含碳量降低，同时增加与C亲和力比Cr更强的元素Nb或Ti元素，让其优先形成NbC、TiC，就可以更进一步阻止碳化物的析出，从而增强抗晶间腐蚀能力并能提高焊缝抗裂性能，所以试验中凡选用H08Cr20Ni10Nb焊接材料的焊缝均能通过晶间腐蚀试验。在热处理后铁素体的含量有所减小，初步认为不锈钢复层焊缝在敏化温度区长时间停留而导致了部分δ相转变为无磁性的脆性σ相，从而使铁素体的含量降低。

3. 焊接工艺评定

（1）焊缝坡口形式的选择　复合钢板焊接接头的坡口选择原则为：在保证焊透、方便操作的前提下尽可能减小不锈钢复层的截面尺寸，以节约不锈钢焊接材料及减小焊接缺陷。根据本产品的直径及钢板厚度，常规选用图10-44所示的坡口。结合实际情况及多年焊接复合钢板及耐热钢的实践经验，采用图10-44b所示的坡口形式较为合适。因为该坡口基层与复层界面较分明，施焊时不会将基层覆盖到不锈钢复层中，可操作性好，有利于提高焊接质量；而采用图10-44a常规坡口形式除不具备以上优点外，还有不利因素：焊工需在容器内侧进行基层的焊接工作，预热温度及层间温度较高，焊工劳动条件差，且外侧需清根处理，将增加清根时预热、后热及打磨后重新施焊前预热工序，现场操作较为困难，故焊接工艺评定及产品焊接均选用图10-44b所示坡口。

（2）焊接方法的选择及焊接参数的确定

1）基层焊缝：打底层及内侧采用手工钨极氩弧焊，第2层采用焊条电弧焊，其他层采用埋弧焊。

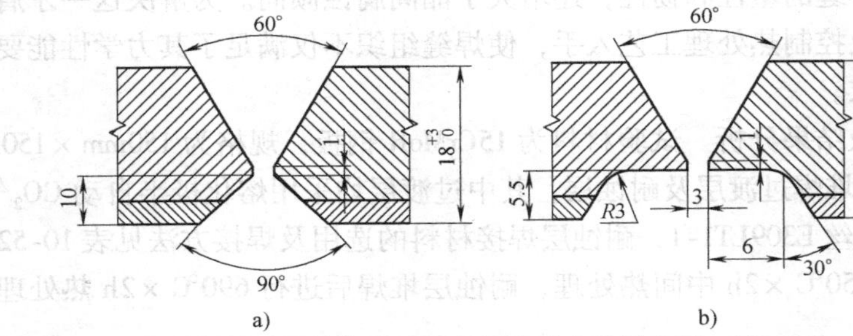
60°
10
18 $^{+3}_{0}$
90°
a)
60°
5.5
R3
3
6
30°
18 $^{+3}_{0}$
b)

图 10-44　不锈钢复合钢板的焊接坡口形式

2）复层焊缝：过渡层与复层的焊接均采用高效的半自动 CO_2 气体保护焊，可连续焊接，减少焊接接头，焊缝成形也较好，焊接速度为焊条电弧焊的 2～3 倍。

按图 10-44b 形式组焊，以复合钢板为基准面，错边量控制在 1mm 以下；组对间隙控制在 2～3mm，焊前对坡口及其两侧各 100mm 范围内预热至 150℃。基层焊后立即进行 650℃ ×2h 回火处理（取代消氢处理）；过渡层焊前预热至 100～150℃，焊后 350℃ ×2h 消氢处理，复层焊后进行 690℃ ×2h 最终热处理。其焊缝接头层次如图 10-45 所示，焊接参数见表 10-53。

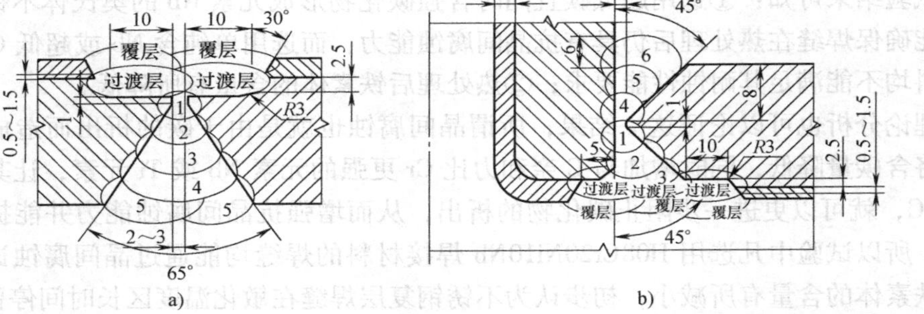
10
10
30°
覆层
覆层
2.5
过渡层
过渡层
0.5～1.5
R3
1
2
3
4
5
5
2～3
65°
a)
6.5
2
45°
6
6
5
4
1
8
0.5～1.5
2.5
10
R3
5
2
3
过渡层
过渡层
过渡层
覆层
覆层
覆层
45°
b)

图 10-45　不锈钢复合钢板的焊接接头示意图

a）对接接头　b）角接接头

表 10-53　不锈钢复合钢板的焊接参数

焊接层数	焊接方法	焊接材料牌号及规格/mm	电流极性	焊接电流 I/A	电弧电压 U/V	焊接速度 v/(mm/s)	保护气体流量 Q/(L/min)
1	GMAW	ER 55-B2 ϕ2.5	DCSP	110～120	12～14	1.2～1.3	Ar：6～8
2	SMAW	E307ϕ3.2	DCRP	120～130	24～26	1.3～1.5	—
3～5	SAW	H11CrMo45A/CHF603 ϕ4	DCRP	550～600	30～32	7.5～8.0	—
过渡层	GMAW	E309LT1-1 ϕ1.2	DCRP	160～180	28～30	3.0～4.0	CO_2：15～20
复层	GMAW	E347T1-1 ϕ1.2	DCRP	160～180	28～30	3.0～4.0	CO_2：15～20

（3）工艺评定结果

1）对焊接试板进行 100% X 射线检测，按 NB/T 47013—2015《承压设备无损检测》标准为Ⅱ级合格。

2）不锈钢复合钢板焊缝的力学性能试验结果见表10-54。

表10-54 不锈钢复合钢板焊缝的力学性能试验结果

拉伸试验		弯曲试验（侧弯）		基材冲击试验 A_{KV}/J（常温）		
R_m/MPa	断裂部位	$D=4S$ $\alpha=180°$		试件尺寸：55mm×10mm×10mm		平均值
480	母材	完好	完好	焊缝	202，217，209	209
490	母材	完好	完好	热影响区	228，226，218	224

3）将不锈钢复合板焊接接头的基层全部刨除，保留复层焊接接头，按GB/T 4334—2008《不锈钢硫酸-硫酸铜腐蚀试验方法》进行晶间腐蚀试验，T形法180°弯曲法评定，无晶间腐蚀倾向，焊缝接头满足腐蚀性能技术要求。

4）复层焊缝铁素体的含量测定按Schaeffler图计算其体积分数为6.7%，磁性法测定为5.1%。

5）基层硬度测定结果：焊缝平均值为149HBW，热影响区为115HBW，母材为115HBW。本次焊接工艺评定各项指标均达标准，评定合格。

4. 产品施焊工艺

（1）产品的组对

1）组对时应以复层为基准，坡口错边量严格控制在1mm以下，以防止施工过程中因错边量过大而影响焊接质量。

2）组对间隙时，根部间隙达2～3mm，合格后进行定位焊，定位焊应在基层面一侧进行焊接，且应采用与焊接基层相同的焊接材料及焊接方法。

（2）焊前预热及层间温度的控制　15CrMoR耐热钢基层的焊缝焊前需进行预热，其主要目的是防止焊接区产生淬硬组织和冷裂纹，预热温度应依据钢材的合金成分，考虑焊接方法、接头拘束度等因素的影响，过高的预热温度会导致铁素体带的产生和焊缝晶粒粗大及接头韧度的降低。一般对15CrMoR钢的预热温度控制在150～200℃，层间温度也控制在此范围内。过渡层预热温度一般控制在100～150℃。现场施焊过程中，考虑到容器直径较大，为保证坡口及其两侧100mm范围内能够达到均匀的预热温度，将内外贴履带式加热器紧密地贴在器壁上，在施焊运转中，焊接侧加热器取下，另一侧仍继续加热；接管角焊缝施焊时，容器开口内外侧及接管贴绳型加热器，这样可保证基层、过渡层焊接时预热温度及层间温度恒定。

（3）焊接工艺要点

1）定位焊焊在基层侧，必须按规定预热，定位焊缝要长些，以免定位焊缝剥裂；基层焊接前应仔细检查定位焊缝，不得有任何缺陷，并在达到预热温度后方可正式焊接。

2）焊接顺序为先焊基层，再焊过渡层，最后焊接复层。焊接纵缝时，应将每条焊缝的过渡层及复层焊缝两端各留30～50mm不焊，待环缝基层焊接完毕再将纵缝两端焊接成形，这样可以避免T形接头的基层焊缝熔入不锈钢复层中，减少焊接裂纹的产生。

3）所使用的焊接材料均应严格按照使用说明书的要求烘焙，焊条应装入保温筒内，随用随取，不得使用受潮焊接材料。

4）基层、过渡层焊接时同一条焊缝尽可能一次性连续焊完，如有中断，则必须进行消氢处理，继续焊接时应按规定重新预热，并检查焊缝表面无裂纹等缺陷后方可继续施焊。

5）在复层坡口两侧 100～150mm 范围内均匀涂上或喷洒金属防飞溅剂。

6）采用半自动 CO_2 气体保护焊焊接过渡层及复层时，应采用薄焊道、快速焊，坡口边缘应熔合良好，以避免夹渣及未熔合等缺陷的产生。

7）半自动 CO_2 气体保护焊时，应注意及时清理焊嘴上的飞溅物，随时用防堵剂清理。

8）过渡层必须熔合基层焊缝与不锈钢复层 0.5～1.5mm，焊接时应控制熔合比及焊缝尺寸，尽量选用较小的焊接热输入，以减小母材对焊缝的稀释，避免裂纹等缺陷的产生。

9）过渡层焊接完毕应严格检查焊缝表面，去除焊渣、飞溅等杂物方可进行复层焊接。

10）CO_2 气瓶在使用前应倒置 4h 以上，使用前应先开阀放气排水，杜绝焊接气孔的产生。

（4）焊后热处理　耐热钢复合钢板焊后热处理程序较为复杂，每步程序执行情况都与产品整体质量有着密切的关系。焊后热处理分为中间热处理和最终热处理，基层、过渡层焊后随即进行的现场热处理为中间热处理，其目的在于消除扩散氢及残余应力，而最终热处理的目的不仅在于消除焊接残余应力和结构应力，降低不锈钢复层应力腐蚀及开裂敏感性，更重要的是改善基层组织，提高基层接头的综合力学性能。但同时又要综合考虑，尽量让奥氏体不锈钢复层在敏化区间的时间短些，以减少碳化铬的析出和铁素体 δ 相转化为脆硬的 σ 相，尽量减少产品重复加热，产品焊后热处理程序和具体实施步骤如下：

1）基层焊接完毕后，立即采用现场履带式加热器对焊缝及其两侧各 150mm 范围内进行高温回火处理（650℃ ×15h）以取代消氢处理，这是根据该公司现有设备和生产现状及对耐热钢施焊的实践经验而定，这样做能够更好地保证焊接质量，防止冷裂纹产生。过渡层焊后也随即进行现场热处理，热处理温度为 650℃，保温 1.5h，具体方法同上。

2）复层焊接完毕，对焊缝进行各项检验合格后对产品进行整体热处理，其热处理工艺曲线如图 10-46 所示。

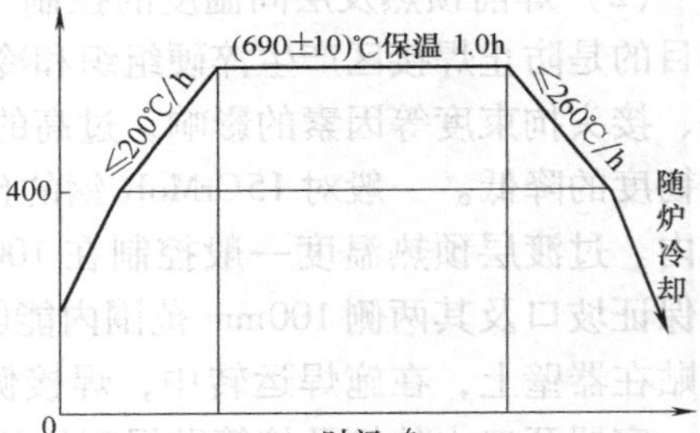
(690±10)℃保温 1.0h
≤200℃/h
≤260℃/h
400
随炉冷却
温度 T/℃
0
时间 t/h

图 10-46　产品最终热处理曲线图

5. 产品焊缝检验

（1）焊缝外观检查　焊缝成形良好，符合相关技术要求。

（2）焊缝探伤检查　所有对接焊缝按基层、过渡层分两次进行射线探伤，按 NB/T 47013—2015《承压设备无损检测》评定标准Ⅱ级要求进行，并对复层焊缝进行 100% 超声波探伤及 100% 着色检查；对所有角焊缝进行 100% 的磁粉探伤（外侧）及 100% 的渗透探伤（复层），均按 NB/T 47013—2015《承压设备无损检测》Ⅰ级标准进行。检查结果，全部合格。

（3）产品接头的力学性能检测　产品焊接接头的力学性能及基层硬度检测值均达到相关技术要求。

（4）产品焊接接头的耐晶间腐蚀试验　对复层焊缝按 GB 4334—2008《不锈钢硫酸-硫酸铜腐蚀试验方法》进行试验，无晶间腐蚀倾向；T 形法 180°弯曲法评定合格，焊缝接头满足耐蚀性能要求。

（5）对复层焊缝进行铁素体含量的测定　用磁性法测定铁素体的体积分数平均值为 4.3%，按舍夫勒图计算体积分数为 5.6%，满足技术要求。

参 考 文 献

[1] 杨立军. 材料连接设备及工艺 [M]. 北京：机械工业出版社，2009.

[2] 姜焕中. 电弧焊及电渣焊 [M]. 北京：机械工业出版社，1988.

[3] 王震徽，郝廷玺. 气体保护焊工艺和设备 [M]. 西安：西北工业大学出版社，1991.

[4] 安藤弘平，等. 焊接电弧现象 [M]. 施雨湘，译. 北京：机械工业出版社，1985.

[5] 殷树言，张九海. 气体保护焊工艺 [M]. 哈尔滨：哈尔滨工业大学出版社，1989.

[6] 天津大学，中国石油化工总公司第四建设公司. 金属结构的电弧焊 [M]. 北京：机械工业出版社，1993.

[7] 胡特生. 电弧焊 [M]. 北京：机械工业出版社，1996.

[8] 中国机械工程学会焊接学会. 焊接手册：第 1 卷 [M]. 3 版. 北京：机械工业出版社，2008.

[9] 殷树言. 气体保护焊技术问答 [M]. 北京：机械工业出版社，2004.

[10] 殷树言，邵清廉. CO_2焊接技术及应用 [M]. 哈尔滨：哈尔滨工业大学出版社，1992.

[11] 徐初雄. 焊接工艺 500 问 [M]. 北京：机械工业出版社，1997.

[12] 殷树言，等. CO_2焊接设备原理与调试 [M]. 北京：机械工业出版社，2000.